物联网工程与技术规划教材

# 现代传感器原理及应用

张志勇　王雪文　翟春雪　贠江妮　编著

电子工业出版社
**Publishing House of Electronics Industry**
北京·BEIJING

## 内 容 简 介

本书以现代传感器原理及应用为背景，在详细论述基本传感器的原理、结构与应用的基础上，论述了智能传感器和网络传感器，介绍了一些新型传感器和设计中的相关技术及其实现方法，反映了传感、测试和控制技术的最新发展和重要应用。

全书内容共 9 章，其中第 1～7 章主要以测量对象种类为主线，依次全面、系统地论述了测量温度、光、力、磁、气体、湿度和声波/超声波等各类传感器的原理、结构、性能指标及其应用电路的设计，第 8 章介绍了智能传感器的工作原理、系统构成及智能化功能的实现方法等，第 9 章介绍了网络传感器的系统结构、网络管理及应用实例。

本书内容结合教科书要求的理论性和系统性，兼备解决实际问题的实用性。可作为电子科学与技术、电气工程、信息与通信工程、物理及其应用、检测技术与仪器、自动化、机械工程及机电一体化、探测制导与控制、物联网和计算机应用类专业的大学本科高年级学生的教材，可作为相关专业的科学硕士生和工程硕士生的教材，也可供从事传感器技术和信息工程的研究与开发、生产与应用的科技工作者和工程技术人员参考。

**图书在版编目 (CIP) 数据**

现代传感器原理及应用 / 张志勇等编著. 一北京：电子工业出版社，2014.1
物联网工程与技术规划教材
ISBN 978-7-121-22079-1

Ⅰ. ①现… Ⅱ. ①张… Ⅲ. ①传感器－高等学校－教材 Ⅳ. ①TP212

中国版本图书馆 CIP 数据核字 (2013) 第 291527 号

策划编辑：索蓉霞
责任编辑：张 京
印　　刷：北京虎彩文化传播有限公司
装　　订：北京虎彩文化传播有限公司
出版发行：电子工业出版社
　　　　　北京市海淀区万寿路 173 信箱　　邮编：100036
开　　本：787×1092　1/16　印张：23.25　字数：687.5 千字
印　　次：2024 年 8 月第 16 次印刷
定　　价：49.00 元

# 前　　言

随着高新科学技术的发展，传感器技术成为构成现代信息技术系统的主要内容，是实现自动检测和自动控制的首要环节，在原理、结构、技术和应用等方面都发生了很大的变化，特别是传感器在数字化、微型化、集成化、智能化和网络化等方面，取得了令人瞩目的创新性进展。现代传感器技术已能够精确地获取和及时处理信息并渗透到工业自动化和物联网中，被广泛应用于航空、航天和航海技术、民用设施、机器人技术、汽车工业、生物医学和医疗器械等领域。

为了使人才培养适应新形势的要求，教学内容和教材建设在保证基础理论知识的同时，必须增添新技术。利用传感器能将各种外界信息（温度、光、力、磁、气、声等的变化）转变为电信号的原理，人们可以设计相应的电路以实现信息的自动测量、处理和控制。考虑传感器存在不同程度的非线性、响应特性、稳定性和选择性等因素，人们不仅必须掌握各类传感器的结构、原理及其性能指标，还必须熟悉传感器的输出信号经过适当的接口电路调整才能满足信号的处理、显示和应用的要求；通过分析和了解传感器应用实例和智能传感器实例，才能设计出更多传感器和信息处理结合的应用；通过掌握网络传感器的结构和信息管理，了解信息接口模块和通信协议，才能使现代传感器的生产、研制、开发和应用有新的突破。另外，由于传感器的被测信号来自各个应用领域，为了改革生产力、革新产品和拓宽测试范围，每个领域都在利用新技术研制更高精度的传感器，所以，为适应高科技的前沿，应该阐述最近涌现出的多种新型传感器、小型传感器、智能传感器及无线网络传感器系统。

为了适应较多专业传感器技术教学的需求，本着实用、典型和新颖的原则，我们在前几年编写的《传感器原理及应用》教材基础上，删除了一些实际应用中使用不多的知识内容，同时，增添了一些采用新型结构的基本传感器和采用新原理、应用更广泛的实用传感器器件的介绍，重新编写、整理了新版《现代传感器原理及应用》教材。

本书系统地把传感器的基础知识与其应用有机结合，在详细讲述基本传感器的原理（如热电阻、热电偶、光电管、光导管、光敏二极管、应变片、压电式传感器、电容和电感压力传感器、霍尔器件、结型磁敏器件、气敏电阻器、浓差电池、湿敏传感器、声波传感器等）及其实际应用电路的基础上，阐述了实用的集成温度传感器、热释电器件、CCD 图像传感器、光纤传感器、谐振式传感器、电感式磁敏器件、光吸收式气敏传感器、表面声波 SAW 传感器和智能传感器，还介绍了一些新型传感器（如热辐射传感器、激光传感器、磁通门、磁栅式传感器、超声波传感器、Z元件、高分子传感器、电子鼻、模糊传感器和人工神经网络的智能传感器等）和现代信息时代应用最广的网络传感器，以扎实基础、拓宽知识面，结合新技术和交叉技术、扩大测试范围和开阔应用领域，并与现代信息技术接轨，实现智能生活、智能科技。

本书内容包括绪论和 1～9 章：从绪论介绍传感器的定义和基本特性开始，先详细讲述最基础的温度传感器，依次是应用面宽的光敏传感器、支撑工业控制的力学量传感器、影响环境的磁敏传感器和气体/湿敏传感器、通过声波/超声波传感器检测影响它们传播的外界信息，再讲述智能传感器和多功能传感器，最后介绍将各种传感器应用于信息时代的网络传感器。逐步深入、环环紧扣，如后面介绍的传感器在应用时考虑了用前面讲述的温度传感器进行温度补偿以提高测量精度，最后两章体现了传感器的发展方向及其在现代信息技术中的地位。

为便于教师组织教学及学生自学，本书配有电子教案，读者可以登录华信教育资源网（www.hxedu.com.cn）注册下载。

本书绪论和第 1、8 章由张志勇教授编写并负责全书定稿，第 2、3、6 章由王雪文教授编写并负责本书统稿，第 4、5 章由翟春雪博士编写，第 7、9 章由负江妮博士编写。

由于本书内容涉及物理学、半导体物理学、化学、机械学、电子电路、自动控制、信息科学、物联网和计算机技术等多学科的知识，加之编著者水平有限，若有不妥和错误之处，敬请广大读者批评指正。

编　者

于西安·西北大学

# 目　录

# 绪 论

在高新技术迅速发展的信息时代，获取准确可靠的信息成为做好一切工作的前提，传感器技术作为信息采集和转换的重要部件，是测量计量和控制系统的关键环节，是工业自动化和智能技术的先导，在国民经济各个领域的应用日益广泛。在世界范围内，一个国家一项工程设计中所用传感器的数量和水平直接标志着其科学技术的先进程度，许多国家都把传感器技术列为国家优先发展的技术之一，因此传感器技术成为信息时代的焦点，被称为现代信息技术的三大支柱之一。

## 1. 传感器的定义及其检测对象

人类社会文明的发展过程中经历了几次大的科技革命，其从根本上都表现为用机器（人）代替人的劳动。一般，人在劳动过程中首先通过人的五官（眼、耳、鼻、舌、皮）感受外界，将所得到的信息送入大脑并进行思维和判断，然后大脑命令四肢完成某种动作。传感器是能够代替人的五官完成获取外界信息，并且能够传送感觉（应）的一种器件。

通常"五官"能感受的外界信息的范围很小，包括对人体无害的信息（如温度、可见光、呼吸气体、听到的声音、力、尺寸、外形等）和对人体有害的信息（如毒物）；还有很多无法或难以感知的被测量（如紫外光、红外光、电磁场、无味无色的气体、特高温、剧毒物、各种微弱信号等）和超过人能承受范围的、不能触及的和感觉不准的（如位移、加速度、浓度、噪声、缺陷等）被测量，所有这些外界信息传感器都可以感知。因为电信号具有高精度，高灵敏度，可测量、控制的范围广，便于传递、放大及反馈等处理，并可连续检测和实现遥测，易储存等很多优点，所以人们希望传感器能将外界信息变成电信号，以便于进一步放大、传输、存储、显示、输出信息。于是，更广义地可以把传感器归纳为一种能感受外界信息（力、热、声、光、磁、气体、湿度、蛋白质、离子等）并按一定的规律将其转换成易处理的电信号的装置。

若被测量是非电学量，可以分类为物理量（如力学量、湿度、流量、物位、光学量、温度）、化学量（如成分、浓度、离子、反应速度）、生物量（如葡萄糖、酶、DNA、血压、人体反应）等，必须通过相应的传感器将它们转换成电学量，再送入计算机进行处理。若被测量是电学量，可以直接与各种智能仪器（机器人、计算机）连接，并进行信号处理。

## 2. 传感器的分类

由于被测信号种类很多，一种被测量可以用不同种类的传感器来测量，而且一种传感器也可以测量几种被测信号，所以存在多种分类方式，这里介绍几种基本的分类方式。

（1）按照工作机理可以分为物性传感器和结构型传感器两大类。物性传感器利用外界信息使材料本身的固有性质发生变化，通过检测性质的变化来检测外界信息。将外界信息使材料的物理性质（力、热、声、光）发生变化的传感器称为物理传感器，如应变计、热电阻、拾音器、光敏二极管等；将外界信息使材料的化学性质发生变化的传感器称为化学传感器，如 $Fe_2O_3$ 气敏传感器等；将外界信息使生物或微生物组织的生物效应发生变化的传感器称为生物传感器，如酶传感器、微生物传感器等。结构型传感器利用外界信息使某些元件的结构（如弹簧、气压或磁致伸缩等）发生形变，通过测量结构的变化来检测被测对象。

（2）按照信息的传递方式可以分为直接型传感器和间接型传感器。将被测的信息通过传感器直接转换成电信号的传感器称为直接型传感器，如光敏二极管直接将光信号转换成电压信号和电流信号。

将被测信息通过多于一次的转换才变为电信号的传感器称为间接型传感器，如压力传感器先将压力施加于感压膜片上使其产生形变（即应变），进而产生压阻效应。

（3）按照人类的感觉功能分类，如表 0-1 所示。机器人的感觉系统由视觉、触觉、痛觉、滑动觉、接近觉、热觉或温觉、力觉、嗅觉、听觉、味觉等组成；工作时将多个传感器得到的信息综合，利用多信息融合处理技术，使机器人更准确、全面和低成本地获取所处环境的信息。进而采用机器人智能技术，如机器人的多感觉系统（Robot Sensory System）、多传感器信息的集成与融合（Multi-Sensor Integration and Fusion）、人工智能、图像识别和语音识别等技术，结合自动控制技术或程控和遥控等技术，形成智能机器人，可以完成感知功能、决策功能和动作功能。

表 0-1 按照感觉功能分类

| 感 官 | 感觉传感器 | 传 感 对 象 | 主要的传感器 |
|---|---|---|---|
| 眼 | 视觉传感器、接近觉传感器 | 光强和颜色、大小和形状、距离视觉、三维图像 | 光电二极管、光电倍增管、光敏二极管、光敏三极管、电荷耦合器件、图像传感器、感应线圈接近觉传感器、电容式接近觉传感器 |
| 耳 | 听觉传感器 | 声音信息 | 压电传感器、拾音器、压磁式传感器、声表面波传感器、超声波传感器、语音识别系统 |
| 鼻 | 嗅觉传感器 | 气体和湿度 | 电阻式气敏传感器、电容式气敏传感器和电感式气敏传感器、电阻式湿敏传感器 |
| 皮 | 触觉传感器、滑觉传感器、压觉传感器、热觉传感器 | 表面特征和物理性能、滑、热、压 | 压阻式力传感器、压电式触觉传感器、光电式触觉传感器、电容式触觉传感器、位移传感器、振动传感器、热敏电阻器、热电偶、集成温度传感器 |
| 舌 | 味觉传感器 | 成分和浓度 | 生物传感器、葡萄糖传感器、DNA 芯片 |

另外，按照能量关系分类为能量转换型和能量控制型。前者由被测对象输入能量使其工作，如热电偶、光电池和浓差电池等有源传感器；后者从外部获得激励能量控制其工作，如电阻式和电感式等必须提供激励源（如电源）传感器，也称为无源传感器。还可以按照制备传感器所用的材料分为半导体传感器、金属传感器、陶瓷传感器、光纤传感器、高分子传感器、生物传感器等。按传感器的检测对象分类，如温度传感器、光敏传感器、压敏传感器、磁敏传感器、气敏传感器、湿敏传感器、声波传感器和生物传感器等。还可以按照集成度和智能化分类，按照网络管理的传感器和无线传感器网络分类，按照用途分类（工业、民用、医疗、军用、汽车），还有更为具体的分类形式（如流量传感器、离子传感器、电磁传感器、光电传感器）等。总之，为了使用方便，不同的行业中的分类方式不同，而且会随着传感器的发展出现更新的种类。

### 3．传感器基础简介

（1）传感器的基本特性

从传感器本身的作用可知，它是直接与被测对象发生联系的部分，是信息输入的窗口，可提供原始信息，检测的准确与否与一定范围内反映被测量的精确程度有关。于是，它必须具备一定的基本特性，而了解和掌握其基本特性是正确选择和使用传感器的基本条件。传感器的基本特性指传感器的输出与输入之间关系的特性，一般分为静态特性和动态特性两大类。当被测量不随时间变化或随时间变化缓慢（常称为静态信号）时，传感器的输出信号反映其静态特性，可用一系列静态参数来描述；当被测量随时间变化很快（常称为动态信号）时，传感器的输出信号反映其动态特性，可用一系列动态参数来描述。

① 静态特性。

传感器的静态特性指对于静态的输入信号，传感器的输出量与输入量之间所具有的相互关系。此时输入信号与时间无关，输出量也与时间无关，输出量与输入量的关系可用一个不含时间的方程来表示：

$$y = a_0 + a_1x + a_2x^2 + a_3x^3 + \cdots + a_nx^n \qquad (0\text{-}1)$$

式中，$a_0$ 为零位输出，$a_1$ 为线性常数，$a_2, a_3, \cdots, a_n$ 为非线性待定常数，它们都可由实际的测量数据标定。

实际测量中也可以以 $x$ 为横坐标、$y$ 为纵坐标，根据测量结果画出特性曲线来表征输出与输入的关系。而由多次测量的结果分析可知，任何传感器的输出与输入的关系不会完全符合所要求的特征线性或非线性关系，必须用一些重要指标来衡量传感器的静态特性，如测量范围、线性度、迟滞、重复性、灵敏度等。

a. 测量范围（$y_{FS}$）：一般测量范围（又称为量程）确定在一定的线性区域或保证一定寿命的范围内，实际应用中所选择传感器的测量范围应大于实际的测量范围，以保证测量的准确性和延长传感器及其电路的寿命。每个传感器都有其测量范围，若超过了这个范围进行测量，就会带来很大的非线性误差或测量误差，甚至将其损坏。

b. 线性度（$\delta_f$）：为了标定和数据处理的方便，通常总希望得到线性关系，采用各种硬件或软件的线性化处理方法，用一条拟合直线近似代表实际的特性曲线，这样会使输出曲线不能完全反映实验曲线，总存在一定的非线性误差。线性度就是用来表示实际曲线与拟合直线接近程度的一个性能指标，如图 0-1 所示，用二者间的最大偏差 $\Delta y_{max}$ 与满量程输出 $y_{FS}$ 的百分比来表示，即：

$$\delta_f = \pm \frac{\Delta y_{max}}{y_{FS}} \times 100\% \qquad (0\text{-}2)$$

实用拟合直线的方法有理论拟合、过零旋转拟合、端点平移或连线拟合、最小二乘法拟合等，以所参考的拟合直线计算出的线性度也不同，比较传感器线性度好坏时必须建立在相同的拟合方法上。

c. 迟滞（$\delta_H$）：又称滞后，指在相同工作条件下进行全范围测量时正行程和反行程输出的不重合程度，如图 0-2 所示，常用全量程范围校准时同一输入量的正行程输出值和反行程输出值之间的最大偏差 $\Delta H_{max}$ 与满量程输出值的百分比表示：

$$\delta_H = \pm \frac{\Delta H_{max}}{y_{FS}} \times 100\% \qquad (0\text{-}3)$$

它反映了传感器材料参数的恢复快慢、机械结构和制造工艺的缺陷等。

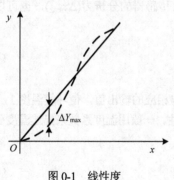

图 0-1　线性度

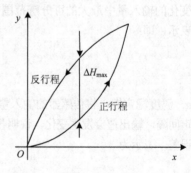

图 0-2　迟滞

d. 重复性：用于描述在同一工作条件下输入量按同一方向在全测量范围内连续多次重复测量所得特性曲线的不一致性（波动性），如图 0-3 所示，若正行程的最大重复性偏差为 $\Delta R_{max1}$，反行程的最大重复偏差为 $\Delta R_{max2}$，取两个中最大的，再用满量程的百分比表示，即：

$$\delta_K = \pm \frac{\Delta R_{max}}{y_{FS}} \times 100\% \qquad (0\text{-}4)$$

或用同一输入量 $N$ 次测量的标准偏差 $\sigma$ 与满量程的百分比表示。其标准偏差用下式表示：

$$\sigma = \sqrt{\frac{\sum_{N=1}^{N}(y_i - \overline{y})^2}{N-1}} \tag{0-5}$$

式中 $\overline{y}$ 为测量值的算术平均值，$N$ 为测量的次数。

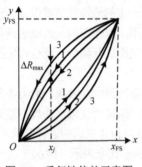

图 0-3　重复性偏差示意图

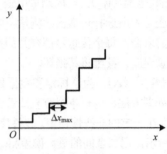

图 0-4　分辨力

e. 灵敏度（$S$）：用传感器稳定工作时输出量的变化（$\Delta y$）与输入量变化（$\Delta x$）的比值表示：

$$S = \frac{\Delta y}{\Delta x} = \frac{\mathrm{d}y}{\mathrm{d}x} \tag{0-6}$$

可以看出，$S$ 的量纲是输出量与输入量的量纲之比。对于线性传感器来讲，$S$ 就是其校准时输出-输入特性直线的斜率；对于非线性传感器来讲，$S$ 随输入量的变化而变化。一般 $S$ 较高时测量容易，精度提高；但 $S$ 越高测量的范围就越窄，稳定性越差；应根据具体情况择优选择。

f. 分辨力：它是描述传感器可以检测到被测量最小变化的能力。若输入量缓慢变化且其变化值未超过某一范围时输出不变化，即在此范围内分辨不出输入的变化，如图 0-4 所示，只有当输入量变化超过此范围时输出才发生变化。一般各个输入点上能分辨的范围不同，人们将满量程中使输出阶跃变化的输入量中最大的可分辨范围作为衡量指标，定义为传感器的分辨力($\Delta x_{\max}$)，也可以用分辨率表示，即：

$$\frac{\Delta x_{\max}}{y_{\mathrm{FS}}} \times 100\% \tag{0-7}$$

g. 温度稳定性：将传感器的输入量设定在某个值，测量出相应的输出值，使环境温度上升或下降一定间隔，输出值会发生变化，说明传感器具有温度不稳定性。一般用温度系数来描述温度引起的这个误差，表示为

$$\alpha_T = \frac{y_2 - y_1}{y_{\mathrm{FS}}\Delta T} \times 100\% \tag{0-8}$$

式中，$y_1$、$y_2$ 分别为温度为 $T_1$、$T_2$ 时的输出值，$\Delta T = T_2 - T_1$。

② 动态特性。

当输入量随时间变化时传感器的输出量响应特性就称为动态特性，一般应使输出量随时间的变化与输入量随时间的变化相近，否则输出量就不能反映输入量的变化，实时测量就毫无意义。动态输入量的变化规律分为规律性的和随机性的两种：前者又可以分为周期性的（正弦周期和复杂周期）和非

周期性的（阶跃函数、线性函数和其他瞬变函数），后者包括平稳的随机函数和非平稳的随机函数。在此，分析传感器对某些标准动态输入信号的响应情况。

a. 阶跃响应。

当输入为阶跃函数时，如图 0-5(a)所示，则传感器的响应函数 $y(t)$ 分为两个响应过程，见图 0-5(b)。一个是从初始状态到接近终态之间的过程，即动态过程（又称为过渡过程）；$t$ 趋于无穷时，输出基本稳定，称为稳态过程。表达式为

$$\begin{cases} t = 0, & x(t) = 0 \\ t > 0, & x(t) = A \end{cases} \tag{0-9}$$

$$\begin{cases} t = 0, & y(t) = 0 \\ t > 0, Y(t)\uparrow, \text{过渡区域} \\ t \to \infty, & y(t) = B \end{cases} \tag{0-10}$$

过渡过程中的特性参数有以下几个。

● 时间常数 $\tau$：输出量从 0 上升到稳态值 $y(\infty)$ 的 63% 所需的时间。

● 上升时间 $t_r$：由稳态值 $y(\infty)$ 的 10% 上升到 90% 所需的时间。它表示传感器的响应速度，$t_r$ 越小表明传感器对输入的响应速度越快。

● 响应时间 $t_s$：从输入量开始到输出进入稳定值的允许误差范围（±1%或±2%）内所需的时间，也能表示响应速度。

● 振荡次数 $N$：输出量在稳态值 $y(\infty)$ 上下摆动的次数，$N$ 越小表明稳定性越好。

● 稳态误差 $e$：响应的实际值 $y(\infty)$ 与期望值之差，它反映稳态的精确程度。

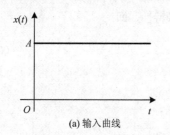

(a) 输入曲线

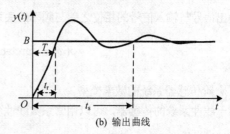

(b) 输出曲线

图 0-5　传感器的动态特性

b. 频率响应。

● 零阶传感器的数学模型。

如果一个传感器的输入量随时间的变化为 $X(t)$，其输出量随时间的变化 $Y(t)$ 是输入量的 $b_0/a_0$ 倍，则输出量与输入量的关系可以表示为

$$a_0 Y(t) = b_0 X(t) \tag{0-11}$$

式中，$a_0$ 和 $b_0$ 是传感器的系数，$b_0/a_0$ 称为静态灵敏度。实际中，滑线电阻器的输出电压 $U(t)$ 与触点距边界的距离 $X(t)$ 成正比，可以将具有这种关系的传感器称为零阶传感器。

● 一阶传感器的数学模型。

如果传感器电路中含有一个储能元件（电感器或电容器），其输出量 $y(t)$ 与输入量 $x(t)$ 的关系可以表示为

$$a_1 \frac{\mathrm{d}y(t)}{\mathrm{d}t} + a_0 y(t) = b_0 x(t) \tag{0-12}$$

式中，$a_1$、$a_0$ 和 $b_0$ 是传感器的常数，$b_0/a_0=K$ 称为静态灵敏度。实际中，热电偶所测的节点温度 $T_0(t)$ 随被测介质温度 $T_i(t)$ 的关系类似（0-11）式，若 $\tau = RC$（$R$ 为介质热阻，$C$ 为热电偶的比热），即：

$$\tau \frac{\mathrm{d}T_0}{\mathrm{d}t} + T_0 = KT_i 。$$

● 二阶传感器系统的数学模型。

二阶传感器系统的微分方程通式为

$$\frac{1}{\omega_n^2}\frac{\mathrm{d}^2 y(t)}{\mathrm{d}t^2} + \frac{2\zeta}{\omega_n}\frac{\mathrm{d}y(t)}{\mathrm{d}t} + y(t) = Kx(t) \tag{0-13}$$

式中，$\omega_n = \sqrt{a_0/a_2}$ 为传感器的固有角频率，$\zeta = a_1/(2\sqrt{a_0 a_2})$ 为传感器的阻尼比，$K = b_0/a_0$ 为静态灵敏度。一般加速度传感器属于二阶传感器系统，其 $x(t) = F(t)$，其传递函数 $H(s)$ 为

$$H(s) = \frac{y(s)}{x(s)} = \frac{K\omega_n^2}{s^2 + 2\zeta\omega_n s + \omega_n^2} \tag{0-14}$$

频率特性为
$$H(\mathrm{j}\omega) = \frac{K}{1 - \left(\frac{\omega}{\omega_n}\right)^2 + 2\mathrm{j}\zeta\left(\frac{\omega}{\omega_n}\right)} \tag{0-15}$$

其频率传递函数的模 $|H(\mathrm{j}\omega)|$ 与角频率 $\omega$ 的关系被称为幅频特性，即：

$$A(\omega) = |H(\omega)| = \frac{K}{\sqrt{[1-(\omega/\omega_n)^2]^2 + 4\zeta^2(\omega/\omega_n)^2}} \tag{0-16}$$

输出信号与输入信号的相位之差与频率的关系 $\phi(\omega)$ 称为相频特性，即：

$$\varphi(\omega) = -\arctan\frac{2\zeta(\omega/\omega_n)}{1-(\omega/\omega_n)^2} \tag{0-17}$$

● $n$ 阶传感器系统的数学模型。

对于线性系统的传感器，可以用常系数线性微分方程来表示：

$$a_n\frac{\mathrm{d}^n y(t)}{\mathrm{d}t^n} + a_{n-1}\frac{\mathrm{d}^{n-1}y(t)}{\mathrm{d}t^{n-1}} + \cdots + a_0 y(t) = b_m\frac{\mathrm{d}^m x(t)}{\mathrm{d}t^m} + b_{m-1}\frac{\mathrm{d}^{m-1}x(t)}{\mathrm{d}t^{m-1}} + \cdots + b_0 x(t) \tag{0-18}$$

式中，$a_n, a_{n-1}, \cdots, a_1, a_0, b_m, b_{m-1}, \cdots, b_1$ 和 $b_0$ 均为常数（$m<n$），可以通过 $n$ 次实验确定之。

$y(t)$ 和 $x(t)$ 的拉氏变换为 $y(s) = L[y(t)] = \int_0^\infty y(t)\mathrm{e}^{-st}\mathrm{d}t$ 和 $x(s) = L[x(t)] = \int_0^\infty x(t)\mathrm{e}^{-st}\mathrm{d}t$，且将式(0-18) 进行拉氏变换，得到的方程为

$$(a_n s^n + a_{n-1}s^{n-1} + \cdots + a_1 s + a_0)y(s) = (b_m s^m + b_{m-1}s^{m-1} + \cdots + b_1 s + b_0)x(s) \tag{0-19}$$

由式（0-19）可以得到输入量和输出量之间的拉氏传递函数 $H(s)$：

$$H(s) = \frac{y(s)}{x(s)} = \frac{b_m s^m + b_{m-1}s^{m-1} + \cdots + b_1 s + b_0}{a_n s^n + a_{n-1}s^{n-1} + \cdots + a_1 s + a_0} \tag{0-20}$$

若输入信号为正弦波 $x(t) = A\sin(\omega t)$，用 $\mathrm{j}\omega$ 代替式（0-20）中的 $s$，则可以得出传感器的输出量与输入量之比和频率的关系，即频率传递函数 $H(\mathrm{j}\omega)$ 为

$$H(\mathrm{j}\omega) = \frac{y(\mathrm{j}\omega)}{x(\mathrm{j}\omega)} = \frac{b_m(\mathrm{j}\omega)^m + b_{m-1}(\mathrm{j}\omega)^{m-1} + \cdots + b_1(\mathrm{j}\omega) + b_0}{a_n(\mathrm{j}\omega)^n + a_{n-1}(\mathrm{j}\omega)^{n-1} + \cdots + a_1(\mathrm{j}\omega) + a_0} \tag{0-21}$$

式中，$j = (-1)^{1/2}$。其幅频特性 $A(\omega) = \sqrt{[H_R(\omega)]^2 + [H_I(\omega)]^2}$ 和相频特性 $\varphi(\omega) = -\arctan\dfrac{H_I(\omega)}{H_R(\omega)}$ 都与角频率 $\omega$ 有关，一般情况下传感器的输出量滞后于输入量，$\varphi(\omega)$ 为负值。

若由两个频率响应为 $H_1(\mathrm{j}\omega)$ 和 $H_2(\mathrm{j}\omega)$ 的常系数线性系统串联组成一个总系统，其频率响应为 $H(\omega) = H_1(\mathrm{j}\omega) \cdot H_2(\mathrm{j}\omega)$，幅频特性为 $A(\mathrm{j}\omega) = A_1(\mathrm{j}\omega) \cdot A_2(\mathrm{j}\omega)$，相频特性为 $\varphi(\omega) = \varphi_1(\omega) + \varphi_2(\omega)$，它们都只是 $\omega$ 的函数，与时间和输入量无关。若将两个频率响应的常系数线性系统并联，则总系统的传递函数为 $H_1(\mathrm{j}\omega) + H_2(\mathrm{j}\omega)$。如果系统为非线性的，则 $H(\mathrm{j}\omega)$ 将与输入量有关；如果系统为非常系数的，则 $H(\mathrm{j}\omega)$ 还与时间有关。

（2）传感器的基本应用

传感器首先应用在测量与控制系统（也叫测控系统）中，而且是其中的关键部件。它在测量系统中执行测量的功能，并将测定"量或性质"的值显示出来；在控制系统中将测量到的量或性质的信息进行分析，用于控制以达到预期的目的。

① 在测量系统中的应用。

基本的电子测量系统由传感器、信号调节、显示系统和电源等四部分组成，如图 0-6(a)所示。其中信号调节和转换部分可使用阻抗匹配器、多级放大器、数模转换器或转换电路（如振荡器）等，使传感器输出的电信号转换为便于显示和记录的信号；显示部分可使用模拟或数字表、纸带记录仪、字符打印机、示波器等，之后再对输出数据进行分析。如果一个环境有两个或更多个被测信号（如温度、压力、振动等），则需要用同样数量、不同种类的传感器测量，也需要各自的信号调节处理并显示输出；若只用一个显示器，其信号调节采用软件控制分别处理，系统中加一个手动开关或自动定时分档器（或定序器），见图 0-6(b)，显示面板上增加一个显示传感器序号的字符，记录时可对显示面板进行扫描，读出所显示值及相应标号，也可以定时打印输出。

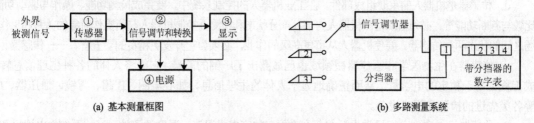

(a) 基本测量框图　　　　　　　　　　　(b) 多路测量系统

图 0-6　电子测量系统

若显示点距测量点很近，则测量系统可以直接显示所测量到的值，工作人员可以在一定的时间内将显示值记录下来，或用自动摄像机拍摄带有时间的测量指示装置；若显示点距测量点很远，则需在系统中增加由测量装置到显示装置传送信息的设备，如机械系统使用钢丝绳连接，气动系统利用管道传递测量装置的压力变化。还可以将测量数据组合成一个复合信号调制高频载波，放大送到天线，从天线发射出去，再用天线接收后用解调器从高频载波中分离出信号，分析并显示出相应传感器的输出信号。

② 在控制系统中的应用。

按照控制的方式将控制系统分为开环和闭环两类。前者是将传感器测量出来的数据经信号调节器后显示出来，由操作员分析判断，并进行控制（如提高温度、减小压力、截止流动、装填容器或改变速度等）的系统。后者将传感器测量出来的数据经信号调节器后送入比较器，与参考数据（即要保持

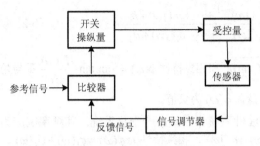

图 0-7　闭环控制系统框图

规定大小的指定量）进行比较，如果二者之差超过一定的范围，比较器或分析器会输出一个信号，可以自动启动开关、操控量或执行器，对被测量系统进行自动控制。图 0-7 给出了闭环控制系统框图。

③ 传感器的应用领域及其重要性。

在工农业、国防、航空、航天、医疗卫生和生物工程等各个领域及人们的日常生活中，会遇到各种物理量、化学量和生物量等被测信息，利用相应的传感器对它们进行测量与控制具有十分重要的意义，体现在如下几方面。

a. 传感器是实现自动检测和自动控制的首要环节。若没有它对原始的各种参数进行精确、可靠的测量，无论是信号转换、处理还是最佳数据的显示与控制，都将成为一句空话。可以毫不夸张地说，如果没有精确的传感器，就没有精确的自动监测和控制。目前，近代检测与控制正经历着重大的变革，没有传感器就无法实现。

b. 传感器技术是构成现代信息技术系统的主要内容之一。基本信息系统包括三个主要组成部分：感受外界各种刺激并及时做出响应的传感器相当于"电五官"，传感器技术也就是信息的获取技术；传送信息或信息的传输技术相当于"神经"，也就是通信技术；处理信息的技术相当于"大脑"，运用科学的信息处理方法（即电子信息科学与技术）、处理电路和自动控制原理（即电子信息工程）和处理仪器（即计算机技术）来实现，如智能仪器、计算机、机器人等都只能处理信息，而不能自己获取信息，它们之间可以互相促进，但不能互相代替，在现代信息系统中起着各自的重要作用。当前处理信息技术和通信技术的发展都非常快，传感器技术的发展就成为信息技术发展的标志，有待进一步发展。

c. 传感器是航空、航天和航海事业不可缺少的器件。在现代飞行器上装备着种类繁多的显示与控制系统，而传感器首当其冲地对反映飞行器的参数、姿态、工作状态等各种量加以检测，其精度可决定飞行员或宇航员进行操作的正确程度和复杂程度。

d. 传感器是机器人的重要组成部件。在工业机器人的控制系统中，要完成检测功能、操作与驱动功能、比较与判断功能等，必须借助检测机器人内部各部分状态和检测并控制机器人与所操作对象的关系和工作现场之间的状态两类传感器。要使机器人从事更高级的作业，必须为它开发更精良的"五官"——传感器。

e. 传感器在生物医学和医疗器械领域也已显露出了广阔的前景。它能将人体的各种生理信息转化成工程上易于测定的电学量，从而正确地显示人体的生理信息，如心电图、B 超、胃镜、血压器、CT 等各类先进的检测和医疗设备。

f. 传感器已渗透到人们日常生活的各个方面，如家电中温度、湿度的测控，音响系统、电视机和电风扇的遥控，煤气和液化气的泄漏报警，路灯的声控、汽车测速、道路障碍物测试等都离不开传感器。

g. 新型行业物联网的产生和发展基于传感器，并促进无线传感器、光纤传感器等的产生和应用。利用传感器能将电信网、计算机网和有线电视网三大网络有机结合，会更方便生活、更易于智能控制，不是简单的物理合一而是三网融合，主要利用物联网 WiFi 发射接收实现高层业务应用的融合，相互渗透、互相兼容，并逐步整合为全世界统一的信息通信网络。为了实现网络资源的共享，形成适应性广、容易维护、费用低的高速带宽的多媒体基础平台，"三网融合"通过技术改造，其技术功能趋于一致，业务范围趋于相同，民众可用电视遥控器打电话，在手机上看电视剧，随需选择网络和终端，只要拉一条线或无线接入，即可通信、电视、上网等。

总之，各个领域的人们都已认识到传感器在整个科学技术及人类生活中的重要性。目前，全世界都越来越重视新型传感器的研究和开发。可以预测，传感器技术必将获得迅速发展，也能与各领域交叉和融合，能促进高新科技的发展，进而改变人类的生活方式。

# 第1章　温度传感器

人们将温度（或热量）变化转换为电学量变化的装置称为温度传感器，用于检测温度和热量，也叫作热电式传感器。由于温度是一个人体最敏感的物理量之一，它与生活环境密切相关，也是一个在科学实验和生产活动中需要严格控制的重要物理量，因此温度传感器是应用最广泛的一种传感器。为了便于讲授，按照原理对传感器进行分类：将温度变化转换为电阻变化的元件主要有热电阻和热敏电阻；将温度变化转换为电势的传感器主要有热电偶和 PN 结式传感器；将热辐射转换为电学量的器件有热释电探测器、红外探测器；另外还有集成温度传感器、数字温度传感器和一些新型温度传感器等。

本章主要介绍电阻型温度传感器、热电偶和 PN 结型温度传感器的工作原理、特性、补偿原理及应用。

## 1.1　电阻型温度传感器

利用感温材料把温度信号或温度变化转化为电阻值变化的元件称为电阻型温度传感器，主要有金属热电阻、半导体陶瓷热电阻、半导体热电阻和其他材料的热电阻等。随温度的升高，它们的阻值有的增加（即属于正温度系数的热电阻），有的减少（即属于负温度系数热电阻）。常用于测量−200℃～500℃范围内的温度，同时在 500℃～1200℃温度范围中也有足够好的特性。

### 1.1.1　金属热电阻

**1. 热电阻的阻温特性**

大多数金属导体的电阻器具有随温度变化的特性，其特性方程如下：

$$R_t = a_0 + a_1 t + a_2 t^2 + a_3 t^3 + \cdots + a_n t^n = R_0[1 + \alpha(t - t_0)] \tag{1-1-1}$$

式中，$R_t$ 表示任意温度 $t$ 时金属的电阻值，$a_0$、$a_1$、$a_2$、$a_3$、$\cdots$、$a_n$ 为待定系数，$a_0$ 是 $t$ 为 0℃时的电阻值，$a_1$ 为灵敏度；$R_0$ 表示基准状态 $t_0$ 时的电阻值。$\alpha$ 是电阻温度系数（1/℃），绝大多数金属导体的 $\alpha$ 不是一个常数，而是温度的函数，但在一定的温度范围内可近似地看成常数，不同金属导体的 $\alpha$ 保持常数时所对应的温度范围也不同。

一般选作感温电阻器的材料必须满足如下要求。①电阻温度系数 $\alpha$ 要高，这样在同样条件下可加快热响应速度，提高灵敏度。通常纯金属的 $\alpha$ 比合金的大，一般均采用纯金属材料。②在测温范围内，化学、物理性能稳定，以保证热电阻的测温准确性。③具有良好的输出特性，即在测温范围内电阻与温度之间必须有线性或接近线性的关系。④具有比较高的电阻率，以减小热电阻的体积和质量。⑤具有良好的可加工性，且价格便宜。比较适合的材料有铂、铜、铁、镍等，它们的阻值随温度的升高而增大，具有正温度系数，图 1-1-1 示出了几种正温度系数金属热电阻的温度特性曲线。

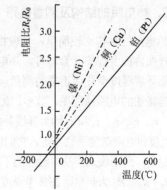

图 1-1-1　几种金属热电阻的温度特性曲线

（1）铂热电阻

金属铂的物理、化学性能稳定，是目前制造热电阻的最佳材料。铂丝的电阻值与温度之间的关系可以近似表示如下：

$$R_t = \begin{cases} R_0[1 + At + Bt^2 + C(t-100)t^3], & t \in [-200, 0] \\ R_0(1 + At + Bt^2), & t \in [0, 850] \end{cases} \tag{1-1-2}$$

式中，$R_t$、$R_0$ 分别是温度为 $t$℃和 $t_0$℃时的电阻值，$A$，$B$，$C$ 是常数。对于纯度为 1.391 的铂丝，参数 $R_0$ 可选为 0℃时的标准电阻，$A$、$B$ 和 $C$ 分别是 $3.96847 \times 10^{-3}$/℃、$-5.847 \times 10^{-7}$/℃$^2$ 和 $-4.22 \times 10^{-12}$/℃$^3$。由于铂的温度变化关系非常稳定，因此一般用于高精度工业测量，铂电阻主要作为标准电阻温度计，广泛用作温度的基准，长时间稳定的重现性使它成为目前测温最好的温度计，常用的铂热电阻有 $Pt_{100}$ 和 $Pt_{50}$。

（2）铜热电阻

铜丝在 $-50$℃～150℃范围内性能很稳定，且电阻与温度的关系接近线性。铜电阻用于一般测量精度和测量范围较小的情况。铜电阻的阻值与温度的关系表示为

$$R_t = R_0[1 + At + Bt^2 + Ct^3] \tag{1-1-3}$$

式中，$R_t$、$R_0$ 分别为温度 $t$℃和 0℃时的阻值，常数 $A$、$B$、$C$ 分别为 $4.28899 \times 10^{-3}$/℃、$-2.133 \times 10^{-7}$/℃$^2$ 和 $1.233 \times 10^{-9}$/℃$^3$。但在 $-50$℃～150℃范围内为线性变化，可表示为

$$R_t = R_0[1 + a(t - t_0)] \tag{1-1-4}$$

式中，$a$ 为 $t_0$℃时的温度系数。目前工业上使用的标准铜热电阻有分度号为 G、Cu50 和 Cu100 三种，它们的 $R_0$ 分别为 53Ω、50Ω 和 100Ω。它们的灵敏度比铂电阻高，$a$ 为 $(4.25 \sim 4.28) \times 10^{-3}$/℃。工业生产中易得到高纯度材料，且价格低廉，但易被氧化，一般只用于 150℃以下无水分和无侵蚀性的环境中。

（3）其他热电阻

金属铁和镍的电阻温度系数比铂和铜高，电阻率也较大，故可做成体积小、灵敏度高的电阻温度计。其缺点是易氧化且不易提纯，其电阻值与温度的关系是非线性的，仅用于测量 $-50$℃～100℃范围内的温度，目前应用较少。由于铂、铜热电阻不适宜做超低温测量，近年来一些新颖的热电阻相继被采用。铟电阻适宜在 $-269$℃～$-258$℃范围内使用，测量精度高，灵敏度很高，是铂电阻的 10 倍，但重现性差；锰电阻适宜在 $-271$℃～$-210$℃范围内使用，灵敏度高，但脆性高、易损坏；碳电阻适宜在 $-273$℃～$-268.5$℃范围内使用，热容量小、灵敏度高、价格低廉、操作简便，但热稳定性较差。

**2．热电阻的结构及测量电路**

热电阻的结构比较简单，一般将电阻丝双线绕在云母、石英、陶瓷、塑料等绝缘骨架上，经过固定，外面再加上保护套管即可。热电阻温度计的测量电路采用精度较高的电桥电路。为消除连接导线电阻随环境温度变化而造成的测量误差，常采用三线和四线连接法。图 1-1-2 和图 1-1-3 分别为三线和四线连接法的电路原理图，其中，$R_1$、$R_2$、$R_3$ 为固定电阻器，$R_a$ 为调零电阻器，V 为电压表，$R_t$ 为热电阻，$r_1$、$r_2$、$r_3$、$r_4$ 和 $r_g$ 均为导线补偿电阻器。三线式接法和四线式接法中都要求接相邻桥臂上的 $r_1$ 和 $r_2$ 的阻值和电阻温度系数相等，它们的变化不影响电桥的状态；三线式接法中 $R_a$ 的触点会导致电桥零点的不稳定，而四线式接法中触点的不稳定不会破坏电桥的平衡。三线接法中，在电桥零位调整时，使用 $R_4 = R_a + R_{t0}$（$R_{t0}$ 为热电阻在参考温度 $t_0$ 时的电阻值），其可调电阻器的触点可能导致电桥的零点不稳定。四线接法中调零的 $R_a$ 电位器的接触点和电压表串联，其接触点的不稳定不会影响电桥的正常工作。

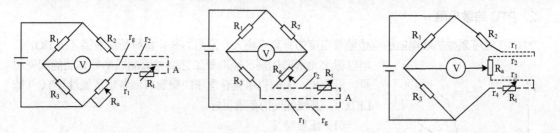

图 1-1-2　热电阻测温电桥的三线连接法　　　　　图 1-1-3　热电阻测温电桥的四线连接法

热电阻式温度计性能稳定，测量范围宽，精度也高，特别是在低温测量中得到广泛的应用；其缺点是需要辅助电源，热容量大，限制了其在动态测量中的应用。为避免热电阻中流过电流的加热效应，在设计电桥时，尽量使流过热电阻的电流减小，为了不使电阻器的温度升高进而影响测量精度，一般应使电流小于 10mA。

## 1.1.2　热敏电阻

热敏电阻是用某种金属氧化物为基体原料，加入一些添加剂，采用陶瓷工艺制成的具有半导体特性的电阻器，其阻值对温度的变化很敏感，电阻温度系数比金属的大很多，有些种类在温度变化 1℃时阻值变化可达 3%～6%。通常将热敏电阻分为三种类型：正温度系数（PTC，Positive Temperature Coefficient）热敏电阻、负温度系数（NTC，Negative Temperature Coefficient）热敏电阻和临界温度系数（CTR，Critical Temperature Resistor）热敏电阻。它们的共同特点是灵敏度高、重复性好、工艺简单，便于工业化生产，因而成本较低，应用很广泛。它们的温度特性曲线如图 1-1-4 所示。

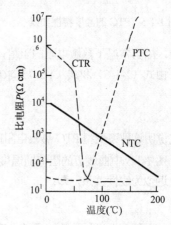

图 1-1-4　三种热敏电阻的温度特性曲线

### 1. 热敏电阻特性参数

（1）标称电阻值（$R_{25}$）：热敏电阻在 25℃时的零功率状态下的阻值，其大小取决于热敏电阻的材料和几何尺寸。如果环境温度不是 25℃，而在 25℃～27℃之间，则按下式计算：

$$R_t = R_{25} \cdot [1 + \alpha_{25}(t - 25)] \tag{1-1-5}$$

（2）电阻温度系数($\alpha_T$)：用于描述温度的变化引起电阻变化率变化的参数，指在规定的温度下单位温度变化使热敏电阻的阻值变化的相对值。用下式表示：

$$\alpha_T = \frac{1}{R_T} \cdot \frac{\mathrm{d}R_T}{\mathrm{d}T} \times 100\% \tag{1-1-6}$$

式中，$\alpha_T$ 决定了热敏电阻在全部工作范围内对温度的灵敏度，单位为%/℃。

（3）时间常数($\tau$)：用于表征热敏电阻值惯性大小的参数，定义为当环境温度突变时热敏电阻的阻值从起始值变化到最终变化量的 63%所需的时间。

（4）额定功率（$P_E$）：指在标准大气压力和规定的最高环境温度下，热敏电阻长期连续工作所允许的最大耗散功率。在实际使用中其消耗的功率不得超过额定功率。

### 2. PTC 热敏电阻

PTC 正温度系数热敏电阻的阻值随着温度的升高而增大。常用的基体材料是钛酸钡（$BaTiO_3$），

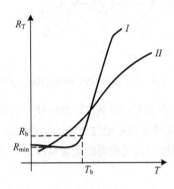

辅以稀土元素添加剂，经陶瓷工艺烧结而制成半导体功能陶瓷材料。近年来，人们也用复合电子陶瓷材料制备出了线性 PTC（或 LPTC），其线性度的范围更好。

（1）温度特性

图 1-1-5 所示为常用 PTC 的温度特性曲线。曲线 $I$ 中，随温度升高电阻值会显著增加，曲线很陡，称为突变型（开关型）PTC。可以看出，其中出现一个电阻最小值 $R_{min}$，当温度高于 $T_b$ 后电阻值跃升有 3～7 个数量级，则把 $T_b$ 称为开关温度（居里温度），它是 PTC 元件 $R_{min}$ 的二倍阻值对应的温度点，此阻值为开关电阻（$R_b$）。一般将在温度 $T_b$ 以上阻值 $R_T$ 与温度 $T$ 的关系近似为

图 1-1-5　PTC 的温度特性曲线

$$R_T = R_0 \exp(AT) \tag{1-1-7}$$

式中，$R_0$ 为常温下热敏电阻的阻值，$A$ 为材料常数，通常大于零。

由式（1-1-6）和式（1-1-7）求出温度系数 $\alpha T$ 为

$$\alpha_T = \frac{1}{R_T} \cdot \frac{\mathrm{d}R_T}{\mathrm{d}T} = A \times 100\% \tag{1-1-8}$$

上式说明这种突变型 PTC 热敏电阻的 $\alpha_T$ 与温度无关。

图 1-1-5 中曲线 $II$ 的阻值随温度变化缓慢，这种电阻器称为缓变型 PTC 热敏电阻，其阻值 $R_T$ 与温度 $T$ 近似为线性关系，即：

$$R_T = A + BT \tag{1-1-9}$$

式中，$A$ 和 $B$ 为材料常数，通常大于零。

由（1-1-9）式可以求得其温度系数为

$$\alpha_T = \frac{B}{A + BT} \times 100\% \tag{1-1-10}$$

上式表明缓变型 PTC 的电阻温度系数随温度而变化，适用于温度补偿。

（2）电压-电流特性

PTC 热敏电阻的电压-电流特性简称为静态伏安特性，是过载保护 PTC 的重要参考特性。具体是指在 25℃、静止的空气中其两端的电压降与达到热平衡稳态时的电流之间的关系，如图 1-1-6 所示。图中曲线可分为 $AB$、$BC$、$CD$ 三段。$AB$ 段称为线性区，由于此段所加电压不高，电阻的功耗温升可以忽略，电流与电压成正比，满足欧姆定律，曲线基本与电阻线（直线 1、2、3）平行。$BC$ 段称为跃变区，由于此时 PTC 的自热升温，电阻值产生跃变，电流随着电压的上升而下降，所以此区也称为动作区，此段曲线基本与功率线（直线 4、5、6）平行。$CD$ 段称为击穿区，电压继续增高将使 PTC 电阻产生晶粒边界效应，其电流值趋于平缓，电阻体功耗增加引起温度进一步提高，电流值将会回升，造成 PTC 热敏电阻失去热自控作用，使元件烧坏。

（3）电压-时间特性

电流-时间特性指热敏电阻在施加电压过程中电流随时间的变化特性。将开始加电压瞬间的电流称为起始电流，平衡时的电流称为残余电流。在一定环境温度下，给 PTC 热敏电阻加一个起始电流（保证是动作电流）开始计时，等到电流值降低到起始电流的 50%所经历的时间就是动作时间，如图 1-1-7

所示。此特性是自动消磁 PTC 热敏电阻、延时启动 PTC 热敏电阻、过载保护 PTC 热敏电阻的重要参考特性。

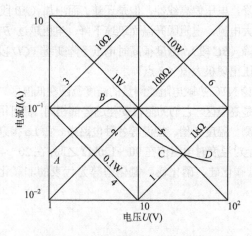

图 1-1-6　PTC 的静态伏安特性曲线

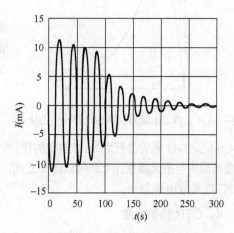

图 1-1-7　电流-时间特性曲线

目前，PTC 热敏电阻已成为继陶瓷电容器及压电陶瓷之后的第三大类应用陶瓷的产品。已成为研究热点的环保型无铅高居里点 PTC$(Bi_{0.5},Na_{0.5})TiO_3$ 和 $(Bi_{0.5},K_{0.5})TiO_3$ 可将居里点从 97℃提高到 175℃左右。为适应电子元件小型化、表面贴装化的发展趋势，将 $BaTiO_3$ 系陶瓷与金属等高电导率材料相复合已制备出了具有低电阻率、高耐压、高升阻比的金属-PTC 复合材料，其片式叠层化成为 PTC 的又一研究热点。

### 3. NTC 热敏电阻

将温度升高时阻值急剧减小的热敏电阻称为 NTC 热敏电阻，通常是一种半导体陶瓷元件，大多数都是用锰、铜、硅、钴、铁、镍、锌等两种或两种以上金属氧化物按一定比例混合烧结而制成的。按使用范围大致可分为低温（−60～300℃）、中温（300～600℃）及高温（>600℃）NTC 三种类型。

（1）温度特性

在一定温度范围内，NTC 中的载流子数目会随着温度的升高而按指数规律迅速增加，致使其电阻值按指数规律迅速减小。实验表明：NTC 热敏电阻的阻值 $R_T$ 与温度 $T$ 的关系为

$$R_T = R_0 \exp\left(\frac{B}{T}\right) \tag{1-1-11}$$

式中，$B$ 为材料常数，随材料成分比例、烧结气氛、烧结温度和结构状态的不同而变化；$R_0$ 为 T 材料时的阻值。

由式（1-1-11）可以求出 NTC 的电阻温度系数为

$$\alpha_T = \frac{1}{R_T} \cdot \frac{\mathrm{d}R_T}{\mathrm{d}T} = -\frac{B}{T^2} \tag{1-1-12}$$

显然，$\alpha_T$ 并非常数，其值随温度升高迅速减小。

（2）静态伏安特性曲线

图 1-1-8 为典型的 NTC 静态伏安特性曲线。温度为 $T_0$ 时给 NTC 上通电流 $I$，则电阻器两端的电压 $U_T$ 会随受温度影响的电阻而偏离。当电流 $I$ 很小时电阻上功耗很小，引起的 $\Delta T$ 很小，可以忽略，

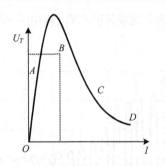

图 1-1-8　NTC 电阻器的静态伏安特性曲线

即 $R_0\exp(B/T_0)$ 不变，电压随电流的增大而线性增大（$OA$ 段）；电流再增大，功耗使电阻温度升高，即 $\Delta T$ 增大，阻值下降，电压偏离线性，但是还随 $I$ 而增加（$AB$ 段）；继续增大电流，电阻因升温而迅速下降，电压越过 $B$ 点很快下降（$BC$ 段），温度很高时电压下降变缓（$CD$ 段），显然电压出现极大值（$B$ 点）。

无论 NTC 热敏电阻能测量的温度范围在低温区、中温区还是高温区，它们的阻值变化趋势都相同，都可用于温度检测、温度补偿、控温等各种电路中。如 La 掺杂的 Fe-Co-Mn-Ni-O 系尖晶石型 NTC 热敏陶瓷，在 20K 绝对温度时电阻值在 90～120kΩ 之间；在 20～45K 温度范围内电阻灵敏度在 0.5～45kΩ/K 之间。还有以碳化硅、硒化锡、氮化钽等为代表的非氧化物系 NTC 热敏电阻材料。

### 4. CTR 热敏电阻

负温临界热敏电阻（CTR）是具有负电阻突变特性的一类热敏元件，且于几度的狭小温区内随温度的增加阻值降低 3～4 个数量级。图 1-1-9 示出一个 CTR 热敏电阻温度特性曲线。一般将 CTR 热敏电阻阻值突变点的温度称为临界温度点，在该温度点此类半导体陶瓷材料发生半导体向金属的相变，引起电导率的极大变化。此温度还可以称为宏观开关温度（$T_c$），常常指电阻值下降到某一规定值（如标称电阻的 80%）时所对应的温度，该规定值称为开关电阻（$R_c$）；也可以按照曲线先求出高阻端突变处切线的交点 $R_h$ 和低阻端突变处切线的交点 $R_l$，再计算出 $R_c$，其经验算式为

$$R_c = (R_h \times R_l)^{1/2} \tag{1-1-13}$$

因为在 $T_c$ 处 CTR 的温度系数 $\alpha_T$ 的绝对值很大，且随温度的升高 $\alpha_T$ 减小，所以通常不用 $\alpha_T$ 来描述电阻变化的快慢。实际应用时发现其标称电阻 $R_{25}$ 与最小电阻值 $R_{min}$（即按照电阻温度曲线规定一个保证寿命并长期使用的最高温限制对应的电阻值）相差几个数量级，为了方便描述，用降值比 $\psi$ 来表示下降的快慢，即：

$$\psi = \lg\left(\frac{R_{25}}{R_{min}}\right) \tag{1-1-14}$$

上式表明降值比越大开关特性越好。

图 1-1-10 示出了不同 $T_c$ 的 CTR 电阻温度特性曲线，其电阻材料为 $V_2O_3$，其相变点可通过添加 Ge、Ni、W、Mn 等元素来调整，可以看出，不同配比的电阻器有不同 $T_c$ 和不同的降值比，可用于控温、报警、无触点开关等各种场合。

### 5. 热敏电阻的结构及其特点

常用热敏电阻的结构有珠状、圆片型、方片型、棒状、厚薄膜型等，它们的体积可以做得很小，各自适用于不同的应用场合。珠状热敏电阻的制作方法是在两根铂丝间点上热敏浆料，烧成后封装在玻璃管中，元件体积很小、响应快、精度高、高温稳定性好，适用于 200℃ 以上的温度测量，其中 RC3 型珠状热敏电阻的大小仅与芝麻的尺寸相当，其电阻值可以做成几百欧姆到几千欧姆。圆片型陶瓷片的两端制作电极，在 150℃ 下稳定性好，适用于 100℃ 以下的温度补偿，可选用不同阻值、不同 $B$ 值的片子相互串并联搭配，共同封装于同一外壳里，可制成互换性好的高精度热敏电阻，用于对响应时间要求不高的场合。方片型热敏电阻在 250℃ 以下有良好的稳定性，适用于 200℃ 以下的测控温及温度

补偿，也可直接贴在集成块或印制电路板上，便于集成化。棒状热敏电阻具有良好的稳定性，易制成高阻值、低 $B$ 值的器件，用于高温电路。厚薄膜型热敏电阻用陶瓷浆料添加适量的 $RuO_2$、$RnO_2$、$Ag$、$Pb$ 等导电微粒涂成膜状烧结而成。薄膜型热敏电阻可用薄膜技术制备，其特点是响应速度快、一致性好、便于集成，可用作辐射测温传感器，另外还有实用的 SiC 薄膜热敏电阻。

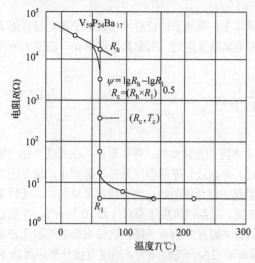

图 1-1-9　热敏电阻温度特性曲线

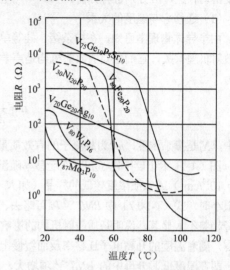

图 1-1-10　不同 $T_c$ 的 CTR 电阻温度特性

目前已有专用于限流保护的、加热的、启动的、消磁的 PTC 热敏电阻，代表型号有 MZ202 型、HR 系列、MZ2(4,5,6,7,9)(1,2,3) 等；专用于稳压、微波测量、测温、控温的 NTC 热敏电阻，代表型号有：MF1 (2,3,5,6,8)、MF72 功率型、MF52E 型、MF58 系列、CT 系列 0201/0402 表面贴装型等；专用于温度开关的 CTR 热敏电阻。它们的主要特点是：①灵敏度较高，其电阻温度系数要比金属的大 10～100 倍以上，能检测出 $10^{-6}℃$ 的温度变化；②工作温度范围宽，常温器件适用于 –55℃～315℃，高温器件适用的温度高于 315℃（目前最高可达 2000℃），低温器件适用于 –273℃～55℃；③体积小，能够测量其他温度计无法测量的空隙、腔体及生物体内血管的温度；④使用方便，电阻值可在 0.1～100kΩ 间任意选择；⑤易加工成复杂的形状，可大批量生产；⑥稳定性好、过载能力强。

### 1.1.3　半导体热电阻

虽然半导体材料的载流子浓度及其迁移率对温度非常敏感，会对各种类型半导体器件的可靠性产生不利影响，但是人们可以利用其电阻率随温度变化的特性制成半导体热电阻，下面介绍半导体热电阻的原理、工艺和特性。

#### 1. 工作原理

由半导体物理学可知，半导体材料的电阻率 $\rho$ 可以表示为

$$\rho = \frac{1}{(nq\mu_n + pq\mu_p)} \tag{1-1-15}$$

式中，$n$、$p$ 分别为半导体材料中电子和空穴的浓度，$\mu_n$、$\mu_p$ 分别为电子和空穴的迁移率，$q$ 为电子和空穴的电量。

对于 N 型半导体，电子浓度 $n$ 远远大于空穴浓度 $p$，则（1-1-15）式可以简化为

$$\rho \approx \frac{1}{nq\mu_n} \qquad (1\text{-}1\text{-}16)$$

以上表明,半导体材料的电阻率主要取决于载流子浓度及其迁移率。而载流子浓度和迁移率都与温度密切相关,应分别进行分析。

(1)迁移率与温度的关系

由半导体物理学可知,在掺杂锗、硅等单质的半导体中,载流子的迁移率与载流子在电场作用下的散射机理有关,它们主要的散射机构是声学波散射和电离杂质散射,引起其迁移率 $\mu$ 与温度 $T$ 的关系为

$$\mu = \frac{(q/m^*)}{AT^{3/2} + BN_i T^{-3/2}} \qquad (1\text{-}1\text{-}17)$$

式中,$N_i$ 是掺杂浓度,$m^*$ 为载流子的有效质量。

图 1-1-11 给出硅中电子和空穴迁移率随温度和杂质浓度的变化曲线,可以看出,在高纯样品(如 $N_i = 10^{13}/\text{cm}^3$)或杂质浓度较低的样品(如 $N_i = 10^{17}/\text{cm}^3$)中,迁移率随温度升高迅速减小,这是因为 $N_i$ 很小时,式(1-1-17)中 $BN_i T^{-3/2}$ 项可略去、晶格散射起主要作用所致。当杂质浓度增加后,迁移率下降趋势不太显著,说明杂质散射机构的影响在逐渐加强。当杂质浓度很高时(如 $10^{19}/\text{cm}^3$),在低温范围,随着温度的升高电子迁移率反而缓慢上升,直到较高温度才稍有下降,这说明杂质散射比较显著,即在温度低时分母中的 $BN_i T^{-3/2}$ 项增大,所以迁移率随温度升高而增大。温度继续升高后虽然 $N_i$ 很大,但因 $T$ 增大使 $BN_i T^{-3/2}$ 降低,$AT^{3/2}$ 项又起主导作用,即以晶格振动散射为主使迁移率下降。

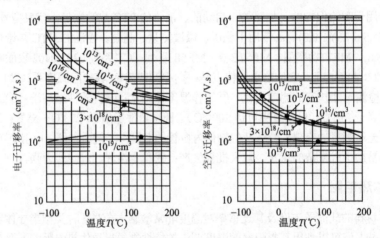

图 1-1-11　硅中电子和空穴迁移率随温度和杂质浓度的变化曲线

(2)电阻率与温度的关系

对于纯半导体材料,本征载流子浓度随温度上升会急剧增加,而迁移率稍有下降,它们引起本征半导体的电阻率将随温度上升而单调下降。对于杂质半导体,载流子浓度受杂质电离和本征激发两个因素影响,迁移率受电离杂质散射和晶格散射两种散射机构的影响,因而电阻率与温度变化的关系更为复杂。图 1-1-12 示出了两种不同杂质浓度 P 型硅样品的电阻率和温度 $T$ 的关系曲线。样品 1 的曲线分为三段,当 $T$ 低于 130K 时电阻率随 $T$ 的升高而下降,这意味着载流子主要由杂质电离提供,它随 $T$ 的升高而增加,迁移率也随 $T$ 的升高而增大,所以电阻率随 $T$ 的升高而下降。当 $T$ 升到 140K 以后,杂质全部电离,载流子浓度基本不随 $T$ 变化,此时以晶格散射为主,迁移率随 $T$ 的升高而降低,所以电阻率随 $T$ 的升高而增大。当 $T$ 继续升高到大于 480K 时,本征激发产生大量的载流子,远远超过迁

移率随 $T$ 减小的影响，使电阻率随 $T$ 的升高而急剧下降，表现出同本征半导体相似的特性，此段称为本征导电。样品 2 的电阻率比样品 1 的电阻率高，在同样的温度范围内（20～300K）观察不到电离杂质散射（杂质浓度低），且在 430K 就进入本征导电；很明显，杂质浓度越高，进入本征段的温度也越高；另外，材料的禁带宽度越大，同一温度下的本征载流子浓度就越低，进入本征段的温度也会越高。温度高到本征导电起主要作用时，一般器件就不能正常工作了，这就是器件的最高工作温度。一般来说，锗器件最高工作温度为 100℃，硅为 200℃，而砷化镓可达 450℃。

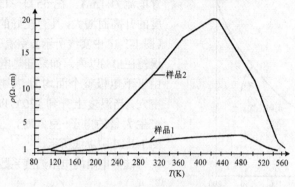

图 1-1-12 硅电阻率与温度关系

### 2. 硅热电阻的结构和制作工艺

硅单晶敏感电阻温度传感器有两种结构形式，如图 1-1-14 所示，一是棒状（见图 1-1-13(a)、1-1-13(b)），二是扩散电阻型（见图 1-1-13(c)）。图 1-1-13(b)为棒状电阻器的电极结构形式，上电极是厚约 20μm、直径为 350μm 的银系多层结构，与直径为 40μm 的圆形欧姆接触区 N$^+$ 相接；下电极也是银系金属形成的，与厚约 3.5μm 的欧姆接触区 N$^+$ 相接；此硅单晶棒温度传感器是利用上、下电极间的阻值随温度的变化制成的。图 1-1-13(c)所示的扩散式电阻器应用日益广泛，若扩散区的宽度为 $W$、长度为 $L$，则电阻器的阻值为

$$R = R_\square \frac{L}{W} = \frac{\rho}{2W} \tag{1-1-18}$$

式中 $R_\square$ 为方块电阻，一般由工艺参数决定；$\rho$ 为扩散区半导体材料的电阻率。

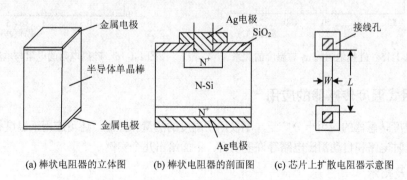

(a) 棒状电阻器的立体图      (b) 棒状电阻器的剖面图      (c) 芯片上扩散电阻器示意图

图 1-1-13 硅单晶热敏温度传感器的结构

由式（1-1-18）可知，利用半导体电阻率随温度的变化和调整扩散区的宽度可以制成温度传感器。其主要的制备工艺是扩散工艺，具体制备时应先对 N 型硅片表面进行热氧化，然后光刻腐蚀

氧化膜形成要求的扩散窗口，通过扩散电阻或扩散磷形成 N$^+$区，可通过控制扩磷浓度和扩散深度调节电阻值。

### 3. 硅热电阻的温度特性

图 1-1-14 为硅热电阻温度传感器的阻值随温度变化的特性。当硅热电阻温度传感器处于正向偏置时（即上电极接电压正极、下电极接负极），保持偏置电流为 1mA。在 55℃～175℃范围内，阻值随温度的升高而增大，具有较好的线性度，误差小于±2%（图 1-1-14 中实线所示）。室温(25℃)下阻值为 1000Ω，误差在±1%以内。如果硅热电阻处于反向偏置状态，由于下电极整个面均为 N$^+$接触区，会产生较多的空穴，当温度上升到 120℃以上时，开始本征激发，产生大量的电子–空穴对，使电阻值突然下降，如图 1-1-14 中虚线所示。

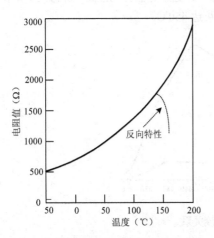

图 1-1-14　硅热电阻温度传感器的温度特性曲线

硅热电阻的电阻温度系数 $\alpha_T$ 定义为

$$\alpha_T = \frac{\ln\left(\dfrac{R_T}{R_{25}}\right)}{(T-25)} \times 100\% \ (\%/℃) \qquad (1\text{-}1\text{-}19)$$

图 1-1-15 示出了硅热电阻温度传感器的 $\alpha_T$ 与温度的关系，表明随着温度的升高，$\alpha_T$ 值减小。图 1-1-16 示出了硅温度传感器在不同温度下的电阻与电流的关系，可以看出，当电流超过 1mA 时，不同温度下的电阻都会增大。即电流的自身热效应使电阻增大。因此，硅温度传感器的工作电流应小于 1mA。

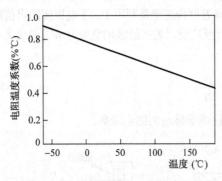

图 1-1-15　硅热电阻的 $\alpha_T$ 与温度的关系

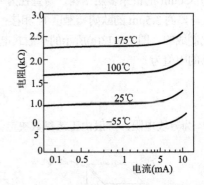

图 1-1-16　硅热电阻的电阻与电流的关系

## 1.1.4　电阻式温度传感器的应用

电阻式温度传感器的应用十分广泛，不仅用于温度的测量和控制，还可应用于温度补偿、过热过电流保护、延时电路和自动消磁电路等许多场合。下面给出几个实例。

### 1. 检测及指示

图 1-1-17(a)为恒压式测温系统框图，主要由恒压源、NTC 热敏电阻测温电桥、放大电路、A/D 转换电路和单片机构成。基本工作原理为：测温电桥将热敏电阻随所测温度的变化以电压信号输出，经过放大后送入 A/D 转换器转换为数字量，最后送入单片机进行计算，得出热敏电阻 $R_T$，结合式(1-1-11)

和数值分析方法进行非线性拟合，最终得出所测温度值。具体测量时，给电桥加上调零电阻，将 $R_T$ 置于被测现场。相关实例有汽车水温测量、自动热水器、电冰箱等家用电器的温度控制等。

图 1-1-17(b)为流量测量的电路原理图，其中利用电桥测试原理，加热器离两个热电阻的距离相同。当液体静止时，调整调零电阻器，$R_a$ 使电压表为 0。当液体流动时，NTC 热敏电阻 $R_{t1}$ 与 $R_{t2}$ 的阻值变化不同，使电压表的数值变化，可以用来指示流量值。

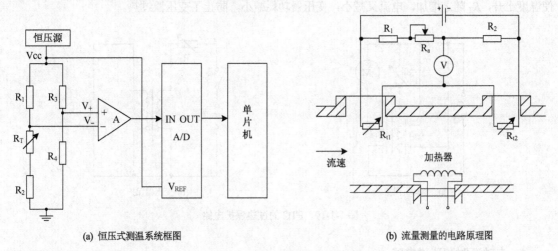

(a) 恒压式测温系统框图　　　　　　　　　　　(b) 流量测量的电路原理图

图 1-1-17　检测及指示

## 2. 温度补偿电路

图 1-1-18 为利用热敏电阻的温度特性对晶体管进行补偿的电路，图 1-1-18(a)中 $R_t$ 为 NTC 热敏电阻。温度升高时，晶体管 VT 的 $V_{be}$ 下降，而 $R_t$ 下降即 $R_t//R_b$ 减小，使 $A$ 点电位降低，这样补偿了 $V_{be}$ 下降的 $R_e$ 压降的增加量。图 1-1-18(b)为缓变型 PTC 电阻器 $R_T$ 对晶体管 $I_e$ 的补偿，当温度升高时，$R_T$ 增大，补偿了因 $V_{be}$ 下降而使电流 $I_e$ 的增加。NTC、PTC 可以对各种晶体管、集成电路及其他电子电路进行温度补偿。

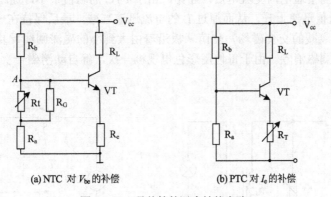

(a) NTC 对 $V_{be}$ 的补偿　　　　　　　　　(b) PTC 对 $I_e$ 的补偿

图 1-1-18　晶体管的温度补偿电路

## 3. 过热保护

作为防灾和过热保护用的 PTC 有 WMZ6、WMZ12A、WMZ11 系列产品等。在小电流场合，可以把 PTC 直接与被保护器件串联；在大电流场合，可通过继电器、晶体管开关对被保护装置进行保护。

这两种形式都必须将 PTC 热敏电阻与保护对象紧密安装在一起，以保证充分进行热交换，使得过热保护及时。图 1-1-19 为 PTC 对电动机、变压器的过热保护电路。图 1-1-19(a)中按下开关 $S_K$ 时 $R_T$ 较小，其上电流大，继电器 K 吸合，电动机 M 启动；$S_K$ 又自动打开，电源通过 K 给电动机、PTC 电阻提供电流，电动机启动后温度升高，$R_T$ 值增大，使其上分流下降，当电动机温度过高而 $I_{RT}$ 小于一定值时，K 断开，保护了电动机过热状态。图 1-1-19(b)中接上电源，起始 $R_T$ 较小，变压器上电流大，功耗也大，使温度上升，$R_T$ 随之增加，电流又减小，变压器功耗减小，防止了变压器过热。

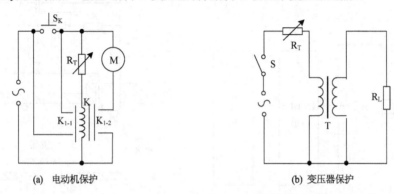

(a) 电动机保护　　　　　　　　　　　　　(b) 变压器保护

图 1-1-19　PTC 的过热保护电路

## 4. 自动延时和消磁电路

由于 PTC 热敏电阻从两端加上电压开始，到电阻增加到确定值需要一定的时间，所以可用于延迟。图 1-1-20 给出了一种延迟开关原理图，当电源接通时，$R_T$ 较小，此支路的分流大，继电器因电流小而不动作，灯没有亮，经过一定时间后，$R_T$ 因功耗而增大，分流减小，当继电器上电流增大到可动值时才动作，即继电器动作延迟，灯也就延迟打开，其延迟时间可利用 $R_0$ 调节。

图 1-1-21 是彩色电视机的自动消磁电路。它由消磁线圈 L 和一个正温度系（PTC）的热敏电阻 $R_T$ 串联而成。L 安置在彩色电视机显像屏幕的框边上，自动消磁电路并联在彩色电视机的电源两引入线上。当接通电网交流电后，起始时由于 PTC 的阻值很小，通过 L 的交变电流幅度较大，使 PTC 的阻值迅速上升，从而通过 L 的电流迅速衰减，最后保持在一个较小的数值上，随之产生一个迅速衰减的交变磁场，使荫罩板沿着由大到小的磁滞回线反复磁化，经过几个周期，将使荫罩板的剩磁消除。由于每使用彩色电视机一次，就自动消磁一次，可有效地消除内、外磁场的影响。

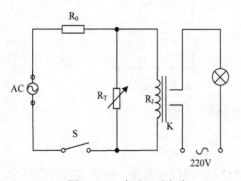

图 1-1-20　自动延时电路

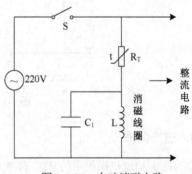

图 1-1-21　自动消磁电路

### 5. 控温电路

图 1-1-22 是由单片集成稳压器 W723 组成的恒温箱温度控制电路，能将温度变化范围控制在±1℃以内。其中 W723 的 $V_Z$ 和 $V_-$ 给测温电桥（$R_1$、$R_2$、$R_3$、$R_T$ 组成）提供电源，$V_+$ 和 $V_-$ 给继电器 K 提供电源，而加热器电源是 220V 交流电。当温度低于设定温度 $T_0$ 时加热器加热，$R_T$ 增加，$AB$ 端电位变化通过 $I_n$ 经 W723 稳压放大由 $V_o$ 输出，经 $R_4$ 和稳压管 VV 为晶体管 VT 提供偏压。温度超过 $T_0$1℃后，$V_o$ 使得 VT 导通，K 发生动作，使加热器停止加热；温度自然下降，等温度低于 $T_0$1℃时，$V_o$ 降低使 VT 截止，K 停止动作，加热器又开始加热，如此反复，保持温度恒定。$T_0$ 可以在−50℃到所能达到的最高温度内任选择。W723 的供电电源可在 10~37V 内选择。调节 $R_W$ 即可调节恒温温度。

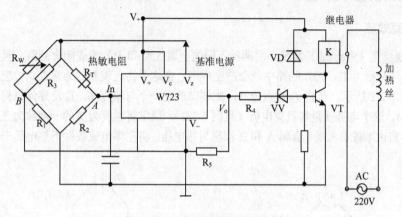

图 1-1-22  恒温箱温度控制电路

### 6. 降温报警器

图 1-1-23 为一实用降温报警器电路。该电路由三部分组成，$VT_1$、$VT_2$、$VT_3$ 及电阻器 $R_1$、$R_2$、$R_3$、$R_5$、$R_6$ 和 NTC 热敏电阻 $R_t$ 组成测温电桥，$VT_4$ 为放大管，$VT_5$ 与变压器 TR、电容器等组成音频振荡器。在使用前调节 $R_3$ 使 $VT_1$、$VT_2$ 基极电位相等，此时，$VT_3$ 截止电桥无输出。当温度升高时，$R_t$ 减小，$R_1$ 的电位升高，$I_{B1}$ 增大，$I_{E1}$ 增大，则 $VT_1$ 集电极电位升高，$VT_3$ 导通，$A$ 点电位升高，当此电压随温度升高到使 $VT_4$ 导通时，$VT_5$ 截止，即不报警；当温度降低时，$VT_1$ 的基极电位下降，使 $VT_1$ 集电极电位下降，$VT_3$ 截止，$A$ 点电位很低，$VT_4$ 截止，$VT_5$ 导通，音频振荡器振荡，使喇叭发声报警。其中 $R_1$ 和 $R_3$ 的阻值可根据温度适当选择。

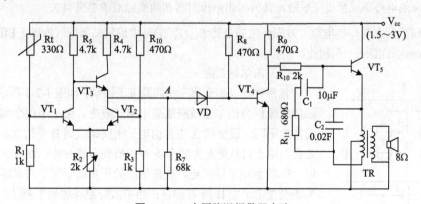

图 1-1-23  实用降温报警器电路

# 1.2 热 电 偶

热电偶是由两种金属（或合金）材料构成的温度传感器，可以将温度信号转换成电信号，具有结构简单、测量速度快、精度高、测量范围大（从 0～180℃）、热惯性小、使用方便、经济耐用和容易维护等优点，可测量局部温度，便于远距离传送、实现多点切换测量、集中检测和自动记录，在实验室及工业现场得到了广泛应用。

## 1.2.1 热电偶的基本原理

### 1. 塞贝克效应

1823 年塞贝克（Seebeck）发现，用两种不同的金属（A 和 B）组成闭合回路，且使其两接触点处的温度不同（分别为 $T_0$、$T$），回路中就会产生电流，把这个物理现象称为塞贝克效应，也称热电第一效应，如图 1-2-1 所示。若将 $T_0$ 触点分开，则端口产生一个与温度 $T$、$T_0$ 及导体材料 A、B 有关的电势 $E_{AB}(T, T_0)$，这个电势就是塞贝克电势（见图 1-2-2），通常将温度为 $T$ 的一端称为工作端、温度为 $T_0$ 的一端称为自由端或参考端，金属 A 和 B 都称为热电极。将在零电流条件下热电偶产生的静电势称为热电势。

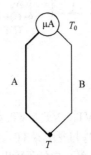

图 1-2-1 塞贝克效应原理图

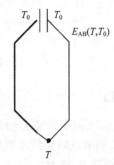

图 1-2-2 热电偶示意图

实验证明，回路的总热电势为

$$E_{AB}(T, T_0) = \int_{T_0}^{T} a_{T_{AB}} dT = E_{AB}(T) - E_{AB}(T_0) \tag{1-2-1}$$

式中，$\alpha_{T_{AB}}$ 为热电势率或塞贝克系数，其值与热电极材料和两接触点的温度有关。

经深入研究后发现，热电第一效应产生的电势 $E_{AB}(T, T_0)$ 是由珀尔帖效应（Peltier Effect）和汤姆逊效应（Thomson Effect）引起的。

（1）珀尔帖效应

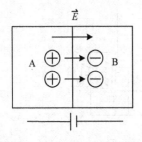

图 1-2-3 珀尔帖效应原理图

使两种不同的金属在相同温度下接触，如图 1-2-3 所示，产生电位差的现象称为珀尔帖效应或热电第二效应。由于不同金属内自由电子的密度不同，设金属 A 中自由电子密度比金属 B 中的大，在接触界面处自由电子将从密度大的金属 A 扩散到金属 B 中，则 A 失去电子带正电，B 得到电子带负电，在接触面处正负离子间形成自建电场 $\vec{E}$，此电场会使电子由 B 向 A 漂移；当扩散与漂移达到平衡时，在接触面附近产生一个稳定的电势差，此电势差称为珀尔帖电势，又称接触电势，其大小可表示为：

$$E_{AB}(T) = \frac{k_0 T}{q} \ln \frac{n_A(T)}{n_B(T)} \qquad (1\text{-}2\text{-}2)$$

式中 $k_0$ 为波耳兹曼常数；$q$ 为电子电量；$n_A(T)$、$n_B(T)$ 分别为温度为 $T$ 时金属 A 和 B 中自由电子的密度。

（2）汤姆逊效应

将一均质导体棒两端的温度不同产生电位差的现象称为汤姆逊效应或热电第三效应。若导体的高、低温端有温度梯度，则高温端（$T$）的自由电子具有较高的动能而向低温端（$T_0$）扩散，结果 $T$ 端失去电子带正电，$T_0$ 端得到电子带负电，形成内建电场，此电场使电子又由 $T_0$ 端向 $T$ 端漂移，当扩散与漂移达到动态平衡时，$T$ 与 $T_0$ 端产生一个稳定的电势差，此电势差称为汤姆逊电势或温差电势，表示为

$$E_A(T, T_0) = \int_{T_0}^{T} \sigma_A dT \qquad (1\text{-}2\text{-}3)$$

式中，$\sigma_A$ 称为汤姆逊系数，表示温差 1℃时所产生的电势差，其数值非常小，与材料和温度有关，如铜在 0℃时 $\sigma_A$ 只有 2μV/℃。

综上所述，热电极 A、B 组成的热电偶回路中，当温度 $T > T_0$ 时，回路的总热电势为

$$E_{AB}(T, T_0) = \frac{k_0 T}{q} \ln \frac{n_A(T)}{n_B(T)} - \frac{k_0 T_0}{q} \ln \frac{n_A(T_0)}{n_B(T_0)} + \int_{T_0}^{T} (\sigma_B - \sigma_A) dT = E_{AB}(T) - E_{AB}(T_0) \qquad (1\text{-}2\text{-}4)$$

式中，$E_{AB}(T)$ 称为热端的热电势，$E_{AB}(T_0)$ 称为冷端的热电势。

由式（1-2-4）可知，当两端点温度相同、两个电极的材料不同时，珀尔帖电势大小相等、方向相反，汤姆逊电势为零，致使 $E_{AB}(T_0, T_0) = 0$；若构成热电偶的两个电极材料相同、两接触点温度不同，两接点处珀尔帖电势皆为零，两个汤姆逊电势大小相等、方向相反，故回路的总电势仍为零。因此，只有两种不同材料的电极构成热电偶，产生的热电势 $E_{AB}(T, T_0)$ 才是两接点温度（$T, T_0$）的函数，即 $E_{AB}(T, T_0) = E(T) - E(T_0)$；当 $T_0$ 保持不变即 $E(T_0)$ 为常数时，热电势 $E_{AB}(T, T_0)$ 仅为热端温度 $T$ 的函数，即 $E_{AB}(T, T_0) = E(T) - C$；两端点的温差越大，回路的总电势也越大，由此可知，$E_{AB}(T, T_0)$ 与 $T$ 有单值对应关系，这就是热电偶的测温公式。

对于由不同金属材料组成的热电偶，温度与热电势之间有着不同的函数关系。一般用实验数据来求取这个函数关系。通常令 $T_0 = 0℃$，在不同的温度下精确地测出回路总热电势，并将所测的结果绘成热电势与温度的关系曲线，或列成表格（称为热电偶分度表），供使用者查阅。如 EA 为镍铬材料与镍铜合金组成的热电偶，EU 为镍铬–镍硅（镍铬–镍铝）热电偶，LB 为铂铑–铂热电偶，在实际热电偶测量温度时，往往其输出的热电势与被测温度信号之间是非线性的，即存在较大的线性测量误差。因此，为了提高测量精度，需要进行传感器冷端补偿和非线性补偿。

**2．热电偶的基本定律**

（1）均质导体定律

两种均质金属组成的热电偶的电势大小与热电极的直径、长度及沿热电极长度方向上的温度分布无关，只与热电极材料和温度有关。如果材质不均匀，将会产生附加热电势，造成无法估计的测量误差，因此，热电极材料的均匀性是衡量热电偶质量的重要指标之一。

（2）标准电极定律

用导体 A、B 和导体 C 分别组成三种热电偶，如图 1-2-4 所示。若三个热电偶工作端的温度都为 $T$，参考端温度都为 $T_0$，则两种热电偶的热电势分别表示为

$$E_{AC}(T,T_0) = \frac{k_0 T}{q} \ln \frac{n_A(T)}{n_C(T)} - \frac{k_0 T_0}{q} \ln \frac{n_A(T_0)}{n_C(T_0)} + \int_{T_0}^{T} (\sigma_C - \sigma_A) \mathrm{d}T \qquad (1\text{-}2\text{-}5)$$

$$E_{BC}(T,T_0) = \frac{k_0 T}{q} \ln \frac{n_B(T)}{n_C(T)} - \frac{k_0 T_0}{q} \ln \frac{n_B(T_0)}{n_C(T_0)} + \int_{T_0}^{T} (\sigma_C - \sigma_B) \mathrm{d}T \qquad (1\text{-}2\text{-}6)$$

则用式（1-2-5）减去式（1-2-6）可知：

$$E_{AC}(T,T_0) - E_{BC}(T,T_0) = E_{AB}(T,T_0) \qquad (1\text{-}2\text{-}7)$$

上式说明，两种金属组成热电偶的热电势可以用它们分别与第三种金属组成热电偶的热电势之差来表示，这一定律即为标准电极定律。导体 C 称为标准电极，工程上常以铂、铜等作为标准电极，若已知多种金属对标准电极的热电势，即可求出各种金属间任意组成热电偶的热电势。

（3）中间导体定律

在热电偶的参考端接入第三种均质金属，如图 1-2-5 所示。若被插入金属两端温度相同（$T_0$），则回路总热电势为三个接触电势与温差电势的代数和，表示为

$$E_{ABC}(T,T_0) = E_{AB'}(T) + E_{BC'}(T_0) + E_{CA'}(T_0) + \int_{T_0}^{T} (\sigma_B - \sigma_A) \mathrm{d}T \qquad (1\text{-}2\text{-}8)$$

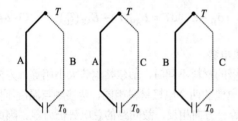

图 1-2-4　三种导体分别组成热电偶

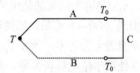

图 1-2-5　带有第三种导体的热电偶回路

当 $T = T_0$ 时，有

$$E_{ABC}(T,T_0) = E_{AB'}(T_0) + E_{BC'}(T_0) + E_{CA'}(T_0) + \int_{T_0}^{T_0} (\sigma_B - \sigma_A) \mathrm{d}T = 0$$

即：

$$E_{BC'}(T_0) + E_{CA'}(T_0) = -E_{AB'}(T_0) \qquad (1\text{-}2\text{-}9)$$

将式（1-2-9）代入式（1-2-8）可得

$$E_{ABC}(T,T_0) = E_{AB'}(T) - E_{AB'}(T_0) + \int_{T_0}^{T} (\sigma_B - \sigma_A) \mathrm{d}T = E_{AB}(T,T_0) \qquad (1\text{-}2\text{-}10)$$

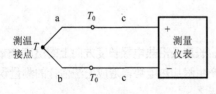

图 1-2-6　热电偶测温电路

由此可见，引入第三个导体 C 后，只要保持 C 两端温度相等，不会影响回路中热电势的大小，即遵循中间导体定律。同样可知，若再插入第四种、第五种均质导体，只要导体两端温度都与参考点相同，就不会影响原来热电势的大小。因此，可以用铜线将毫伏表接入热电偶回路，如图 1-2-6 所示。

（4）中间温度定律

若热电偶的接点温度为 $T$、$T_0$，其热电势等于该热电偶分别在接点温度为 $T$、$T_n$ 和 $T_n$、$T_0$ 时相应

的热电势的代数和，即

$$E_{AB}(T,T_0) = E_{AB}(T,T_n) + E_{AB}(T_n,T_0) \qquad (1\text{-}2\text{-}11)$$

式中，$T_n$ 为中间温度。这个定律可用于热电偶的串联，测量总温度或平均温度。如：$T = 100℃$，$T_n = 40℃$，$T_0 = 0℃$，当 $T_n$ 为实验室温度时，其 $E_{AB}$（100,0）用此定律修正结果。

### 1.2.2　热电偶的种类和结构

#### 1．热电极材料

为了保证工程技术的可靠性和足够的测量精度，一般热电偶的热电极材料必须具有以下特性：①在测量范围内热电性质稳定，即热电势与温度的对应关系不随时间而变化，且有足够的物理化学稳定性，不易氧化和腐蚀；②热电势要足够大，以便于测量，且热电势与温度为单值关系，最好是线性关系或简单的函数关系，测量精度高且误差小；③电阻温度系数小，电导率高，否则热电偶的电阻将随工作端温度而有较大变化，影响测量结果的准确性；④材料的复制性好，机械强度高，易制成标准分度，工艺简单，价格便宜。一般纯金属热电极易于复制但热电势小，非金属的热电势大但熔点高、难复制，实际中没有一种金属材料能满足上述所有要求，所以许多热电极选择合金材料，如镍铝（95%Ni+5%Al、Si、Mn）、康铜（60%Cu+40% Ni）、考铜（56%Cu+44%Ni）、锰铜（84%Cu+13%Mn+ 2%Ni+1%Fe）、镍铬（80%Ni+20%Cr）、铂铑（90%Pt+10%Rn）、铂铱（90%Pt+10%Ir）等。

#### 2．热电偶的种类

热电偶种类很多，可以按温度、材料、用途结构等进行分类。这里按标准化和非标准化简单介绍几种常用的热电偶。

所谓标准热电偶指国家标准规定了其热电势与温度的关系、允许误差，并有统一的标准分度表的热电偶，它有与其配套的显示仪表可供选用。对于标准化热电偶，我国从 1988 年 1 月 1 日起全部按 IEC 国际标准生产，并指定 S、B、E、K、R、J、T 七种标准化热电偶为我国统一设计型热电偶，如表 1-2-1 所示。由于此类热电偶的材料都比较贵重，为了降低成本，通常采用补偿导线把热电偶的冷端（自由端）延伸到温度比较稳定的仪表端子上。这些补偿导线只起连接作用，需采用其他修正方法来补偿冷端温度 $t_0 \neq 0℃$ 时对测温的影响。另外，补偿导线的型号必须相配，极性不能接错，补偿导线与热电偶连接端的温度不能超过 100℃。应用时，铂铑 10-铂热电偶（SC 补偿导线型，其旧型号：WRLB）的正极为铂铑合金，负极为铂，熔点高，可用于较高温度的测量，误差小，适用于较为精密的温度测量；但其热电势较小（1000℃热电势为 0.645mV），且不能用于金属蒸气和还原性气氛中。铂铑-铂铑热电偶（其旧型号：WRLL）可长期测量 1600℃高温，性能稳定，精度高，适合在氧化性或中性介质中测量，室温下热电势比较小，因此一般不需要参考端补偿和修正，可作为标准热电偶。1000℃时镍铬-镍硅或镍铬-镍铝（KX 延伸型，其旧型号：WREU，最高测量温度为 1100℃）、镍铬-考铜（EA-2 贱金属，绝缘层分别为红-黄，其旧型号：WREA）、铜-康铜等热电偶的热电势较大（4.095 mV，6.95mV，4.277mV），易测温，但测温范围小。非标准化热电偶在使用范围或数量级上均不及标准化热电偶，一般也没有统一的分度表，主要用于某些特殊场合的测量。有铁-康铜热电偶，其测温上限仅为 600℃，且易生锈，但温度与热电势的线性关系好，灵敏度高；钨-钼热电偶的测温上限为 2100℃，但易氧化，使用时要加石墨保护管；还有金铁-镍铬热电偶，最低可测-269℃，钨-铼系热电偶（最高可测 2800℃）、铱-铑系（可测 2100℃）、镍铬-金铁热电偶、镍钴-镍铝热电偶，以及一些非金属热电偶，如热解石墨热电偶、二硅化钨-二硅化钼热电偶等。但非金属热电偶复制性差，应用上受到了很大的限制。

表 1-2-1　七种标准化热电偶

| 分度号 | 材质 | 补偿导线 | | 绝缘层 | | 特点 |
|---|---|---|---|---|---|---|
| | | 正 | 负 | 正 | 负 | |
| K | 镍铬–镍硅 KX | 镍铜 | 镍硅 | 红 | 黑 | 抗氧化能力强，宜在氧化性、惰性气氛中连续使用，长期使用温度为1000℃，短期1200℃，使用最广泛 |
| | 镍铬–镍硅 KC | 铜 | 康铜 | 红 | 蓝 | |
| E | 镍铬–康铜 EX | 镍铬 | 铜镍 | 红 | 棕 | 在常用热电偶中，其热电动势最大，即灵敏度最高，宜在氧化性、惰性气氛中连续使用，使用温度为0~800℃ |
| J | 铁–康铜 JX | 铁 | 铜镍 | 红 | 紫 | 可用于氧化性气氛（使用温度上限为750℃）、还原性气氛（使用温度上限为950℃），且耐$H_2$及CO腐蚀，多用于炼油及化工领域 |
| T | 纯铜–康铜 TX | 铜 | 铜镍 | 红 | 白 | 在所有廉金属热电偶中精确度等级最高，通常用来测量300℃以下的温度 |
| B | 铂铑30–铂铑6 | 铜 | 康铜 | 红 | 蓝 | 室温下热电动势极小，故测量时不用补偿导线，其长期使用温度为1600℃，短期为1800℃，可在氧化性或中性气氛中使用，也可在真空条件下短期使用 |
| R | 铂铑13–纯铂 | | | | | 与S分度号相比，除热电动热大15%左右，其他性能几乎完全相同 |
| S | 铂铑10–纯铂 SC | 铜 | 铜镍 | 红 | 绿 | 抗氧化性能强，宜在氧化性、惰气氛中连续使用，长期使用温度为1400℃，短期1600℃，其精确度等级最高，通常用作标准热电偶 |
| N | 镍铬硅–镍硅 | | | | | 1300℃下高温抗氧化能力强，热电动势的长期稳定性及短期热循环的复现性好，耐核辐照及耐低温性能也好，可以部分代替S分度号 |

### 3．热电偶的结构和安装要求

热电偶的结构如图 1-2-7 所示，它有两个热电极，一个端点紧密焊接在一起，且两个热电极间通常用耐高温绝缘材料，并将管芯放入保护套管内。通常贵金属电极直径大多在 0.13~0.65mm 范围内，普通金属热电极直径为 0.5~3.2mm，通常为 350~2000mm。不同测温范围选用不同的绝缘材料，如橡皮、塑料（60~80℃）、玻璃丝（管）（<500℃）、石英管（0~1300℃）、瓷管（1400℃）和氧化铝管（1500~1700℃）等。实用中对其结构还有要求如下：① 两个热电极的焊接必须牢固；② 热电极彼此间应很好地绝缘，以防止短路；③ 补偿导线与热电偶自由端的连接要方便可靠；④ 保护套管应能保证热电极与有害介质充分隔离。

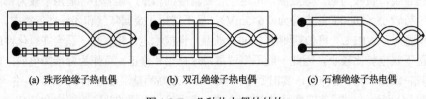

(a) 珠形绝缘子热电偶　　　　(b) 双孔绝缘子热电偶　　　　(c) 石棉绝缘子热电偶

图 1-2-7　几种热电偶的结构

热电偶的安装应注意有利于测温准确、安全可靠及维修方便，且不影响设备运行和生产操作。安装必须注意以下几点。

第一，为了使热电偶的测量端与被测介质之间有充分的热交换，应合理选择测点位置，尽量避免在阀门、弯头及管道和设备的死角附近装设热电偶或热电阻。

第二，带有保护套管的热电偶有传热和散热损失，为了减少测量误差，热电偶应该有足够的插入深度：①对于测量管道中心流体温度的热电偶，一般应将其测量端插入管道中心处（垂直安装或倾斜安装）；②对于高温高压和高速流体的温度测量（如热蒸汽温度），为了减小保护套对流体的阻力和防止保护套在流体作用下发生断裂，可采取保护管浅插方式（1/3 处）或采用热套式热电偶（1/2）；③如测量烟道内烟气的温度，热电偶插入 1/4 即可；④当测量原件插入深度超过 1m 时，应尽可能垂直安装或加装支撑架和保护套管。

#### 4．热电偶的冷端温度补偿

应用热电偶测量一个热端温度时，参考端（即冷端）一般保持在室温环境中，然而室温又随季节变化很大，因此手册上只提供冷端温度为 0℃时热电势与热端温度的对照表（即分度表），为了利用分度表对热电偶进行标定以实现准确测量，对冷端温度变化所引起的温度误差常采用下述补偿措施。

（1）恒温法

将热电偶的冷端置于恒温器中，如图 1-2-8 所示。若将恒温器温度调到 0，电压表读数对应的温度为实际温度，即冷端温度误差得到解决。若恒温器温度为 $T_0$，则冷端误差为

$$e = E_{AB}(T, T_0) - E_{AB}(T, 0) = -E_{AB}(T_0, 0) \tag{1-2-12}$$

由（1-2-12）式可见，$T_0$ 恒定时，冷端误差为常数，只要在回路中加入相应的修正电压或调整指示装置的起始值就能实现完全补偿。

目前采用的冷端恒温法有以下几种。①冰浴法：把冷端放在冰水混合物中，使冷端温度保持在 0℃。②铁匣法：把冷端固定在铁匣内，利用铁匣有较大的热容量这一特点，使冷端温度变化不大或变化缓慢。③埋地法：把冷端置于充满绝缘物的铁管中，把铁管埋在 1.5～2m 深的地下保持恒温。④油浸法：把冷端放在盛油的容器内，利用油的热惰性，保持冷端温度恒定。⑤加热恒温法：把冷端放在加热的恒温盒中，恒温盒用电加热，并用自动控制方法保持这一金属容器内的温度恒定。应当指出，除冰浴法以外，其他几种恒温法都不是将冷端保持在 0℃的，因此还必须进行校正。

（2）电阻温度传感器的冷端自动补偿法

冷端自动补偿法是在热电偶和测量仪表间接入一个电桥补偿器，如图 1-2-9 所示，其中 $R_1$、$R_2$ 和 $R_3$ 的阻值固定，$R_T$ 的阻值随温度变化。当冷端温度升高时，热电偶输出的总电势降低，同时补偿器中 $R_T$ 阻值的变化使 $ab$ 间产生一个电位差，设计时让其值正好补偿热电偶降低的量，达到自动补偿的目的，仪表读数即对应为实际被测温度。

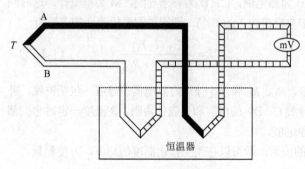

图 1-2-8　冷端恒温示意图

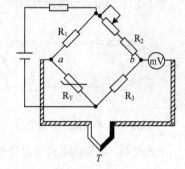

图 1-2-9　$R_T$ 的冷端自动补偿原理图

（3）PN 结温度传感器的冷端补偿法

图 1-2-10 给出了 PN 结的冷端补偿原理图。其原理是热电偶产生的电势经放大器 A1 放大后有一定的灵敏度（mV/℃）；采用 PN 结 VD 传感器组成的测量电桥的输出经放大器 A2 放大后也有相同的灵敏度。将这两个放大后的信号再通过增益为 1 的电压跟随器 A3 相加，则可以自动补偿冷端温度变化引起的误差。一般用于补偿 0～50℃产生的误差。

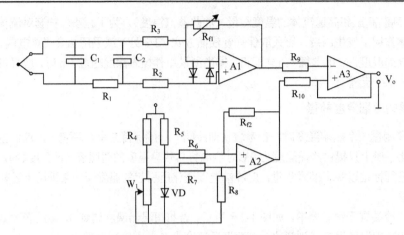

图 1-2-10　PN 结的冷端补偿原理图

### 5. 热电偶温度信号的线性化

在理想的情况下，热电偶的热电势只是被测温度的单值函数，实际上是非线性的。温度从 0 升高到 1800℃，一种热电偶的热电势从 0 变化到 13.585mV，每 100℃热电势的增加最大值约为最小值的 8 倍，其线性化难度较大，主要有如下两种方法。

（1）单反馈法。利用负反馈可以改善其线性，但是很有限。几种非线性稍小的热电偶，在温区要求不宽的情况下可采用这种方法。若在某一温区有精度要求，就在该温区对信号进行调整，达到要求的目标；在没有精度要求温区可以放宽，只作监视用。

（2）折线近似法。这是一种对非线性较大信号处理的较好方法，处理得好可以达到较高的精度，其处理电路普遍适用于各种热电偶的整个正信号温区。

## 1.2.3　热电偶的实用测量电路

### 1. 单点温度测量

图 1-2-11 为单点温度测量电路，其中 A、B 为热电偶，C、D 为补偿导线，M 为检流计。这时回路中总电势为 $E_{AB}(T,T_0)$，则流过测温检流计的电流为

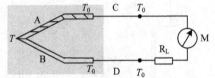

图 1-2-11　单点温度测量电路

$$I = \frac{E_{AB}(T,T_0)}{R_L + R_C + R_M} \qquad (1\text{-}2\text{-}13)$$

式中，$R_L$、$R_C$ 和 $R_M$ 分别为热电偶、导线（包括铜线、补偿导线 C、D）的电阻和仪表的内阻，在温度一定时它们都为固定值。

上式表明，测得的电流与温度有一一对应的关系，即可以在表上标出温度的刻度，方便测量。

### 2. 两点间温差的测量

图 1-2-12 为测量两点间温差的电路，其中两个热电偶属同型号热电偶，且补偿导线相同，连接方法使它们产生的热电势符号相反，仪表读数即为 $T_1$ 和 $T_2$ 的差。

### 3. 平均温度测量电路

通常将若干个同类型热电偶串联，可以测量这些点的温度和，也可测量平均温度，如图 1-2-13 所

示。此电路中若有一个热电偶烧断，总的热电势消失，可以立即查知。若 $T_1$，$T_2$，$T_3$ 为 3 个测试点，回路中总的热电势为

$$E_T = \frac{E_{AB}(T_1,T_0) + E_{AB}(T_2,T_0) + E_{AB}(T_3,T_0)}{3} \tag{1-2-14}$$

此电路的优点是仪表的分度表和单独用一个热电偶时一样，可直接读出平均温度或温度和。

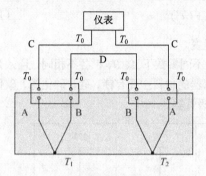
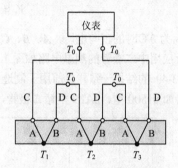

图 1-2-12 测量两点间温差的电路      图 1-2-13 平均温度测量电路

# 1.3 PN 结型温度传感器

众所周知，由于半导体的载流子浓度与温度密切相关，导致 PN 结型器件的许多性能参数随温度而变化，可以制作多种 PN 结型温度传感器，如二极管、三极管、集成温度传感器和晶闸管温度传感器，以下详细讲述各自的原理及其应用。

## 1.3.1 单 PN 结温度传感器

利用 PN 结温度特性的二极管和晶体管温度传感器在–200～300℃温区内有着极其广泛的用途。

### 1. 二极管温度传感器

由 PN 结理论可知，二极管的正向电流 $I_f$ 与其压降 $V_f$ 的近似关系为

$$I_f = I_0 \exp(qV_f / kT) \tag{1-3-1}$$

式中，$I_0$ 为 PN 结反向饱和电流，$q$ 为电子的电量，$k$ 为波耳兹曼常数，$T$ 为绝对温度。

则

$$V_f = \frac{kT}{q} \ln \frac{I_f}{I_0} \tag{1-3-2}$$

又因反向饱和电流与温度的关系为

$$I_0 = AT^\eta \exp(-qV_{g0} / KT) \tag{1-3-3}$$

式中，$A$ 为发射结面积，$\eta$ 是与材料和工艺有关的常数，$qV_{g0} = E_g$ 为半导体的禁带宽度。

将式（1-3-3）代入式（1-3-1），并求对数，得

$$V_f = V_{g0} - \frac{kT}{q} \left[ \ln A + \eta \ln T - \ln I_f \right] \tag{1-3-4}$$

上式表明，当电流保持不变时，PN 结的 $V_f$ 随温度 $T$ 的上升而下降，近似线性关系。通过计算可知，

对于硅材料，在 $V_f = 0.65V$, $T = 300K$, $\eta = 3.5$ 时，电压温度梯度为 $-2mV/K$，由此说明温度每升高一度，硅 PN 结的 $V_f$ 就下降约 $2mV$。

对于实际的二极管，其正向电流除扩散电流以外，还包括空间电荷区中的复合电流和表面复合电流，后两种电流成分使实际二极管的电压-温度特性偏离前面讲的理想近似线性关系。工业中为了方便，将传感器的 $V_f$ 与摄氏温度 $t$ 的关系写成：

$$V_f = V_{f0}(1 + At + Bt^2 + Ct^3) \tag{1-3-5}$$

式中，$V_{f0}$ 为 0℃时的正向电压，$A$、$B$、$C$ 为常数，$t$ 为温度。

实际应用中二极管的测温电路如图 1-3-1 所示，其中不同参数下 $A$、$B$、$C$ 各不相同，且 $A$ 为负值，与式（1-3-4）的结果一致。目前用于制造 PN 结温度传感器的材料主要有锗、硅、砷化镓、碳化硅等，常用型号如 S1500 型、2AP9 型锗二极管，Si410 型硅二极管等。

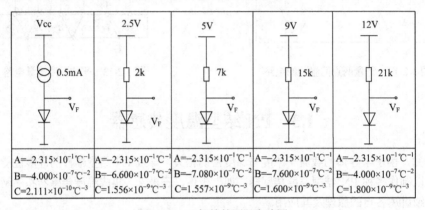

图 1-3-1　二极管的测温电路图

## 2. 晶体管温度传感器

（1）基本原理

由晶体管原理可知，在集电极电流恒定的条件下，NPN 晶体管的发射结上的正向电压 $V_{be}$ 与温度 $T$ 的关系为

$$V_{be} = \frac{kT}{q}\ln(I_c / I_0) = V_{g0} - \frac{kT}{q}\ln(AT^n / I_c) \tag{1-3-6}$$

式中，$V_{g0} = E_{g0}/q$（$E_{g0}$ 为禁带宽度），$A$ 为发射结面积，$n$ 是与材料和工艺有关的常数。

式（1-3-6）中当 $I_c$ 一定且 $T$ 不太高时，$V_{be}$ 与温度 $T$ 近似线性关系；当温度较高时会产生非线性偏移。理论计算知锗管的 $V_{be}$ 电压温度梯度为 $-2.1mV/℃$，硅管的电压温度梯度为 $-2.3mV/℃$。晶体管的发射极电流包括扩散电流、空间电荷区中的复合电流和表面复合电流三部分，但是只有扩散电流能够到达集电极，后两种电流成分则作为基极电流漏掉，使晶体管表现出比二极管更好的线性和互换性，所以常将晶体管称为温敏三极管，广泛应用于温度的测量。

（2）晶体管温度传感器的结构及温度特性

图 1-3-2 给出了一种实用晶体管温度传感器的基本电路及其温度特性曲线。该电路由温敏三极管（MTS102）附加适当的外围电路构成，其外围电路主要包括参考电压源、运算放大器 A 和线性电路等部分，电容器 C 用于防止寄生振荡。温敏三极管作为反馈元件跨接在运放的反相输入端和输出端，基极接地，这使发射结正偏。而因运放的反相输入端为虚地，晶体管的集电结几乎为零偏。晶体管的集

电极 $I_c$ 仅取决于电阻 $R_c$ 和电源电压 $E$，即 $I_c = E/R_c$，保证了恒流源工作条件，使电压 $V_{be}$ 随 $T$ 近似线性下降（见图 1-3-2(b)）。

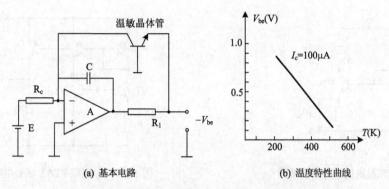

(a) 基本电路　　　　　　　　　　　(b) 温度特性曲线

图 1-3-2　晶体管温度传感器的基本电路及其温度特性曲线

## 1.3.2　集成温度传感器

集成温度传感器是将温敏三极管及其辅助电路集成在同一个芯片上的温度传感器，且其输出结果与绝对温度呈理想的正比关系。它们具有体积小、成本低、使用方便等优点，因此广泛用于温度检测、控制和许多温度补偿电路中。

### 1. 集成温度传感器的基本原理

因为温敏三极管的 $V_{be}$ 与绝对温度并非绝对的线性关系，且在同一批同型号的产品中，$V_{be}$ 也可能有 $\pm 100\text{mV}$ 的离散性，所以集成温度传感器采用对管差分电路，直接给出与绝对温度严格成正比的线性输出。图 1-3-3 给出了集成温度传感器的原理图。其中 $VT_1$ 和 $VT_2$ 温敏三极管的杂质分布种类完全相同，且都处于正向工作状态，集电极电流分别为 $I_1$ 和 $I_2$。由图可见，电阻 $R_1$ 上的压降 $\Delta V_{be}$ 为两管的基极-发射极压降之差，并将式（1-3-6）代入得：

$$\Delta V_{be} = V_{be1} - V_{be2} = \frac{kT}{q}\ln\frac{I_1}{I_{es1}} - \frac{kT}{q}\ln\frac{I_2}{I_{es2}} = \frac{kT}{q}\ln\frac{I_1}{I_2}\cdot\frac{I_{es2}}{I_{es1}} \tag{1-3-7}$$

式中，$I_{es1}$、$I_{es2}$ 为 $VT_1$ 和 $VT_2$ 管的发射结反向饱和电流。

若 $A_{e1}$、$A_{e2}$ 为 $VT_1$ 和 $VT_2$ 管发射结面积，且使 $I_{es2}/I_{es1} = J_{02}A_{e2}/J_{01}A_{e1} = A_{e2}/A_{e1}$，通过设计可以使 $VT_1$、$VT_2$ 采用相同材料、相同工艺实现反向电流密度 $J_0$ 相同，发射结面积之比 $\gamma = A_{e2}/A_{e1}$ 是与温度无关的常数，故只要在电路设计中保证 $I_1/I_2$ 是常数，则式（1-3-7）中 $\Delta V_{be}$ 就是温度 $T$ 的理想的线性函数，这就是集成温度传感器的测温原理，于是图 1-3-4 所示的电路常称为 PTAT（Proportional To Absolute Temperature）原理电路。实用中集成温度传感器按照其输出形式的不同可以分为电压型、电流型和频率型三类，前两者应用较广，下面分别介绍前两种。

### 2. 电压型集成温度传感器

（1）基本原理

电压型集成温度传感器指输出电压与温度成正比的温度传感器，其核心电路如图 1-3-4 所示。图中 $VT_3$、$VT_4$、$VT_5$ 为 PNP 晶体管，其结构和性能完全相同，且基极、集电极电位相同，射极电流也相同（此连接方式称为电流镜），它们作为恒流源。所以 $R_1$ 上的压降可表示为 $\Delta V_{be}$，$R_1$ 上的电流为

$$I_1 = \frac{kT}{qR_1}\ln\gamma \qquad (1\text{-}3\text{-}8)$$

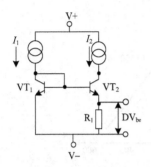

图 1-3-3　集成温度传感器的原理图

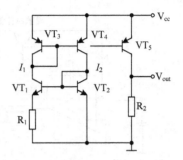

图 1-3-4　电压型 PTAT 核心电路

则 R₂ 上的输出电压为

$$V_o = \frac{R_2}{R_1} \cdot \frac{kT}{q}\ln\gamma \qquad （1\text{-}3\text{-}9）$$

可见，只要两个电阻比为常数，就可得到正比于绝对温度的输出电压。此输出电压的温度灵敏度即 $S_{VT}$ 为

$$s_{VT} = \frac{dV_o}{dT} = \frac{R_2}{R_1} \cdot \frac{k}{q}\ln\gamma \qquad （1\text{-}3\text{-}10）$$

式（1-3-10）表明温度灵敏度可由电阻比 $R_2/R_1$ 及 $VT_1$ 和 $VT_2$ 的发射极面积比来调整。若取 $R_1$ 为 940Ω，$R_2$ 为 30KΩ，$\gamma$ 为 37，则灵敏度可以调整为 10mV/K。

（2）外形结构及基本应用电路

常用的电压型集成温度传感器为四端输出型，其外形结构如图 1-3-5 所示，有四根引线封装形式，其中 PTAT 为核心电路，A 为运算放大器，VD 为稳压二极管。电源可加在 V+ 与 V–之间，大小为稳压管的压降，输出端为 OUT，参考电压可由 IN 端接入。代表性的型号有 SL616、LX5600/5700、LM3911、LM135/235/311/335、LM35、AD22103、UP515/610A-C 和 UP3911 等。若将图 1-3-5 中的输入端 IN 与输出端 OUT 短路，运算放大器就只起缓冲作用，输出结果就是 PTAT 的输出电压，即为 $10T$(mV)，可用于测量温度。其典型性能参数中最大工作温度范围为–40～125℃，灵敏度为 10mV/K，线性偏差为 0.5%～2%，长期稳定性为 0.3%，测量精度为±4K。图 1-3-6 示出了集成电压温度传感器的基本应用电路，其中有负电源供电见图(a)和正电源供电见图(b)，其中一个输出为–$10T$(mV)，另一个输出为 $10T$(mV)。

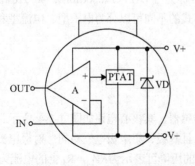

图 1-3-5　四端电压输出外形结构图

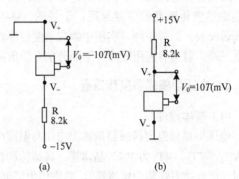

(a)　　　　　　(b)

图 1-3-6　基本应用电路图

### 3. 电流型集成温度传感器

（1）基本原理

电流型模拟集成温度传感器的输出电流与温度成正比，最典型的型号是 AD590，其原理电路如图 1-3-7 所示。图中 $VT_3$ 和 $VT_4$ 集成在一起，作为电流镜型恒流源，使流过温敏三极管 $VT_1$ 和 $VT_2$ 的电流相等。则电路的总电流 $I_T$ 表示为

$$I_T = 2I_1 = \frac{2kT}{qR}\ln\gamma \qquad (1\text{-}3\text{-}11)$$

为了使 $I_T$ 随温度线性变化，电阻器 R 必须选用具有零温度系数的薄膜电阻器。则电流温度灵敏度为

$$S_{I_T} = \frac{dI_T}{dT} = \frac{2k}{qR}\ln\gamma \qquad (1\text{-}3\text{-}12)$$

式（1-3-12）中，如果 $\gamma$ 取 8，R 为 358Ω，则电流温度系数 $S_{I_T}$ 可调整为 1μA/K。

图 1-3-8 示出 AD590 的实用电路图，其中的 $T_9$、$T_{11}$、$T_1$ 和 $T_2$ 组合、$T_3$ 和 $T_4$ 组合，分别代替原理图 1-3-7 中的 $VT_1$、$VT_2$、$VT_3$、$VT_4$。$T_9$ 和 $T_{11}$ 的发射结面积比为常数 $\gamma$。$T_1$、$T_2$、$T_3$、$T_4$ 组成典型的恒流负载，为 $T_9$、$T_{11}$ 提供相等的恒定电流（$I_1+I_2$）。$T_7$、$T_8$ 差分对管的负反馈作用使 $T_9$ 和 $T_{11}$ 的集成电极电压保护相等，$T_{10}$ 为 $T_7$ 和 $T_8$ 恒流负载。流过其上的电流与流过 $T_{11}$ 的相同。调节 $R_5$ 的阻值可调节传感器的电流。由于流过 $R_5$ 的电流为流过 $R_6$ 的电流的 2 倍，则有

$$V_{be11} + 2I_9R_5 = V_{be9} + I_9R_6 \qquad (1\text{-}3\text{-}13)$$

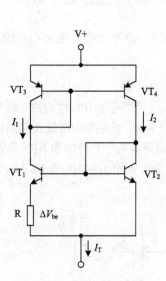

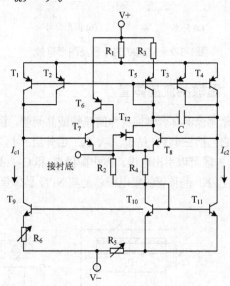

图 1-3-7　AD590 原理电路　　　　　　　图 1-3-8　AD590 的实用电路图

所以

$$\Delta V_{be} = V_{be11} - V_{be9} = I_9(R_6 - 2R_5) \qquad (1\text{-}3\text{-}14)$$

则从低电源端流出的总电流为

$$I_{总} = 3I_9 = \frac{3kT\ln\gamma}{q(R_6 - 2R_5)} = \frac{3kT\ln\gamma}{qR_6^*} \qquad (1\text{-}3\text{-}15)$$

式中，$R^*$ 相当于前面原理电路的电阻 R。另外，$T_{12}$ 的作用是在刚接通电源时提供一个小电流，使传感器开始工作。$T_6$ 能使 $T_7$ 和 $T_8$ 集电极电压平衡，同时在工作电压接反时起到保护器件的作用。

（2）AD590 的结构及性能

美国哈里斯（Harris）公司生产的 AD590 是采用激光修正的精密集成温度传感器，它有 3 种封装形式：T0-52 金属圆壳或扁平封装（测温范围为–55～+150℃）、陶瓷封装（测量范围为–50～+150℃）、T0-92 塑料型封装（测温范围是 0～+70℃）。其中 T0-52 封装的 AD590 系列产品的外形及图形符号如图 1-3-9 所示，有 3 个引脚：1 脚为正极，接电流输入；2 脚为负极，接电流输出；3 脚接管壳，使用时 3 脚接地，可起到屏蔽的作用。

AD590 等效于一个高阻抗的恒流源，其工作电压在 4～30V 且在测温范围内时，输出电流 $I$（μA）与热力学温度 $T$（K）严格成正比，其电流-温度（$I$-$T$）特性曲线如图 1-3-10 所示。目前，AD590 系列的型号有：AD590L、AD590K、AD590J、AD590I 和 AD590M，其主要技术指标：最大非线性误差为±0.3℃，响应时间仅 20 应时，线性误差低至±0.05℃，功耗约 2mW，额定温度系数为 1.0 温度系数，长期温度漂移为±0.1℃/月。ADI 公司新推出的电流输出式模拟集成温度传感器 AD592 有三种：AD592A、AD592B 和 AD592C，它们具有极好的可重复性和稳定性、高电平输出（1μA/K）、双端单片集成电路（温度电流输入/输出）和最小自热误差等优点。

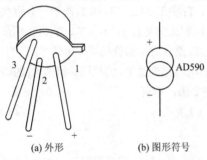

(a) 外形　　　　　(b) 图形符号

图 1-3-9　AD590 的外形及图形符号

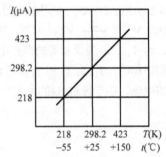

图 1-3-10　AD590 的电流-温度特性曲线

### 1.3.3　温敏闸流晶体管

温敏闸流晶体管常简称为闸流管或晶闸管，图 1-3-11(a)所示为一个四层 PNPN 结构的三端半导体器件，它包括三个 PN 结 $J_1$、$J_2$、$J_3$，由外层 $P_1$ 区和 $N_2$ 区引出两个电极，分别作为阳极 A 和阴极 K，$N_1$ 区和 $P_2$ 区可以引出电极，称作栅极 $G_1$ 和 $G_2$。晶闸管的结构可以等效为一个 PNP 和 NPN 晶体管的组合，且 PNP 晶体管的集电极总是与 NPN 晶体管的基区连接在一起，如图 1-3-11(b)和 1-3-11(c)所示。

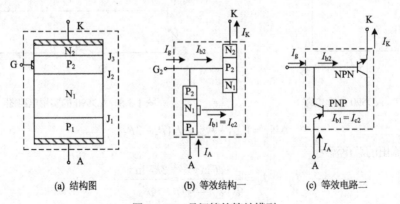

(a) 结构图　　　　　(b) 等效结构一　　　　　(c) 等效电路二

图 1-3-11　晶闸管的等效模型

### 1. 工作原理

当晶闸管处于正向工作过程时，A 极和 K 极之间加正向电压，则 $J_1$ 和 $J_3$ 为正偏，$J_2$ 处于反向偏置，流过的电流 $I_A$ 很小，处于高阻态，此状态被称为正向阻断状态——断态。如果以 $P_2$ 为基极（栅极），注入电流为 $I_g$，则在 $N_1P_2N_2$ 的集电极会得到放大的电流 $\beta I_g = I_{c2}$。而 $I_{c2}$ 是 $P_1N_1P_2$ 的 $I_{b1}$，又注入到 $N_1P_2N_2$ 的基极，这是一个正反馈过程。如果反馈回路的增益足够大，甚至在 $P_2$ 不提供更大的控制极驱动电流时电流也将增大，器件由正向阻断状态转变为正向导通状态——通态。即在正向偏置下工作，通过控制栅极电流，可使晶闸管由断态变为通态。可见，它可作为一种理想的开关器件。当晶闸管处于反向工作状态时，$J_1$ 和 $J_3$ 处于反偏。由于 $J_3$ 两侧的区域都是重掺杂区，则 $J_1$ 几乎承受所有的反向电压，流过很小的反向电流，此时器件称为反向阻断状态。

图 1-3-12(a)给出了晶闸管的电流-电压特性曲线，其中 $OA$ 段是在正偏条件下正向阻断区，即关态；$ABC$ 段为通态，处于通态的晶闸管即使去掉栅极偏置，只要电流电压大于保持点 $B$ 所对应的保持电流 $I_h$ 和保持电压 $V_h$，晶闸管会仍保持导通状态，只有电流低于 $I_h$ 时，晶闸管才会由通态转变为断态。

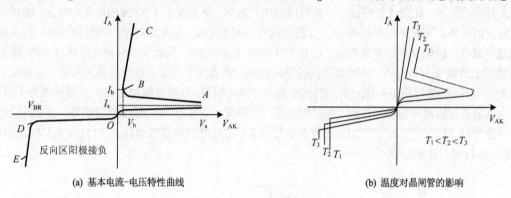

(a) 基本电流-电压特性曲线　　　　　　　(b) 温度对晶闸管的影响

图 1-3-12　晶闸管的特性曲线

### 2. 温度特性

实验发现，晶闸管的电流-电压特性随温度的变化而改变，如图 1-3-12(b)所示。当温度升高时，晶闸管的正向翻转电压下降，而反向电压提高。温度对晶闸管正向特性的影响意味着晶闸管不仅可以用栅触发，还可以用温度触发，使其由断态变为通态。温敏晶闸管就是利用这种热导通特性实现温-电转换的。

当晶闸管处于正偏且无栅电流时，其阳极电流为

$$I_A = \frac{I_0}{1 - \alpha_2 - \alpha_1} \tag{1-3-16}$$

将式（1-3-16）对温度求导：

$$\frac{dI_A}{dT} = \frac{1}{1 - \alpha_2 - \alpha_1} \frac{dI_0}{dT} \tag{1-3-17}$$

式中，$\alpha_1$ 和 $\alpha_2$ 分别为 PNP 和 NPN 管的小信号电流增益。

当温度升高时，$J_2$ 结的反向漏电流指数增加，这相当于在栅极注入电流，利用 PNP 管和 NPN 管之间的正反馈过程便得到放大的阳极电流。温度越高，反向漏电流越大，阳极电流越大，因此电流增益 $\alpha$ 随温度的升高而增大。当温度升高到使 $\alpha_1+\alpha_2 \approx 1$ 时，由式（1-3-17）可知，温度的微小变化可引起 $I_A$ 的巨大变化，即晶闸管由断态进入通态。此情况发生时对应的温度称为开关温度，或称导通温度。可见原来处于正向阻断区的晶闸管可在温度触发下实现状态翻转，从而实现温度的开关作用。

### 3．开关温度的控制

为了提高晶闸管的热稳定性，普通晶闸管的开关温度都做得很高（高于最高使用温度），以防在使用过程中发生误动作。欲将温敏晶闸管作为一种温度开关器件，既可用于高温环境又可用于低温环境，必须使其开关温度能在一个较宽的范围内进行调节，如可在-30～120℃ 范围内变化。通常从两个方面对晶闸管的开关温度加以控制。

（1）增大反向漏电流和直流增益。由上述晶闸管的温度触发原理可知，为了降低开关温度，应设法增大反向漏电流和直流增益。根据 PN 结理论，反向漏电流的主要成分是空间电荷区产生的电流，因此只要设法增加 $J_2$ 结区的有效产生-复合中心密度，以降低载流子的寿命，从而增加 $J_2$ 区的载流子产生过程。其方法是采用氩离子注入技术，在 $J_2$ 结区引入晶格缺陷，以便形成有效的产生-复合中心。根据晶体管原理，要增大直流增益，在结构设计上减小 PNP 和 NPN 的基区宽度就可以实现。

（2）利用栅极分路电阻器。将栅极分路电阻器 $R_{GK}$ 并联在晶闸管的 NPN 管的基极和发射极之间，如图 1-3-13 所示。图 1-3-13(a)中，并联在发射结上的栅极分路电阻器 $R_{GK}$ 会分流发射极电流，而不经过发射结到达基区，此分流作用减小了发射极的注入效率，从而减小了 NPN 的电流增益 $\alpha_2$。因此导致开关温度的升高。同理并联在 PNP 上 $R_{GA}$ 的分流作用减小了 $\alpha_1$，且电阻越小分流作用越强，开关温度将越高。通常，温敏闸流管本身的 $\alpha_1$、$\alpha_2$ 相差比较大（$\alpha_1 < \alpha_2$），因此同一分路电阻接在 NPN 栅极和 PNP 栅极上的效果并不相同，将得到不同的开关温度，前者大于后者。也可以接入两个分路电阻，同时改变 $\alpha_1$ 和 $\alpha_2$。如果按图 1-3-13(c)所示的接法接入分路电阻器，则可以增加 $\alpha_1+\alpha_2$，从而降低开关温度。分路电阻器也可以用其他器件取代，如热敏电阻、二极管、晶体管、MOS 场效应管等。实用的温敏闸流管的型号有 TT201、TT202、TT203，还有人研发出了集成化闸流管温敏器件 JCT151、$KP_6400$、JR0105、JX080、JST120、JP50A 等。

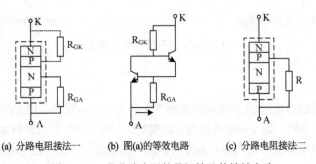

(a) 分路电阻接法一          (b) 图(a)的等效电路          (c) 分路电阻接法二

图 1-3-13　带分路电阻的晶闸管及其等效电路

## 1.3.4　结型温度传感器的应用

### 1．温度控制器电路

图 1-3-14(a)示出了一种简单、实用的晶体管温度控制电路。感温元件采用 NPN 晶体管的 be 结，将运算放大器 A 接成滞回电压比较器；电阻器 $R_1$、$R_2$ 和 $R_{W上}$、$R_3$ 和晶体管 VT、$R_4$ 和 $R_{W下}$ 组成测温电桥。若初始温度较低时，$V_{be}$ 电压较高，$V_+$大于 $V_-$，A 输出 $V_0$ 为高电平 $V_{OH}$，继电器 K 吸合进行加热。当温度升高时，$V_{be}$ 电压下降，使 $V_+$下降；当温度升高到 $T_{HL}$ 后，$V+$小于 $V-$，$V_0$ 为低电平（见 1-3-14(a) 图右上角比较器输出与温度的曲线），K 释放停止加热。恒温室由于散热，温度又会下降，$V_{be}$ 上升，$V_+$升高；当温度下降到 $T_{LH}$ 时，$V_+$又大于 $V-$，$V_0$ 又为高电平，K 再次吸合，开始加热，周而复始，具有滞回特性，将温度控制在 $T_0$ 处（$T_{HL}-T_{LH}$）范围内。调节 $R_W$ 可改变设定温度，达到控温的目的。

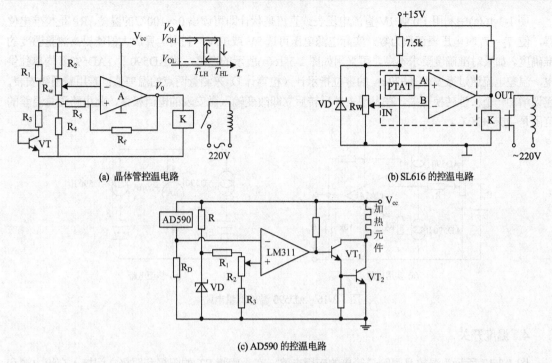

(a) 晶体管控温电路     (b) SL616 的控温电路

(c) AD590 的控温电路

图 1-3-14 温度控制器电路

图 1-3-14(b)为 SL616 的控温电路，若给输入端 IN 加上偏置电压 $V_{IN}$，那么传感器的零输出将由 0 移到与偏置电压对应的温度。若设定所加偏压为 2.73V，零输出温度 2.73V/10mV/K = 273K（即 0℃）；若所选偏置电压设定为 $10T_0$(mV)，传感器的温度达到 $T_0$ 时输出为 0；与适当的控制电路（继电器 K 和加热电路）相接，超过 $T_0$ 时输出高电平，可作为温度控制使用。图 1-3-14(c)为 AD590 温度控制器。由 AD590、$R_D$、$R+R_1+R_{2上}$和 $R_3+R_{2下}$组成测温电桥，调节 $R_2$，设定一温度 $T_0$ 的参考电压。当温度 $T$ 比 $T_0$ 低时，AD590 的电流小，使得 $V_-$较小，LM311 电压比较器输出 $V_0$ 为高电平，VT$_1$、VT$_2$ 导通，加热器加热。当温度 $T$ 比 $T_0$ 高时，$V_-$ 大于 $V_+$，则 $V_0$ 变为低电平，使 VT$_1$、VT$_2$ 截止，停止加热。如此反复就实现了温度控制。

### 2. 摄氏温度计

图 1-3-15 示出了一个摄氏温度计电路图。当 $t$ 为 0℃，$V_+$与地间电位为 2.73V 时，调节 39k 和 5K 电位器，使 $V_0$ 为 0V，即 2.7K 电阻上压降为 2.73V；当温度为 $t$℃时，$V_0$ 为

$$V_0 = 10m(V/K)(t+273)(K) - 2.73V = 10mV/℃ \cdot t(℃) \qquad (1\text{-}3\text{-}18)$$

其工作温度范围为–55～+150℃，灵敏度为 10mV/℃。

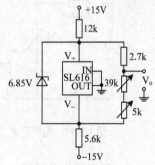

图 1-3-15 摄氏温度计电路

### 3. 温差测量

图 1-3-16(a)是利用两只 AD590 测量温度差的电路。将 AD590 I、AD590 II 置于两个温度不同的环境中，它们的测试电流分别为 $I_1$、$I_2$，则温差电流 $\Delta I = (I_2 - I_1)$ 与温差 $(T_2 - T_1)$ 成正比。将 $\Delta I$ 加至运算放大器 μA741 的反相输入端，其输出电压 $V_0$ 为

$$V_0 = (T_2 - T_1) \times 1μA/K \times 10K\Omega$$
$$= (T_2 - T_1) \times 10mV/℃$$

$$(1\text{-}3\text{-}19)$$

图 1-3-16(a)中利用 1.0 级 1V 直流电压表或直流毫伏计即可读出 0～100℃的温差。RP 是校准电位器，使 $T_2 = T_1$ 时电压表读数为零。实际电源电压可选 9V 或 15V，利用运算放大器能提高测量温度的准确度。如果对准确度要求不高，可采用如图 1-3-16(b)所示的电路，其 AD590Ⅰ、AD590Ⅱ均单独供电，温差电流通过微安表（±20μA 的零位指示计（检零计））来测量两点的温差值；若用普通微安表，建议增加一个极性转换开关，在发现表针反转后立即改变输入微安表的电流极性，此电路测量温差的范围是−20～+20℃。

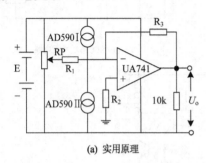
(a) 实用原理

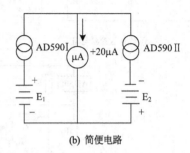
(b) 简便电路

图 1-3-16　AD590 温差测量电路

### 4. 温度开关

图 1-3-17 所示为温控晶闸管最简单的应用电路，在晶闸管 ST 的阳极和阴极之间接入交流电源和负载 $R_L$。当温度超过设定的开关温度 $T_S$ 时 ST 就导通，被整流的半波电流流过负载；当温度继续上升，ST 导通状态不变；温度下降到比 $T_S$ 低时，在电源电压周期内，当电压到达零交叉点时它就断开。电路中负载 $R_L$ 可根据需要用温度指示灯、继电器、晶体管控制电路等替代；$R_G$ 可用于调节开关温度 $T_S$。

图 1-3-18 是一个火灾报警电路。图中安置了温控晶闸管 TT201，当某一路的环境温度（火灾时温度升高）达到晶闸管的开启电压温度时，这一路中显示盘上的发光二极管发光显示，同时蜂鸣器也发出蜂鸣信号，表示某房间失火，起到温度报警作用。

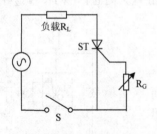

图 1-3-17　温度开关

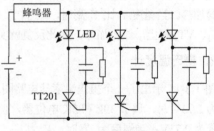

图 1-3-18　火灾报警电路

### 5. 数字温度传感器

由于本章所介绍的普通传感器（如热电阻、热电偶、PN 结型温度传感器）的输出都是模拟电信号，再运用相应的原理算出实际温度，需要更多的外部硬件电路和软件调试才能实现温度的检验测定。若将普通温度传感器输出转换成数字信号，就能制成数字温度传感器，它具有抗干扰能力强、可以直接读出被测温度值、消减了外部硬件电路、使用方便、成本低廉的优点。图 1-3-19 所示为用 AD590 温度传感器设计的数字温度传感器的原理框图。其中，芯片 ICL7106 包括：A/D、时钟发生器、参考电源、BCD 的七段译码和显示驱动等；由 AD590 检测出与温度成正比的模拟信号，经 ICL7106 转换成数字信号，最后用 CM12232 液晶数字显示模块显示。其工作电压为 5V，测温范围为 -55～+125℃，最大分辨率为 0.0625℃。

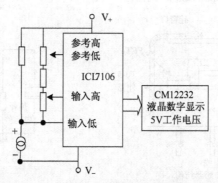

图 1-3-19  AD590 数字温度传感器的原理框图

# 1.4  热释电器件

## 1.4.1  热释电效应及器件

有一些晶体在自然条件下会自发极化，形成一个固有的偶极矩，在垂直极轴的两个端面上会产生大小相等、符号相反的面束缚电荷。在温度变化时，晶体中离子间的距离和键角发生变化，使偶极矩发生变化，自发极化强度和面束缚电荷发生变化，进而两个端面间出现极小的电压变化。在温度恒定时，由自发极化产生的表面极化电荷数目一定，它吸附空气中符号相反的电荷以达到平衡，并与吸附电荷中和；若温度升高，极化强度会减小，极化电荷相应地减少，释放一定量的吸附电荷。这种因温度变化引起自发极化值变化的现象称为热释电效应。将具有自发极化特性的晶体材料称为热释电材料（Pyroelectric Material），将利用热释电效应制成的热探测器称为热释电探测器。

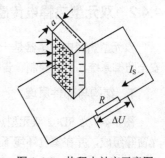

图 1-4-1  热释电效应示意图

实验证实，若热释电材料的极化端面与一个电阻器连成回路（见图 1-4-1），释放电荷形成的电流 $I_S$ 在此电阻器（称为输入电阻器）上产生的压降表示为

$$\Delta U = S \cdot \frac{dp_s}{dt} \cdot R = S \cdot \frac{dp_s}{dT} \cdot \frac{dT}{dt} \cdot R = S \cdot \chi \cdot R \cdot \frac{dT}{dt} \tag{1-4-1}$$

式中，$S$ 为电极面积；$\dfrac{dp_s}{dt}$ 为自发极化矢量随时间的变化；$\dfrac{dp_s}{dT}$ 是热释电系数 $\chi$（值为 $10^{-8}C\cdot cm^{-2}\cdot K^{-1}$），$\dfrac{dT}{dt}$ 是温度对时间的变化率，可以说是温度的变化速度。

由于 $\dfrac{dT}{dt}$ 与红外线强度的变化成正比，结合式（1-4-1），可以得出输出信号正比于红外线强度的变化。因为热释电元件为绝缘体，$R$ 约为 $10^{12}\Omega$，易引入外部噪声，所以一般将热释电元件粘在支座上，将场效应管与输入电阻器装在一起进行阻抗变换和信号放大后输出，并用一个透红外线单晶硅窗的金属壳封装。如图 1-4-2 所示。为了增强热释电元件对红外线等电磁波的吸收，通常在元件上表面覆一层黑化膜。为了使热辐射引起整个材料的温度易于达到热平衡，一般采用陶瓷薄片。当吸热等于放热时，温度不再变化，即连续红外光照达到热平衡，那么不再释放电荷，R 上的压降就变为零，即无信号输出。因此热释电效应只能探测辐射的变化。

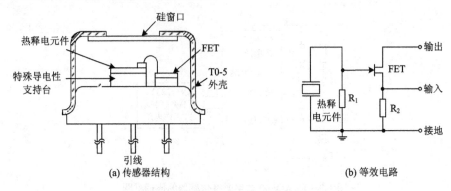

图 1-4-2　热释电传感器的结构和等效电路

实用的热释电材料有：单晶材料（如硫酸三苷肽（TGS）、钽酸锂LiTaO$_3$、铌酸锶钡 Sr$_{0.48}$Ba$_{0.52}$Nb$_2$O$_6$）、高分子有机聚合物及复合材料（如聚氟乙烯（PVF）、聚偏二氟乙烯（PVDF））和金属氧化物陶瓷（如 ZnO、BaTiO$_3$、锆钛酸铅镧（PLZT）透明陶瓷）等。目前，市场上常见的热释电传感器有国产的 SD02、PH5324、BISS0001、TPS434、KDS209，日本的 SCA02-1、PIS-209S、PIS-204S，德国 LHI968、LHI958、LHI1448、LHI878、LHI778，美国产的 P2288 等，大多数可以互换。广泛应用于热辐射和从可见光到红外波段激光的探测，而且在亚毫米波段更受重视，这是因为其他性能较好的亚毫米波段的探测器都需要在液氦温度下才能工作。

## 1.4.2　双元型热释电传感器

双元型热释电传感器是一种专门用来检测人体辐射的红外线能量传感器，目前已广泛应用于国际安全防御系统、自动控制、告警系统等。

### 1．结构与部件原理

图 1-4-3 为 SD02 双元型热释电传感器的内部结构图，由敏感单元、场效应管、高阻抗变换管、滤光窗等组成，并在氦气环境下封装而成。

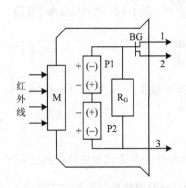

图 1-4-3　SD02 双元型热释电传感器内部结构图

敏感单元用热释电材料锆钛酸铅（PZT）制成，它在外电场撤销后仍保持极化状态，且极化强度随温度升高而下降。制作时先从很薄的材料薄片两面各引出一个电极，构成有极性的小电容器，由于温度变化，此结构输出的热释电信号是有极性的；然后把两个极性相反的热释电敏感单元做在同一个晶片上。若环境影响使整个晶片发生温度变化极慢时，极性相反的敏感单元产生的热释电信号相互抵消，传感器无输出；当人体静止在传感器检测范围内时，两个敏感单元产生的热释电相互抵消，也无信号输出；加上传感器的频率响应低（一般为 0.1～10Hz）、在红外波长敏感范围窄（一般为 5～15μm），因而此传感器可抗绝大部分干扰，只对运动人体敏感。

由于常用的热释电敏感材料的阻抗值高达 $10^{13}\Omega$，因此要用高阻抗变换管（R$_G$）和场效应管（BG）进行阻抗变换，输出电压形式。在 SD02 中一般采用N沟道结型场效应管 2SK303V3 接成共漏形式，即源极跟随器，高阻抗电阻起释放栅极电荷的作用。一般在源极输出接法下，源极电压约为 0.4～1.0V。在薄玻璃窗上镀多层滤光层薄膜作为滤光窗，能很好地让人体辐射的红外线通过而阻止其他射线（包括阳光、电灯光等），可滤除 7.0～14μm 波长以外的红外线，传感器仅对 36～37℃人体发出的红外线（波长为 9.67～9.64μm）最敏感。人体发出的红外辐射波长与温度的关系满足 $\lambda_m \cdot T = 2989$（μm·K）（其中：$\lambda_m$ 为最大波长，$T$ 为绝对温度）。但当电灯距传感器太近时，灯泡开关时仍有可能因传感器有信号输出而使后续电路误动作。

热释电传感器只有与菲涅尔透镜配合使用才能使其探测半径从不足 2m 提高到至少 10m。菲涅尔透镜实际是一个透镜组，每个单元一般都只有一个不大的视场，且相邻视场既不连续也不交叉。当人体在装有菲涅尔透镜的监控范围内运动时，辐射的红外线通过菲尔透镜传到传感器上，形成一个不断交替变化的盲区和亮区，使得敏感单元的温度不断变化，相当于进入一个视场后，又走出这个视场，再进入另一个视场，传感器从而输出信号。

### 2. 工作原理（运动计数法）

采用"双元型"热释电传感器作为"运动计数"系统的探头，实现对人体运动方向的判断。对不同运动方向上的物体，因为单型热释电传感器只能产生同样的信号，而双元型热释电传感器可产生不同的信号，所以后者可以判断方向，其原理示意图如图 1-4-4 所示。

图 1-4-4(a)为反向串联型的两个敏感元件。其中 a 为检测元件，b 为噪声补偿元件（在表面蒸上红外反射膜，实际膜红外反射率可达 77%）。图 1-4-4(b)中，假设有人自左向右走，当人体刚进入传感器视野时，由于人体到两个敏感元件的距离及角度不同而造成入射到两者上的能量变化速率不同，具体是 a 上的能量变化速率大于 b 上的，因此传感器输出信号应以 a 的信号为主，可设符号为"+"。图 1-4-4(c)中，当人体运动到传感器视野中央附近时，两个敏感元件中一个离开一个接近，于是各自产生的信号符号不同，但由于两元件反向串联，因此传感器输出信号应是二者信号的反向叠加，其值比任一元件单独产生的信号都要大，故符号为"−"。图 1-4-4(d)中，当人体运动到即将离开传感器视野时，两敏感元件上的能量变化情况是 b 上的能量变化速率大于 a 上的，因此传感器输出信号应该以 b 为主，人体离开 b 与 a 产生相反信号，故符号为"+"。由于传感器输出信号波形是连续的，再根据以上分析，可以得出传感器输出波形大致如图 1-4-4(e)所示，波形的第二个正峰值低于第一个正峰值是由于敏感元件 b 上蒸有红外反射膜，因此产生的输出信号较小。如果人体运动方向相反，类似分析得到的结果恰好相反，如图 1-4-4(f)所示。这样，就可以将不同运动方向经过传感器的输出信号波形区分开。

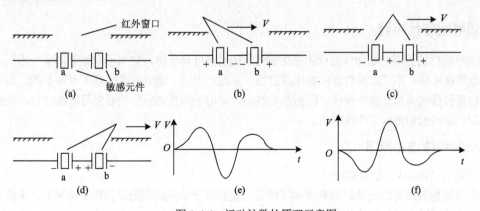

图 1-4-4 运动计数的原理示意图

### 3. 运动计数系统及工作流程设计

整个运动计数控制系统的工作过程为：热释电传感器探测到人体后产生一个相应的输出信号，经过信号处理电路的处理后，人体的运动方向被判断出来，同时信号转变为利于计数的数字信号，输入单片机中，由相应的计数器计数，单片机通过程序比较对应于进门和出门人数的计数器内容，根据比较结果决定控制系统操作。图 1-4-5 给出了一个系统的基本框图，其单片机通过定期查询的方式比较计数器的内容，以决定如何操作。

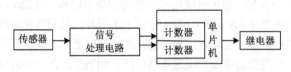

图 1-4-5　运动计数系统基本框图

### 1.4.3　热释电器件的应用

图 1-4-6 示出了基于热释电器件防盗报警系统的结构框图。当警戒范围内出现移动人体时，双元件型热释电传感器检测出信号输送给拨号电路，拨号电路让电话机模拟摘机并自动拨号。要求所使用的电话机具有电话号码记存功能。是否成功地拨通电话、报告警情，忙音解调和脉冲鉴别电路是关键。拨号以后反馈回的电话信号有三种，即拨号音、忙音和回铃音。若为忙音，系统将重新拨号；若为回铃音，将保持原状，等待对方摘机；若是拨号音，则启动录音电路，送出预先录制的语言信号。传感器内部的两个敏感元件反相连接，当人体静止时，两元件极化程度相同，互相抵消；当人体移动后，两元件极化程度不同，净输出电压不为 0，从而达到了探测移动人体的目的。

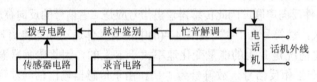

图 1-4-6　防盗报警系统的结构框图

## 1.5　新型温度传感器及发展趋势

### 1.5.1　辐射温度传感器

人们利用物体的热辐射随物体温度的变化制备出辐射温度传感器，它属于非接触测量，因而不干扰被测对象的温度场，不受高温气体的氧化或腐蚀。从理论上讲，测温的上限是不受限制的，而且辐射传热的能量传播速度和光速一样快，因而热惯性小。可用于测量辐射物的温度及温度分布，在近代工业生产和科学研究中得到了广泛应用。

### 1. 光谱测温的基本原理

（1）普朗克（Planck）辐射定律

理想黑体辐射源发射的光谱辐射亮度 $M$（即在一定温度下单位面积的黑体在单位时间、单位立体角内和单位波长间隔内辐射出的能量）随波长的变化规律表达式为

$$M(\lambda,T) = \frac{2\pi hc^2}{\lambda^5}\left(e^{\frac{hc}{\lambda kT}} - 1\right)^{-1} \tag{1-5-1}$$

式中，$h$ 为普朗克常数，$c$ 为光速，$\lambda$ 为辐射波长，$T$ 为绝对温度。

式（1-5-1）称为普朗克辐射定律，可知物体的单色亮度（即单色辐射能力）与温度及波长有关。温度升高，亮度也增大；当波长一定时，物体的亮度只与温度有关，这就是单波长测量温度的原理。

（2）斯蒂芬（Stefan）-玻耳兹曼（Boltzman）定律

斯蒂芬-玻耳兹曼定律用于描述黑体的辐射能力与其表面温度的关系，指某物体在温度 $T$ 时单位面积和单位时间的红外辐射总能量，用物体热辐射能流密度 $E_b$ 表示，它与其表面温度的四次方成正比，即

$$E_b = \sigma_0 T^4 = C_0 \left(\frac{T}{100}\right)^4 \tag{1-5-2}$$

式中，$\sigma_0$ 为黑体的辐射常数，其值为 $5.67^{-8}\text{W/(m}^2\cdot\text{K}^4)$；$C_0$ 为黑体的辐射系数，其值为 $5.67\text{W/(m}^2\cdot\text{K}^4)$；$E_b$ 的单位为 $\text{W/m}^2)$。

### 2. 光谱辐射传感器

辐射测温法包括亮度法（光学高温计）、辐射法（辐射高温计）和比色法（比色温度计）也叫双色温度计，它们均属于非接触式温度传感器。

（1）全辐射高温计

利用测量被测物体的全部辐射能来测量被测物温度的传感器称为全辐射高温计。需要用绝对黑体接收被测对象发出的所有波长的全部能量，选择一块面积一定、表面粗糙并涂黑的金属铂片作为近似绝对黑体。如果铂片的热容量一定，则接收到的热量将使铂片升高一定的温度，于是铂片就成为全部辐射能-热量-温度的转换器。测出铂片的温度，就可以反映被测对象的温度。铂片温度可以用热电偶堆感受，二次仪表用毫伏计或电位差计。这样就可以连续、自动地指出被测对象的温度。

红外辐射温度计（也称为红外温度传感器）的剖面结构图如图 1-5-1 所示，它能吸收红外线能量并输出一个与温度成比例的电压信号。TS 系列红外温度传感器由热吸收体（中央接合处是热接点）、硅基片（外围部分的接点为冷接点）、SiNx 薄膜和外封装组成。先在硅基片沉积出多个梳状结构热偶接点（thermojunction），接点串联在一起形成一个热感应通道，称为热电偶堆式（thermopile），热端和冷端之间有非常薄的热隔离膜。图 1-5-2 为红外辐射温度计的电路原理图，当外界的红外线照射在热吸收体上时，该部分的温度升高，红外传感器（NTL9102F）产生热电动势，引起输出信号的改变即可检测温度。目前还有 HDIR-2A 型红外测温仪等。

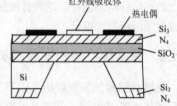

图 1-5-1　红外辐射温度计的剖面结构图

（2）光学高温计

光学高温计是利用亮度法原理的一种精密的温度指示仪表，常用作 1064.43℃ 以上温度测量的标准仪器。当物体被加热过程中，热辐射强度会增加，其颜色也逐渐改变，且温度越高物体越亮，因此可用物体的亮度代表物体被加热而放射出的热辐射强度的大小。实际中，利用 $\lambda$ 上 0.65μm 的单色辐射能和温度的关系来测温。自动的光学高温计用光电器件（见第 2 章，如光敏电阻、光电池），能准确、客观地测量动态过程的温度，同时显示出来；若光电器件可把物体的辐射能转换成与之成一定比例的光电流，则可以用光电流的大小来判断被测物体温度的高低。

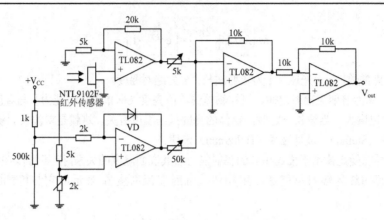

图 1-5-2　红外辐射温度计的电路原理图

（3）比色温度计

比色温度计又称双色温度计，利用物体在波长$\lambda_1$和$\lambda_2$两种单色辐射强度的比值随温度而变化的关系来测量温度。当黑体的两个波长$\lambda_1$和$\lambda_2$的辐射亮度之比等于实际物体的相应亮度比时，黑体的温度就称为实际物体的比色温度。其测量误差比光学高温计小。相关产品有HDIR-2B型红外比色测温仪，由于被测量对象的表面情况往往很复杂，常有氧化、还原、结渣等变化，使用比色高温计比较准确，常用于炼钢、轧钢过程中的温度测量。

（4）辐射温度计

辐射温度计是通过测出的分光辐射亮度来测量温度的。由分光器、干涉滤光器、热探测器（或光探测器）和微处理器构成。若用光探测器测量亮度，为提高灵敏度，必须使分光器输出光的波长是光探测器最灵敏的波长；测量高温物体的温度时，因分光辐射亮度大，必须选用短波长探测器，故常用硅光电二极管（见第2章）。因热电型探测器对波长的依赖性较弱，所以，实用中多用热探测器先测量单一波长的辐射亮度，再利用所测量的亮度计算出相应的温度。若使用的波长为0.6μm，则称为1000T以上的国际标准测温计，这种标准辐射温度计首先由日本提出，后来根据大量的实验数据经不断改进而成为国际标准温度计。

## 1.5.2　温度传感器的发展趋势

温度传感器的发展经历了以下三个阶段：①传统的分立式温度传感器（含敏感元件）；②模拟集成温度传感器/控制器；③数字温度传感器/智能温度传感器。

对温度传感器的要求主要有以下几个方面：①扩展测温范围，如对超高温、超低温的测量；②提高测量精度，如提高了信号处理仪表的精度；③扩大测温对象，如由点测量发展到线、面测量；④发展满足特殊需要的新产品，如光缆热电偶，防硫、防爆、耐磨的热电偶，钢水连续测温，火焰温度测量等；⑤显示数字化，不但使温度仪表具有计数直观、无误差、分辨率高、测量误差小的特点，而且给温度仪表的智能化带来方便；⑥检定自动化，如温度校验装置将直接提高温度仪表的质量，我国已研制出用微型机控制的热电偶校验装置。

利用材料或器件的特性随温度的变化制备出新型温度传感器，如光纤放射线温度传感器、压电式放射线温度传感器和戈雷线圈、色温传感器、液晶温度传感器、石英晶体和水晶谐振式温度传感器、核磁共振NQR温度传感器、铁电温度传感器和电容式温度传感器、活塞式温度传感器、感温铁氧体、形状记忆合金温度传感器、高分子材料的表面电荷和热电动势等，还有多种光纤温度传感器（见第2章）、声表面波温度传感器、超声波温度传感器和音叉式水晶温度计等。

# 习题与思考题

1-1　什么是金属导体的"热电效应"？补偿导线的作用是什么？使用补偿导线的原则有哪些？

1-2　电阻式温度传感器有哪几种？它们各有何特点及用途？试比较金属电阻器和半导体热敏电阻的异同。

1-3　热电阻传感器的测量电路常采用哪几种连接方式？分析热电阻传感器测量电桥之三线、四线连接法的主要原理，并说明电桥电路中补偿导线的作用及使用补偿导线的原则。

1-4　什么是热电偶？什么是热电势、接触电势和温差电势？分析热电偶的金属电极间产生接触电动势的原因和条件。

1-5　说明热电偶的结构。热电偶测温的原理是什么？热电偶测温属于哪一类测温方法？这种测温方法有什么长处与不足？

1-6　为什么在实际应用中要对热电偶进行温度补偿？指出热电偶的冷端温度补偿方法有哪几种？

1-7　试述热电偶的三个重要定律，它们各有何实用价值？将一灵敏度为 0.08mV/℃ 的热电偶与电压表相连，电压表接线端是 50℃，若电位计上读数是 60mV，热电偶的热端温度是多少？

1-8　参考电极定律有何实际意义？已知在某特定条件下材料 A 与铂配对热电偶的热电势为 13.967mV，材料 B 与铂配对热电偶的热电势为 8.345mV，求出在此特定条件下材料 A 与材料 B 配对热电偶的热电势。

1-9　用 K 型（镍铬-镍硅）热电偶测量炉温时，自由端温度 $t_0 = 30℃$，由电子电位差计测得热电动势 $E(t, 30℃) = 37.724mV$，求炉温。

1-10　利用分度号 $Pt_{100}$ 铂电阻测温，求测量温度分别为 $t_1 = -100℃$ 和 $t_2 = 650℃$ 的铂电阻 $R_{t1}$、$R_{t2}$ 值。

1-11　利用分度号 $Cu_{100}$ 的铜电阻测温，当被测温度为 50℃ 时，问此时铜电阻 $R_1$ 值为多大？

1-12　用镍铬-镍硅（K）热电偶测量某炉温的测量系统如习题图 1-1 所示，已知：冷端温度固定在 0℃，$t_0 = 30℃$，仪表指示温度为 210℃，后来发现由于工作上的疏忽把补偿导线 A′ 和 B′ 相互接错了，问：炉温的实际温度 $t$ 是多少？

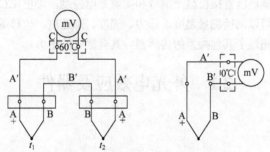

习题图 1-1　热电偶炉温测量系统

1-13　什么是 PN 结温度传感器？它是怎样测温的？它有什么特点？

1-14　晶体管温度传感器有什么特点？它是怎样测温的？为什么温敏晶体管的 $U_{BE}-T$ 关系比温敏二极管的 $U_{BE}-T$ 关系的线性度更好。

1-15　什么是集成温度传感器？它有哪几种输出形式？有哪些应用实例？

1-16　设计一个非接触式温度测量系统。要求：①结构完整；②传感器及测量电路选用合理；③画出组成框图并简述工作原理。

1-17　若被测温度点距离测温仪 500cm，应用何种温度传感器？为什么？欲测量变化迅速的 200℃ 的温度，应选用何种传感器？欲测量 2000℃ 的高温，又应选用何种传感器？说明原理。

1-18　试分别用 LM3911、AD590 温度传感器设计一个直接显示摄氏温度 -50～+50℃ 的数字温度计。

# 第2章　光敏传感器

从器件性能方面讲，光敏传感器是能对光信号的变化作出迅速反应，并将光信号转变为电信号的装置。从原理上讲，光照射材料后材料本身的电学性质会发生变化，这类感应光信号的材料称为光电材料。因为光信号由光子组成，具有粒子性，有一定的能量（$h\gamma$），所以光敏传感器是能将光能变换为相应电能的装置，又称为光电式传感器。从目的上讲，光敏传感器是探测光信号的器件，还可称为光电探测器。

常按照工作原理将光敏传感器分为四类。一类是光电效应传感器，它是利用光敏材料的光电效应制成的光电器件；光照射到物体上使物体发射电子，或电导率发生变化，或产生光生电动势等，这些因光照引起物体电学特性改变的现象称为光电效应，它可以分为外光电效应和内光电效应。相应地，光电效应传感器分为外光电效应器件（如光电发射二极管和光电倍增管）和内光电效应器件（如光导管和光敏电阻、光电池和光敏三极管等）。第二类是固态图像传感器，包括由电荷耦合器件（Charger Coupled Device，CCD）的光电转换和电荷转移功能制成的 CCD 图像传感器和用光敏二极管与 MOS 晶体管构成的将光信号变成电荷或电流信号的 CMOS 图像传感器两大类。第三类是光纤传感器，是唯一的有源光敏传感器，它利用发光管（LED）或激光管（LD）发射的光，通过光纤传输到被检测对象，经检测对象调制后的光沿着光导纤维反射或送到光接收器，再经接收解调后变成电信号。第四类是新型光敏传感器，包括利用各种新型光电转换原理制备的传感器，应用广泛的有激光传感器、核辐射传感器、高分子光电传感器等。

所有光敏传感器都具有可靠性高、抗干扰能力强、不受电磁辐射影响及本身也不辐射电磁波的特点，其中的光电效应传感器可以直接检测光信号和实现光电控制，彩色 CCD 图像传感器可以传真各种彩色图像，光纤传感器可以间接测量温度、压力、速度、加速度、位移等，加之新型光敏传感器也都发展很快，应用范围都超过了其他类型的传感器，具有很大的潜力。

## 2.1　外光电效应及器件

### 2.1.1　外光电效应

在光照射下，某些材料中的电子会逸出表面，就像发射电子一样，这种现象称为光电发射效应，也称为外光电效应。最早是 1887 年赫兹发现的光电发射现象，次年斯托列托夫等人对金属的光电发射进行了研究。爱因斯坦为解释光电效应于 1905 年提出光子说，假设一个电子只能吸收一个光子，其能量一部分用以克服物质对电子的束缚（即表面逸出功 $\phi$），一部分转化为电子的能量，且此过程必须满足能量守恒定律，表达式为

$$h\gamma = \phi + E_e \qquad (2\text{-}1\text{-}1)$$

式中，$E_e$ 为电子的能量，$\gamma$ 为入射光的频率。

若电子得到的能量全都变为电子的动能，则光电子的最大动能为

$$E_{\max} = \frac{1}{2}mv_{\max}^2 = h\gamma - h\gamma_0 = h\gamma - \phi \qquad (2\text{-}1\text{-}2)$$

式中，$m$ 为电子的质量，$v_{max}$ 为电子的最大速率，$\gamma_0$ 为产生光电发射的极限频率。

从式（2-1-2）可以看出，光电子的最大动能与入射光的频率成正比，而与入射光的强度无关。若电子吸收光子脱离原子核束缚（被称为光电子）后就在材料表面，且运动方向向外，它会逸出表面，且其能量就是式（2-1-2）的最大值；若光电子在材料内部，就会发生多次碰撞，且全是弹性碰撞，逸出表面的能量还是最大的，但一般会有非弹性碰撞发生，所以，逸出电子的能量会减小。

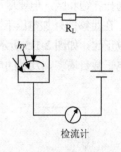

图 2-1-1  光电发射检测装置

若在发射电子的材料上方放置一个电子接收板，并连接成一个光电发射检测装置，如图 2-1-1 所示，可用于测定逸出电子随光频率和光强度的变化情况。实验发现，若入射光子的能量 $h\gamma$ 小于 $h\gamma_0$，即 $\lambda > \lambda_0$ 时，无论光强多大，都无光电子发射，光电流都为 0。说明光的波长必须小于 $\lambda_0$ 才能产生光电子，即存在一个极限频率 $\gamma_0$，电子吸收 $h\gamma_0$ 光子后能量完全用于克服表面逸出功，此时光的波长称为阈波长，表示为

$$\lambda_0 = \frac{c}{\gamma_0} = \frac{hc}{\phi} = \frac{1.239 \times 10^{-4}}{\phi}(\text{cm}) = \frac{1.24}{\phi}(\text{nm}) \qquad (2\text{-}1\text{-}3)$$

若给光电发射材料加反压以阻止电子运动到吸收板上，测量出无电子到达时的电压，即得到逸出电子的最大能量，它与所吸收光子的频率成正比。若光子的波长或频率不变，光强增加只使照射材料的光子数目增多，逸出电子的最大能量保持不变。

## 2.1.2  光电发射二极管

通常人们把检测装置中发射电子的极板称为阴极、吸收电子的极板称为阳极，且将两者封于同一壳内，连上电极，就成为光电发射二极管（phototube），可简称光电管，实用的光电发射二极管有真空光电管和充气光电管两类，下面分别介绍。

### 1. 真空光电管

图 2-1-2 示出了典型的真空光电管结构示意图，从真空玻璃壳内引出阴极和阳极。一般为了有效地吸收最大光强，阴极具有一定的几何形状（如半圆筒状凹面或半球面），其上镀有光电发射材料。为使阳极既能吸收阴极发射的电子又不妨碍照射到阴极上的光线，用细金属丝（或棒）作为阳极。

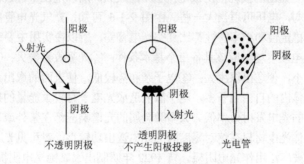

图 2-1-2  真空光电管结构示意图

将真空光电管按照图 2-1-3 所示的测量电路连接，测得其伏安特性曲线如图 2-1-4 所示。由图可以看出，同一光强下阳极电流 $I_a$ 与阳极电压 $U_a$（阴阳极电位差）曲线中，在 0～20V 范围内，随着 $U_a$ 增大，光电子到达阳极的数目增大，$I_a$ 急剧增大；当 $U_a$ 大于 20V 后，几乎全部发射电子都已到达阳极，

电压再增大时电流几乎不变，此时的电流称为光电流 $I_L$，将曲线平坦的部分称为饱和区，一般工作电压选择在饱和区，但要尽可能小一些。

在足够的外加电压下、入射光的频率一定（或频谱成分不变）时，实验测到的光电流（$I_L$）与光强成正比，如图 2-1-5 所示，这是因为随着光通量（单位为 lm）或光强（单位为 cd）的增加，产生的光电子数目增多，发射的电子数就越多，单位时间内通过单位面积的电量越大，光电流就会增加。

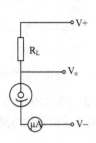 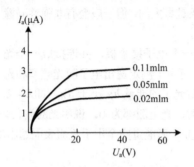 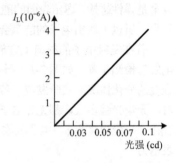

图 2-1-3　真空光电管测量电路　　　图 2-1-4　真空光电管伏安特性曲线　　　图 2-1-5　光电流-光强特性曲线

实际工作时，测量电路图 2-1-3 中的负载电阻 $R_L$ 为 10MΩ，电极间的杂散电容为 10pF，在光强改变时，杂散电容 $C$ 的充电常数 $\tau$ 约等于 $R_L C = 10^{-4}$s，因此，此电路对于显著高于 $10^4$Hz 的频率只有较小的响应，且高频率响应可以用降低 $R_L$ 或 $C$（因减小 $R_L$ 的电子热扰动会引起附加噪声，$R_L$ 不能太低，应大于 0.05Ω；$C$ 亦不能低于几皮法，否则输出信号将太小）的方法加以改善。

### 2. 充气光电管

充气光电管的结构与图 2-1-2 所示的真空光电管类似，只是管壳内充有低压惰性气体（通常是氩气和氖气）。光线通过窗口照射到阴极，产生光电子，阳极电压使其加速，加速电子会使气体分子电离成更多的电子和离子，它们被加速后又与另外的气体分子碰撞，产生更多电子，即发生了倍增效应；另外，气体电离的正离子又与阴极碰撞产生电子，因此到达阳极的电子数目比真空光电管所产生的电子数目大很多，可增大 10 倍左右。图 2-1-6 示出了两种光电管的伏安特性曲线，可以看出，起初阳极电流随极间电压的增加缓慢增加，电压越高，电流增加得越快。这是由于电子能量加大，加速碰撞电离次数增加。但电压过大，管子会因自激放电而损坏，所以阳极电压也应有所限制。

为降低阴极受正离子轰击的损耗，阴极电流也不能过大，所以电压不能过高，一般在 0～20V 范围内；但若入射光强很弱，电压可适当大一些。由图 2-1-6 可知，充气光电管的灵敏度高，但其灵敏度随电压显著变化，其稳定性和频率特性都比真空光电管差，所以在实用中要选择合适的电压。

实用光电阴极的光电发射材料应该具备三个基本条件：①光吸收系数大；②光电子在体内传输到体外的过程中能量损失小，使逸出深度大；③电子亲和势较低，使表面的逸出几率提高。由于金属对光反射强而吸收少，且体内的自由电子多，电子散射造成光电子有较大能量的损失，逸出深度小，逸出功大，因此金属材料的光电发射效率低。大多数金属的光谱响应都在紫外或远紫外范围，适于制成紫外光电器件。而半导体光电材料在绝对零度时的光电逸出功较小，对可见光、红外光都很敏感，所以半导体 Ge、CdSe 等被广泛用作光电阴极。自 1929 年研制出银氧铯光电阴极（Ag-O-Cs）、1939 年研制出锑铯（$Cs_3Sb$）光电阴极后，又开发出 Bi-Cs、AgBi-O-Cs、Na-K-Cs-Sb、$Na_2KSb$、GaAs:Cs-O、GaP:Cs 和 GaAs:Cs 等有负电亲和势的材料。图 2-1-7 示出了一定光强时三种材料的光谱响应曲线，表明在光子数相同的条件下不同波长（$\lambda$）的光所产生的光电子数目不同，即量子效率 $\eta(\lambda)$ 对不同波长的光有不同的特性响应。一般不同阴极材料的灵敏波长不同，将各种光电阴极的主要性能列于

表 2-1-1 中，欲测量某个波长段的光，可选用对此波长敏感的光阴极。实用的光电管的型号有 FDG05、FGA21、GD-5 等。

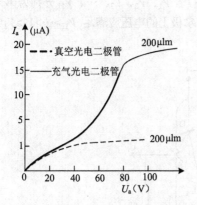

图 2-1-6　充气光电管伏安特性曲线

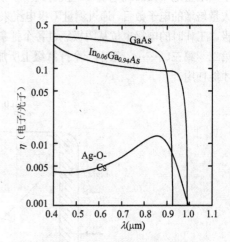

图 2-1-7　三种材料阴极的光谱响应曲线

表 2-1-1　S 编号光电阴极的主要性能

| 光谱响应编号 | 光电发射材料 | 窗材料 | 半透射式（T）反射式（R） | 峰值响应波长 $\lambda_{max}$（A） | 典型光电积分灵敏度（$\mu A/lm$） | $\lambda_{max}$ 处的量子效率 $\eta$（%） | 在 25℃的暗电流（$A/cm^2$） |
|---|---|---|---|---|---|---|---|
| S-1 | Ag-O-Cs | 玻璃 | T,R | 8000 | 30 | 0.43 | $9 \times 10^{-13}$ |
| S-2 | $Cs_3Sb$ | 玻璃 | R | 4000 | 40 | 12.4 | $2 \times 10^{-16}$ |
| S-3 | $Cs_3Sb$ | 透紫外玻璃 | R | 3400 | 50 | 18.2 | $3 \times 10^{-16}$ |
| S-4 | $Cs_3Sb$ | 石英 | R | 3300 | 40 | 24.4 | $1.2 \times 10^{-15}$ |
| S-5 | Cs-Bi | 玻璃 | R | 3650 | 3 | 0.78 | $1.3 \times 10^{-16}$ |
| S-6 | Ag-Bi-O-Cs | 玻璃 | T | 4500 | 40 | 5.5 | $7 \times 10^{-14}$ |
| S-7 | Ge | 玻璃 | | 15000 | 12400 | 43 | |
| S-8 | CdSe | 玻璃 | | 7300 | | | |
| S-9 | Na-K-Cs-Sb | 玻璃 | T | 4200 | 150 | 18.8 | $3 \times 10^{-16}$ |
| S-10 | Rb-Te | 石英 | T | 2400 | 2 | | $1 \times 10^{-18}$ |
| S-11 | $Na_2KSb$ | 玻璃 | T | 3800 | 45 | 21.8 | $3 \times 10^{-19}$ |
| S-12 | GaAs | 玻璃 | R | 9000 | 1500 | 0.46 | $< 10^{-16}$ |
| S-13 | $In_{0.07}Ga_{0.93}As$ | 玻璃 | R | 13000 | 540 | 1.15 | $< 10^{-16}$ |

## 2.1.3　光电倍增管

当被检测光很微弱时，普通光电管产生的光电流很小（只有零点几微安），难以精确探测，必须用光电倍增管（Photo Multiplier Tube，PMT）的倍增系统对弱小的光电流进行高倍放大。一般光电倍增管都具有响应快速、成本低、阴极面积大等优点，常用在光学测量仪器和光谱分析仪器中，还在探测紫外、可见和近红外区等辐射能量的光电探测器以极高的灵敏度和极低的噪声而得到更广泛的应用。

### 1. 光电倍增管的工作原理

图 2-1-8 示出了光电倍增管的原理结构，它由阴极、多个打拿极（又称为倍增极）、阳极和真空室组成，其中将不同形状的打拿极按适当结构布局排成的结构称为倍增系统。光照射到阴极上将产生光

电子，光电子在真空电场作用下被加速而投射到第一个"打拿极"上，一个光电子可以激发出多个电子，这些电子被后边电场加速投射到下一个打拿极而激发出更多的电子，如此多次后，阳极可以得到大量倍增的电子数目，通过测量阳极电流来测试光信号的强度。一般光电倍增管中有 11 个左右的打拿极，工作时的电极电位从阴极经过各个打拿极到阳极逐级升高；若 $V_1$、$V_2$、$V_3$、…、$V_{11}$ 分别为第一、第二、第三、……、第十一个打拿级上所加的电压，则每个打拿极上的电压应满足 $V_{11} > \cdots > V_3 > V_2 > V_1$ 才能使用。

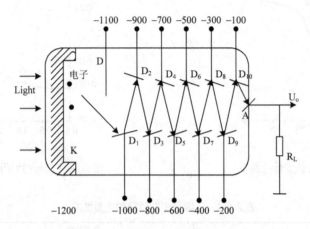

图 2-1-8　光电倍增管的原理结构

当具有足够动能的电子轰击打拿极时，该打拿极表面会有电子被激发出来，这种现象称为二次电子发射。将轰击打拿极的电子称为一次电子，被激发出来的电子称为二次电子，发射率称为二次电子发射系数，表示为

$$\delta = \frac{n_s}{n_p} \qquad (2\text{-}1\text{-}4)$$

式中，$n_s$ 为二次电子数，$n_p$ 为一次电子数。

若第一个打拿极收集到的光电子数与光照产生的光电子数的比称为收集效率 $f$，$n$ 个打拿极中各个打拿极的二次电子发射系数分别为 $\delta_1$、$\delta_2$、$\delta_3$、…、$\delta_n$，极间传递效益分别为 $g_1$、$g_2$、$g_3$、…、$g_n$，则光电倍增管的总增益 $G$ 可表示为

$$G = f \cdot g_1 \delta_1 \cdot g_2 \delta_2 \cdots g_n \delta_n \qquad (2\text{-}1\text{-}5)$$

如果各个打拿极的增益均为 $\delta$，极间传递效益均为 $g$，则总增益 $G$ 简化为

$$G = f(g\delta)^n \qquad (2\text{-}1\text{-}6)$$

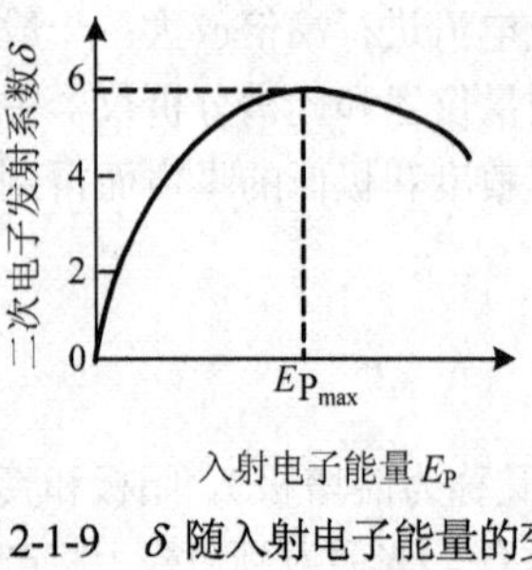

一般光电倍增管中，第一打拿极对电子的收集效率与光电阴极的材料和结构有关，传递效益 $g$ 与打拿极的结构和所加电压有关，可通过实验确定最佳值；打拿极材料的二次电子发射系数与入射电子的能量有关，使用时要求二次电子发射系数要高，图 2-1-9 为入射电子能量对二次电子发射系数的影响，可以看出 $\delta$ 有一个峰值，表 2-1-2 列出了几种材料的二次电子发射率 $\delta$ 的最大值。

图 2-1-9　$\delta$ 随入射电子能量的变化

表 2-1-2　几种材料的二次电子发射率

| | 物　质 | $\delta_{max}$ | 物　质 | $\delta_{max}$ |
|---|---|---|---|---|
| 金属 | Cs | 0.72 | Ni | 1.31 |
| | K | 0.75 | Mo | 1.25 |
| | Ba | 0.83 | Ag | 1.50 |
| | Al | 1.00 | Pt | 1.80 |
| 半导体 | Ge（单晶） | 1.15 | Si | 1.1 |
| | Ge+Ga（1%） | 1.3 | Ge（多晶） | 1.25 |
| | Ge+In | 1.5 | GaP:Cs | 235 |
| | Ge+Te | 1.7 | Si：Cs—O | 925 |
| 绝缘体 | LiF | 5.6 | Ag-O-Cs | 7-11 |
| | NaCl | 6-18 | Sb-Cs | 8-12 |
| | $Cs_2O$ | 2.3-11 | MgO | 17 |
| | NaF | 5.7 | CuMg 合金 | 6-12 |
| | $SiO_2$（石英） | 2.5 | NiBe 合金 | 12 |
| | AgMg 合金 | 12 | CuBe 合金 | 6-12 |

### 2．实用光电倍增管的结构

实用光电倍增管的型号很多，有 GD-235、GDB-21、R212、EMI9635QB、1P28、CR131、R105、1P21、R105UH、931A、CR114 等型号。按照入射光的方式可以分为侧窗型光电倍增管（R 系列）和端窗型光电倍增管（CR 系列）。按照倍增系统的工作原理可分为聚焦型和非聚焦型两大类。

所谓聚焦，不是指电子束聚焦成一点，而是指由前一级倍增极发射出来的电子被加速后会聚在下一级倍增极上，在两个倍增极之间可能发生电子束轨迹的交叉，常有圆环瓦片式（或鼠笼式）和直线瓦片式两种。图 2-1-10 示出了圆环瓦片式倍增系统，它的电极形状为瓦片式，各倍增极的排列方式是圆环状的。入射光通过栅网打在不透明光电阴极 0（反射式光阴极）上，倍增极共九个，第十级是收集极，构成端窗式半透明光电阴极的光电倍增管。

对于非聚焦型倍增系统，所形成的电场会对二次电子加速，电子轨迹多是平行的。常有有盒栅式和百叶窗式两种。图 2-1-11 示出了百叶窗式光电倍增管的示意图。其中每一倍增极均由一组互相平行并有一定倾斜角的同电位叶片组成，下一级的叶片倾斜方向与上一级相反，每个叶片的入射方向上接有金属网，以屏蔽前一级减速场的影响，使收集效率提高。从上一级飞来的电子打在叶片上，轰击出 $\delta$ 倍的二次电子；这些二次电子又被下一个高电位的叶片所吸引，得到再次倍增，如此逐级倍增，获得高增益。由于电子经多级倍增造成电流密度增加时，电子之间的相互推斥力使电子打在较多的叶片上，倍增极的工作面积便增大了，因此，其特点是与大面积光电阴极相配合可以用来探测微弱信号，且增减级数灵活，适当增加倍增级数可使放大倍数达到 $10^8 \sim 10^9$，应用广泛。

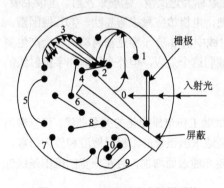

图 2-1-10　圆环瓦片式倍增系统

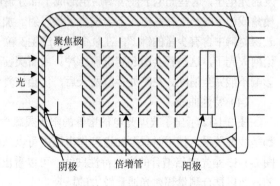

图 2-1-11　百叶窗式倍增系统

### 3. 光电倍增管的性能参数及特性

（1）灵敏度

灵敏度作为光电倍增管将光辐射转换成电信号能力的一个重要参数，可以分为阴极灵敏度和阳极灵敏度，有时还需要标出阴极的蓝光、红光或红外光灵敏度，测量时它们的单位均取 μA/lm，光源可用钨丝白炽灯。

阴极灵敏度 $S_K$ 是光电阴极本身的积分灵敏度，指阴极电流($i_K$)与阴极光通量($\phi_K$)的比值。测量时给光电阴极和一阳极间加上一定电压，照在阴极上的光通量选在 $10^{-2} \sim 10^{-5}$lm 范围。阳极灵敏度（$S_A$）指在一定工作电压下阳极输出电流($i_A$)与照射到阴极面上光通量($\phi_K$)的比值，表示为

$$S_A = \frac{i_A}{\phi_K} \qquad (2\text{-}1\text{-}7)$$

（2）放大倍数（电流增益 $G$）

在一定工作电压下，光电倍增管的阳极电流和阴极电流的比值称为该管的放大倍数或电流增益（$G$）。它主要由倍增系统的能力决定，上述阳极灵敏度包括放大倍数的贡献，于是放大倍数也可以由一定工作电压下阳极灵敏度和阴极灵敏度的比值来确定，表示为

$$G = \frac{i_A}{i_K} = \frac{S_A}{S_K} \qquad (2\text{-}1\text{-}8)$$

式中，$i_A$ 是阳极电流，$i_K$ 是阴极电流。

（3）暗电流

当光电倍增管在全暗条件下工作时，阳极上也会收集到一定的电流，称为该管的暗电流，是其输出电流的直流成分，此暗电流的存在决定了光电倍增管可测光通量的最小值。形成暗电流的主要原因有以下几方面。①欧姆漏电。由于工艺的原因，管内残余的碱金属蒸气（特别是铯）凝结在管壁和各绝缘支持体上，会造成欧姆漏电。因此在管子封口前应低温烘烤以赶走多余的铯。欧姆漏电通常比较稳定，是管子工作在低电压下暗电流的主要成分。②热电子发射。由于构成光电阴极和打拿极材料的逸出功都很低，室温下就会有较大的热电子发射，前级热电子被打拿极接收后与打拿极自身的热电子一起放大形成暗电流。所以在满足使用的前提下应尽量减小光电阴极的面积，选用热发射小的材料，并应尽量降低工作温度（多数管子冷却到−30℃）。③反馈效应。一般有离子反馈和光反馈。工作电压升高时，管内残余气体电离，正离子轰击光电阴极，产生电子被倍增，形成部分暗电流，此现象称为离子反馈。倍增极被大电流轰击、玻璃壳内壁被散射电子轰击后都会产生荧光，反馈到光电极上也会发射光电子，这些光电子被倍增后也形成了部分暗电流，此现象称为光反馈。④场致发射。电极尖端、棱角或边缘的凸起在高电压下会发生场致发射。加工时要精细，电极边应做成弯卷状。⑤其他因素。若窗材料中含有少量的钾$^{40}$，在衰变时会产生β粒子，宇宙射线中的μ介子穿过窗材料时也会产生契伦柯夫光子，这些都会引起暗电流脉冲。用石英窗可以大大减弱这个效应，但外来辐射和宇宙射线的影响不能完全消除。在暗处存放两天后，仍会恢复到标准值。

（4）特性曲线

图 2-1-12 示出了典型光电倍增管的阳极灵敏度和放大倍数随工作电压变化的关系曲线，可以看出都是线性关系，使用时只要知道工作电压就可以从曲线中粗略地求出该管的阳极灵敏度和放大倍数。图 2-1-13 是光电倍增管的光电特性曲线，可以看出阳极电流随光通量而增加，且在很宽的范围是线性的，所以适合测量辐射光通量较大的场合。

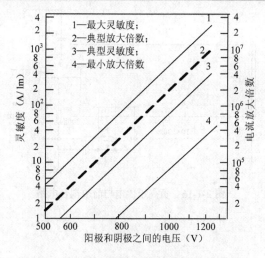

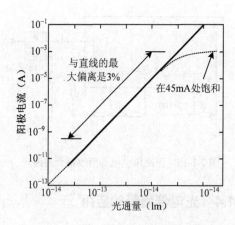

图 2-1-12　灵敏度和放大倍数随电压的关系　　　　图 2-1-13　光电倍增管的光电特性曲线

#### 4．光电倍增管的偏置与放大电路

光电倍增管各极间的电压由电阻链分压获得，电路原理如图 2-1-14 所示。工作电压的选取要保证其阳极电流与光照在线性范围之内，电流放大倍数要满足系统的要求。一般总阳极电压在 900～2000V 之间，打拿极之间的电压在 80～150V 之间。

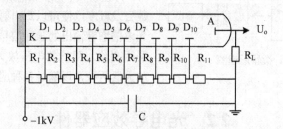

图 2-1-14　光电倍增管的分压电路原理

（1）分压电阻的确定

当光电倍增管工作时，各打拿极之间的内阻随信号电流的增加而减小，对分压电阻链有分流作用，会引起极间电压变小、电流放大倍数降低。为尽量减小分流作用，要求分压电阻 $R_L$ 取值要适当地减小，通常极间分压电阻取值为 20kΩ～1MΩ。

（2）光电倍增管与前放的耦合

一般光电倍增管的输出电压或输出电流信号都是从其阳极取出的，而阳极与阴极之间有 900～2000V 的直流高压，所以存在电源接地的问题。采用负端接地的正高压供电如图 2-1-15 所示，其优点是屏蔽光、磁和电的屏蔽罩电压很低，可以直接接管子外壳，得到的暗电流和噪声较小，但因阳极的正电压必须通过耐高压的隔直电容器才能与前放耦合，只能输出交流信号。采用负高压供电如图 2-1-16 所示，这种接法中，阳极电位接近于零，从阳极取出电压或电流信号可以与前级放大直接耦合，或者采用低耐压的隔直电容器。但是，由于阴极有负高压存在，屏蔽罩应离开管子玻璃壳 1～2cm，否则阳极输出的暗电流和噪声要增大。

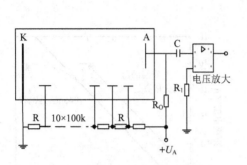

图 2-1-15　正高压供电与前放耦合电路

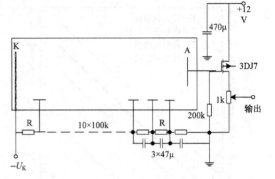

图 2-1-16　负高压供电与前放耦合电路

### 2.1.4　光电倍增管的应用

光电倍增管主要用于检测微弱光信号，如闪烁计数器是一种通用的精密核辐射探测器，其原理图如图 2-1-17 所示。图中闪烁体是一类吸收高能粒子或射线后能够发光的材料，将其加工成晶体的称为闪烁晶体，可以是固体、液体和气体闪烁体，典型的有铊激活的碘化钠晶体，即 NaI（Tl）、或 CsI（Tl）、CsI（Na）、ZnS（Ag）和蒽、芘、萘等。光导即光纤，用于传光给光阴极，也可以用玻璃。当核辐射源辐射的粒子能量被闪烁体（荧光体）吸收后，会转换为闪光（光子），闪光经光导传输到倍增管的光阴极转换为光电子，经倍增后输出电脉冲信号，再经放大器放大后输出。只要探测出脉冲信号的数目及幅度，便可以测出射线的强弱与能量的大小。光电倍增管输出的脉冲信号由于传递方式不同，通常采用高输入阻抗的电压放大器和低输入阻抗的电流放大器两种，以满足各种应用需求。

图 2-1-17　闪烁计数器原理图

## 2.2　光电导效应器件

### 2.2.1　光电导效应

人们把光照射半导体材料时产生电子-空穴对而使电导率增加的现象称为光电导效应。该过程是在半导体材料内部进行的，故又称为内光电效应。光电导效应的实质可以用其能带结构来解释。当光照射本征半导体时，如果入射光子的能量（$h\gamma$）大于其禁带宽度 $E_g$，就会引起本征吸收，使价带中的电子越过禁带跃迁到导带，形成电子-空穴对，从而使载流子数目增多。对于掺有杂质的半导体，光照时除了本征材料的价带电子激发外，杂质能带中的电子被光子激发到导带形成电子和离子，使其电导率发生改变。因此可以把光照引起的电导率的变化直接归结为载流子密度的变化。

在没有光照时，半导体材料的电导率 $\sigma_0$ 称为暗电导，表示为

$$\sigma_0 = qn_0\mu_e + qp_0\mu_p \tag{2-2-1}$$

式中，$n_0$ 和 $p_0$ 为热平衡时自由电子和空穴的浓度，$\mu_e$、$\mu_p$ 分别为电子和空穴的迁移率，$q$ 为电子或空穴所带的电荷。

光照后的电导率 $\sigma$ 称为亮电导，表示为

$$\sigma = qn\mu_e + qp\mu_p \tag{2-2-2}$$

式中，$n$ 为电子浓度，$p$ 为空穴浓度。

光照前后电导率的增量 $\Delta\sigma$ 常被称为附加电导，又可称为光电导。由式（2-2-1）和式（2-2-2）可得

$$\Delta\sigma = \sigma - \sigma_0 = q\Delta n\mu_e + q\Delta p\mu_p \tag{2-2-3}$$

式中，$\Delta n$ 和 $\Delta p$ 分别为光照引起的自由电子和空穴的增量。

将光电导与暗电导的比值称为相对光电导，其表达式为

$$\frac{\Delta\sigma}{\sigma_0} = \frac{q\Delta n\mu_e + q\Delta p\mu_p}{qn_0\mu_e + qp_0\mu_p} \tag{2-2-4}$$

对于不同类型的半导体材料，其相对光电导的表达式可以简化如下。

（1）对于 N 型半导体，光照前后电子浓度的变化量为 $\Delta n = \Delta n_i + \Delta n_0$，其中 $\Delta n_0$ 是本征跃迁所产生的电子-空穴对的数目，$\Delta n_i$ 为杂质电离增加的电子数目。因为实际材料中的杂质原子周围的电子更容易被光激发，会使 $\Delta n_i$ 远远大于 $\Delta n_0$，所以 $\Delta n$ 近似等于 $\Delta n_i$，本征激发的 $\Delta p_0$ 等于 $\Delta n_0$，与 $\Delta n_i$ 相比近似等于 0，同时，分母中的 $n_0$ 远远大于 $p_0$，第二项可以忽略，故相对光电导可以简化为

$$\frac{\Delta\sigma}{\sigma_0} = \frac{\Delta n}{n_0} \tag{2-2-5}$$

（2）同理，对于 P 型半导体和本征半导体，相对光电导分别为

$$\frac{\Delta\sigma}{\sigma_0} = \frac{\Delta p}{p_0} \quad 和 \quad \frac{\Delta\sigma}{\sigma_0} = \frac{\Delta n}{n_0} \tag{2-2-6}$$

通常把相对光电导称为光电导灵敏度，希望此值尽可能大一些。电导率的变化体现了电阻率的变化，可利用材料电阻的变化做成光敏电阻。对于禁带（$E_g$）不同的本征半导体，一般对照射光的波长或频率的要求也不同，都必须满足：$h\gamma \geq E_g$。说明不同半导体存在一个最小频率的光才能产生光电导。常用的光敏电阻材料列于表 2-2-1 中，还有 $Hg_{1-x}CdTe$ 晶体和 $Pb_{1-x}Sn_xTe$ 固溶体的禁带宽度与 $X$ 有关，可制成检测不同光谱的光敏电阻。

表 2-2-1　光敏电阻材料

| 单质 | Se | Ge | Si |
|---|---|---|---|
| 化合物 | ZnO | PbO | $Cu_2O$ |
| Cd 化合物 | CdS | CdSe | CdTe |
| Pb 化合物 | PbS | PbSe | PbTe |
| 其他 | InSb | $SbS_3$ | $Hg_{1-x}CdTe$ 晶体、$Pb_{1-x}Sn_xTe$ 固溶体 |

另外，光照后电导率是否变化主要由材料对光子的吸收程度决定。令 $I(x)$ 为照射到物体自表面向里某一深度 $x$ 处的光强，$\alpha$ 为吸收系数，则由光吸收公式可知，不同深度的光强 $I(x) = I_0e^{-\alpha x}$，进而单位时间单位体积中材料所吸收的功率等于 $\alpha I(x)$。若照射光的频率为 $\gamma$，则吸收的光子数为 $\alpha I(x)/h\gamma$。若吸收一个光子所产生的电子-空穴对数 $\eta$ 称为量子产额（通常 $\eta \leq 1$），则电子-空穴对的产生率为

$$G(x) = \frac{\eta\alpha I(x)}{h\gamma} \tag{2-2-7}$$

从式（2-2-7）可以看出 $G$ 也是深度的函数。若材料中不存在电子或空穴的陷阱，非平衡载流子 $\Delta n$ 和 $\Delta p$ 就具有相同的寿命 $\tau$，因此净复合速率为

$$R = \frac{\Delta p}{\tau} = \frac{\Delta n}{\tau} \tag{2-2-8}$$

在稳态条件下，单位时间内产生的载流子数目等于这段时间内复合的数目，即 $G = R$，因此，$\Delta n = G\tau = \Delta p$，则光电流密度为

$$j = \Delta\sigma \cdot E = q(\mu_e + \mu_p)\Delta nE \tag{2-2-9}$$

为了使问题简化，先假定光吸收是均匀的，光电导体本身也是均匀的，实验中可以利用式（2-2-9）通过测量光电流密度来测量光电导或电阻的变化。

### 2.2.2 光敏电阻及其偏置电路

#### 1. 光敏电阻

利用光敏材料的光电导效应制成的光电元件被称为光敏电阻，又称光导管，典型的结构如图2-2-1 所示。图中晶体贴于玻璃上，固定到支架上并引出电极引线，封上透光窗。若光敏电阻是单晶材料的，其体积小，受光面积也小，额定电流容量低。当受光面积为 1mm×0.5mm 时，光电流仅有几十微安左右，响应时间和延迟时间比较短，只有几毫秒左右。常用的光敏电阻不用单晶型，而是用微电子工艺制备的大面积多晶薄膜型，在玻璃（或陶瓷）基片上均匀地涂敷一层很薄的光电导多晶材料，经烧结后放上掩蔽膜，蒸镀上两个金（或铟）电极，再在光敏电阻材料表面覆盖一层保护漆膜，要求此漆膜在光敏电阻材料的最敏感波长范围内透射率最大，它既对光的吸收少且会减少表面反射。为了防潮，将整个管子密封于金属外壳和玻璃窗内，有时还给

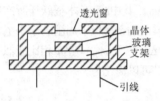

图 2-2-1　单晶光敏电阻结构图

内部充入氢气以利于光敏电阻的热量散发。于是大面积感光面光敏电阻的表面结构大多采用图 2-2-2(b) 所示的折线式光敏电阻和图 2-2-2(c) 所示的梳状电极的膜状结构。

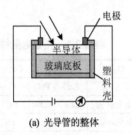

(a) 光导管的整体

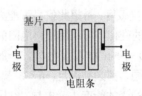

(b) 折线式光敏电阻

(c) 膜状

图 2-2-2　光敏电阻的结构

实际使用中电路如图 2-2-3 所示。在没有光照时测得电路的电流为暗电流，有光照时电流就会增加，所增加的电流称为光电流。光强增大时光电导增大，光电流就成比例增大。在外加电压为 10V、照度为 50lx 时，多晶光敏电阻可以获得 10mA 左右的光电流。CdS、CdSe 单晶光敏电阻用于可见光及近红外区的检测，大面积多晶的光谱范围较宽，可由紫光延伸到红光。CdS 光敏电阻产品具有灵敏度高、稳定性好、一致性强的性能特点，目前已有环氧树脂封装、金属壳封装、有机玻璃封装三大系列，有：$\Phi3$、$\Phi4$、$\Phi5$、$\Phi6.5$、$\Phi7$、$\Phi11$、$\Phi12$、$\Phi20$、$\Phi25$ 等 13 种规格 100 多个型号的光敏电阻产品。

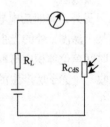

图 2-2-3　光敏电阻
测量电路

#### 2. 光敏电阻的性能参数及特性

（1）暗电阻和亮电阻

暗电阻 $R_0$ 是指在全暗条件下光敏电阻的电阻值，一般超过 0.2MΩ，甚至高达 100MΩ。亮电阻 $R_L$ 是受到光照时的电值，一般在几十千欧以下。一般暗电阻与亮电阻之差越大，其光电流越大，灵敏

度越高，性能越好。暗电阻与亮电阻之比一般在 $10^2 \sim 10^6$ 之间。在给定的工作电压下，图 2-2-3 中无光照时流过光敏电阻的电流称为暗电流；有光照时电路中的电流称为亮电流；亮电流与暗电流之差称为光电流。

（2）光电灵敏度及其响应时间

光电灵敏度 $K_S$ 常指在单位外加电压（$U$）下入射单位光通量（$\phi$）时所输出的光电流值，表示为

$$K_S = \frac{S}{U} = \frac{I_L}{\phi U} \tag{2-2-10}$$

光敏电阻的积分灵敏度 $S_积$ 指单位光通量入射时电阻值的相对变化率，表示为

$$S_积 = \frac{R_D - R_C}{\phi R_C} \times 100\% \tag{2-2-11}$$

式中，$R_D$ 为光照前的电阻值，$R_C$ 为光照后的电阻值。

一般光敏电阻的响应时间（即产生的光电流不能立刻随光照度而改变，其光电流有一定的惰性，通常用时间常数 $\tau$ 来描述）定义为光敏电阻自停止光照到电流下降为原来的 63% 所需的时间。因此时间常数越小，响应越快，但多数光敏电阻的时延都比较长，不能用于快速响应的场合。

（3）伏安特性

图 2-2-4 示出了一定照度下加在光敏电阻两端的电压（$U$）与光电流（$I_L$）之间的关系曲线，即伏安特性。可以看出，在测量电压范围内 $I_L$ 随着 $U$ 的增加而增加。这是由于 $U$ 使光电材料内产生一个电场，光生载流子在电场作用下各自向相应的电极运动；当 $U$ 较低时，载流子的漂移速度较慢，部分载流子在运动过程中被复合而不能达到电极，使 $I_L$ 较小；$U$ 增大时载流子的漂移速度增加，从其产生位置到达电极所需的时间短，复合的机会减少，使 $I_L$ 增加；当 $U$ 增加到所有光生载流子在复合前都能达到电极，$I_L$ 就达到饱和，此时流过外部电路横截面的载流子数目与同一时间内光照产生的载流子数目相等。另外，当 $U$ 一定时，$I_L$ 随光强的增大而增大，这正是光强增加时光电导增加（即电阻减小）的结果。但在实用中光敏电阻受到耗散功率的限制，其两端的电压不能超过最高工作电压，图 2-2-4 中虚线为最大连续耗散功率为 500mW 的允许功耗曲线，一般光敏电阻的工作点选在该曲线以内。同时，在相同光强、相同 $U$ 下硫化铅（PbS）光敏电阻的光电流比硫化铊（TlS）的大，说明前者的光灵敏度高。

（4）光照特性

光照特性用于描述光敏电阻的光电流与光照强度的关系，如图 2-2-5 所示。绝大多数光敏电阻的光照特性曲线为非线性的，因为光强增加时所吸收的光子数目增多，产生的电子-空穴对数目增加，在正常电压下载流子的运动速度并不是很大，从其产生位置到达电极可能会发生部分复合，以致光电流随光强单调地非线性增加。所以不宜用作线性元件，只用作开关式光电转换器。

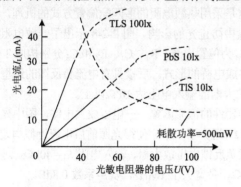

图 2-2-4　光敏电阻的伏安特性曲线

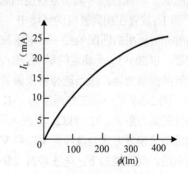

图 2-2-5　光敏电阻光电流与光强关系

（5）光谱特性

对于不同波长λ的光，光敏电阻的灵敏度不同，每种材料都有各自的最大灵敏度，其对应波长称为最大灵敏度波长（$\lambda_{max}$）；而且所有曲线在长波端都有一个阈值$\lambda_0$，这是因为小于此波长光子的能量大于材料的禁带宽度，能够引起本征光电导。在选用光敏电阻时应当让元件的$\lambda_{max}$与被测波长相对应。如对紫外光（300～400nm）敏感的光敏电阻有 ZnO、ZnS、硫化镉（CdS）、CdSe 等，其中 CdS 光敏元件对 X 射线，$\alpha$、$\beta$、$\gamma$ 射线都很敏感，可用于探测和量度射线的剂量；对可见光（440～760nm）敏感的光敏电阻有 Se、硫化铊（TlS）、BiS、CdS、CdSe、Si、Ge 等；对红外光（760～6000nm）敏感的光敏电阻有 PbS、PbTe、锑化铟（InSb）、Te、掺有杂质（Au、Sb 或 Mg）的 Ge 和 Si 等，主要用于探测黑夜或云雾中人眼看不到的目标。

（6）频率特性和光谱温度特性

图 2-2-6 示出了硫化镉和硫化铅光敏电阻的相对灵敏度与调制频率的关系曲线。可以看出，调制频率升高时相对灵敏度下降，且不同的光敏电阻各有一个较高的灵敏度频率范围，图中硫化铅的使用频率范围较宽，硫化镉的则较差。

因光敏电阻的材料多为半导体材料，其暗电阻和灵敏度都受到温度的影响。图 2-2-7 示出了硫化铅光敏电阻的光谱温度特性曲线，可以看出，温度升高时峰值波长$\lambda_{max}$向短波长方向移动。这是由于温度升高时，晶格振动加强，电子运动受阻，使电子从产生至运动到阳极所需能量加大，即向短波方向移动。因此测量长波段的光时，应对光敏电阻采用制冷措施。

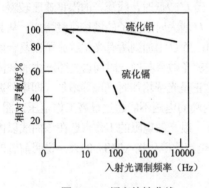

图 2-2-6　频率特性曲线

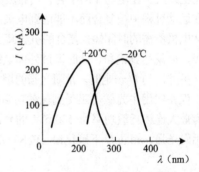

图 2-2-7　光谱温度特性曲线

### 3. 光敏电阻的直流偏置与放大接口电路

一般光敏电阻的电阻值对温度变化很敏感，如 PbS 光敏电阻本身的噪声较大（漂移可达 1～2μV），将其和信号一起输入到放大器，使测量产生误差，选择与光敏元件 $R_L$ 随温度产生相同变化的补偿热敏电阻 $R_0$，以保证信号输出点温度引起的电位不变，这是采用热敏电阻的多匹配偏置方式的机理，常将 $R_L$ 和 $R_0$ 放置在相同温度的环境中，并将 $R_0$ 放在暗盒中防止光的影响。图 2-2-8 示出了光敏电阻测量辐射光时所用的匹配偏置——电压放大电路。图中 $E_B$ 为偏置电源，$R_1$、$C_1$、$R_2$ 和 $C_2$ 分别构成 T 型滤波器，以减小 $E_B$ 不稳定的影响；$R_3$、$R_4$、$R_0$ 和 $R_L$ 接成电桥的形式。后接具有电流负反馈的结型场效应管共源放大器，适当选择栅极偏置电阻 $R_6$，可使放大器的输入电阻达 $10^7\Omega$ 以上。

图 2-2-9 是一种工作温度为 77K 的锑化铟光电导器件的恒流偏置——电压放大电路，图中光电导器件的暗电阻 $R_{F0}$ 为 1.8kΩ，负载电阻 $R_L$ 取值为 20kΩ（远大于 $R_{F0}$），使得光照前后电流近似恒定，即构成恒流偏置方式。晶体管 $VT_1$ 和 $VT_2$ 组成电压串联负反馈电压放大器，输入电阻 $R_i$＝40kΩ，远大于源电阻，其性能如下：电压增益 250，输出电阻 40kΩ，带宽大于 1MHz，噪声系数 0.8dB。

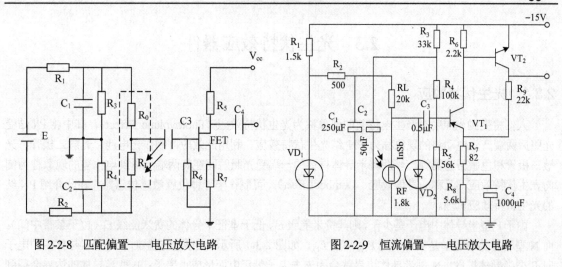

图 2-2-8  匹配偏置——电压放大电路            图 2-2-9  恒流偏置——电压放大电路

### 2.2.3  光敏电阻的应用

图 2-2-10 示出了一种简单的暗激发光控开关电路。其工作原理是：当光照度下降到设置值时，由于光敏电阻值上升，激发 $VT_1$ 导通，$VT_2$ 的激励电流使继电器 K 工作，常开触点闭合或常闭触点断开，以实现对外电路的控制。

图 2-2-11 示出了简单的自动控制照明装置电路。其中 CdS 的阻值 $R_{CdS}$ 随光线明暗而变化，使电路中 $a$ 点的电压 $V_a$ 相应变化。如果天黑，$V_a$ 很小，运放 A 输出高电平，$VT_1$、$VT_2$ 导通，灯泡点亮；若光照使 $R_{CdS}$ 减小到使 $V_a$ 高于 $V+$，从而控制灯灭。电路中运放加有正反馈，具有一定的滞后特性，可以改善电路的开关特性；二极管 VD 作为运放 A 与 $VT_1$ 的接口，使 $VT_1$ 平滑开关动作。

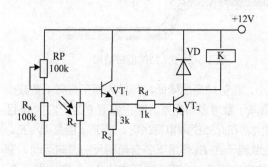

图 2-2-10  简单的暗激发光控开关电路

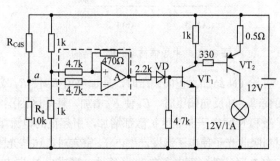

图 2-2-11  自动控制照明装置

图 2-2-12 示出了一个曝光定时电路。其中 $R_{CdS}$ 的阻值随外部光源变化，曝光时间常数由 $R_{CdS}$ 和 C 决定。工作时合上 $S_1$，电源经 $R_{CdS}$ 给 C 充电，C 上电压提高可使 $VT_1$ 导通，电路中 $VT_2$、$VT_3$ 起放大作用，继电器 K 动作，$S_2$ 合上，使 C 放电。用接在 $VT_1$ 发射极的电位器 $RP_1$ 对设定值进行调节，控制 $VT_1$ 的通断时间，形成具有设定时间宽度的单稳脉冲；脉冲开始时刻由开关 $S_1$ 确定，结束时刻由电路时间常数确定。

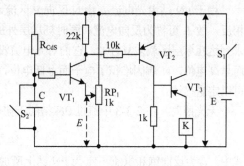

图 2-2-12  曝光定时电路

# 2.3  光生伏特效应器件

## 2.3.1  光生伏特效应

人们将受到光照射时产生电位差的现象称为光生伏特效应（Photovoltaic Effect），其中将 PN 结受光照后两端产生电动势的现象称为 PN 结光生伏特效应。利用此效应可制作光电池、光敏二极管、光敏三极管和色敏传感器等。早期将半导体材料的一端受光照射而在其两端测量到电位差的现象称为侧向光生伏特效应（又称为丹倍效应，Dembet Effect），可制作半导体位置敏感传感器。在此介绍 PN 结的光生伏特效应机理。

由于 P 型半导体中电子是少子，则其费米能级 $E_{FP}$ 低于本征半导体的费米能级 $E_{FI}$（位于禁带中间）；而 N 型半导体中电子是多子，则 $E_{FN}$ 高于 $E_{FI}$，如图 2-3-1 所示。当两者接触时，N 型半导体中的电子向 P 型半导体扩散，N 型半导体边界就会因失去电子带正电而形成正离子；P 型半导体的边界会得到电子（即空穴向 N 型半导体扩散），使空穴减少而形成负离子；这些正负离子形成自建电场 $E_{自}$，又会阻止电子和空穴的扩散而促进漂移运动；当扩散运动与漂移运动达到平衡时，两边正负离子数目恒定，PN 结形成且此时 $E_{FP} = E_{FN}$，形成耗尽区和图 2-3-2 所示的能级结构，产生接触电势差 $qV_D$ 为

$$qV_D = E_{FN} - E_{FP} \tag{2-3-1}$$

即 N 区电子要向 P 区运动，必须越过高度为 $qV_D$ 的势垒。

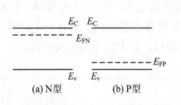

(a) N型        (b) P型

图 2-3-1  半导体材料的能带结构

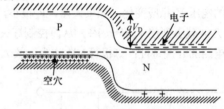

图 2-3-2  PN 结的能带结构

给 PN 结加上正向偏压时，外加电场 $E_{外}$ 使 $E_{自}$ 减小，使势垒高度降低，耗尽区因正负离子数减少而变薄；加反向偏压时，$E_{外}$ 使 $E_{自}$ 增加，耗尽区因正负离子数增多而变厚。则正偏下 P 区空穴向 N 区扩散和 N 区电子向 P 区扩散都增加，引起正向电流增大。在光照空间电荷区时，若光子能量 $h\nu \geqslant E_g$，材料吸收光子使电子激发产生电子–空穴对，这些光生载流子在 $E_{自}$ 作用下各自向相反的方向运动，空穴向 P 区移动，而电子向 N 区移动，形成自 N 向 P 的光电流 $I_L$，它等于电子电流 $I_{LN}$ 与空穴电流 $I_{LP}$ 之和，如图 2-3-3 所示。

由于 PN 结内光电流 $I_L$ 由 N 区向 P 区流，PN 结外光电流由 P 端向 N 端流，与 PN 结的正向电流相反，故 $I_L$ 可称为反向电流。同时耗尽层外的 P$^+$ 区和 N$^+$ 区体内远离结的光生电子和空穴运动很慢，未到达耗尽层区就被复合掉，它们对光电流没有贡献。光照稳定存在时，耗尽区的 P 端因堆积了空穴而呈高电位，N 端因堆积了电子而呈低电位，相当于一个电压源。光照前后的电流和产生的电压源都可以定量描述。

无光照时，图 2-3-3 中流过 PN 结的正向电流（即暗电流 $I_D$）表示为

$$I_D = I_S(e^{qV_D/kT} - 1) \tag{2-3-2}$$

式中，$I_S$ 为反向饱和电流，$V_D$ 为 PN 结上所加的正向压降，$T$ 为工作温度，$q$ 为电荷所带电量，$k$ 为波耳兹曼常数。

光照时，电路的正向电流可表示为

$$I = I_s(e^{qV/kT} - 1) - I_L \tag{2-3-3}$$

式中，$I_L$ 为光电流；$V$ 为 PN 结上的压降。

图 2-3-4 示出了不同光照情况下的电流-电压曲线，可以看出，有光照时反向电流增加，此下移幅度即负增加量就是光电流，与光照强度成正比。当外加电压为零（即 PN 结短路）时，式（2-3-3）可简化为

$$I = I_S(e^0 - 1) - I_L = -I_L \tag{2-3-4}$$

上式表明在 PN 结短路上连接一检流计可以测出光电流 $I_L$，即等于短路电流 $I_{SC}$。

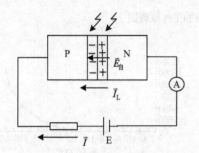

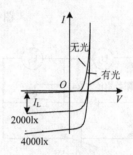

图 2-3-3　PN 结光电检测电路　　　　　　图 2-3-4　PN 结电流-电压曲线

当 PN 结断路（即不接任何外设）时正向电流为零，即

$$I_s(e^{qV/kT} - 1) = I_L \tag{2-3-5}$$

于是，PN 结上光照所产生的开路电压为

$$V_{OC} = \frac{kT}{q}\ln\left(\frac{I_L}{I_s} + 1\right) = \frac{kT}{q}\ln\left(\frac{C\phi}{I_s} + 1\right) \tag{2-3-6}$$

式中，$\phi$ 为照射 PN 结的光通量。

上式表明，光照强度越大，产生的电子-空穴对数目越多，运动到 PN 结边界的电荷量增加，光电流和 $V_{OC}$ 就会增加。人们可以直接在 PN 结两端并联一个电压表，测量光照时 PN 结两端形成的电势差的值。

### 2.3.2　典型的光生伏特探测器

#### 1. PN 结光电池

若给 PN 结上连接一个用户电路，只要光照不停止，电路中就有源源不断的电流，此时 PN 结起到电源的作用。将光照变成电压源的 PN 结称为光电池，将光照变成电流信号的 PN 结称为光敏二极管。典型的硅光电池如图 2-3-5 所示。图 2-3-5(a)示出 Si 光电池的结构图，其中 P 型区为受光区，具有面积大的特点；图 2-3-5(b)示出硅光电池的理论模型，由一理想的电流源（光照产生光电流的电流源）、一个理想二极管、一个并联电阻器（电池内阻即旁路电阻）$R_{ar}$ 和一个串联电阻器（除去 PN 结势垒区非线性动态电阻以外的总串联内阻值）$R_S$ 所组成。假定 $R_{ar}$ 趋于无穷、$R_S$ 近似于 0，则硅光电池可简化为图 2-3-5(c)所示的电路。

图 2-3-6 为硅光电池的特性实验电路。在全暗情况下，改变电源电压，用万用表分别测出硅光电

池和 $100\Omega$ 电阻器两端的电压降 $U_1$ 和 $U_2$，做出实验数据 $U_1$ 和电流 $I$ 的曲线。图 2-3-7 示出了硅光电池的暗电流 $I_D$-电压 $U_1$ 曲线，可以看出，与常规 PN 结的特性曲线类似。

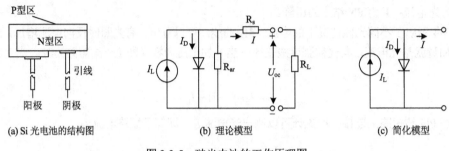

| (a) Si 光电池的结构图 | (b) 理论模型 | (c) 简化模型 |

图 2-3-5　硅光电池的工作原理图

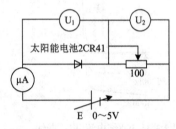

图 2-3-6　硅光电池特性实验图

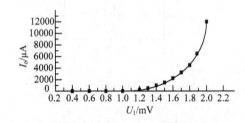

图 2-3-7　暗电流 $I_D$-电压 $U_1$ 曲线

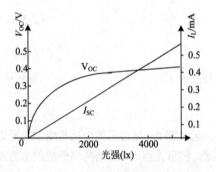

图 2-3-8　$V_{OC}$ 和 $I_{SC}$ 与光照强度的关系曲线

图 2-3-8 示出了硅光电池的开路电压和短路电流与光照强度的关系曲线。可见光电池的短路电流 $I_{SC}$ 随光强线性上升，一般可达几百微安；开路电压 $V_{OC}$ 呈对数增大（非线性），且在光照 2000lx 时就趋向饱和。因此光电池作为测量元件时，可作为电流源的形式来使用。实用中欲使 $I_{SC}$ 即 $I_L$ 大大增加，必须增大空间电荷区面积和宽度，可以通过给 PN 结加反偏压 $U_R$ 实现。反偏压 $U_R$ 是指无光照且反向电流饱和 $I_D$ 小于 $0.2 \sim 0.3\mu A$ 时所允许的最高反向工作电压，约为 10V 左右，一般 $I_D \leqslant 0.1\mu A$。

生产的硅光电池产品有兰硅、紫硅、普通、高速、三元、四元和特种规格或不同封装形式等，型号如 PN44（环氧封装硅光管）、PN23、PN1010MQ、PN710、BPW21R、KHP2032、KDP5004A、HP2ML、HP66、PD—526、DPW10A、SP-1KL/SP-1CL3、2CU2B、TEMD5100、DPW526C、S3407-01、GD6511Y、FGA21、FDG03 等。

## 2. PIN 光敏二极管

若 P 区与 N 区间有一厚厚的本征层 I 区，便形成 PIN 结构，如图 2-3-9(a) 所示，其中 $P^+$ 区很薄，光子可透过 $P^+$ 区在 PI 的耗尽区或 I 区或 IN 的耗尽被吸收，产生电子-空穴对。在自建电场作用下，PI 结中电子向 I 区漂移，空穴向 $P^+$ 区漂移，IN 结中电子向 N 区漂移，空穴向 I 区漂移，形成漂移电流，即光电流。要使 $I_L$ 升高，应增加空间电荷区宽度，即加反偏电压 $U_反$（见图 2-3-9(b)），此时 I 区比 $P^+$ 区和 $N^+$ 区电阻高，必承受大部分压降，耗尽区加宽，光电效应的有效区加大，灵敏度提高。同时，I 区的压降大，电场强，光生载流子在强电场下加速运动，渡越时间非常短，有利于提高频率响应。

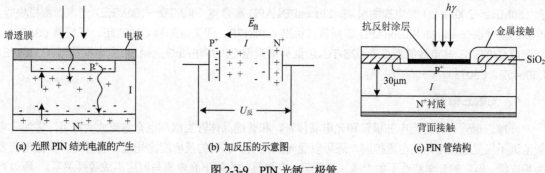

(a) 光照 PIN 结光电流的产生　　　(b) 加反压的示意图　　　(c) PIN 管结构

图 2-3-9　PIN 光敏二极管

在设计 PIN 管的结构时，要保证耗尽层能够吸收大量的入射光，P⁺区和 N⁺区就要很薄，一般为 0.8μm，耗尽层一般应为 30μm。图 2-3-9(c)中的穿越结构被应用于硅材料器件中，这是因为耗尽层通过耗尽过程在"穿越"I 区到达重掺杂的衬底处停止。在要求宽耗尽层的场合，因为轻度掺杂的 I 层在较低的电压下就能达到耗尽状态，PIN 管结构更可取，如实用中的用于长波长探测器的 GaInAs PIN 光敏二极管。一种结构为：受光面的 TiAu 点接触电极、P⁺-GaInAs/n-GaInAs/N-InP 缓冲层/n⁺-InP 衬底和背电极。另一种结构为：TiAu 点接触电极、P⁺-InP/N-GaInAs/N-InP 缓冲层/N⁺-InP 衬底、衬底光输入窗和背电极（因 InP 的禁带宽度大，使得衬底对光辐射是透明的，光吸收在 N-GaInAs 层内发生）。它们都属于异质结光电器件，为避免耗尽层以外的光吸收会降低吸收损耗，可将重掺杂的表面层做得很薄以达到这一目的。相关产品有：SiliconPIN（窗口及光纤封装 C30971、大面积 FFD-100、四象限 C30845E、标准 N 型 C30807E、紫外增强型 UV-040BQ、表面贴装 HUV-2000B）、InGaAsPIN（C30616E、C30619G），还有 BPW34、BPW31R、PD204-6B、PD638B、GT101 等型号；进而开发出由三个 Si-PIN 光电二极管集成在一起的 MCS 系列三原色颜色传感器，如 MCSiAT/BT、MCS3AT/BT、MCS3AS 等型号。

### 3. 雪崩光电二极管（APD）

APD（Avalanche Photoelectric Diode）是利用 PN 结加上高的反向偏压时发生雪崩效应而获得电流增益的光电器件，如图 2-3-10 所示。在无光入射时，PN 结上加高的反向偏置电压使耗尽层加厚，且 PN 结中无电子-空穴对，不会发生雪崩现象；当光入射到 PN 结并产生电子-空穴对时，强场使光生载流子加速获得足够能量，它们与晶格原子碰撞产生新的电子-空穴对，新载流子在强场中又被加速，又能与晶格碰撞，再一次产生电子-空穴对，这样连锁反应，获得载流子的雪崩效应，从而光电流增多。

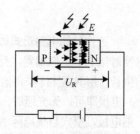

图 2-3-10　雪崩效应示意图

雪崩光电二极管 APD 是高灵敏度的光敏二极管，通常用倍增因子来描述其特性，其倍增因子定义为雪崩倍增光电流与无雪崩时的反向饱和电流之比。实验证明：

$$M = \frac{1}{1-(V/V_B)^d} \tag{2-3-7}$$

式中，$V$ 为外加电压，$V_B$ 为击穿电压，$d$ 为与材料和器件结构有关的常数，一般为 1~3。

对于 1.06μm 以下波长的光，光纤通信系统的理想探测器是硅 APD；在长波长的光纤通信中应使用低噪声的 APD，采用Ⅲ-Ⅴ族和Ⅱ-Ⅳ族半导体材料制备阶梯带隙的 APD（可称之为固态光电倍增管）；另外还有多 PN 结异质结构 APD（P-N-P-N）、渐变带隙 APD（能带由 P+宽渐变到 N+窄）、超晶格 APD（由交替生长共 25 个周期的 GaAs 层/Al0.45Ga0.55As 层组成）、渐变带隙超晶格高速 APD（渐变带隙材料有 AlInGaAs 和 InGaAs）和沟道型 APD（交错梳状多层 P-N 异质结构）、Silicon/InGaAs APD 高带宽（50MHz～200MHz）光电探测模块、SiliconPIN/APD 高带宽（40MHz～100MHz）光电探测模块等。产品的型号也很多，如 SiliconAPD 雪崩管（标准 C30817E、四象限阵列 C30927E、低增益 C30724、高增益 C30737E、热电致能型 C30902S-TC、近红外增强型 C30954E；InGaAsAPD 光电探测器（C30644E、C30645E、C30733、C30662E）等。

### 4．光敏三极管

光敏三极管可称为光电三极管和光电晶体管，和普通晶体管类似，也有电流放大作用，它的集电极电流不仅受基极电路的电流控制，还可以受光的控制。它们的灵敏度比光敏二极管高，输出电流多为毫安级。但它的光电特性不如光敏二极管好，在较强的光照下光电流与照度不成线性关系。 所以光电晶体管多用于光控，作为光电开关元件或光电逻辑元件。

（1）结构与原理

图 2-3-11 示出了光敏三极管的结构和图形符号。图 2-3-11(a)中面积很小的 N$^+$为发射极，N 区为集电极；面积很大的 P 区为基区，作为光窗口，基极和集电极形成的 PN 是光电结；它的外形有光窗、集电极引出线、发射极引出线和基极引出线（有的没有）。图 2-3-11(b)中分为 NPN 型和 PNP 型两大类，在有光照时，NPN 型光敏三极管电流从集电极 c 流向发射极 e，PNP 型光敏三极管的电流从发射极 e 流向集电极 c；外形与光敏二极管几乎一样，只有发射极 e 和集电极 c 两个引脚，文字符号是"VT"。实用的封装形式有金属壳封装和塑封两种。

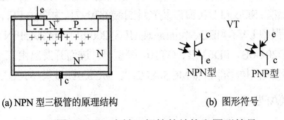

(a) NPN 型三极管的原理结构　　　　　　　(b) 图形符号

图 2-3-11　光敏三极管的结构和图形符号

工作时的电路形式如图 2-3-12 所示，与正常晶体管一样，所加电源必须让集电结 NP 反向偏置、发射结 PN$^+$正向偏置，受光面积大的基极可以无电极，且具有结深浅等特点。制备时先在硅片上外延生长一层 N 型材料，再给外延层中扩散一个薄的 P 区，在 P 区上再扩散一个很小的 N$^+$区，最后做上 e、c 电极即可。无光照时，因热激发而产生少数载流子，集电结反偏的电场很强，热电子会从基区进入集电极，空穴自集电区 N 运动到基区，形成基极开路集电结基极反向偏置电流，即形成暗电流 $I_{cbo}$；同时发射结正偏，自建电场很小，可忽略，$I_{cbo}$扩散越过此结。基区电子漂移留下的正离子吸引射极电子，被集电极收集，形成集射极间的暗电流，即正常晶体管的反向截止电流，表示为

$$I_{ceo} = (1+\beta)I_{cbo} \tag{2-3-8}$$

式中，$\beta$ 为晶体管的放大倍数。

光照射集电结会产生光生载流子，在反向偏置电场作用下，大量光生电子漂移到集电极，基区留下的正离子会吸引发射极的大量电子向基区移动，又被集电极收集而形成放大的电流。此时集电结产生的光电子–空穴对形成的光电流为 $I_L$，方向自集电极流向基区，即从基极进入三极管放大，则集电极电流为

$$I_c = \beta I_L \tag{2-3-9}$$

为提高灵敏度，通常给光敏三极管再连接一个晶体管，用微电子工艺一次制备出两管相连的结构，如达林顿光敏三极管，图形符号如图 2-3-12(b)所示，将光敏三极管的发射极与下一级晶体管的基极相

连，集电极与下一级管子的集电极相连，结果使得射极电流进一步放大，表示为

$$I_{e2} = (1+\beta)^2 I_L \tag{2-3-10}$$

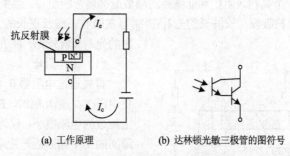

(a) 工作原理　　　　　　　(b) 达林顿光敏三极管的图符号

图 2-3-12　NPN 光敏三极管的工作原理图

（2）产品及其特性

一般制作材料为半导体硅，其 NPN、PNP 型的国产器件型号分别为 3DU 系列、3CU 系列；国产达林顿光敏三极管有 3DU511D、3DU512D、3DU513D 等；也有 InGaAsP/InP 异质结光敏三极管，其结构如图 2-3-13 所示。图 2-3-14 示出了典型光敏三极管的伏安特性曲线，其中在一定的照度下，集射极电压 $V_{ce}$ 较小时，光电流的放大电流 $I_C$ 随着 $V_{ce}$ 的增加而增大，当 $V_{ce}$ 超过某值后，$I_C$ 趋于饱和。光照度增加，光电流增益下降，$I\text{-}V$ 曲线上密下疏（这是大注入情况下 $\beta$ 下降的结果）。图 2-3-15 示出了光敏三极管的光谱特性曲线，存在峰值，且材料不同、掺杂不同的光敏三极管的光谱响应曲线也不同。硅、锗和异质结光敏三极管的峰值波长 $\lambda_p$ 分别为 880nm、1500nm 和 900～1100nm 之间。图 2-3-16 示出了外加电压恒定时光敏三极管的光电特性曲线，可以看出其输出电流 $I_c$ 与光照度间的关系近似线性，但线性度不如光敏二极管好，且在弱光时光电流增加较慢。当光照足够大（几 klx）时会出现饱和现象，使光敏三极管既可作为线性转换元件，又可作为开关元件。

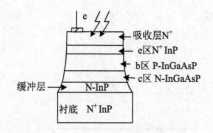

图 2-3-13　异质结光敏三极管的结构图

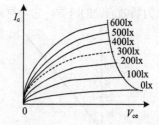

图 2-3-14　光敏三极管的伏安特性曲线

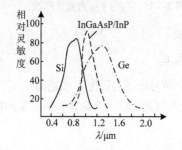

图 2-3-15　光敏三极管的光谱特性曲线

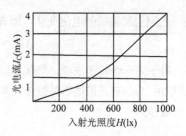

图 2-3-16　光敏三极管的光电特性曲线

### 5. 光敏场效应晶体管

典型的光敏场效应型晶体管的结构图如图 2-3-18 所示，其中 $P_1$ 为栅极，从原理上可看作是一个光敏二极管 $P_1N_1$ 结与一个高输入阻抗和低噪声的场效应晶体管的组合。当受均匀光照射时，短波长的光 $\lambda_1$（如紫光）在 $P_1$ 区被吸收，长波长的光 $\lambda_2$ 在 $N_1$ 区被吸收，波长更长的光将在 P 区被吸收，波长更短的光 $\lambda_3$（紫外光）将在上表面被吸收。

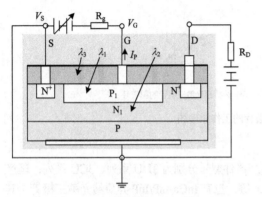

图 2-3-17　光敏场效应型晶体管的结构图

（1）工作原理

首先通过电阻器 $R_g$ 给图 2-3-17 中的栅极加一定负电压 $V_G$，无光照时，$P_1N_1$ 结截止，负载电阻器 $R_D$ 上流过的电流很小，仅为反向电流；当有光照时，栅源间的 PN 结附近产生电子-空穴对，在结电场作用下空穴和电子分别向栅极和源极运动，引起栅极-源极电荷积累，产生光生电动势，形成栅极光电流 $I_P$，且 $I_P$ 正比于光强，则 $R_g$ 上产生压降为信号电压。

（2）特性及参数

① 栅压与照度的关系：由于光电流 $I_P$ 与光照度成正比，若用光灵敏度常数 $S_P$（毫微安/lx）和照度 $E$（lx）的乘积表示 $I_P$，则光电流在 $R_g$ 上压降，即光照引起负栅压减少量为

$$\Delta V_{GS} = I_P R_g = E S_p R_g \tag{2-3-11}$$

所以，栅压变化量 $\Delta V_{GS}$ 与照度成正比，其曲线如图 2-3-18 所示。

② 光电信号电压与电阻 $R_g$ 的关系：由于光照射使栅极负偏压降低，即 $V_{GS}$ 增加，从而使源漏电流 $I_D$ 随之增加，见图 2-3-19 的 $I_D$ 与 $V_{GS}$ 的关系曲线。且 $I_D$ 的增加量可表示为

$$\Delta I_D = \Delta V_{GS} \cdot g_m = E S_p R_g g_m \tag{2-3-12}$$

式中，$g_m$ 为场效应管的跨导，它与材料和器件的结构有关。

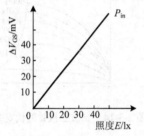

图 2-3-18　栅压随照度的变化

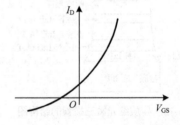

图 2-3-19　$I_D$ 与 $V_{GS}$ 的关系曲线

于是，光照引起漏极的电位变化，即 $R_D$ 上压降的变化为

$$\Delta V_D = \Delta I_D R_D = E S_p R_g R_D g_m \tag{2-3-13}$$

上式表明，对于同一个管子来说，负载电阻 $R_D$ 一定时，光电信号电压与照度 $E$ 成正比。

③ 灵敏度 $S_P$：它是描述器件性能的重要参数，指单位入射光照度（光功率）所产生的漏极电位的变化。可表示为

$$S_P = \frac{I_P R_g g_m R_D}{P_i} \tag{2-3-14}$$

在其他参数一定的情况下，$S_P$ 与 $I_P$ 成正比。因为选用了输入阻抗在 $10^{11}\Omega$ 以上的场效应管，$R_g$（$10^{10}\Omega$）不会在输入级上产生明显的光电分流，即使 $I_P$ 很小（可小至 $10^{-25}$），$I_P R_g$ 仍相当大，低噪声场效应管放大后可获得很高的光检测灵敏度。

当 $R_D = 10k\Omega$、$V_{GS} = 20V$ 时可检测到照度为 $10^{-3}$lx 的光（即 $P_{in} = 10^{-5}$mV/cm），在照度上升时 $V_{GS}$ 上升（从不导通变为导通），$I_D$ 与 $V_D$ 的关系与图 2-3-14 类似，$I_D$ 增加使得强光下光增益下降，曲线变密，输出与光照成非线性关系。其照度与栅压变化的关系通过适当选择偏压可使器件工作在较宽的线性范围；使用 1000W 的碘钨灯，加上不同密度的中性衰减滤色片后，可得出不同的照度条件，用标准钠光灯校正，在高达 $1.12\times10^{4}$lx 的照度下测得的光电信号值与低照度外推线性误差也很小，响应范围在 $10^{-3}\sim10^{4}$lx。另外，其光谱响应与深结 Si 光电池类似，入射光的波长上限为 $1.2\mu m$，灵敏度极大值在 $0.9\mu m$ 处。响应时间取决于结电容和栅-源极间电阻 $R_g$ 的乘积，一般结电容在 $10^{-11}$F 左右，$R_g$ 小于 $10^{10}\Omega$，故响应时间 $\tau < 10^{-1}$s，用于紫外检测器。

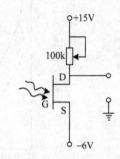

图 2-3-20　光敏场效应管测定吸收度的电路

（3）光敏场效应管应用

图 2-3-20 示出了光敏场效应管测定吸收度的电路，它可直接用来测定光强度的对数值（即吸收值）。在栅极开路的情况下，光生电流只能经过 PN 结本身的正向内阻形成回路，即 PN 结正向内阻 $r_J$ 取代了上述 $R_g$ 的作用，结上的正向电压与流经结的正向电流成对数关系，所以上述光生电流在结上产生的信号电压就与入射光强度的对数值成比例，由此当入射光由于溶质而被部分吸收时，入射光强度从 $\Phi$ 变化至 $\Phi + \Delta\Phi$，漏电压 $V_D$ 亦变化为 $V_D + \Delta V_D$，则

$$\Delta V_D = (V_D + \Delta V_D) - V_D = K \log(\Phi + \Delta\Phi) - K \log\Phi = K \log\frac{\Phi + \Delta\Phi}{\Phi} \tag{2-3-15}$$

式中，$K$ 为器件常数。

吸收值可由 $\Phi = \Phi_0 e^{-\alpha x}$ 得：

$$\alpha = \log\frac{\Phi + \Delta\Phi}{\Phi} = \frac{\Delta V_D}{K} = \frac{ES_P r_J R_D g_m}{K} \tag{2-3-16}$$

上式表明吸收值可以直接进行测试，与光强成正比，其线性范围在 $0\sim1.0$ 左右。

### 6. 半导体色敏传感器

（1）工作原理

鉴于 PN 结光敏二极管某一深度中光强 $\Phi = \Phi_0 e^{-\alpha x}$（$\alpha$ 与 $\lambda$ 有关，见图 2-3-21(a)），P 区不同结深 $x_j$ 时的量子效率 $\eta$ 也与 $\lambda$ 有关（见图 2-3-21(b)），则短路电流（即光电流）$I_{SC}$ 与波长的关系为

$$I_{SC} = -q\frac{\Phi\eta}{hv} = -q\frac{\Phi\eta\lambda}{hc} = K\Phi(\lambda)\eta(\lambda)\lambda \tag{2-3-17}$$

上式说明 PN 结的短路电流由 $\lambda$ 决定，即由入射光的颜色决定。

（2）单色光检测

采用双结光敏二极管半导体色敏器件进行单色光的检测，其结构、等效电路及光谱响应如图 2-3-22 所示。其中 $P_1 N_1$ 为 $PD_1$ 浅结，对 $\lambda$ 短的 580nm 光灵敏度高；$P_2 N_2$ 为 $PD_2$ 深结，对 $\lambda$ 长的 900nm 光灵敏度高；三层结构与纵向 PNP 类似，即在 Si 片上重叠着两个反向光敏二极管。当外部光照射到器件上时，$P_1 N_1$ 层吸收短波长光子产生电子-空穴对，载流子电子向下扩散，空穴向上扩散，形成电流 $I_1$；$N_1$ 层吸收透过 $P_1$ 的长波长光子产生电子-空穴对，因载流向上下两个方向的扩散几率相同，一半向 $P_1$

扩散，另一半向 $P_2$ 扩散，形成电流 $I_2$ 和 $I_3$；达到 $P_2N_1$ 区的红外光被吸收，产生电子–空穴，扩散形成的电流为 $I_4$，图 2-3-22(b)中光电二极管 $PD_1$ 和 $PD_2$ 的短路电流 $I_{SC1}$ 和 $I_{SC2}$ 表示如下：

$$I_{sc1} = I_1 + I_2 \qquad (2\text{-}3\text{-}18)$$

$$I_{sc2} = I_3 + I_4 \qquad (2\text{-}3\text{-}19)$$

由图 2-3-22(c)实验测出的波长与 $I_{SC}$ 的关系可以看出，$I_{SC1}$、$I_{SC2}$ 均有一个最灵敏的波长范围。只要用测出的 $I_{SC1}$、$I_{SC2}$ 并计算出 $I_{SC2}/I_{SC1}$，从其与 $\lambda$ 关系曲线就可以查出入射光的波长，即可知道颜色。

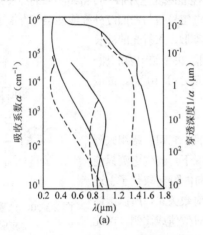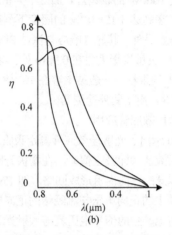

图 2-3-21　$\alpha$、$\eta$ 与 $\lambda$ 的关系

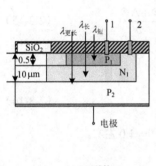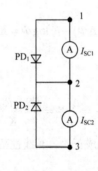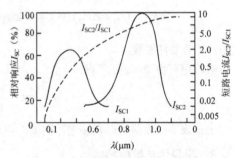

(a) 结构　　　　　　(b) 符号及检测　　　　　　(c) 光谱响应曲线

图 2-3-22　半导体单色光敏传感器

图 2-3-23(a)示出了单色光检测电路。经对图分析，有 $V_o$ 与 $\lambda$ 的关系为

$$V_o = \frac{kT}{q} \lg\left(\frac{I_{SC2}}{I_{SC1}}\right) \cdot \frac{R_2}{R_1} = V_a \frac{R_2}{R_1} \lg F(\lambda) \qquad (2\text{-}3\text{-}20)$$

式中，$V_a = kT/q$，$I_{SC2}/I_{SC1} = f_2(\lambda)/f_1(\lambda) = F(\lambda)$，是波长的函数。

图 2-3-23(b)示出了实际输出电压与波长的关系曲线。只要测出输出电压，就可利用该曲线快速地确定被测光的波长（颜色）。

（3）彩色光检测

在同一块硅基片上与三基色红（R）、绿（G）、蓝（b）所对应的不同颜色入射深度处，采用离子注入技术形成三只 PN 结，此色敏元件的结构、等效电路及光谱响应如图 2-3-24 所示，可看出红光（700nm）、绿光（546.1nm）和蓝光（435.8nm）所对应三个不同的 $\alpha$ 值。当任何一种颜色的入射光照射在光敏元件上时，不同深度的 PN 结将产生相对应的光电流。图 2-3-25 示出了用 2S4C 色敏器件构成的检测电路，图中信号名称 X、Y、Z 可视为 R、G、B，由于 PN 结的光电流极小，且和光源的强度有关，所以初级要用 CA3140 高输入阻抗且适于放大微小电流的放大器。当需要像色彩计具有等色函数的光谱响应时，应使第二级 LF256 放大器的 RP 有相等的阻值，并使三个放大器的增益相等。第一级实现 $I/V$ 转换，第二级实现电压放大，输出的三个电流即反映了三基色光强比例。

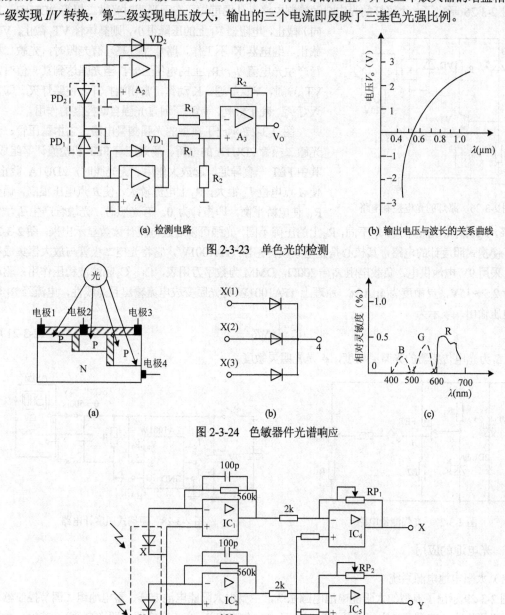

(a) 检测电路                                    (b) 输出电压与波长的关系曲线

图 2-3-23   单色光的检测

(a)                          (b)                          (c)

图 2-3-24   色敏器件光谱响应

图 2-3-25   色敏信号检侧电路

### 2.3.3　光生伏特效应器件的应用

#### 1．光敏二极管的应用

图 2-3-26 示出了一个路灯的光电自动控制电路。从图可知，在无光照时光敏二极管 2DU1B（反

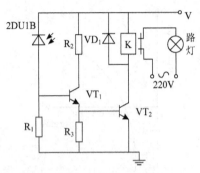

图 2-3-26　路灯的光电控制电路

向）截止，电阻器 $R_1$ 上的压降很小，则晶体管 $VT_1$ 截止，$VT_2$ 截止，继电器 K 不工作，路灯保持亮。有光照时，光敏二极管产生光电流 $I_L$，$R_1$ 上的电压上升，当光强达到某一值时，$VT_1$ 导通，$VT_2$ 导通，K 动作，常闭端打开，使路灯灭。即白天灯灭，晚上灯亮，起到了通过光强自动控制的作用。

图 2-3-27 示出了典型的光强测量电路，它由稳压管、含光敏二极管 2DU1A 的电桥、场效应管 FET 和检流计等组成，其中 FET 一直导通，起放大作用。无光照时，2DU1A 截止，使 A 点电位 $V_A$ 很大，$R_2$ 上电流较大，使 B 点电压很高，调整 $R_W$ 使电桥平衡，即指针为 0。有光照时，光敏管产生 $I_L$，使

$V_A$ 下降，$V_B$ 减小；光照不同，$I_L$ 不同，$R_2$ 上的压降不同，光强可以通过电流计读数显示出来。图 2-3-28 示出了便携式照度计的电路，其核心是光电集成传感器 TFA1001W，它将光电二极管与放大器集成在一起；采用 9V 电池供电，负载电阻 $R_L = 200\Omega$，DMM 为数字万用表，$C_1$、$C_2$ 起滤波稳压作用；驱动电压为 2.5～15V，灵敏度为 5μA/lx。原理上 TFA1001W 将光照变成电流输出且为线性，电流经 $R_L$ 转换为电压输出，表示为

$$V_o = \phi S_I R_L \tag{2-3-21}$$

式中，$S_I$ 为光电传感器的光照灵敏度，$\phi$ 是光照灵敏度。

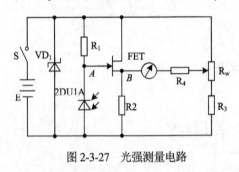

图 2-3-27　光强测量电路　　　　　　　　图 2-3-28　便携式照度计电路

#### 2．光电池的应用

（1）太阳电池电源系统

图 2-3-29 示出了典型的太阳能电池电源系统，主要由太阳能电池方阵、蓄电池组、调节控制器和阻塞二极管组成。在需要向交流负载供电时，还必须加有直流-交流变换器（即逆变器）。其中，太阳能电池方阵是按用户要求的功率和电压，选用若干片性能相近的单体光电池，经串联、并联后封装成一个可以单独作为电源使用的电池组件。有光照射时，太阳能电池方阵会发电并对负载供电；同时也对蓄电池组充电，以储存能量。无光照时，蓄电池组给负载供电，阻塞二极管反偏，防止给光电池供电（即逆流）造成浪费（放电）。调节控制器将太阳能电池方阵、蓄电池组和负载连接起来，实现充、放电自动控制的中间控制器，并为负载供电；在充电电压达到蓄电池上限电压时，它能自动切断充电电路，停止对蓄电池充电；当蓄电池电压低于下限值时，能自动切断输出电路，保护蓄电池以延长其

寿命。因此，调节控制器不仅能使蓄电池供电电压保持在一定范围，而且能防止蓄电池因充电电压过高或过低而损伤。

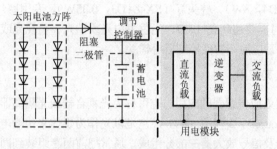

图 2-3-29 太阳能电池电源示意图

实用中常将多个 PN 结串联和并联形成太阳能电池板，有单个组件的单晶太阳能电池正面如图 2-3-30所示，一般正面为蓝色的氮化硅减反射膜（即增强的蓝光光谱响应），1.5mm 宽的银电极（两根主栅线）；背面是全铝的，3mm 宽的银铝合金背电极；尺寸如 125mm × 125mm ± 0.5mm；采用钢化玻璃及防水树脂进行封装以使其坚固耐用，使用寿命一般可达 15～25 年，但非常昂贵。现有的单/多晶硅太阳能电池板产品的功率为 15W、40W、80W、100W、175W、200W 等，它们的光电转换效率为 15%～24%，但制作成本很高。多晶硅太阳能电池组件效率高达 16.5%，如 XSJ070，其优点如下。①特性参数：峰值功率为 70W，峰值电压为 17.5V，峰值电流为 4.0A，开路电压为 21.5V，短路电流为 4.8A，使用寿命长达 25 年以上。②密封性能好，能防雨、水、气体的侵蚀。③使用安全、可靠、无须维护、电性能稳定可靠。④环境适应性好：能抗冰雹冲击，并能在高低温剧变的恶劣环境下正常使用。⑤安装灵活、方便。⑥产品特性优良：峰值功率充足，符合国家标准要求。⑦树脂封装晶体硅技术。⑧玻璃具有极高的透光性。但寿命较短，性能和价格比单晶硅太阳能电池略好，因此得到了更大的发展。

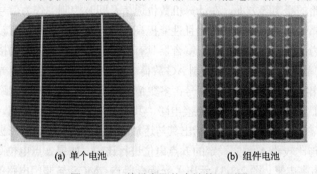

(a) 单个电池      (b) 组件电池

图 2-3-30 单晶太阳能电池的正面图

现有的光伏系统有小型、中型和大型发电系统，型号如 SX-GFFD（电池功率 100～10000W，充电控制器电流 2A～200A，蓄电池组 200～300Ah，逆变器功率 1～10kW），分为独立发电系统、独立电源系统、并网电源系统、并网电站系统；太阳能户用系统功率有 50W、100W、200W、500W、700W 等。太阳能电池板的发电能力与光照强度、环境温度、安装角度等密切相关，每个环节的变动都会影响其发电效果，其安放角度一般朝向正南（即太阳能板的垂直面与正南的夹角为 0）时发电量最大；太阳能发电量是不停变化的，一般早晚发电少、中下午发电多；日照时间不等于太阳能的有效发电时间。我国一般地区都有 9 个小时以上的日照时间，但是有效的发电时间一般为 4 个小时左右。

（2）太阳能电池的应用

太阳能电池应用的产品中最简单的是灯具系列：路灯（LR-D760、LR760-30W、XSJ-329、

XSJ-L0010、XSJ-L0005、SX-LD30，光源功率为 20~150W，工作时间为 5~12h）、庭院灯（LT-TS010、SX-TYD32，5~20W）、草坪灯（LC-S01、SX-CPD23，1~6W）、墙壁灯和地理灯（SX-QBD5、SX-DMD4，0.7W）、信号灯（SX-XHD4，8W）、柱头灯（SX-ZTD3，0.35W）、专用路灯（20~150W）和杀虫灯（3~7W）等系列；使用时需要超高亮 LED、光色为白光或钠光、整晚亮或定时控制、保证连续阴雨天为 3~10 天以上，12V 蓄电池，智能控制器等辅助。

### 3. 光电耦合元件及其应用

　　光电耦合元件是光电效应传感器的应用，也可称为光耦合器或光隔离器及光电隔离器，简称光耦（Opto-isolator 或 optical coupler，缩写为 OC），它是以光作为媒体来传输电信号的一组装置，一般由光发射器、光接收侦测器及信号放大器三部分组成，通常把前两者组装到同一密闭管壳内，或者用一根光导纤维把两部分连接起来，见图 2-3-31 的虚线框，它们之间除了光束之外不会有任何电气或实体连接，即输入、输出电信号间能维持良好的互相隔离，可以使电信号通过隔离层。其光发射器大都是发光二极管（LED）或发光灯丝。光接收侦测器的种类比较多，有光电二极管、光晶体管、光敏电阻或光可控管（光晶闸管）等光敏传感器；光耦合器达数十种，主要有通用型（又分无基极引线和有基极引线两种）、达林顿型、施密特型、高速型、光集成电路、光纤维、光敏晶闸管型、光敏场效应管型。工作时输入的电信号 $V_{in}$ 驱动 LED 发出一定波长的光，被光接收探测器接收而产生光电流，再经过进一步放大后输出，这就完成了电—光—电的转换。为了使光发射器与光接收侦测器的波长匹配，发光元件若选用 GaAs 或 GaAlAsLED，光接收部分常选用硅光电二极管或光敏晶体管等。

　　由于光电耦合元件的输入/输出电隔离，电信号传输具有单向性等特点，因而具有良好的电绝缘能力和较强的抗干扰性，且响应速度快、灵敏度高、无触点、可靠性好、容易与逻辑电路配合等。又由于光耦合器的输入端属于电流型工作的低阻元件，因而具有很强的共模抑制能力。所以，它在长线传输资讯中作为终端隔离元件可以大大提高信噪比，可广泛应用于电压和阻抗不同的电路之间的信号传输，以及消除接地回路的噪声等方面。在计算机数位通信及即时控制中作为信号隔离的接口器件，可以大大增加其工作可靠性，且能使电路简化且性能提高。晶体管光耦合器具有较好的换能效率、高耐压性、低输入驱动能力；高速集成电路输出耦合器具有提供高速集成光能力的接收元件（速度为 1~10MHz），如三端双向晶闸管耦合器用来控制 AC 载荷（如发动机和螺线管）；光控耦合器中装配一个 MOSFET、有线性输出特征且能转换类比信号；多数情况下光耦合器与集成电路直接连接。图 2-3-31 示出了光耦合器与 TTL 与非门集成电路的连接电路，其光电晶体管以射级输出，用 VT 将光耦合器的通断信号变为 TTL 的高低电平。图 2-3-32 示出其与运放的连接电路，其光敏二极管的光电流输出由电阻 R 变为电压信号，与比较器 A 预先设定的 $b$ 点电位进行比较，如果 $a$ 点电位高于 $b$ 点电位，A 输出为低电平，反之输出为高电平。图 2-3-33 示出了光耦合器与 CMOS 与非门电路的连接，将光电晶体器的集电极输出接入由 $IC_1$ 和 $IC_2$ 构成的施密特电路，可获得上升较陡的脉冲波形。$IC_3$ 是缓冲器，即使不接也不会影响电路的基本工作，起稳定输出、调节、延时等作用。

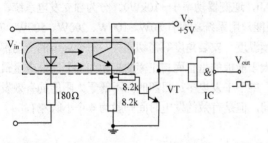

图 2-3-31　光耦合器与 TTL 与非门连接

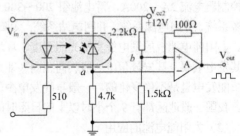

图 2-3-32　光耦合器与运放的连接

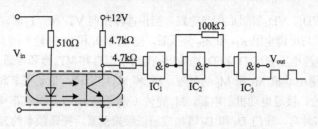

图 2-3-33　光耦合器与 CMOS 与非门电路的连接

#### 4．光敏三极管的应用

（1）脉冲编码器

图 2-3-34 为脉冲编码器的工作原理示意图。其中图 2-3-34(a)是光电转换原理图，图 2-3-34(b)是光栅转盘的结构图。$V_i$ 为电源电压，$V_o$ 为输出电压，N 为光栅转盘上光栅辐条形成的孔数，$R_1$ 和 $R_2$ 为限流电阻器，而 A 和 B 则分别是光发射端 LED 和接收端光敏三极管。当转轴受外部因素的影响而以某一转速 $n$（turn/s）转动时，光栅转盘也随着以同样的速度转动。所以，在转轴转动一圈的时间内，B 将接收到 $n$ 个光信号，从而会输出 $n$ 个电脉冲信号。由此可知，脉冲编码器输出的电信号 $V_o$ 的频率 $f$ 表示为

$$f = nN \qquad\qquad (2\text{-}3\text{-}22)$$

式（2-3-22）说明了编码频率 $f$ 可以由转轴的转速 $n$ 确定。

此脉冲频率可用一般的频率计测量。所用的光电转换电路如图 2-3-35 所示，其中 $VT_1$ 为光敏三极管。当有光线照射 $VT_1$ 时产生光电流，使 $R_1$ 上的压降增大，导致晶体管 $VT_2$ 导通，触发由晶体管 $VT_3$ 和 $VT_4$ 组成的射极耦合触发器，使 $V_o$ 为高电位。反之，$V_o$ 为低电位，形成的脉冲信号 $V_o$ 可直接输出，或送到计数电路进行计数。

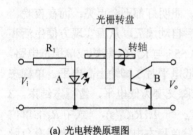

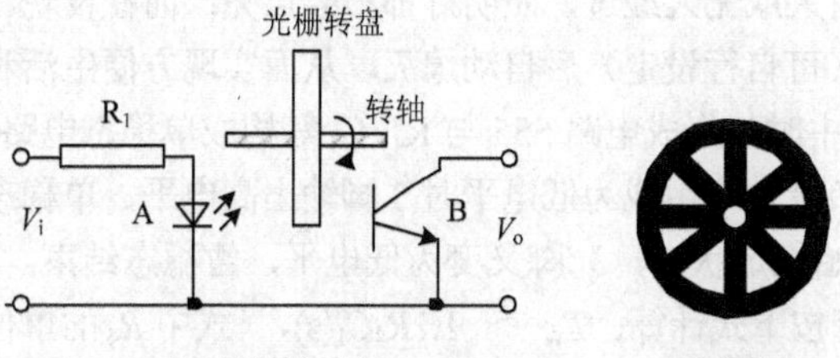

(a) 光电转换原理图　　　(b) 光栅转盘

图 2-3-34　脉冲编码器工作原理

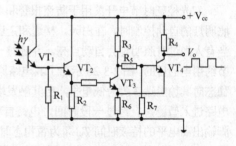

图 2-3-35　光电脉冲转换电路

（2）听指挥的光控玩具汽车

一般光控玩具汽车的向前、向左、向右前进可用指挥棒指挥，当指挥棒关闭时便自动停车。图 2-3-36 示出了指挥棒电路。当按下开关 S 时，红外发光二极管 LED 便发出恒定的红外光。可改变 R 使电路工作电流约为 50mA。当然要用三个同样的电路发出不同波长的光，控制不同的运动方式。图 2-3-37 示出了汽车的实际光控电路，由两组简单的红外光控电路及闪光电路构成。$VT_1$ 和 $VT_2$ 分别装于玩具车的前灯左右侧，$VT_1$ 与 CMOS 非门 $D_1$、$D_2$ 等组成左转弯光控电路；$VT_2$ 与非门 $D_3$、$D_4$ 等组成右转弯光控电路；非门 $D_5$、$D_6$

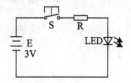

图 2-3-36　指挥棒电路

及普通发光二极管 $VD_3$、$VD_4$ 等组成闪光电路。当指挥棒指向 $VT_1$ 和 $VT_2$ 时，$VT_1$ 和 $VT_2$ 的集电极与发射极呈现低电阻，与可调电阻 $R_{P1}$ 和 $R_{P2}$ 分压后，使非门 $D_1$ 和 $D_3$ 的输入端为高电平（高于非门的转换电压，约为 1/2 电源电压 $E$），$D_2$ 和 $D_4$ 均输出高电平，$VT_3$ 和 $VT_4$ 饱和导通，继电器 $K_1$ 和 $K_2$ 吸合，$K_{1-1}$、$K_{2-1}$ 闭合，接通电动机 $M_1$ 和 $M_2$ 的电源，$M_1$ 和 $M_2$ 均旋转，带动汽车向前移动。当指挥棒指向 $VT_1$ 时，仅使 $K_1$ 吸合，接通电动机的电源，$M_1$ 旋转（$M_2$ 不转），使玩具汽车向左转弯。当指挥棒指向 $VT_2$ 时，汽车将向右转弯。非门 $D_5$ 和 $D_6$ 构成超低频振荡器，振荡频率约为 1Hz，1Hz 的超低频脉冲作用于 $VT_5$ 的基极，使其工作于开关状态。当 $K_{1-1}$ 吸合时，在接通 $M_1$ 电源的同时也将普通发光二极管（颜色任选）$VD_3$ 的正极接正电源，使 $VD_3$ 随着 1Hz 的超低频脉冲闪闪发光。当 $K_{2-1}$ 吸合时，$VD_4$ 将发出其另一颜色的闪光。

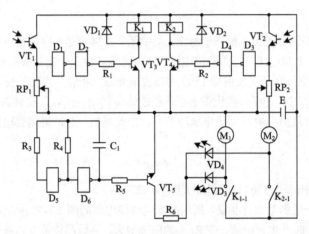

图 2-3-37　汽车实际光控电路

（3）双光控延时节电开关

双光控延时节电开关用于防盗报警和节水开关时，只要将负载换成警笛或水电磁阀即可。在用于照明灯的自动控制时，在白天，楼道和走廊里无论有人或无人经过，照明灯都不会点亮；而在夜晚，当有人经过时照明灯会自动点亮，并延时一段时间（可自行设定）后自动熄灭，从而实现方便生活和节约用电的目的。图 2-3-38 示出了其电路原理图，其中时基集成电路 555 与 $R_4$、$C_1$ 等构成单稳态电路，稳态时其输出端 3 脚为低电平，当其触发端 2 脚有负脉冲作用或为低电平时 3 脚输出高电平，单稳态电路进入暂稳态，经过一段时间，电路自动翻回初始稳定状态，3 脚又变为低电平，暂稳态结束。3 脚输出高电平的持续时间 $T_W$ 即为暂稳态时间，$T_W$ 可按下式计算：$T_W \approx 1.1R_4C_1(s)$，（式中 $R_4$ 的单位为 MΩ，$C_1$ 的单位为 μF），可选用图中参数计算 $T_W$ 约 30s。若在触发单稳态电路后的 30s 内又有负脉冲作用于 2 脚，则 3 脚输出高电平的时间从第二次触发后再过 30s 结束。

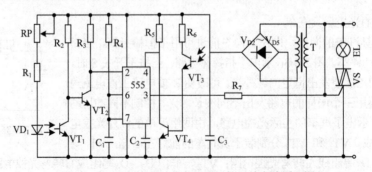

图 2-3-38　双光控延时节电照明灯的开关电路原理图

红外发光二极管 $VD_1$ 与光敏三极管 $VT_1$ 构成光控电路；光敏三极管 $VT_3$ 与自然光构成另一路光控电路。白天光照强度较大，$VT_3$ 的 c-e 极间呈现低电阻，$VT_4$ 因有较大的偏流而导通，其集电极（也就是 555 电路的强迫复位端 4 脚）为低电平，处于复位状态，其 3 脚被迫输出低电平，此时双向晶闸管 VS 的控制极无触发电压，处于关断状态，灯泡 EL 不亮。到夜晚光照强度明显减弱，$VT_3$ 呈高电阻，使 $VT_4$ 由导通变为截止，使 4 脚变为高电平，电路退出复位状态，其 3 脚输出高电平。如果此时 $VD_1$ 发出的红外光照射在光敏三极管 $VT_1$ 上，则 $VT_1$ 呈现低电阻，$VT_2$ 的基极为低电平，使 $VT_2$ 截止，其集电极（也就是 2 脚）为高电平，故 555 电路仍处初始稳定状态，3 脚为低电平，双向晶闸管 VS 关断，灯泡仍不亮。当有人经过而挡住 $VD_1$ 与 $VT_1$ 之间的光路时，$VT_1$ 因收不到红外光照射呈现高电阻，$VT_2$ 导通，2 脚变为低电平，555 进入暂稳态，3 脚输出高电平，此高电平通过限流电阻器 $R_7$ 触发双向晶闸管 VS，使其由关断变为导通，灯泡点亮。经过 30s 后，电路暂稳态结束，3 脚变为低电平，VS 关断，EL 熄灭。变压器 T、二极管 $VD_2$～$VD_5$ 及 $C_3$ 构成变压器降压桥式整流滤波电源，为整个光控电路提供工作电压。

# 2.4　固态图像传感器

图像传感器是电子设备的图像接收器，是以电荷积累和转移为核心，包括光电信号转换、信号存储和传输、处理的高度集成的半导体光敏传感器。有线型图像传感器和面型图像传感器两种，都具有体积小、质量轻、功耗小、成本低等优点，可探测可见光、紫外光、X 射线、红外光、微光和电子轰击等，广泛用于图像识别和传送；短短几年就由几十万像素发展到 400、800 万像素甚至更高。固态图像传感器按其原理主要分为三大类：电荷耦合器件（Charge-Coupled Devices，CCD）、互补金属氧化物场效应管（Complementary Metal Oxide Semiconductor，CMOS）型图像传感器和电荷注入器件（Charge Injection Device，CID）（又称为接触式图像传感器（Contact Image Sensor，CIS））。目前前两者用得最多，CCD 噪声低，在很暗的环境条件下性能仍旧良好；CMOS 型图像传感器质量很高，可用低压电源驱动，且外围电路简单；CIS 是继 CCD 之后于近几年发展起来的，工作原理和功能效果与 CCD 相似，在体积、价格、方便安装等方面优点更突出，在传真机的生产中已完全取代 CCD。下面分别对前两者进行详细介绍。

## 2.4.1　电荷耦合器件

电荷耦合器件（CCD）是一种由在单晶硅基片上呈二维排列的光电 MOS 二极管及其传送电路构成的、以电荷包的形式存储和传递信息的半导体表面器件。它是在 MOS 结构电荷存储器的基础上发展起来的，有人也将其称为"排列起来的 MOS 电容器阵列"；其中一个 MOS 电容器就是一个光敏元，可以感应一个像素点，则一个有 1280 × 1024 个像素点的图像就需要同样多个光敏元，CCD 属于大规模集成器件。

### 1. 光敏元的电荷包形成原理

图 2-4-1 示出了 P 型半导体 MOS 光敏元的结构图。制备时先在 P-Si 片上氧化一层 $SiO_2$ 介质层，其上再沉积一层金属 Al 作为栅极，然后在 P-Si 半导体的另一面上制作下电极。其原理如下：给栅极突然加一个 $V_G$ 正脉冲（$V_G > V_T$ 阈值电压）且衬底电位为 0，金属电极板上就会充上一些正电荷，产生的电场将 P-Si 中 $SiO_2$ 界面附近的空穴排斥走，在少子电子还未移动到此区时，在 $SiO_2$ 附近出现耗尽层，耗尽区中出现了电离受主负离子，见图 2-4-1(a)，此时半导体表面附近处于非平衡状态，表面处会产生表面势 $\varphi_s$，则表面处电子的静电位能为 $-q\varphi_s$。半导体空间电荷区的电位变化可由泊松方程来确定。

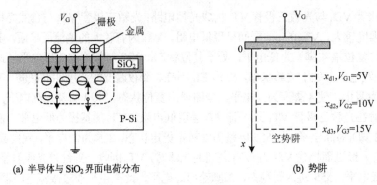

(a) 半导体与 $SiO_2$ 界面电荷分布　　　　(b) 势阱

图 2-4-1　MOS 光敏元

设半导体与 $SiO_2$ 界面为原点，耗尽层厚度为 $X_d$，泊松方程及边界条件为

$$\begin{cases} \dfrac{d^2 V(x)}{dx^2} = -\dfrac{\rho}{\varepsilon_0 \varepsilon_s} = \dfrac{q N_A}{\varepsilon_0 \varepsilon_s} \\ V(x)\big|_{x=x_d} = 0 \\ E(x)\big|_{x=x_d} = -\dfrac{d V(x)}{dx}\bigg|_{x=x_d} = 0 \end{cases} \tag{2-4-1}$$

式中，$V(x)$ 为距离表面 $x$ 处的电势，$E(x)$ 为 $x$ 处的电场，$N_A$ 为 P-Si 中受主掺杂的浓度，$\varepsilon_0$、$\varepsilon_s$ 分别为真空和 $SiO_2$ 的介电常数。

$$V(x) = \frac{q N_A}{2\varepsilon_0 \varepsilon_s}(x - x_d)^2 = \varphi_s \left(1 - \frac{x}{x_d}\right)^2 \tag{2-4-2}$$

于是如图 2-4-1，半导体与 $SiO_2$ 界面 $x = 0$ 处的电位最高，且表面势 $\varphi_s$ 为

$$\varphi_s = V(x)\big|_{x=0} = \frac{q N_A x_d^2}{2\varepsilon_0 \varepsilon_s} \tag{2-4-3}$$

因为 $\varphi_s$ 大于 0，电子位能 $-q\varphi_s$ 小于 0，则表面处有储存电荷的能力，一旦有电子，电子就会向耗尽层的表面运动，将表面的这种状态称为电子势阱或表面势阱。若 $V_G$ 增加，栅极上充的正电荷数目增加，在 $SiO_2$ 附近的 P-Si 中形成的负离子数目相应增加，耗尽区的宽度 $x_d$ 增加，表面势阱加深（见图 2-4-1(b)）。另外，若形成 MOS 电容器的半导体材料是 N-Si，则 $V_G$ 加负电压时在 $SiO_2$ 附近的 N-Si 中形成空穴势阱。

当光照射 MOS 电容器时，半导体吸收光子产生电子-空穴对，少子——电子会被吸收到势阱中，光强越大，产生的电子-空穴对越多，势阱中收集的电子数就越多；反之，光越弱，收集的电子数越少，因此势阱中电子数目的多少可以反映光的强弱，能够表明图像的明暗程度，于是这种 MOS 电容器实现了光信号向电荷信号的转变。若给光敏元阵列同时加上 $V_G$，整个图像的光信号将同时变为电荷包阵列。当有部分电子填充到势阱中时，耗尽层深度和表面势将随着电荷的增加而减小（由于电子的屏蔽作用），在一定光强下，一定时间内势阱会被电子充满。所以收集电子的量要通过调整收集时间来适当调整。

### 2. 电荷包的转移原理

若两个相邻 MOS 光敏元间距为 15～20μm，所加的栅压分别为 $V_{G1}$、$V_{G2}$，且 $V_{G1} < V_{G2}$，如图 2-4-2 所示。因 $V_{G2}$ 高，表面形成的负离子多，则表面势 $\phi_2 > \phi_1$，电子的静电位能 $-q\phi_2 < -q\phi_1 < 0$，则 $V_{G2}$ 形成

的势阱 2 比 $V_{G1}$ 的势阱 1 深，势阱 2 吸引电子的能力强，则势阱 1 中电子有向 2 中下移的趋势；若 $V_{G1}$ 为 0，$V_{G2}$ 大于阈值电压，势阱 1 中的电子全部移到势阱 2 中。若串联很多光敏元，且使 $V_{G1} < V_{G2} < \cdots < V_{GN}$，则可形成一条输运电子路径，即能实现电子的转移。

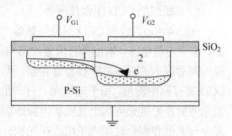

图 2-4-2　电子转移示意图

　　由前面的分析可知，MOS 电容的电荷存储和转移原理是通过在电极上加不同的电压实现的，设想在驱动脉冲作用下，将 CCD 中电荷包阵列一个一个自扫描地从同一输出端输出，形成图像时域脉冲串，即每一电荷包信号不断向邻近的光敏元转移，其电极的结构按所加电压的相数分为二相、三相和四相系统。由于二相结构要保证电荷单项移动，必须使电极下形成不对称势阱，通过改变每个像素中氧化层的厚度使氧化层成为一个台阶形状、多晶硅电极和铝电极相间出现、改变掺杂浓度来实现，这几种工艺都很复杂。四相系统信号的控制电路复杂，只有三相系统最常用。下面以图 2-4-3 所示的三相三位 N 沟道 CCD 器件为例说明其工作原理。

　　图中 $O_G$ 为输出控制极，$O_P$ 为输出极；$\phi_1$、$\phi_2$ 和 $\phi_3$ 为三个驱动脉冲，它们的顺序脉冲（时钟脉冲）为 $\phi_1 \to \phi_2 \to \phi_3 \to \phi_1$，且三个脉冲的形状完全相同，彼此间有相位差（差 1/3 周期）。$\phi_1$ 驱动 1、4 电极，$\phi_2$ 驱动 2、5 电极，$\phi_3$ 驱动 3、6 电极。在 $t_1$ 时刻，$\phi_1 = 1$，$\phi_2 = \phi_3 = 0$。1、4 势阱最深，2、5、3、6 势阱为 0；$t_2$ 时刻，$\phi_1 = 1/2$，$\phi_2 = 1$，$\phi_3 = 0$，1、4 势阱变为 1/2，2、5 势阱变为 1，势阱 1、4 中的电子会向势阱 2、5 中移动。依次如下变化。$t_3$：$\phi_1 = 0$，$\phi_2 = 1$，$\phi_3 = 0$；$\phi_1$ 电极下的电子全部转移至 $\phi_2$ 电极下的势阱 2、5 中。$t_4$：$\phi_1 = 0$，$\phi_2 = 1/2$，$\phi_3 = 1$；$\phi_2$ 电极下 2、5 中的电子向 $\phi_3$ 电极下的势阱 3、6 中转移。$t_5$：$\phi_1 = 0$，$\phi_2 = 0$，$\phi_3 = 1$，$\phi_2$ 电极下的电子全部转移至 $\phi_3$ 电极下的势阱 3、6 中。如此，通过脉冲电压的变化，在半导体表面形成不同存储少子的势阱，且右边产生更深的势阱，左边形成阻挡电势势阱，使电荷自左向右作定向运动，以至电荷包直接传输输出。由于在传输过程中继续光照会产生电荷积累增量，使信号电荷发生重叠，在显示器中出现模糊现象，因此在 CCD 摄像器件中有必要把摄像区和传输区分开，并且在时间上保证信号电荷从摄像区转移到传输区的时间远小于摄像时间。

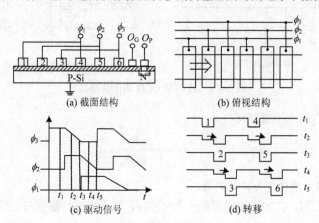

(a) 截面结构　　　　　　(b) 俯视结构

(c) 驱动信号　　　　　　(d) 转移

图 2-4-3　三相三位 N 沟道 CCD 器件的结构、驱动和转移示意图

### 3. CCD 图像传感器

　　CCD 图像传感器从工艺结构上可分为线列型和面阵型两种。线阵型 CCD 的像素点只有一行，呈一维线状，只用于特殊的工业领域；面阵型 CCD 的像素点呈行、列分布，形成平面阵列，用于 CCD 摄像机、摄像头、数码相机中。

（1）线列型 CCD 图像传感器

图 2-4-4(a)为线列 CCD 图像传感器的分布构成图，由线列 CCD 光敏区、转移栅、CCD 移位寄存器、偏置电荷电路、输出栅和信号读出电路等组成。图中有一列 $N$ 个 MOS 光敏元的 CCD 线列光敏区和一列对应 $N$ 位的 CCD 移位寄存器，两者中间设有转移栅，用以控制光敏单元势阱中的电荷信号向 CCD 寄存器中转移。每个光敏元上有一个梳状公用电极，电位为 $\phi_\mathrm{P}$，光敏元间用隔离沟道将它们分开。当光照射在光敏元阵列上且梳状电极施加高压时，光敏元产生势阱积分聚集光电荷，各处光电荷的多少与光强和积分时间成正比。在光积分时间结束时，提高转移栅和 CCD 移位寄存器的相应电压 $\phi_\mathrm{T}$ 和寄存器 $N$ 位梳状共用电极 S，再降低 $\phi_\mathrm{P}$ 电极电压，各光敏元中所积累的电荷并行地转移到移位寄存器中，然后由移位寄存器的驱动时钟脉冲 $\phi_1$、$\phi_2$ 和 $\phi_3$ 将各个光生电荷包串行移出，并按原有的时序重新排列。

图 2-4-4(b)为信号输出电路，可将光生电荷包信号变成电压信号输出，通常由输出栅 $G_0$、输出反偏二极管、复位管 $VT_1$ 和输出跟随器 $VT_2$ 组成。当输出一个电荷包时，在复位管 $VT_1$ 上加正脉冲使其导通，其漏极直流偏压 $U_\mathrm{RD}$ 预置到 $A$ 点（电容器充电达到高值）；再使 $VT_1$ 截止，$\phi_3$ 变为低电压时，输出栅 $G_0$ 上加上直流偏压使电荷通过，信号电荷将被送到 $A$ 点的电容上，使 $A$ 点电位降低，$A$ 点的电压变化 $\Delta V_A$ 可从跟随器 $VT_2$ 的源极测出，此 $\Delta V_A$ 与 CCD 输出电荷量的关系为

$$\Delta V_A = \frac{Q}{C_A} \tag{2-4-4}$$

式中，$Q$ 为输出电荷量，$C_A$ 为 $A$ 点的等效电容（MOS 管电容和输出二极管的电容之和）。

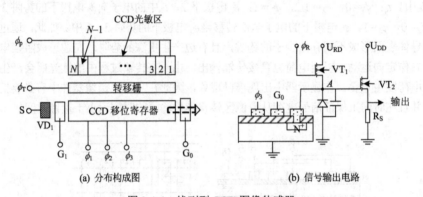

(a) 分布构成图　　　　　　　　　(b) 信号输出电路

图 2-4-4　线列型 CCD 图像传感器

若输出跟随器 $VT_2$ 的电压增益为

$$A_V = \frac{g_\mathrm{m} R_\mathrm{s}}{1 - g_\mathrm{m} R_\mathrm{s}} \tag{2-4-5}$$

式中，$g_\mathrm{m}$ 为 MOS 场效应晶体管 $VT_2$ 的跨导。

故每输出一个电荷包，在输出端就得到一个负脉冲，其输出信号幅值与电荷量的关系为

$$\Delta V = \frac{Q}{C_A} \cdot A_V = \frac{Q}{C_A} \frac{g_\mathrm{m} R_\mathrm{s}}{1 - g_\mathrm{m} R_\mathrm{s}} \tag{2-4-6}$$

式（2-4-6）表明输出幅值正比于信号电荷包的大小；即将不同信号电荷包的大小转换为信号对脉冲幅度的调制，总之，CCD 可以输出调幅信号脉冲序列。

（2）面阵型 CCD 图像传感器

面阵型 CCD 图像器件的感光单元呈二维矩阵排列，能检测二维平面图像，按传送和读出方式可

分为行传输（Line Transfer，LT）CCD、帧传输（Frame Transfer，FT）CCD 和行间传输（Interline Transfer，IT）CCD 三种。下面分别给予介绍。

　　图 2-4-5(a)示出了行传输（LT）面阵型 CCD 图像传感器的结构图。它由行选址电路、CCD 感光区和 CCD 输出寄存器组成。当感光区光积分结束后，由行选址电路一行一行地将信号电荷通过输出寄存器转移到输出端。行传输的缺点是需要选址电路，结构较复杂，且在电荷转移过程中必须加脉冲电压，与光积分同时进行，会产生"拖影"误差，故采用较少。

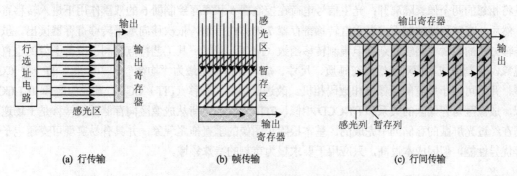

(a) 行传输　　　　　　(b) 帧传输　　　　　　　　　(c) 行间传输

图 2-4-5　面阵型 CCD 图像器件感光单元的结构

　　图 2-4-5(b)示出了帧传输（FT）面阵型 CCD 图像传感器的结构图，可以简称为 FT-CCD。由感光区（即成像区）、暂存区和输出寄存器三部分组成。感光区由并行排列的若干 CCD 电荷耦合沟道组成，各沟道之间用沟阻隔开，水平电极条横贯各沟道。假设有 $M$ 个转移沟道（行），每个沟道有 $N$ 个感光单元(列)，则整个成像区共有 $MN$ 个单元。一般 FT-CCD 的驱动结构如图 2-4-6 所示，其成像区（Image）的三相时钟为 $I_{\phi 1}$、$I_{\phi 2}$、$I_{\phi 3}$；暂存区（Temporary Storage）的三相时钟为 $S_{\phi 1}$、$S_{\phi 2}$、$S_{\phi 3}$；读出寄存器（Reading Register）的三相时钟为 $R_{\phi 1}$、$R_{\phi 2}$、$R_{\phi 3}$。其暂存区的结构与感光区相同，区别只是用金属覆盖遮光。设置暂存区是为了消除"拖影"，以提高图像的清晰度。

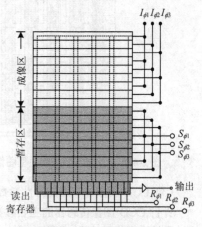

图 2-4-6　帧传送驱动结构

　　帧传输结构的工作过程是：成像区在积分期积累起一帧电荷包，积分结束后，成像区和暂存区加频率为 $f_{cv1}$ 的驱动时钟，使成像区的信号电荷包（$M$ 行）向下转移至暂存区，然后成像区进入下一个积分期，暂存区内电荷图像在频率为 $f_{cv2}$ 的驱动时钟下向读出寄存器转移。读出寄存器以频率为 $f_{CH}$ 的驱动时钟使电荷包一个一个输出，此 $f_{CH}$ 大于 $Mf_{cv2}$。为了减小电荷包在成像区转移时的光子拖影，需使 $f_{cv1}$ 与成像区的积分期相适应（大于 $Nf_{cv2}$）。为了降低输出寄存器的驱动频率 $f_{CH}$，必须适当降低 $f_{cv2}$ 和 $f_{cv1}$，实际中应该选择适当的频率以达到最佳的图像质量。为了减少图像的闪烁，FT-CCD 一般采用隔行扫描的方式，即在每个帧周期中显示两场（奇数行、偶数行）。实现此扫描方式，FT-CCD 本身的结构不需要改变，只需改变感光区各相电极的时序脉冲。

　　FT-CCD 的主要优点是结构较简单、容易提高像素点总量、分辨率高、弥散性低和噪声小；而缺点是由于设置了暂存区，使器件面积增加了 50%，即尺寸偏大、成本高。主要用于天文及重要的工业领域中。

　　图 2-4-5(c)示出了行间传输（ILT）面阵型 CCD 图像传感器的结构图，它的曝光区以列为单位和遮

光的垂直移位寄存器交叉并置于同一区域，其微观结构如图 2-4-7 所示。场正程期间，像点单元积累电荷；场逆程期间，每一列的电荷包通过转移栅横移到垂直移位寄存器，然后在每一个行逆程期间下移一行，在行正程期间由水平移位寄存器逐点读出。

图 2-4-8 所示为 ILT-CCD 的单元平面结构图，其光敏元件 1 产生并积累信号电荷，3 排泄过量的信号电荷，2 是上述两个环节的控制栅；2 与 3 的共同作用是避免过量载流子沿信道从一个势阱溢泄到另一个势阱，从而抑制溢出造成再生图像的光学拖影与弥散；4 是光敏元件 1 两侧的沟阻（CS），其作用是将相邻的两个像素隔离开；光生信号电荷在控制栅 5 和寄存控制栅 6 的双重作用下进入转移寄存器；然后，在转移栅控制下，沿垂直转移寄存器 7 的体内信道，依次移向水平转移寄存器读出。虽这种传输方式的时钟电路较复杂，但调制转移函数（MTF）较好，其工艺特点有利于改善图像的垂直拖尾现象，且制造成本相对较低，在画质、尺寸、成本等方面是最为"均衡"和"标准"的一种 CCD 类型，几乎可用于所有的摄像机和数码相机。改进出帧行间转移（FIT）CCD，其成像区和 ILT-CCD 相似，成像区与存储区的关系和 FT-CCD 相似，FIT-CCD 的电荷从成像区向存储区的转移是于场逆程期间在经过光屏蔽的存储列中完成的，基本根除了图像的垂直拖尾现象，并具有易实现可变速电子快门等优异性能，但因成本过高，只应用于要求极为苛刻的特殊领域。

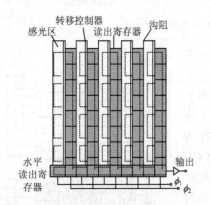

图 2-4-7　行间传输 CCD 面型图像传感器

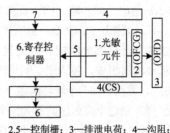

2.5—控制栅；3—排泄电荷；4—沟阻；
7—垂直转移寄存器

图 2-4-8　LT-CCD 的单元平面结构图

（3）CCD 图像传感器的特性参数

评价 CCD 图像传感器的主要参数有：电荷转移效率（CTE）、量子效率（QE）、分辨能力、暗电流、灵敏度及光谱响应、不均匀度、噪声、动态范围及线性度、调制传递函数及功耗等。不同的应用场合对特性参数的要求各不相同，下面介绍主要的参数。

① 电荷转移效率（CTE）。当 CCD 中电荷包从一个势阱转移到另一个势阱时，若 $Q_0$ 为原始电荷，$Q_1$ 为转移一次后的电荷量，则转移效率定义为

$$\eta = \frac{Q_1}{Q_0} \tag{2-4-7}$$

若转移损耗定义为

$$\varepsilon = 1 - \eta \tag{2-4-8}$$

则当信号电荷进行 $N$ 次转移时，总转移效率为

$$\frac{Q_N}{Q_0} = \eta^N = (1-\varepsilon)^N \tag{2-4-9}$$

一般 CCD 要求转移效率必须达到 99.99%～99.999%，好的 CCD 可达 0.999995，所以电荷在多次转移过程中的损失可以忽略不计。

② 量子效率（QE）。QE 指入射光光子的数量与吸收光产生的光电子数量之比。一般 CCD 的 QE 可以达到 40%～60%，背照明的 CCD 可高达 80%～90%，比普通胶片（只有百分之几）、光电二极管数组（PDA）和电荷注入器件（CID）的 QE 大很多，在 400～700nm 波段优于光电倍增管（PMT）的 QE。但不同厂家的 CCD 在制造方法和材料上不同，它们的 QE 差别较大。造成 QE 下降的主要原因是：CCD 结构中的多晶硅电极或绝缘层会吸收光子，尤其是对紫外光吸收较多，这部分光子不产生光生电荷。常采用化学蚀刻将硅片减薄，或用背部照射方式来减少由吸收导致的量子效率损失。

③ 分辨能力。分辨能力指其分辨图像细节的能力，主要取决于感光单元的间距，是图像传感器最重要的特性，可用调制转移函数 MTF 来表征。当光强以正弦变化的图像作用在传感器上时，电信号幅度随光像空间频率的变化称为调制转移函数 MTF。若图像传感器电极间隔的空间频率为 $f_0$（单元数/毫米），通常光像的空间频率 $f$ 可用 $f/f_0$ 归一化。如传感器上光像的最大强度间隔为 $300\mu m$，传感器的单元间隔为 $30\mu m$，则归一化空间频率为 0.1。若 CCD 以像元尺寸 $d$ 为周期进行空间采样，则采样频率 $f_0$ 为 $1/d$。根据奈奎斯特采样定理，CCD 成像时的最高分辨率 $f_m$（即空间截止频率）等于它的空间采样频率 $f_0$ 的一半，即

$$f_m = \frac{1}{2}f_0 = \frac{1}{2d} \tag{2-4-10}$$

若宽度 $d$ 为 CCD 像元的矩形光电扫描狭缝，则在空间截止频率处 CCD 的传递函数 $MTF_{CCD}$ 的理论值为：$MTF_{CCD} = |\sin c(\pi f_m d)| = 2/\pi$，而 CCD 像元的材料、器件设计及驱动电路等因素成为影响 CCD 实际调制传递函数能否达到理论值的关键。

④ 暗电流。一般暗电流指没有光子入射时流入的电子，起因于热激发产生的电子-空穴对，温度每降低 10℃，暗电流约减小一半。暗电流是 CCD 缺陷产生的主要原因，且光信号电荷的积累时间越长它的影响越大；同时暗电流的产生常常不均匀，在图像传感器中出现固定图形，暗电流大之处多数会出现暗电流尖峰，限制了器件的灵敏度和动态范围。可利用信号处理把暗电流固定图形的尖峰单元位置存储在 PROM（可编程只读存储器）中，单独读取相应单元的信号值，就能消除暗电流尖峰的影响。

⑤ 灵敏度。图像传感器的灵敏度指单位光照度下单位时间、单位面积积累的电量。若 $H$ 为光像的照度，$A$ 为单元面积，$N_S$ 为 $t$ 时间内收集的载流子数，则灵敏度 $S$ 表示为

$$S = \frac{N_S q}{HAt} \tag{2-4-11}$$

灵敏度有时用平均量子效率表示。设硅的吸收波长在 400～1100nm，平均量子效率的理论值为 100%，对应的量子效率用百分比表示。

⑥ 噪声。它是图像传感器的主要参数，其来源有转移噪声、电注入噪声、信号输出噪声、散粒噪声等。在前三种噪声可以采用有效措施来降低或消除的情况下，散粒噪声决定了图像传感器的噪声极限值。CCD 是低噪声器件，但由于其他因素产生噪声叠加到信号电荷上，使信号电荷的转移受到干扰。

### 4．线列 CCD 摄像系统

图 2-4-9 示出了一个线列 CCD 摄像系统构成图。其中由光学系统将图像聚集到 CCD 光敏元上，CCD 将光强分布变成与之成正比的电荷强度分布，然后由脉冲电路按时序取样，使其变成串行的图像电信号，经模拟放大和模数转换后可输出到数字信号处理（DSP）电路作进一步处理，最后送入图像显示器。线列 CCD 只能完成一维扫描（即行扫描），适合于航空、航天飞行器上的一维扫描，也可用于文件阅读或计算机的图像输入。与线列 CCD 垂直的另一维扫描（帧扫描）需要用机械的方法实现，在转鼓的带动下文件或图像本身作匀速运动，即算作一维帧扫描。还可以利用拼接技术将多个线列

CCD 图像传感器连接在一起，组成复合线列 CCD 图像传感器系统，成为遥感技术中最主要、最先进的获取图像信息的工具。

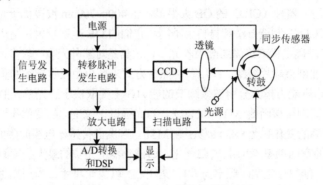

图 2-4-9　线列 CCD 摄像系统构成图

CCD 构成的摄像系统属于固体器件，将 CCD、缓存及部分电路制成 CCD 芯片，其外围电路安装于印制电路板上，与 CCD 芯片相对独立，在设计和维修上有一定的灵活性。CCD 芯片还有以下优点：①体积小、质量轻、可靠性高、寿命长；②图像畸变小、尺寸重现性好；③具有较高的空间分辨率；④光敏元间距的几何尺寸精度高，可获得较高的定位精度和测量精度；⑤具有较高的光电灵敏度和较大动态范围。然而，CCD 芯片的 MOS 电容器属于无源像素（passive pixel），只能将不同的光线照度转换为一定的电荷量，其电荷转换为电压及放大等环节都是从光敏单元转移出来之后完成的。因此，就感光单元而言，CCD 的电路结构远比 CMOS 简单，但是在电荷耦合、转移、输出等环节上远比 CMOS 复杂得多。加之，不管一块 CCD 芯片上有多少个成像单元，像点电荷都是以行为单位一步一步地转移到读出区的，这一特点制约了 CCD 的工作频率。另外，这种电荷的串行传递方式也意味着只要其中有一个像素不能运行，就会导致一整列的数据不能传送，这使成品率的控制变得十分困难，致使其成本居高不下。

## 2.4.2　CMOS 固态图像传感器

CMOS 固态图像传感器又称自扫描光敏二极管列阵（Self Scanned Photodiode Array，SSPA），与 CCD 图像传感器一样也可分为线型和面型两种。1995 年像元数为 128×128 的高性能 CMOS 有源像素图像传感器由 JPL 首先研制成功。1997 年英国爱丁堡 VLSI Version 公司首次实现了其商品化。利用 CMOS 技术，具有集成度高、采用单电源和低电压供电、低成本、单芯片、功耗低和设计简单等优点，广泛应用于保安监视系统、可视电话、可拍照手机、玩具、汽车和医疗电子等低端像素产品领域。

### 1. 像素结构

研发 CMOS 图像传感器大致经历了 3 个阶段：CMOS 无源像素传感器（CMOS-PPS，Passive Pixel Sensor）阶段、CMOS 有源像素传感器（CMOS-APS，Active Pixel Sensor）阶段和 CMOS 数字像素传感器（CMOS-DPS，Digital Pixel Sensor）阶段。图 2-4-10(a) 为 CMOS 无源像素传感器的结构，它包括 1 个光敏二极管和 1 个 MOS 开关管。光敏二极管用于将入射的光信号转换为电信号；MOS 开关管的导通与否取决于器件像元阵列的控制电路。在每一曝光周期开始时，MOS 开关管处于关断状态（WORD 为行驱动），直至光敏单元完成预定时间的光电积分过程，MOS 开关管才转入导通状态。此时，光敏二极管与垂直的列线连通（BIT），光敏单元中积累的与光信号成正比的光生电荷被送往列线，由位于列线末端的电荷积分放大器转换为相应的电压量输出（电荷积分放大器读出电路保持列线电压为一常数并减小像元复位噪声）；当光敏二极管中存储的信号电荷被读出后，再由控制电路往列线加上一定的复位电压，使光敏电源恢复到初始状态，随即再将 MOS 开关管关断，以备进入下一个曝光周期。

图 2-4-10(b)示出了有源像素传感器的结构。它包括光敏二极管、复位管($VT_1$)、源跟随器有源放大管($VT_2$)和行选读出晶体管($VT_3$)。在此结构中，输出信号由源跟随器予以缓冲以增强像元的驱动能力，其读出功能受与它相串联的行选晶体管($VT_3$)控制。光照射到光敏二极管产生电荷，这些电荷通过源极跟随器缓冲输出。当读出管选通时，电荷通过列总线输出；读出管关闭后，复位管打开，对光敏二极管复位。这种结构里增加了有源放大管，减小了读出噪声，并且它的读出速度也较快。由于有源像元的驱动能力，列线分布参数的影响相对较小，因而有利于制作像元阵列较大的器件。另外，由于有源放大管仅在读出状态下才工作，所以 CMOS 有源像素传感器的功耗比 CCD 图像传感器要小。

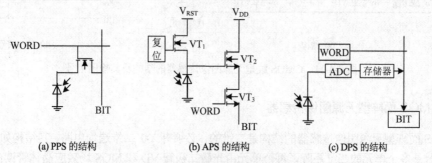

(a) PPS 的结构　　　　　　(b) APS 的结构　　　　　　(c) DPS 的结构

图 2-4-10　CMOS 图像传感器的像素结构图

图 2-4-10(c)示出了数字像素传感器（DPS）的结构，在像素单元里集成了 ADC（Analog to Digital Convertor）和存储单元。由于这种结构的像素单元读出为数字信号，其他电路都为数字逻辑电路，因此数字像素传感器的读出速度极快，具有电子快门的效果，非常适合高速应用。而且它不像读出模拟信号的过程，不存在器件噪声对其产生干扰。另外，由于 DPS 充分利用了数字电路的优点，因此易于随着 CMOS 工艺的进步而提高解析度，性能也将很快达到并超过 CCD 图像传感器，并且实现系统的单片集成。

### 2. CMOS 线型无源图像传感器

图 2-4-11 示出了 CMOS 线型无源图像传感器的结构及其输出信号。由 MOS 场效应晶体管 $S_1 \sim S_n$ 组成选址电路，用作开关，与每个光敏二极管（$VD_1 \sim VD_n$）相对应，$S_1 \sim S_n$ 管的栅极连接到 CMOS 移位寄存器的各级输出端上。由光敏二极管与 MOS 晶体管组成感光单元。光敏二极管（$VD_1 \sim VD_n$）将入射光转变成电信号，使用同衬底构成的 PN 结，使得 S 管的源浮置。分析图中光敏二极管 $VD_2$，$S_2$ 一旦接通，在反向偏置的 PN 结电容器上充电，直至电荷饱和。经过一个时钟周期后，$S_2$ 断开，$VD_2$ 的一端浮置。在这种状态下，若光照射不到 $VD_2$ 上，则在下一个扫描周期中即使 $S_2$ 再次接通，也不会有充电电流流过。但若此时光照射 PN 结 $VD_2$，光子将产生电子-空穴对，在 $VD_2$ 上将有放电电流流过，$VD_2$ 中存储的电荷将与入射光量成比例地减少。也就是说，到下一次 $S_2$ 接通为止的一个扫描周期内，失去的电荷量与入射光量成比例。为了弥补上述电荷损失，在 $S_2$ 下一次接通时，将有充电电流流过。这一充电电流将成为正比于入射光量的视频信号。这样，光敏二极管在一个扫描周期内将入射光积分变成视频信号。所以，这种模式称为电荷存储模式。

图 2-4-12 示出了双通道无源图像传感器的结构及二相时钟结构。由感光区和传输区两部分组成，感光区由一列光敏单元组成（由梳状 P 连一列光敏 CCD），传输区（是遮光的）由转移栅及两列移位寄存器组成，两个移位寄存器平行地配置在感光区的两侧。当光生信号电荷积累后，时钟脉冲接

通转移栅$\phi_{XA}$和$\phi_{XB}$，信号电荷就转移到移位寄存器，奇数光敏单元转移到 A 寄存器，偶数光敏单元转移到 B 寄存器。其总转移效率比单通道型（有一列移位寄存器）的高，且 MTF 特性也较好。256 单元的器件在 5V 时钟脉冲下，工作频率为 10MHz 时，总的转移效率可达 95%，相应产品如 CL1024H 系列器件。

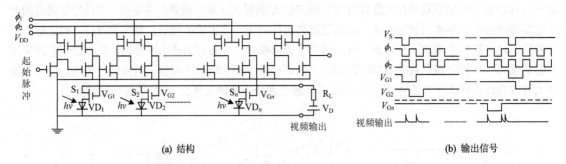

(a) 结构　　　　　　　　　　　　　　　　　(b) 输出信号

图 2-4-11　CMOS 线型无源图像传感器的结构及其输出信号

### 3. CMOS 面阵型无源图像传感器

CMOS 面阵型无源图像传感器的结构是二维的，必须有 $X$-$Y$ 二维选址电路，其结构如图 2-4-13 所示。传感器是多个单元的二维矩阵，每个单元由光敏二极管 VD 和 MOS 场效应晶体管读出开关组成。光敏二极管产生并积累光生电荷，当水平与垂直扫描脉冲电压分别使水平与垂直 MOS 场效应晶体管（$SW_H$ 与 $SW_V$）均处于导通状态时，用二相时钟脉冲驱动矩阵中的光敏二极管，其输出图像积累的信号电荷才能依次读出。

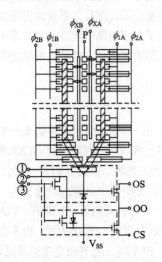

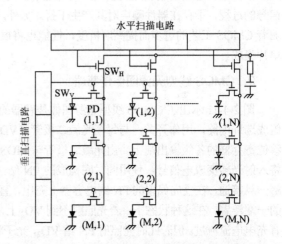

图 2-4-12　双通道无源图像传感器的结构　　　　　图 2-4-13　CMOS 面型图像传感器的驱动结构

扫描电路一般用 CMOS 移位寄存器构成，往往混入脉冲噪声。这种噪声会形成再生图像上固定形状的"噪声图像"。采用外电路差分放大器可以消除这种噪声。另一缺点是由于 MOS 场效应晶体管的漏区与光敏二极管相邻，当光照射到漏区时，衬底内也会形成光生电荷并向各处扩散，因而会在再生图像上出现纵线状光学拖影。当光足够强时，由于光点的扩展，又会造成再生图像的弥散现象。在光敏二极管和 MOS 场效应晶体管之间加一隔离层，可以防止寄生电流的扩散。

### 4. CMOS 有源像素图像传感器

CMOS 技术可以将图像传感器阵列、驱动电路和信号处理电路、控制电路、模拟/数字转换器、改进的界面完全集成在一起，能够满足低成本、高性能、高集成度、灵巧的单芯片数字成像系统的应用需要。与 CCD 的最大不同是，CMOS 属于有源像素传感器（Active Pixel Sensor），其光子转电子、电子转电压及缓冲放大等作用都是在成像单元内完成的。图 2-4-14 所示为 CMOS 有源像素单元的电路构成，其中光敏二极管 VD 能将光子转换为电子，$VT_2$ 起电压缓冲和电流放大作用；$VT_3$ 工作于开关状态，在行地址脉冲的控制下将 $VT_2$ 源极上的电压信号选通到列缓存器中，经放大和数模转换后输出到 DSP 电路。

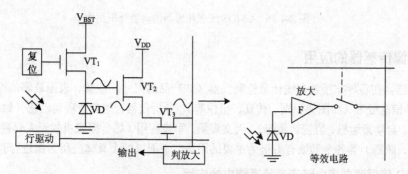

图 2-4-14　CMOS 有源像素单元

图 2-4-15 示出了 CMOS 有源图像传感器芯片的结构，它将所有光敏单元阵列和外围电路（包括信号放大、模数转换、图像处理、编码压缩 I/O 接口及时钟振荡、时序发生等）集成于同一芯片上，形成了片上系统（System on Chip）。它在行、列两个地址脉冲的驱动下水平、垂直两个维度上，并行地输出像点信号，这种读取结构称为高速并行读取体系，使其在工作速度方面优于 CCD。实用中可以在一块芯片上集成摄像头或数码相机的全部或绝大部分功能，虽然在功能扩展等灵活性上受到了限制，但在恶劣的工作环境下可靠性会更高，更有利于缩小整机的体积、降低整机的成本，极大地拓宽了应用范围。

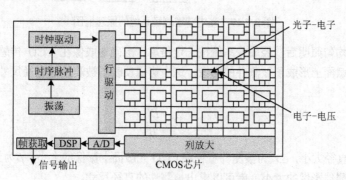

图 2-4-15　CMOS 有源图像传感器芯片的结构

图 2-4-16 示出了 CMOS 图像传感器的典型外围结构。其中光敏像元将光信号转换为电信号后，由定时和控制电路芯片驱动行、列信号输出，并控制信号处理电路（包括译码器、计数器、门闩电路等单元）工作，高级的还集成有模拟/数字转换器等单元，经在片信号处理后以模拟或数字信号输出。此芯片编程软件可以随机读取像元阵列中感兴趣的图像信息，其起始脉冲和平行数据输入命令可控制积分时间和窗口参数等。

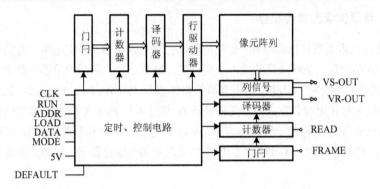

图 2-4-16  CMOS 图像传感器的典型外围结构

## 2.4.3  图像传感器的应用

图像传感器在各种非接触在线计量检测仪器（如产品的尺寸、位置、表面缺陷的检测即机器视觉检测）、光学信息处理（如图像识别、传真、摄像等）、分析仪器、生产过程自动化（如自动工作机械、自动售卖机、自动搬运机、监视装置等）、天文观测、军事应用（如带摄像机的无人驾驶机、卫星侦察、遥感、制导、跟踪）等各个领域有着极为重要的用途，下面以两个具体应用为例进行介绍。

### 1. CCD 传感器在光电精密测径系统中的应用

图 2-4-17 示出了光电精密测径系统的原理框图，它主要由 CCD 传感器、测量电路系统和光学系统组成，测量精度可达±0.003mm，能对工件进行高精度的自动检测，将测量结果以数字显示，并对不合格工件进行自动筛选。

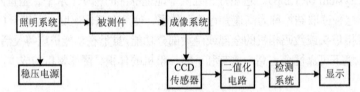

图 2-4-17  光电精密测径系统的原理框图

当被测工件被均匀照明后，经成像系统按一定倍率、准确地成像在 CCD 传感器的光敏面上，则在 CCD 传感器光敏面上形成了被测件的影像，这个影像反映了被测件的直径尺寸。被测件直径与影像之间的关系为

$$D = \frac{D'}{\beta} \tag{2-4-12}$$

式中，$D$ 为被测件直径大小，$D'$ 为被测件直径在 CCD 光敏面上影像的大小，$\beta$ 为光学系统的放大率。因此，只要测出被测件影像的大小，就可以求出被测件的直径尺寸。

### 2. COMS 图像传感器的车牌图像采集系统

图 2-4-18 示出了车牌图像信息采集系统的电路构成。当物体经光学镜头成像在 CMOS 图像传感器 MT9T001 上时，MT9T001 就会输出 RGB 图像数据（8 位）。根据行场同步信号，由 ATmega16 单片机产生控制逻辑，顺次写入静态缓存 SRAM（HM628512）中，并逐帧覆盖。单片机还随时监视每一帧图像的写入状态，同时扫描拍摄按键。当拍摄按键按下后，单片机先控制将一帧图像传输完毕，

关闭图像数据输出通道；再将静态缓存中保存的一帧完整的图像取出并写入闪速存储器 K9F1206UOM 中保存起来。当上位机 PC 有读取图像的命令时，再将图像从闪存储器中读出并送到计算机 EPP 端口 中，上位机软件则从 EPP 端口读入图像数据，并将其保存到某一文件中就可以获取到静态图像。COMS 图像传感器的视频数据采集和终端控制在工程上被广泛应用。

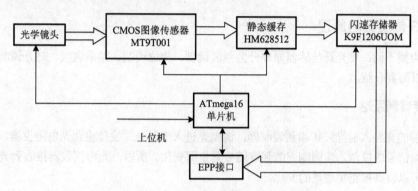

图 2-4-18　车牌图像信息采集系统的电路构成

# 2.5　光纤传感器

　　人们将光电效应传感器与光纤内的导光联系起来形成了多种光纤传感器，它们凭借体积小、质量 轻、成本低、检测分辨率高、灵敏度高、测温范围宽、保密性好、抗电磁干扰能力强、抗腐蚀性强等 明显优于传统传感器的特点，能够对温度、压力、振动、电流、电压、磁场、气体等信息进行测定， 发展空间相当广阔。

## 2.5.1　光纤传感器的基本构成

　　光纤传感器主要由光源、光纤与光探测器三部分组成。其中光纤通常由纤芯、包层、树脂涂 层和塑料护套组成。光纤按材料组成可分为玻璃光纤和塑料光纤；按纤芯和包层折射率的分布可 分为阶跃折射率型光纤和梯度折射率光纤两种，其纤芯和包层不同的折射率使光纤能够约束引导 光波在其内部或表面附近沿轴线方向向前传播，同时具有感测和传输双重功能，成为一种非常重 要的智能材料。

　　按工作原理不同光纤传感器可分为两大类。一类是传光型，也称非功能型光纤传感器 （Non-Function Fiber Optical Sensor，NF 型），又可以细分为光纤传输回路型和光纤探头型。它们将光 源发出的光耦合进入射光纤，经光纤送入调制器，外界被测参数作用于调制区内的光信号，使光的性 质（如光强、波长或频率、相位、偏振态、时分等）发生变化，成为调制光，再经出射光纤送入光探 测器，进而分析计算以获得被测参数，如图 2-5-1 所示。其中光纤是不连续的，只起传导功能，必须 附加其他能够对光纤所传递的光进行调制的装置。另一类是传感型，或称功能型光纤传感器（Function Fiber Optical Sensor，FF 型），又可以细分为干涉型、非干涉性和光电混合型。此类都基于光纤的光调 制效应，即光纤在外界环境因素（如温度、压力、电场、磁场等）改变时传光特性（如相位与光强） 会发生变化的现象，通过测出光纤传送的光相位和光强变化，就可以得知被测物理量的变化。其中光 纤是连续的，本身就是光调制器，能完成信息的获取和传输，可以实现传和感的功能，因此通过加长 光纤的长度可以得到很高的灵敏度。

图 2-5-1　传光型光纤传感器的原理示意图

## 2.5.2　光纤传感器的原理

按调制类型不同，将光纤传感器原理分为强度调制、相位调制、频率调制、时分调制和偏振调制等，下面给以简要介绍。

### 1．强度调制原理

光源发射的光经入射光纤传输到调制器，调制光进入出射光纤被传输到光电接收器。而调制器的动作受到被测信号的控制，使调制光的强度随被测量而变化。所以，光电接收器接收到光强变化的信号经解调就可以得到被测物理量的变化。

常用的调制器有可动反射调制器、可动透射调制器或内调制器（即微弯调制器）等，它们的原理示意图如图 2-5-2 所示。例如，可动反射调制器中出射光纤能接收到的光强由入射光纤射出的光斑在反射屏上形成的基圆大小决定，而圆半径由反射面到入射光纤的距离决定，它又受待测物理量控制（如微位移、热膨胀等），因此出射光纤的光强调制信号代表了待测物理量的变化，经解调可得到与待测物理量成比例的电信号，运算后即得到待测量的变化。

### 2．相位调制原理

图 2-5-3 示出了相位调制传感器的原理图，将光纤的光（如激光）分为两束，一束相位受外界信息的调制，另一束作为参考光。使两束光叠加，形成干涉花纹，通过检测干涉条纹的变化可确定两束光相位的变化，从而测量使相位变化的待测物理量。相位调制机理分为两类：一类是将机械效应转变为相位调制，如将应变、位移、水声的声压等通过某些机械元件转换成光纤的光学量（折射率等）的变化，从而使光的相位变化；另一类利用光学相位调制器将压力、转动等信号直接改变为相位变化。

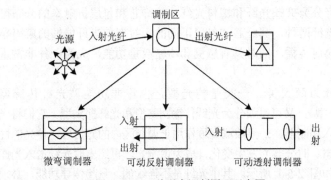

图 2-5-2　三种强度调制原理示意图

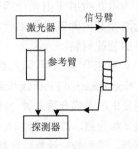

图 2-5-3　相位调制原理示意图

### 3．频率调制原理及其他调制原理

单色光照射到运动物体上后，反射回来的光由于多勒效应会产生频移，其频率变为

$$f_{移后} = \frac{f_0}{1-v/c} \approx f_0(1+v/c) \qquad (2-5-1)$$

式中，$f_0$ 为单色光频率，$c$ 为光速，$v$ 为运动物体的速度。

将此频率的光与参考光共同作用于光探测器上会产生差拍，经频谱分析器处理，求出频率变化，即可推知运动物体的速度。时分调制是利用外界因素调制返回光信号的基带频谱，通过检测基带的延迟时间、幅度大小的变化，来测量各种物理量的大小和空间分布的方法。偏振调制指在外界因素作用下使光的某一方向振动比其他方向占优势。另外，若光的其他特征参量会因外界信息而改变，则可以通过外界信号来调制光的特征参量。

### 2.5.3 光纤传感器

利用光调制器或光纤的光调制效应和光纤的导光方式可以制备出多种光纤传感器，在此介绍几种光纤传感器的原理。

**1. 光纤辐射计量仪**

按原理不同，光纤辐射传感器可以分为吸光型和发光型。吸光型利用光纤吸收了放射性射线后所传输光的衰减量发生变化的机理，发光型利用光纤受放射性射线的辐照后其内部发光的机理。图 2-5-4 示出了光纤辐射计量仪的结构。当光在光纤中传输时，光纤对光有一定的吸收损耗，但很小；若用 X、$\gamma$ 射线辐照光纤，会使光纤对传输光的吸收损耗发生变化，从而使输出光功率相应地改变，即光强指示下降；X、$\gamma$ 射线的辐射量不同，光纤对输运光的吸收损耗不同，使输出光强下降幅度不同，由此可相应地算出 X、$\gamma$ 射线的剂量。

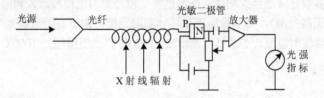

图 2-5-4　光纤辐射计量仪的结构

**2. 光纤电流传感器**

图 2-5-5 示出了一个光纤电流传感器的结构。感应元件是一段镍护套光纤，将其固定于通电流的螺线管中心。若通过螺线管的电流不同，螺线管中的磁场就不同，镍护套受此磁场的作用发生磁致伸缩，使光纤在径向轴向受到应力，从而光纤芯折射率和长度都发生变化，引起信号臂与参考臂的相位差异，通过探测相位差来探测电流的大小。

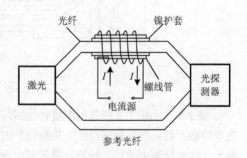

图 2-5-5　光纤电流传感器的结构

**3. 光纤温度传感器**

按光纤调制原理不同，有非相干型传感器和相干型光纤温度传感器两类，非相干型传感器又有辐射式温度计、半导体吸收式温度计、荧光温度计，相干型又有偏振干涉传感器、相位干涉传感器及分布温度传感器。下面介绍几个实例。

（1）半导体吸收式光纤温度传感器

它是一种传光型光纤温度传感器，主要由光源、入射和出射光纤、探头（即调制器）、光电转换器及输出显示等部分构成，类似于图 2-5-1，其探头就是利用了半导体材料的吸收光谱随温度的变化特性来实现的。在 20～972K 温度范围内，半导体的禁带宽度能量 $E_g$ 与温度 $T$ 的关系为

$$E_g(T) = E_g(0) - \gamma T^2 / (T + \beta) \qquad (2\text{-}5\text{-}2)$$

式中，$\beta$、$\gamma$ 为与材料有关的常量，$E_g(0)$ 为温度 0K 的禁带宽度能量。

半导体的吸收系数可以表示为

$$\alpha(T) = \alpha_0 [h\nu - E_g(T)]^{1/2}, \qquad h\nu > E_g(T) \qquad (2\text{-}5\text{-}3)$$

式中，$\alpha_0$ 为与材料有关的常数，$\nu$ 为光子频率。

根据 Beer-Lambert 吸收定律，光透过厚度为 $l$ 的半导体的光强 $I$ 为

$$I(T) = I_0(1 - R)\exp[-\alpha(T)l] \qquad (2\text{-}5\text{-}4)$$

式中，$R$ 为反射率。

综上所述，$I$ 与温度 $T$ 的关系为

$$I(T) = I_0(1 - R)\exp\left(-\alpha_0 l \sqrt{h\nu - E_g(0) + \frac{\gamma T^2}{T + \beta}}\right) \qquad (2\text{-}5\text{-}5)$$

由式（2-5-5）可知，出射光强度与温度成单一的非线性对应关系。在入射光强度一定的情况下，检测到出射光强，即可确定相对应的温度。该光纤温度传感器的测量精度可以达到±1℃，且多数点在±0.5℃之内。

（2）光纤辐射式温度传感器

图 2-5-6 示出了光纤辐射式温度传感器，被测辐射能量由探头中的光学透镜会聚，经滤光片限制在一波长范围，再由多股光纤送至探测器，探测器将光信号变为电信号放大输出。光纤辐射温度计属于被动式温度测量（无需光源），其测量原理是黑体辐射定律。由于石英玻璃光纤对于波长长于 2μm 的光的强烈衰减，这种辐射温度计的最低可测温度达 500℃。当温度超过 1000℃时，传感头通常需要有冷却附件。

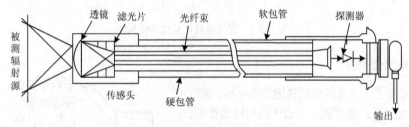

图 2-5-6　光纤辐射式温度传感器

图 2-5-7 示出了光纤辐射温度计在钢厂热铸线上的典型应用框图。其探头由加了空气冷却保护的光学熔融石英棒线性列阵组成。热钢锭发出的辐射光经光学棒收集后，耦合入光纤束，送往光学处理单元。此光纤束中的每一股各自携带着由不同的光学棒拾取的信号，可提供钢锭的相应点上的温度信息。处理单元中带有光学扫描控制器，扫描该光纤束，借助两个干涉型滤光片在两个不同的波长带上光电管，由中央处理器分析选取的光信号的对应温度。适于远距离测量，安装便利。

（3）调制型荧光光纤温度传感器

荧光光纤温度传感器的实验系统中，光源是球形超高压汞灯，发出以紫外光为主的复色光。选用中心波长为 366.3nm 的干涉滤光片和对紫外光吸收较少的石英凸透镜，将紫外光耦合进光纤。经荧光物质吸收，此波长较短的光会释放出波长较长的光，此发光现象遵循斯托克斯（Stokes）定律，此荧光物质受激发射的某些谱线的强度会随着外界温度的变化而变化；再由光纤送入光电倍增管，检测其某条发射光谱谱线的强度变化就可以确定荧光物质所处的温度变化，这就是荧光物质可作为温敏材料传感温度的原理。

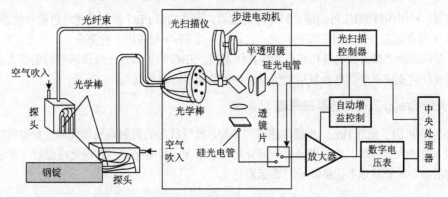

图 2-5-7　光纤辐射温度计在钢厂热铸线上的典型应用框图

#### 4．光纤图像传感器

如图 2-5-8 示出了图像光纤传输的原理图。图像光纤是由数目众多的光纤组成一个图像单元（也称光缆），典型数目为 0.3～10 万股，每一股光纤的直径约为 10μm。在光缆的两端，所有光纤都是按同一规律整齐排列的。投影在光缆一端的图像被分解成许多像素，即图像作为一组强度与颜色不同的光点传送，并在另一端重建原图像。

图 2-5-9 示出了工业用内窥镜的结构图，光源通过传光束照亮系统内的被测物体，物镜和传像束把内部图像按照图 2-5-8 的原理传送出来至 CCD 器件，将图像信号转换成电信号，送入微机进行处理并在屏幕上显示，即采用光纤图像传感器检查系统的内部结构。

另外还有光纤压力传感器、光纤磁敏传感器、光纤角度传感器、光纤流量传感器、光纤应变和振动同时测量的传感器及光纤 DNA 生物传感器等。

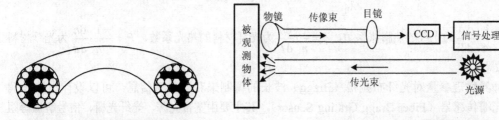

图 2-5-8　图像光纤传输的原理图　　　　　　图 2-5-9　工业用内窥镜的结构图

### 2.5.4　光纤光栅传感器

#### 1．光纤光栅

光纤光栅（FBG，Fiber Bragg Grating）利用掺锗光纤材料的紫外光敏特性，让外界紫外光子和纤芯内锗离子相互作用引起折射率的永久性变化，在纤芯内形成空间相位光栅，即形成一个窄带的透射滤波或反射镜。FBG 主要分为 Bragg 光栅（也称为反射或短周期光栅）和透射光栅（也称为长周期光栅）两大类，从结构上可分为周期性结构和非周期性结构，从功能上还可分为滤波型光栅和色散补偿型光栅，色散补偿型光栅是非周期光栅，又称为啁啾光栅（chirp 光栅）。

利用 FBG 可构成许多性能独特的光纤无源器件，如利用 FBG 的窄带高反射率特性构成光纤反馈腔，掺锗光纤作为增益介质可制成光纤激光器；用 FBG 作为激光二极管的外腔反射器，构成可调谐激光二极管；利用 FBG 可构成 Michelson 干涉型 Mach-Zehnder（M-Z）干涉仪和 Fabry-Perot 干涉仪型的光纤滤波器；利用闪耀 FBG 可制成光纤平坦滤波器，用非均匀 FBG 可制成光纤色散补偿器等。因此，FBG 被认为是发展最快的光纤无源器件之一。还可利用 FBG 制成用于检测应力、应变、温度、磁场、加速度、位移等诸多参量的光纤传感器和各种传感网。FBG 除了具备光纤传感器的全部优点外，还具有在一根光纤内集成多个传感器复用的特点，并可实现多点测量功能。

### 2. 光纤 Bragg 光栅传感器的原理

图 2-5-10 示出了光纤 Bragg 光栅传感器的结构，光纤纤芯的折射率呈现周期性分布条纹。当一个宽谱光源入射进入光纤后，经过光栅时一部分光会返回（即反射光），其他光将透射（即透射光）。光栅反射的中心波长就是布拉格波长，表示为

$$\lambda_B = 2n_{eff}\Lambda \tag{2-5-6}$$

式中，$\lambda_B$ 为布拉格波长，$n_{eff}$ 为纤芯光线传播模式的有效折射率，$\Lambda$ 为光栅周期。

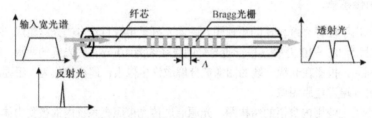

图 2-5-10　光纤 Bragg 光栅传感器的结构与传光原理

若外界的被测量引起光纤光栅的温度和应力改变，会导致反射光中心波长的变化，光纤光栅的中心波长移动量与温度和应变的关系为

$$\frac{\Delta\lambda_B}{\lambda_B} = (\alpha_f + \xi)\Delta T + (1 - P_e)\Delta\varepsilon \tag{2-5-7}$$

式中，$\alpha_f = \frac{1}{\Lambda}\cdot\frac{d\Lambda}{dT}$ 为光纤的热膨胀系数，$\xi = \frac{1}{n}\cdot\frac{dn}{dT}$ 为光纤材料的热光系数，$P_e = -\frac{1}{n}\cdot\frac{dn}{d\varepsilon}$ 为光纤材料的弹光系数。

通过外界物理参量对光纤布拉格（Bragg）波长的调制来获取传感信息，可以设计出波长调制型光纤光栅传感器（Fiber Bragg Grating Sensor），其主要由宽带光源、光纤光栅、信号解调等组成，图 2-5-11(a)示出了其典型结构。光源为宽谱光源且有足够大的功率，以保证光栅反射信号良好的信噪比；选用侧面发光二极管 ELED 可耦合进单模光纤的光功率为 50～100μW；当被测温度或压力加在光纤光栅上时，由光纤光栅反射回的光信号可通过 3dB 光纤定向耦合器送到波长鉴别器或波长分析器进行光信号解调，然后通过光探测器进行光电转换，最后由计算机进行电信号处理、分析、储存，并按用户规定的格式在计算机上显示出被测量的大小。图 2-5-11(b)示出了反射型和透射型两种光纤光栅传感器的原理示意图。若用于测量温度，利用式（2-5-7）中前一项（后一项为零），通过测量反射波长随温度的变化来测量温度的变化；反之，前一项为 0，用后一项测量应变。

使用 FBG 传感器测量应变和温度时，需仔细考虑 FBG 的特征参数，如：①FBG 反射谱中尖峰的中心波长；②每个 FBG 反射峰所对应的带宽越小，测量精度越高，但最合理的值在 0.2～0.3nm；③反射率越高，带宽越窄，光栅越稳定，测量距离就越长，一般光栅反射率大于 90%；④谱图峰顶要光滑且两边光滑，若峰两边有许多旁瓣，查询仪会错判，高边模抑制比直接决定信噪比，应高于 15～20dB。选用高质量的全息相位掩膜板，通过切趾可以平滑传感器的光谱，消除两边的旁瓣以确保边模不会干扰峰值的探测。利用切趾补偿技术进一步使光栅的平均折射率波长一致，可以消除短波长方向的旁瓣，

实现整个光谱平滑。选用 1550nm 光窗口时，中心波长的温度系数高达 10.3pm/℃，应变系数为 1.209pm/με。目前光纤光栅传感器原理上还有啁啾光纤光栅传感器、长周期光纤光栅（ LPG） 传感器，所以应用非常广泛。

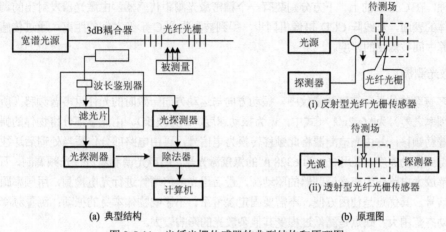

图 2-5-11　光纤光栅传感器的典型结构和原理图

# 2.6　新型光敏传感器及发展动向

## 2.6.1　激光传感器

利用激光技术进行测量的传感器称为激光传感器，主要由激光器、激光检测器和测量电路组成，具有速度快、精度高、量程大、抗光电干扰能力强等的优点，加之激光的高方向性、高单色性和高亮度等特点，可实现无接触远距离测量。

### 1. 激光测长的原理

利用激光波的干涉现象可以精确地测量长度，即激光测长，常用干涉带的条纹数来计算长度。将从光源射出的光线经扩束镜扩束，再经分光镜分成两路，其中一路到达固定反射镜上，另一路到达可动反射镜上，两光束经反射镜反射后回到分光镜上会合，从而产生干涉带。当两束光的光程差为$\lambda/2$的偶数倍时，光束同相位，则光加强；光程为$\lambda/2$的奇数倍时，两光束反相位，则光被削弱。可动反射镜与被测件安置于同一工作台上，可动反射镜与被测件随工作台移动，使两路反射镜产生光程差，此时即可进行干涉带记数。当被测长度为 $L$ 时，可动反射镜相对于固定反射镜移动 $L$ 长度，则干涉带移动的条纹数为$k = L/(\lambda/2)$。一般对于较长物体，需分段测量，从而使精度降低，测量数米之内的长度，其精度可达 0.1μm。

激光测距的原理与无线电雷达相同，将激光对准目标发射出去后，测量它的往返时间，再乘以光速即得到往返距离。目前常用红宝石激光器、钕玻璃激光器、二氧化碳激光器及砷化镓激光器作为激光测距仪的光源。在测距基础上还可以测目标方位、运动速度和加速度等，已成功地用于人造卫星的测距和跟踪，如采用红宝石激光器的激光雷达，测距范围为 500～2000km，误差仅几米，因此激光测距仪日益受到重视。

激光测厚有三种方法。①单激光位移传感器测厚。将被测体无气隙、无翘起地放在测量平台上，测量出垂直上方的传感器到平台表面的距离，然后测出传感器到被测体表面间距，经计算后测出厚度。②双激光位移传感器测厚。若在被测体上方和下方各安装一个激光位移传感器，$C$ 是两个传感器之间的距离，$A$ 是上面传感器到被测体之间的距离，$B$ 是下面传感器到被测体之间的距离，则被测体厚度 $D=C-(A+B)$。用这种方法优点是可消除被测体振动对测量结果的影响，但保证测量准确性的条件是：两个传感器发射光束必须安装同轴且必须扫描同步。③激光三角漫反射位移传感器用于测厚。利用三角测距原理，在 C 形架的上、下方分别装有一个精密激光测距传感器，由激光器发射出的调制激光打到被测物体的表面，对线阵 CCD 摄像机同步，得到被测物到 C 形架之间的距离，通过传感器反馈的数据来计算中间被测物的厚度。

### 2. 激光测振

激光多普勒物体振动速度测量仪中，振动方向与运动方向一致时的光往返多普频移（所测光频率与波源的频率之差）为 $\Delta f=2v/\lambda$（式中，$v$ 为振动速度、$\lambda$ 为波长）。由光学部分将物体的振动转换为相应的多普勒频移，并由光检测器将此频移转换为电信号，再由电路部分作适当处理后送往多普勒信号处理器得到振动速度。采用波长为 6328 Å 的氦氖激光器，用声光调制器进行光频调制，石英晶体振荡器加功率放大电路作为声光调制器的驱动源，最后用光电倍增管进行光电检测，用频率跟踪器来处理多普勒信号。其优点是使用方便、不需要固定参考系、不影响物体本身的振动；测量频率范围宽、精度高、动态范围大；缺点是测量过程受其他杂散光的影响较大。

激光多普勒流速计的多普勒频率移动与速度呈线性关系，可以测量车辆速度、风洞气流速度、火箭燃料流速、飞行器喷射气流流速、大气风速和化学反应中粒子的汇聚速度等，这些测量对于流场（温度和压力）没有干扰，且测速范围宽，是目前世界上速度测量精度最高的仪器。

## 2.6.2　高分子光传感器

由于有些有机高分子吸收光能会产生自由电子或空穴的光电效应，也可能受到光的激励产生如光二聚反应等光化学反应，且具有化学结构的多样化、按功能设计分子结构的可能性和薄膜化的加工性，因此，广泛用于多种光传感器中。

### 1. 光电导薄膜

有机高分子光电导材料如 PVK（聚乙烯咔唑）和 TNF（三硝基芴），是对可见光具有响应特性的电荷移动络合物，其载流子迁移是在离子化的原子团和中性分子间反复进行氧化还原的过程。从微观上看，由阴离子原子团向中性分子迁移电子就意味着自由电子的跃迁移动，由中性分子向阳离子原子团迁移电子意味着空穴的迁移。因此，电子迁移的中性分子可选电子亲和力较大的受主型，用于空穴迁移可选离子化电位小的施主型。例如三苯胺、三苯甲烷、吡唑啉、肼撑等衍生物含有胺基且有 π-共轭的分子，空穴迁移能比较大。载流子的迁移率 $\mu$ 与跃迁的分子间距离直接相关，表示为

$$\mu=r^2\exp\left(\frac{2r}{r_0}\right) \tag{2-6-1}$$

式中，$r$ 为分子间平均距离，$r_0$ 为跃迁的有限半径参数。

上式表示平均分子间跃迁距离 $r$ 越小（即跃迁位置密度越高），迁移率越大。实验测定出平均分子间最短距离时载流子的迁移率为（$10^{-2}\sim10^{-4}$）$cm^2/V\cdot s$。

### 2. 光能转换器件

利用光照射有机半导体和金属（或另一种有机半导体）接触界面时产生的光电动势可制备成传感器（太阳能电池）。

（1）金属-有机半导体接触光电池

当具有功函数 $\Phi_s$ 的有机半导体（P 型）和具有功函数 $\Phi_m$ 的金属相接触时，$\Phi_m > \Phi_s$ 时界面不产生势垒，称欧姆接触；$\Phi_m < \Phi_s$ 时形成肖特基势垒，称为阻塞接触。因此，将形成欧姆接触的金属和形成阻塞接触的金属中间夹一层有机薄膜（P 型半导体或 N 型半导体），就构成肖特基势垒型光生电动势电池单元，如图 2-6-1 所示。当光能量为 $P_i$ 的光照射该电池时，会产生外电路短路电流 $I_{SC}$ 和光生电动势（即外电路开路电压 $V_{OC}$），其光能转换效率 $\eta$ 表示为

$$\eta = \frac{FI_{sc}V_{oc}}{P_i} \tag{2-6-2}$$

式中 $F$ 为曲线因子。

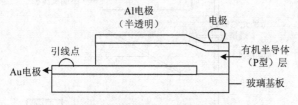

图 2-6-1　肖特基势垒型光电池结构

此光电池的转换效率 $\eta$ 是与实际电池结构有直接关系的工程化参数，与半透明金属电极的光透过率有关；其 $V_{OC}$ 由所用的两种金属功函数决定，$I_{SC}$ 由有机半导体薄膜物性本身决定。一般其灵敏度指输出最大电压为 $V_{max}$、输出最大电流为 $I_{max}$ 时的 $V_{max}I_{max}/V_{oc}I_{sc}$ 值，可反映肖特基势垒的性质。由于大多数有机半导体层（除共轭型导电高分子外）存在较大的禁带宽度，以绝缘体或高阻半导体形式工作，用高纯有机物制成的肖特基势垒电池的性能很差，因此，实用中必须通过受主或施主掺杂使有机层半导化以提高光电池的功能。

（2）有机 PN 结型光电池

利用 N 型和 P 型有机半导体界面处的空间电荷产生电位梯度的原理，可制备出电荷分离的 PN 结型光能转换元件。已有多种体系，如有掺杂电子受体的聚乙炔及聚吡咯与 N 型硅、金属聚吡咯与 P 型聚噻吩、聚乙炔与 P 型聚吡咯的组合等实例元件，$\eta$ 值为 1%～4%。采用这类导电性高分子可降低元件电阻，但元件的稳定性差。若将两种有机色素结合，如用 LB 膜法制作了酞菁金属化色素和三苯甲烷色素超薄膜结合、用真空蒸镀法形成酞菁铜-衍生物的结合等，可改善其稳定性。目前已经研制出高分子为主体材料的光传感器，而分子性化合物类有机物固体的半导体特性与典型的无机半导体有很大差异，其电子能级状态需要从化学角度进一步改进。

## 2.6.3　机器人光学阵列触觉系统

作为机器人"知觉"之一的触觉系统能通过触觉传感器来实现，图 2-6-2 所示为光学阵列触觉传感器结构示意图，包括弹性膜、透明橡胶波导板、透明支撑板、微型光源、传像光缆、自聚焦透镜 1 和 2 及 CCD 成像装置等部分。图中透明橡胶波导板和弹性膜之间有一层空气隙，空气和支撑板材料的折射率小于橡胶的折射率，光通过两个界面时控制传光光缆的位置可以使入射角大于临界角，从而在波导板内发生全内反射，在支撑板下观察到一片黑色的背景。此时，如果在弹性膜上加一凹痕压体，会破坏波导板和弹性膜间的空气隙，这就破坏了全内反射的条件，在相应的压体位置就会有光线透射出来，形成接触力分布函数，且随着接触力的增加波导板和弹性膜表面接触面积增大，使透射光线光强增加。一般透射光强与接触压力近似成正比，从而可以在黑色的背景下观察到白色的压体图像。透

射光线经反射镜反射到自聚焦透镜 1 上，再由传像光缆传至透镜 2，再至 CCD 成像装置。两个透镜的作用是匹配光学图像、传像光缆的截面和 CCD 芯片的尺寸，并进行图像传输，最后将摄像机与监视器相连接，经过软件处理，可以看到凹痕压体的图像。全内反射（TIR）光学阵列触觉传感器的主要指标是：阵列密度为 2438tactiles/cm²，空间分辨力小于 1mm，力灵敏度阈值小于 11g，动态范围大于 20dB(100：1)。

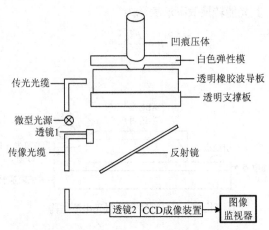

图 2-6-2　光学阵列触觉传感器结构示意图

### 2.6.4　光敏传感器的发展动向

　　光敏传感器的发展动向有两个方面：一是提高与改善传感器的技术性能；二是寻找新原理及新功能等。光敏传感器可非接触地探测物体，广泛用于自动化领域的管理系统、机械制造、包装工业等。它以光为媒介进行无接触检测，环境光、背景光和周围其他光都是光干扰源。故设计时采用偏振光及高频调制的脉冲光，采用新技术如同步检波方式以抑制光干扰并提高测试精度。采用光电元件作为检测元件，结合光源和光学通路三部分组成光电传感器，具有结构简单、形式灵活多样、反应快等优点，成为光敏传感器发展的一个重要方向，利用各种变换原理（如热膨胀、受压弹性体的应力双折射或涡轮旋转使光断续），可测温度、压力或流量参数，进而还可检测流速、液位、浓度、成分、湿度、浊度、振动、声音、磁场、电场、放射线、空间量、物体形态等参数，使得光敏传感器在检测和控制中的应用日益广泛。

# 习题与思考题

　　2-1　光电效应有哪几种？与之对应的光电元件各有哪些？

　　2-2　何谓光电管？什么是光电倍增管？它们有什么不同？

　　2-3　光敏电阻有哪些基本特性？有哪些应用实例？

　　2-4　什么是光生伏特效应？用 PN 结理论解释之。

　　2-5　试比较光电池、光敏二极管和光敏三极管的性能差异，应用场合有何不同？

　　2-6　简述外光电效应的光电倍增管的工作原理。若单位时间入射到单位面积上的光子为 10 个（一个光子等效于一个电子电量），光电倍增管共有 16 个倍增极，输出阳极电流为 20A，且 16 个倍增极二次发射电子数按自然数的平方递增，试求光电倍增管的电流放大倍数和倍增系数。

　　2-7　习题图 2-1 为控制电路的工作原理，如何选择光源的波长？

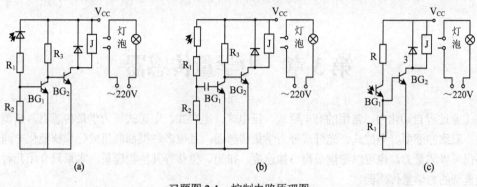

习题图 2-1　控制电路原理图

2-8　光敏晶闸管是怎样工作的？如何使用光敏晶闸管？

2-9　什么是光耦合器件？它有什么用途？

2-10　试述电荷耦合器件的工作原理。用它如何组成电视摄像系统？

2-11　如何实现线型 CCD 电荷的四相定向转移？试画出定向转移图。

2-12　叙述脉冲盘式数字传感器的一般结构。用一只每圈有 1024 个输出脉冲的脉冲盘式传感器，设计一个测量高速钻床转速的装置（最高转速为 50000 转/分）。

2-13　试述光纤的结构和传光原理。光纤传感器有哪些类型？它们之间有何区别？

2-14　试设计一个遥控控制的电扇开关控制电路。

2-15　设计一个自动航标灯电路图。要求：①用 Si 太阳能电池和蓄电池联合供电；②用日光照度自动打开和关闭。

2-16　设计一热淋浴水温自动控制电路。要求：①硅太阳能电池与蓄电池组合供电；②带有温度显示装置并说明电路原理。

# 第3章 力学量传感器

在工业过程自动化中，常用的有电阻式、压电式、电容式、电感式等力学量传感器，新型的有声表面波、磁致伸缩型、电位式、光纤式等力学量传感器，且很多种类都向集成化和智能化方向发展。它们不仅可以测量力，也可以测量负荷、加速度、扭矩、位移等其他物理量。本章只介绍几种应用较广、较典型的力学量传感器。

## 3.1 应 变 计

应变计也称应变片，按其敏感栅所用的材料可以分为金属应变计和半导体应变计两种，都是用于测量应力和应变的关键元件。

### 3.1.1 金属应变计

金属应变计是利用金属的电阻应变效应制成的、能将机械构件的应变转换为电阻值变化的传感器，可以分为丝式应变计、箔式应变计和金属薄膜应变计等。

#### 1. 基本原理

金属电阻应变效应指金属导体受外力作用时发生机械形变，导致其阻值发生变化的现象。金属导线的电阻表示为

$$R = \rho \frac{l}{s} \qquad (3\text{-}1\text{-}1)$$

式中，$\rho$ 为电阻率，$l$ 为导线的长度，$s$ 为导线截面的面积。

当金属导线受外力 $F$ 拉伸时，$l$ 增加，$s$ 减小，使得 $R$ 值增加，反之亦然，如图 3-1-1 所示。将式（3-1-1）求偏微分后得知 $R$ 的变化量如下：

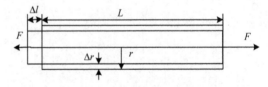

图 3-1-1　金属的电阻应变效应

$$dR = \frac{\partial R}{\partial l} \cdot dl + \frac{\partial R}{\partial s} \cdot ds + \frac{\partial R}{\partial \rho} \cdot d\rho = \frac{\rho}{s} \cdot dl \left(1 - \frac{l}{dl} \cdot \frac{ds}{s}\right) + \frac{l}{s} \cdot d\rho \qquad (3\text{-}1\text{-}2)$$

若 $s = \pi r^2$，则：

$$\frac{ds}{s} \cdot \frac{l}{dl} = 2\frac{dr}{r} / \frac{dl}{l} = 2\frac{\varepsilon_r}{\varepsilon} = -2\mu \qquad (3\text{-}1\text{-}3)$$

式中，$\varepsilon_r = dr/r$ 称为横向应变或径向应变；$\varepsilon = dl/l$ 称为轴向应变或纵向应变；$\mu = -\varepsilon_r/\varepsilon$ 称泊松系数，一般指材料的横向线度相对缩小和纵向线度相对伸长之间的比值。

将式（3-1-3）代入式（3-1-2）后两边同除以 $R$ 得

$$\frac{dR}{R} = \varepsilon \cdot (1 + 2\mu) + \frac{d\rho}{\rho} = \left[1 + 2\mu + \frac{d\rho}{\rho} / \varepsilon\right] \cdot \varepsilon = K_0 \varepsilon \qquad (3\text{-}1\text{-}4)$$

式中，$K_0 = 1 + 2\mu + (d\rho/\rho)/\varepsilon$，称为灵敏系数，指单位应变引起的电阻变化率；$(d\rho/\rho)/\varepsilon$ 称为压阻系数，表示材料电阻率随应变 $\varepsilon$ 的变化，一般金属的压阻系数可以忽略。

由式（3-1-4）可见，金属丝电阻的相对变化率 $dR/R$ 与纵向应变 $\varepsilon$ 成正比，其灵敏系数 $K_0$ 为 $1+2\mu$，大约在 2～6 之间。

### 2. 结构

图 3-1-2 示出了金属应变计的典型结构。主要由四部分组成，一是金属敏感栅，作为应变计的转换元件；二是基底和覆盖层，基底是将应变传递到敏感栅的中间介质，并起到电阻丝与试件之间的绝缘作用，覆盖层起保护敏感栅的作用；三是黏合剂，能将电阻丝与基底粘在一起；四是引出线，作为连接测量仪的导线。实用中经历了以下 3 个发展阶段：丝式应变计、箔式应变计和薄膜应变计。

（1）丝式应变计

若图 3-1-2 中敏感栅是金属丝绕制成的，就称为回线丝式应变计。通常敏感栅的直径在 0.012～0.05mm 之间；基片很薄（厚约 0.03mm）易粘贴且保证能有效地传递变形；引线多用 0.15～0.30mm 直径的镀锡铜线。实际测量时可粘贴成应变花结构，如图 3-1-3 所示，具有制作简单、性能稳定、价格便宜的特点。

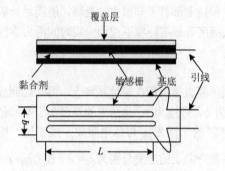

图 3-1-2　金属应变计的典型结构

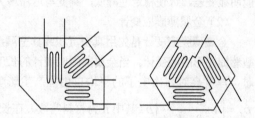

图 3-1-3　应变花

当直线金属丝受单向力拉伸时，其任一微段上所受的应变都相同。但将其弯曲成敏感栅后，直线各段只感受沿轴向的拉应变 $\varepsilon_0$。而圆弧段上沿各微段轴向（圆弧切向）的应变不是 $\varepsilon_1$，尤其是在 $\theta=\pi/2$ 微圆弧处丝轴向（即垂直于拉伸力方向）上产生压应变 $\varepsilon_r=-\mu\varepsilon_1$，此段上电阻值减小；在圆弧其他各段上轴向应变由拉应变和压应变组成，圆弧段电阻变化减小。因此，金属丝敏感栅的灵敏系数比同长度金属丝的 $K_0$ 小，此现象称应变的横向效应。一般理论上将金属丝应变计感受应变时的电阻变化分为纵向应变与横向应变相关的两部分，具体公式为

$$\frac{\Delta R}{R} = \frac{2nl+(n-1)\pi r}{2L}\cdot K_0\varepsilon_l + \frac{(n-1)\pi r}{2L}\cdot K_0\varepsilon_r = K_l\varepsilon_l + K_r\varepsilon_r \tag{3-1-5}$$

式中 $L$ 为金属丝的总长，$n$ 为敏感栅直线段数目，$r$ 为敏感栅圆弧段半径。令 $K_l=\dfrac{2nl+(n-1)\pi r}{2L}\cdot K_0$，$K_r=\dfrac{(n-1)\pi r}{2L}\cdot K_0$，通常可由实验测定。

考虑应变材料的体积影响时，将金属导线应变计电阻率的相对变化受应变引起的电阻体积变化而变化的现象称为应变计的横向效应，其表示为

$$\frac{d\rho}{\rho} = C\frac{dV}{V} = C\left(\frac{dl}{l}+\frac{dA}{A}\right) \tag{3-1-6}$$

式中，$C$ 取决于金属导线晶格结构的比例常数，$A$ 为其截面积（宽度 $b$ 和厚度 $t$ 之积），$l$ 为应变计长度。

金属丝电阻值的变化精确表示为

$$\frac{dR}{R} = C(1-2\mu)\varepsilon + (1+2\mu)\varepsilon \qquad (3\text{-}1\text{-}7)$$

为了克服回线式应变计的横向效应并提高灵敏度，将数根敏感金属丝平行放置到基片上，两端用镀银丝焊接起来，构成短接式应变计。但在冲击振动实验时，其焊接点易出现疲劳破坏，所以短接式应变计已很少使用。

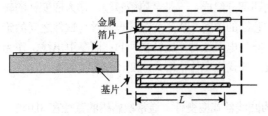

图 3-1-4　箔式应变计的结构图

为改进回线式应变计的灵敏度和短接式的焊接缺陷，开发了箔式应变计，它将很薄的金属片粘于一绝缘基片上，经光刻、腐蚀等制成金属箔敏感栅，给其接上金属丝电极，再涂覆一层保护层，其结构图如图 3-1-4 所示。常用的金属箔材料是厚度为 0.003～0.01mm 的康铜（Ni55%，Cu45%），基片是厚度为 0.03～0.05 mm 的胶质膜或树脂膜，灵敏度约为 2～6。箔式应变计尺寸准确、线条均匀，以加工成各种形状，如箔敏感栅断面为长方形、表面积大、散热性能好、尺寸小、应变片薄，且其性能稳定、寿命长。相对于丝式应变计，箔式应变计的温度特性和精度都有了非常大的提高，能满足一般的工业自动控制和测量的需要。但粘贴胶在较高温度和较大湿度等恶劣环境下使用一定时间后力学性能明显变差，致使稳定性降低，蠕变与迟滞增大。

（2）金属薄膜应变计

金属薄膜应变计是先用真空沉积或真空溅射工艺将金属薄膜直接沉积在弹性基底上，再光刻制成敏感栅图形的应变计。当金属薄膜应变计的长度为 $l$、宽度为 $b$、厚度为 $t$，且薄膜的厚度小于某一值时，厚度会对自由电子的平均自由程产生影响，从而使薄膜的电阻率 $\rho_f$ 与体电阻率 $\rho$ 成正比，即 $\rho_f = \left(1 + \dfrac{3}{8} \times \dfrac{1}{K \cdot t}\right)\rho$（其中 $K$ 为材料常数）。在长度、宽度和厚度方向上的应变分别为 $\varepsilon_{fl} = \varepsilon_l = dl/l$，$\varepsilon_{fb} = \varepsilon_b = db/b$，$\varepsilon_{ft} = \dfrac{dt}{t} = -\dfrac{\mu_f}{1-\mu_f}(\varepsilon_l + \varepsilon_b)$，则其电阻变化率为

$$\begin{aligned}\frac{dR}{R} &= \frac{d\rho_f}{\rho_f} + [\varepsilon_{fl} - \varepsilon_{fb} - \varepsilon_{ft}] = \left[\frac{d\rho}{\rho} - \frac{1}{1+8K/3} \cdot \varepsilon_{ft}\right] + [\varepsilon_l - \varepsilon_b - \varepsilon_{ft}] \\ &= \left[C(\varepsilon_l + \varepsilon_b + \varepsilon_{ft}) - \frac{1}{1+8K/3} \cdot \varepsilon_{ft}\right] + [\varepsilon_l - \varepsilon_b - \varepsilon_{ft}] \qquad (3\text{-}1\text{-}8) \\ &= K_{sl}\varepsilon_l + K_{sb}\varepsilon_b\end{aligned}$$

式中，$K_{sl}$ 和 $K_{sb}$ 分别为薄膜应变计的纵向和横向灵敏系数，它们与薄膜材料的弹性模量、晶体结构薄膜材料的泊松比有关。

与传统的粘贴式应变计相比，薄膜应变计具有无滞后和蠕变、稳定性好等优点，适用于制作高内阻、小型化、高精度和高稳定性的力敏器件。弹性衬底可以是表面有绝缘层的金属或石英、云母等无机材料；在应变电阻器上再溅射一层绝缘保护膜使其不暴露于大气，以免电阻条被氧化。相比金属丝式与箔式应变计，薄膜应变式应变计在性能上有很大提高，能适应恶劣的环境。1993 以来，国内外已陆续报道研制成功在 Si 和 $Al_2O_3$ 上沉积 NiCr 薄膜、Au/NiCr/Ta 多层金属膜或 NiCr/CuNi/NiCr 薄膜及其纳米合金薄膜的压力传感器。

### 3. 参数

（1）标称电阻值（$R_0$）：一般指室温下应变计在不受外力时的电阻值，也称为原始阻值。

（2）灵敏系数（$K_0$）：在应变计轴线方向的单位应变作用下，阻值的相对变化率称为灵敏系数。实践证明，电阻变化率与轴向应变在很大范围内呈线性关系。

（3）机械滞后：在一定温度下，应变从零到一定值之间变化时，测出应变计电阻的相对变化在加载和卸载过程中的特性曲线，如图 3-1-5 所示，将卸载和加载曲线不重合的现象称为机械滞后，将两个曲线间最大的差值$\Delta\delta_m$称为其滞后值。此值越小，寿命越长，应小于 $7\times10^{-6}$。

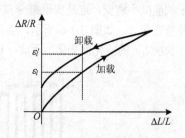

图 3-1-5　应变计的机械滞后示意图

（4）蠕变：在一定温度下，将粘好的应变计在一定的机械应变（$\varepsilon$ 为 1000μ）长时间作用下指示应变随时间的变化称为蠕变（$\delta$），一般要求蠕变应小于 3μ/h。蠕变性能不仅受敏感栅的种类、厚度和结构的影响，与基片材料种类、弹性、热处理状态、结构和加工处理等有关，还与黏合剂和防潮层材料种类、胶层厚度、固化工艺等多因素有关。

（5）零漂：零点漂移指粘好的应变计在一定温度和无机械应变时指示应变随时间的变化。

（6）绝缘电阻：常指敏感栅与基片间的绝缘电阻值，应大于 $10^{10}\Omega$；若此值太小，则基底会使金属敏感栅短路。

### 4. 温度和蠕变补偿金属应变计

鉴于温度和蠕变是影响应变计性能和可靠性的两个重要因素，常通过选择应变计的电阻材料和基片材料、设计其结构和应变电桥等各种措施，使温度和蠕变加以补偿或降低到最小的程度，从而保证传感器的精度和长期稳定性。

（1）温度自补偿金属应变计

它是将敏感栅粘贴在某一特定膨胀系数的弹性材料基底上，使得由温度引起的输出热应变尽可能为零的应变计。为实现这一目的，通常选择敏感栅材料的电阻温度系数（$\alpha_R$）与敏感栅材料的线膨胀系数（$\alpha_g$）和基片弹性体材料的线膨胀系数（$\alpha_m$）相匹配。

若电阻丝的热膨胀附加变形为

$$\Delta L' = (\alpha_g - \alpha_m)L_0\Delta t \tag{3-1-9}$$

式中，$L_0$ 为没考虑膨胀时应变计的长度，$\Delta t$ 为温度变化量。

则膨胀附加应变为

$$\Delta\varepsilon' = \Delta L'/L_0 = (\alpha_g - \alpha_m)\Delta t \tag{3-1-10}$$

膨胀附加电阻变化率为

$$\frac{\Delta R'}{R} = K\cdot\Delta\varepsilon' = K(\alpha_g - \alpha_m)\Delta t \tag{3-1-11}$$

式中，$K$ 为应变计的应变灵敏系数。

温度引起的总电阻变化率包括电阻温度系数引起的变化和热膨胀引起的变化，即

$$\frac{\Delta R}{R} = \frac{\Delta R + \Delta R'}{R} = \alpha_R\Delta t + K(\alpha_g - \alpha_m)\Delta t \tag{3-1-12}$$

所对应的热应变不是力学量应变，属于虚假应变，应为 0，即

$$\varepsilon_t = \frac{\Delta R/R}{K} = \left[\frac{\alpha_R}{K} + (\alpha_g - \alpha_m)\right]\Delta t = 0 \tag{3-1-13}$$

则有

$$\alpha_R = K(\alpha_g - \alpha_m) \tag{3-1-14}$$

（2）蠕变自补偿金属应变计

一般弹性基片会引起正蠕变，而应变计和黏剂系统往往引起负蠕变，因此，设计时让两者相互匹

配就能减小蠕变，这是实现蠕变自补偿的一种方法。实际中，还可以通过设计合适的结构得到蠕变自补偿应变计，如图 3-1-6 所示，当丝栅宽度 $a$ 确定时，应变计本身的蠕变还会随结构尺寸（如圆弧端环长度 $l_1$）的变化而变化，因此，选择适当圆弧尺寸（让 $l_1$ 为 0.6mm）可使蠕变为 0。

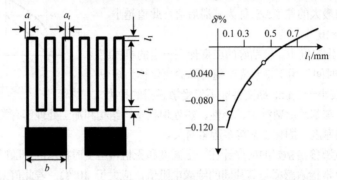

图 3-1-6　应变计的蠕变（$\delta$）与应变计端环长度（$l_1$）的关系

普通多晶体合金应变计的蠕变存在补偿效应，即通过掺入微量元素（P、S、B 元素）调整各合金的蠕变激活能 $Q$ 与补偿温度 $T_c$（接近晶相快速形成的临界温度）时蠕变速率 $\delta_0'$，进而影响蠕变，所遵守的补偿定律表示为

$$Q = kT_c \ln \delta_0' + Q_0 \tag{3-1-15}$$

式中，$Q_0$ 是 $T_c$ 时的激活能，是与微量元素无关的常数，如 IN718 合金的 $Q_0 = 68.12\text{kJ/mol}$，$T_c = 810℃$，即当温度趋近于 $T_c$ 时合金趋近于同一稳态蠕变速率 $\delta_0' = 5.2×10^{-4}\text{s}^{-1}$。

实际应用时，测试出合金应变计的蠕变量与时间的关系曲线，用单片机软件记录下来，确定蠕变跟踪时间和跟踪量，连续地对不同过程的蠕变量进行软件动态修正，因此能实现高精度蠕变补偿。

### 3.1.2　半导体应变计

将利用半导体材料的压阻效应制成的传感器称为半导体应变计或应变片，其应变灵敏度比金属应变计高很多，应用更广泛。下面介绍其原理、结构、工艺和测量电路。

#### 1. 半导体的压阻效应

当半导体材料受到应力作用时，其晶格间距的变化致使其电阻率变化的现象称为压阻效应。根据大量实验可知，半导体电阻率的相对变化与应力（$T$）成正比，且 $T$ 与纵向应变 $\varepsilon$ 成正比关系（即虎克定律），即

$$\frac{\mathrm{d}\rho}{\rho} = \pi \cdot T = \pi E \varepsilon \tag{3-1-16}$$

式中，$\pi$ 为半导体的压阻系数，是材料发生单位应变时的电阻变化率；$E$ 为弹性模量。

于是，半导体电阻的相对变化是将式（3-1-16）代入式（3-1-4）的结果，有

$$\frac{\mathrm{d}R}{R} = (1 + 2\mu + \pi E) \cdot \varepsilon = K_S \varepsilon \tag{3-1-17}$$

式中，$K_S = 1 + 2\mu + \pi E$，称为半导体应变计因子或灵敏系数。因半导体的 $\pi$ 很大，则 $K_S$ 主要由 $\pi E$ 决定，一般 $K_S$ 在 50～100 之间。

#### 2. 压阻系数

大多数半导体单晶的结构具有各向异性，各个不同晶面、不同晶向的压阻系数也就不同。现以典

型的半导体硅 Si、锗 Ge 为例说明。由于 Si、Ge 是立方晶系，将晶轴方向作为坐标轴方向，如图 3-1-7 所示。图中标出使立方晶系电阻率发生变化的六种外力，即沿 $x$、$y$、$z$ 的轴向应力 $T_1$、$T_2$、$T_3$，和与 $yz$、$zx$、$xy$ 面平行并使这些面分别绕 $x$、$y$、$z$ 轴转动的剪切力 $T_4$、$T_5$、$T_6$，这些力使 $x$、$y$、$z$ 轴向上电阻率的相对变化为 $(\Delta\rho/\rho)_1$、$(\Delta\rho/\rho)_2$、$(\Delta\rho/\rho)_3$，使 $yz$、$xz$、$xy$ 剪切面上电阻率的相对变化为 $(\Delta\rho/\rho)_4$、$(\Delta\rho/\rho)_5$、$(\Delta\rho/\rho)_6$。

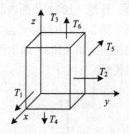

图 3-1-7　正立方体各面的应力示意图

将电阻率的相对变化与应力之间的关系用矩阵表示为

$$
\begin{bmatrix}
(\Delta\rho/\rho)_1 \\
(\Delta\rho/\rho)_2 \\
(\Delta\rho/\rho)_3 \\
(\Delta\rho/\rho)_4 \\
(\Delta\rho/\rho)_5 \\
(\Delta\rho/\rho)_6
\end{bmatrix}
=
\begin{bmatrix}
\pi_{11} & \pi_{12} & \pi_{12} & 0 & 0 & 0 \\
\pi_{12} & \pi_{11} & \pi_{12} & 0 & 0 & 0 \\
\pi_{12} & \pi_{12} & \pi_{11} & 0 & 0 & 0 \\
0 & 0 & 0 & \pi_{44} & 0 & 0 \\
0 & 0 & 0 & 0 & \pi_{44} & 0 \\
0 & 0 & 0 & 0 & 0 & \pi_{44}
\end{bmatrix}
\begin{bmatrix}
T_1 \\
T_2 \\
T_3 \\
T_4 \\
T_5 \\
T_6
\end{bmatrix}
\tag{3-1-19}
$$

其中，$\pi_{ii}$（$i$ 为 1、2、3）为纵向压阻系数，表示沿着晶轴方向的单位应力引起此晶轴方向电阻率的变化率。在立方晶系中，$x$、$y$、$z$ 轴向的纵向压阻系数相等。$\pi_{ij}$（$i\neq j$；$i,j$ 为 1、2、3）横向压阻系数，表示沿某晶轴方向的应力对沿与其垂直的晶轴方向电阻率的影响。立方晶系的横向压阻系数都相同，用 $\pi_{12}$ 代替。$\pi_{kk}$（$k$ 为 4、5、6）为剪切压阻系数，表示剪切应力对其相应剪切面的电阻率分量的影响，立方晶系的三个剪切压阻系数相等。Si、Ge 半导体的压阻系数列于表 3-1-1 中，可以看出，不同类型半导体的压阻系数不同，如 P 型 Si 的 $\pi_{44}$ 比 $\pi_{11}$ 大 20 多倍，比 $\pi_{12}$ 大一百倍；N 型 Si 的 $\pi_{11}$ 比 $\pi_{12}$ 达 1 倍，比 $\pi_{44}$ 大 10 倍。

表 3-1-1　Si 和 Ge 半导体的压阻系数（$\pi$ 单位为（$\times 10^{-12}\mathrm{m^2/N}$））

| 晶体 | 导电类型 | 未应变时的电阻率（$\Omega\cdot$cm） | 弹性模量 $E$（$10^{11}$Nm） | 泊松比 $\mu$ | $\pi_{11}$ | $\pi_{12}$ | $\pi_{44}$ |
|---|---|---|---|---|---|---|---|
| Si | P | 7.8 | 1.87 | 0.980 | 66 | −11 | 1381 |
| | N | 11.7 | 1.30 | 0.278 | −1022 | 534 | −136 |
| Ge | P | 15.0 | 1.55 | 0.156 | −106 | 50 | 986 |
| | N | 16.6 | 1.55 | 0.156 | −52 | 55 | −1387 |

注：$1\mathrm{m^2N^{-1}}=10^4\mathrm{cm^2}/10^5$ 达因 $=0.1\mathrm{cm^2}/$达因

在实际应用中，电阻的电流方向和应力方向与晶轴方向不同，如图 3-1-8 所示。设电阻纵向（$r$）与晶轴方向（$x$、$y$、$z$）间夹角的余弦值分别为：$l_1$、$m_1$、$n_1$，其横向与晶轴方向间夹角的余弦值分别为：$l_2$、$m_2$、$n_2$。由坐标变换可推知，任意晶向电阻的压阻系数的基本公式（即纵向和横向压阻系数）分别为

$$
\pi_x = \pi_{11} - 2(\pi_{11} - \pi_{12} - \pi_{44})\cdot(l_1^2 m_1^2 + m_1^2 n_1^2 + n_1^2 l_1^2)
\tag{3-1-20}
$$

$$
\pi_t = \pi_{12} + (\pi_{11} - \pi_{12} - \pi_{44})\cdot(l_1^2 l_2^2 + m_1^2 m_2^2 + n_1^2 n_2^2)
\tag{3-1-21}
$$

如果单晶半导体在某个晶向上同时有纵向应力 $T_r$ 与横向应力 $T_t$，则由式（3-1-16）、式（3-1-18）、式（3-1-20）和式（3-1-21）可知，电流方向上电阻的相对变化为

$$
\frac{\Delta R}{R} = \pi_r T_r + \pi_t T_t
\tag{3-1-22}
$$

例：计算（100）晶面内晶向<011>的纵向和横向压阻系数。

解：图 3-1-9 中的阴影面为（100）晶面，它平行于 $yOz$ 平面，所以，（100）面的所有晶向与 $yOz$ 平面的相同；如（100）面上的<011>方向与 $yOz$ 平面上的<011>晶向相同，就可以用 $yOz$ 平面上的相同晶向代替。

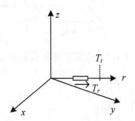
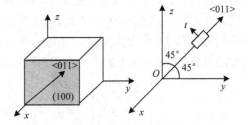

图 3-1-8　电阻与晶轴有夹角的应力示意图　　　　图 3-1-9　（100）晶面内晶向<011>的纵向示意图

则<011>晶向电阻的电流方向为<011>方向，横向为与之垂直的方向<011>，两个方向与三个坐标轴方向夹角的余弦分别为

$$l_1 = \cos 90° = 0, \quad m_1 = \cos 45° = \frac{\sqrt{2}}{2}, \quad n_1 = \cos 45° = \frac{\sqrt{2}}{2}$$

$$l_2 = \cos 90° = 0, \quad m_2 = \cos 135° = -\frac{\sqrt{2}}{2}, \quad n_2 = \cos 45° = \frac{\sqrt{2}}{2}$$

将这六个值代入式（3-1-20）和式（3-1-21），得横向和纵向压阻系数分别为：

$$\pi_x = (\pi_{11} + \pi_{12} + \pi_{44})/2, \quad \pi_t = (\pi_{11} + \pi_{12} - \pi_{44})/2 \tag{3-1-23}$$

同样，半导体各个晶向电阻的压阻系数都可以计算出来，结果列于表 3-1-2 中。

表 3-1-2　几种不同晶向的压阻系数 $\pi_r$, $\pi_t$

| 纵向晶向 | 纵向压阻系数 $\pi_r$ | 横向晶向 | 横向压阻系数 $\pi_t$ |
|---|---|---|---|
| 001 | $\pi_{11}$ | 010 | $\pi_{12}$ |
| 001 | $\pi_{11}$ | 110 | $\pi_{12}$ |
|  |  | $1\bar{1}0$ |  |
| 111 | $1/3(\pi_{11}+2\pi_{12}+2\pi_{44})$ |  | $1/3(\pi_{11}+2\pi_{12}-\pi_{44})$ |
|  |  | $1\bar{2}1$ |  |
| 111 | $1/3(\pi_{11}+2\pi_{12}+2\pi_{44})$ | 111 | $1/3(\pi_{11}+2\pi_{12}-\pi_{44})$ |
| $1\bar{1}0$ | $1/2(\pi_{11}+\pi_{12}+\pi_{44})$ |  | $1/3(\pi_{11}+2\pi_{12}-\pi_{44})$ |
| $1\bar{1}0$ | $1/2(\pi_{11}+\pi_{12}+\pi_{44})$ | 001 | $\pi_{12}$ |
| $1\bar{1}0$ | $1/2(\pi_{11}+\pi_{12}+\pi_{44})$ | 110 | $1/2(\pi_{11}+2\pi_{12}+\pi_{44})$ |
| $1\bar{1}0$ | $1/2(\pi_{11}+\pi_{12}+\pi_{44})$ | $1\bar{2}1$ | $1/6(\pi_{11}+5\pi_{12}-\pi_{44})$ |
| $1\bar{1}2$ | $1/2(\pi_{11}+\pi_{12}+\pi_{44})$ | $1\bar{1}0$ | $1/6(\pi_{11}+5\pi_{12}-\pi_{44})$ |
| $1\bar{1}0$ | $1/2(\pi_{11}+\pi_{12}+\pi_{44})$ | $2\bar{1}1$ | $1/9(4\pi_{11}+5\pi_{12}-4\pi_{44})$ |
|  |  | $1\bar{1}0$ | $1/9(4\pi_{11}+5\pi_{12}-4\pi_{44})$ |
| $2\bar{2}1$ | $\pi_{11}-16/27(\pi_{11}-\pi_{12}-\pi_{44})$ |  | $1/9(4\pi_{11}+5\pi_{12}-4\pi_{44})$ |

### 3. 半导体应变计的分类

依据半导体压阻的效应原理可以制备出许多类型的应变计。按照材料类型分为 P 型硅应变计、N 型硅应变计、PN 互补型应变计；按照特性分为灵敏系数补偿型应变计和非线性补偿应变计；按照材料化学成分分为硅、锗、锑化铟、磷化镓、磷化铟等应变计；目前大多按照其结构分为扩散型应变计（有 P 型、N 型和互补型）和薄膜型（有多晶硅薄膜和单晶半导体薄膜）半导体应变计。

（1）体型半导体应变计

因为 P-Si 的（111）轴向压阻系数最大，所以选择圆柱的高方向（111）为电阻纵向，制造半导体应变计的工艺流程依次为：圆柱单晶→平行于轴向切片→研磨→切条→顶端欧姆连接区处理→粘贴基底→焊引线。图 3-1-10 为体型半导体应变计的结构图，由硅条、内引线、基底、电极等组成。硅条是应变计的敏感转换元件；内引线可连接硅条和电极座，材料是金丝；基底起绝缘、固定作用，材料是胶膜；电极座一般用康铜箔制成，电极材料为镀银铜线。

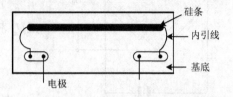

图 3-1-10　体型半导体应变计的结构图

（2）扩散型半导体应变计

图 3-1-11 示出了扩散型半导体应变计结构图，它是利用集成电路的平面工艺技术，在硅衬底上先给相应窗口扩散杂质形成应变敏感栅电阻，再制作电极构成的。它具有灵敏系数高、温度稳定性好、可以直接制备成半桥或全桥电路结构，极易微型化、集成化和智能化，是目前最常用的一种压力传感器。而一般电阻的设计直接影响器件的性能，阻值根据不同应用场合可选择从几百到几千欧姆；电阻器的形状根据硅膜片的结构和尺寸，选用如图 3-1-12 所示的直线式和折线式两种形式。其敏感栅电阻与衬底间由 PN 结隔离，常温下有良好的性能。当温度较高（150℃以上）时，PN 结的隔离效果恶化，使两者之间出现电流泄漏，造成应变计性能恶化。

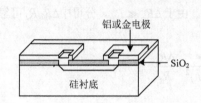

图 3-1-11　扩散型半导体应变计结构图

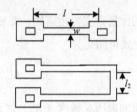

图 3-1-12　电阻条的形状

由微电子器件的制造工艺原理可知，直线扩散型电阻的阻值可用下式计算：

$$R = R_\square \frac{l}{W} = \frac{1}{q \mu_p N_s x_j} \cdot \frac{l}{W} \tag{3-1-24}$$

式中，$R_\square$ 为扩散层方块电阻，常与扩散工艺参数（如硼扩散表面杂质浓度 $N_s$）、空穴迁移率 $\mu_p$ 和杂质扩散深度 $x_j$ 有关；$l$ 为扩散电阻器的长度；$W$ 为扩散电阻器的宽度。

折线型电阻器的阻值常用如下经验公式计算：

$$R = R_\square \left( \frac{l_1 + l_2}{W} + K_1 + K_2 \right) \tag{3-1-25}$$

式中，$K_1$ 为端头方块数修正值；$K_2$ 为圆弧形弯角修正值；$l_1$ 为电阻条横向的总长度、$l_2$ 为电阻条纵向的长度。

为了减小温度对隔离的损坏，更可靠的工艺是 SOI 工艺（Silicon On Insulator technique），即先在绝缘材料上外延生长半导体 Si 薄膜，再扩散掺杂以形成图 3-1-12 所示的应变计。该结构具有良好的耐温性，可适用于 150～200℃左右的高温或高温气氛环境的各种压力传感器。

### 3.1.3　应变计的测量电路

金属和半导体应变计按基底材料可分为纸基应变计、胶基应变计和浸胶基应变计等，按安装方法可分为粘贴式应变计与非粘贴式应变计等，应用时通常将应变计连于电桥中。为了能准确测量电阻的相对变化$\Delta R/R$引起的电桥输出的变化，下面分别对直流电压源电桥、直流电流源电桥及其电桥的指标（如桥路灵敏度、非线性特性）进行讨论。

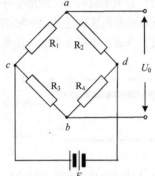

图 3-1-13　单桥臂应变计测量电桥

### 1. 直流电压源单臂电桥

图 3-1-13 示出了直流电压源单臂电桥，其中直流电压源电压为 $E$，$R_1$、$R_3$ 和 $R_4$ 为固定电阻，$R_2$ 为应变计，此电桥的输出电压 $U_o$ 表示为

$$U_o = E\left(\frac{R_2}{R_1 + R_2} - \frac{R_4}{R_3 + R_4}\right) \tag{3-1-26}$$

在不考虑温度对电阻的影响时，零应变下 $R_2$ 的电阻值能使电桥达到平衡，即输出电压为零。由上式可知，无压力时的平衡条件为 $R_1 R_4 = R_2 R_3$。

当应变计感受到应变时，其电阻的变化为 $\Delta R_2$，则电桥的输出电压 $U_o$ 为

$$U_o = E\left(\frac{R_2 + \Delta R_2}{R_1 + \Delta R_2 + R_2} - \frac{R_4}{R_3 + R_4}\right) = \frac{(R_3/R_4)(\Delta R_2/R_2)}{\left(1 + \frac{\Delta R_2}{R_2} + \frac{R_1}{R_2}\right)\left(1 + \frac{R_3}{R_4}\right)} E \tag{3-1-27}$$

将桥臂电阻的比值定义为桥臂比，即 $n = R_1/R_2$。由于 $\Delta R_2 \ll R_2$，分母中 $\Delta R_2/R_2$ 可忽略，并考虑到起始平衡条件，上式可简化为

$$U_o' \approx E \frac{n}{(1+n)^2} \cdot \frac{\Delta R_2}{R_2} \tag{3-1-28}$$

（1）单臂电桥的电压灵敏度（$S_r$）讨论

按照式（3-1-28），$S_r$ 定义为

$$S_r = \left|\frac{U_o'}{\Delta R_2/R_2}\right| = \left|E\frac{n}{(1+n)^2}\right| \tag{3-1-29}$$

由上式可知，供给电桥的电源电压越高，电压灵敏度越高；但 E 的提高受到应变计允许功耗的限制，所以一般应适当选择。$S_r$ 还是桥臂比 $n$ 的函数，要求 $S_r$ 的极值，令 $\dfrac{\partial S_r}{\partial n} = 0$，解得 $n=1$ 时 $S_r$ 最大。这就是说，在 E 确定后，当 $R_1 = R_2, R_3 = R_4$ 时，电桥电压灵敏度最高。此时可分别将式（3-1-27）、式（3-1-28）、式（3-1-29）简化为

$$U_o = \frac{1}{4}E\frac{\Delta R_2}{R_2}\frac{1}{1 + \frac{1}{2}\frac{\Delta R_2}{R_2}}, \quad U_o' \approx \frac{1}{4}E\frac{\Delta R_2}{R_2}, \quad S_r = \frac{1}{4}E \tag{3-1-30}$$

由上面三式可知，当电源电压 $E$ 一定时，电桥的输出电压及其灵敏度与各桥臂阻值大小无关。

（2）非线性误差讨论

若忽略分母电阻的变化，则会带入非线性误差，其相对非线性误差表示为

$$r = \frac{U_o - U_o'}{U_o} = \frac{1}{2}\frac{\Delta R}{R} \tag{3-1-31}$$

对于感受应变 $\varepsilon$ 在 5000μ 以下时，若金属应变计的灵敏系数 K 取 2，则 $\Delta R_2/R_2 = K \cdot \varepsilon = 5000 \times 10^{-6} \times 2 = 0.01$，代入式（3-1-31）计算的非线性误差为 0.5%，表明可以近似为线性输出。但对于半导体应变

计，若 $K_S$ 为 130，同样应变的非线性误差达可 24.5%。因此，单臂电桥的输出不能近似为线性，电路应进一步改进。

### 2. 半桥差动电桥和全桥差动电桥

按照式（3-1-27），设计使分母中的应变电阻变化量抵消。图 3-1-14 示出半桥差动电路，其中两个应变计接入电桥的相邻臂上。根据被测试件的受力情况，让一个应变计受拉力，另一个受压力，且二者受应变的符号相反。则该电桥的输出电压 $U_o$ 为

$$U_o = E\left(\frac{R_2 + \Delta R_2}{R_1 - \Delta R_1 + R_2 + \Delta R_2} - \frac{R_4}{R_3 + R_4}\right) \tag{3-1-32}$$

若 $\Delta R_1 = \Delta R_2$，并选择最灵敏电桥的条件即 $R_1 = R_2, R_3 = R_4$，则上式简化为

$$U_o = \frac{1}{2}E\frac{\Delta R_2}{R_2} \tag{3-1-33}$$

由式（3-1-33）可知，$U_o$ 与 $\Delta R_2 / R_2$ 成线性关系，表明差动电桥无非线性误差。且将式（3-1-33）与式（3-1-30）比较发现，差动电桥的电压灵敏度比单臂电桥提高了一倍，同时两个应变计可以起到温度相互补偿的作用。

图 3-1-15 示出了全桥差动电路，其中四个桥臂都是应变计，设计使两个受到拉力，另两个受到压力，并使两个应变符号相同的接入相对臂上。若满足 $\Delta R_1 = \Delta R_2 = \Delta R_3 = \Delta R_4$，则输出电压为

$$U_o = E \cdot \frac{\Delta R_1}{R_1} \tag{3-1-34}$$

比较式（3-1-34）与式（3-1-33）和式（3-1-30）可知，电压灵敏度比单应变计提高了 3 倍，比半桥差动电路提高了 1 倍，因此负载性能增强。

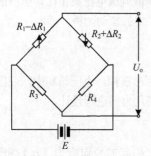

图 3-1-14　半桥差动电路

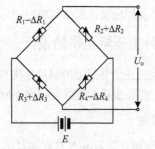

图 3-1-15　全桥差动电路

若考虑全桥电路中温度对各电阻的影响，且每个电阻受温度影响变化相同，为 $\Delta R_T$，则输出电压表示为

$$U_o = E\left(\frac{R + \Delta R + \Delta R_T}{2R + 2\Delta R_T} - \frac{R - \Delta R + \Delta R_T}{2R + 2\Delta R_T}\right) = E\frac{\Delta R}{R + \Delta R_T} \tag{3-1-35}$$

式（3-1-35）表明输出电压会受温度影响，电压源供电实用中，必须保证温度不变，输出才与应变成正比。

### 3. 恒流源供电电桥

图 3-1-16 示出一恒流源供电单臂电桥，其中供桥电流为 $I$，通过各臂的电流为 $I_1$ 和 $I_2$。若测量电

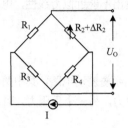

图 3-1-16　恒流源供电电桥

路的输入阻抗较高，则电桥满足下列条件：

$$\begin{cases} I_1(R_1 + R_2) = I_2(R_3 + R_4) \\ I = I_1 + I_2 \end{cases} \quad （3-1-36）$$

解该方程组得：

$$I_1 = \frac{R_3 + R_4}{R_1 + R_2 + R_3 + R_4} I$$

$$I_2 = \frac{R_1 + R_2}{R_1 + R_2 + R_3 + R_4} I \quad （3-1-37）$$

输出电压为

$$U_o = \frac{R_2 R_3 - R_1 R_4}{R_1 + R_2 + R_3 + R_4} I \quad （3-1-38）$$

可知其平衡条件与电压源时的相同。

若受应力时桥臂电阻 $R_2$ 变为 $R_2 + \Delta R_2$，$R_1$、$R_3$、$R_4$ 保持不变，且受应变前 $R_1 = R_2 = R_3 = R_4 = R$。则电桥输出电压为

$$U_o = \frac{R\Delta R}{4R + \Delta R} I = \frac{1}{4} I \Delta R \frac{1}{1 + \dfrac{\Delta R}{4R}} \quad （3-1-39）$$

比较式（3-1-39）与式（3-1-30），分母中的 $\Delta R$ 被 4R 除，此电桥的非线性误差减少了一倍。

若受压力作用时设计 $R_2$、$R_3$ 有正增量，$R_1$、$R_4$ 有负增量，且在考虑温度影响时四个电阻的 $\Delta R_T$ 均相同，由式（3-1-38）可以推得

$$U_o = \Delta R \cdot I \quad （3-1-40）$$

上式表明，恒流源供电时，输出电压与应变电阻增量和恒流源电流成正比，电桥的输出不受温度的影响，所以，实用应变计测试电路应该尽量采用恒流源供电的差动全桥。

### 3.1.4　硅膜片上压阻全桥的设计

常用硅压阻式压力传感器的膜片结构有圆形、方形和矩形三种。不同结构中，在压力作用下的应力分布也不同，压阻全桥的电阻设计也不同，在此以圆形膜片为例进行设计。

**1. 应力分布**

由弹性力学知，均匀压力 $P$ 在半径为 $a$ 的圆形硅膜上引起的径向应力（$\sigma_r$）和切向（$\sigma_{tg}$）应力分别为

$$\sigma_r = \frac{3Pa^2}{8h^2}\left[(1+\mu) - (3+\mu)\frac{r^2}{a^2}\right] \quad （3-1-41）$$

$$\sigma_{tg} = \frac{3Pa^2}{8h^2}\left[(1+\mu) - (3\mu+1)\frac{r^2}{a^2}\right] \quad （3-1-42）$$

式中，$h$ 为硅膜的厚度，$\mu$ 为硅片的泊松系数。

由上述二式可计算出硅膜片受到均匀 $P$ 时的应力分布，如图 3-1-17 所示。在膜中心处，$\sigma_r$ 和 $\sigma_{tg}$ 具有正最大值，即：

$$\sigma_r(0) = \sigma_{tg}(0) = \frac{3P}{8h^2}(1+\mu)a^2 \quad （3-1-43）$$

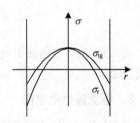

图 3-1-17　圆形硅膜上的应力分布

随着 $r$ 增大，$\sigma_r$ 和 $\sigma_{tg}$ 逐渐下降，分别在 $r = 0.635a$ 和 $0.812a$ 处为零；在膜边缘处，$\sigma_r$ 和 $\sigma_{tg}$ 为负值，其最小值分别为

$$\sigma_r(a) = -\frac{3}{4}\frac{a^2}{h^2}P, \quad \sigma_{tg}(a) = -\frac{3}{4}\frac{a^2}{h^2}P\mu \tag{3-1-44}$$

由此可见，圆形硅膜上存在着正负两个应力区，可以实现压阻全桥的基本设计方法。

### 2. 应变电阻位于同一应力区的设计

在（100）晶面上，若 $R_2$ 和 $R_4$ 两个电阻沿<110>晶向、$R_1$ 和 $R_3$ 电阻位于<1$\bar{1}$0>晶向，其布置方案如图 3-1-18 所示。$R_2$、$R_4$ 的纵向应力 $\sigma_l = \sigma_r$，横向应力 $\sigma_t = \sigma_{tg}$。纵向压阻系数 $\pi_l = \frac{1}{2}\pi_{44}$，横向压阻系数 $\pi_t = -\frac{1}{2}\pi_{44}$，所以 $R_2$、$R_4$ 的相对变化量为

$$\frac{\Delta R_2}{R_2} = \frac{\Delta R_4}{R_4} = \pi_l\sigma_l + \pi_t\sigma_t = \frac{1}{2}\pi_{44}(\sigma_r - \sigma_{tg}) = -\frac{3pr^2}{8h^2}\pi_{44}(1-\mu) \tag{3-1-45}$$

应变电阻 $R_1$ 和 $R_3$ 位于<1$\bar{1}$0>方向上。但电阻的纵向应力 $\sigma_l = \sigma_{tg}$，横向应力 $\sigma_t = \sigma_r$。纵向压阻系数 $\pi_l = \frac{1}{2}\pi_{44}$，横向压阻系数 $\pi_t = -\frac{1}{2}\pi_{44}$。受力后电阻 $R_1$、$R_3$ 的相对变化量为

$$\frac{\Delta R_1}{R_1} = \frac{\Delta R_3}{R_3} = -\frac{1}{2}\pi_{44}(\sigma_r - \sigma_{tg}) = \frac{3pr^2}{8h^2}\pi_{44}(1-\mu) \tag{3-1-46}$$

由式（3-1-45）、式（3-1-46）可以看出径向和切向布置的力敏电阻器相对变化的关系为 $\left[\frac{\Delta R}{R}\right]_r = -\left[\frac{\Delta R}{R}\right]_{tg}$，且 $r$ 越大，电阻相对变化越大。所以单从提高灵敏度的角度考虑，最好将四个力敏电阻器制作在膜片有效面积的边缘上。

### 3. 应变电阻位于正负应力区的设计

当选取（110）晶面的 N 型硅作为弹性膜片时，在沿<1$\bar{1}$0>方向的直径上制作四个相等的扩散电阻器，如图 3-1-19 所示。这种电阻的 $\pi_l = \frac{1}{2}\pi_{44}$，$\pi_t = 0$，即只有纵向压阻效应，因此，$\Delta R/R = \frac{1}{2}\pi_{44}\sigma_r$。正应力区电阻 $R_2$、$R_4$ 的变化率为正，负应力区的电阻 $R_1$、$R_3$ 的变化率为负，这种应变电阻设计方案同样可达到提高压阻全桥灵敏度的目的。

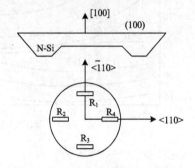

图 3-1-18    圆形膜上电阻设计方案之一

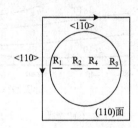

图 3-1-19    圆形膜上电阻设计方案之二

### 3.1.5 硅杯式压力传感器

#### 1. 结构

将四只半导体应变计和支撑杯制作在同一个硅材料上形成硅杯，能取消应变计与杯间的黏合剂，会大大提高传感器性能。于是，将一圆形 N 型硅片的反面加工腐蚀成杯状，正面光刻 4 个窗口后扩入Ⅲ族元素，形成 4 个 P-Si 电阻，蒸铝并光刻连成电桥电路。将硅杯固定在底座上，加密闭外壳，构成硅杯式压力传感器。图 3-1-20 示出了 MOTOROLA 公司 MPX 2000 压力传感器的剖视图。由抽气机抽空，形成一定气压的低压腔，被测气压 P 使杯子形变，通过电极测量电桥的电压，计算压力 P 时应按照电阻的设计方案：①电阻方向选择灵敏度高的方向，如 P-Si 的<111>晶向，查出或算出纵向和横向压阻系数；②选用圆形膜片的两种设计方案之一，使一组电阻变化率大于零，另一组小于零。

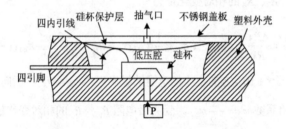

图 3-1-20 MPX 2000 压力传感器的剖视图

硅杯式压力传感器下面的开孔应满足使硅杯均匀受力的条件，可用钻头钻，也可用化学腐蚀方法。在硅杯保护层与硅膜片之间有硅胶，其作用是将内部引线与外界环境隔开，但让压力传递到硅杯上。产品 MPX2000 系列压力传感器可用于测量表压、真空或差压。

#### 2. 温度漂移与补偿

半导体材料对温度的敏感常常引起零位漂移和灵敏度漂移。图 3-1-21 示出了硅的压阻系数随温度变化曲线，其中温度升高时压阻系数 $\pi$ 减小，且随扩散杂质浓度增大，$\pi$ 随温度变化减小。因灵敏系数 $K_S$ 正比于 $\pi$，所以温度升高时 $K_s$ 减小，选择高扩散杂质浓度可以使 $K_S$ 随温度变化减小。为提高灵敏度，常选用 $2\times10^{18}\,\mathrm{cm}^{-3}$ 掺杂浓度的应变计。

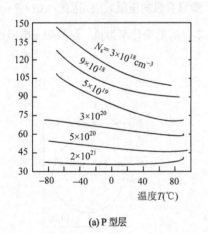

(a) P 型层

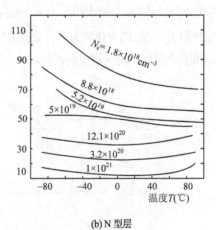

(b) N 型层

图 3-1-21 压阻系数与温度的关系

（1）零位漂移补偿

图 3-1-22 中 $R_S$ 串联电阻起调零作用，RP 为补偿电阻。零位漂移指无外力情况下温度变化时电桥 $C$、$D$ 两点电位不等的现象。一般选用串、并联电阻法进行补偿。如温度升高时 $R_3$ 减小，产生 $U_{CD}$ 即零温漂（为负值）；此时给 $R_3$ 串联一个 PTC 或在 $R_L$ 上并联一个 NTCRP，使温度变化引起 $U_{CD}$ 的变化减小，从而得以补偿。

（2）灵敏度漂移补偿

由前面叙述可知，温度升高时 $K_s$ 减小，使 $\dfrac{\Delta R}{R}$ 减小，全桥输出电压 $U_{CD} = \dfrac{\Delta R}{R}U$ 减小。采用改变电源电压大小进行补偿，如图 3-1-23 所示。图 3-1-23(a) 中，$R_T$ 为 PTC，温度升高时 $R_T$ 增大，使 $V_A^+$ 增大，则运放输出 $U$ 增大，可使 $U_{CD}$ 保持不变即得到补偿。图 3-1-23(b) 中，三极管的 $V_{be}$ 在温度升高时减小，可使输出 $U_{CD}$ 得到补偿。

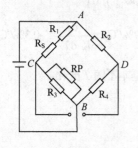

图 3-1-22　零位漂移补偿电路

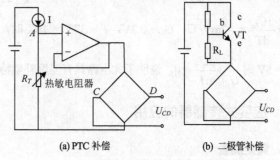

(a) PTC 补偿　　　　　　(b) 二极管补偿

图 3-1-23　灵敏度漂移补偿电路

### 3. 集成压力传感器

将有四个电阻器的硅杯与放大电路和温度补偿电路集成在一起，就形成了集成压力传感器，其典型电路如图 3-1-24 所示。原理上，由差动敏感全桥检测压力，经放大器放大输出。用二极管 $VD_1$ 对差动全桥的灵敏系数进行温度补偿，用 $VD_2$ 对 $VT_1$ 和 $VT_2$ 差动放大器的放大倍数 $\beta$ 进行温度补偿。当不加压力时，硅杯中四个电阻器的阻值为 $R_1 = R_2 = R_3 = R_4 = R$。受压力后变化为 $R_2 = R_3 = R + \Delta R$，$R_1 = R_4 = R - \Delta R$。则放大器输入信号为

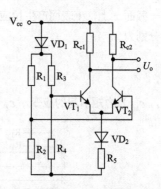

图 3-1-24　集成压力传感器的电路图

$$U_{b1} - U_{b2} = (U_{cc} - U_{D1})\frac{\Delta R}{R} = (U_{cc} - U_{D1})KP \qquad (3\text{-}1\text{-}47)$$

式中，$K$ 为压敏全桥的灵敏系数，$K = \dfrac{\Delta R}{R} \Big/ P$；$P$ 为外压力。

差动放大的输出电压为

$$U_o = A_U(U_{b1} - U_{b2}) = A_U(U_{cc} - U_{D1})KP \qquad (3\text{-}1\text{-}48)$$

式中，$A_U$ 为差动放大器放大倍数，$A_U = \dfrac{\beta R_c}{r_{be}}$，（其中 $r_{be} = r_{bb} + (1+\beta)\dfrac{U_T}{I_e} \approx \beta\dfrac{U_T}{I_e}$，$U_T = \dfrac{KT}{q} \approx 26\text{mV}$）。

由电路图 3-1-24 可知：

$$I_e = \frac{1}{2}\frac{U_{R5}}{R_5} = \frac{1}{2R_5}\left(\frac{U_{cc} - U_{be}}{2} - U_{be1} - U_{D2}\right) = \frac{U_{cc} - 5U_{be}}{4R_5} \tag{3-1-49}$$

则有

$$A_U = \frac{\beta R_c}{\dfrac{\beta U_T}{I_e}} = \frac{R_c}{U_T}\cdot\frac{U_{cc} - 5U_{be}}{4R_5} = \frac{q}{KT}(U_{cc} - 5U_{be})\frac{R_c}{4R_5} \tag{3-1-50}$$

故

$$U_o = (U_{cc} - U_{be})KP\cdot(U_{cc} - 5U_{be})\frac{q}{KT}\frac{R_c}{4R_5} \tag{3-1-51}$$

其温度系数为

$$\frac{1}{U_o}\cdot\frac{dU_o}{dT} = -\frac{1}{T} - \frac{1}{R_5}\frac{dR_5}{dT} + \frac{1}{K}\frac{dK}{dT} - \left(\frac{1}{U_{cc} - U_{be}} + \frac{5}{U_{cc} - 5U_{be}}\right)\frac{dU_{be}}{dT}$$

当 $\dfrac{dU_{be}}{dT} = -2\text{mV}/℃$，$U_{be} = 0.7\text{V}$，$T = 37℃ = 310\text{K}$ 时，$\dfrac{1}{R_5}\dfrac{dR_5}{dT} = 0.17\%/℃$，$\dfrac{1}{K}\dfrac{dK}{dT} = -0.3\%/℃$，且

在 $U_{cc} = 5\text{V}$ 时 $\dfrac{1}{U_o}\cdot\dfrac{dU_o}{dT} = 0$。说明了此电路具有温度补偿特性，即输出基本不随 $T$ 变化。

### 3.1.6　应变式传感器的应用

#### 1. 弯矩测量

图 3-1-25(a)示出 4 个应变计在梁上的布置图，其中 $R_1$ 和 $R_3$ 贴在梁的上表面且距固定端 $x$ 处，$R_2$ 和 $R_4$ 贴在梁的下表面，同在 $x$ 处。梁弯曲变形时，应变计上产生的应变与梁产生的应变相同，且在梁的同一截面 $x$ 上，上表面产生拉应变，下表面产生压应变，拉、压应变的绝对值相等，各应变计上的应变分别为

$$\begin{aligned}\varepsilon_1 &= \varepsilon_3 = \varepsilon_M + \varepsilon_T\\ \varepsilon_2 &= \varepsilon_4 = -\varepsilon_M + \varepsilon_T\end{aligned} \tag{3-1-52}$$

式中，$\varepsilon_M$ 为力矩引起的应变，$\varepsilon_T$ 表示由温度变化引起的应变。

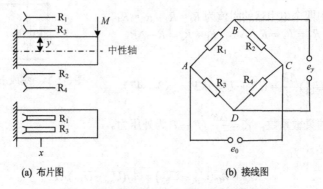

(a) 布片图　　　　　　　　　(b) 接线图

图 3-1-25　弹性梁上的布片及应变计接线图

由材料力学知：

$$\varepsilon_M = \frac{yM}{EI_Z} \tag{3-1-53}$$

式中，$M$ 为外力矩，$y$ 为应变表面距中性轴的距离，$E$ 为梁的弹性模量，$I_z$ 为梁横截面对中轴的惯性矩。

此时各应变计自身电阻值的相对变化为

$$\frac{\Delta R_1}{R} = \frac{\Delta R_3}{R} = K(\varepsilon_M + \varepsilon_T)$$

$$\frac{\Delta R_2}{R} = \frac{\Delta R_4}{R} = K(-\varepsilon_M + \varepsilon_T) \tag{3-1-54}$$

式中，$R$ 为应变计的标称值，$K$ 为应变计的灵敏度值。

图 3-1-25(b) 示出四个应变计连接成的电桥，若供桥的直流电压为 $e_0$，此时电桥的输出电压为 $e_y$ 为

$$e_y = \frac{e_0}{4} \left( \frac{\Delta R_1}{R} - \frac{\Delta R_2}{R} + \frac{\Delta R_3}{R} - \frac{\Delta R_4}{R} \right)$$

$$= e_0 K \varepsilon_M = \frac{e_0 K \cdot y}{E \cdot I_z} \cdot M \tag{3-1-55}$$

这样通过测量 $e_y$ 的值，就可知被测弯矩 $M$ 值的大小。

将弹性梁设计成扳手杆，并使 4 个应变计与扳手杆按上述贴在一起，故应变计产生与扳手杆相同的应变，通过电桥电阻的变化转化为电压信号，把放大后的电压信号通过采样/保持电路送入 ICL7116 进行 A/D 转换后，使液晶显示器（LCD）将所测力矩 $M$ 的大小以十进制形式显示出来。

### 2. 应变测量

应变计在大坝安全监测中主要用来监测混凝土的应力应变，可以埋设在岩体中监测岩石的应力应变。在工程上可安装在钢板（或钢管）上组成钢板计，监测钢板（或钢管）的应力。采用电阻差动式应变计的应变 $\varepsilon$（单位 $10^{-6}$）用下式计算：

$$\varepsilon = f'\Delta Z + (b-a)\Delta T \tag{3-1-56}$$

式中，$f'$ 为应变计最小修正读数（$10^{-6}/0.01\%$）；$\Delta Z$ 为荷载产生的电阻比变化量（0.01%）；$b$ 为应变计的热膨胀系数（$10^{-6}/℃$）；$a$ 为被监测物体的热膨胀系数；$\Delta T$ 为温度变化量（℃）。

由式（3-1-56）计算得到的应变是总应变，其中除了荷载应变外还包含了非荷载应变。非荷载应变的内容随监测对象而不同，如混凝土的非荷载应变包含其自生体积变形、温度变形（$(b-\alpha)\Delta T$）和湿度变形（湿胀干缩），岩石包含湿度变形和温度变形，钢板只包含温度变形一项。从原则上说，在大体积被测物内，应力受非荷载应变影响而分布很不均匀，应埋设应变计组测量应变分布，予以扣除。

### 3. 应变计的扭矩测量系统设计

由材料力学知，在弹性范围内钢制空心套筒的实际扭矩值 $T$（单位为 N·m）与连接轴轴线 45° 方向的应变成线性关系，即

$$T = \frac{\pi D^3}{16}(1-\alpha^4)Gg \tag{3-1-57}$$

式中，$\alpha = d/D$，$d$、$D$ 分别为套筒的内外径；$G$ 为剪切模量，$g$ 为切应变。

当套筒受扭转时，表面处单元体为纯剪切状态，其主拉应力（应变）和主压应力（应变）方向与套筒轴线分别成-45° 和 45° 且绝对值相等，如图 3-1-26 所示。

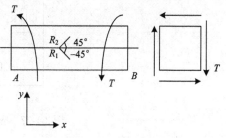

图 3-1-26　电阻应片粘贴位置

可见只要测得与套筒轴线成45°方向的线应变$\varepsilon_{45°}$和$\varepsilon_{-45°}$即可算得$g$。设套筒一点处3个应变分量分别为$\varepsilon_x$、$\varepsilon_y$和$g$，则有

$$\varepsilon_{-45°} = \frac{\varepsilon_x + \varepsilon_y}{2} + \frac{\varepsilon_x - \varepsilon_y}{2}\cos(2\times45°) - \frac{g}{2}\sin(2\times45°) \qquad (3\text{-}1\text{-}58)$$

$$\varepsilon_{45°} = \frac{\varepsilon_x + \varepsilon_y}{2} + \frac{\varepsilon_x - \varepsilon_y}{2}\cos(2\times(-45°)) - \frac{g}{2}\sin(2\times(-45°)) \qquad (3\text{-}1\text{-}59)$$

使电阻应变片$R_1$、$R_2$分别沿着连接轴套筒轴线-45°、45°方向粘贴，并与应变仪接成半桥桥路，则应变仪的应变读数$\varepsilon_{ds}$由式（3-1-58）和式（3-1-59）得

$$\varepsilon_{ds} = \varepsilon_{-45°} - \varepsilon_{45°} = 2\varepsilon_{-45°} = g \qquad (3\text{-}1\text{-}60)$$

将式（3-1-60）的值代入式（3-1-57）就可以由$R$测量值算出实际扭矩值。

### 4．应变计电桥信号处理电路

图3-1-27示出应变计电桥电压输出信号处理电路，由传感器组件、基准电压源、恒流源、差动归一化放大器、输出放大器、非线性校正电路、频率响应整形网络和可选用的电压调整器等部分组成。其传感器组件由一个传感器和5个补偿电阻器$R_1 \sim R_5$组成，补偿电阻器用于实现零点输出电压（偏移）补偿和温度误差补偿。基准电压源由稳压管$DW_1$和电阻器$R_6$组成，并通过电位器$P_1$提供调零电压。恒流源由放大器$A_1$组成，传感器接在$A_1$的反馈回路中，该回路的电流由基准电压$e_0$和电阻$R_{11}$决定（$I = e_0/R_{11}$）。差动归一化放大器由放大器$A_2$、$A_3$组成，其增益为$K_1 = 1 + (R_{14}+R_{15})/(R_{13}+RP_2)$，且对称分布的电阻$R_{14} = R_{15}$，$RP_2$可调整放大倍数。固定增益输出放大器$A_4$有两个差动输入端，增益为$K_2 = R_{21}/R_{18} = R_{20}/R_{17}$。非线性校正环路是由电阻器$R_{12}$建立的，可将输出电压反馈回来以便控制电桥电压，在输出信号中产生了一项与压力二次方有关的成分，用于补偿传感器的压力非线性度。频率响应曲线可由电容器$C_1$、$C_2$整形。电压调整器由稳压管$DW_2$和电压调整晶体管$VT_1$组成，恒流二极管$ID_1$可设定输出电压；电阻器$R_{22}$在调整器输出短路时保护$VT_1$，二极管$VD_1$用作反向极性连接保护。它用于将压力传感器输出的毫伏级信号转换放大成高电平（如5V）电压信号。

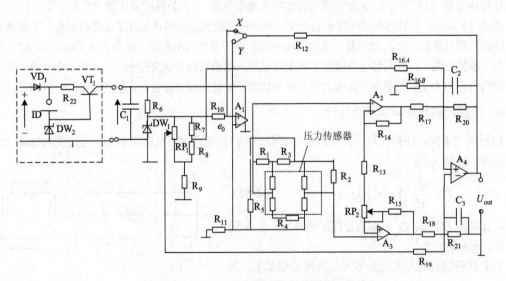

图3-1-27　应变计电桥电压输出信号处理电路

# 3.2　压电式传感器

压电式传感器是利用某些电介质受力后产生的压电效应制成的传感器，可简称为压电传感器，具有灵敏度高、信噪比高、结构简单、体积小、质量轻、功耗小、寿命长、工作可靠等优点，具有良好的动态特性，适合于有很宽频带的周期作用力和高速变化的冲击力，可以测力、压力、加速度、扭矩等非电量。

## 3.2.1　压电效应

压电传感器的转换原理就是压电效应，它指某些电介质在受到某一方向的外力作用而发生形变（包括弯曲和伸缩形变）时，内部电荷的极化会在其表面产生电荷的现象，去掉外力后又回到不带电状态。这种没有外电场，只是因形变产生的极化现象称为正压电效应。当物质上施加电场时，不仅产生极化，同时还产生应力或应变，去掉电场后该物质的形变随之消失。这种把电能变成机械能的现象称逆压电效应。

将具有压电效应的电介质称为压电材料，具有压电效应的晶体称为压电晶体。所有电介质材料共有 32 种晶体点阵，它们在外加电场下都可以极化成偶极矩。但其中只有 20 种可以产生压电效应，这是由于压电效应与材料结构中有无对称中心密切相关。将受力前后正负电荷中心不重合的晶体称为无对称中心的晶体，重合的称为有对称中心的晶体。图 3-2-1 示出了晶体压电效应示意图。图 3-2-1(a)中，当无外力时，晶体正负电荷重心重合，对外不呈现极性，极化强度为零。但在外力作用下，晶体形变，正负电荷的重心不再重合，极化强度不等于 0，故晶体对外表现出极性。图 3-2-1(b)中，由于晶体结构中有对称中心，无论有无外力作用，正负电荷的重心总是重合的，不会出现压电效应。所以晶体结构中有无对称中心是产生电压效应的必要条件。

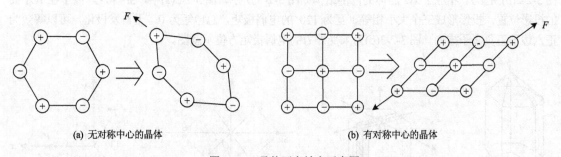

(a) 无对称中心的晶体　　　　　　　　　　　　　　　(b) 有对称中心的晶体

图 3-2-1　晶体压电效应示意图

下面以完全各向异性的三斜晶系的压电晶体为例来讨论压电效应。实验发现，对某种三斜晶系晶体施加一外力 $T_j$（$j$ 为受力方向，可取 1、2、3、4、5、6，其中 1、2、3 为轴向受力，4、5、6 为剪切应力）时，在 $x$、$y$、$z$ 三个轴向方向上均产生正比于六个独立的应力分量 $T_j$ 的极化强度 $P_i$（$i$ 可为 1、2、3，分别表示 $x$、$y$、$z$ 轴向力），可以表示为

$$P_i = d_{ij}T_j \tag{3-2-1}$$

式中，$d_{ij}$ 为压电应变常量，简称压电常数，单位为 c/N（其中 $i$ 为极化强度取向，$j$ 为应力取向）。

极化强度与应力之间的矢量矩阵形式为

$$
\begin{bmatrix} P_1 \\ P_2 \\ P_3 \end{bmatrix} = \begin{bmatrix} d_{11} & d_{12} & d_{13} & d_{14} & d_{15} & d_{16} \\ d_{21} & d_{22} & d_{23} & d_{24} & d_{25} & d_{26} \\ d_{31} & d_{32} & d_{33} & d_{34} & d_{35} & d_{36} \end{bmatrix} \begin{bmatrix} T_1 \\ T_2 \\ T_3 \\ T_4 \\ T_5 \\ T_6 \end{bmatrix}
\tag{3-2-2}
$$

式中，$d_{ij}$ 压电常数有 $3 \times 6 = 18$ 个独立分量，对称性高的材料独立分量少。

### 3.2.2　典型材料的压电效应

一般压电材料可以分为压电单晶、压电多晶（又称压电陶瓷）和压电有机材料，现介绍最典型材料的压电效应原理及其应用。

**1. 石英晶体**

石英是应用最广的、性能稳定的压电单晶体，介电常数和压电常数的稳定性更好（在几百度范围内不变），机械强度高，绝缘性好，重复性好，线性范围宽。

（1）石英晶体的压电效应分析

石英晶体在温度低于 573℃时为 α-石英，属六角晶系；温度高于 573℃时为 β-石英，属三角晶系。实验证明 α-石英的压电效应很明显，β-石英的压电效应很小（可以忽略）。α-石英的外形为六角形晶柱，两端是六棱锥形状，如图 3-2-2(a)所示，定义了三个互相垂直的轴。其中 $z$ 轴为与六个侧平面平行的方向，光线通过 $z$ 轴时不发生折射，也称之为晶体的光轴；与 $z$ 轴垂直且经过六棱柱棱线的轴为 $x$ 轴，显然 $x$ 轴有三个，如图 3-2-2(b)所示；垂直于 $xOz$ 平面的轴称为 $y$ 轴。沿图 3-2-2(b)的 $y$ 轴切一块正平行六面体切片，晶面平行于 $yOz$ 轴。将厚度对面垂直于 $x$（或 $y$）轴的切割称为 $x$（或 $y$）切割（见图 3-2-2(b)阴影）。相应于 $xyz$ 晶体的内部结构如图 3-2-3 所示，图 3-2-3(a)中，$Si^{4+}$ 和 $O^{2-}$ 离子在 $xOy$ 面的投影位置，投影形成三个大小相等、互为 120° 的电偶极矩，总电矩为 0，无自发极化，可以等效为正六边形正负离子排列。图 3-2-3(b)为未受外力的电偶极矩方位示意图。

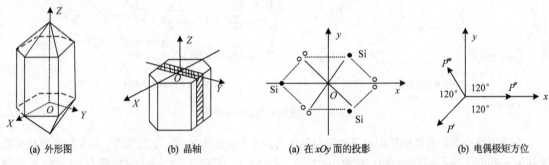

(a) 外形图　　　　(b) 晶轴　　　　　　(a) 在 $xOy$ 面的投影　　　(b) 电偶极矩方位

图 3-2-2　α-石英晶体　　　　　　　图 3-2-3　未受外力晶体的电矩方向

将沿 $x$ 轴施加作用力后，在 $x$ 轴方向产生极化的压电效应称为纵向压电效应；沿 $y$ 轴施加力后，在 $x$ 轴方向产生极化的压电效应称为横向压电效应；沿 $z$ 轴施加力则不产生压电效应。图 3-2-4 示出了石英晶体受力后离子的运动。图 3-2-4(a)中，当 $x$ 方向受到压应力 $T_1$ 时，$x$ 轴上的正负离子靠近，由于 Si-O 的键长不变，则六边形的另四个离子向外，即与 $x$ 方向垂直的二平面上出现正、负电荷，在与 $y$、$z$ 方向垂直的平面上无电荷产生。则有

$$
d_{11} \neq 0, \qquad d_{21} = 0, \qquad d_{31} = 0
\tag{3-2-3}
$$

将式（3-2-3）代入式（3-2-2）可得极化强度在 $x$ 轴的分量为 $P_1 = d_{11}T_1$，又由电介质物理知，极化强度在介质法线方向的分量等于极化在介质表面的束缚电荷密度 $\sigma$，则：

$$P_1 = \sigma_1 = d_{11}T_1 \tag{3-2-4}$$

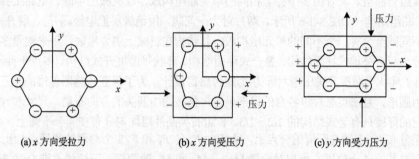

(a) $x$ 方向受拉力　　　　　(b) $x$ 方向受压力　　　　　(c) $y$ 方向受力压力

图 3-2-4　受力后离子的运动

同理，可以写出石英晶体压电效应的矩阵表达式为

$$
\begin{bmatrix} \sigma_1 \\ \sigma_2 \\ \sigma_3 \end{bmatrix} =
\begin{bmatrix}
d_{11} & d_{12} & 0 & d_{14} & 0 & 0 \\
0 & 0 & 0 & 0 & d_{25} & d_{26} \\
0 & 0 & 0 & 0 & 0 & 0
\end{bmatrix}
\begin{bmatrix} T_1 \\ T_2 \\ T_3 \\ T_4 \\ T_5 \\ T_6 \end{bmatrix}
\tag{3-2-5}
$$

因石英晶体的对称性，只有 $d_{11}$，$d_{14}$ 独立，而 $d_{12} = -d_{11}$，$d_{25} = d_{14}$，$d_{26} = -2d_{11}$。实验测得：$d_{11} = \pm 2.31 \times 10^{-12} \mathrm{C \cdot N^{-1}}$，$d_{14} = \pm 0.73 \times 10^{-12} \mathrm{C \cdot N^{-1}}$。对于右旋石英晶体 $d_{11} < 0$，$d_{14} > 0$；对于左旋石英晶体 $d_{11} > 0$，$d_{14} < 0$。说明压电效应在不同方向上强弱不同。实用中，压电单晶体还有铌酸锂 $LiNbO_3$、钽酸锂 $LiTaO_3$、锗酸铋 $Bi_{12}GeO_2$、酒石酸钠、酒石酸乙烯二铵、硫酸锂、磷酸二氢钾和砷酸二氢钾等。它们也有沿不同方位切割的不同几何切型压电元件，相应的压电常数、介电常数、力电转换效率也都要具体标定。

（2）组合晶组

采用双片石英对装构造会使传感器结构简化，无需绝缘又可使灵敏度提高。将采取 $d_{11}$ 转换的双片对装称为 $xy$ 晶组，$d_{20}$ 转换的称为 $yx$ 晶组，它们的具体对装结构如图 3-2-5 所示，这两种转换构成的单元晶组制作的单向力传感器应用十分普遍。

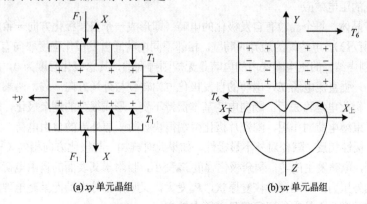

(a) $xy$ 单元晶组　　　　　　　　　　(b) $yx$ 单元晶组

图 3-2-5　晶组具体的对装结构

　　由多个（主要是 $xy$、$yx$）单元晶组构成的"晶组组合"称为组合晶组，其构成依据被测外力的类型、载荷的大小、载荷方向及载荷的维数（单向、双向或三向）而定。每一种组合晶组所包含的单晶元组的类型和数量完全取决于所设计的传感器的类型和需要，其中根据具体结构又可分为单一式组合晶组和复合式组合晶组。前者由多个完全相同的单元晶组构成，取机械上串联、电路上并联的结构，有"叠堆式"晶组结构（如图 3-2-6 所示，两片对为一间隔，用绝缘层把电极隔开）、展开式平面结构。后者由多个不同或至少有一个不同的单元组构成，其结构在机械上仍为串联，用来测量多向力，按其结构不同又分为复合叠堆式柱晶结构、叠合式环面结构、环状平面展开式结构、多点平面展开式结构。图 3-2-7 示出了环状平面展开式压电六维力/力矩传感器设计，为了保证传感器各维的相互干扰较小，石英晶片选用圆形，且石英晶片组各自的局部坐标严格按图中箭头的方向布局，尺寸和预载荷相同、位置均布。它的厚度只有老式结构的 1/2～1/3。8 组石英晶片组均匀分布在同一平面上，4 组 $Y(0°)$ 切型石英晶片组分布 $X$、$Y$ 轴与圆周的交点上，承担对 $F_X$、$F_Y$ 和 $F_Z$ 3 个参量的测量；4 组 $X(0°)$ 切型石英晶片组分布在其他 4 个位置，承担对参量 $M_X$、$M_Y$ 和 $M_Z$ 的测量；可检测六维力/力矩即三维正交力($F_X$、$F_Y$、$F_Z$)和力矩($M_X$、$M_Y$、$M_Z$)。进而要考虑晶组的轴序排列（即在构成各种晶组尤其是多片叠加时，晶体的晶轴按何种取向及顺序进行排列的问题）和组序排列（即指不同类型的单元晶组按什么样的顺序和方式构成组合晶组）。在组合晶组构成时，既要考虑具有较高的力电转换效率、最小干扰、减少转换误差，又要考虑装配具有良好的工艺性及传感器标定过程的合理性，以利于研发各种应用型压电传感器。

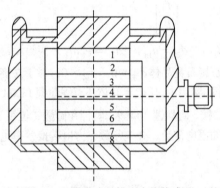

图 3-2-6　叠堆式晶柱小力值传感器　　　　　　图 3-2-7　薄形环状平面展开式复合晶组

### 2. 压电陶瓷

（1）压电陶瓷的压电效应

　　压电陶瓷是多晶体，每个晶粒有自发极化的电畴（即形成一个自发极化方向一致的小区域，称为电畴（如图 3-2-8 所示）），电畴间的边界叫畴壁。相邻不同电畴间自发极化强度取向有一定的夹角（与晶体结构有关）。刚烧结好的压电陶瓷内的电畴是无规则排列的，其总极化强度为 0，此时受力则无压电效应。若给其加一强直流电场 $E$，电畴的自发极化方向转到与外场方向一致，两端发现极化电荷，即有极化强度 $P$。极化电场除去后，趋向电畴基本保持不变，形成很强的剩余极化，即两端还有一定的束缚电荷。由于束缚电荷的作用，陶瓷片极化两端很快吸附一层外界的自由电荷，且自由电荷与束缚电荷数目相等、极性相反，陶瓷对外不显极性。如果此时施加一与极化方向相同（平行）的外力 $F$，陶瓷片产生压形变，电畴发生偏转，剩余极化强度 $P_余$ 变小，吸附于其表面的自由电荷有部分释放而呈放电现象。当撤销外压力时，陶瓷片恢复原状，$P_余$ 变大，又吸附部分电荷而呈充电现象。这种因受力而产生的机械效应转变为电效应的现象就是正压电效应。

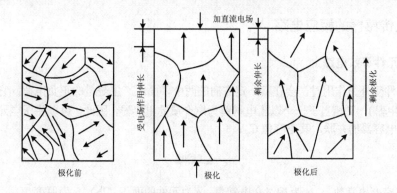

图 3-2-8　极化过程示意图

将极化方向取作 $z$ 轴，在垂直于 $z$ 轴的平面上任取一组 $x(y)$ 轴，$x$ 轴和 $y$ 轴的压电效应等效，则压电常数 $d_{ij}$ 两个下标中，1 和 2 可互换，4 和 5 可互换，其 18 个 $d_{ij}$ 中只有 5 个不为 0。如 BaTiO$_3$ 陶瓷的压电效应表示为

$$
\begin{bmatrix} \sigma_1 \\ \sigma_2 \\ \sigma_3 \end{bmatrix} = \begin{bmatrix} 0 & 0 & 0 & 0 & d_{15} & 0 \\ 0 & 0 & 0 & d_{24} & 0 & 0 \\ d_{31} & d_{32} & d_{33} & 0 & 0 & 0 \end{bmatrix} \begin{bmatrix} T_1 \\ T_2 \\ T_3 \\ T_4 \\ T_5 \\ T_6 \end{bmatrix}
\tag{3-2-6}
$$

式中，$d_{33} = 190 \times 10^{-12} \mathrm{C \cdot N^{-1}}$，$d_{31} = d_{32} = -0.41 d_{33}$，$d_{15} = -d_{24} = 250 \times 10^{-12} \mathrm{C \cdot N^{-1}}$。

从式（3-2-6）可以看出，除长度、厚度剪切形变外，还可产生体积形变压电效应，可用体积变形方式来测量流体静压力等。在三个法向应力 $T_1$、$T_2$、$T_3$ 的作用下，$z$ 方向产生的面电荷密度为 $\sigma_3$，若 $T_1 = T_2 = T_3 = T$，且 $d_{32} = d_{31}$，$\sigma_3$ 可以写成：

$$
\sigma_3 = d_{31} T_1 + d_{32} T_2 + d_{33} T_3 = d_h T
\tag{3-2-7}
$$

式中，$d_h = 2 d_{31} + d_{33}$，称为体积压缩压电常数。

（2）压电陶瓷材料

压电陶瓷材料有二元、三元和多元系。二元系陶瓷中常用钛酸钡 BaTiO$_3$，压电陶瓷的压电常数 $d_{33}$ 比石英 $d_{11}$ 大几十倍，最高工作温度 80℃，温度稳定性不好，机械强度差。锆钛酸铅系列 Pb(ZrTi)O$_3$（简称 PZT，由 PbTiO$_3$ 和 PbZrO$_3$ 固溶而成）的温度稳定性比 BaTiO$_3$ 好很多，压电常数较高（$d_{33} = 2 \sim 5 \times 10^{-9} \mathrm{C \cdot N^{-1}}$），工作温度可达 250℃，各个电参数随温度和时间等变化较小。铌酸盐系（主要由 KNbO$_3$ 和 Pb(NbO$_3$)$_2$ 组成）的压电性能也比较稳定。三元系陶瓷就是给二元系中固溶另一化合物成为三元系，如铌镁酸铅系（Pb(Mg$_{1/3}$Nb$_{2/3}$)O$_3$）、铌锰酸铅系、镁碲酸铅系、锑铌酸铅系等。

与高分子复合的压电陶瓷如在聚偏氟乙烯（PVDF）中均匀分散 PZT 压电陶瓷极化而成等。另外，压电有机材料有高分子本身所具有的压电功能和高分子与 PZT 等陶瓷材料复合后所具有的压电功能两类，典型代表是将 PVDF 拉伸后进行高电场极化处理所得，其单位应力产生的极化虽只有无机材料 PZT 的 1/4（$d_{31}$、$d_{33}$），但单位应力所产生的电压约为 PZT 的 10 倍以上，呈现优异的灵敏度。

### 3.2.3　压电传感器的相应电路

#### 1. 压电元件等效电路

当压电元件受外力作用时，会在其一定方向的两个表面上产生等量的正负电荷，它相当于一个电荷源（静电发生器），又相当于一个以压电材料为电介质的电容器，因此，可以将压电元件等效为一个电荷源与一个电容器的并联，其电容值 $C_a$：

$$c_a = \frac{\varepsilon_r \varepsilon_0 s}{t} \tag{3-2-8}$$

式中，$\varepsilon_0$ 为真空介电常数，$\varepsilon_r$ 为相对介电常数，$s$ 为元件的面积（lb），$t$ 为厚度。

同时，电容器上的电压 $U_a$ 与电荷 $Q$ 和 $C_a$ 有如下关系：

$$U_a = \frac{Q}{C_a} \tag{3-2-9}$$

于是，压电元件又可等效为一个电压源与一个电容器的串联。

由于通常两个等效电路的输出信号都很弱，且内阻很高，需要二次仪表进行放大和阻抗变换，在等效电路中还应考虑所加放大器的输入电阻为 $R_i$，输入电容为 $C_i$，电缆电容 $C_c$ 和传感器漏电阻 $R_a$，所以电荷源等效电路如图 3-2-9(a)所示，电压源等到效电路如图 3-2-9(b)所示。

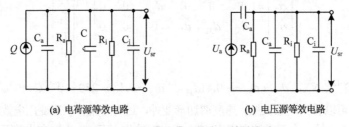

(a) 电荷源等效电路　　　　　　　　(b) 电压源等效电路

图 3-2-9　压电式传感器的实际等效电路

#### 2. 压电元件测量线路

由于压电元件等效电路的输出可以是电压信号或电荷信号，因此前置放大电路有电压放大器或电荷放大器两种形式，且其前级放大输入阻抗要足够高以免电荷快速泄漏。

（1）电压放大器电路

为了满足阻抗匹配要求，一般都采用专门的前置放大器，又称为阻抗变换器，主要功能是将压电元件的高输出阻抗变为低输出阻抗并将弱信号放大。图 3-2-10 为图 3-2-9(b)所示的电压源等效电路的简化和放大器电路，可将图 3-2-9(a)的 $U_{sr}$ 直接与图 3-2-9(b)的输入相连。图 3-2-9(a)中等效电阻 $R$ 和等效电容 $C$ 分别为

$$R = \frac{R_a R_i}{R_a + R_i} \qquad C = C_c + C_i \tag{3-2-10}$$

由于简化电路中 $R$ 再大也会漏电，则压电式传感电路不能准确检测恒定的力，只能准确测量力随时间的变化趋势。

图 3-2-10(b)是阻抗变换电压放大电路，其初级采用 MOS 型场效应管 VT$_1$ 进行阻抗变换，次级用锗管 VT$_2$ 以提高输入阻抗。二极管 VD$_1$ 和 VD$_2$ 起保护 MOS 管及温度补偿作用。由于 R$_4$ 为 VT$_1$ 源极接地电阻，也是 VT$_2$ 的负载电阻，R$_4$ 上的电压通过 C$_2$ 反馈到 VT$_1$ 输入端，使 MOS 管的 $U_G$ 提高，提

高了其跨导，使输出阻抗降低。该电路的输入阻抗大于 $10^9\Omega$，输出阻抗小于 $100\Omega$，增益为 0.96，频率范围为 2～100kHz。

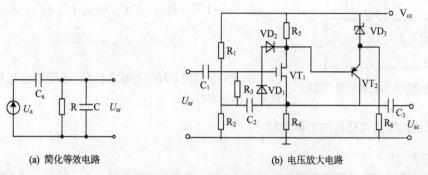

(a) 简化等效电路

(b) 电压放大电路

图 3-2-10  压电元件的简化等效及其放大电路

设作用于压电元件上的力 $f$ 是一个频率为 $\omega$、幅值为 $F_m$ 的交变力 $f = F_m \sin(\omega t)$，则元件上产生的电压值正比于力 $f$，即

$$U_a = \frac{Q}{C_a} = \frac{d_{33} F_m \sin \omega t}{C_a} \tag{3-2-11}$$

由等效电路知放大器输入端的电压为

$$U_{sr} = d_{33} F_m \cdot \frac{j\omega R}{1 + j\omega R(C_a + C_i + C_c)} \tag{3-2-12}$$

则式（3-2-12）的幅值是

$$U_{srm} = \frac{d_{33} F_m \omega R}{\sqrt{1 + (\omega R)^2 (C_a + C_i + C_c)^2}} \tag{3-2-13}$$

放大器输入电压与作用力的相位差是

$$\phi = \frac{\pi}{2} - \text{arctg}\,\omega (C_a + C_i + C_c)R \tag{3-2-14}$$

所以，压电器件的灵敏度 $K_U$ 为

$$K_U = \frac{U_{srm}}{F_m} = \frac{d_{33} \omega R}{\sqrt{1 + (\omega R)^2 (C_a + C_i + C_c)^2}} \tag{3-2-15}$$

讨论：① 当 $\omega = 0$ 时，由式（3-2-13）和式（3-2-15）知：$U_{srm} = 0$，$K_U = 0$。这表明了压电元件上微弱电量会通过 $R_a$ 和 $R_i$ 漏掉，它不能用于测量静态力学量。

② $\omega$ 越大，并通过增大电阻 $R_i$ 使 $(\omega R)^2 (C_a + C_i + C_c)^2 \gg 1$

则

$$U_{srm} = \frac{d_{33} F_m}{C_a + C_i + C_c}，\quad K_U = \frac{d_{33}}{C_a + C_i + C_c} \tag{3-2-16}$$

上式表明此时灵敏度与 $\omega$ 无关。但若电容增加时，灵敏度会减小，所以不能加大电容。此时加大电阻 $R_i$ 就能测量中等频率的力学量。

（2）电荷放大器

电荷放大器实质上是有深度负反馈的高增益放大器，它与压电元件连接的等效电路如图 3-2-11 所示。图中 $C_f$ 是反馈电容，$R_f$ 为漏电阻，$K$ 为运放增益（开环），$C_f$ 折算到输入端的值为 $C_f' = (1 + K)C_f$，若 $R_a R_i$ 和 $R_f$ 忽略，压电元件对四个电容器充电，放大器输出的电压为

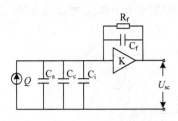

图 3-2-11　电荷放大器连接的等效电路

$$U_{SC} = \frac{-KQ}{C_a + C_i + C_c + (1+K)C_f}　(3-2-17)$$

当 $K \gg 1$ 时，有 $(1+K)C_f \gg C_a + C_i + C_c$，则：

$$U_{SC} = -\frac{Q}{C_f}　(3-2-18)$$

上式中负号表示输出与输入反向，表明输出电压与输入电量和反馈电容有关。

### 3. 压电式力学量传感器的主要性能

（1）灵敏度分析

压电式力学量传感器的灵敏度常指输出量（电荷、电压）与输入量（力、压力、加速度或扭矩）的比值。

若 $Q$ 为输出电荷，$J$ 为输入力学量，则电荷灵敏度为

$$K_Q = \frac{Q}{J}　(3-2-19)$$

若 $U_{sr}$ 为输出电压，$C_a$ 为压电元件的电容，则电压灵敏度为

$$K_U = \frac{U_{sr}}{J} \approx \frac{Q/C_a}{J} = \frac{K_Q}{C_a}　(3-2-20)$$

例如，对于力的测量：$K_Q = \dfrac{Q}{F} = \dfrac{nd_{11}F}{F} = nd_{11}$（式中 $n$ 为晶片数目，$d_{11}$ 为纵向压电常数）；对于加速度测量：$K_Q = \dfrac{Q}{a} = \dfrac{d_{ij}F}{a} = d_{ij}m$，$K_U = \dfrac{K_Q}{C_a} = \dfrac{d_{ij}m}{C_a}$；它们的单位按照具体测试的力学量来定。

（2）频率特性

由式（3-2-16）知传感器灵敏度与 $\omega$ 有关，其相对灵敏度与频率的关系曲线如图 3-2-12 所示，可知振动频率 $\omega \ll \omega_0$（固有频率）时 $K_Q$ 接近常数，此时灵敏度不随 $\omega$ 变化，即压电式传感器的理想工作频带；$\omega$ 在 $\omega_0$ 周围时灵敏度最大，但当 $\omega \gg \omega_0$ 时灵敏度很快降低；所以主要应用于测量中等频率的力学量。

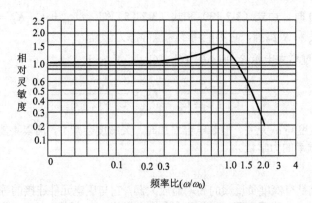

图 3-2-12　压电式加速度传感器的频响特性

### 3.2.4　压电式传感器

#### 1. 压电式压力传感器

膜片式压电式压力传感器由本体、弹性敏感元件（平膜片）、传力块等组成，如图 3-2-13 所示，其传力块能将加于膜片上的压力完全传递给石英片或压电转换元件（两片石英并联）。当膜片受到压力 $P$ 作用时，两片石英输出的总电荷量为 $Q = 2d_{11}AP$，通过电荷放大器电路读出的电荷值即可测量压力。

#### 2. 压电式加速度传感器

图 3-2-14 示出了一压电式加速度传感器。图中压电片上放置一质量块，利用弹簧对压电片及质量块施加预紧力，并一起装于基座上，用壳子封装。实际测量时，将基座与待测物刚性地固定在一起。当待测物运动时，基座与待测物以同一加速度运动，压电片受到质量块（$M$）与加速度相反方向的惯性力的作用（$F = ma$），在其两个表面上产生交变电荷（或电压）。当振动频率远低于压电片传感器的固有频率时，其输出电荷（电压）与作用力成正比。

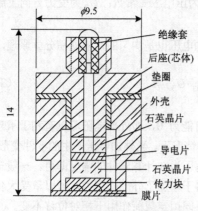

图 3-2-13　膜片式压电压力传感器

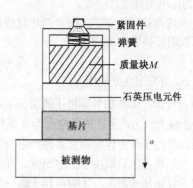

图 3-2-14　压电式加速度传感器

设质量块作用于压电片的力为 $F_{上}$，基座作用于压电片的力为 $F_{下}$，则有

$$\begin{cases} F_{上} = Ma \\ F_{下} = (M + m)a \end{cases} \tag{3-2-21}$$

式中，$M$ 为质量块的质量；$m$ 为压电片的质量；$a$ 为物体振动加速度。

由式（3-2-22）可得压电片中厚度方向（$z$ 方向）任一截面上的力为

$$F = Ma + ma(1 - z/d) \tag{3-2-22}$$

式中，$d$ 为压电片的厚度。则平均力为

$$\overline{F} = \frac{1}{d}\int_0^d \left[ Ma + ma\left(1 - \frac{z}{d}\right) \right] \mathrm{d}z = \left(M + \frac{1}{2}m\right)a \tag{3-2-23}$$

选用 D 型压电常数矩阵，若仅利用压电常数 $d_{33}$，则得电荷量为

$$Q = d_{33}\overline{T_3}A = d_{33}\left(M + \frac{1}{2}m\right)a \tag{3-2-24}$$

由于质量块一般采用质量大的金属钨或其他金属制成，而压电片很薄，即有 $M \gg m$，故上式通常写为

$$Q = d_{33}Ma \qquad\qquad (3\text{-}2\text{-}25)$$

根据测量的电荷量 $Q$，或其经电荷放大电路放大后输出的结果，就可得到加速度值。

### 3. 超大负荷的压电陶瓷微位移器

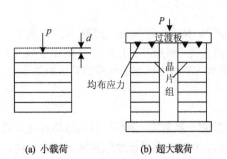

(a) 小载荷      (b) 超大载荷

图 3-2-15 压电陶瓷微位移器

图 3-2-15 示出了以逆压电效应为基础的压电陶瓷微位移器，图 3-2-15(a)中示出一组压电陶瓷晶片，承受极大载荷时压电陶瓷晶片必须是多组组合结构，见图 3-2-15(b)。当器件上的作用力均匀分布在器件表面上时，它的输出位移 $\delta$ 与压电陶瓷晶片的材料性质、尺寸、外加电压及作用力有关，可表示为

$$\delta = \left( -s_{33}P' \cdot \frac{l}{s} + d_{33} \cdot U_3 \right) \cdot n \qquad (3\text{-}2\text{-}26)$$

式中，$s_{33}$ 为压电陶瓷晶片极化方向上的弹性柔顺常数；$P'$ 为压电陶瓷微位移器受到的作用力；$l$ 为每片压电陶瓷晶片的厚度；$s$ 为压电陶瓷晶片的面积；$d_{33}$ 为压电应变常数；$U_3$ 为受力方向上施加的电压；$n$ 为压电陶瓷晶片层数。

在非均布载荷状态下，假设晶片材质是均匀的，外加电压也是均匀的，根据积分学原理，器件上任意点处的位移输出 $\delta_D$ 表示为

$$\delta_D = (-s_{33} \cdot \sigma_D \cdot l + d_{33} \cdot U_3) \cdot n \qquad\qquad (3\text{-}2\text{-}27)$$

式中，$\sigma_D$ 为变形点处的应力。

分析可知：①施加外部电压的情况下，器件的应力可能为 0，即外部电压可以有利于承载能力的提高。②最大应力产生在外加电压为 0 或外加电压很高的情况下。当外加电压产生的器件变形（位移）不足以抵消由于外力作用而使器件产生的变形时，只按电压为 0 计算器件的强度即可。一般来说，器件施加的最高电压只取决于击穿场强。③施加负电压时等于增加了外部作用力，所以承受大负荷的微位移器不宜施加负电压。④载荷越大输出位移越小。但不同恒定载荷作用下相对位移不变。⑤通过正确的结构设计，保证器件强度，可以设计制作出承受几乎任何载荷的微位移装置。

# 3.3 电容式压力传感器

利用敏感电容器将被测力/压力转换成与之有一定关系的电学量输出的压力传感器称为电容式压力传感器，它比压阻式传感器具有更高的温度稳定性，一般由敏感电容器和检测电路两部分组成。按其敏感膜片形式可以分为圆形、方形和环形，也可制成双圆形、双方形和双环形等。按结构又可分为单端式和差动式两种形式，其差动式因灵敏度较高、非线性误差较小而被广泛应用。检测电路可以采用两类输出方法，一类是利用电容的变化量来控制正弦波弛张振荡器的频率；另一类是采用阻抗桥方式测量压敏电容器的交流阻抗变化。

## 3.3.1 单电容压力传感器

### 1. 结构与工作原理

图 3-3-1 示出了单电容压力传感器的结构，由固定电极、受压膜片和膜式电极组成。图 3-3-1(a) 中的固定电极为凹形球面状；膜片为周边固定的张紧膜片，可用塑料并镀金属层制成。图 3-3-1(b)中以

选取适当晶向的硅片光刻形成一薄的硅膜片，将其与温度系数相近的喷镀有金属电极的玻璃板采用静电方法焊接在一起，形成压敏电容器。

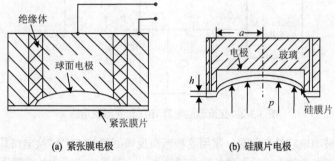

(a) 紧张膜电极　　　　　　　　　　　　(b) 硅膜片电极

图 3-3-1　单电容压力传感器

在忽略单电容器的边缘效应时，若两极板遮盖面积为 $S$（$m^2$），介质的介电常数为 $\varepsilon$（F/m），极板间距离为 $d$（m），且受力后由初始值 $d_0$ 缩小了 $\Delta d$，则电容量原理上由 $C_0$ 变为 $C_x$，即

$$C_x = \frac{\varepsilon S}{d_0 - \Delta d} = \frac{\varepsilon S}{d_0\left(1 - \frac{\Delta d}{d_0}\right)} = \frac{\varepsilon S\left(1 + \frac{\Delta d}{d_0}\right)}{d_0\left(1 - \frac{(\Delta d)^2}{d_0^2}\right)} \approx C_0\left(1 + \frac{\Delta d}{d}\right) \tag{3-3-1}$$

设有压力时图 3-3-1(b)中圆形膜片的挠度为 $\omega(p,\ r) = \Delta d$，即

$$\omega(p,\ r) = \frac{3p}{16Eh^3}(r_0^2 - r^2)^2(1 - \mu^2) \tag{3-3-2}$$

式中，$P$ 为所受压力，$E$ 为杨氏模量，$h$ 为硅膜片厚，$r_0$ 为电极半径，$r$ 为计算点的半径，$\mu$ 为泊松比。

将式（3-3-2）代入式（3-3-1），又若 $R_0$ 为中凹球半径，$r_0 / R_0 = g$，则电容可表示为

$$C_x = C_0\left[1 + \left(1 - g^2 + \frac{1}{3}g^4\right)\frac{3(1 - \mu^2)p}{16d_0 h^3 E}R_0^4\right] \tag{3-3-3}$$

由式（3-3-1）得出 $C_x$ 与 $\Delta d$ 近似呈线性关系，由式（3-3-3）可知圆形膜片电容 $C_x$ 与压强 $P$ 成正比，于是通过电容的改变就能检测出外界力的大小。一般电容式压力传感器的起始电容在 20~30pF 之间，极板距离在 25~200μm 的范围内，设计的 $\Delta d$ 在极小的范围内变化，最大应该小于距离的 1/10。

## 2．接口与应用

为避免其输出产生的寄生电容，在电容敏感元件芯片上同时固化一个检测电路，以提高传感器的精度。图 3-3-2 示出了交流激励 C/V 转换原理的电容测量电路，其中 $C_{S1}$ 和 $C_{S2}$ 分别是两极板与传感器屏蔽罩间的耦合电容。采用交流正弦信号 $U_s(t)$ 激励被测电容，激励电流流经由反馈电阻 $R_f$、反馈电容 $C_f$ 和运放 A 组成的检测器 D 转换成交流电压，其输出值 $U_o(t)$ 表示为

$$U_o(t) = -\frac{j\omega R_f C_x}{1 + j\omega R_f C_f}U_s(t) \tag{3-3-4}$$

若 $j\omega R_f C_f \gg 1$，则上式简化为

$$U_o(t) = -\frac{C_x}{C_f}U_s(t) \tag{3-3-5}$$

式（3-3-5）表明，输出电压值正比于被测电容值。

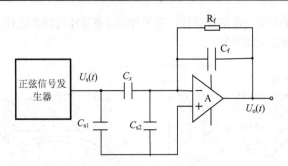

图 3-3-2　交流激励电容/电压转换测量电路

　　为了能直接反映被测电容的变化量，常用这种带负反馈回路的 *C/V* 转换电路具有抗杂散性好、分辨率高的特点；且采用交流放大器的漂移低、信噪比高。一般单电容压力传感器适于测量低压，并有较高的过载能力。还可采用带活动塞的较薄电极膜片以测量高压，可减小膜片的直接受压面积以提高灵敏度。进而与各种补偿、保护及放大电路整体封装在一起，以便提高抗干扰能力，适于测量动态高压和对飞行器进行遥测。

### 3.3.2　差动式电容压力传感器

#### 1. 结构与工作原理

　　图 3-3-3 示出了差动式电容压力传感器的结构图。图 3-3-3(a)为典型差动电容器结构，主要由一个膜式电极和两个在凹形玻璃上电镀的固定电极组成。当被测压力或压力差作用于膜片并产生位移时，两个电容器的电容量一个增大一个减小，此差动变化可以消除外界因素所造成的测量误差。该电容值的变化经测量电路转换成与压力或压力差相对应的电流或电压的变化。图 3-3-3(b)为微机械式结构，由上电极、下电极、中央可动电极、弹性体和陶瓷基座组成。若中间活动电极与上下两板的距离均为 $d_0$，活动极板移位 $\Delta d$ 时，电容器 $C_1$ 的间隙 $d_1$ 变为 $d_0 - \Delta d$，$C_2$ 的间隙 $d_2$ 变为 $d_0 + \Delta d$，则

$$C_1 = \frac{\varepsilon_0 S}{d_0 - \Delta d} = C_0 \frac{1}{1 - \dfrac{\Delta d}{d_0}} \qquad (3\text{-}3\text{-}6)$$

$$C_2 = \frac{\varepsilon_0 S}{d_0 + \Delta d} = C_0 \frac{1}{1 + \dfrac{\Delta d}{d_0}} \qquad (3\text{-}3\text{-}7)$$

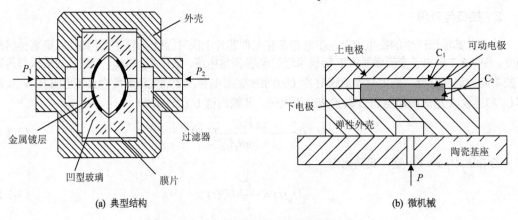

(a) 典型结构　　　　　　　　　　　　　　　(b) 微机械

图 3-3-3　差动式电容压力传感器结构图

若位移量$\Delta d$很小且$|\Delta d| \ll d_0$时，上式可按级数展开后求得电容值的相对变化量为

$$\frac{\Delta C}{C_0} = 2\frac{\Delta d}{d}\left[1 + \left(\frac{\Delta d}{d_0}\right)^2 + \left(\frac{\Delta d}{d_0}\right)^4 + \cdots\right] \tag{3-3-8}$$

若略去式（3-3-8）的高次项，则$\frac{\Delta C}{C_0}$与$\frac{\Delta d}{d_0}$近似为线性关系。若只考虑线性项和三次项，则相对非线性误差$r$近似为

$$r = \frac{\left|2\left(\frac{\Delta d}{d_0}\right)^3\right|}{\left|2\left(\frac{\Delta d}{d_0}\right)\right|} \times 100\% = \left(\frac{\Delta d}{d_0}\right)^2 \times 100\% \tag{3-3-9}$$

显然，差动式压力传感器的非线性误差$r$比单电容式的非线性误差大大降低，但还是比压阻式传感器的非线性大。

**2. 测量电路**

图 3-3-4 示出了差动式电容压力传感器的双 T 形电桥测量电路。其中 e 为对称方波的高频信号源（其脉冲值为$U_p$），$C_1$和$C_2$为差动式电容传感器的一对电容器，$VD_1$和$VD_2$为性能相同的两个二极管，$R_1$、$R_2$为固定电阻器，$R_L$为测量仪表的内阻（或负载电阻）。当 e 为正半周时，$VD_1$导通，$VD_2$截止，$C_1$充电至电压$U_p$，电流经$R_1$流向$R_L$，同时$C_2$通过$R_2$向$R_L$放电。当 e 为负半周时，$VD_2$导通，$VD_1$截止，$C_2$充电至电压$U_p$，电流经$R_2$流向$R_L$，同样$C_1$通过$R_1$向$R_L$放电。

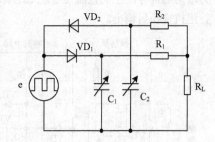

图 3-3-4　双 T 形电桥电容测量电路

当$C_1 = C_2$，即没有压力施加给传感器时，在 e 的一个周期内流过负载$R_L$的电流平均值为零，$R_L$上无信号输出。当有压力作用于膜片上时，$C_1 \neq C_2$，$R_L$上的平均电流不为零，则有信号输出。当两个电阻均为$R$，方波的频率为$f$时，其输出电压的平均值为

$$\overline{U}_L = \frac{R(R + 2R_L)}{(R + R_L)^2} \cdot R_L \cdot U_p \cdot f \cdot (C_1 - C_2) = K \cdot U_p \cdot f \cdot (C_1 - C_2) \tag{3-3-10}$$

双 T 形电桥电路具有结构简单、动态响应快、灵敏度高、分辨率较好、低温漂和适于批量加工等优点。

### 3.3.3　电容式集成压力传感器

**1. 集成压力敏感电容器的结构**

图 3-3-5 示出了集成压力敏感电容器的结构图。其核心是一个压力敏感电容器$C_x$和一个参考电容器$C_0$，一般利用硅加工技术在硅片上刻蚀出这两个膜片以便小型化和集成化。当无压力时二者相等，表示为

$$C_{x0} = C_0 = \frac{\varepsilon_0 \pi b^2}{L} \tag{3-3-11}$$

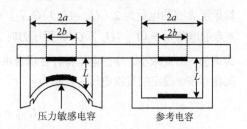

图 3-3-5　集成压力电容器的结构图

式中，$L$ 为两极板的间距，$b$ 为两极板所对的圆形电极的半径，$\varepsilon_0$ 为真空介电常数。

若 $C_x$ 的硅杯底受压力 $P$，杯底弯曲，两电极间距 $L$ 改变，则电容量的变化 $\Delta C$ 与被测压力 $P$ 成正比，即

$$\Delta C = C_x - C_0 = C_0\left(1 - \mu + \frac{1}{3}\mu^4\right)\frac{3(1-\mu^2)a^2}{16Eh^3}P \tag{3-3-12}$$

式中，$a$ 为硅杯的半径，$E$ 为杨氏弹性模量，$h$ 为膜片厚度，皆为材料设计常数。

### 2. 集成压力传感器的电路

将驱动信号源发生电路、信号处理电路与压敏电容器等集成在一起就形成了集成电容式压力传感器，其典型的整体电路图如图 3-3-6 所示，由振荡器、整形电路、压力敏感部分、放大器和输出阻抗变换、缓冲电路等组成。其中阻容自激振荡器由 $VT_1$、$VT_2$、$C_1$、$C_2$、$R_1 \sim R_4$ 组成，通过电容器 $C_1$ 和 $C_2$ 的耦合作用产生自激振荡。振荡器的输出经一个斯密特触发器（由晶体管 $VT_4$ 和 $VT_5$ 构成）进行整流，使其波形的幅度增大并改善边沿。二极管 $VD_7 \sim VD_{16}$ 用来防止 $VT_4$、$VT_5$ 进入深饱和区而影响速度。触发器输出的波形作为激励信号以驱动压力敏感电路。$C_3 \sim C_4$ 是激励源耦合电容器，压力敏感器部分产生的直流信号经低通滤波器后输出到差分放大器，放大后的信号经两级射极跟随器进行阻抗变换后输出。

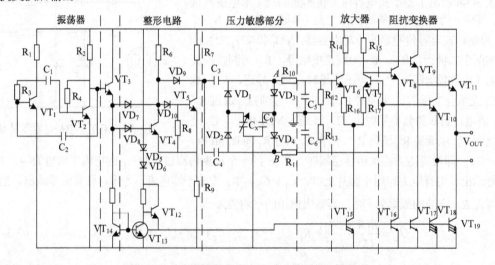

图 3-3-6　典型的电容压力传感器集成整体电路图

压力敏感器部分为 Diode-Quad 电路的原理，交流激励源通过耦合电容器将交流部分传到 $A$、$B$ 两点，电压正半周 $VD_1$、$VD_4$ 导通，$VD_2$、$VD_3$ 截止，$A$、$B$ 点分别向 $C_x$、$C_0$ 充电；负半周 $VD_2$、$VD_3$ 导通，$VD_1$、$VD_4$ 截止，存放于电容器 $C_x$、$C_0$ 上的电荷分别放电至 $B$、$A$ 点，则一个周期中由 $A$ 点输运至 $B$ 点的电荷为 $2(U_p - U_d)C_x$，（其中 $U_p$ 为激励源幅值，$U_d$ 为二极管压降），由 $B$ 点输运至 $A$ 点的电荷为 $2(U_p - U_d)C_0$。无压力时 $A$、$B$ 间电位差为零，有压力且 $C_x > C_0$ 时，则 $B$ 点净正电荷增加，$A$ 点减小。净正电荷将存在耦合电容器 $C_3$、$C_4$（$C_c$）上（为减小误差，$C_c > C_x$ 或 $C_0$），$A$、$B$ 间将存在一稳定的直流电压，表示为

$$U_{AB} = 2(U_p - U_d) \cdot \frac{C_x - C_0}{C_x + C_0} \tag{3-3-13}$$

在考虑到传感器的源阻抗为 $Z_S$，负载阻抗为 $Z_L$ 和耦合电容 $C_c$ 对输出的影响时，输出电压为

$$U_{AB} = 2(U_p - U_d) \cdot \frac{C_x - C_0}{C_x + C_0} \cdot \frac{Z_L}{Z_L + Z_S} \cdot \frac{C_c}{C_c + C_0} \tag{3-3-14}$$

### 3.3.4　电容式压力传感器的应用电路

#### 1. 电容-频率转换电路

图 3-3-7 示出了采用张弛振荡器的电容-频率转换电路原理图。张弛振荡器由电流源、CMOS 传输门、施密特触发器构成，分为充电周期和放电周期。假设最初 $V_{out}$ 为高电平，则开关 $S_{11}$ 闭合，$S_{12}$ 断开，电路进入充电周期，电流源 $I$ 对压力传感器敏感电容器 $C_x$ 进行充电；当 $C_x$ 上的电压 $V_{cx}$ 充电至施密特触发器高阈值电平 $V_H$ 时，施密特触发器发生翻转，$V_{out}$ 变为低电平，此时 $S_{11}$ 断开，$S_{12}$ 闭合，电路进入放电周期，电流源对 $C_x$ 进行放电；当电容上电压 $V_{cx}$ 下降到施密特低阈值电平 $V_L$ 时，输出再次翻转，$V_{out}$ 变为高电平，电路又进入充电周期。如此循环，该部分电路输出一列频率与 $C_x$ 相关的方波，实现了电容-频率的转化。

$$f_x = \frac{I}{2C_x(V_H - V_L)} \tag{3-3-15}$$

式中，$I$ 为充放电电流。

若增加一个参考电容器 $C_r$——频率转化电路（与图 3-3-7 同），并通过 D 触发器形成"差频"，可消除温漂和工艺波动的影响，具有较高的精度。另外，采用开关电容放大电路，如图 3-3-8 所示，利用模拟开关在不同时钟节拍 PG 的作用下顺序地对不同电容器充放电，再经放大器以电压形式输出，表示为

$$U_o = K \frac{C_x}{C_0} U_{cc} \tag{3-3-16}$$

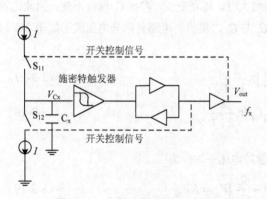

图 3-3-7　电容-频率转换电路原理图

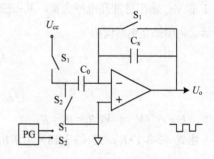

图 3-3-8　开关电容放大电路

#### 2. 高温环境中电容式压力传感器的测试电路

在测试时，电容式压力传感器置于高温环境中，其他仪器应尽可能地远离高温区，这必然要求加长传感器的连接线。然而由于传感器本身的电容值很小（几十皮法），若导线过长则传感器电容会被导线之间的寄生电容所淹没。为了解决这个问题，在测试时增加了补偿电容 $C_0$ 和补偿电源 $V_0$，传感器的测试电路图如图 3-3-9 所示。首先，令模拟开关 $S_1$ 和 $S_2$ 闭合，其他开关断开，使直流源 Vs 和补

偿电源 $V_o$ 分别对 $C_x$ 和 $C_o$ 充电。断开开关 $S_1$、$S_2$，闭合开关 $S_3$ 和 $S_4$ 使 $C_x$ 和 $C_o$ 放电，电流经过晶体管 $VT_1$ 和 $VT_2$ 组成的电流镜后，可得到 $I_1 = I_x - I_o$，这样就消除了由于导线过长而引起的导线间寄生电容对传感器电容的影响。然后再断开 $S_3$ 和 $S_4$，闭合 $S_5$，使电流再经过 $VT_3$ 和 $VT_4$ 组成的电流镜，可得 $I_{out} = I_x - I_o$，所以可得 $V_{out} = V_{DD} - RI_{out}$，这样就完成了在一个周期内的测试。各模拟开关的开闭可以由振荡器产生的方波信号进行控制。对 $V_{out}$ 信号进行放大、积分和滤波等处理后，输出的是直流信号，输出直流信号大小的变化就可以反映出作用在测量电容 $C_x$ 上压力值的变化。

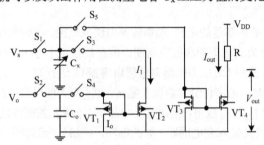

图 3-3-9　电容式压力传感器测试电路图

### 3. 单电容变化式脉宽调制电路

图 3-3-10 示出了单电容参比式脉宽调制电路图。在压力作用下，敏感电容随压力而变化，而参比电容保持不变，电路输出电压与压力呈线性关系，再将压力信号换算成气缸进气口的空气流量。图中敏感电容器 $C_p$ 和参比电容器 $C_r$ 分别与电阻器 $R_1$、$R_2$、比较器 2 和开关管 $VT_1$、$VT_2$ 构成充放电回路。当电容器上充电电压低于比较器的参比电压 $V_{ref}$ 时，比较器 1、2 输出低电平，$VT_1$、$VT_2$ 截止，$VT_4$ 输出低电平。因为传感器的初始电容值设计时满足 $C_p$ 略大于 $C_r$，所以充电电压 $V_A$ 首先达到 $V_{ref}$，使比较器 1 输出高电平，$VT_4$ 输出高电平；随后当 $V_B \geqslant V_{ref}$ 时，比较器 2 翻转为高电平，$VT_1$、$VT_2$ 导通，$C_p$、$C_r$ 迅速放电，于是两比较器输出恢复低电平，$VT_4$ 输出低电平，完成了一次充放电周期。振荡周期由 $C_p$ 充电时间所决定。当 $C_p$ 随压力增加而增大时，周期变长，参比 $C_r$ 保持不变，因此比较器 1 和 $VT_4$ 输出脉冲高电平变宽，其占空比取决于 $C_p$ 与 $C_r$ 之差值。电路各部分电压波形如图 3-3-11 所示。由图知充电时间为

$$T_r = t_1 = R_1 C_r \ln \frac{k}{k-1} \tag{3-3-17}$$

$$T_p = t_1 + t_2 = R_2 C_p \ln \frac{k}{k-1} \tag{3-3-18}$$

式中，$k = V_{cc} / V_{ref}$，取 $R_1 = R_2 = R$。

由式（3-3-17）、式（3-3-18）可求出 $VT_4$ 输出脉冲电压平均值为

$$\overline{V_f} = \frac{t_2}{t_1 + t_2} V_{cc} = \left(1 - \frac{C_r}{C_p}\right) V_{cc} = K V_{cc} \tag{3-3-19}$$

式中，$K = (1 - C_r / C_p)$。

由图 3-3-5 知，当压力信号作用于感压膜片上时，若膜片挠度很小，（$\omega / d_0 \ll 1$）其敏感电容可近似地为

$$C_p = \frac{\varepsilon_0 A}{d_0 - ap} = \frac{C_{p0}}{1 - \dfrac{a}{d_0} P} \tag{3-3-20}$$

式中，$\varepsilon_0$ 为空气的介电常数，$A$ 为电极面积，$d_0$ 为电极间距，$a$ 为系数。

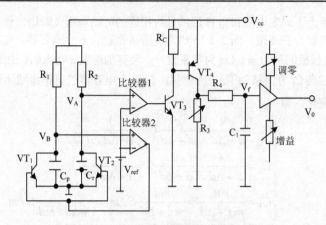

图 3-3-10　单电容参比式脉宽调制线路

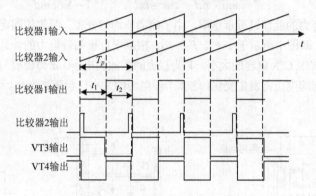

图 3-3-11　电路各部分电压波形

把式（3-3-20）代入式（3-3-19）得

$$\overline{V_f} = \left(1 - \frac{C_r}{C_p}\right)V_{cc} = \left[1 - \frac{C_r}{C_{p0}}\left(1 - \frac{a}{d_0}P\right)\right]V_{cc} \tag{3-3-21}$$

由此可见，这种单电容参比式脉宽调制线路输出电压的平均值与输入压力信号之间有很好的线性关系。此线路简单、功能齐全、调整灵活，既可脉宽计数输出，又可低通滤波后模拟量输出。

### 4. 电容式加速度传感器

典型的电容式加速度传感器为开环式结构，如图 3-3-12 所示，由两个固定电极和一个可动公共电极组成，它们都是梳状电极，当有加速度作用时，可动极板就会偏离平衡位置，从而使差分电容器产生与加速度成比例的不平衡输出。这种加速度传感器结构比较简单，但在系统带宽、线性度和动态范围等方面受到很大限制。有效的解决办法就是应用闭环控制系统，在固定极板上加一反馈力，使其保持在平衡位置，通过检测反馈力即可测得加速度的大小。

闭环微加速度传感器具有线性度好、敏感质量大、检测电容大、灵敏度高、动态范围大等优点，广泛应用于高精度设计中。图 3-3-13 示出了闭环电容式微加速度计及其微结构模型和等效电

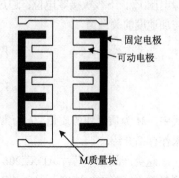

图 3-3-12　开环电容式加速度传感器

容图，图 3-3-13(a)包括上下固定电极和与 H 形质量块相连的可动电极（即均匀分布的梳齿电极），质量块通过折叠梁与左右键合块连接。图 3-3-13(b)为传感器等效的 4 个电容器。电容器 $C_1$ 和 $C_2$ 的极板间距为 $d$，$C_3$ 和 $C_4$ 的极板间距为 $md$（$m$ 为常系数）。当有加速度 $a$ 输入时，加速度的作用质量块将偏离平衡位置，假设它向 $C_1$ 方向移动了 $\Delta d$ 的位移，则 4 个电容器的值都将随活动电极与两个固定电极之间距离的变化而变化。即

$$\begin{cases} C_1 = \dfrac{\varepsilon A}{d - \Delta d} = \dfrac{d}{d - \Delta d} C = \dfrac{1}{1 - \Delta d / d} C \\[2mm] C_2 = \dfrac{\varepsilon A}{d + \Delta d} = \dfrac{d}{d + \Delta d} C = \dfrac{1}{1 + \Delta d / d} C \\[2mm] C_3 = \dfrac{\varepsilon A}{md + \Delta d} = \dfrac{md}{md + \Delta d} C / m = \dfrac{1}{1 + \Delta d / md} C / m \\[2mm] C_4 = \dfrac{\varepsilon A}{md - \Delta d} = \dfrac{md}{md - \Delta d} C / m = \dfrac{1}{1 - \Delta d / md} C / m \end{cases} \qquad (3\text{-}3\text{-}22)$$

图 3-3-13(b)中含有力的反馈过程示意图，由于梳齿非均匀分布，两侧的固定梳齿对中间的活动梳齿共有 4 个力的作用，即图中所示 $F_1$、$F_2$、$F_3$、$F_4$，根据平行板间静电力的计算方法，极板间产生的静电力 $F = CV^2/2d$，（式中 $C$ 为电容的大小，$V$ 为极板间所加的电压，$d$ 为极板间的距离）。随着反馈电压 $V_F$ 的变化，极板间的电压将发生变化，这 4 个静电力的大小也都随之变化，可以得到它们的合力：
$F = -F_1 + F_2 + F_3 - F_4$

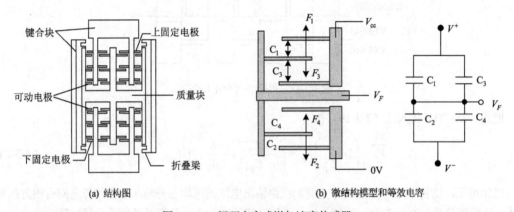

(a) 结构图　　　　　　　　　　　　　　(b) 微结构模型和等效电容

图 3-3-13　闭环电容式微加速度传感器

在非公共端的两个电极上，分别施加电压 $V^+$、$V^-$ 为：$V^+ = V_{cc} + V(t)$，$V^- = -V(t)$；固定上极板接电源电压 $V_{cc}$，下极板接零电位；通过位置平衡时的力计算出反馈电压 $V_F$（也就是传感器的输出电压 $V_o$）与加速度的关系为

$$\begin{aligned} V_o &= V_{cc} + \frac{2(m-1)\Delta d \times d}{2md^2 - 2\Delta d^2} V(t) \\ &\approx V_{cc} + \frac{(m-1)\Delta d}{md} V(t) = V_{cc} + \frac{(m-1)Ma}{md_0 k} V(t) \end{aligned} \qquad (3\text{-}3\text{-}23)$$

式中，$M$ 为质量块的质量，$k$ 为常数，$a$ 为被测加速度。$V_{cc}$ 为低频信号，由于解调后不会输出，这里未作详细介绍。

这类产品如单芯片 ADXL206 的满量程加速度测量范围为 $\pm 5g$，既能测量振动等动态加速度，又能测量重力等静态加速度。保证的工作温度范围为 $-40\,^{\circ}\!\text{C}\sim +175\,^{\circ}\!\text{C}$，具有出色的整体稳定性，适用于地质钻探工具和其他极端高温工业应用。

#### 5. 电容式压力传感器在线检测系统

为使义齿下方粘膜及粘膜下方的骨组织所承受的作用力达到有利于支持组织健康的范围，设计了可实时观察义齿作用力的系统，即一种埋入式义齿电容式压力传感器在线检测系统。义齿作为一组专门设计的 MEMS 电容式压力传感器。结构中上电极板由 $P^+$ 膜和绝缘层 $SiO_2$ 组成，通过其受力变形感知义齿咬合压力的大小。下极板的引线与玻璃板上溅射的金属电极相连，此电极由两种不同的金属钛和铜先后溅射而成。其电容式压力传感器采集的信号，用 UA303 型 A/D 采集器作为计算机接口，以计算机作为人机交互、软件处理和显示终端，用 VC++ 6.0 软件开发了在线检测系统。器件宽为 $800\mu m$，膜片尺寸为 $4500\mu m \times 450\mu m \times 2\mu m$，电容器电极板的间距为 $2\mu m$，零时电容为 490pF，压力灵敏度 <1mmHg，电源为 5V，输出电流变化 $40\sim200\mu A$。此测量系统具有实时性、系统可靠、界面友好、易于操作及系统可扩展性强等优点。

# 3.4  电感式压力传感器

利用电感的电磁感应原理将被测压力的变化转换为线圈电感系数（$L$）变化的一种机电转换装置称为电感式压力传感器，分为自感式和互感式两大类。再经过一定的转换电路，将电感的连续变化变成电压或电流信号以供显示。

## 3.4.1  自感式压力传感器的工作原理

大多数自感式压力传感器都采用变隙式电感作为检测元件，与弹性元件组合在一起而构成。图 3-4-1 示出了其工作原理图，其中检测元件由线圈、铁芯和安装在弹性元件上的衔铁组成；在衔铁和铁芯之间存在着气隙 $\delta$，其大小随着外力 $F$ 的变化而变化；线圈的电感 $L$ 可按下式计算，即

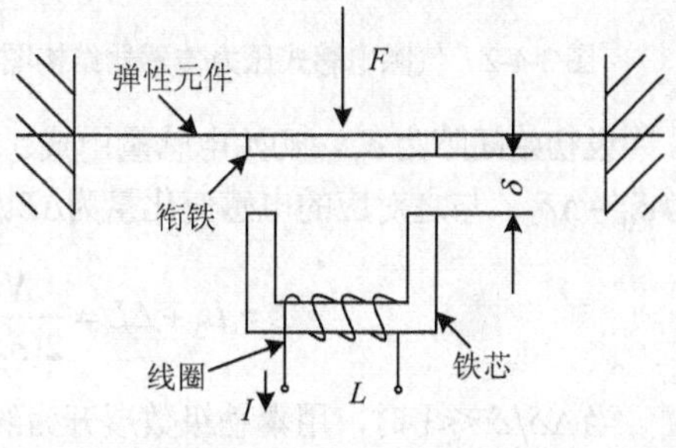

$$L = N^2 / R_m \tag{3-4-1}$$

图 3-4-1  变隙式电感压力传感器工作原理图

式中，$N$ 为线圈匝数；$R_m$ 为磁路总磁阻（1/H），表示物质对磁通量所呈现的阻力，一般磁路上的磁阻越大磁通量越小，且气隙的磁阻比导体的磁阻大得多。

假设气隙是均匀的，且导磁截面与铁芯的截面相同，在不考虑磁路中的铁磁损时，磁阻可表示为

$$R_m = \frac{l}{\mu A} + \frac{2\delta}{\mu_0 A} \tag{3-4-2}$$

式中，$l$ 为磁路长度（m），$\mu$ 为导磁体的磁导率（H/m），$A$ 为导磁体的截面积（$m^2$），$\delta$ 为气隙量（m），$\mu_0$ 为空气的磁导率（$4\pi \times 10^{-7}$H/m）。

由于 $\mu_0 << \mu$，式（3-4-2）中的第一项可以忽略，并代入式（3-4-1）可得：

$$L = \frac{N^2 \mu_0 A}{2\delta} \tag{3-4-3}$$

如果给传感器线圈通以交流电，流过线圈的电流 $I$ 与气隙之间的关系为

$$I = \frac{U}{L\omega} = 2U\delta / (\mu_0 \omega N^2 A) \tag{3-4-4}$$

式中，$U$ 为交流电压（V）；$\omega$ 为交流电源角频率（弧度/秒）。

总之，当衔铁与铁芯的位置由于压力引起气隙发生变化时，传感器线圈的电感量会发生相应的变化，流过传感器的电流 $I$ 也发生相应变化。通过测量线圈中电流的变化得知压力的大小。根据变隙式压力传感器结构的不同，市场上有单电感压力传感器和差动式电感压力传感器两种类型。

### 3.4.2 单电感压力传感器

图 3-4-2 示出了单电感式压力传感器的结构图。它由膜盒、铁芯、衔铁及线圈等组成，其衔铁与膜盒上端连在一起。当压力 $P$ 进入膜盒时，膜盒的顶端产生与 $P$ 成正比的位移，衔铁也会发生移动，致使气隙发生变化，用电流表 A 可以测出压力的大小。如果其输出特性用衔铁与铁芯的间隙厚度 $\delta$ 与输出 $L$ 的曲线表示，如图 3-4-3 所示，可见二者之间是非线性关系。

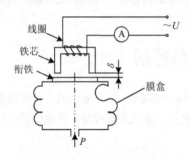
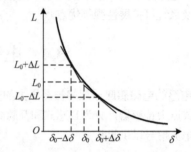

图 3-4-2　气隙电感式压力传感器结构图　　　图 3-4-3　单电感压力传感器的输出特性曲线

设初始间隙为 $\delta_0$，初始电感量由式（3-4-3）知 $L_0$。当衔铁上移引起间隙减小量为 $\Delta\delta$ 时，间隙变为 $\delta_0 - \Delta\delta$，与之对应的电感变化量为 $\Delta L$。则传感器输出的电感值为

$$L = L_0 + \Delta L = \frac{N^2 \mu_0 A}{2(\delta_0 - \Delta\delta)} = \frac{N^2 \mu_0 A/2\delta_0}{(1 - \Delta\delta/\delta_0)} = \frac{L_0}{1 - \Delta\delta/\delta_0} \qquad (3\text{-}4\text{-}5)$$

当 $\Delta\delta/\delta \ll 1$ 时，用泰勒级数展开为级数形式，进而得到电感的相对增量为

$$\frac{\Delta L}{L_0} = \frac{\Delta\delta}{\delta_0}\left[1 + \frac{\Delta\delta}{\delta_0} + \left(\frac{\Delta\delta}{\delta_0}\right)^2 + \cdots\right] = \frac{\Delta\delta}{\delta_0} + \left(\frac{\Delta\delta}{\delta_0}\right)^2 + \left(\frac{\Delta\delta}{\delta_0}\right)^3 + \cdots \qquad (3\text{-}4\text{-}6)$$

若单电感式压力传感器的灵敏度 $K_L$ 定义为单位间隙变化引起的电感变化量。假设 $\Delta\delta/\delta \ll 1$，可忽略高次项，$K_L$ 为

$$K_L = \frac{\Delta L/L_0}{\Delta\delta} = \frac{1}{\delta_0} \qquad (3\text{-}4\text{-}7)$$

总之，单电感式压力传感器的测量范围 $\Delta\delta$ 增加时，灵敏度 $K_L$ 下降，非线性项 $\Delta\delta/\delta$ 增加而使线性度变差；只是在 $\Delta\delta/\delta \ll 1$ 时，高次项将迅速减小，非线性可以得到改善，电感变化量才与间隙位移变化量近似成比例关系，可见传感器的非线性限制了间隙的变化量范围，因此，它用于小位移时比较精确，一般取测量范围在 $\Delta\delta = 0.1 \sim 0.2$mm 比较适宜。为减小非线性误差，实际测量中多采用差动式电感压力传感器。

### 3.4.3 差动式电感压力传感器

图 3-4-4 示出了变隙式差动电感压力传感器的结构和原理图。图 3-4-4(a)中它主要由 C 形弹簧管、衔铁、铁芯和线圈等组成。当被测压力进入 C 形弹簧管时，弹簧管产生变形，其自由端发生位移，带动与自由端连接成一体的衔铁运动，使线圈 1 和线圈 2 中的电感量一个增大，另一个减小。图 3-4-4(b)

中，在两线圈的匝数 $N_1$、$N_2$ 相同、铁芯相同时，若衔铁（又称动铁）上移 $\Delta\delta$ 时，线圈电感 $L_1$ 间隙减小，电感量增加 $L_1 = L_0 + \Delta L$；$L_2$ 间隙增大使电感量减小 $L_2 = L_0 - \Delta L$，将式（3-4-6）分别用 $L_1$、$L_2$ 代入，传感器总的电感量变化为两个电感变化量的和，其变化率在忽略高次项时为

$$\frac{\Delta L}{L_0} = 2\frac{\Delta\delta}{\delta_0} \tag{3-4-8}$$

由式（3-4-8）可以看出，灵敏度比单电感时提高了一倍。

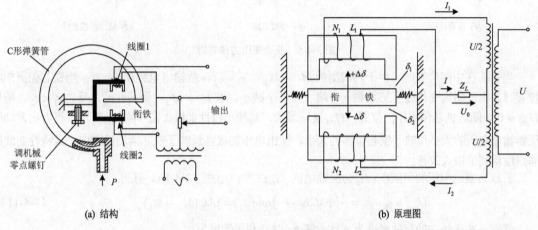

(a) 结构　　　　　　　　　　　　　　　　(b) 原理图

图 3-4-4　变隙式差动电感压力传感器的结构和原理图

若测量电路输入端提供一定相同电压 $U/2$，两线圈上流过的电流因电感 $L_1$ 和 $L_2$ 的不同变化而变化，输出电流 $I$ 由式（3-4-4）可以算得：

$$I = I_1 - I_2 = 2U\Delta\delta / (\mu_0 \omega N^2 A) \tag{3-4-9}$$

通过测量电阻器 $Z_L$ 上的电流或电压均可以测出衔铁移动量，再用压力 $P$ 与移动量的实验比例关系即可算出被测的压力。

总之，变隙式差动电感压力传感器比单电感压力传感器的灵敏度提高一倍，其非线性项多乘了一个（$\Delta\delta/\delta_0$）因子且不存在偶次项，使非线性项 $\Delta\delta/\delta_0$ 进一步减小，明显改善了线性度。差动形式的两个电感结构还可以抵消温度、噪声干扰的影响。为使两个线圈完全对称，差动结构的传感器在尺寸、材料、电器参数等方面应尽量保持一致。

### 3.4.4　互感式压力传感器及其接口电路

互感式压力传感器利用线圈的互感作用将力引起的位移转换成感应电势的变化，又称为螺管式差动变压力传感器，如图 3-4-5 所示。图 3-4-5(a) 主要由线圈框架 A、绕在框架上的一组一次侧线圈 W、两个完全相同的二次侧线圈 $W_1$ 和 $W_2$ 及插入线圈中心的圆柱形铁芯 B 组成，且两二次侧线圈反相串联入电路（见图 3-4-5(b)）。当 W 加上一定的交流电压时，$W_1$ 和 $W_2$ 由于电磁感应分别产生感应电势 $e_1$ 和 $e_2$，其大小与铁芯在线圈中的位置有关。把 $e_1$ 和 $e_2$ 反极性串联，则输出电势为 $U_{out} = e_1 - e_2$。

二次侧线圈产生的感应电势为

$$e = -M\frac{\mathrm{d}i}{\mathrm{d}t} = -\frac{N\Phi}{i_0}\frac{\mathrm{d}i}{\mathrm{d}t} = -\frac{NKB}{hxi_0}\frac{\mathrm{d}i}{\mathrm{d}t} \tag{3-4-10}$$

式中，$M$ 为二次侧线圈与二次侧线圈之间的互感系数，$i$ 为流过一次侧线圈的激磁电流，$N$ 为二次侧线圈匝数，$\Phi$ 为通过二次侧线圈的总磁通，$h$ 为铁芯厚度，$K$ 为常数，$B$ 为磁感应强度。

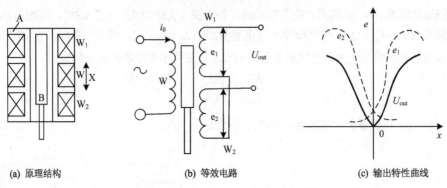

(a) 原理结构　　　　　　(b) 等效电路　　　　　　(c) 输出特性曲线

图 3-4-5　差动变压力传感器

当铁芯在中间位置时，由于两线圈的 $M_1 = M_2$，$e_1 = e_2$，故输出电势 $U_{out} = 0$；当铁芯偏离中间位置时，由于磁通变化使互感系数一个增大，一个减小。若 $M_1 > M_2$，则 $e_1 > e_2$，反之 $e_1 < e_2$，所以 $U_{out} \neq 0$。随着铁芯偏离中间位置，$U_{out}$ 逐渐增大，其输出特性曲线如图 3-4-5(c)所示，可看出差动变压器输出电压的大小反映了铁芯位移的大小，输出电压的极性反映了铁芯运动的方向，且特性曲线的非线性得到了很大改善。

若 $\omega$ 为激励电压的角频率，$i_0$ 为激励电流（$i_m e^{-j\omega t}$），由式（3-4-10）得到：

$$U_{out} = e_1 - e_2 = -j\omega M_2 i_0 - (-j\omega M_1 i_0) = j\omega i_0 (M_2 - M_1) \tag{3-4-11}$$

若铁芯在磁场中的有效宽度为 $x$ 且上移 $\Delta x$ 时，利用输出为

$$U_{out} = \omega N \cdot \left( \frac{KB}{h(x-\Delta x)} - \frac{KB}{h(x+\Delta x)} \right) = \frac{-2\omega NKB}{h(x^2-\Delta x^2)} \cdot \Delta x \tag{3-4-12}$$

当 $\Delta x \ll x$ 时，$\Delta x^2$ 可以忽略，上式近似为

$$U_{out} \approx \frac{-2\omega NKB}{hx^2} \Delta x = K_1 \Delta x \tag{3-4-13}$$

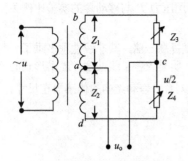

图 3-4-6　交流变压器电桥接口

同理，当带钢下降 $\Delta x$ 时，输出与上式差一个负号，表明输出电压与位移量成正比。

图 3-4-6 示出了交流变压器测量电桥接口电路。此电桥可将电感的变化变成电压，电桥的平衡条件为 $Z_1 Z_3 = Z_2 Z_4$，若阻抗用指数形式 $Z = Z e^{j\Phi}$ 表示，代入平衡条件得

$$Z_1 Z_3 e^{j(\Phi_1+\Phi_3)} = Z_2 Z_4 e^{j(\Phi_2+\Phi_4)} \tag{3-4-14}$$

式中，$Z_1$、$Z_2$、$Z_3$、$Z_4$ 为各阻抗的模；$\Phi_1$、$\Phi_2$、$\Phi_3$、$\Phi_4$ 为各阻抗的阻抗角。

若 $Z_3 = Z_4$，则输出电压为 $a$、$c$ 两点的电位差，即

$$u_o = u_a - u_c = \frac{Z_2}{Z_1+Z_2} u - \frac{u}{2} = \frac{Z_2-Z_1}{Z_2+Z_1} \frac{u}{2} \tag{3-4-15}$$

电感线圈的复数阻抗为 $Z = z + jwL$ 时，则上式近似为

$$u_o \approx \frac{L_2-L_1}{L_2+L_1} \frac{u}{2} \tag{3-4-16}$$

当铁芯处于中间位置时，$L_1 = L_2 = L_0$，得 $u_o = 0$。当铁芯偏离中间位置时，$L_1 = L_0 - \Delta L_1$，$L_2 = L_0 + \Delta L_2$，则：

$$u_o = \frac{(L_0 + \Delta L_2) - (L_0 - \Delta L_1)}{(L_0 + \Delta L_2) + (L_0 - \Delta L_1)} \frac{u}{2} = \frac{u}{4} \frac{\Delta L_2 + \Delta L_1}{L_0} \tag{3-4-17}$$

当铁芯向相反方向移动相等距离时，输出与式（3-4-17）差一个负号。由此可知：①电桥输出电压与两线圈电感变化量之和成正比；②铁芯沿相反方向移动相同距离时，输出电压大小相等、相位相反。即输出电压的极性反映了传感器铁芯运动的方向。但交流信号要判别极性，尚需专门的判别电路。

### 3.4.5　特点和应用

电感式压力传感器的特点如下。①结构简单、无活动电触点，因此工作可靠、寿命长。②灵敏度和分辨度高，能测出 0.01μm 的位移变化。电压灵敏度一般每毫米的位移可达到数百毫伏的输出。③线性度和重复性都比较好，在一定位移（几十微米至数毫米）范围内非线性误差可做到 0.05%～0.1%，且稳定性好等。但它具有频率响应较低、不宜快速动态测控等缺点。

图 3-4-7 示出了电感式传感器振动测量电路图，选用 CSY10A 型传感器系统实验仪，实验部件有：电感式差动变压器传感器、音频振荡器（频率为 20Hz～20kHz，属于低频范围）、电桥、差动放大器、移相器、相敏检波器、低通滤波器、电压表和示波器。低频振荡器接入传感器的输入端，且使幅度不变，用示波器观察低通滤波器的输出，或电压/频率表 2kHz 挡接低频输出端，改变振荡频率从 5～30Hz，读出 $V_{op-p}$ 值，作出振幅–频率特性曲线。它可以广泛应用于位移测量和能转换成位移变化的机械量的测量（如力、张力、压力、压差、加速度、振动、应变、流量、厚度、液位、比重、转矩等），还可用于高精度工件的自动加工过程和外形尺寸自动测量系统中。

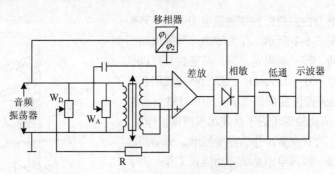

图 3-4-7　电感式传感器振动测量电路图

# 3.5　谐振式压力传感器

利用压力变化来改变物体的谐振频率，通过测量振动频率信号的变化来间接测量压力的装置称为振动式压力传感器。按振动部分的结构形状可以分为振弦式、振筒式、振膜式、音叉式、压电式等类型。它们的输出都很容易进行数字显示，具有数字化技术的许多优点：测量精度和分辨力比模拟式传感器要高很多，有很高的抗干扰性和稳定性；便于信号的传输、处理和储存；易于实现多路检测。

### 3.5.1　谐振式压力传感器的基本原理

#### 1. 振弦式压力传感器

图 3-5-1 示出了振弦式传感器的结构。振弦固定在上夹块与下夹块之间，用螺钉紧固，给振弦施加一初始张力 T；在弦的中间固定着软铁块，与永久磁铁和线圈构成弦的激励器；下夹块和膜片相连，

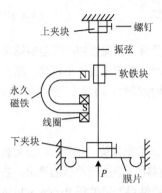

图 3-5-1　振弦式压力传感器的结构

作为敏感元件而感受压力 $P$。将周期性变化的电流输入电磁铁线圈，在被激件与电磁铁之间便产生周期性变化的激励力；促使振弦拉紧或放松，可产生一定的自振频率。振弦的固有频率表示为

$$f_0 = \frac{1}{2l}\sqrt{\frac{T}{m}} \tag{3-5-1}$$

式中，$l$ 为振弦的有限长度，$m$ 为振弦单位长度的质量（kg/m）。

若张力 $T = \sigma \cdot S$（$\sigma$ 为弦的应力，即 $\sigma = E \cdot \Delta l / l$（$E$ 为弦材料的弹性模量，$\Delta l$ 为弦受力后的形变）；$S$ 为弦的横截面积），则有

$$f_0 = \frac{1}{2l}\sqrt{\frac{\sigma \cdot S \cdot l}{M}} = \frac{1}{2l}\sqrt{\frac{\sigma}{\rho}} \tag{3-5-2}$$

式中，$\rho = M/Sl = M/V$，$\rho$ 为弦的体积密度（$V$ 为弦的工作体积）。

由式（3-5-1）和式（3-5-2）可知，通过弦的振动频率可以测量张力 $T$、应力 $\sigma$（也就是压力 $P$），也可以测量位移 $\Delta l$。振弦式压力传感器具有结构简单牢固、测量范围大、灵敏度高、测量线路简单等优点，可广泛用于大压力的测试。其缺点是对传感器的材料和加工工艺要求很高，此传感器的精度较低，约为 ±1.5% FS。

### 2．振筒式压力传感器

振筒式压力传感器由振筒组件和激振电路组成，其振筒式组件的结构如图 3-5-2 所示。作为敏感元件的振动筒是一个薄壁金属圆筒，其一端固定，另一端密封且可以自由运动；圆筒壁厚为 0.07～0.12mm，选择能够构成闭合磁回路的磁性材料，且弹性温度系数很小（如用 3J53 合金材料）。外保护筒用来防止外磁场的干扰并起机械保护作用。振筒和外保护筒之间为真空室，作为参考标准。振动筒内包括激励器和拾振器，按照电磁系统振动模式工作，为了防止它们之间直接耦合，二者相隔一定的距离并垂直地放置在支柱上，且在激振器和拾振器中心分别有一根导磁棒和永磁棒。通常振动筒的振动形式有轴向振动和径向振动，其振动可以等效为一个二阶强迫振荡系统，有一个固有的振动频率。

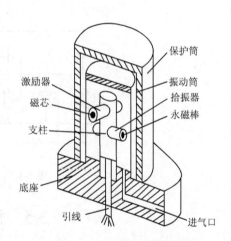

图 3-5-2　振筒式组件的结构

当被测压力引入筒内壁时，筒在一定压差作用下刚度发生改变，在激励器通电产生电干扰的冲击下给振筒以冲击力使其自由振动，同时使筒壁与拾振器之间的间隙变化，将在拾振器线圈内产生感应电动势并正反馈给激励器线圈，使振筒和电磁回路保持在振荡工作状态。由于振动筒的品质系数很高，只有在其固有振动频率上振动时才有最大的振幅。如果偏离筒的固有频率，振幅就衰减，使感应电势减小，回路逐渐停振。当输入压力为 $P$ 时，筒的振动频率变化为

$$f_P = f_0\sqrt{1 + \alpha P} \tag{3-5-3}$$

式中，$f_P$ 为受压后的频率，$f_0$ 为固有频率，$\alpha$ 为结构系数。

图 3-5-3 示出了振筒式传感器的激/拾振电路，$L_0$ 和 $L_1$ 分别为激振和拾振线圈，激励器电路通电后，

振筒能立即起振并保持谐振状态，激励器和拾振器通过振动筒相互耦合，拾振器与集成运放组成一个正反馈的振荡电路，经整形电路输出一系列稳定连续脉冲方波信号，即可通过受压前后的频率检测出压力。此方波上升时间≤1μs，功耗电流≤30mA，频率输出为 4～7kHz。

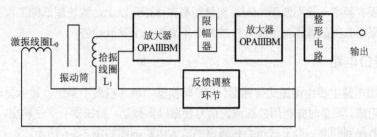

图 3-5-3　激/拾振电路

由于最大激励电压被限制在一定值，因此振筒的最大变形量也不会超过某固定值，振筒的径向振幅为 3μm，轴向是 1μm 左右。一般振筒式压力传感器具有高的精度、灵敏度和分辨率，迟滞误差和漂移误差小，尤其适宜于比较恶劣的工作环境；具有数字化、集成化和智能化的特点，信号处理可不经过转换而方便地与数字系统或计算机连接，使处理电路简化，降低检测难度；输出为频率（周期 $T$）信号，远距离传输中不易因产生失真误差而降低精度；抗干扰能力强，长期稳定性好；在航空领域应用十分广泛。

### 3．振膜式压力传感器

振膜式压力传感器是利用圆形恒弹性合金膜片的固有频率与作用在膜片上的压力有关的原理制成的，如图 3-5-4 所示。它主要由空腔、压力膜片、振动膜片、激振器、拾振器及放大振荡电路组成。当压力进入空腔后，压力膜片发生变形，支架角度改变，使振动膜片张紧而刚度变化，其固有频率发生变化。在振动膜片上下分别装有激励器和拾振器。接通电路时，激励器的线圈流过交变电流便产生激振信号，使振动膜片产生振动，经拾振器的线圈将振动能变成电信号，输入放大振荡电路，之后再正反馈给激励器以便维持振膜的振动。振膜式压力传感器在测量压力参数中得到了广泛的应用。

### 4．石英音叉式谐振压力传感器

它是利用石英晶体的压电效应和谐振特性而构成的，其基本结构如图 3-5-5 所示。若将待测的压力 $P$ 均匀地作用在膜片上，膜片又均匀地传给音叉，使音叉的频率发生变化。在音叉的根部贴有两片压电元件，其中一个作为拾振器，另一个作为激振器形成复合音叉。

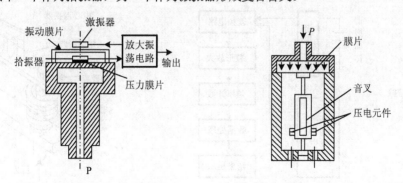

图 3-5-4　振膜式压力传感器原理图　　　　　图 3-5-5　音叉式谐振压力传感器

采用机电耦合系数高、介电常数大、机械品质因数低、灵敏度高的石英晶体压电元件作为拾振器，将振动信号变为电学信号，且所得信号的强度与所检测的振动量成比例。在一般应力下具有很好的重复性和最小的迟滞，且不受环境温度影响，性能长期稳定。而振弦式、振筒式和振膜式谐振传感器的谐振元件都采用恒弹合金材料制成，较易受外界磁场和周围环境温度影响，属于磁电式振动传感器，机械结构固有频率一般不低于 4Hz，测量频率在 13Hz 以上，致使超低频工程测量精度不能满足要求。所以，采用石英晶体作为谐振元件成为近年来的一个发展趋势。

### 3.5.2  测量接口电路

一般测量输出电路主要由谐振式传感器、f/D 转换器、单片机最小系统、显示驱动电路及键盘驱动电路等几部分组成。测量时先利用外部激发信号使激励器振动，拾振器会产生输出，经有源滤波器、放大、整形、计数得到频率。音叉式压力传感器的放大电路框图如图 3-5-6 所示。

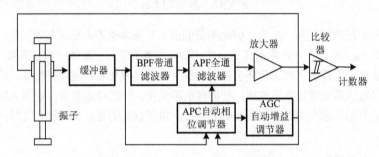

图 3-5-6  音叉式压力传感器的放大电路框图

### 3.5.3  压电谐振传感器及其应用

图 3-5-7 示出了压电谐振传感器及其测试原理框图。工作时，先使压电元件谐振起来，再给其一标准频率信号，二者通过差频电路（将差频值作为基准），将差频输出波形经整形、滤波、放大、数据处理后显示出频率的变化量。若压电元件在没有振动时输出信号的频率为 $f_0$（谐振频率），作为基准信号源的恒频为 $f_1$，当 $f_0$、$f_1$ 二者之差满足关系 $\Delta f < 1/3\text{min}$ 时，又考虑到压电元件安装时预紧力导致输出信号频率的变化量 $\Delta f_1$，可得在未加载时差频电路输出频率近似为 $\Delta f_0 = f_0 - f_1 + \Delta f_1$，则当外界振动作用于压电元件时，差频电路输出信号的频率近似为 $\Delta f = f_0 - f_1 + \Delta f_1 + \Delta f_F = \Delta f_0 + \Delta f_F$（式中 $\Delta f_F$ 为外界振动作用于压电元件时导致的输出信号频率的变化量）。所以，差频输出的信号频率的变化量反映了压电元件受外界振动的情况。

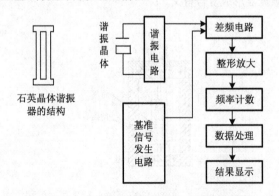

图 3-5-7  压电谐振传感器与差频电路原理框图

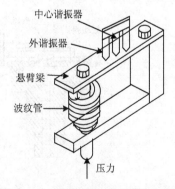

图 3-5-8  石英谐振压力传感器结构图

图 3-5-8 示出了一石英力敏传感器，压力通过膜盒或波纹管加给悬臂梁，梁受力弯曲，将压力传

给石英晶体谐振器，引起谐振频率变化，主谐振器两侧的谐振器起补偿作用。重复率可达 0.005%，零漂为 0.007%/℃，稳定度高达 0.008%。这种传感器主要用于大气测量中。

图 3-5-9 示出了一个石英振动加速度计的结构图。其中有上下两个典型的微机械惯性器件，包括石英谐振器、挠性支撑和敏感质量（梁）、测频电路等。敏感质量块由精密的挠性支承约束，使其只具有单自由度。在内部振荡器电路的驱动下，谐振梁发生谐振。当有加速度输入时，在敏感质量块上产生惯性力，按照机械力学中的杠杆原理，把质量块上的惯性力放大 $N$ 倍，作用在谐振梁的轴向上，使谐振梁的频率发生变化。一个石英

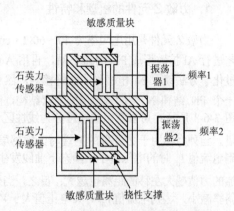

图 3-5-9 石英振动加速度计的结构图

谐振器受到轴向拉力，其谐振频率升高；而另一个石英谐振器受到轴向压力，其谐振频率降低。在测频电路中对这两个输出信号进行补偿与计算，从而测出了输入的加速度。压电谐振传感器的灵敏度很高，可测量的低频振动范围在 0～3Hz 之间，可以很好地监测和测试工程中常见的超低频振动，从而提前预知和避免工程事故。

# 3.6　新型力学量传感器及其发展

## 3.6.1　压电涂层传感器

压电涂层传感器的基本构成是把压电陶瓷（PZT）粉末与环氧树脂胶液混合，充分搅拌形成溶合涂料，涂刷在结构表面上，再印刷极化电极和传输信号导线，经极化处理就可以实现振动传感器，如图 3-6-1 所示。也可以在压电功能材料 PZT 表面粘贴或内嵌有机（压电聚酯薄膜如 PVDF）集成传统结构，利用压电材料特有的压电效应实现振动的测量与控制，但它们不能用于复杂曲面结构系统，与结构的耦合通常都采用黏合剂。

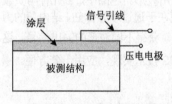

图 3-6-1　压电涂层传感器

压电涂层传感器性能参数如下。①压电效率：指压电混合物结构单位应变所能感应出的电荷，成为涂层传感器的主要技术指标。它与压电涂层组成成分、压电涂层厚度、极化电场强度及极化时间密切相关。对于给定组分的压电涂层，其压电效率随极化电场强度的增加而增大；在给定电场强度下，涂层越厚压电效率越高。②阈值体积：一般令压电粉末所占有的体积大于某个阈值 $V_{PZT}$。当 PZT 填料组分小于该阈值时，微观上 PZT 颗粒是相互隔离的，即使外加很强的极化电场也很难使其极化，压电效率很低。另外，在压电涂层击穿电场范围内，压电效率随极化时间的延长而缓慢增大；在给定极化时间的条件下，极化电场强度越高其压电效率也越高。

## 3.6.2　力敏 Z 元件

Z 元件又称为 Z 效应半导体敏感元件，属于特种 PN 结，具有体积小、功耗低、抗噪声能力强的优点，是一种高品质的传感器元件。

### 1. 力敏 Z 元件的机理和特性

力敏 Z 元件是用电阻率为 $40 \sim 60 \Omega \cdot cm$、厚度为 $500 \mu m$ 的 N 型硅单晶，在一面采用平面扩散工艺进行 Al 扩散形成 PN 结的 P 端，再用 $AuCl_3 \cdot 4H_2O$ 溶液在高温下进行背面打磨后重掺杂扩金，经过化学方法镀上 Ni 电极形成欧姆接触，然后划片切割、焊接引线和封装。实际上 Z 元件可以简化为一个 PN 结和 N 型侧敏感层的复合结构，测量电路如图 3-6-2 所示，其图形符号和 I-V 特性曲线如图 3-6-3 所示。可以看出曲线可分为线性区 $OP$（或 $M_1$）、非线性区、负阻区 $M_2$ 和饱和区 $M_3$ 四个阶段。当外力作用于 Z 元件的 P 端时，敏感层的电阻率变小，使得 I-V 特性曲线的线性区斜率增大，达到电流值 $I_m$ 时的电压值小于静态下曲线发生跳变时的电压（小于 $V_{ms}$），从而使特性曲线向左移，且施加的力值越大左移的距离也越大；反之，当外力作用于 Z 元件的 N 端时，敏感层的电阻率变大，曲线斜率减小，达到电流值 $I_m$ 时其电压值大于 $V_{ms}$，从而使特性曲线向右移，且施加的力值越大右移的距离也越大；这种现象称为力调变效应。由于 Z 元件都对温度敏感，要获得对其他参数敏感的元件，可通过选取工作点使其对温度的敏感度能够被忽略或进行温度补偿。

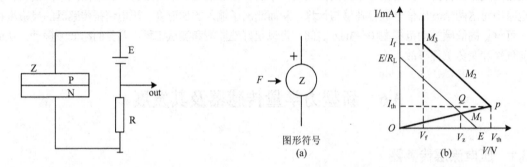

图 3-6-2　Z 元件的工作电路　　　　　　　　图 3-6-3　Z 元件电路符号和 I-V 特性

### 2. 力数字传感器的电路

图 3-6-4 示出了力敏 Z 元件构成的力数字传感器电路。其中 E 为直流电源，图 3-6-4(a) 为开关量输出，图 3-6-4(b) 为脉冲频率输出，图 3-6-4(c) 和 3-6-4(d) 分别为电压-力输出波形。电路中，Z 元件与负载电阻器 $R_L$ 串联，$R_L$ 用于限制工作电流并取出输出信号。基本工作原理在于通过半导体 PN 结内部的力调变效应，使工作电流发生变化，从而改变 Z 元件与 $R_L$ 间的压降分配，获得不同波形的输出信号。这是一种典型的最简三端式或一线式（1-wire）输出结构，易于利用 MEMS 技术实现，应用十分方便。

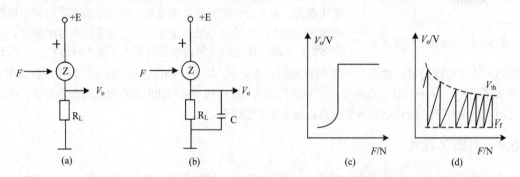

图 3-6-4　力数字传感器的电路与其输出曲线

图 3-6-4(a) 力数字传感器的开关量输出中通过 E 和 $R_L$ 设定工作点 $Q$，参见图 3-6-3，若工作点选

择在 $M_1$ 区，元件处于小电流的高阻工作状态，输出电压为低电平 $V_{OL}$，且 $V_{OL} = E - V_{th}$。由于阈值电压 $V_{th}$ 对力载荷 $F$ 灵敏度很高，其力灵敏度 $S_F$ 与元件的结构尺寸有关。当力载荷 $F$ 增加时，阈值点 $P$ 向左推移，使 $V_{th}$ 减小。当力载荷 $F$ 增加到某一阈值 $F_{th}$ 时，$Z$ 元件上的电压 $V_Z$ 恰好满足状态转换条件，即 $V_Z = V_{th}$，元件将从 $M_1$ 区跳变到 $M_3$ 区，处于大电流的低阻工作状态，输出电压为高电平 $V_{OH}$，且 $V_{OH} = E - V_f$。在 $R_L$ 上可得到从低电平到高电平的上跳变开关量输出，如图 3-6-4(c)所示。转换速度很快，约 20～30μs，$V_0$ 的跳变幅值 $\Delta V_0$ 较大（可达到 10～20V），具有较强的负载能力。应用时利用力数字传感器的开关量输出很容易构成力报警器和压力开关。

图 3-6-4(b)中，力数字传感器的脉冲频率输出电路中力敏 $Z$ 元件与电容器 C 并联。由于 $Z$ 元件具有负阻效应，且有两个工作状态，当并联以电容器后，通过 RC 充放电作用构成 RC 振荡回路，因此在输出端可得到与力（或压力）载荷成比例变化的脉冲频率信号输出。假如 $Z$ 元件初始处于高阻 $M_1$ 区，电源 E 通过 $R_L$ 向电容器 C 充电，输出 $V_0$ 按指数规律上升。当上升到 $V_{th}$ 时，$Z$ 元件快速从高阻 $M_1$ 区跳变到低阻 $M_3$ 区，C 上已充有的电荷迅速通过 $Z$ 元件放电到 $V_f$。E 又重新向 C 充电。如此周而复始地产生 0、1 两种状态之间的相互转换，输出电压 $V_0$ 的输出波形如图 3-6-4(d)所示。输出频率的大小与 E、$R_L$、C 取值有关，也与力敏 $Z$ 元件的阈值电压 $V_{th}$ 值有关。当 E、$R_L$、C 参数确定后，输出频率仅与 $V_{th}$ 有关，而 $V_{th}$ 对力作用很敏感，可得到较高的力灵敏度，其输出幅值为 $V_o$，且 $V_o = V_{th} - V_f$，约 5～10V。测试结果表明：C 选择范围在 0.1～1.0μF；在一般环境温度下负载电阻在 5～10Ωk 较为合适，若要求工作温度范围较宽，负载电阻取值应适当加大。

### 3.6.3　基于硅微机械谐振传感器的稳幅式真空计

图 3-6-5 示出了静电激励硅微机械谐振真空传感器的基本结构。它以在单晶硅片上通过各向异性腐蚀形成的悬臂梁为谐振子，以悬臂梁自由端的质量块底面为上电极，以硅-硅直接键合的衬底硅片为下电极，组成静电激励器；振动的机电转换采用横向压阻器件。当在上下电极间加一交变电压 $U_{in}$ 时，将产生交变电场力；当电场力的频率与悬臂梁的固有频率接近时，将产生共振；振动信号由在悬臂梁根部的横向压阻器件输出，其输出频率和品质因数与悬臂梁所处的环境气压有关。

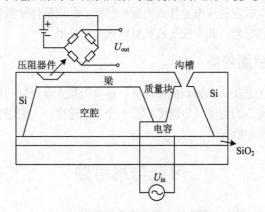

图 3-6-5　硅微机械谐振真空传感器的基本结构

为使传感器在较大测量范围内的各个气压值上都具有较好的灵敏度并能稳定工作，必须使硅悬臂梁的振幅处于某一最佳状态。图 3-6-6 示出采用了闭环测控的电子系统电路，输出频率和气压信号均能经 A/D 及显示模块、频率计模块显示。具体使用它激方式来激励传感器振荡，传感器上压阻器件的输出信号经放大检波等电路后再去控制激励振荡电路的输出。当环境气压变化时，系统跟踪传感器的输出信号变化去控制激励传感器振荡的正弦波大小，以维持传感器的输出信号幅度基本不变，同时测量出激励信号的值以达到测量真空值的目的。在一定的真空范围内（$10^2 \sim 10^{-1}$Pa），该传感器具有较高的灵敏度。

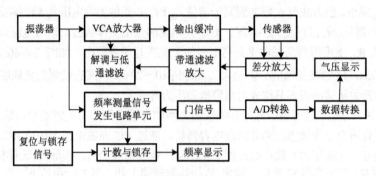

图 3-6-6　真空计电路系统

### 3.6.4　机器人力学量传感器

机器人是由计算机控制的能模拟人的感觉、动作，且具有自动行走功能而又足以完成有效工作的装置。按照其功能，机器人已经发展到了第三代，即更高一级的智能机器人，其重要标志是"电脑化"。然而，计算机处理的信息必须通过各种传感器来获取，需要有更多的、性能更好的、功能更强的、集成度更高的传感器。所以，传感器在机器人的发展过程中起着举足轻重的作用。

机器人中的传感器根据其作用一般分为内部传感器（体内传感器）和外部传感器（外界传感器）。前者主要用于测量机器人的内部参数，如温度、电机速度、电机载荷、电池电压等；后者主要用于测量外界环境，如距离测量、声音、光线。而外部传感器中的力觉传感器指对机器人的手指、肢和关节等运动中所受力的感知，主要包括腕力觉、关节力觉和支座力觉等。力传感器根据被测对象的负载又可以分为测力传感器、力矩表（单轴力矩传感器）、手指传感器（检测机器人手指作用力的超小型单轴力传感器）和六轴力觉传感器。力觉传感器根据力的检测方式可以分为：①检测应变或应力的应变片式力觉传感器；②利用压电效应的压电元件式力觉传感器；③用位移计测量负载产生的位移的差动变压器、电容位移计式力觉传感器，其中应变片被机器人广泛采用。

### 3.6.5　力敏传感器的发展趋势

人们利用新材料、新工艺提高传感器的可靠性，如美国某大学研制的单片硅多维力传感器可以同时测量 3 个线速度、3 个离心加速度（角速度）和 3 个角加速度。人们还利用新原理开发更多的新型力敏传感器，如仿生力敏传感器等。

# 习题与思考题

3-1　什么是力敏传感器？它有什么用途？力敏传感器有哪些类型？

3-2　何谓金属的电阻应变效应？怎样利用这种效应制成应变片？试分析金属应变片与半导体应变片在工作原理上有何不同？

3-3　电阻应变传感器为什么要进行温度补偿？其补偿方法有哪些？

3-4　电阻应变片传感器主要有哪些性能指标？什么是应变片的灵敏系数？它与电阻丝的灵敏系数有何不同？为什么？

3-5　对于箔式应变片，为什么增加两端电阻条的横截面积能减小横向灵敏度？

3-6　一个应变片的电阻 $R=120\Omega$，灵敏系数 $k$ 为 2.05，用作应变为 8000μ 的传感元件。（1）求 $\Delta R$ 和 $\Delta R/R$；（2）若电源电压 $U=3V$，求受应变时最灵敏的惠斯通电桥的输出电压 $U_o$。

3-7　在材料为钢的实心圆柱试件上，沿轴线和圆周方向各贴一片阻值为 120Ω 的金属应变片 $R_1$ 和 $R_2$，把这两者接入差动电桥。若钢的泊松系数为 0.285，应变片的灵敏系数为 6，电桥电源电压 $U=2V$，当试件受轴向拉伸时，测得应变片 $R_1$ 的电阻变化值 $\Delta R_1=0.48$，试求电桥输出电压 $U_o$。

3-8　在半导体应变片电桥电路中，其一桥臂为半导体应变片，其余均为固定电阻器，电阻器受到 $\varepsilon=4300\mu$ 应变作用。若该电桥测量应变时的非线性误差为 1%，$n=R_2/R_1=1$，则该应变片的灵敏系数为多少？减小直流电桥的非线性误差有哪些方法？尽可能提高供桥电源有什么利弊？

3-9　什么叫压电效应、顺压效应和逆压效应？如习题图 3-1 所示的压电式传感器测量电路。已知压电传感器 $S=0.0004\text{m}^2$，$t=0.02\text{m}$，运算放大开环增益 $K=10^4$，输出电压 $U_{sc}=2V$，试求 $q=?$ $U_{sr}=?$ $C_a=?$

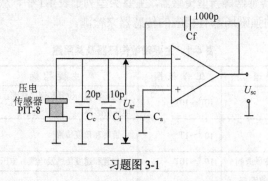

习题图 3-1

3-10　用压电式传感器能测量静态和变化很缓慢的信号吗？为什么？而其阻尼比很小，为什么可以响应很高频率的输入信号而失真很小？

3-11　压电式传感器中采用电荷放大器有何优点？为什么电压灵敏度与电缆长度有关而与电荷灵敏度无关？

3-12　有一压电晶体，其面积为 20mm²，厚度为 10mm，当受到压力 $P=10\text{Mpa}$ 作用时，求产生的电荷量及输出电压：（1）零度 $x$ 切向石英晶体；（2）利用纵向效应之 $BaTiO_3$。

3-13　常用的压电材料有哪几种？试比较它们的优缺点及适用范围。

3-14　设某石英晶片的输出电压辐值为 200mV，若要产生一个大于 500mV 的信号，需采用什么样的连接方法和测量电路达到该要求？

3-15　什么是电容式力敏传感器？它是怎样工作的？此类传感器有哪几种类型？常见的电容式传感器测量电路有哪些？电容式力敏传感器有哪些应用实例？

3-16　什么是电感式力敏传感器？它有什么特点？电感式传感器有哪些测量电路？简述典型电路的工作原理。

3-17　自感式传感器由哪几部分组成？它是怎样工作的？互感式传感器由哪几部分组成？简述它的工作原理。

3-18　谐振式压力传感器有哪些？简述各自的原理。

3-19　设计一个加速度计，简述测试原理。

# 第4章 磁敏传感器

通常把能将磁学量信号转换成电信号的器件或装置称为磁敏传感器。近年来其产品种类日益增加，按照原理主要有三大类：①利用半导体材料内部的载流子（电子、空穴）随磁场改变运动方向这一特性而制成的传感器，代表产品有霍尔器件、磁敏电阻、磁敏二极管和磁敏晶体管等；②利用电磁感应原理制备的磁电式传感器，主要有电涡流传感器、磁通门磁强计、磁栅式传感器和电感线圈磁头；③金属膜磁敏电阻、巨磁阻抗传感器、磁致伸缩和韦甘德（Wiegand）器件，以及核磁共振磁强计、超导量子干涉器件和磁光传感器等新型传感器，主要类型列于表4-1中，从 $10^{-14}$T（特斯拉）的人体弱磁场到高达 25T 以上的强磁场都有相应的传感器来检测。

表 4-1 主要磁敏传感器及其用途

| 名 称 | 工作原理 | 工作范围 | 主 要 用 途 | 备 注 |
|---|---|---|---|---|
| 霍尔器件 | 霍尔效应 | $10^{-7} \sim 10$T | 磁场测量，位置和速度传感，电流、电压传感等 | 霍尔片，开关、线性和各种功能 IC |
| 半导体磁敏电阻 | 磁阻效应 | $10^{-3} \sim 1$T | 旋转和角度传感 | 对垂直于芯片表面的磁场敏感 |
| 磁敏二极管 | 复合电流的磁场调制 | $10^{-6} \sim 10$T | 位置和速度传感及电流、电压传感 | 可组成磁桥 |
| 磁敏晶体管 | 集电极电流或漏极电流的磁场调制 | $10^{-6} \sim 10$T | 位置和速度及电流、电压传感 | 双极和 MOS 两类 |
| 载流子畴器件 | 载流子畴的磁场调制 | $10^{-6} \sim 1$T | 磁强计 | 输出频率信号 |
| 金属膜磁敏电阻 | 磁敏电阻的各向异性 | $10^{-3} \sim 10^{-2}$T | 磁读头、旋转编码器速度检测等 | 三端、四端、两维、三维和集成电路 |
| 非晶金属磁传感器 | 透磁率或马特乌奇效应等 | $10^{-9} \sim 10^{-3}$T | 磁读头、旋转编码器、长度检测，包括：双芯多谐振荡桥磁场传感 | 手写输入装置、巴克豪森器件等 |
| 巨磁阻抗传感器 | 巨磁阻抗或巨磁感应效应 | $10^{-10} \sim 10^{-4}$T | 旋转和位移传感、大电流传感、高密度磁读头 | 包括磁耦合多层膜或自旋阀 |
| 韦甘德器件 | 韦甘德效应 | $10^{-4}$T | 速度检测、脉冲发生器 | 旋转编码器、无触点开关 |
| 磁通门 | 材料的 B–H 饱和特性 | $10^{-11} \sim 10^{-2}$T | 磁场测量 | 磁强计 |
| 核磁共振磁强计 | 核磁共振 | $10^{-12} \sim 10^{-2}$T | 磁场精密测量 | 有共振信号扫描系统 |
| 磁电感应传感器 | 法拉第电磁感应效应 | $10^{-3} \sim 100$T | 磁场测量和位置速度传感 | 电涡流式传感器 |
| 超导量子干涉器件 | 约瑟夫逊效应 | $10^{-15} \sim 10^{-8}$T | 生物磁场检测、矿产勘探 | 最灵敏磁强计 |
| 磁光传感器 | 法拉第效应或磁致伸缩 | $10^{-10} \sim 10^{2}$T | 磁场测量及电流、电压传感 | 含磁光和光纤磁传感器两大类 |

# 4.1 霍 尔 器 件

利用霍尔效应原理将被测量磁场转换成电动势的一种磁敏传感器称为霍尔器件，又称为霍尔式传感器，常分为霍尔元件和霍尔电路，可以检测 $10^{-7} \sim 10$T 的磁场，并能测量引起磁场变化的外界信息（如电流、位移和速度等）。

### 4.1.1　霍尔效应

将半导体薄片置于一个磁场中，当在垂直于磁场的方向通入电流时，在垂直于电流和磁场的方向上产生电场的现象称为霍尔效应，此现象是 1879 年美国物理学家霍尔（A. H. Hall）在研究金属的导电机构时发现的。如图 4-1-1 所示，其中薄片为 N 型半导体，在其左右两端通以电流 $I$（称为控制电流），半导体中的载流子（电子）将沿着与电流相反的方向运动。由于外磁感应强度 $B$ 的作用，电子会受到洛仑兹力 $F_L$（即磁场力）作用而发生偏转（图中虚线所示），结果在后端面上有积累电子，前端面上感应出相反的电荷，前后端面间会形成电场。该电场产生的电场力 $F_E$ 又阻止电子继续偏转，

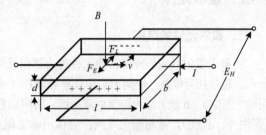

图 4-1-1　霍尔效应示意图

当电子积累增加使 $F_E$ 达到与 $F_L$ 相等时达到动态平衡。这时半导体前后两端面之间存在的电场就是霍尔电场 $E_H$，相应的电势差就称为霍尔电压 $U_H$。大量实验测得霍尔电场与所通入的电流密度 $J$ 和外加磁场 $B$ 成正比，表示为

$$E_H = R_H J B \tag{4-1-1}$$

式中，$R_H$ 为霍尔系数。

若电子 $e$ 都以均一速度 $v$ 按图示方向运动，那么在 $B$ 作用下所受的洛仑兹力 $F_L$ 为：

$$F_L = e v \times B \tag{4-1-2}$$

同时，霍尔电场 $E_H$ 对电子的作用力为

$$F_E = -e E_H = -e U_H / b \tag{4-1-3}$$

式中，$b$ 为薄片的宽度，负号表示力的方向与电场方向相反。

当电子积累达到动态平衡时，$F_L + F_E = 0$，即

$$v B = U_H / b \tag{4-1-4}$$

又若电流密度为 $J = -n e v$，则

$$I = J b d = -n e v b d \tag{4-1-5}$$

式中，$d$ 为薄片的厚度；$n$ 为 N 型半导体中电子的浓度，即单位体积中的电子数；负号表示电子运动速度方向与电流方向相反。

将式（4-1-5）中的 $v$ 代入式（4-1-4）得：

$$U_H = -\frac{IB}{ned} = R_H \cdot \frac{IB}{d} = K_H I B \tag{4-1-6}$$

式中，$R_H$ 是霍尔系数，由材料的物理性质决定，即 $R_H = -1/(ne)$，单位为 $\mathrm{m^3 \cdot C^{-1}}$，若材料是 P 型半导体且空穴浓度为 $p$，则 $R_H = 1/(pe)$；$K_H$ 称为灵敏度，与材料的物理载流子密度和厚度成反比。

若半导体材料电阻率为 $\rho$，载流子迁移率为 $\mu$，可由半导体物理知：$\rho = 1/(qn\mu)$，则常数 $R_H$ 可表示式为

$$R_H = \rho \mu \tag{4-1-7}$$

若选用金属材料，因其中自由电子的浓度 $n$ 很高，则 $R_H$ 和 $K_H$ 很小，输出信号 $U_H$ 极小，不宜作为霍尔元件；若选用半导体材料，其中 $n$ 较小会使 $U_H$ 较大；而一般半导体中电子的迁移率大于空穴

迁移率，且厚度越小 $K_H$ 越大，所以，霍尔元件多用 N 型半导体材料薄膜，厚度常常只有 1μm 左右。常用材料有 N 型或 P 型锗（Ge）、N 型或 P 型硅（Si）、砷化铟（InAs）和锑化铟（InSb）等化合物半导体。

### 4.1.2 霍尔元件

#### 1. 霍尔元件的结构

将基于霍尔效应原理工作的元件称为霍尔元件，它由霍尔片、四根引线和壳体组成，如图 4-1-2 所示。霍尔片可以是一块矩形半导体单晶薄片（一般尺寸为 4mm×2mm×0.1mm），在长度方向的两根引线（图中 a、b 线）称为控制电流引线，常用红色导线；两侧面中间点对称地焊有两根霍尔输出引线（图中 c、d 线），常用绿色导线；壳体用非导磁金属、陶瓷或环氧树脂封装。通常有两种外形，见图 4-1-2(a)和(b)，在电路中常用两种符号表示（见图 4-1-2(c)），应用时的基本电路见图 4-1-2(d)。

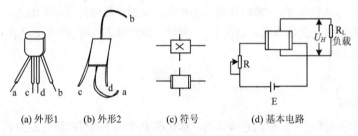

(a) 外形1　(b) 外形2　(c) 符号　(d) 基本电路

图 4-1-2　霍尔元件的外形、结构和符号

一般霍尔元件在控制电流恒定时可用来测量磁场，在磁场恒定时又可检测电流；在一个线性梯度磁场中移动时输出的霍尔电势会反映磁场的变化，所以还可用于测量微小位移、压力和机械振动等。

#### 2. 主要技术参数

（1）额定控制电流 $I_C$：在磁感应强度 $B=0$、静止空气中环境温度为 25℃时，由焦耳热产生的允许温升条件下从霍尔元件电流电极输入的电流。

（2）输入电阻（$R_{in}$）和输出电阻（$R_{out}$）：常将在规定技术条件下电流电极端子之间的电阻称为输入电阻，在规定技术条件且无负载情况下霍尔电压输出电极端子间的电阻称为输出电阻。

（3）乘积灵敏度 $K_H$：在单位控制电流和单位磁感应强度作用下霍尔元件输出端开路时测得的霍尔电压，单位为 $V \cdot A^{-1}T^{-1}$。结合式（4-1-6）和式（4-1-7）可知，载流子迁移率 $\mu$ 越大，或半导体片厚度 $d$ 越小，则乘积灵敏度 $K_H$ 就越高。进而，人们将在额定控制电流 $I_C$ 和单位磁感应强度 $B$ 作用下霍尔元件输出端开路时的霍尔电压称为磁灵敏度 $S_B$（其单位为 V/T）。

（4）不等位电势 $V_m$：人们将在恒定的控制电流、不加外磁场（$B=0$）的条件下输出电压电极之间测到的电位差称为不等位电势，它属于一种测量误差，可以通过相应的补偿进行消除。

（5）霍尔电压温度系数 $\beta$：在一定的磁感应强度 $B$ 和控制电流 $I_C$ 的作用下温度每变化 1℃时霍尔电压 $V_H$ 的相对变化率，单位为%/℃，用于衡量元件的温度稳定性。

#### 3. 霍尔效应的影响因素

实验发现，如果磁场 $B$ 的方向与霍尔元件的法线有一个夹角 $\alpha$，霍尔电压只与磁场在法线方向的投影成正比，那么，$U_H$ 的表达式为

$$U_H = k_H I B \cos \alpha \tag{4-1-8}$$

若选择不同几何形状的元件，测试发现当宽度 $b$ 加大时 $U_H$ 将下降，且把长与宽比值（$l/b$）对 $U_H$ 的影响关系函数称为几何影响因子 $f(l/b)$，它与 $l/b$ 的关系曲线如图 4-1-3 所示，这是因为载流子在磁场中偏转的路径越长损失越大。于是 $U_H$ 的表达式用几何影响因子 $f(l/b)$ 修正为

$$U_H = K_H IBf(l/b) \tag{4-1-9}$$

以 $l$ 方向自左向右为 $x$ 轴，测量 $U_H(x)$ 随 $x$ 的变化，得到不同宽长比元件的曲线如图 4-1-4 所示，可以看出，在离控制电极越近处，即 0 和 1.0 两点处的 $U_H$ 最小，在 $l/2$ 处 $U_H$ 有最大值。这是因为在控制电极面积与其所在侧面面积（$bd$）相比较大时对 $U_H$ 有短路作用，使 $U_H$ 下降，此现象称为控制电极对 $U_H$ 的短路作用。

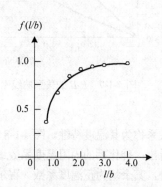

图 4-1-3　影响因子与 $l/b$ 的关系曲线

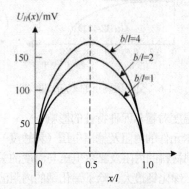

图 4-1-4　$U_H$ 随 $x$ 的变化曲线

### 4. 霍尔元件的电磁特性

通过大量实验可以测量出霍尔元件的电磁特性。例如，在不同磁场下霍尔元件的输出电压 $U_H$ 与电流强度的关系，在恒定电流下测量出 $U_H$ 与磁场 $B$（恒定或交变）之间的关系，以及元件的输入或输出电阻与 $B$ 之间的关系。

（1）$U_H$-$I$ 特性

对于一个确定型号的元件，在磁场 $B$ 恒定、一定环境温度下控制电流 $I$（直流或交流）与霍尔输出电压 $U_H$ 之间一般均呈线性关系，如图 4-1-5 所示，直线的斜率称为控制电流灵敏度（$S_I$），即 $S_I = U_H/I = K_H B$。可见，霍尔元件的 $K_H$ 越大，$S_I$ 也越大。若使用 $K_H$ 小的元件，可选择在较大的磁场下工作，以得到同样大的控制电流灵敏度。当控制电流采用交流电时，由于霍尔场形成所需时间极短（约 $10^{-12}\sim10^{-14}$s），因此交流电频率可高达几千兆赫，仍能得到较大的信噪比。

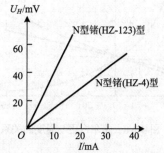

图 4-1-5　控制电流与霍尔电压的关系曲线

（2）$U_H$-$B$ 特性

在控制电流恒定时，霍尔元件的开路霍尔输出随磁感应强度的增加呈线性关系。当磁场为交变磁场、电流是直流时，霍尔元件开路输出与磁感应强度的关系如图 4-1-6 所示，可见 $U_H$ 随磁场并不完全呈线性关系，这是由于交变磁场在导体内会产生涡流使输出一个附加霍尔电势而引起的，只有当 $B<0.5$T（即 5000Gs）时，$U_H$-$B$ 才呈较好的线性。因此霍尔元件只能在几千赫频率的交变磁场内工作。

（3）$R$-$B$ 特性

将霍尔元件的输入（或输出）电阻与磁场之间的关系称为 $R$-$B$ 特性。实验得出，霍尔元件的内阻

随磁场绝对值的增加而增加（见图 4-1-7），这种现象称为磁阻效应，此效应会使霍尔电压的输出值降低，尤其是在强磁场下输出降低较多，应用时必须采取措施予以补偿。

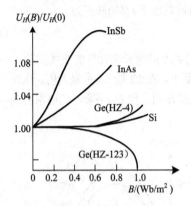

图 4-1-6　交变磁场下的 $U_H$-$B$ 曲线

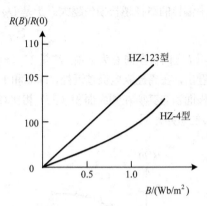

图 4-1-7　$R$-$B$ 的关系曲线

（4）温度对霍尔元件特性的影响

将霍尔元件的内阻及输出电压（灵敏度）与温度之间的关系称为其温度特性。图 4-1-8 和图 4-1-9 分别为不同材料的内阻及霍尔电压与温度的关系曲线，可以看出：砷化铟的内阻温度系数最小，其次是锗和硅，锑化铟最大；除了锑化铟的内阻温度系数为负之外，其余均为正温度系数。霍尔电压的温度系数中硅最小，且在 20～100℃温度范围内是正值；其次是砷化铟，它的值在 60℃左右由正变负；再次是锗，而锑化铟的值最大且为负数，在低温下的霍尔电压是室温的 3 倍，到了 100℃高温，霍尔电压降为室温的 15%。

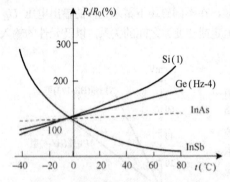

图 4-1-8　霍尔内阻与温度的关系曲线

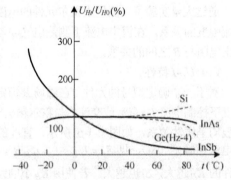

图 4-1-9　霍尔电压与温度的关系曲线

### 5. 霍尔元件的误差及其补偿

通常制造工艺会使霍尔元件产生输出误差，主要有零位误差，包括不等位电势、寄生直流电势、感应零电势和自激磁场零电势；使用时温度也会影响输出结果，因此，在要求转换精度较高时必须进行相应的补偿。

（1）不等位电势 $V_m$ 及其补偿

不等位电势是霍尔零位误差中最主要的一种，其产生的原因可能是制造工艺所造成的两个输出电极点不能完全位于霍尔片两侧的同一等位面上，如图 4-1-10(a)所示。此外霍尔片厚度不均匀、电阻率不均匀或控制电流电极接触不良都将使等位面歪斜（见图 4-1-10(b)），致使霍尔电极不在同一等位面上，产生不等位电势。

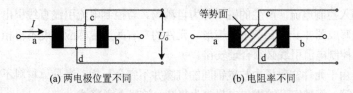

图 4-1-10　不等位电势的产生示意图

除了工艺上采取措施尽量使霍尔电极对称来降低 $V_m$ 外，还需采用补偿电路加以补偿。霍尔元件可等效为一个四臂电桥，如图 4-1-11(a)所示，可以在某一桥臂上并联一定的电阻而将 $V_m$ 降到最小直至为零。图 4-1-11(b)中给出了几种常用的 $V_m$ 补偿电路，其中不对称补偿简单，而对称补偿中温度稳定性好。

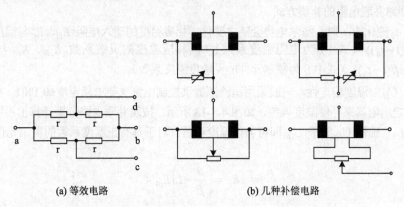

(a) 等效电路　　　　　　　　(b) 几种补偿电路

图 4-1-11　霍尔元件的等效电路和不等位电势的补偿电路

（2）寄生直流电势

当霍尔元件通以交流控制电流而不加外磁场时，输出霍尔电压除了交流不等位电势外还有一直流电势分量，称为寄生直流电势。该电势是由元件的两对电极不是完全欧姆接触而形成的整流效应，以及两个霍尔电极的焊点大小不等、热容量不同引起温差所产生的。它随时间而变化，会导致输出漂移。因此在元件制作和安装时，应尽量使电极欧姆接触，并做到均匀散热，有良好的散热条件。

（3）感应零电势和自激场零电势

霍尔元件工作在交变或脉冲磁场中时，不加控制电流，霍尔端产生的感应输出称为感应零电势（如图 4-1-12(a)所示），其大小正比于磁场变化频率、磁感应强度幅值和两霍尔电极引线所构成的感应面积，补偿方法见图 4-1-12(b)和图 4-1-12(c)。

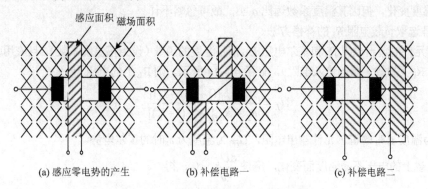

(a) 感应零电势的产生　　　(b) 补偿电路一　　　　(c) 补偿电路二

图 4-1-12　感应零电势的产生及其补偿

将霍尔元件通入控制电流，产生的磁场称为自激场。若控制电流引线直线引出，则不会影响霍尔输出；若电流引线弯成图 4-1-12(a)所示的情形，元件的左右两半磁感应强度不再相等，就会有自激场零电势输出。所以控制电流引线必须合理安排。

最后应说明，由于元件在磁场中与磁钢间的气隙并不完全一样、半导体材料不可能十分均匀、外界杂散磁场的影响等，将使实际的霍尔电势更为复杂，这里不再赘述。

（4）温度误差及其补偿

一般半导体材料的载流子浓度和迁移率都随温度而变化，用它们制成的霍尔元件的性能参数也随温度变化。为了减小温度误差，除选用温度系数较小的材料（如砷化铟）外，还可以采用适当的电路进行补偿。下面介绍几种温度误差补偿方法。

① 输入回路并联电阻的补偿方式。

当温度由 $t_0$ 变化为 $t$ 时，霍尔电势会随之变化，相应温度的输入电阻 $R_{i0}$、$R_{it}$ 与温度的关系式为 $R_{it} = R_{i0}(1 + \alpha(t - t_0))$（式中 $\alpha$ 为电阻温度系数）；其相应温度的灵敏系数 $K_{H0}$、$K_{Ht}$ 与温度关系为 $K_{Ht} = K_{H0}(1 + \beta(t - t_0))$（式中 $\beta$ 为霍尔元件的灵敏度温度系数）。

为了提高 $U_H$ 的温度稳定性，一般采用恒流源提供控制电流（要求稳定度±0.1%），在元件的输入回路中并联固定电阻器来补偿温度误差，如图 4-1-13 所示。按照并联电路分别计算出不同温度下的控制电流 $I_{H0}$ 和 $I_{Ht}$，确保 $U_{Ht}$ 等于 $U_{H0}$ 即可补偿温度误差。对于具有正温度系数的霍尔元件，$R_P$ 的值可按下式选取：

$$R_P = \left( \frac{\alpha}{\beta} - 1 \right) R_{i0} \tag{4-1-10}$$

式中 $R_{i0}$、$\alpha$、$\beta$ 的值均可在产品说明书中查到。

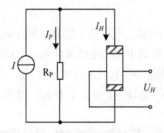
图 4-1-13　并联电阻的温度补偿电路

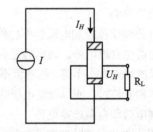
图 4-1-14　串联负载电阻补偿电路

根据上式选择输入回路并联电阻 $R_P$，可使温度误差减到极小且不影响霍尔元件的其他性能。实际上 $R_P$ 也随温度变化，但因其温度系数远比 $\alpha$ 小，故可忽略不计。

② 合理选取负载电阻 $R_L$ 的补偿方法。

若霍尔元件的输出电阻 $R_o$ 和霍尔电压 $U_H$ 都是温度的函数（设为正温度系数），且应用时元件输出端接有负载 $R_L$（如放大器的输入电阻），如图 4-1-14 所示。则 $R_L$ 上的电压为

$$U_L = \frac{R_L U_{H0}[(1 + \beta(t - t_0)]}{R_L + R_{o0}[1 + \alpha(t - t_0)]} \tag{4-1-11}$$

式中，$R_{o0}$ 为温度 $t_0$ 时的霍尔元件输出电阻，$U_{H0}$ 为温度为 $t_0$ 时的霍尔电势。

为使负载上的电压不随温度而变化，应使 $\dfrac{\mathrm{d}U_L}{\mathrm{d}t} = 0$，得

$$R_L = R_{o0} \left( \frac{\alpha}{\beta} - 1 \right) \tag{4-1-12}$$

表明可采用输出串联固定电阻的方法补偿温度误差，但灵敏度将会降低。

③　霍尔差分式组合方法。

为了补偿温度的影响，将两个输出特性一致的霍尔元件 $H_1$、$H_2$ 标志面相反地置于磁场同一点，放置成霍尔互补组合体 $H_{12}$，其输出电压具有差模信号的特征。一般霍尔互补组合体的工作原理可等效为图 4-1-15 所示的电路，$U_{CC}$、$U_{GR}$ 为电源和地电位，$U_1$、$U_2$ 分别是两个霍尔元件的输出或即运放的差分输入，$U_{01}$ 为 $H_1$ 的静态输出电压，$U_{02}$ 为 $H_2$ 的静态输出电压，运放 A 与电阻 $R_1$、$R_2$、$R_3$、$R_4$ 构成电压增益为 2 倍的差分放大器。在有外加磁场 $B$ 时，它们的输出电压表示为

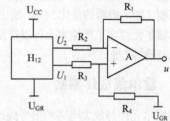

$$\begin{cases} U_1 = U_{01} + k_I B \\ U_2 = U_{02} - k_I B \end{cases} \qquad (4\text{-}1\text{-}13)$$

式（4-1-13）中，$k_I$ 为磁灵敏度。

式（4-1-13）表明，当 $U_1$ 增大时，$U_2$ 相对减小；若改变磁场方向，$U_1$ 减小而 $U_2$ 相对增大；即两霍尔元件的输出特性具有互补特征，则差分组合体的输出为

图 4-1-15　霍尔互补组合体的工作原理示意图

$$u = (U_{01} - U_{02}) + 2k_I B = \Delta U + 2k_I B \qquad (4\text{-}1\text{-}14)$$

若式（4-1-14）中，$\Delta U = 0\text{V}$，差分信号电压是单个霍尔元件输出信号电压的 2 倍，并补偿了温度的影响。结果表明，霍尔互补组合体的信号输出具有差分特性，具有抑制共模信号、放大差模信号的功能。

④　补偿元件法。

补偿元件法是一种常用的温度误差补偿方法，补偿元件可以是 NTC 热敏电阻 $R_t$、PTC 电阻丝 $R_T$ 等。图 4-1-16 示出了几种补偿电路实例，图 4-1-16(a)、(b)、(c)中，锑化铟霍尔元件的输出具有负温度系数，图 4-1-16(d)中用 $R_t$ 补偿具有正温度系数的霍尔输出温度误差。使用时要求热敏元件尽量靠近霍尔元件，使它们具有相同的温度变化。应该指出，霍尔元件因通入控制电流 $I$ 而有温升，且 $I$ 变动时温升也会改变，都会影响元件内阻和霍尔输出。因此安装元件时要尽量做到散热情况良好，只要有可能，应选用面积大些的元件，以降低其温升。

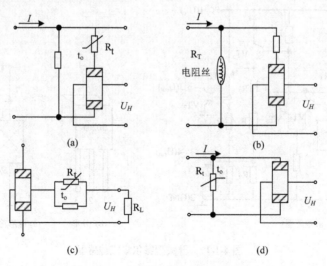

图 4-1-16　几种不同的补偿连接方式

### 6. 霍尔元件的特点及应用范围

由于霍尔元件可以方便而准确地实现两个输入量的乘法运算，能构成各种非线性运算部件，可以测量磁物理量及电量，还可以通过转换测量其他非电量。目前其应用产品有高斯计、霍尔罗盘、大电流计、功率计、调制器、位移传感器、微波功率计、频率倍增器、回转器、乘法器、磁带或磁鼓读出器、霍尔电机等。一般的霍尔元件具有的优点包括：结构简单、体积小（一般为 $10^{-1} \sim 10^{-2} \mathrm{cm}^3$）、坚固且质量轻，无触点、稳定性好、使用方便；频率响应宽（从直流到数百千赫兹的微波频率范围内）、动态范围（输出电势的变化）大、输出信号信噪比大；使用寿命长、可靠性高，易微型化和集成化等。因此，霍尔元件在工程技术上可以广泛应用于测量技术、自动化控制技术、无线电技术、计算机技术和信息处理等方面。

## 4.1.3　霍尔集成传感器

将霍尔元件与放大电路和信号处理电路集成制造在一个半导体芯片上，形成霍尔集成传感器，又称为霍尔集成电路，根据其电路功能和霍尔器件工作条件的不同，将霍尔集成传感器分为开关型霍尔集成传感器和线性型霍尔集成传感器两种。下面分别介绍。

### 1. 开关型霍尔集成传感器

开关型霍尔集成传感器是将霍尔元件与集成电路技术相结合，并以开关信号形式输出的一种磁敏传感器，又称为霍尔开关，它能感知与磁信息有关的很多物理量，具有使用寿命长、无触点磨损、无火花干扰、无转换抖动、工作频率高、温度特性好、能适应恶劣环境等优点。

（1）结构与原理

硅基开关型霍尔集成传感器可利用硅平面工艺制造，其中的霍尔元件 H 采用很薄的 N 型硅外延层以提高霍尔电压 $U_H$，可以大大提高传感器的灵敏度，其电路原理图如图 4-1-17(a)所示，它主要由稳压电路（电压调节器）、霍尔电压发生器（霍尔元件）、差分放大器、史密特触发器、集电极开路输出五部分组成。其稳压电路可使传感器在较宽的电源电压范围内工作，用二极管 $VD_1$、$VD_2$ 对霍尔元件进行温度补偿，开路输出可使传感器方便地与各种逻辑电路接口。

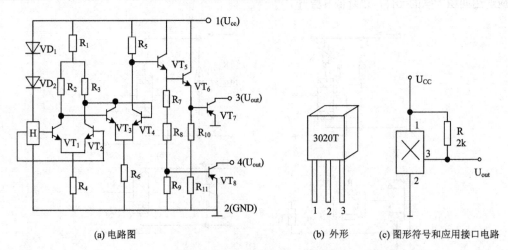

| (a) 电路图 | (b) 外形 | (c) 图形符号和应用接口电路 |

图 4-1-17　开关型霍尔集成传感器

其原理及工作过程如下：当无磁场作用在霍尔元件上时，$VT_1$、$VT_2$ 导通，电路 $R_2=R_3$ 时 $VT_4$ 截止，输出高电平，$VT_5$ 导通、$VT_7$ 和 $VT_8$ 截止，输出高电平；当有磁场时，产生霍尔电压 $U_H$，该电压经放大后送至施密特整形电路，当 $U_H$ 电压大于"开启"阈值时，施密特整形电路翻转，而使 VT$_7$ 和 VT$_8$ 导通，且具有吸收电流的负载能力，这种状态称为开状态。当磁场减弱时，霍尔元件输出的 $U_H$ 电压减小，经放大器放大后其值也小于施密特整形电路的"关闭"阈值，整形电路再次翻转，使输出截止，这种状态称为关状态。这样，一次磁场强度变化就使传感器完成一次开关动作。其外形、图形符号和典型接口电路如图 4-1-17(b) 和 (c) 所示。

（2）工作特性

图 4-1-18 为开关型霍尔集成传感器的工作特性曲线，反映了外加磁场与传感器输出电平的关系，其输出有低电平或高电平两种状态。图 4-1-18(a) 中当外加磁感应强度高于 $B_{OP}$ 时，输出电平由高变低，传感器处于开态，即 $B_{OP}$ 称为工作点"开"。当外加磁感应强度低于 $B_{RP}$ 时，输出电平由低变高，传感器处于关状态，即 $B_{RP}$ 称为释放点"关"。可以看出，两个阈值（$B_{OP}$ 和 $B_{RP}$）之间存在一个差额，称为回差 $B_H$（或滞后），这对开关动作的可靠性非常有利，此类工作特性曲线属于单极型。目前的单极霍尔开关产品型号有 AH44E、AH44L、AH443、AH201、ATS137、AH543、S3144、、S137、A3144、A04E、YH137、OH44EH 和 A1104 等，其中 AH3144E 的工作点为 70～300GS，释放点为 30～270GS，回差>30GS，工作电压为 4.5～24V，工作温度为−40～85℃。图 4-1-8(b) 中当外加磁感应强度超过工作点时，输出为导通状态；而在磁场撤销后，输出仍保持不变，必须施加反向磁场并使之超过释放点，才能使其关断，此类属于双稳态型传感器，又称为锁键型传感器。目前双极性霍尔开关有 UGN3075、SS40、SS41、SS46、US2882、AH513、A276、AH72S、ATS177、YH41 等，其中 YH41 型号的工作点<60GS，释放点>−60GS，回差>80GS，工作电压为 3.5～20V，工作温度为−40～150℃。

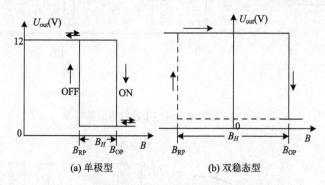

(a) 单极型　　　　　　　　　　　　(b) 双稳态型

图 4-1-18　开关型霍尔集成传感器的工作特性曲线

## 2. 霍尔线性集成传感器

霍尔线性集成传感器又称为线性型霍尔集成电路，对外加磁场呈线性感应，可以广泛用于测量或控制位置、力、质量、厚度、速度、磁场、电流等信息。一般线性霍尔集成传感器由稳压、霍尔电压发生器、线性放大器和射极跟随器组成，其输入是磁感应强度，输出电压与外加磁场呈线性关系。在实际电路中，为了提高传感器的性能，往往还设置电流放大输出级、失调调整和线性度调整等电路。常有单端输出和双端输出两种，图 4-1-19 示出了单端线性型霍尔集成传感器 UGN3501 的外形尺寸和内部电路，图 4-1-20 示出了稳压式双端输出（即差动输出）线性型霍尔集成传感器的输出结构及其电路原理图。

图 4-1-21 示出了单端和双端线性型霍尔集成传感器的输出特性曲线。图 4-1-21(a) 中单端输出的电压在磁场强度过零两边的一定范围内是线性关系，典型的产品是 SI3501T；图 4-1-21(b) 为三个双端输出曲线，其电压仅在磁场强度大于零的方向区域内与磁场强度有很好的线性关系，典型的产品是 SL3501M 和 UGN-3501M。另外还有 AH3503、OH49E、AH49E、ES49E 和 SS49 等型号。技术参数：电源电压 8～16V，输出电压 2.5～5V，灵敏度 700～7000mV/mA，带宽 25kHz，工作温度 0～70℃。

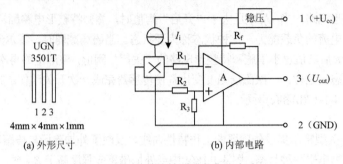

(a) 外形尺寸      (b) 内部电路

图 4-1-19　单端线性型霍尔集成电路

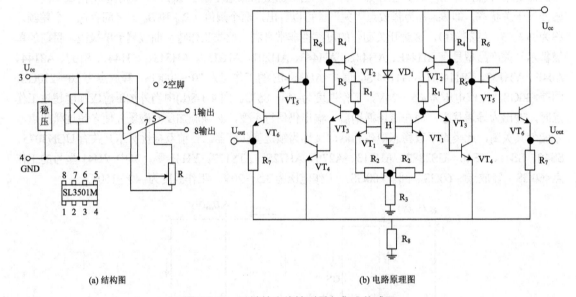

(a) 结构图      (b) 电路原理图

图 4-1-20　双端输出线性型霍尔集成传感器

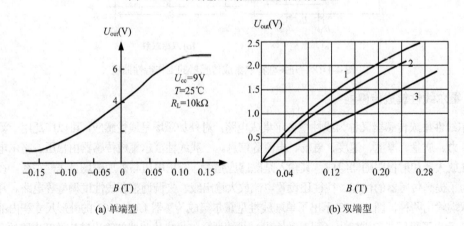

(a) 单端型      (b) 双端型

图 4-1-21　线性型霍尔集成传感器的输出特性曲线

## 4.1.4　霍尔器件的应用

### 1. 位移测量

在极性相反、磁场强度相同的两个 U 形磁铁气隙中放置一个霍尔元件，如图 4-1-22(a)所示。若磁

场在一定范围内沿 $X$ 方向的变化梯度 $dB/dX$ 为一常数（见图 4-1-22(b)），当 $X=0$，即元件位于磁场中心位置时，元件受到大小相等、方向相反磁通的作用；当霍尔元件沿 $X$ 方向移动、元件的控制电流 $I$ 恒定时，霍尔电压 $U_H$ 的变化为

$$\frac{dU_H}{dX} = R_H \cdot I \cdot \frac{dB}{dX} = K \qquad (4\text{-}1\text{-}15)$$

式中，$K$ 为位移传感器的输出灵敏度，说明磁场的梯度越大，灵敏度越高。

将式（4-1-15）积分后得

$$U_H = K \cdot X \qquad (4\text{-}1\text{-}16)$$

式（4-1-16）说明霍尔电势与位移量为线性关系，其极性可以反映元件位移的方向。磁场梯度越均匀，输出线性度越好。一般利用这一原理可测量 1～2mm 的小位移，其特点是惯性小、响应速度快、无接触测量；还可以测量其他非电量，如力、压力、压差、液位、加速度等。

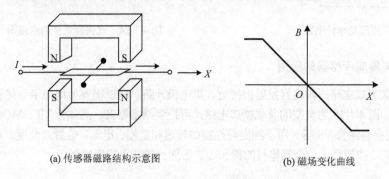

(a) 传感器磁路结构示意图　　　　　(b) 磁场变化曲线

图 4-1-22　霍尔元件位移测量原理图

### 2. 功率测量

图 4-1-23 所示为基于霍尔元件的直流功率计电路。它将欲测量的电压 $U$ 转换为一个正比于它的磁感应强度 $B$，表示为

$$B = k_1 U \qquad (4\text{-}1\text{-}17)$$

式中，$k_1$ 为与相关器件及器件材料、结构有关的常数。

将欲测量的电流 $I$ 转换为与之成正比的电流 $I_L$，比例系数 $K_2$ 与相关电路所有元件的参数有关，则霍尔元件的输出为

$$U_H = \frac{R_H}{d} \cdot I_L \cdot B = K_H \cdot K_2 I \cdot K_1 U = KP \qquad (4\text{-}1\text{-}18)$$

式中，$K=R_H K_1 K_2/d$ 常认为是功率灵敏系数。

图 4-1-23 中，$R_L$ 为负载电阻器，指示仪表一般采用有功率刻度的伏特表，霍尔元件采用 N 型锗材料元件较为有利，其测量误差一般小于 1%。此方法同其他测量功率方法相比有下列优点：霍尔电压正比于被测功率，因而可以做成直读式功率计；功率测量范围可从微瓦到数百瓦；输出和输入之间相互隔离、稳定性好、精度高；结构简单、体积小、寿命长、成本低。

### 3. 磁强测量仪

图 4-1-24 示出了磁强测量仪的电路图。采用 SL3501M 霍尔线性型集成传感器，在磁感应强度为 0.1T 时其 1、8 端差动输出电压为 1.4V。2 端单端输出的电压正比于被测磁场，该测量仪的线性测量

范围上限为 0.3T。电位器 $RP_1$ 用来调整表头量程，而 $RP_2$ 则用于调零。电容器 $C_1$ 是为防止电路之间的杂散交连而设置的低通滤波器。为防止电路引起自激振荡，电位器的引线不宜过长。使用时，只要使传感器的正面面对磁场，便可以测得磁场的磁感应强度。

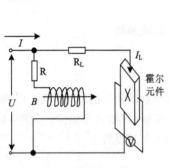

图 4-1-23 直流功率计电路

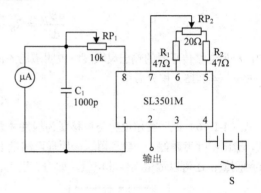

图 4-1-24 磁强测量仪的电路图

### 4．霍尔开关集成传感器的应用

由于霍尔开关集成电路的输出管发射极接地、集电极开路，可以很容易地与半导体管、晶闸管和逻辑电路相耦合。图 4-1-25 为典型的负载接口电路，可控制继电器 K、晶体管 VT、MOS 门电路、单向晶闸管 VH、双向晶闸管 VS 等，用于测定与控制如转速和里程、电流、位置及角度、点火系统、机械设备的限位开关、按钮开关、金属棒材的探伤等。下面列举几个应用实例。

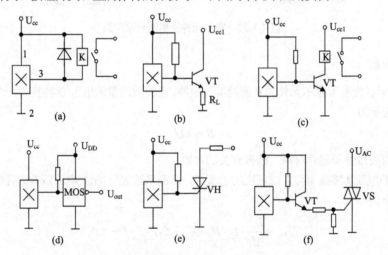

图 4-1-25 常用霍尔开关集成电路的负载接口电路

（1）霍尔计数装置

由于 A177 霍尔开关集成传感器的灵敏度较高，能感受到很小的磁场变化，因而可对黑色金属零件的有无进行检测。利用这一特性制成钢球计数装置，图 4-1-26 示出其工作示意图和电路图。当钢球通过 A177 传感器时，传感器可输出峰值为 20mV 的电压，经 IC 放大后驱动 VT 工作，其输出端的计数器便可以计数。

（2）霍尔汽车点火器

图 4-1-27 为霍尔汽车点火器的结构示意图。由蓄电池 E、点火开关 SA、SL3020 霍尔开关集成传

感器、嵌有永久磁铁的磁轮鼓（永磁铁按磁性交替排列并等分地嵌在磁轮鼓的圆周上）、功率开关管、点火线圈和火花塞组成。其中磁轮鼓与 SL3020 保持适当的间隙。当磁轮鼓转动时，其磁铁的 N 极和 S 极交替地通过 SL3020 表面，便输出脉冲信号，会触发功率开关管导通或截止，在点火线圈中便产生 15kV 的感应高电压，火花塞间隙发生放电火花，点燃汽缸内处于压缩状态的雾化油气，使发动机动作；发动机被启动后，蓄电池被充电。采用二极管 $VD_2$ 正向导通压降电路将传感器信号的直流偏置电位抬高 0.7V 左右。而利用机械装置使触点闭合和打开的传统汽车点火装置，容易造成开关的触点产生磨损、氧化，使点火性能变坏。霍尔汽车点火器有很多优点，如无触点、寿命长、启动方便、在低速爬坡和高速行驶中不会发生熄火现象；点火能量大，汽缸中气体燃烧充分，对大气的污染明显减少；点火时间准确，可提高发动机的性能。

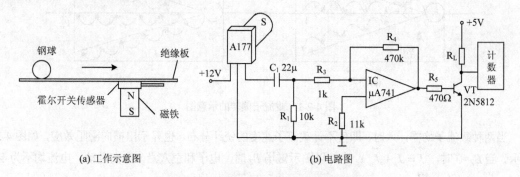

(a) 工作示意图          (b) 电路图

图 4-1-26　钢球计数的原理示意图和电路图

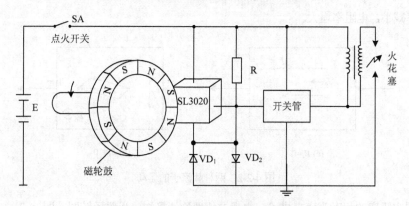

图 4-1-27　霍尔汽车点火器的结构示意图

# 4.2 半导体磁阻器件

## 4.2.1 磁阻效应

将外加磁场使半导体或导体的电阻发生变化的现象称为磁阻效应（Magnetoresistance Effect，MR），一般分为物理磁阻效应和几何磁阻效应两种，利用磁阻效应制成的器件称为磁敏电阻，它可以测量的磁感应强度在 $10^{-3} \sim 1T$ 范围。

### 1. 物理磁阻效应

当矩形半导体受到与电流方向垂直的磁场作用时，不但产生霍尔效应，还会出现半导体电阻率增大即电流密度下降的现象，称为物理磁阻效应。由固体物理知，载流子的漂移速度服从统计分布规律。在达到稳态时，某一速度的载流子所受到的电场力与洛伦兹力相等，其运动方向则不发生偏转，通常将此载流子的速度称为平均漂移速度。比该速度慢的载流子将向电场力方向偏转，比该速度快的载流子则向洛伦兹力方向偏转，两种偏转都导致载流子的漂移路径加长。或者说，沿外加电场方向运动的载流子数目减少，从而使电阻增大。如图 4-2-1 所示，外磁场与外电场方向（$x$ 方向）是互相垂直的，这种现象又称为横向磁阻效应。

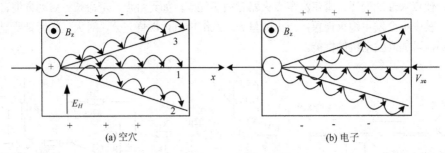

(a) 空穴  (b) 电子

图 4-2-1  载流子偏转的示意图

当两种载流子均需计入时，即使不计载流子速度的统计分布，也显示出横向磁阻效应，如图 4-2-2 所示。当 $B_Z=0$ 时，$\vec{J} = \vec{J_n} + \vec{J_p}$；当加以图示磁场 $B_Z$ 时，电子和空穴沿 $y$ 方向运动，电流均不为零，由统计规律知 $\vec{J_n}$ 和 $\vec{J_p}$ 向相反方向偏转，但合成电流 $\vec{J}$ 仍沿外加电场方向，因而总的合成电流减小，相当于电导率减小，电阻率增大。

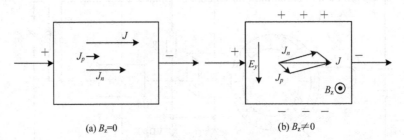

(a) $B_z=0$  (b) $B_z \neq 0$

图 4-2-2  两种载流子的运动

通常可用电阻率的相对改变来描述。由半导体理论计算知，当磁场较弱，即 $\mu_H B_Z \ll 1$ 时，电阻率的变化率与磁场的平方成正比，表示为

$$\frac{\Delta \rho}{\rho_0} = \frac{\rho_B - \rho_0}{\rho_0} = \xi \mu_H^2 B_Z^2 \qquad (4-2-1)$$

式中，$\rho_0$ 为零磁场电阻率；$\rho_B$ 为加磁场 $B_Z$ 时的电阻率；$\mu_H$ 为霍尔迁移率；$\xi$ 称为横向磁阻系数。对于非简并半导体，长声学波散射时 $\xi$ 为 0.275，电离杂质散射时 $\xi$ 为 0.57，实际中 $\xi$ 可以测量出来。

当磁场较强时，$\Delta\rho/\rho_0$ 约与 $B_Z$ 成正比。当磁场进一步增强且达到 $\mu_H B_Z \gg 1$ 时，电阻率 $\rho_\infty$ 可达到饱和，电阻也达到最大值，此后磁阻比 $\rho_\infty/\rho_0$ 为常数，对声学波散射的磁阻比为 1.13，对电离杂质散射的磁阻比为 3.4，实际中可以测量出具体器件的磁阻比。

**2. 几何磁阻效应**

在相同磁场作用下，不同几何形状的半导体片出现电阻值变化不同的现象称为几何磁阻效应，其实验结果如图 4-2-3 所示，可以看出，长宽比越小磁阻效应越强，且磁场越大电阻增加越快。其原因是外磁场作用于半导体片后其内部电流分布会发生变化，如图 4-2-4 所示，图中在长方形半导体片的两个电流端，由于霍尔电场 $E_H$ 受到电流电极短路作用而减弱，电子运动受到洛伦兹力的影响而发生偏斜，则此处的电流方向发生偏斜。在片中间较宽区域 $E_H$ 恒定，$E_H$ 对电子的作用与洛伦兹力作用达到平衡，电子运动方向不发生变化，即 $J$ 不变。但总电场 $E$ 因受 $E_H$ 作用而发生偏斜，它与电流方向的夹角称为霍尔角 $\theta$。这样当半导体片长度减小时，不受电极短路作用影响的区域变小，电流方向偏斜比例更大，磁阻效应就较显著。其理论描述如下。

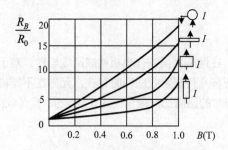

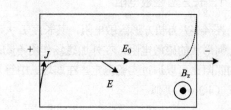

图 4-2-3　几何磁阻效应的实验结果　　　　　　　　图 4-2-4　$J$ 与 $E$ 的方向关系

在弱磁场时，磁阻比 $R_B / R_0$（又称磁灵敏度）可表示为

$$\frac{R_B}{R_0} = \left(\frac{\rho_B}{\rho_0}\right)(1 + g \cdot \tan^2\theta) = (1 + C_1 B^2)\left(1 + g \cdot \left(\frac{R_H JB}{E_0}\right)^2\right) \qquad (4\text{-}2\text{-}2)$$

式中，$C_1$ 是常数；$\theta$ 为霍尔角，$\tan\theta = E_H/E_0$（$E_0$ 是形成电流密度 $J$ 的正向电场）；$g$ 为弱磁场下样品的形状系数，在弱磁场和中等磁场下 $g$ 与长宽比 $L/W$ 的关系曲线如图 4-2-5 所示，可以看到，$L/W$ 值越小，$g$ 值越大，即短而宽的半导体片的几何磁阻效应较大。

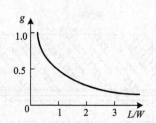

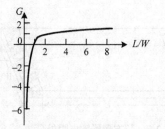

图 4-2-5　弱场 $g$ 与长宽比的关系　　　　　　　　图 4-2-6　强磁场 $G$ 与长宽比的关系

在中等磁场时，磁阻比 $R_B / R_0$ 可表示为

$$\frac{R_B}{R_0} = \left(\frac{\rho_B}{\rho_0}\right)(1 + g \cdot \tan^n\theta) = (1 + C_2 B)\left(1 + g\left(\frac{R_H JB}{E_0}\right)^n\right) \qquad (4\text{-}2\text{-}3)$$

式中，$C_2$ 是常数；$n$ 称为中等磁场的磁阻影响指数，可以测定，一般 $1 < n < 2$。

在强磁场时，磁阻比 $R_B / R_0$ 表示为

$$\frac{R_B}{R_0} = \left(\frac{\rho_B}{\rho_0}\right)\left(G + \frac{W}{L} \cdot \tan\theta\right) \approx C_3 G + \frac{W}{L} \cdot \frac{R_H B}{\rho_0} \qquad (4\text{-}2\text{-}4)$$

式中，$C_3$ 是常数（$C_3 > C_2$）；$G$ 为强磁场下样品的形状系数，它与长宽比 $L/W$ 的关系曲线如图 4-2-6

所示，其中 $G$ 的最大值是 1，最小值是负无限大，且 $G$ 随 $L/W$ 的增加与中、弱磁场时变化趋势相反。

由式（4-2-2）与式（4-2-3）知，磁阻比随磁场增加的变化趋势均是非线性的。由于 $\tan\theta$ 与磁场成正比，磁场增加到中等值时 $\tan\theta$ 大于 1，因此，中等磁场的阻值增加快些。式（4-2-4）表明，在强磁场时的总磁阻比随磁场的增强线性增加幅度比中等磁场时的更大，且 $L/W$ 大的 $G$ 也大，磁阻增加快，与实验曲线（见图 4-2-3）相符。

### 4.2.2 磁阻元件

#### 1. 长方形磁敏电阻

图 4-2-7 为长方形磁敏电阻，其长度 $L$ 大于宽度 $W$，在两端侧面制作电极构成两端器件。对于确定几何形状的磁敏电阻，在外加磁场作用下物理磁阻效应和几何磁阻效应同时存在，元件在不同磁场下的磁阻比可以通过实验测定。在弱场、中等及以上磁场时的磁阻比与理论公式（4-2-2）、式（4-2-3）和式（4-2-4）类似。

#### 2. 高灵敏栅格型磁敏电阻

为提高磁阻效应，在长方形磁敏电阻的长度方向上垂直沉积 $n$ 根金属短路条，将它分割成 $n+1$ 个子电阻元件，称为栅格型磁敏电阻，其结构如图 4-2-8 所示。假设每一个子元件在有和无磁场时的电阻分别是 $R_B$ 和 $R_0$，那么器件的总零磁场电阻 $R_{0n}$ 和有磁场电阻 $R_{Bn}$ 表示为

$$R_{0n} = R_0(n+1) \approx \rho_0 \frac{L-nl}{S} \qquad (4\text{-}2\text{-}5)$$

$$R_{Bn} = R_B(n+1) \qquad (4\text{-}2\text{-}6)$$

式中，$L$ 为栅格型磁敏电阻的总长度；$l$ 为金属条宽度，一般满足 $l/W \ll 1$，即 $l$ 很小，可以忽略。

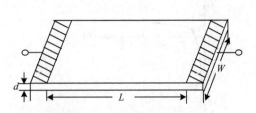

图 4-2-7　长方形磁敏电阻外形

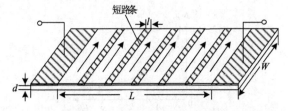

图 4-2-8　栅格型磁敏电阻的结构

在弱磁场时磁阻平方灵敏度 $S_{sn}$ 表示为

$$S_{sn} = R_{0n} \cdot m_{sn} = R_{0n} \cdot (\xi + g')(R_H^2(0) + \sigma_x^2(0)) \qquad (4\text{-}2\text{-}7)$$

式中，$g'$ 为子元件的形状系数，由图 4-2-5 知 $g'$ 很大，有栅格电阻的 $S_{sn}$ 和 $m_{sn}$ 增加了很多倍。

在较强磁场时，它的线性灵敏度 $S_{ln}$ 表示为

$$S_{ln} = R_{0n} \cdot G \cdot \frac{1}{\rho_0}\left(\frac{\mathrm{d}\rho_B}{\mathrm{d}B}\right)_{\text{线性区}} + \frac{(n+1)}{d}R_H \qquad (4\text{-}2\text{-}8)$$

在磁场很强时，$\rho_B$ 视为常数，那么灵敏度为

$$S_{ln} = (n+1) \cdot \frac{R_H}{d} \qquad (4\text{-}2\text{-}9)$$

### 3．科宾诺元件

在盘形片的外圆周边制作一个环形电极，中心处制作一个圆形电极，两个电极间就构成一个科宾诺元件，如图 4-2-9 所示。当电流在两个电极间流动时，载流子运动的径向电流会因磁场作用而发生弯曲，使电阻变大。在径向的横向，电阻是无头无尾的，因此霍尔电压无法建立，沿径向电场 $E_0$ 的每个载流子都在磁场作用下作圆周运动，电阻会随磁场有很大的变化。

若内电极半径和外电极半径分别为 $r_1$ 和 $r_2$，则无电场时半径 $r_2$ 处的电阻为

$$R = R_s \ln(r_2 / r_1) \qquad （4\text{-}2\text{-}10）$$

式中，$R_S$ 为薄层电阻，$r_1$ 受工艺条件限制，可视为一个常数。

由于电场与无磁场时相同，呈放射形，电流和半径方向形成霍尔角 $\theta$，表现为涡旋形流动。科宾诺元件是可获得最大磁阻效应的一种形状，其磁阻效应关系式为

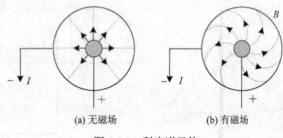

(a) 无磁场　　　　　　　(b) 有磁场

图 4-2-9　科宾诺元件

$$R_B = R_0 \frac{\rho}{\rho_0}(1 + \tan^2 \theta) \approx R_0 \left\{1 + (1 + \xi)R_H^2 \sigma_0^2 B^2\right\} \qquad （4\text{-}2\text{-}11）$$

式中，$\xi$ 为磁阻率系数，$\sigma_0$ 为其零磁场电导率。

### 4．共晶磁阻元件

锑化铟-锑化镍（InSb-NiSb）共晶材料是在 InSb 中掺入 NiSb，在结晶过程中析出 NiSb 针状晶体，如图 4-2-10 所示。其中 NiSb 针状晶体平行整齐、有规则地排列在 InSb 中，且导电性能良好，直径为 1μm，长度为 100μm 左右，所以，将它看作栅格金属条，对霍尔电压起短路作用，可看作长宽比小（如 $l/W = 0.2$）的扁条状磁阻元件的串联元件，相当于几何磁阻效应增加了磁灵敏度。

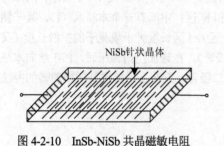

NiSb针状晶体

图 4-2-10　InSb-NiSb 共晶磁敏电阻

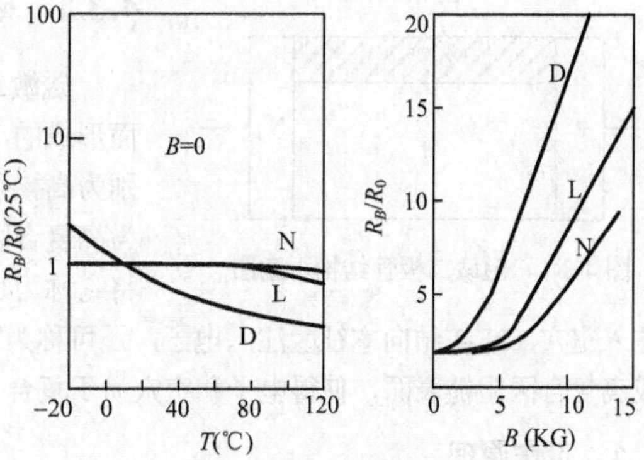

图 4-2-11　三种元件的磁阻效应和温度特性曲性

图 4-2-11 表示了三种元件的磁阻效应和温度特性，其中 D 型为未掺杂的 InSb-NiSb 磁阻元件，L、N 型为掺杂了 InSb-NiSb 的磁阻元件。由图可知，材料的磁场灵敏度越高，受温度的影响也越大；因此可以通过掺杂改善温度影响，但磁阻元件灵敏度下降。

## 4.2.3　磁敏电阻的应用

图 4-2-12 为磁敏电阻 MS-F06 非接触式测量电流的方法和交流电流监视器电路，当 MS-F06 传感

器靠近被测交流电源线时，电路输出电压与其电流同频率且大小成比例。电路输出端接万用表交流挡2V/20A，$RP_1$可调整增益（100～1000倍），此电路也可用于测量电动机转速。

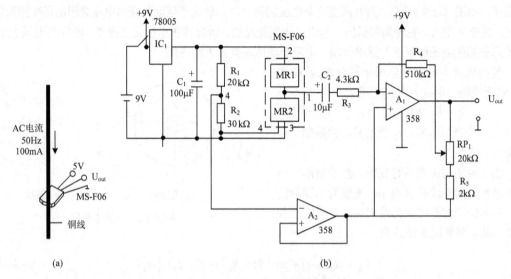

(a)　　　　　　　　　　　　　　　　　　　　　　(b)

图 4-2-12　非接触式交流电流监视器电路

# 4.3　结型磁敏器件

　　人们将结构上含有 PN 结的磁敏器件称为结型磁敏器件，主要指磁敏二极管和磁敏三极管，它们的某些性能对外磁场非常敏感，且比霍尔器件的灵敏度高，可测试 $10^{-6}$～10T 的磁场。

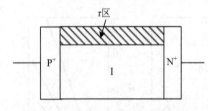

图 4-3-1　磁敏二极管结构示意图

## 4.3.1　磁敏二极管

　　磁敏二极管是在 PIN 型二极管基础上增加一个高复合区而形成的，可以称为结型二端器件。如图 4-3-1 所示，两端分别为高掺杂的 $P^+$区和 $N^+$区；中间有一个本征区（I），其一侧为高复合区（称为 r 区），I 区长度大于载流子的扩散长度（又将它称为长基区二极管）。在施加正向偏压时，$P^+$-I 结向本征区注入空穴，$N^+$-I 结向本征区注入电子，还可称为双注入长二极管。工艺上用扩散杂质或喷砂的办法制成高复合区粗糙表面，使得电子和空穴易于复合。

### 1．工作原理

　　在未加外磁场时，若磁敏二极管施加正偏压，如图 4-3-2(a)所示，则有大量的空穴从 $P^+$区经过 I 区进入 $N^+$区，同时大量的电子从 $N^+$区经 I 区进入 $P^+$区，形成电流。在 I 区只有少量的电子和空穴被复合掉。当有外磁场 $B_z$ 从纸面进入（定义为正向磁场）时，电子和空穴受到洛伦兹力作用向 r 区偏转（见图 4-3-2(b)），很多会在 r 区复合，使本征区电流减小且电阻增大，从而使本征区电压降增大，相应地在 $N^+$-I 结和 $P^+$-I 结上的电压降便减小，导致注入载流子再次减小，直至正向电流减小到某一稳定值为止。当磁场 B 反向作用时（见图 4-3-2(c)），电子和空穴受到洛伦兹力的作用而偏离 r 区，使复合率明显变小，则电流变大，I 区电阻减小，相应地在 $N^+$-I 结和 $P^+$-I 结上的电压降增大，导致注入载流子进一步增加，电流正反馈增大。总之，在正向电压下，加正向和反向磁场时，正向电流发生了很大的变化，且磁场的大小不同，电流变化也不同。

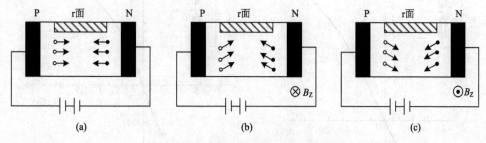

图 4-3-2　磁敏二极管工作原理示意图

## 2. 主要特性

### （1）伏安特性

图 4-3-3 为磁敏二极管的正向偏压与电流的关系曲线。图 4-3-3(a) 为 Ge 磁敏二极管的伏安特性曲线，其中 $B=0$ 的曲线表示无磁场的情况，"+""-"表示磁场的正反方向。可以看出：输出电压一定，磁场正向增大时电流减小，说明磁阻增加；磁场负向增加时电流增加，说明磁阻减小。同一磁场下的输出电流电压曲线与二极管的类似。图 4-3-3(b)、(c) 为硅磁敏二极管的伏安特性曲线，且图 4-3-3(c) 曲线上有负阻特性，即电流急剧增加的同时偏压有突然跌落的现象。其原因是高阻 I 区热平衡载流子较少，注入 I 区的载流子在未填满复合中心前不会产生较大的电流，填满后电流才开始急增。

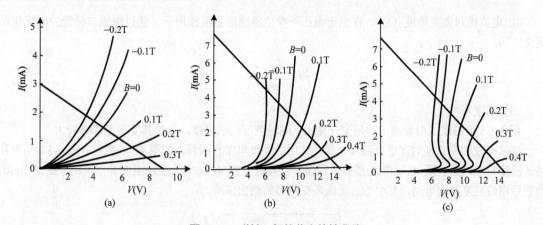

图 4-3-3　磁敏二极管伏安特性曲线

### （2）磁电特性

图 4-3-4 为磁敏二极管的磁电特性曲线，即输出电压变化量与外加磁场的关系曲线。在图 4-3-4(a) 图的工作电路中，除电阻 R 之外的另一元件就是磁敏二极管的一种图形符号。由图可知，单只使用时正向磁灵敏度大于反向；两个磁敏二极管互补使用时，正反向磁灵敏度曲线对称，且在弱磁场下有较好的线性。

通常磁敏二极管的磁灵敏度有三种定义方法。

① 电压相对磁灵敏度（$S_V$）：在恒定偏流下，在单位磁感应强度作用下，磁敏二极管偏压的相对变化，即

$$S_V = \frac{1}{V}\left(\frac{\partial V}{\partial B}\right)_I \tag{4-3-1}$$

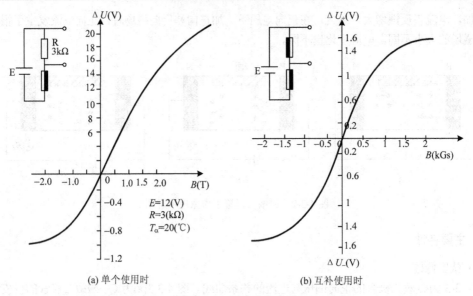

(a) 单个使用时　　　　　　　　　(b) 互补使用时

图 4-3-4　磁电特性曲线

② 电压绝对磁灵敏度（$S_B$）：有无磁场时单位磁场下压降的变化。若 $V_0$ 为无磁场时的电压，$V_\pm$ 分别为磁感应强度 $B=\pm 0.1\mathrm{T}$ 时磁二极管的电压，则 $S_B$ 表示为

$$S_{B_\pm} = \frac{(V_\pm - V_0)}{B} \qquad (4\text{-}3\text{-}2)$$

③ 电流相对磁灵敏度（$S_I$）：在恒定偏压下单位磁感应强度作用下，通过磁敏二极管的电流相对变化，即

$$S_I = \frac{I_B - I_0}{I_0 B} \qquad (4\text{-}3\text{-}3)$$

（3）温度特性

图 4-3-5 为磁敏二极管输出电压变化量 $\Delta U$ 随温度变化的规律，显然其受温度影响较大。

在实际使用中必须对其进行温度补偿，常用的补偿电路有四种，如图 4-3-6 所示。图 4-3-6(a) 为互补式温度补偿电路，图 4-3-6(b) 为差分式温度补偿电路，图 4-3-6(c) 为全桥温度补偿电路，图 4-3-6(d) 为热敏电阻温度补偿电路，其中 $U_{\mathrm{mo}}$ 为磁场变化时的输出压降。

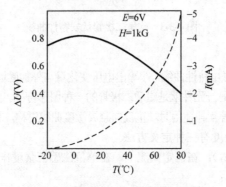

图 4-3-5　单个磁敏二极管的温度特性

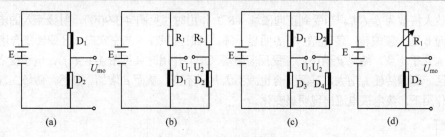

图 4-3-6　温度补偿电路

## 4.3.2　磁敏三极管

　　磁敏三极管有 N-P-N 型和 P-N-P 型两种结构，按照材料又分为 Ge 管和 Si 管，它们都是在长基区基础上设计和制造的，也称为长基区磁敏晶体管。

### 1. 结构与工作原理

　　图 4-3-7 为 Ge 磁敏三极管的结构示意图。图 4-3-7(a)是在弱 P 型准本征半导体上用合金法或扩散法形成三个电极，即发射极 e、基极 b、集电极 c，在射极和长基区之间的一个侧面制成一个高复合区 r；属于 NPN 结构，其图形符号如图 4-3-7(b)所示。图 4-3-8 为 P-N-P 型 Si 磁敏三极管的结构示意图，它是在 N 型 Si 衬底上利用 Si 平面工艺制造的。图 4-3-8(a)为其截面图，图 4-3-8(b)为其平面俯视图，其高复合区 r 也在 be 之间。

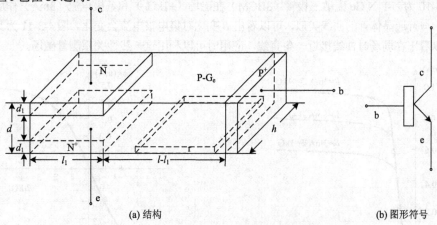

(a) 结构　　　　　　　　　　　　　　　　(b) 图形符号

图 4-3-7　N-P-N 型锗磁敏三极管结构图和图形符号

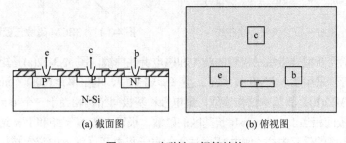

(a) 截面图　　　　　　　　　(b) 俯视图

图 4-3-8　硅磁敏三极管结构

　　图 4-3-9 为 NPN Ge 磁敏三极管的工作原理图。当无磁场作用时（$B=0$），由于基区宽度大于载流子的有效扩散长度，因此 e 区注入的载流子除少数输入 c 极外，大部分通过 e-P-b 形成基极电流 $I_b$，形

成的电流放大倍数为 $\beta = I_c/I_b$。当受到正向磁场（$B^+$）作用时（见图 4-3-9(b)），射极流入的电子受洛伦兹力作用向 b 区一侧偏转，使 $I_b$ 增大，$I_c$ 明显下降，同时基极注入的空穴向 r 区偏转复合增大使 $I_b$ 减小，总的 $I_b$ 几乎不变，结果 $\beta$ 减小。当受反向磁场（$B^-$）作用时（见图 4-3-9(c)），电子受洛伦兹力的作用向 c 区一侧偏转使 $I_c$ 增大，基区复合也减小 $I_b$ 几乎不变，从而 $\beta$ 增加。显然，磁敏三极管在正、反向磁场作用下，集电极电流出现明显变化。

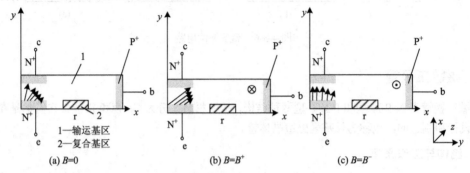

图 4-3-9　磁敏三极管工作原理示意图

## 2. 主要特性

### （1）伏安特性和磁电特性

图 4-3-10 为 N-P-N Ge 磁敏三极管（3BCM）在磁场（$\pm 1kG_S$）和基极电流（3mA）作用时的伏安特性曲线，与普通晶体管的曲线类似，可以看出 $B$ 变化时集电极电流会变化。图 4-3-11 为其磁电特性曲线，可以看出在弱场时曲线接近一条直线，应用时可以利用这一线性关系测量磁场。

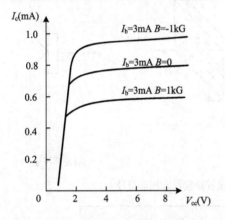

图 4-3-10　磁敏三极管伏安特性曲线

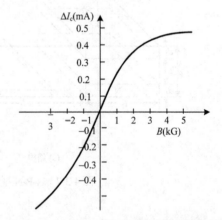

图 4-3-11　3BCM 磁敏三极管磁电特性曲线

图 4-3-12 所示为新型硅磁敏三极管的结构和磁电特性曲线。图 4-3-12(a)是矩形板状立体结构的 $N^+PN^+$ 型磁敏三极管，采用了 MEMS 技术在 π 型（即弱 P 型、电阻率 $\geqslant 100\Omega \cdot cm$）的高阻单晶硅片表面制作的。图 4-3-12(b)是其基本结构模型，集电极和基极间结构相当于一个 c-π-b 长基区的磁敏二极管，发射极和基极间相当于一个 e-π-b 长基区的磁敏二极管。在 $N^+\pi$ 结和 $P^+\pi$ 结附近存在大量的深能级杂质，形成大密度的俘获中心，使由 $N^+$ 区注入的电子和由 $P^+$ 区注入的空穴被结附近的俘获中心所俘获，从而使通过 π 区的电流密度减小。图 4-3-12(c)为其电流-磁场关系曲线，可以看出，集电极电流与磁感应强度在基极电流较小时具有较好的线性关系。

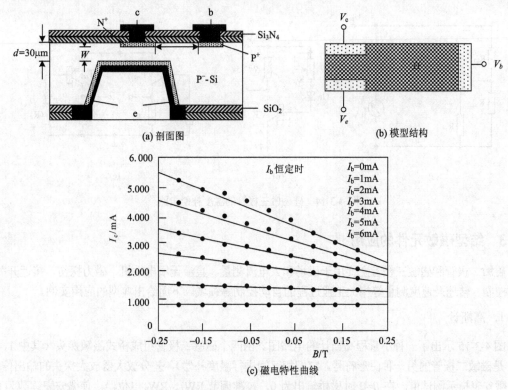

图 4-3-12　新型硅磁敏三极管的结构和磁电特性

（2）温度特性及补偿

图 4-3-13 示出了磁敏三极管的温度特性曲线。显然锗管有正温度系数、硅管有负温度系数，且对温度比较敏感，实际使用时必须进行温度补偿。

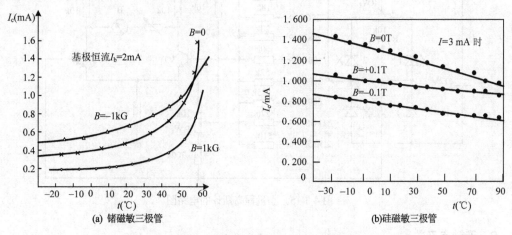

图 4-3-13　磁敏三极管的集电极电流-温度特性曲线

图 4-3-14 示出了硅磁敏三极管的三种温度补偿方式。图 4-3-14(a)利用正温度系数的普通三极管补偿；图 4-3-14(b)利用锗磁敏二极管补偿；图 4-3-14(c)采用两只特性一致、磁极相反的磁敏三极管组成的差分电路，既可提高磁灵敏度，又能实现温度补偿，是一种有效的温度补偿电路。

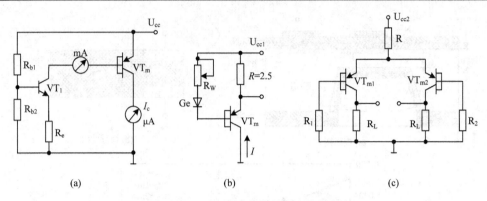

图 4-3-14　硅磁敏三极管的温度补偿电路

### 4.3.3　结型磁敏元件的应用

　　磁敏二极管和磁敏三极管主要用于磁场和大电流测量、直流无刷电动机、磁力探伤、接近开关、位置控制、转速及速度测量等相关工业过程的自动控制等领域。下面给出典型的应用实例。

#### 1．高斯计

　　图 4-3-15 示出了一种小量程高斯计的电路图。由四个磁敏二极管组成桥式磁敏探头（其中 1，2，3，4 是磁敏二极管的另一种图形符号，它们相互间进行温度补偿），差分放大器放大探头的输出信号，并由微安表指示测试值。在 $B=0$ 时磁桥输出为 0，校准调节 $RW_1$、$RW_2$ 电位器，使微安表读数为 0。当 $B>0$ 时（见图方向），1，4 管阻值减小，2，3 管阻值增大，磁桥有输出 $\Delta V_{AB}<0$，并经差分放大器放大后，由表头指示磁场强度大于 0。当 $B<0$ 即改变方向时表头指针反转。

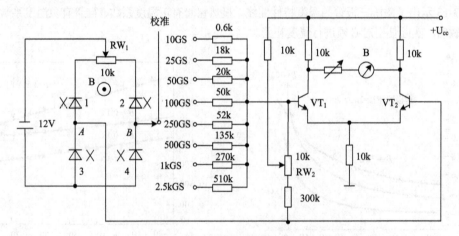

图 4-3-15　小量程高斯计的电路图

#### 2．无触点开关

　　图 4-3-16 示出了无触点开关电路，其探头称为磁桥。无磁场时磁桥平衡，无信号输出；当磁铁运行到距探头一定位置时，磁场使磁桥有信号输出，该信号加在 $VT_1$ 的基极上，使其导通。$R_1$ 上的压降增高，使晶闸管 $VT_2$ 导通，继电器 K 工作，其常开触点 $S_1$ 和 $S_2$ 闭合，指示灯点亮，控制电路接通。

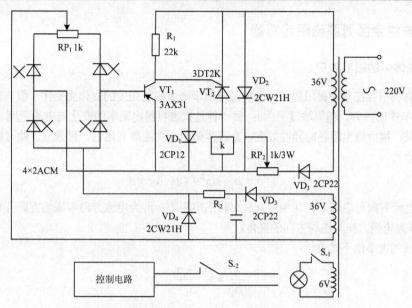

图 4-3-16　无触点开关电路

### 3．磁敏三极管有源负载接口电路

为了简化应用电路和缩小体积,在 3CCM 型磁敏三极管的基础上将温度特性较好的两个 3CCM 差分集成在一起,两个管子的磁场方向相反,产生了 4CCM 型磁敏三极管,具有温度补偿的特点。图 4-3-17 为 4CCM 差分有源负载接口电路,其中 $VT_3$、$VT_4$ 分别组成 4CCM 的两个集电极恒流源负载,利用集电极电流的变化与磁场变化成正比,在负载上产生较高的输出电压。还可以用此原理制造磁敏线性传感器,用于测量磁场、电流、压力、流量、磁力探伤等。

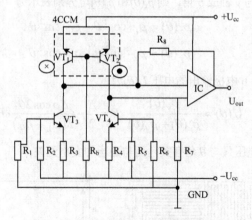

图 4-3-17　4CCM 差分有源负载接口电路

# 4.4　铁磁性磁敏元件

将用铁磁性材料制备的磁敏元件按照原理的不同分为强磁性金属薄膜磁阻(Mag NetoResistance,MR)传感器和巨磁阻(GiantMag NetoResistance,GMR)传感器,它们具有不同的特性,被用于各种不同的场合。

### 4.4.1 强磁性金属薄膜磁阻传感器

#### 1. 铁磁体中的磁阻效应

在铁磁材料中存在两种磁阻效应：一种是电阻率随着磁场强度的变化而变化，但与磁场方向无关（类似于 4.2 节中的内容，但灵敏度更大）；另一种是铁磁材料电阻率的变化与电流密度 $J$ 和磁场 $B$ 的相对取向有关，称为磁电阻各向异性效应。金属膜磁阻元件主要利用后一种效应，此时铁磁材料的电阻率 $\rho$ 可表示为

$$\rho = \rho_\perp \cdot \sin^2\theta + \rho_{//} \cdot \cos^2\theta \tag{4-4-1}$$

式中，$\rho_\perp$ 为电流方向与磁场方向互相垂直时材料的电阻率；$\rho_{//}$ 为电流方向与磁场方向互相平行时材料的电阻率；$\theta$ 为电流方向与磁场方向的夹角。

磁阻效应的大小由下式表示：

$$\frac{\Delta\rho}{\rho_0} = \frac{\rho_{//} - \rho_\perp}{\rho_0} \tag{4-4-2}$$

式中，$\rho_0$ 为零磁场时材料的电阻率。

理论研究认为，磁电阻各向异性效应与自发磁化强度在晶体内的取向和铁磁体内不同磁相体积浓度分配有关。

#### 2. 传感器结构与工作原理

铁磁金属薄膜磁敏电阻的结构如图 4-4-1(a)所示，此结构就是一个电阻分压器，由两个几何结构及性能完全一样的磁敏电阻单元互相垂直排列而组成，图中 a、b、c 表示电极，称为三端分压型磁敏电阻。由图 4-4-1(b)看出，若 a 和 b 电极间的电阻率用 $\rho_y(\theta)$ 表示，b 和 c 电极间的电阻率用 $\rho_x(\theta)$ 表示，外加磁场 $B$ 在 $xy$ 平面内并与 $y$ 轴成 $\theta$ 角，则 $\rho_x(\theta)$ 和 $\rho_y(\theta)$ 可分别表示为

$$\rho_x(\theta) = \rho_\perp \cdot \cos^2\theta + \rho_{//} \cdot \sin^2\theta \tag{4-4-3}$$

$$\rho_y(\theta) = \rho_\perp \cdot \sin^2\theta + \rho_{//} \cdot \cos^2\theta \tag{4-4-4}$$

若电源电压为 $E$，则由 b 电极输出的电压 $U(\theta)$ 为

$$U(\theta) = \frac{\rho_y(\theta)}{\rho_x(\theta) + \rho_y(\theta)} \cdot E = \frac{E}{2} - \frac{\Delta\rho\cos 2\theta}{2(\rho_\perp + \rho_{//})} \cdot E \tag{4-4-5}$$

式（4-4-5）说明输出电压只与 $\theta$ 角有关，而与磁场的大小无关。

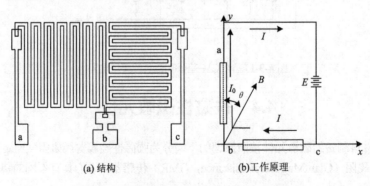

(a) 结构　　　　　　　　(b)工作原理

图 4-4-1　铁磁薄膜磁敏电阻的结构与工作原理

### 3. 输出特性和特点

图 4-4-2 示出了三端强磁性磁阻器件的输出电压随磁场强度 $H$ 的变化曲线。当磁场强度 $H$ 小于临界饱和磁场强度 $H_s$ 时，电阻率与磁场有关；当 $H$ 大于 $H_s$ 时，输出电压达到饱和。当 $H$ 大于可逆磁场强度 $H_r$ 时，输出电压没有磁滞效应，随磁场强度的变化是可逆的。图 4-4-3 给出强磁性磁阻器件的输出电压随磁场旋转角度变化的曲线，输出波形是正弦波。三端式如日本索尼公司 DM-106 型的 $H_s$ 约为 30mT，国产 RCM01 型的 $H_s$ 为 50mT～80mT，全电阻为 0.5k～3kΩ，输出电压 $U_{p-p}$ 为 60～80mV，平均角灵敏度在±1 毫伏/度以上，耗散功率为 150mW。四端元件全电阻为 1k～5kΩ，输出电压 $U_{p-p}$ 为 120～160mV，耗散功率为 300mW，平均角灵敏度在±2mV/° 以上。

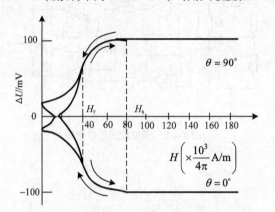

图 4-4-2　输出电压随磁场强度变化的曲线　　　　图 4-4-3　输出电压随磁场旋转角度变化的曲线

与其他磁敏器件相比，铁磁薄膜磁敏电阻的材料可采用镍钴薄膜，通常用真空蒸发薄膜工艺制造，电阻设计成迂回状是为了获得较高的电阻值并使器件小型化，具有以下优点。

（1）灵敏度高且有选择性：比霍尔器件高 1～2 个数量级，且灵敏度具有方向性，磁场与金属膜平行时灵敏度最好，磁场与金属膜垂直时则无磁敏特性。

（2）温度特性好：电阻值、输出电压与温度呈线性关系，容易进行温度补偿。

（3）频率特性好：保持铁磁薄膜磁敏电阻器输出信号不变的截止频率是强磁性共振频率，但实际上频率小于 10MHz 就可保持输出不变。

（4）倍频特性：输出电压的频率正好等于磁场旋转频率的 2 倍。

（5）饱和特性。显然，在饱和情况下检测磁场方向不用另外的限幅器即可获得稳定的输出。

总之，元件不仅对磁场方向敏感，而且对磁场强度也非常敏感。进而它们坚固耐用、应用范围广。

### 4. 典型应用

（1）开关量应用

强磁性金属薄膜磁敏电阻在开关量方面的应用实例是磁敏无触点开关，其输出高电平很高，接近电源电压，低电平很低，接近零。其典型的应用电路如图 4-4-4 所示，图中 $R_A$、$R_B$ 分别为图 4-4-1 中电极 a-b、b-c 间的电阻器，型号为 RCM-1；$A_1$ 运算放大器组成电压比较电路，$A_2$ 运算放大器组成施密特触发器。应用时要使 $R_B/R_A$ 比 $R_1/R_2$ 大 1%～2%，无磁信号时 $U_o$ 为低电平，有磁信号时 $U_o$ 为高电平。如果 $R_B$ 和 $R_A$ 的 $R_{/\!/}$ 和 $R_\perp$ 与 $R_1$ 和 $R_2$ 搭配不合理，则不会起到开关作用，会出现有磁信号时 $U_o$ 不翻转或翻转，但去掉磁信号时 $U_o$ 不恢复原来状态的情况。它具有动作距离大、工作温度范围宽、抗冲击振动和频率响应高等特点，因此可用于多种传感器自动控制与检测设备中。

（2）模拟量应用

图 4-4-5 为磁敏角位移传感器的典型应用电路，其输出电压增量（$U_{o1}-U_{o2}$）按公式（4-4-5）变化，即正弦函数曲线。磁敏电阻 $R_A$ 和 $R_B$ 不仅对磁场方向的敏感性很强，且对磁场强度的敏感性也很强，并且在一定范围内阻值随磁场强度的变化有极好的线性度，可制成精密线位移传感器，如采用 RCM01 磁敏电阻的线位移传感器、压力传感器、厚度传感器、称重传感器、速度传感器、加速度传感器等。此电路不仅能对转体进行角度测量和自动控制，还可制成坡度仪、航天航海的磁罗盘和舵角仪等。

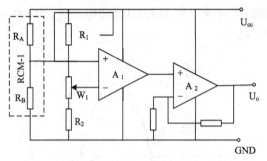

图 4-4-4　开关量典型应用电路　　　　　图 4-4-5　模拟量应用典型线路

## 4.4.2　巨磁阻抗传感器

### 1. 巨磁阻抗效应

当给非晶丝带中通入高频电流信号时，其交流阻抗随沿丝纵向所加的外磁场强度而显著变化，人们将此显著变化的现象称为巨磁阻抗（Giant Magneto-Impedance，GMI）效应，其交流阻抗为

$$Z = R + \mathrm{j}X \tag{4-4-6}$$

式中，$R$ 为薄带阻抗电阻分量，$X$ 为电感分量。

若给非晶带施加沿轴向的外磁场 $H_{\mathrm{ext}}$，其有效磁导率 $\mu_{\mathrm{eff}}$ 会随 $H_{\mathrm{ext}}$ 的变化而改变，从而导致其阻抗 $Z$ 的实部 $R$ 和虚部 $X$ 发生变化，且阻抗的变化率在一定磁场范围内很大。于是，定义非晶带的巨磁阻抗变化率为

$$\frac{\Delta Z}{Z} = \frac{Z(H) - Z(H_{\max})}{Z(H_{\max})} \times 100\% \tag{4-4-7}$$

式中，$Z(H)$ 为外加轴向磁场 $H$ 时非晶带的阻抗值，$Z(H_{\max})$ 为外加轴向磁场达到饱和时的阻抗值，通常 $H_{\max}$ 值与实验设备能产生的最大磁场有关。

则磁场灵敏度 $S_{\mathrm{MZ}}$ 定义为单位外加磁场 $H_{\mathrm{ex}}$ 下的阻抗变化率，其单位为 %/(A · m$^{-1}$)，即

$$S_{\mathrm{MZ}} = \frac{\Delta Z}{Z} / H_{\mathrm{ex}} \tag{4-4-8}$$

通常用 $\Delta Z/Z$ 和 $S_{\mathrm{MZ}}$ 两个指标相结合来反映材料的 GMI 效应对外磁场的灵敏程度。由于在 Co 基非晶丝急冷制备过程中，丝的表面和中心区有不同的冷却速率，表面层受到圆周方向的压缩力，而中心区域受到张力。在负磁致伸缩和淬火应力的相互作用下产生了圆周各向异性和外壳环形磁畴结构，如图 4-4-6(a)所示，此磁畴结构和较强的趋肤效应使它们产生 GMI 效应。Co 基非晶薄带也因具有很高的横向各向异性磁畴结构而产生 GMI 效应，见图 4-4-6(b)，如 CoFeSiB 的 Co 基薄带具有近零的磁致伸缩、较大的 GMI 比率和磁场灵敏度。GMI 效应较强的磁性材料有：Co 基非

晶丝（如 $Co_{68.15}Fe_{4.35}Si_{12.5}B_{15}$）、非晶玻璃包裹丝（如 $Co_{68.25}Fe_{4.5}Si_{12.25}B_{15}$）、纳晶丝（$Fe_{73.5}Si_{13.5}B_9Nb_3Cu_1$）、纳晶玻璃包裹丝（$Fe_{73}Si_{13.5}$ $B_9$ $Cu_1Nb_{1.5}V_2$）、非晶薄带（如 $Co_{70}Fe_5Si_{15}Nb_{2.2}Cu_{0.8}B_7$）、纳晶薄带（如 $Fe_{73.5}Si_{13.5}B_9Cu_1Nb_3$）、复合结构丝（如 NiFe/Cu、NiFeCo/CuBe）、复合结构带（如 $Fe_{75}$ $Si_{15}B_6Cu_1Nb_3$ /Cu/$Fe_{75}Si_{15}B_6Cu_1Nb_3$）、三明治结构多层膜（如 CoSiB/Ag/CoSiB）等。它们都属于 GMI 软磁材料，其磁性参数主要有：低电阻率 $\rho$、较小的磁致伸缩系数 $\lambda_s$、高磁导率 $\mu$、低矫顽力 $H_c$、高饱和磁感应强度 $B_s$ 等。另外，Fe 基非晶丝经合适的温度退火处理后可以得到纳晶丝，使 GMI 效应明显增强。

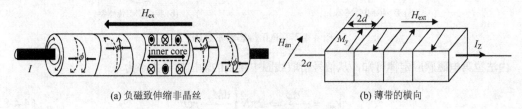

(a) 负磁致伸缩非晶丝　　　　　　　　　　　(b) 薄带的横向

图 4-4-6　GMI 的磁畴结构

## 2. 巨磁阻抗传感器

利用 GMI 效应制成的磁敏传感器根据驱动和拾取信号的方式不同分为传统 GMI 传感器、纵向驱动 GMI 传感器、非对角 GMI 传感器和线圈驱动 GMI 传感器等四种，且 GMI 传感器系列按照图 4-4-7(a)不同端点总结在表 4.4.1 中。当用较小的交流电流驱动时，GMI 传感器的输出电压正比于样品的阻抗值，它属于线性元件；当用较高幅值的电流时，由于敏感元件被驱动场磁化饱和，样品或拾取线圈两端会产生非线性的电压输出。另外，由于阻抗是张量形式，有对角分量和非对角分量。当驱动电流作用在①和②两端时，阻抗的对角分量的变化表现为敏感元件两端信号的变化，而阻抗的非对角分量的变化表现为线圈两端信号的变化。根据驱动电流产生交变磁场对敏感元件的磁化程度，GMI 传感器可分为线性方式和非线性方式，其中非线性方式可以消除信号对外磁场的磁滞。根据信号探测方式又可分对角化（从敏感元件两端取信号）和非对角化（利用绕在元件上的线圈拾取信号）。

图 4-4-7(b)为一实用非线性非对角化巨磁阻抗传感器示意图，包括敏感元件、交流驱动电源、绕在敏感元件上的线圈和并联电容器。驱动电流通过敏感元件两端，信号从绕在元件上的线圈拾取，不仅减少相互干扰，而且线圈本身可以通直流，产生偏磁场，使敏感元件工作在最敏感区域，可以灵敏地测量弱磁场。将线圈和并联电容器拾取的信号经过解调、放大、积分等处理后，得到信号随外磁场变化的单一关系。敏感元件采用直径为 30μm、长为 10cm 的 Co 基非晶细丝，置于线圈内后细丝和线圈分别与函数发生器及示波器相连。测试时给非对角 GMI 传感器用较大的交流电流驱动，使线圈和电容形成 LC 共振，使共振频率为驱动频率的 2 倍，输出二次谐波信号，即可得到样品交流纵向磁导率的变化规律，此时也可以测试它随外磁场的变化。

表 4-4-1　GMI 传感器系列中的不同驱动和拾取信号方式

| MI 传感器 | 驱动电流源 | | 输出信号端 | |
|---|---|---|---|---|
| 传统 GMI 传感器 | ① | ② | ① | ② |
| 非对角 GMI 传感器 | ① | ② | ③ | ④ |
| 纵向驱动 GMI 传感器 | ③ | ④ | ③ | ④ |
| 线圈驱动 GMI 传感器 | ③ | ④ | ① | ② |

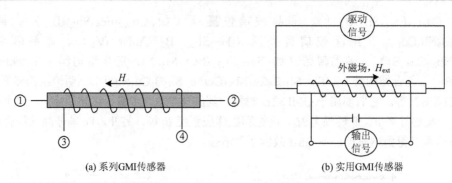

(a) 系列GMI传感器　　　　　　　　(b) 实用GMI传感器

图 4-4-7　GMI 传感器示意图

由法拉第电磁感应定律可知，从信号拾取线圈中得到的输出信号大小为

$$V_{\text{out}} = -\frac{\mathrm{d}\phi}{\mathrm{d}t} = -2\pi N \int_0^{r_0} \frac{\mathrm{d}M_z}{\mathrm{d}t} \cdot r\mathrm{d}r \qquad (4\text{-}4\text{-}8)$$

式中，$\phi$、$M_z$ 分别是磁通量和细丝在轴向方向的磁化强度，$r_0$ 是丝的半径，$N$ 为线圈匝数。

由于趋肤效应，$M_z$ 为径向 $r$ 的函数，若研究范围在低频时趋肤效应不明显，再考虑线圈和敏感元件之间的空隙，则输出为

$$V_{\text{out}} = -N\left[\frac{\mathrm{d}(A_0\mu_0 H_{\text{ext}}(t))}{\mathrm{d}t} + \frac{\mathrm{d}(A_c\mu(t)H_{\text{ext}}(t))}{\mathrm{d}t}\right] \qquad (4\text{-}4\text{-}9)$$

式中，$A_0$ 和 $A_c$ 分别是空隙和敏感元件的横截面积，$\mu_0$ 和 $\mu(t)$ 分别是真空磁导率和敏感元件的交流纵向磁导率，$H_{\text{ext}}(t)$ 是交流纵向外磁场强度。

式（4-4-9）表明非线性非对角化 GMI 传感器的灵敏度受敏感元件间的空隙影响，与线圈的匝数和磁场变化率成正比。

### 3. GMI 传感器的应用

与其他磁传感器相比，GMI 传感器具有灵敏度最高、响应速度快、稳定性高、功耗低和磁滞小等特点，且同时满足高灵敏度和尺寸微型化的要求，可用作 GMI 磁场传感器、GMI 扭矩传感器。图 4-4-8 为基于 GMI 传感器的汽车操纵轴扭矩测量系统。图 4-4-8(a)是金属轴扭矩测量结构，磁极安置在轴的圆周槽的边缘，采用无线调频型 CMOS IC GMI 传感器，其探头用 1 根 FeCoSiB 非晶丝，放置见图中灰色模块内。图 4-4-8(b)是传感器电路，利用多频振荡器发射的脉冲信号激励磁阻抗元件。CMOS 芯

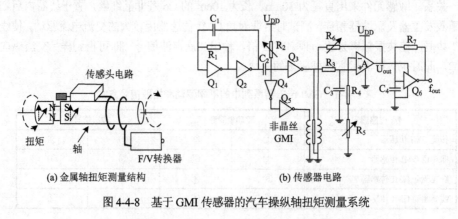

(a) 金属轴扭矩测量结构　　　　　　　(b) 传感器电路

图 4-4-8　基于 GMI 传感器的汽车操纵轴扭矩测量系统

片 74AC04 中反相器 $Q_1$、$Q_2$ 和电阻器 $R_1$、电容器 $C_1$ 组成多频振荡器，可产生 10ns 宽脉冲电流信号。当杆受到扭矩作用时，两个磁极之间的磁场发生改变，GMI 传感头把这种变化信息通过正方形的线圈传给后面的电路。GMI 元件上的脉冲电流依次通过由 $R_3$ 和 $C_3$ 组成的滤波器、高速运算放大器 A 后得到传感器输出 $U_{out}$，其输出 $U_{out}$ 与扭矩之间为正比关系，经 F/V 以频率输出扭矩信号。所加负反馈环路是为了改善输出电压特性、频率特性，并消除磁滞现象。

# 4.5　电感式磁传感器

利用电感的电磁感应效应制成的传感器称为电感式磁传感器，主要有电涡流磁传感器和磁通门，都具有磁灵敏度高、频率响应宽、功耗低、抗干扰能力强及结构简单、体积小、使用灵活方便、工作稳定可靠和造价低廉等显著优点。

## 4.5.1　电涡流磁传感器

电涡流磁传感器是利用电涡流效应制成的传感器，主要由线圈和金属块组成，也称为电涡流金属传感器，可以测量物体表面为金属的多种相关物理量，如位移、厚度、表面温度、速度、应力、材料损伤等。

### 1. 电涡流效应

当成块的金属处于变化着的磁场中或在磁场中运动时，金属导体表面就会产生感应电流且呈闭合回路，类似于水涡流形状，故称之为电涡流，此现象称为电涡流效应。如图 4-5-1 中，有一个传感器激励线圈，当通有交变电流 $i_1$ 时，线圈周围就会产生一个交变磁场 $H_1$。根据经典电磁理论和麦克斯韦方程组，可以得到磁感应强度与线圈轴向距离的关系式；还可以根据毕奥沙伐拉普斯定律得到单匝有载流 $i_1$ 圆导线在轴上的磁感应强度为

$$B_1 = \frac{\mu_0 i_1}{2} \cdot \frac{r^2}{(x^2 + r^2)^{3/2}} \tag{4-5-1}$$

式中，$B$ 的单位是特斯拉，$r$ 为载流线圈半径，$x$ 为线圈与金属导体间的轴向距离。

于是，磁场强度 $H_1$（单位是安培·米）即 $B/\mu_0$ 在轴向距离上的分布就与激励电流和线圈半径有关。若被测导体置于该磁场内，其表面产生电涡流 $i_2$，$i_2$ 又产生新磁场 $H_2$，它与 $H_1$ 方向相反，会抵消部分原磁场，从而导致线圈的电感量 $L$、阻抗 $Z$ 和品质因数 $Q$ 等发生改变。而一般这些因素的变化与导体的几何形状、电导率和磁导率有关，也与线圈的几何参数、电流的频率及线圈到被测导体的距离有关。通过控制上述几种参数中一种参数发生变化，其余都不变，设计成测量各种物理量的传感器。也可以将其他非电量转化为阻抗的变化，从而完成非电量的测量工作。

### 2. 典型的电涡流金属传感器

通常电涡流金属传感器主要由产生交变磁场的通电线圈和置于线圈附近的金属导体两部分组成。下面讲述三种常见的涡流传感器及其测试电路。

（1）低频透射型涡流传感器

图 4-5-2 为低频透射型涡流传感器的原理图，其中含有发射线圈 $L_1$ 和接收线圈 $L_2$，并分别位于被测金属板材 M 的两侧，线圈是由漆包线绕在胶木骨架上制成的。采用低频激励能得到较大的贯穿深度，适用于测量金属材料的厚度。

当线圈间没有被测金属板材时，低频激励电压 $U_1$ 加到 $L_1$ 两端，线圈流过一个同频率的电流，

产生一个能贯穿 $L_2$ 的交变磁场，将在 $L_2$ 中产生感应电势 $U_2$，这时 $U_2$ 为最大值。当 $L_1$ 和 $L_2$ 之间放置被测金属板 M 时，$L_1$ 产生的磁场穿过 M，在 M 中将产生电涡流，将损耗一部分磁能，使达到 $L_2$ 的磁力线被削弱，从而在 $L_2$ 中产生的感应电势 $U_2$ 被降低，且 M 越厚涡流损耗越大，使得 $U_2$ 越小。由此可知，$U_2$ 的大小就反映了被测金属板材的厚度。这就是低频透射型涡流传感器的工作原理。

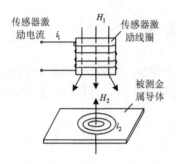

图 4-5-1  电涡流效应示意图

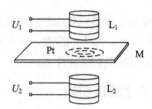

图 4-5-2  低频透射型涡流传感器的原理图

（2）变间隙型涡流传感器

图 4-5-3 为位移测量的原理示意图，其中 1 为被测导体，2 为传感器线圈。随着传感器线圈与导体平面之间间隙的变化，会引起涡流效应的变化，从而导致线圈电感、阻抗和品质因数变化。此线圈的阻抗 Z 是被测金属的磁导率 $\mu$、电导率 $\sigma$、距离 $x$、线圈尺寸 $r$、激励电流强度 $i$ 和频率 $f$ 的函数，即：

$$Z = F(\mu, \sigma, x, r, i, f) \tag{4-5-2}$$

在其他参数都固定时，可以进行位移测量。为使变间隙电涡流式传感器小型化，常在线圈内加入磁芯，以保证在电感量不变的条件下减少匝数，提高品质因数，同时也可以感受较弱的磁场变化，进而增大测量范围。

（3）螺管型涡流传感器

图 4-5-4 为一种螺管型单圈式短路套筒涡流传感器，由螺管 2 和短路套筒 1 组成，其中短路套筒 1 相当于一个变压器的二次侧线圈，且与被测物体 M 相连。$l_1$ 为线圈 1 的长度，$r_1$、$r_2$ 为两线圈绕组的平均半径。当套筒沿轴向移动时，电涡流效应引起螺管阻抗变化，通过螺管阻抗来测量套入尺寸 $l_2$。原理上，当线圈与螺管全部耦合即严格满足忽略边缘效应的长线圈和理想的耦合系数时，会有良好的灵敏度，实际应用中这种传感器有较好的线性度、没有铁损，但是灵敏度较低。

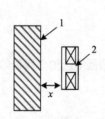

图 4-5-3  位移测量的原理

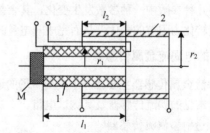

图 4-5-4  单圈式短路套筒涡流传感器

（4）变面积型电涡流位移传感器

图 4-5-5 示出变面积型电涡流位移传感器，它由绕在扁矩形框架上的线圈构成，它利用被测导体

圆筒和传感器线圈之间相对覆盖面积的变化所引起的电涡流效应强弱的变化来测量位移。此类电涡流传感器轴向灵敏度高，径向灵敏度低；而被测导体和线圈间隙由于运动很难保持不变，将会影响测试结果。因此，为补偿间隙变化引起的误差，常使用两个串取的线圈，置于被测物体的两边，如图 4-5-5(b)所示，它的线性测量范围比变间隙型的大，且线性度较高。

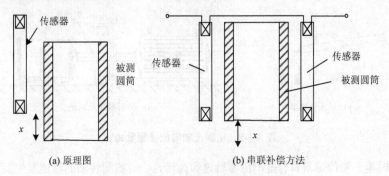

(a) 原理图　　　　　　　　　　(b) 串联补偿方法

图 4-5-5　变面积型电涡流位移传感器

（5）测量电路

电涡流传感器的测量电路有调幅式和调频式两种，其调幅式电路又可分为恒定频率的调幅式与频率变化的调幅式两种。恒定频率调幅式电路框图如图 4-5-6 所示，包括电涡流传感器线圈、石英晶体振荡器、正反馈放大电路、检波滤波等。当被测金属导体与电涡流传感器线圈之间有距离变化时，

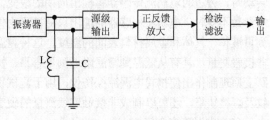

图 4-5-6　恒定频率调幅式电路框图

电路中就有相应幅值变化的高频电压输出，此高频电压的频率仍为振荡器提供的频率。可将这一恒定频率调幅波的高频电压经电路调理为直流电压进行测量，此数据采集的速度快、时间短、过程易于实现，并可以降低功耗。

### 3. 电涡流磁传感器的应用

（1）振动测量及其他测量

电涡流磁传感器的重要用途之一是位移及其相关参数测量。利用电涡流传感器端部与被测物体之间的距离变化 $D$ 可以测量物体的振动位移或幅值，以及静位移、旋转机械中转轴的振动等，其原理如图 4-5-7(a)所示。要了解轴的振动形状可作出振型图，如图(b)所示。可以将多个传感器并排在轴侧，用多通道指示仪输出到记录设备上。当轴旋转时，可获得每个传感器各点的瞬时振幅值，从而画出轴振型图。

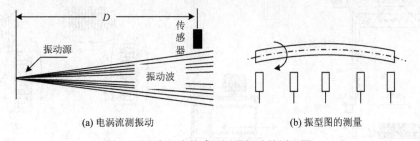

(a) 电涡流测振动　　　　　　　　(b) 振型图的测量

图 4-5-7　电涡流传感器测量振动的原理图

图 4-5-8 为电涡流轴向位移测量装置，当汽轮机、水轮发电机运行时，其叶片在高压蒸汽或高位能水体驱动下高速旋转，主轴将受到巨大的轴向推力。需要利用电涡流传感器测量轴向位移，防

止其超过特定值时叶片或转子与其他部件可能的碰撞以保证安全运行。例如汽轮机主轴的轴向窜动、金属材料的热膨胀系数、钢水液位、纱线张力和流体压力等都能变成位移量进行测量；还可以测量能转换成位移矢量的压力、加速度等参数，能应用到接近开关、金属零件计数、尺寸检测和粗糙度检测等领域。

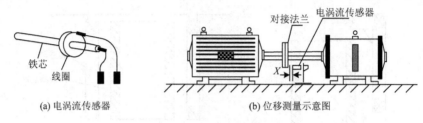

(a) 电涡流传感器      (b) 位移测量示意图

图 4-5-8　电涡流轴向位移测量装置

转速测量时电涡流传感器具有能响应零转速和高转速、对被测转轴的转速发生装置要求很低（如被测体齿轮数可以很小），且输出信号的抗干扰能力强等优势。在旋转体上安装一个金属体，当旋转体转动时，旁边的电涡流传感器将输出周期的改变信号，由频率计测试频率即可计算出转速。在保持很多参数不变时，电涡流传感器的输出只随被测物体电阻率的变化而变化，即可测得其温度变化，用于测量液体、气体和金属材料表面的温度，这种测温不受金属表面、涂料、油、水等介质的影响，属于非接触测量，具有从低温到常温附近测量容易、快速的特点。另外，利用交互磁场突变而使电压发生跃变原理制作出便携式电涡流探伤仪，用于测试物体表面不平整度、输油管道、罐体的原始或后生裂纹及焊缝缺陷，还可以制成非接触连续测量的硬度计。

（2）电涡流安全门

图 4-5-9 示出了安全门结构，其中，$L_{11}$、$L_{12}$ 为头尾串联的两组发射线圈，$L_{21}$、$L_{22}$ 为头尾串联的两组接收线圈。当无金属物品通过时，由于 $L_{11}$、$L_{12}$ 和 $L_{21}$、$L_{22}$ 相互垂直，形成电气正交，所产生的磁场 $H_1$、$H_2$ 无磁路交联，如图 4-5-9(b)所示，$U_{21}$、$U_{22}$ 电位和相位相等。由于后处理电路中含有锁相环电路，所以输出电压 $U_0=0$。当有金属物品通过时，其表面将形成电涡流而产生微弱磁场 $H_3$、$H_4$，磁场方向与接收线圈磁场方向无正交，其余弦分量将影响接收线圈感抗变化，随之 $U_{21}$、$U_{22}$ 的电位值和相位均不相等，输出电压 $U_0$ 不等于零。计算机系统将根据 $U_0$ 的高低，通过预先设定的曲线进行拟合，定性判断出金属物体的大小。当携带枪支、管制刀具及其他金属物品的人员通过电涡流安全门时，可引起安装于门框的线圈感抗发生变化，经转换电路处理后可送显示和报警单元，可确保重要口岸（如机场、海关、监狱等）的安全。

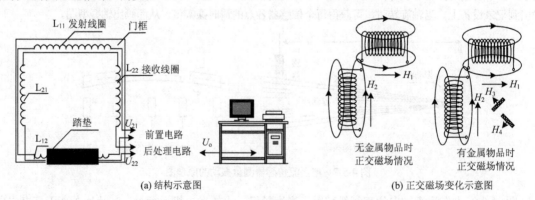

(a) 结构示意图      (b) 正交磁场变化示意图

图 4-5-9　电涡流安全门

## 4.5.2　磁通门

磁通门是利用变压器效应受外界磁场调制的手段进行磁场测量的装置。当考虑环境磁场对铁芯的作用时，感应电势中会出现随环境磁场强度而变化的偶次谐波分量，且当铁芯处于周期性过饱和工作状态时，偶次谐波分量显著增大；即环境磁场就像一道门，变压器通过这道门，相应的磁通量就被调制并产生感应电势。这种电磁感应现象称为磁通门现象。通常磁通门主要由磁通门传感器、测量电路、数据采集处理单元等组成，其传感器将环境磁场的物理量转化为电势信号，测量电路对感应电势偶次谐波分量进行选通、滤波、放大，数据采集处理单元对测量电路输出的信号进行模数转换、数据处理、计算、存储等。磁通门能测量的磁场范围为 0～0.1mT，可用于地磁、地震预报、探矿、探雷电、探潜、星际间磁场测量和宇宙空间技术等领域。

### 1. 磁通门传感器的结构

磁通门传感器实际上就是最简单的磁通门，其结构是一种稍加改造的变压器式器件，由铁芯及其外绕激磁线圈（一次侧线圈）、感应线圈（二次侧线圈）组成，可分为单铁芯和双铁芯磁通门。一般要求铁芯的磁导率高、矫顽力小，且磁导率会随激励磁场强度而变化，弱磁场中可选用软磁合金（如坡莫合金铁芯）。图 4-5-10 为单铁芯磁通门的结构，有传统磁通门（见图 4-5-10(a)）和对称线圈磁通门（见图 4-5-10(b)）两种。当外磁场 $H_0$ 有一微小变化时，铁芯上会引起磁感应强度 $B$ 显著变化，感应线圈的电势就产生明显变化。

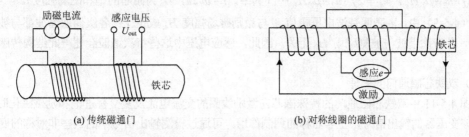

(a) 传统磁通门　　　　　　　　　　　(b) 对称线圈的磁通门

图 4-5-10　单铁芯磁通门的结构

为提高测量精度，常需要差分信号输出，实际中采用双铁芯磁通门传感器，如图 4-5-11 所示，有传统双铁芯（见图 4-5-11(a)）和典型跑道形（见图 4-5-11(b)）两种结构，其中激磁线圈反向串联。在形状尺寸和电磁参数完全对称的条件下，激磁磁场产生的激励磁场方向在任一瞬间在空间都是反向的，在公共感应线圈中可实现磁通量的差分，建立的感应电势互相抵消，它只起调制铁芯磁导率的作用。而环境磁场在平行铁芯的轴向分量是同向的，在感应线圈中建立的感应电势则互相叠加。

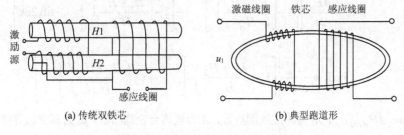

(a) 传统双铁芯　　　　　　　　　　(b) 典型跑道形

图 4-5-11　双铁芯磁通门传感器结构图

### 2．磁通门的工作原理

（1）单铁芯磁通门的原理

当图 4-5-10(a)所示的磁通门工作时，激励线圈中通过一固定频率的交变电流进行激励，使铁芯往复磁化到饱和（一般激磁电源频率要尽可能高）。若没有外磁场，测量线圈输出的感应电动势的频率成分只包含激励频率的奇次谐波；若存在直流外磁场，铁芯中外磁场形成的磁通被交变激励磁场所调制，直流外磁场在一半周期内帮助激励磁场使铁芯提前达到饱和，而在另一半个周期内使铁芯推迟饱和，则造成激励周期内正负半周不对称，从而使输出电压曲线中出现偶次谐波或振幅差。若总的磁场强度为

$$H = H_0 + H_m \cos \omega t \tag{4-5-3}$$

式中，$H_0$ 为外加磁场强度，$H_m$ 为激励磁场强度，$\omega$ 为激励电流的角频率。

检测线圈中的感应电动势为

$$e = -n_2 A \mu_T \frac{\mathrm{d}(H_0 + H_m \cos \omega t)}{\mathrm{d}t} \tag{4-5-4}$$

式中，$n_2$ 为感应线圈的匝数，$A$ 为磁芯的横截面积，$\mu_T$ 为磁芯的相对磁导率。

把电动势 $e$ 用傅里叶级数展开：

$$e = \sum e_k \sin k\omega t \tag{4-5-5}$$

式中，$e_k(k=1,\ 2,\ \cdots)$ 为各次谐波的系数。即 $e_1 = (\pi + 2)f \cdot n_2 A \mu_T H_m$，$e_2 = -8f \cdot n_2 A \mu_T H_0$，$e_3 = 2.8f \cdot n_2 A \mu_T H_s$，$e_4 = 2f \cdot n_2 A \mu_T H_0 \cdots$（其中，$f = \omega/2\pi$，$H_S$ 为磁芯的饱和磁场强度）。

式（4-5-5）中，$e_k$ 表明基波电压幅值 $e_1$ 与激励磁场幅度 $H_m$ 成正比；各级偶次谐波都与被测磁场 $H_0$ 有关，各奇次谐波与被测磁场 $H_0$ 无关。因此，感应电压中这些奇次谐波会使得此结构传感器的噪声很大。

（2）双铁芯磁通门的原理

当图 4-5-11 中双铁芯磁通门的特殊磁芯在激励线圈的交流电流反复交替过饱和励磁磁化时，外磁场会对该变压器的输出信号产生非对称的调制作用，可通过检测输出信号中的这些非对称的变化来实现对外磁场的测量，常用于测量弱磁场。

若给传感器的一次侧线圈加上使其深度饱和的激励电流，铁芯的简化磁化曲线如图 4-5-12(a)所示。被测磁场会使两个一次侧线圈中的磁场（$H_1$、$H_2$）不等，如图 4-5-12(b)所示。相应地，二次侧线圈中磁感应强度和感应电势也不同，如图 4-5-12(c)和(d)所示。由于二次侧线圈顺接，则双铁芯磁通门的最终输出电压信号如图 4-5-12(e)所示。

在环境磁场的作用下，感应线圈上产生较大的偶次谐波电压分量，其主要偶次谐波的二次谐波电压 $e_2$ 及其振幅 $E_2$ 与环境磁场 $H_0$ 的函数关系为

$$e_2 = \frac{4E_m}{3\pi}\left\{\left[1 - \left(\frac{H_s + H_0}{H_m}\right)^2\right]^{(3/2)} - \left[1 - \left(\frac{H_s - H_0}{H_m}\right)^2\right]^{(3/2)} \cdot \sin 2\omega t\right\} \tag{4-5-6}$$

$$E_2 = \frac{4E_m}{3\pi}\left\{\left[1 - \left(\frac{H_s + H_0}{H_m}\right)^2\right]^{(3/2)} - \left[1 - \left(\frac{H_s - H_0}{H_m}\right)^2\right]^{(3/2)}\right\} \tag{4-5-7}$$

式中，$E_m = \omega n_2 A H_m \mu_0 \mu_A$，$n_2$ 为感应线圈匝数，$A$ 为坡莫合金截面积，$\mu_0$ 为真空磁导率，$\mu_A$ 为坡莫合金的磁导率。

从式（4-5-6）中可以看出：当 $H_0$ 符号改变时，$e_2$ 幅值相等但相位相反，在一定条件下仅与环境

磁场 $H_0$ 有关。因此，二次谐波电压不仅能反映环境磁场的大小，而且反映环境磁场的方向特性。由式（4-5-7），考虑在单位环境磁场 $H_0$ 的作用下，其幅值的大小，即二次谐波灵敏度 $G_2$ 为

$$G_2 = \frac{dE_2}{dH_0} = \frac{4E_m}{\pi}\left[\frac{H_s + H_0}{H_m}\sqrt{1 - \left(\frac{H_s + H_0}{H_m}\right)^2} + \frac{H_s - H_0}{H_m}\sqrt{1 - \left(\frac{H_s - H_0}{H_m}\right)^2}\right] \tag{4-5-8}$$

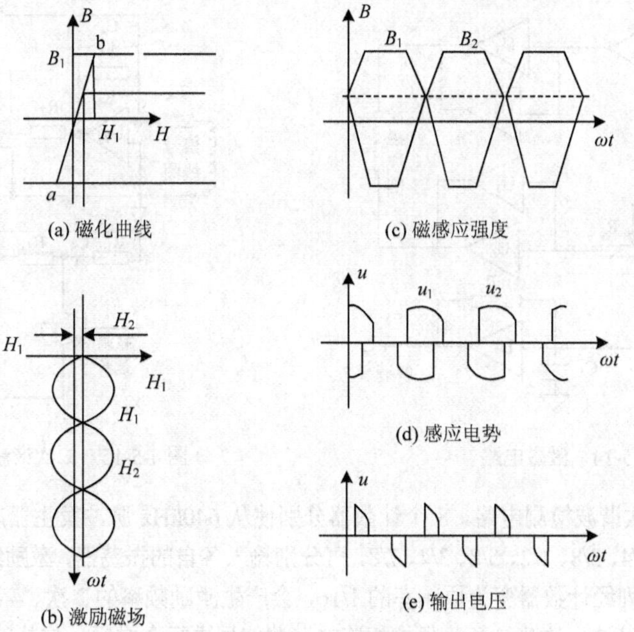

(a) 磁化曲线

(c) 磁感应强度

(b) 激励磁场

(d) 感应电势

(e) 输出电压

图 4-5-12 双铁芯磁通门传感器的工作原理

一般情况下，$H_0$ 远小于 $H_m$ 和 $H_S$，则式（4-5-8）近似为

$$G_2 = \frac{8E_m}{\pi} \cdot \frac{H_s}{H_m}\sqrt{1 - \left(\frac{H_s}{H_m}\right)^2} \tag{4-5-9}$$

分析式（4-5-9）知，$G_2$ 值为最大时 $H_m = 2\sqrt{H_s}$，且最大值左边 $H_m$ 的微小变化会造成 $G_2$ 的很大变化，而右边变化较平缓，因此，激磁电源选择要使 $H_m$ 略大于 $2\sqrt{H_s}$。

### 3. 磁通门测量电路

图 4-5-13 为磁通门的基本测量电路原理框图，包括激磁电路和偶次谐波测量电路两部分。激磁电路由振荡器、分频器、驱动和激磁线圈等组成。图 4-5-14 为典型的激磁电路，其中晶振 J 的晶振频率经 $U_0$、$U_1$ CD4060 分频器分频后，由 $U_2 \sim U_7$ CD4049 六反相驱动器进行功放后激磁，一般激磁频率选在 10kHz 左右。通过调整 $R_3$ 使激磁线圈的工作电流满足铁芯的工作点要求（即 $H_m$ 略大于 $2\sqrt{H_s}$），即磁通门能达到对环境磁场最敏感；调节 $C_1$ 可改善解调参考波形。

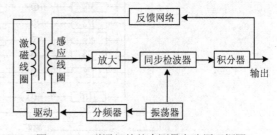

图 4-5-13 磁通门的基本测量电路原理框图

磁通门传感器输出的 2、4、6…偶次谐波均能反映 $H_0$ 的幅值和相位，而二次谐波在偶次谐波中幅

值最大，因此，一般通过二次谐波来测量磁通门的输出。图 4-5-15 为二次谐波测量电路，将磁通门传感器的感应线圈分成信号线圈和反馈线圈两部分，由 UAF42 集成块组成双二次型带通滤波器，对信号线圈的二次谐波和反馈线圈的信号进行调制并放大。$U_8 \sim U_{11}$ 为 UAF42 有源滤波器，VT 为三极管。选择合适的 $R_4 \sim R_{13}$、$C_2 \sim C_6$ 的值，调整 $R_5$ 使电压放大倍数 $K_v$ 约为 100、$f_0$ 约为 10kHz，即可测量出二次谐波信号。

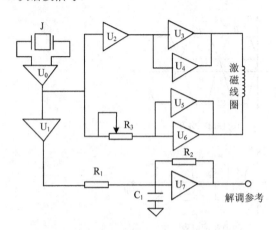

图 4-5-14　激磁电路

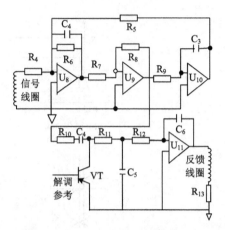

图 4-5-15　二次谐波测量电路

图 4-5-16 为高次谐波检测电路。8 个计数器分别使从 640kHz 脉冲发生器产生的脉冲序列的频率变为原频率的 1/8、1/4、3/8、1/2、5/8、3/4、7/8，再分别输入各自的振荡器，激励线圈的驱动频率 40kHz 由 640kHz 的脉冲序列经计数器变为原频率的 1/16，会产生激励频率的 2 次、4 次、6 次、8 次、10 次、12 次、14 次、16 次谐波，这些与负载阻抗相连的谐波信号进行合成后，与从感应线圈 $L_2$ 出来的脉冲信号进行混频，实现连续检测，选择负载阻抗的值使合成后的信号与感应信号比例在理论上完全一样，混频操作称为波形自动校正，以有效提高检测微弱信号时的信噪比。激励电流频率为 1MHz 时，磁通门传感器的线性范围为 ±1900nT，灵敏度最高达到 0.15V/nT，当磁场强度大于 2000nT 时，传感器已经达到饱和，输出电压随着磁场强度的增大而减小。

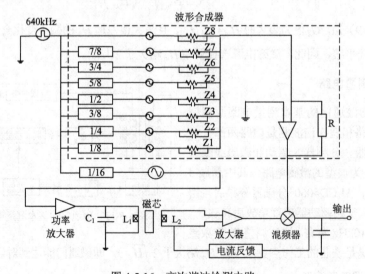

图 4-5-16　高次谐波检测电路

#### 4．典型的磁通门

**（1）三端磁通门**

按照结构不同，磁通门有三端式磁通门探头、三探头磁通门、双轴磁通门、三轴磁通门、平面四轴向磁通门等。其中三端式磁通门探头最简单，如图 4-5-17(a)所示，内端是激励，中心抽头是信号端也是反馈端，所以，一组线圈起到激励、拾取信号、反馈三种作用，如果两边圈数相等、电阻相等、电感相同，则两边的干扰（包括基波分量）可以抵消大部分，上、下半轴线圈感应电压的差动输出信号的总电流 $I$ 为

$$I = \frac{6NS\omega b H^2 H_0 \sin 2\omega t}{R} \tag{4-5-10}$$

式中，$S$ 为截面面积，$N$ 为感应线圈匝数，$\omega$ 为激励信号角频率，$H$ 为磁芯轴向平行磁场，$H_0$ 为外磁场，$b$ 为常数。

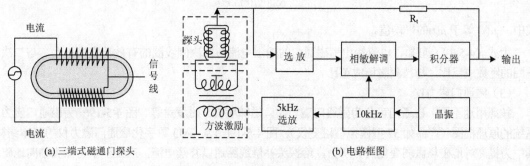

图 4-5-17　单分量磁力仪原理图

信号中只有二次谐波分量，且与外磁场 $H_0$ 成正比，奇次谐波干扰得到了有效抑制。所以，这种探头灵敏度虽低（2~4μV/nT），但非常稳定。图 4-5-17(b)是其电路原理框图，输出用高精度万用表测试，简单可靠，在卫星姿态控制、随钻测斜仪、地面磁通门磁力仪中有广泛的应用。

**（2）电流输出型磁通门**

按照工作方式不同，磁通门可分为电流输出型磁通门、闭环反馈式数字磁通门、调相型磁通门等。图 4-5-18(a)为电流输出型磁通门的电路连接图，将磁通门二次侧通过一个大容量电容器 C 接到运算放大器的虚地端，二次侧线圈感应的电流经电阻器 R 转换成电压信号输出。这种连接对次二次侧圈来说相当于对地短路，所以也称为短路输出型磁通门。图 4-5-18(b)为电流输出型磁通门二次侧回路的等效电路，其中 $r$ 为二次侧线圈的等效电阻，$t$ 表示时间。由外部回路可写出二次侧线圈两端电压 $e(t)$ 的方程：

$$e(t) = ri(t) + \frac{1}{C}\int i(t)\mathrm{d}t \tag{4-5-11}$$

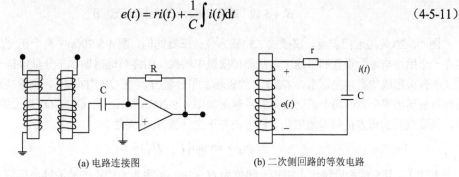

图 4-5-18　电流输出型磁通门

二次侧线圈两端的电压与铁芯中磁感应强度 $B(t)$ 之间的关系为

$$e(t) = -N_2 S \frac{dB(t)}{dt} \tag{4-5-12}$$

式中，$N_2$ 为二次侧线圈的匝数，$S$ 为铁芯截面积，$B(t)$ 等于磁导率与磁场强度的乘积。

图 4-5-18 所示的电流输出型磁通门激励电流使铁芯反复进入饱和区，其铁芯的磁导率随时间而变化用 $\mu(t)$ 表示。磁场强度包含被测磁场 $H_x$ 和二次侧电流 $i(t)$ 产生的变化磁场 $H(t)$ 两部分。当二次侧线圈的有效长度为 $l$ 时 $H(t)$ 为

$$H(t) = \frac{N_2}{l} i(t) \tag{4-5-13}$$

当电容 $C$ 很大，二次侧线圈的铜电阻 $r$ 较小时，电流输出有：

$$i(t) = \frac{l}{N_2} \left[ \frac{\overline{\mu(t)}}{\mu(t)} - 1 \right] \cdot H_x \tag{4-5-14}$$

式中，$\overline{\mu(t)}$ 等于 $\mu(t)$ 的平均值。

由式（4-5-14）可知，电流输出型磁通门的输出电流与二次侧线圈的有效长度成正比，与二次侧线圈的匝数成反比，与被测磁场成正比。

（3）磁通门磁力仪

按照用途不同，磁通门可分为磁通门磁力仪、磁梯度仪、磁罗盘等。图 4-5-19(a) 为磁通门磁力仪系统的原理框图（产品如 57 型模拟型磁变仪），图 4-5-19(b) 为 GM3 数字化磁通门磁力仪的基本结构。其中为提高对地磁场微弱变化的分辨力，给探头补偿线圈通以补偿电流，产生一个与探头轴向地磁场大小相同、方向相反的"补偿磁场"，使探头铁芯近似工作于零场状态，此磁力仪的动态范围约 ±2500nT。

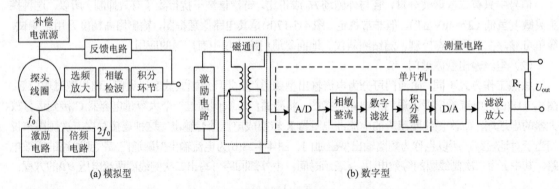

(a) 模拟型　　　　　　　　　　　　　　　　　　(b) 数字型

图 4-5-19　磁通门磁力仪系统原理示意图

图 4-5-20 为磁通门罗盘，属摆式二轴磁方位传感器结构，图 4-5-20(a) 中两个正交的磁通门探头固定在一个始终与地面垂直的吊摆上，从而使摆锤中的探头始终与地磁场水平分量保持平行。假设两个正交的探头形成的直角坐标系为 $OX'Y'$，地磁场水平分量 $H_0$（在 $OX'Y'$ 面内），测量绕组 I、II 所接收的地球磁场水平分量的两个正交分量的示意图如图 4-5-20(b) 所示，在 $OX'$、$OY'$ 轴上的投影值为 $H_1$、$H_2$，则要测量的磁方位角即地磁场北极方向与正交分量 $H_1$ 的夹角为

$$\varphi_M = \arctan\left[ H_1 / H_2 \right] = \theta \tag{4-5-15}$$

若在 I、II 中的激励绕组上施加一幅值为 $U_m$、中心频率为 $f_0$ 的正弦波激励电压信号 $u_1 = u_m \sin \omega_0 t$，

并使磁芯反复充分达到饱和，那么绕组Ⅰ上的二次谐波电压的幅值 $u_{21}$ 与 $H_1 = H_0 \cos\theta$ 成正比，绕组Ⅱ上的二次谐波电压的幅值 $u_{22}$ 与 $H_2 = H_0 \sin\theta$ 成正比，则

$$u_{21} = k_1 H_0 \cos\theta \sin 2\omega_0 t, \qquad u_{22} = k_1 H_0 \sin\theta \sin 2\omega_0 t \qquad (4\text{-}5\text{-}16)$$

式中，$k_1$ 为测量绕组接收系数，它与磁芯材料、磁导率、线圈匝数、中心角频率相关。

由式（4-5-16）可见，测量绕组Ⅰ、Ⅱ输出的二次谐波电压信号是与地球磁场北极方向相关的两路正弦和余弦调制信号。

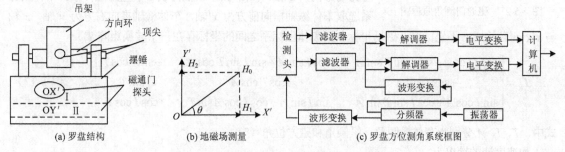

| (a) 罗盘结构 | (b) 地磁场测量 | (c) 罗盘方位测角系统框图 |

图 4-5-20　摆式二轴磁方位传感器结构示意图

（4）小型磁通门及其特点

小型磁通门有如下两类。

1）微型磁通门。它们较常规的磁通门在体积和质量上成倍减小。利用 MEMS 技术制作出铜立柱导线、底层金导线、底层绝缘层、中间层磁芯、顶层绝缘层和顶层金导线，最终完成线圈缠绕磁芯的结构，其磁芯设计为矩形环状结构，具有闭合的磁通路径，从而减小了磁漏。磁芯的每条边上绕有三组线圈，四边共有 12 组线圈，每组线圈有 14～15 匝导线，均可作为激励线圈、检测线圈或补偿线圈。若 $X$ 轴和 $Y$ 轴两个方向上都有激励和检测线圈，就可以同时检测两个方向上的磁场强度。磁芯采用高磁导率的镍铁合金电镀而成，厚度约为 5μm，线圈导线采用导电性能好的金属铜，磁芯与导线间用绝缘材料隔开，起绝缘和支撑作用。该传感器的尺寸为 7mm×7mm、最小线宽为 50μm、线圈的电阻值为 110Ω。

2）小型磁通门。典型的小型磁通门采用钴基非晶带代替坡莫合金制作而成，可以得到较强的信号且噪声小；并用它研制了三种型号磁强计，即 CTM-5W01 型磁强计（测量范围为 0～±250000nT，分辨力为 1nT）、CTM-10D 型和 CTM-10 型等，可作为地磁卫星磁通门。

磁通门具有很多特点：如高灵敏度、高分辨率、高温下好的稳定性、低的能耗和成本、宽的测试范围；极好的磁场矢量响应性能、标量分量梯度和角参数；探头简单、小巧、可以实现点磁测量，可微型化；有较高的测磁强分辨力（达到 $10^{-8} \sim 10^{-9}$T，相当于地磁场强度的 $10^{-4} \sim 10^{-5}$）；探头没有重复性误差、迟滞误差，非线性可由系统闭环来削弱至可忽略的程度，系统信号零偏和标度因素（梯度）可调节、补偿和校正。一般磁通门测强仪适用于弱磁场测量，最高测量上限只有 $1.25 \times 10^{-3}$T；可以实现无接触和远距离检测；已成为新一代高性能、智能化引信的基础件之一。

### 5. 磁通门的应用

（1）在车辆导航系统中的应用

磁通门通过测量角度来定位，在车辆导航系统中有重要的应用。目前，车辆导航主要采用卫星导航定位系统和惯性导航两种方式。前者主要包括全球定位系统（GPS，Global Positioning System）和全球卫星导航系统（GLONASS，Global Navigation Satellite System）。卫星导航具有覆盖范围广、精度高的特点，但属于被动导航，且信号经常受到遮挡，使导航系统不能连续定位。前者属于主动导航，工

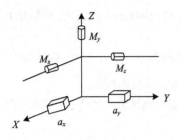

图 4-5-21　磁通门测角原理图

作时不依赖外界信息、不易受外界干扰，但角速度陀螺初始化时间较长、存在误差积累，且存在运动部件可靠性问题。

图 4-5-21 为磁通门测角基本原理图。航向和姿态角的测量采用捷联式编排的 3 个磁通门传感器和两个石英加速度计，分别安装在车体坐标系的 3 个坐标轴上，其中 $M_x$、$M_y$、$M_z$ 为磁通门探头，$a_x$、$a_y$ 为加速度计。地磁坐标系选取地磁在水平面上投影方向为 $x$ 轴，重力场方向为 $z$ 轴，$y$ 轴与 $z$、$x$ 轴构成右手直角坐标系。车体坐标系选取车体纵轴指向前方为 $x'$ 轴，车体横轴指向右方为 $y'$ 轴，$z'$ 轴与 $x'$、$y'$ 轴构成右手坐标系。磁场坐标系到车体坐标系之间的坐标存在一个转换矩阵 $\boldsymbol{T}_R$：

$$\boldsymbol{T}_R = \begin{bmatrix} \cos I \cos A - \sin I \sin T \sin A & \cos I \sin A + \sin I \sin T \cos A & -\sin I \cos T \\ -\cos T \sin A & \cos T \cos A & \sin T \\ \sin I \cos A + \cos I \sin T \sin A & \sin I \sin A - \cos I \cos A \sin T & \cos I \cos T \end{bmatrix} \tag{4-5-17}$$

式中，$T$、$I$、$A$ 分别为车体横倾角、纵倾角和磁方位角（°）。

加速度计的输出为

$$\begin{bmatrix} a_x \\ a_y \\ a_z \end{bmatrix} = \boldsymbol{T}_R \begin{bmatrix} 0 \\ 0 \\ g \end{bmatrix} \tag{4-5-18}$$

磁通门的输出为

$$\begin{bmatrix} m_x \\ m_y \\ m_z \end{bmatrix} = \boldsymbol{T}_R \begin{bmatrix} M \cos \eta \\ 0 \\ M \sin \eta \end{bmatrix} \tag{4-5-19}$$

式中，$a_x$，$a_y$，$a_z$ 分别为重力加速度在 $x'$，$y'$，$z'$ 方向的分量（m/s²）；$M$ 为地磁强度（T）；$m_x$，$m_y$，$m_z$ 分别为地磁在 $x'$，$y'$，$z'$ 方向的分量；$\eta$ 为磁倾角；$g$ 为重力加速度。

由此，磁方位角为

$$A = \arctan \frac{-m_y(g^2 - a_y^2) - m_x a_x a_y + m_z a_y \sqrt{g^2 - (a_x^2 + a_y^2)}}{g(m_z a_x + m_x \sqrt{g^2 - (a_x^2 + a_y^2)})} \tag{4-5-20}$$

纵倾角为

$$I = \arctan \frac{a_x}{\sqrt{g^2 - (a_x^2 + a_y^2)}} \tag{4-5-21}$$

横倾角为

$$T = \arctan \frac{a_y}{\sqrt{g^2 - a_y^2}} \tag{4-5-22}$$

三轴磁通门磁强计可用于炮弹运动参数测量、常规兵器智能化等，在宇航工程中测绘高空地磁场、月球磁场、行星磁场、星际磁场、太阳风和带电粒子相互作用形成的空间磁场图形等方面均有广阔的应用前景。

（2）在工程检测中的应用实例

磁通门在工程检测技术中的应用越来越广，如在超声电视成像测井仪器中通过磁通门检测磁强度的周期变化来确定图像的方位。选用圆环形磁通门传感器探头，其处理电路采用"二次谐波法"设计，如图 4-5-22 所示，可分为激磁电路和检测电路两部分。激磁电路采用 CD4060 内部的振荡器频率源，外接高精度的频率为 $f_0=1$（2.2RC）的时钟信号。再利用 CD4060 内部的计数器对时钟分频得到 10kHz 和 20kHz 的信号。将 CD4060 输出的方波由电容信号变成交流信号，经过功率放大器和两个互补的三极管放大以使其铁芯尽快达到饱和，放大输出后激励激磁线圈。检测电路由放大及乘法电路、低通滤波及比较器电路组成。放大器将感应线圈输出的小信号放大成 $X$，送入乘法器 AD632，与 20kHz 的周期信号 $Y$ 相乘，提取并输出反映地磁信号强弱的二次谐波分量信号，OUT=$X \times Y$/10。其结果经过低通滤波电路滤除其他各次谐波分量，得到 10Hz 的正弦交流信号，然后将其送入比较器，与一固定幅度比较后得到北极指示信号。

另外，磁通门在矿石磁力计中设计了一种在单片机控制下的逐次渐近反馈比较式的背景磁场自动补偿，约 60000nT 的背景地磁场经自动补偿后仅有几个 nT 左右的真正"零场"，保证了磁力计的有效动态范围，提高了其分辨力。磁通门可用来探测磁场源，如潜艇、鱼雷、地下钢铁管道、地雷隐蔽武器等；对材料和零件进行磁性分捡和残磁检测，如磁性探伤；用磁测方法检测其相关物理量，如测量风扇和手表摆轮转动周期车辆速度、运行间距、车型和密度等。只要允许配置磁铁零件，非电量磁测法也可以推广应用于测量无磁性或无规律磁性物体的特征物理量。在医学检测中，采用磁通门梯度传感器研制了肺磁测试系统和胃磁诊断仪等，均具有可观的发展前景。

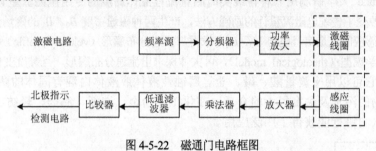

图 4-5-22 磁通门电路框图

# 4.6 新型磁敏传感器及其发展趋势

## 4.6.1 CMOS 磁敏器件

CMOS 磁敏器件在灵敏度、线性度和功耗等方面大大优于体型结构，并与普通 IC 工艺兼容，能方便地与其他 CMOS 功能电路集成在一起，拓宽其应用范围，因而日益受到人们的重视。CMOS 磁敏器件具有类似于 MOS 差分放大器的结构，结构如图 4-6-1 所示，它具有如下特点。

（1）两只互补的 MOS 晶体管（$M_1$ 和 $M_2$ 是互补对、$M_3$ 和 $M_4$ 是互补对）由两只劈裂漏极 MOS 晶体管替代。图 4-6-1(a)中，一个劈裂 MOSFET 有一个源极 S、两个漏极 D 和一个栅极。Split Drain-MOSFET 简称 SD-MOSFET，若沟道长度为 $L$，宽度为 $W$，则两个漏极宽度=$(W-\Delta)$/2（$\Delta$ 为劈裂裂缝宽度）。

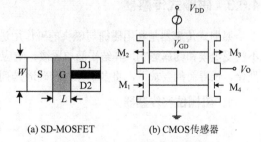

(a) SD-MOSFET          (b) CMOS传感器

图 4-6-1 CMOS 磁敏器件等效电路

（2）图 4-6-1(b)中，CMOS 传感器中劈裂漏极相互交叉连接，当加上垂直于器件表面的磁场时，两只劈裂漏极 MOS 管中的电流会受到影响，由于洛伦兹力的作用，使载流子运动发生偏离，导致一个漏极电流增加，而另一个漏极电流减小。晶体管电流增加的漏极与一只配对晶体管电流下降的漏极相连，反之亦然。由于这种相互交和动态负载技术，漏极电流的较小变化就会引起输出电压的很大变化。

此传感器的输出电压与磁感应强度 $B$ 呈线性关系，其灵敏度主要与其结构（宽长比）、材料特性（载流子迁移率）和工艺条件有关，在一定的工艺条件下选取较小的宽长比有利于提高器件灵敏度。

### 4.6.2　电磁式流量传感器

电磁式流量传感器是根据法拉第电磁感应定律原理制成的。导电性的液体在流动时切割磁力线，会产生感生电动势，从而测得流速。图 4-6-2 是电磁式流量传感器的工作原理图。在励磁线圈加以励磁电压后，绝缘导管便处于磁力线密度为 $B$ 的均匀磁场中，当平均流速为 $v$ 的导电性液体流经绝缘导管时，那么在导管内径为 $D$ 的管道壁上设置的一对电极中，便会产生如下式所示的电动势 $e$，即液体流动的容积流量：

$$Q = \frac{\pi D^2}{4}\bar{v} = \frac{\pi D}{4B}\cdot e \quad (\text{m}^3/\text{s}) \tag{4-6-1}$$

式中，$\bar{v}$ 为液体的平均流速（m/s），$B$ 为磁场的磁通密度（T），$D$ 为导管的内径（m）。

设 $B = B_m\cos\omega t$ 为交变磁感应强度；$e = BD\bar{v} = B_m D\bar{v}\cos\omega t$，为液体流动而产生的电极电路电压，其容积流量 $Q$ 与电动势 $e$ 成正比，就可以通过对电动势的测定来求出容积的流量。

德国 Karlsruhe 大学研制出一种在线实时测量流程液体黏度的专用电磁流量计，其原理图如图 4-6-3 所示，改变了传统电磁流量计的励磁方法，产生两种磁通密度 $B_0$、$B_1$ 的磁场分布，测量两种磁场分布条件下感应的流量信号电势 $U_0$、$U_1$，求得与流速分布廓形（velocity profile）有关的量，建立一个两参数流变学模型（rheological model），可大体探求出流速分布廓形，且黏度变化也会使廓形产生相应的变化。它可以用来测量酸、碱、盐等腐蚀性液体或液体内混有固体的两相体，如泥浆和含有大量杂物的污水及黏度很大的介质，在化工、冶金、造纸、制药、轻纺、酿酒、食品、环保、化纤、水利等行业获得了广泛应用。

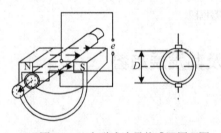

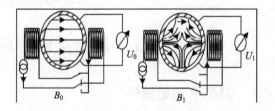

图 4-6-2　电磁式流量传感器原理图　　　　　　　图 4-6-3　专用电磁流量计

### 4.6.3　磁栅式传感器

磁栅式传感器是利用磁栅与磁头的磁作用进行测量的一种新型数字式传感器。由于磁栅式传感器不易受尘埃和结露影响，其结构简单紧凑，响应速度快（达到 500～700kHz），在高速度、高精度、小型化、长寿命的要求下，将多个元件精确地排列组合，易构成新功能器件和多功能器件。

**1．磁栅位移传感器**

（1）结构

图 4-6-4 所示的磁栅式传感器由磁栅、磁头和检测电路组成。图中 NIN 和 SIS 分别为正负极性的

栅条，磁栅就是在不导磁材料制成的基片上镀一层均匀的磁膜，并刻录上间距相等、极性正负交错的磁信号栅条；λ 为磁栅尺栅条的间距，是磁栅尺的长度计量单位。有两个磁头成对出现即是静态磁头，其间距为$(m+1/4)\lambda$（其中 $m$ 为正整数），磁头制成多间隙是为了增大输出，且其输出信号是多个间隙所取得信号的平均值，可以提高输出精度。静态磁头有激磁和输出两个绕组，其铁芯用铁镍合金片叠成的有效截面不等的多间隙铁芯，它与磁栅相对静止时也能有信号输出。

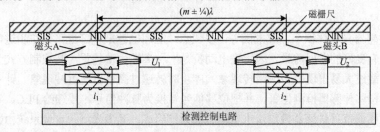

图 4-6-4　磁栅式传感器示意图

（2）工作原理

当磁头相对于磁栅有相对位移时，位移过程中磁头就把磁栅上的栅信号检测出来，把被测位移转换成电信号。磁头绕组相当于一个磁开关。当对磁头绕组加以交流电时，铁芯截面较小的那一段磁路每周期两次被激励而产生磁饱和，使磁栅尺所产生的磁力线不能通过铁芯。只有当激磁电流每周期两次过零时铁芯不被饱和，磁栅尺的磁力线才能通过铁芯；此时输出绕组才有感应电势输出，其频率为激磁电流频率的两倍，输出电压的幅度与进入铁芯的磁通量成正比，即与磁头相对于磁栅的位置有关。磁栅传感器的测量输出可通过检测磁头相对于磁栅线位移时其磁通量变化而形成电感信号变化，控制电路输出正比于被测位移的数字信号。磁栅的测量方式有鉴相电路或鉴幅电路两种。

① 鉴相式工作状态。

对图 4-6-4 中的磁头 A 和 B 的激磁绕组分别通以同频率、同相位、同幅值的激磁电流。把 A 磁头输出的感应电势 $e_A$ 移相 $\pi/2$ 得电势 $e_A'$，再将 $e_A'$ 和 B 相电势 $e_B'$ 相加，有：

$$e = e_B' + e_A' = (E_0 \sin \omega t)\cos(2\pi / \lambda)x + (E_0 \cos \omega t)\sin(2\pi / \lambda)x$$
$$= E_0 \sin\left[\omega t + (2\pi / \lambda)x\right] \tag{4-6-2}$$

通过鉴别 $e$ 和 $E_0 \sin\omega t$ 之间的相位差$(2\pi/\lambda)x$，便可检测出磁头相对于磁尺的位移 $x$。根据 PLC（Programmable Logic Controller）脉冲计数器读出输出信号的相位，即可确定磁头的位置。

② 鉴幅式工作状态。

与鉴相式工作状态一样，对两组拾磁磁头 A、B 的激磁绕组通以同频率、同相位、同幅值的激磁电流，即从两磁头绕组输出感应电势 $e_A$ 和 $e_B$。若用检波器将 $e_A$ 和 $e_B$ 中的高频载波 $\sin\omega t$ 滤掉，便可得到相位差为 $\pi/2$ 的两路交变电压信号，即：

$$e_A' = \sin\frac{2\pi}{\lambda}x, \qquad e_B' = \cos\frac{2\pi}{\lambda}x \tag{4-6-3}$$

对 $e_A'$ 和 $e_B'$ 进行放大、整形，转换成两路相差 1/4 周期的方波信号。由 $e_A'$ 和 $e_B'$ 转换的两路方波信号的超前滞后关系反映了磁头相对于磁性标尺的移动方向。这两路方波信号经鉴相倍频后变成正反向数字脉冲信号。鉴幅式检测电路简单，但分辨率受录磁节距 λ 的限制，要提高分辨率必须采用复杂的倍频电路。

采用霍尔磁敏元件代替线圈测头的新型磁栅的工作方式，不同于以往的线圈测头和等间距的录磁。霍尔元件产生霍尔电势的原理如图 4-6-5 所示，将霍尔元件贴在信号处理电路板上，同时在电路板上集成信号采集、处理、计算和显示，元件移动时输出的霍尔电势经处理可得到位移值。

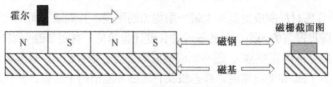

图 4-6-5　新型磁栅原理图

（3）应用

磁栅位移传感器具有体积小、成本低等诸多优点，应用也越来越广泛，如在步进电动机控制系统和电梯控制中就有良好的发展前景。因步进电动机是一种离散运动装置，其控制方式为开环控制，启动频率过高或负载过大易出现丢步或堵转现象，停止时转速过高易出现过冲现象。针对其丢步或失控情况，采用磁栅位移传感器检测位置，并把位移信号转换为脉冲信号，反馈给 PLC，实现闭环控制。图 4-6-6 示出了磁栅位移传感器控制步进电动机的系统组成，其激光测距定位系统由数控工作台对外六角螺钉进行 $x$、$y$ 轴激光扫描；数控台的 $x$、$y$ 方向固定安装有磁栅尺，磁头可随导轨移动；当数控台上的激光传感器进行扫描时，磁栅传感器对步进电动机的位移进行计数，通过 PLC 内部计算可以精确计算出螺钉中心的位置。

在电梯控制系统中，静磁栅位移传感器可作为电梯平层控制的调整，其原理如图 4-6-7 所示，图中轿厢处于地下层上面的第一层，静磁栅源安装于电梯井道和室外层平行，每层一个，静磁栅尺安装于轿厢上，长度为 1.2m，地下层安装两个静磁栅源，用于检测轿厢是否到底位及运动方向。电梯的运行可由楼层和轿厢的呼叫信号、行程信号进行控制，而楼层和轿厢的呼叫是随机的，因此系统控制采用随机逻辑控制。在以顺序逻辑控制实现电梯的基本控制要求的基础上，根据随机的输入信号及电梯的相应状态适时地控制电梯的运行。每层轿厢的位置可由静磁栅位移传感器测定，并送 PLC 计数器来进行控制；同时每层楼再设置一个静磁栅源以检测系统的楼层信号。

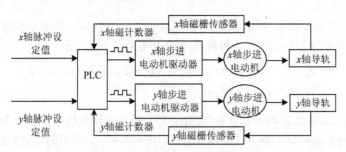

图 4-6-6　磁栅位移传感器控制的步进电动机系统框图

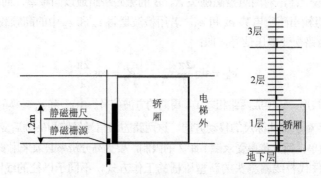

图 4-6-7　静磁栅位移传感器电梯控制系统

## 2. 高分辨率磁性旋转编码器

编码器按编码方式可分为增量式编码器和绝对式编码器。按工作原理可分为光电式编码器、磁性线圈式编码器、电磁感应式编码器、静电电容式编码器和磁阻式编码器。与光电式编码器比较，磁阻式磁性编码器的优点有：结构紧凑，高速下仍能稳定工作，抗环境污染能力强，抗振、抗爆能力强，尤其适宜于冲床，耗电少等。图 4-6-8 为磁性编码器的结构，图 4-6-8(a)是原理示意图，图 4-6-8(b)为器件结构（外形尺寸为 $\Phi65mm \times 55mm$），它包含磁鼓和磁阻传感器头。磁鼓是在铝合金锭子上涂敷一层磁性介质（$\gamma\text{-}Fe_2O_3$）并被磁化出偶数个长度为 $\lambda$ 的磁极；磁头就是在玻璃基片上镀上一层 $Ni_{81}Fe_{19}$ 合金薄膜并光刻成电阻条。图 4-6-9 所示是磁阻随外磁场变化的曲线图。当磁鼓旋转时，磁场周期性地变化，磁阻也周期性地变化，且每个磁场周期对应两个磁阻变化周期，具有倍频特性。从磁头输出的信号非常弱，增量信号 $V_{P\text{-}P}=40mV$，索引信号 $V_{P\text{-}P}=20mV$，因此信号必须经过放大、整形等处理电路才能得到有用的信号。图 4-6-10 为桥式电路及差动放大电路，提高了信号的共模抑制能力和编码器的温度特性。图 4-6-11 为各路信号的理想波形图。采用磁阻传感头，对磁场敏感，使编码器的频率特性好，频率范围从 0～200kHz，每转输出 2000 个增量方波信号和一个零道索引信号。采用软铁进行磁屏蔽，使编码器具有抗电磁干扰的能力。若把它装到低速交流伺服上，发动机在 0.4～1750r/min 时工作正常，且耐振性能好。它们在工业用机器人和数控机床等的位置控制、进给控制、打印机和磁盘驱动器等自动化测量仪中的应用日益增多。

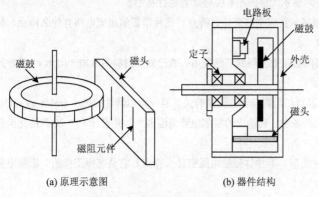

(a) 原理示意图　　　　　(b) 器件结构

图 4-6-8　磁性编码器的结构

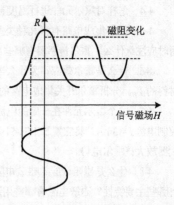

图 4-6-9　磁阻随外磁场变化的曲线

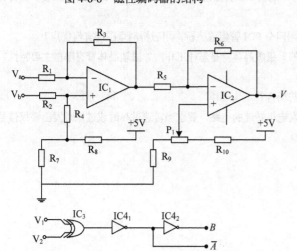

图 4-6-10　磁性编码器的部分电路原理图

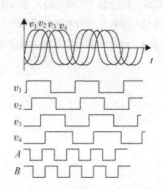

图 4-6-11　各路信号的理想波形图

### 4.6.4 磁敏传感器的发展前景

除已有的霍尔器件、半导体磁敏电阻、磁敏二极管、磁通门等磁敏传感器，还有质子旋进式磁力仪、超导量子干涉仪等多种，它们具有无接触测量的特点。

将把陀螺仪、加速度和磁阻三种传感器集成在一起与 MEMS 结合，功能上可以互相补充，更加精准，构成了功能更强大的惯性导航产品。在手机中磁传感器还用于翻盖开关、保护、界面操作等。霍尼韦尔就把磁阻传感器和 MEMS 加速度传感器集成在一个芯片中。磁敏传感器在"物联网"和"智能电网"市场中可能成为新拓展的领域之一，如交通管制、道路的车流检测。在智能电网中可应用于电力系统的电压、电流、功率等参数的监测和交流变频调速器、逆变器、整流器、通信电源、信号监测、故障定位检测等许多方面。

# 习题和思考题

4-1 什么是磁敏传感器？它有哪些类型？

4-2 什么是霍尔传感器？它有什么特点？

4-3 霍尔元件由哪几部分组成？有哪些主要技术参数？使用霍尔元件时应注意什么？

4-4 怎样对霍尔元件进行温度补偿？怎样对霍尔元件的不等位电动势进行补偿？

4-5 霍尔集成电路有哪几种类型？开关型霍尔集成电路有什么特点？线性型霍尔集成电路有什么特点？使用时应注意什么？霍尔传感器有哪些应用实例？

4-6 什么是霍尔效应？为什么半导体材料的霍尔效应得到广泛使用？若已知一材料两端加一电压 $V$，推导此材料的 $V_H$。分析霍尔开关集成电路的工作原理。

4-7 一个霍尔元件在一定的电流控制下，其霍尔电势与哪些因素有关？若一霍尔器件的 $S_H = 4\text{mV/mA} \cdot \text{kGs}$，控制电流 $I = 3\text{mA}$，将它置于 1Gs-51<Gs 变化的磁场中，它输出的霍尔电势范围多大？并设计一个 20 倍的比例放大器放大该霍尔电势。

4-8 什么是磁阻效应？磁敏电阻有哪几种类型？半导体磁敏电阻有什么特点？它是怎样工作的？磁敏电阻有哪些主要特性？磁敏电阻有哪些用途？

4-9 什么是磁敏二极管？它是怎样构成的？磁敏二极管是怎样工作的？它有什么特点？磁敏二极管有哪些主要特性？磁敏二极管有哪些温度补偿电路？

4-10 简述 PIN 二极管的工作原理，如何用四个 PIN 管组成磁桥，用磁桥测量磁场有何优点？

4-11 什么是磁敏晶体管？它是怎样构成的？磁敏晶体管是怎样工作的？磁敏晶体管有哪些主要特性？设计一种磁敏三极管温度补偿电路，并叙述原理。

4-12 磁敏二极管和磁敏晶体管适用于哪些场合？

4-13 设计一利用霍尔开关集成电路检测发电机转速的电路。要求当转速过高时或过低时发出警报信号。

# 第 5 章　气敏传感器

## 5.1　概　　述

　　人类的日常生活和生产活动、动植物的生长都与周围环境气氛的变化紧密相关。气氛中缺氧会使人感到窒息，气氛中含有有毒气体会带来更大的危害；若有可燃性气体的泄漏则会引起爆炸和火灾。在各类企业特别是石油、化工、煤矿、汽车等企业中，使用的气体原料和产生的气体种类和数量不断增加，气敏传感器的应用日益广泛。

　　气敏传感器指能将各种气体信息（成分、浓度等）变成电信号的装置，可简称为气敏元件，在针对某种气体信息检测时又可被称为气敏传感器。根据工作原理将气敏传感器分为电学类（包括电阻式和非电阻式）、光学类（红外吸收式、可见光吸收光度式、光干涉式、化学发光式和试纸光电光度式和光离子化式）、电化学类（包括原电池式、定电位电解式、电量式、离子电极式）及其他类型（有高分子式、谐振式、气相色谱法）等四大类。根据气敏特性可将气敏传感器分为半导体式、固体电解质式、电化学式、接触燃烧式、光学式和热导式等类型，它们主要是利用物理效应、化学效应等机理制作而成的，列于表 5-1-1 中。另外，还有声表面波（SAW）式和光纤式等新型气敏传感器，以及 MEMS 微型气敏传感器，与一体化、智能化和图像化结合的新型或专用气敏传感器。本章主要介绍目前技术上比较成熟的几类气敏传感器的结构、原理及简单的应用接口和相关电路。

　　气敏传感器的参数与特性各不相同，主要有灵敏度、响应时间、选择性、稳定性等，下面分别给予简单介绍。

　　（1）灵敏度：标志着气敏元件对气体的敏感程度，决定了其测量精度。它一般用气敏元件的输出变化量（如电压变化量 $\Delta U$）与气体浓度的变化量 $\Delta P$ 之比来表示，以 $S_g$ 表示；另一种表示方法，即气敏元件在空气中的输出量（$U_o$）与在被测气体中的输出量（$U_g$）之比，以 $K_g$ 表示。公式如下：

$$S_g = \frac{\Delta U}{\Delta P} \quad \text{或} \quad K_g = \frac{U_0}{U_g} \tag{5-1-1}$$

　　（2）响应时间：从气敏元件与被测气体接触到其输出值达到某一规定值所需要的时间，表示气敏元件对被测气体浓度的反应速度，反映被测现场气体变化的实时性。

　　（3）选择性：也称为交叉灵敏度，选择性指在多种气体共存的条件下气敏元件区分气体种类的能力。对某种气体的选择性好，就表示对该气体有较高的灵敏度而对其他种类气体的灵敏度很低。可以通过测量此传感器对某一种浓度的干扰气体所产生的响应来确定。理想气敏传感器应具有高灵敏度和高选择性，这也是目前较难解决的问题之一。

　　（4）稳定性：当气体浓度不变而其他条件发生变化时，在规定的时间内气敏元件输出特性维持不变的能力，即对于气体浓度外各种因素的抵抗能力。稳定性取决于零点漂移和区间漂移。零点漂移指在没有目标气体时整个工作时间内传感器输出响应的变化。在理想情况下，一个传感器在连续工作条件下每年零点漂移小于 10%。返回正常工作条件下，传感器漂移和零点校正值应尽可能小。温/湿度特性指气敏元件灵敏度随环境温/湿度变化的特性。元件自身温度与环境温度对灵敏度都有影响，一般元件自身温度对灵敏度的影响相当大，必须采用温度补偿。环境湿度变化也会引起灵敏度变化并影响检测精度，必须采用湿度补偿方法予以消除。

另外，抗腐蚀性指传感器暴露于高体积分数目标气体中的耐受能力，在气体大量泄漏时，探头应能够承受期望气体体积分数的 10～20 倍。电源电压特性要求气敏元件的灵敏度尽量不随电源电压变化，为改善这种特性，需采用恒压源。

表 5-1-1　主要的气敏元件类型

| 名　称 | 检测原理、现象 | | 具有代表性的气敏元件及材料 | 检测气体 |
|---|---|---|---|---|
| 半导体气敏元件 | 电阻型 | 表面控制型 | $SnO_2$、$ZnO$、$In_2O_3$、$WO_3$、$V_2O_5$、$ZrO_2$、有机半导体、金属酞菁、蒽 | 可燃性气体、CO、C-$Cl_2$-$F_2$、$NO_2$、$NH_3$ 等 |
| | | 体控制型 | $\gamma$-$Fe_2O_3$、$\alpha$-$Fe_2O_3$、$CoC_3$、$Co_3O_4$、$La_{1-x}Sr_xCuO_3$、$TiO_2$、$CoO$、$CoO$-$MgO$、$Nb_2O_5$、$ZnSnO_4$、$BaO_2$、$SnInO$ 等 | 可燃性气体 $O_2$、CO（空燃比）$NO_x$、氯气 |
| | 非电阻型 | 二极管整流作用 | $Pd/CdS$、$Pd/TiO_2$、$Pd/ZnO$、$Pt/TiO_2$、$Au/TiO_2$、$Pd/MOS$、$Pt$-$SiO_2$-$SiC$ | $H_2$、CO、$SiH_4$、丙烷、丁烷 |
| | | FET 气敏元件 | 以 $Pd$、$Pt$、$SnO_2$ 为栅极的 MOSFET | $H_2$、CO、$H_2S$、$NH_3$ 等 |
| | | 电容型 | $Pb$-$BaTiO_3$、$CuO$-$BaSnO_3$、$CuO$-$BaTiO_3$、铝阳极氧化膜、钽阳极氧化膜等 | $CO_2$、$H_2O$ |
| 固体电解质气敏元件 | 电池电动势 | | $CaO$-$ZrO_2$、$Y_2O_3$-$ZrO_2$、$Y_2O_3$-$ThO_2$、$LaF_3$、$KAg_4I_5$、$PbCl_2$、$PbBr_2$、$K_2SO_4$、$Na_2SO_4$、$\beta$-$Al_2O_3$、$LiSO_4$-$Ag_2SO_4$、$K_2CO_3$、$Ba(NO_3)_2$、$SrCe_{0.95}Yb_{0.05}O_3$、$YST$-$Au$-$WO_3$ | $O_2$、卤素、$SO_2$、$SO_3$、$CO_2$、$NO_x$、$H_2O$、$H_2$、$H_2S$ |
| | 混合电位 | | $CaO$-$ZrO_2$、$Zr(HPO_4)_2 \cdot nH_2O$、有机电解质 NASICON（$Na_3Zr_2Si_2POl_2$） | CO、$H_2$、$CO_2$ |
| | 界限电流 | | $CaO$-$ZrO_2$、$YF_6$、$LaF_3$、$SrF_2$ 透气膜、$Ag_{0.4}Na_{7.6}(AlSi_4)_6(NO_3)_2$ | $O_2$、$F_2H_2S$、$NO_2$ |
| | 短路电流 | | $Sb_2O_3 \cdot nH_2O$、$NH+4$-$Ca_2O_3$ | $H_2$、$NH_3$ |
| 接触燃烧式 | 燃烧热（电阻） | | $Pt$ 丝+催化剂（$Rh$、$Pd$、$Pt$-$Al_2O_3$、$CuO$） | 可燃性气体 |
| 电化学式 | 恒电位电解电流 | | 气体透过膜+贵金属阴极+贵金属阳极 | CO、$NO_x$、$H_2S$、$SO_2$、$O_2$ |
| | 原电池式（伽伐尼电池式） | | 气体透过膜+贵金属阴极+贱金属阳极 | $O_2$、$NH_3$、$H_2S$、毒性气体 |
| 其他类型 | 高分子型（电阻式、电容式、石英振子式、声表面波（SAW）式）红外吸收型、石英振荡型、光导纤维型、热传导型、异质结型、电子鼻等 | | | |

# 5.2　半导体电阻式气敏传感器

## 5.2.1　表面电阻控制型气敏传感器

氧化锡（$SnO_2$）、氧化锌（$ZnO$）、氧化钨（$WO_3$）等都属于半导体表面控制型气敏材料，利用它们在空气或惰性气体中表面吸附气体时引起电导率的变化制备出气敏元件。

图 5-2-1 为 N 型氧化物半导体吸附气体后阻值的响应特性曲线，可以用半导体表面态理论进行解释。当气体分子的电子亲和能大于半导体表面的电子逸出功时，此种气体被吸附后会从半导体表面夺取电子而形成负离子吸附，如氧气、氧化氮会形成氧离子；若在 N 型半导体表面形成负离子吸附，则表面多数载流子（电子）浓度减少，电阻增加；若是 P 型半导体表面，则表面多数载流子（空穴）浓度增大，使电阻减小。当气体分子的电离能小于半导体表面的电子逸出功时，气体供给半导体表面电子而形成正离子吸附，如 $H_2$、CO、乙醇（$C_2H_5OH$）及各种碳氢化合物；若 N 型半导体表面形成正离子吸附，则多数载流子浓度增加，电阻减小；若是 P 型半导体，则多数载流子浓度减少，使电阻增加。

因此，N 型半导体在空气中与氧形成负离子吸附时电阻增大；接触还原性气氛时电阻减小。P 型半导体接触氧化性气氛时，表面多数载流子浓度增加，使电阻下降，因而产生气敏性。

### 1. SnO₂ 系气敏元件

以 SnO₂ 为基础材料制备的气敏元件是目前生产量最大、应用范围最广泛的一种气敏元件。与其他氧化物半导体气敏元件相比，它具有以下特点：①工作温度低，其最佳工作温度在 300℃以下，不仅可以节约能源，而且简化了与之配套的二次仪表的设计、制作，延长了加热器和气敏元件的使用寿命；②在一般检测范围内（被测气体浓度为 $10^2 \sim 10^4$ ppm），电阻率

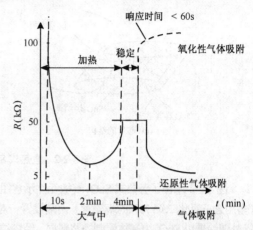

图 5-2-1　N 型半导体吸附气体后阻值的响应特性

变化范围宽，输出信号强，信号处理比较方便，因而避免了信号高倍放大所带来的干扰信号，有利于检测精度的提高。

一般本征 SnO₂ 晶体是 N 型半导体，其元件会与空气中电子亲和性大的气体（如 O₂ 和 NO₂ 等）发生反应，形成吸附氧，会束缚晶体中的电子 e 使其表面空间电荷层区域的传导电子减少，从而器件的电阻增大，即：

$$\frac{1}{2}O_2 + ne \rightarrow O_{ad}^{n-} \tag{5-2-1}$$

式中，$O_{ad}^{n-}$ 表示表面吸附氧，属负离子吸附，$n$ 为电子数。

当 SnO₂ 元件与被测还原性气体（如 H₂、CO 气体）接触时，吸附氧与被测气体发生反应，使被氧束缚的 $n$ 个电子释放出来，晶体表面电导增加，使器件电阻减小，即：

$$O_{ad}^{n-} + H_2 \rightarrow H_2O + ne \tag{5-2-2}$$

$$O_{ad}^{n-} + CO \rightarrow CO_2 + ne \tag{5-2-3}$$

为了改善 SnO₂ 气敏元件的性能，常常在 SnO₂ 材料中加入一些添加剂。例如添加微量的稀土元素可以大大提高 SnO₂ 元件的气体识别能力，添加 2～5wt%的贵金属（铂、钯等）可提高 SnO₂ 元件的灵敏度，添加少量的氧化物（如 Sb₂O₃、V₂O₅、MgO、氧化铅等）可以改善 SnO₂ 元件的热稳定性和响应特性等。目前，常见的 SnO₂ 系气敏元件有烧结型、薄膜型、厚膜型三种。其中，烧结型应用最早，而薄膜型和厚膜型的气敏性更好。

（1）烧结型 SnO₂ 气敏元件

烧结型 SnO₂ 气敏元件主要用于检测可燃的还原性气体，其工作温度约为 300℃。按照其加热方式可以分为直热式与旁热式两种类型。图 5-2-2 示出了直热式 SnO₂ 气敏元件的结构、图形符号与测试原理示意图，即直接加热式，又称为内热式器件。由芯片（包括敏感体和加热器）、基座和金属防爆网罩三部分组成。其芯片结构的特点是：在以 SnO₂ 为敏感烧结体中，埋设两根作为电极并兼作加热器的螺旋形铂-铱合金线（阻值约为 2～5Ω）；SnO₂ 敏感体以粒径很小（平均粒径≤1μm）的 SnO₂ 粉体为基体材料，根据需要添加不同的添加剂并混合均匀，放入电极后采用陶瓷工艺制备。此气敏元件虽有结构简单、成本低廉的优点，但其热容量小、易受环境气流的影响、稳定性差，且图 5-2-2(c)所示测量电路与加热电路之间没有隔离，容易相互干扰，加热器与 SnO₂ 基体之间由于热膨胀系数的差异而导致接触不良，最终可能造成元件的失效而寿命缩短。

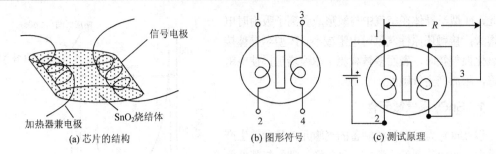

(a) 芯片的结构　　　　(b) 图形符号　　　　(c) 测试原理

图 5-2-2　直热式 SnO₂ 气敏元件的结构及符号

图 5-2-3 示出了旁热式 SnO₂ 气敏元件示意图。它是在一根内径为 0.8μm、外径为 1.2μm 的薄壁陶瓷管（多用含三氧化二铝 75% 的陶瓷管）两端设置一对环状金电极及铂–铱合金丝（$\Phi \leq 80\mu m$）引出线，再在瓷管外壁涂覆以 SnO₂ 为基体配制的浆料层，经烧结后形成厚膜气体敏感层（厚度<100μm），然后在管内放入一根螺旋形高电阻金属丝（如 Ni-Cr 丝）加热器（其加热阻值为 30～40Ω）。此结构的气敏元件是目前市售量最大的 SnO₂ 系气敏元件；其管芯的测量电极与加热器分离，避免了相互干扰；且元件的热容量较大，减少了环境温度变化对敏感元件特性的影响；其可靠性和使用寿命都好于直热式 SnO₂ 气敏元件。

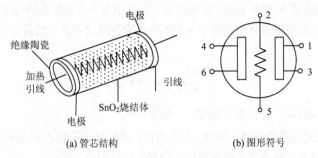

(a) 管芯结构　　　　　(b) 图形符号

图 5-2-3　旁热式 SnO₂ 气敏器件

（2）厚膜型 SnO₂ 气敏元件

图 5-2-4 示出了厚膜型 SnO₂ 气敏元件结构示意图，一般由基片、加热器和气体敏感层三个主要部分组成。图 5-2-5 为其气敏特性曲线，其中 $R_g$、$R_0$ 为元件在检测气体、洁净空气中的阻值，表明未加稀土氧化钍（ThO₂）时对 H₂ 的灵敏度高，加入 ThO₂ 时对 CO 的灵敏度高。它是用典型厚膜工艺制备的烧结型气敏元件，其机械强度和一致性都较好，特别是可与厚膜混合集成电路具有较好的工艺相容性，能与阻容元件制作在同一基片上构成具有一定功能的器件。

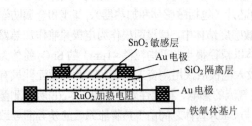

图 5-2-4　厚膜型 SnO₂ 气敏元件结构示意图

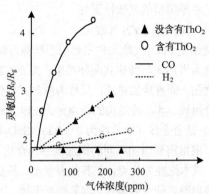

图 5-2-5　SnO₂ 厚膜气敏传感器气敏特性曲线

但烧结型 $SnO_2$ 气敏元件的长期稳定性、气体识别能力等不太令人满意，且工作温度较高会使敏感膜层发生化学反应或物理变化。为提高其检测灵敏度，在 $SnO_2$ 中添加贵金属作为催化剂，应尽量避免贵金属与环境中有害气体（如 $SO_2$）接触发生的"中毒"现象而降低活性。

（3）薄膜型 $SnO_2$ 气敏元件

图 5-2-6 示出了薄膜型 $SnO_2$ 气敏元件的结构。制备时，先在绝缘基板两面的侧边蒸发或溅射金属电极膜，然后在表面生长一层 $SnO_2$ 薄膜，再引出引线。其敏感层具有很大的比表面积，自身活性较高，本身气敏性很好，工作温度较低（约为 250℃）。此气敏元件对乙醇气体的灵敏度很高，而对丁烷气体不灵敏。对乙醇敏感的解释认为，吸附有氧气的 $SnO_2$ 可以与吸附在气敏材料表面上的还原性气体离子基团 $C_2H_5OH$ 迅速反应（见式（5-2-4）），反应产生的电子进入导带，引起气敏材料电阻减小。

$$O^{2-}+C_2H_5OH \rightarrow CO_2+H_2O+2e \tag{5-2-4}$$

图 5-2-7 示出了超微粒薄膜型 $SnO_2$ 气敏元件的结构图。基片用 N 型硅。左边是气体敏感元件，由 P 型加热电阻、电极、$SnO_2$ 超微粒薄膜等部分组成，在加热电极与测量电极之间是 $SiO_2$ 绝缘层；右边是一个 PN 结热敏元件，用来测量气敏元件的工作温度。其敏感膜用 CVD 方法在高频下使反应室中氧气（氧分压为 $10^{-1} \sim 10^{-2}$mmHg）和气态金属化合物形成等离子体，反应生成 $SnO_2$ 并淀积在基片上，形成 100nm 以下的 $SnO_2$ 超微粒薄膜。此膜具有巨大的比表面积和较高表面活

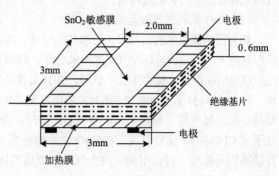

图 5-2-6　薄膜型气敏元件的结构

性，较低温度下就能与吸附气体发生化学吸附、灵敏度高。图 5-2-8 为这种元件对乙醇及丁烷的灵敏度温度特性曲线，利用这一特性可实现对不同气体的选择性检测，且响应恢复时间快，并与 IC 的制作工艺兼容，可将气敏元件与配套电路制作在同一芯片上，便于推广应用。

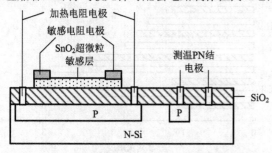

图 5-2-7　超微粒薄膜型 $SnO_2$ 气敏元件的结构图

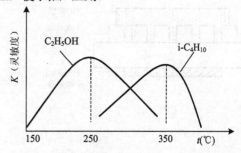

图 5-2-8　超微粒薄膜 $SnO_2$ 气敏元件的温度特性

## 2. ZnO 系气敏元件

ZnO 材料吸附还原性气体后其电阻率下降，但对气体的响应机理与 $SnO_2$ 不同。一般的解释是：ZnO 半导体中存在过剩的 Zn 离子，在大气中能吸附氧分子，氧离子会夺取半导体的电子，使其电阻值 $R_A$ 上升。这时若遇到还原性气体，催化剂促进还原性气体与氧进行反应，还原性气体被氧化，即吸附的氧离子脱离半导体，其电阻下降。当使用铂作为催化剂时，ZnO 气敏元件对乙醇、丙烷、丁烷等有较高的灵敏度，而对氢、一氧化碳等的灵敏度较低。当以钯作为催化剂时，元件对氢、一氧化碳等的灵敏度较高，而对烷类气体的灵敏度较低。在 ZnO 中加入少量（如 2wt%）的三氧化二铬，可以使其稳定性获得改善。

（1）薄膜型 ZnO 气敏元件

图 5-2-9 示出了 ZnO 薄膜气敏元件结构示意图。在氧化铝（Al₂O₃）基片上先作叉指电极，并在基片的背面制作能耐受高温、20Ω 的薄膜电阻加热器，然后在上表面制备超微 ZnO 薄膜（约 20nm 左右），同时薄膜表面掺入一种或数种镧、镨、钇、镝、钆等稀土元素，以提高其灵敏度和选择性。选用高纯的锌板（99.99%）为靶材、在 Ar+O₂ 混合气体中进行磁控溅射，使 ZnO 淀积在基片上形成超微薄膜。实验测出上述结构 ZnO 气敏元件芯片的灵敏度随乙醇、甲烷、一氧化碳、汽油等的浓度变化，发现对乙醇具有较好的选择性，且对乙醇的灵敏度比汽油的灵敏度高出近一倍，对一氧化碳和甲烷的灵敏度更低，再配合适当的辅助电路，就可以避免汽油对检测酒精的干扰。ZnO 酒精敏感元件的工作电压为 1～6V，工作温度为 320℃，响应时间小于 10s，灵敏度在乙醇蒸气浓度为 75ppm 时 $R_a/R_g>6$。另外，由于铂铱片能促进对氧和乙醇的吸附，RuO₂ 可促进乙醇的氧化作用，制备出的铂铱复合型 ZnO 薄膜气敏元件对乙醇的灵敏度较高。

（2）ZnO 氟利昂气敏元件

氟利昂是氟氯烃的商品名，可以作为空调、冷藏设备（如电冰箱、冷冻机等）的制冷剂，但氟氯烃泄漏进入大气后会破坏空气中的臭氧分子，削弱臭氧层对紫外线辐射的阻挡作用，可能会导致人体皮肤癌发病率增加、植物生长不良等，并且氟氯烃化合物分子在自然条件下化学稳定性很高、寿命极长，约 50 年其分子才会消失。因此，制止氟氯烃化合物的泄漏至关重要。现在使用的氟氯烃化合物主要是二氟二氯甲烷（即氟利昂，商品名：F-12，分子式 Cl₂-C-F₂）和三氟一氯甲烷（商品名：F-13，分子式 Cl-C-F₃）。实验发现，在 ZnO 中添加由钒-铂-铝组成的三元复合催化剂后，对于氟氯烃气体有较高的灵敏度，可以用来检测大气中氟氯烃气体的浓度，这种气体敏感元件对几种气体的灵敏度如图 5-2-10 所示，其中以它对 CO 的灵敏度作为基准（定为 1.0）。

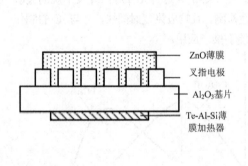

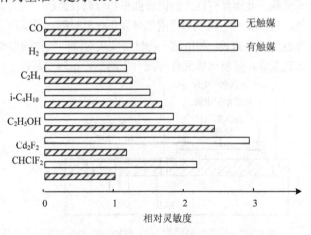

图 5-2-9　ZnO 薄膜气敏元件结构示意图　　　　图 5-2-10　氟利昂 ZnO 气敏元件的相对灵敏度

## 3. WO₃ 系气敏元件

WO₃ 气敏元件的结构与图 5-2-9 类似，制备工艺为：在石英衬底上蒸发一层梳状 Pt-Au，再蒸发上 50nm～1μm 厚的 W，并通过热氧化作用使之转变为 WO₃，最后再蒸发上 Pt，即形成元件。此气敏元件对 H₂、N₃H₄、NH₃、H₂S 及碳氢化合物等气体都很敏感，且不受气氛中所含水蒸气的影响，响应速度也相当快（可达到 1s 以下）。

（1）灵敏度及稳定性

若在利用钨酸钠盐酸热解法制备的 WO₃ 微粉中加入一定量的 SiO₂、SnO₂、ThO₂ 等掺杂剂，相应

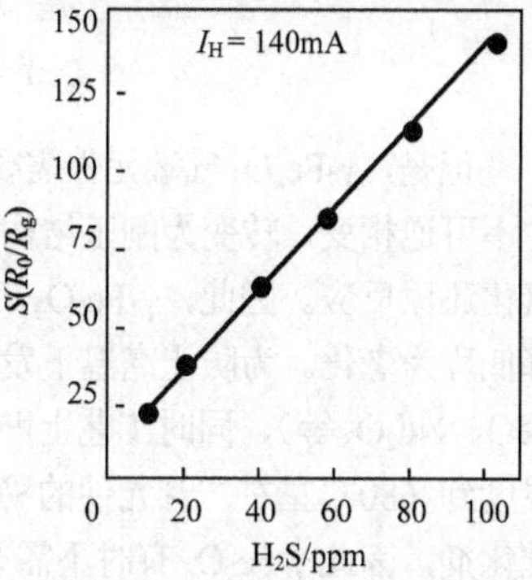

气敏元件对 $H_2S$ 有良好的气敏性能,如图 5-2-11 所示,可以看出,其灵敏度随 $H_2S$ 气体浓度的变化具有较宽的线性范围（0～100ppm）,且发现元件的阻值随环境温度的变化很小。

（2）选择性

$WO_3$ 元件对 $H_2S$ 气体有良好的选择性,表 5-2-2 中列出的元件工作温度较高（$T\geqslant 300℃$）时它对各种气体的检测情况,显然,对 10ppm $H_2S$ 极其敏感,而对 $H_2$、CO、$CH_4$、$C_4H_{10}$ 等可燃性气体的抗干扰能力较强;对乙醇气体具有较高的灵敏度,可通过降低元件的工作温度来降低灵敏度,从而可减小乙醇的干扰。

（3）响应恢复特性

图 5-2-11  灵敏度随 $H_2S$ 浓度的变化

同 $SnO_2$、ZnO 元件相比,$WO_3$ 元件对 10ppm $H_2S$ 具有优异的响应恢复特性。$SnO_2$ 元件的响应时间（90%计）为 32s,恢复时间约为 80s;ZnO 元件的响应时间为 24s,恢复时间为 58s;$WO_3$ 元件的响应、恢复时间分别为 2s 和 26s。

表 5-2-1  $WO_3$ 元件对各种气体的检测情况

| 检 测 气 体 | 气体浓度（ppm） | 灵敏度（$S$） |
|---|---|---|
| $H_2S$ | 10 | 22 |
| $H_2$ | 1000 | 2.7 |
| CO | 1000 | 2.4 |
| $CH_4$ | 1000 | 2.3 |
| $C_4H_{10}$ | 1000 | 2.6 |
| $C_2H_5OH$ | 400 | 17 |

## 5.2.2  体电阻控制型气敏传感器

将材料的体电阻随某气体的浓度发生变化的元件统称为体电阻控制型气敏传感器,目前应用最多的主要是氧化铁（$Fe_2O_3$）、二氧化钛（$TiO_2$）等半导体气敏元件,下面具体分析其气敏特性。

### 1. $Fe_2O_3$ 系气敏元件

由 $Fe_2O_3$、$ABO_3$ 型化合物材料制成的气敏元件都属于体电阻控制型,它们通过与气体反应,其体组成或价态发生变化,从而使其电导率发生变化。这类气敏元件都与 $O_2$ 密切相关,只有在空气或氧气中才对其他还原性气体有气敏性,而在惰性气氛中没有气敏性。用作气敏材料的 $Fe_2O_3$ 是 N 型半导体,存在立方尖晶石的 $\gamma$-$Fe_2O_3$ 和三角刚玉的 $\alpha$-$Fe_2O_3$ 两种结构,一般烧结成多孔陶瓷、厚膜和薄膜三种类型,制备两个电极即可。

（1）$\gamma$-$Fe_2O_3$ 气敏元件

$\gamma$-$Fe_2O_3$ 处于亚稳态,在高温下如果吸附了还原性气体,部分三价铁离子（$Fe^{3+}$）会被还原成二价铁离子（$Fe^{3+}+e \rightarrow Fe^{2+}$）,致使电阻率很高的 $\gamma$-$Fe_2O_3$ 转变为电阻率很低的 $Fe_3O_4$,其离子分布可表示为:$Fe^{3+}[Fe^{3+}\cdot Fe^{2+}]O_4$,其中的 $Fe^{3+}$ 和 $Fe^{2+}$ 之间可以进行电子交换,从而使得 $Fe_3O_4$ 具有较高的电导性。由于 $Fe_3O_4$ 和 $\gamma$-$Fe_2O_3$ 具有相似的尖晶石结构,因此它们可以形成连续固溶体,即 $Fe^{3+}\left[\square_{(1-x)/3}Fe_x^{2+}Fe_{(5-2x)/3}^{3+}\right]O_4$（其中 $x$ 为还原度,口表示阳离子空位）,固溶体的电阻率取决于 $Fe^{2+}$ 的数量。随着材料表面吸附的还原性气体的增加,$Fe^{2+}$ 相应地增多,故气敏元件的电阻率下降。当吸附在气敏元件上的还原性气体解吸后,$Fe^{2+}$ 被空气中的氧所氧化,成为 $Fe^{3+}$,气敏元件的阻值又相应地增加。即:

$$\gamma\text{-Fe}_2\text{O}_3(\text{高阻态}) \underset{\text{还原性气体}}{\overset{\text{氧化性气体}}{\rightleftharpoons}} \text{Fe}_3\text{O}_4(\text{低阻态}) \tag{5-2-5}$$

但是，$\gamma$-Fe$_2$O$_3$气敏元件需要在较高温度（400～420℃）下工作，而在370～650℃下$\gamma$-Fe$_2$O$_3$会发生不可逆相变，转变为刚玉结构的$\alpha$-Fe$_2$O$_3$，其晶体结构与Fe$_3$O$_4$的不同，它们之间不容易发生可逆的氧化还原反应。因此，$\gamma$-Fe$_2$O$_3$一旦相变为刚玉结构$\alpha$-Fe$_2$O$_3$，其气敏特性会明显下降，这种灵敏度的降低称为老化。为防止高温下发生不可逆相变，主要的途径是加入Al$_2$O$_3$和稀土类添加剂（如La$_2$O$_3$、CeO、Nd$_2$O$_3$等），同时工艺上严格控制，使得$\gamma$-Fe$_2$O$_3$烧结体的微观结构均匀，以提高$\gamma$-Fe$_2$O$_3$的相变温度到680℃左右，且元件的稳定性相应地获得改善。由于铁是过渡金属元素，本身就是一种很好的催化剂，因此$\gamma$-Fe$_2$O$_3$有时不需要加入催化剂就可直接作为气敏传感器。

图5-2-12(a)为电阻型气敏元件的测试原理图，其中一路用$V_H$提供加热，一路气敏电阻与输出电阻$R_L$串联，当温度恒定后，先测量清洁空气中气敏元件阻值为$R_0$时的输出电压$V_O$，再测出不同气体浓度时$R_g$稳定后的输出电压，作出气体浓度与输出电压曲线即可分析气敏元件的灵敏度。图5-2-12(b)为$\gamma$-Fe$_2$O$_3$气敏元件的特性曲线，可以看出它对丙烷（C$_3$H$_8$）和异丁烷（i-C$_4$H$_{10}$）的灵敏度较高，它们正是液化石油气（LPG）的主要成分。因此，$\gamma$-Fe$_2$O$_3$气敏传感器又可称为"城市煤气传感器"。

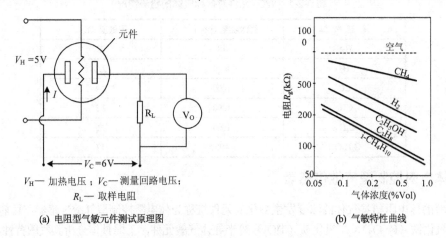

$V_H$— 加热电压；$V_C$— 测量回路电压；
$R_L$— 取样电阻

(a) 电阻型气敏元件测试原理图　　　　(b) 气敏特性曲线

图5-2-12　$\gamma$-Fe$_2$O$_3$气敏元件的特性测试

（2）$\alpha$-Fe$_2$O$_3$气敏元件

虽然$\alpha$-Fe$_2$O$_3$是稳定相，但若制备成活性大的超微颗粒，在300℃以上与还原性气体接触时，也能被还原成Fe$_3$O$_4$，有时加Pt、Pd等催化剂或保证其活性的添加剂（SnO$_2$、ZrO$_2$、TiO$_2$或稀土氧化物），其电导率随着气体浓度的增加而增大，使电阻值减小。实验发现，$\alpha$-Fe$_2$O$_3$传感器的电阻值$R_g$对几种烷类在1000～10 000ppm浓度范围内几乎都有如下关系：

$$R_g \propto C^{-n} \tag{5-2-6}$$

式中，$C$是气体浓度，$n$是与不同气体有关的常数。

图5-2-13示出了$\alpha$-Fe$_2$O$_3$气敏传感器的阻值$R_0$和$R_g$随温度的变化，也随气体种类而变化。在被测气体浓度为2000ppm时，$R_g$随环境温度上升而下降，$\beta_T$可以表示为

$$\beta_T = -\lg \frac{R_g(2000\text{ppm}, T_1)}{R_g(2000\text{ppm}, T_2)} \bigg/ (T_2 - T_1) \tag{5-2-7}$$

式中，$R_g(T_1)$、$R_g(T_2)$分别是在被检测气体中温度为$T_1$、$T_2$时的电阻值。

气敏性也会随湿度而变化。一般规定 40℃、2000ppm 浓度的被测气体时低湿 35%RH 和高湿 95%RH 的阻值 $R_s$ 之比为湿度系数，以 $\beta_H$ 表示，即：

$$\beta_H = \frac{R_s(2000ppm, 35\%RH)}{R_s(2000ppm, 95\%RH)} \tag{5-2-8}$$

图 5-2-14 为 α-Fe₂O₃ 气敏器件的初期稳定性及响应特性曲线。可以看出，尽管这种器件不使用贵金属催化剂，也具有响应和恢复速度快的特点，这是由于器件有很高的气孔率所致。实验表明，掺 Zr 氧化铁薄膜和未掺杂氧化铁薄膜在选择性、工作温度、响应恢复特性等方面均好于烧结型 γ-Fe₂O₃ 气敏传感器和厚膜型 α-Fe₂O₃ 气敏传感器。

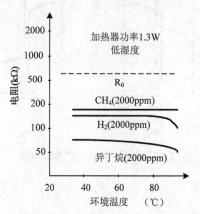

图 5-2-13　α-Fe₂O₃ 气敏传感器的温度特性曲线

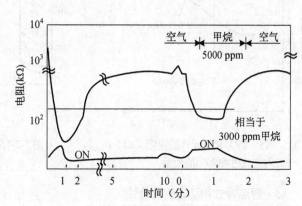

图 5-2-14　α-Fe₂O₃ 气敏器件初期稳定和响应特性曲线

## 2．TiO₂ 系氧敏元件

（1）原理

TiO₂ 是具有金红石结构的 N 型半导体，在常温下活化能很高，难以和空气中的氧发生化学吸附而不显示氧敏特性，只有在高温下才有明显的氧敏特性。为了提高 TiO₂ 的氧敏特性，通常在 TiO₂ 中添加贵金属铂作为催化剂。元件工作时环境中的氧先在铂上吸附，形成原子态氧，再与 TiO₂ 发生化学吸附 $(O_2(g)) \xrightarrow{Pt} 2O$，当遇到还原性气体如 H2、CO 时就发生如下反应（ad 表示吸附）：$O(ad) + H_2 \rightarrow H_2O(g) + e$，$O(ad) + CO \rightarrow CO_2(g) + e$。

使得阻值降低，其电阻率与环境中氧分压 $P_{O_2}$ 满足以下关系：

$$\rho = \rho_0 \cdot \exp(E_A / kT) \cdot P_{O_2}^n \tag{5-2-9}$$

式中，$k$ 为玻耳兹曼常数，$E_A$ 为电导过程的活化能，$T$ 为绝对温度；$n$、$\rho_0$ 为均为材料常数，与材料种类、是否掺杂等因素有关，在 N 型半导体中 $n$ 为负，即电阻随分压的升高而下降。

实验表明，添加铂的 TiO₂ 氧敏元件在 300℃ 以上对氧具有较好的响应特性。但是，由于 TiO₂ 具有负的温度系数，其电阻率随温度升高而下降；这种现象会与氧敏元件吸附氧后电阻率下降现象混淆，造成测量误差。为此，通常在测试电路中串联一个用氧化钴-氧化镁二元系材料制作的、与氧敏元件一致的电阻温度补偿元件（$R_c$），来消除温度变化所引起的测量误差，也可用 ZrO₂、Y₂O₃、Al₂O₃、CeO₂ 电阻等作为温度元件。

（2）灵敏度特性

图 5-2-15 示出了 TiO₂ 氧敏元件的电阻值与空气过剩率的关系，其中空气过剩率 λ 指空燃比（空气

/燃料）与化学计量比的空燃比（理论上完全燃烧时所需的空气/燃料）之比，用以说明空气是否充足：λ=1 时环境氧化还原达到平衡，λ>1 表示氧量充足即燃料不足，λ<1 表示氧量不足。从图 5-2-15 中可以看出，没有催化剂的氧敏元件电阻值随 λ 的变化比较缓慢，有 Pt 等催化剂的元件在 λ=1 附近电阻急剧增加。为了控制空燃比通常需要检验 λ 值，因此要使用具有 Pt 等催化剂的氧敏元件。

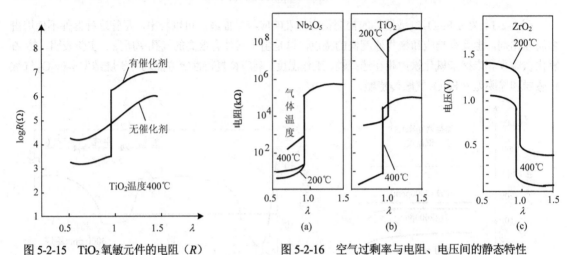

图 5-2-15　$TiO_2$ 氧敏元件的电阻（$R$）
　　　　　与空气过剩率（λ）的关系

图 5-2-16　空气过剩率与电阻、电压间的静态特性

（3）静态特性和动态响应特性

图 5-2-16 示出了 $TiO_2$ 和 $Nb_2O_5$ 氧敏元件的电阻、$ZrO_2$ 元件的输出电压与空气过剩率间的静态特性。可以看出，在气体温度为 400℃时，所有器件在 λ=1 时输出值急剧变化。但是在气体温度为 200℃时，只有 $Nb_2O_5$ 元件的阻值几乎与 400℃时的差不多，同时阻值的急剧变化也在 λ=1 时发生。与此相比，$TiO_2$ 和 $ZrO_2$ 元件的特性曲线在气体温度 200℃时向上偏离，对 λ 的输出值急变点也向燃料不足的方向偏离。测试发现 $TiO_2$、$Nb_2O_5$、$ZrO_2$ 等氧敏元件的动态响应特性很好。在气体温度 400℃时所有氧敏元件的输出值比 200℃时的 λ 稍许延迟一点，但响应还是很快的。在 200℃时只有 $Nb_2O_5$ 氧敏元件有良好的响应特性。在发动机控制中，一般把基准电压设定在氧敏元件输出值的平均值附近来判断空气过剩或不足，也把氧敏元件输出值变化到 50%的时间定义为响应时间。测出 $Nb_2O_5$ 氧敏元件的响应最快，响应时间小于 50s，且随着温度升高而减短，温度依赖性很小；$TiO_2$ 和 $ZrO_2$ 元件的响应时间较长，且温度依赖性较大。另外，薄膜型 $TiO_2$ 传感器由于体积小，满足了集成化技术的要求，其响应速度比 $ZrO_2$ 和 $TiO_2$ 陶瓷氧传感器快。钙钛矿类氧化物（如 CoO、$SrMg_xTi_{1-x}O_3$、$SrTiO_3$、（MgCoNi）O、镍酸镧 $LaNiO_3$）的热稳定性很好、氧敏性也好，在 $Al_2O_3$ 陶瓷基片上制备镍酸镧膜氧传感器也可作用于汽车的空燃比控制。

### 5.2.3　多层薄膜及复合型气敏传感器

#### 1. 多层薄膜气敏传感器

采用多层薄膜的气敏传感器有可能实现对气体选择性检测，其主要性能指标优于单层或烧结型气敏传感器，具有内阻高、工作电流小、稳定性好、功耗低的优点。图 5-2-17 为多层薄膜气敏传感器结构图，图中基底玻璃上第一层是 $Fe_2O_3+TiO_2$ 复合导电层，第二层是 $SnO_2$ 或 $WO_3$ 敏感层，其次是电极 Pt。若用 $SnO_2$ 薄膜，则对 $H_2$ 和 CO 灵敏度高；若用 $WO_3$ 薄膜，则对异丁烷灵敏度高。若用 $SnO_2$-$Fe_2O_3$，$SnO_2$-$TiO_2$-$Fe_2O_3$ 等双层或三层气敏薄膜材料制成旁热式传感器，则对乙醇有很高的灵敏度（可达 60）与选择性。随着材料和层数、层次的不同，其具有其独特的性质。多层薄膜之间存在着一定程度的过渡区，起到电导调制作用，与掺杂、表面修饰的增感作用相当，能克服贵金属表面修饰所存在的中毒现象和其他弊病。

### 2．混合型厚膜气敏传感器

在陶瓷基片上，用印刷技术集成的混合型厚膜气敏元件，典型结构如图 5-2-18 所示。有三种金属氧化物半导体材料敏感膜：测 $CH_4$ 的 $SnO_2$ 膜、测 $CO$ 的 $WO_3$ 膜和测 $C_2H_5OH$ 的 $LaNiO_3$ 膜。该元件的优点是：可通过不同敏感膜对气体进行选择性检测；易实现元件敏感膜和加热器的集成化；可制作成小型化、低电压工作的器件；温度特性好；易于组装；成本低、易于批量生产。

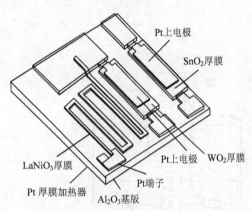

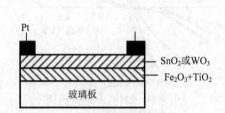

图 5-2-17　多层薄膜传感器结构图　　　　图 5-2-18　混合型厚膜气敏元件结构图

### 3．复合氧化物气敏传感器

钙钛矿型稀土金属氧化物（LnM）$BO_3$（式中 Ln 为镧系元素 La、Pr、Sm、Gd 等，M 为 Ca、Sr、Ba 等，B 为 Fe、Co、Ni 等）。例如 $LaNiO_3$、$LaNi_{1-y}Fe_yO_3$、$La_{0.5}Si_{0.5}CoO_3$ 等是主要的复合氧化物系气敏传感器材料，它们随环境气氛中氧分压的变化迅速发生氧化还原反应，电导率也随之发生变化；与还原性气体接触时电导率变小。复合氧化物（$ZnSnO_3$、$Zn_2SnO_4$）是性能优良的气敏材料，选择合适的锌、锡比的复合氧化物 $ZnSnO_3$、$Zn_2SnO_4$ 对乙醇气有较高的灵敏度和选择性。Cd:Sn=1:1 的单相钛铁型 $\beta$-$CdSnO_3$ 为典型的表面电阻控制型气敏材料，对 $C_2H_2$、$C_2H_5OH$ 及 LPG 有很高的灵敏度，无须掺贵金属催化剂就对还原性气体有很高的灵敏度。

## 5.3　结型气敏传感器

结型二极管式、MOS 二极管式及场效应管式气敏传感器都属于非电阻式半导体气敏传感器，其电流或电压随着气体含量而变化，主要用于检测氢和硅烷气等可燃性气体。

### 5.3.1　气敏二极管

#### 1．金属/半导体二极管传感器

利用金属与 N-半导体形成的二极管的整流作用随气体而变化的原理，可制成气敏肖特基（Schottky）二极管或肖特基气敏传感器，目前常用的有 Pd/CdS、Pd/$TiO_2$、Pt/$TiO_2$ 等。它们的最大特点是正向压降较小、恢复时间短。

图 5-3-1 示出了 Pd/$TiO_2$ 结型气敏二极管的结构图及测试电路，其中金属钯 Pd 与 $TiO_2$ 半导体的接

触面积较大，可提高信噪比和测量精度，金属铟 In 与 TiO$_2$ 形成欧姆接触以使铜引线与 TiO$_2$ 连接牢固。该器件在 25℃下正向偏压时不同氢气浓度的 $I$-$V$ 特性曲线如图 5-3-2 所示，可以看出，无氢气时正向导通压降仅 0.4V 左右，其正向电流随着气体浓度的增加而变大，通常可以根据一定偏置电压下的电流或产生一定电流时的偏压来测定气体的浓度。它的正向电流变化的根本原因在于：测试前空气中的氧被吸附，会使 Pd 的功函数变大，进而 Pd/TiO$_2$ 界面的肖特基势垒增高；当遇到氢气时吸附的氧就会消失，Pd 的功函数降低，势垒也随之降低，因而正向电流变大。

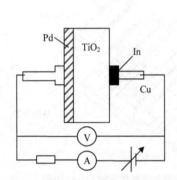

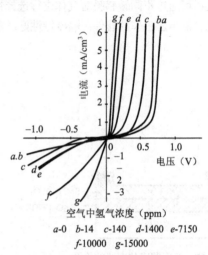

空气中氢气浓度（ppm）

$a$-0　$b$-14　$c$-140　$d$-1400　$e$-7150

$f$-10000　$g$-15000

图 5-3-1　Pd/TiO$_2$ 气敏二极管的结构与测试电路　　　　图 5-3-2　Pd/TiO$_2$ 气敏 $I$-$V$ 曲线

Pt/n-InP 二极管中，氢分子被吸附在作为催化剂的 Pt 层外表面，在 Pt 的作用下分解为 H 原子，然后氢原子扩散穿过 Pt 层吸附在 Pt/n-InP 界面上，形成一偶极层，使金属和半导体功函数差发生变化，肖特基势垒降低，导电能力增强。O$_2$ 分子在向 Pt/n-InP 界面扩散过程中，由于 Pt 对氧的催化分解作用先分解成氧原子，这些氧原子到达 Pt/n-InP 界面并由 InP 导带吸收电子变成氧离子，这些氧离子形成界面受主能级和界面势垒，同时在 InP 表面感应出空间电荷层，使肖特基势垒升高，导电能力减弱。在温度为 150℃时，H$_2$、O$_2$ 分别在 N$_2$ 中的浓度为 $2×10^{-3}$ 时测得 $\ln I$-$V$ 特性曲线，比较纯氮气的特性可见，在给定电压下，在 H$_2$ 气氛中电流增加，在 O$_2$ 气氛下电流减小，实验中发现 H$_2$ 和 O$_2$ 在氮气中浓度增加，对应电流的变化量亦随之增加，证明在两种气氛下肖特基势垒高度发生了相反的变化。为了检测肖特基势垒高度的变化，在相同的温度和气体浓度下，可测试 $1/C^2$-$V$ 关系曲线，测试频率为 1MHz，加-1V 反偏压，测试 $1/C^2$-$V$ 直线截距的变化，可知肖特基势垒高度在 H$_2$ 和 O$_2$ 气氛中均发生了变化，在 H$_2$ 中势垒降低，在 O$_2$ 中势垒升高。

Au/TiO$_2$ 二极管在常温下能选择性地对硅烷（SiH$_4$）响应，而且灵敏度较高。利用贵金属 Pt、Pd/GaAs 二极管的正向电流或电容在 H$_2$、NH$_3$ 等气氛下的变化来检测这两种气氛气体，利用 Pt/n-InP 的 $I$-$V$ 特性、对应的 $C$-$V$ 特性和复抗谱在氢和氧气氛下的变化来检测气氛气体，另外还可以用金属菁青代替金属氧化物制成金属有机半导体二极管气敏元件。

### 2. MOS 二极管气敏元件

利用 MOS 二极管的电容-电压特性随气体浓度的变化可制成 MOS 气敏元件，图 5-3-3 为 Pd/SiO$_2$/P-Si MOS 二极管的结构和等效电路，其中 P 型硅基片上有一个电极，SiO$_2$ 层的厚度为 50～100nm，在其上蒸发一层钯薄膜作为栅电极。等效电路中 SiO$_2$ 层的电容 $C_{ox}$ 固定不变，而 Si/SiO$_2$ 的界面电容 $C_x$ 是外加电压的函数。所以总电容 $C$ 就是栅极偏压的函数，此函数关系常被称为该 MOS 管的

电容 $C$-电压 $V$ 特性。由于钯在吸附 $H_2$ 以后会使其功函数降低，将引起 MOS 管的 $C$-$V$ 特性向负偏压方向平移，如图 5-3-4 所示，因此，按照移动量的大小可以测定 $H_2$ 的浓度。

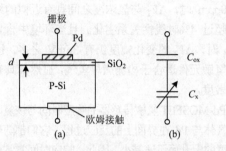

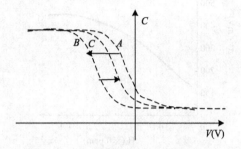

图 5-3-3　Pd-MOS 二极管结构及其等效电路　　　　图 5-3-4　Pd-MOS 的气敏 $C$-$V$ 特性

## 5.3.2　MOSFET 型气敏元件

### 1. Pd-MOSFET 氢敏元件

开发较早的 MOSFET 氢敏元件的栅极是对氢有较强吸附能力的钯栅，并将沟道的宽长比（$W/L$）增大到 50～100，又称为钯栅场效应晶体管，其结构如图 5-3-5 所示。当氢被吸附在镍、钯、铂等金属表面时，可能发生金属的功函数增加的 $\gamma$ 型吸附或金属的功函数降低的 S 型吸附。在钯表面的氢吸附是 S 型吸附，氢首先以分子形式吸附在钯表面，然后在钯的作用下分解成氢原子，通过钯膜扩散进入 Pd/$SiO_2$ 界面。在此界面上氢原子在金属侧极化形成偶极层，使钯的功函数 $\varphi_m$ 下降，导致阈值电压 $V_T$ 减小。在 Pd-MOSFET 氢敏元件中，吸附氢后其阈值电压的变化值 $\Delta V_T$ 与环境中的氢分压 $P_{H_2}$（mmHg）之间有以下关系：

$$\Delta V_T = \Delta V_{T_m} \frac{K\sqrt{P_{H_2}}}{1 + K\sqrt{P_{H_2}}} \tag{5-3-1}$$

式中，$\Delta V_{T_m}$ 为 Pd/$SiO_2$ 界面吸附氢原子达到饱和时 $\Delta V_T$ 变化的最大值，$K$ 为氢分子离解的平衡常数。

当 Pd-MOSFET 氢敏元件工作时，随着环境中氢浓度的增加，阈值电压 $V_T$ 下降，相应地 $I_{DS}$ 也发生变化，如图 5-3-6 所示。根据 $I_{DS}$ 的变化情况就能确定环境中氢气的浓度。

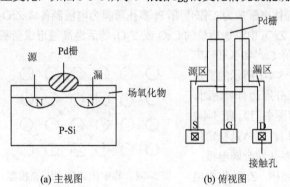

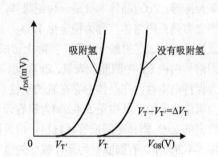

图 5-3-5　钯栅氢敏元件结构示意图　　　　图 5-3-6　Pd-MOSFET 氢敏元件的 $I_{DS}$-$V_{GS}$ 曲线

### 2. Pd-MOSFET 氢敏元件的特性

通常以 Pd-MOSFET 氢敏元件在无氢的洁净空气中阈值电压 $V_{T0}$ 与在不同氢气浓度环境中的阈值

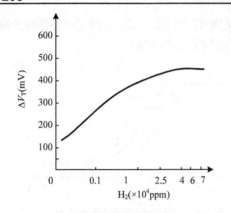

图 5-3-7　Pd-MOSFET 的 $\Delta V_T$ 与氢气浓度的关系

电压 $V_T$ 之差 $\Delta V_T$ 表示其灵敏度。图 5-3-7 示出 $\Delta V_T$ 与氢气浓度的关系，由图可见，在氢气浓度小于 10000ppm 时，$\Delta V_T$ 与氢浓度之间具有近似的线性关系，超过 4%时线性关系劣化。且当环境中含量仅为 5ppm 时，$\Delta V_T$ 的变化幅度仍有 36mV 之多，因此，这种氢敏元件适合于检测微量氢气，显然其具有很高的灵敏度。

Pd-MOSFET 氢敏传感器的响应时间与恢复时间取决于气体与 Pd 在界面上的反应过程，它们都随器件工作温度的上升而迅速减小。因此，响应时间常常成为选定工作温度的主要考虑因素。若要求几秒钟或更短的响应时间，一般须选择 120~150℃的工作温度。同时氢气浓度也对响应、恢复时间有影响。例如，器件工作在 150℃且氢气浓度为 100ppm 时响应时间小于 10s，恢复时间小于 5s，当氢气浓度为 40000ppm 时，响应时间小于 5s、恢复时间小于 15s。

由于 Pd-MOSFET 传感器的均匀相 Pd 薄膜只允许氢原子通过，并到达 Pd/SiO₂ 界面，所以它只对氢敏感，具有独特的高选择性。但此类氢敏元件存在一个严重问题，即 $V_T$ 随时间缓慢漂移，使该类元件作定量检测受到了限制。通过不同元件的集成（如不同交叉灵敏度的晶体管或二极管），可以减小交叉灵敏度和温度灵敏度，如恒定模式驱动的 MOS 气体 FET 具有类似二极管的性质，当它们串联时将产生一个新的阈值电压，其大小为原先各器件阈值电压之加权和。另外，通过几个同类晶体管的串联或并联连接集成，能够达到高的灵敏度。

# 5.4　浓差电池式气敏传感器

## 5.4.1　O₂ 传感器

### 1. 浓差电池氧敏传感器的原理

采用具有氧离子传导性的二氧化锆（ZrO₂）固体电解质为工作介质，Pt 多孔薄膜为电极制备成 ZrO₂ 氧传感器。ZrO₂ 晶体本身是一种绝缘体，在高纯 ZrO₂ 中添加适量的 CaO 或 Y₂O₃ 等后经高温形成萤石型立方晶系固溶体，称为稳定化 ZrO₂，由于 2 价 Ca²⁺ 和 3 价 Y³⁺ 置换了四价 Zr⁴⁺ 的部分位置，实际上形成了如图 5-4-1 所示的置换固溶体结构（其中圆圈代表氧，Zr 在间隙位），其外周边有吸附时，为保持电中性而在晶体中存在氧的空位（V$_{O2}$，即图中□）。图 5-4-2 为氧浓差电池，其中图 5-4-2(a)为氧敏元件的结构，主体是稳定化致密的 ZrO₂ 固体电解质管状材料，内外两侧有多孔性金属电极；图 5-4-2(b)中，有圆圈处为元件截面的微观原理结构，ZrO₂ 作为电解质，Pt 为参比电极 P$_R$ 和工作电极 P$_W$。在一定高温下，当稳定化

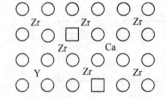

图 5-4-1　稳定化 ZrO₂ 的晶格模型

ZrO₂ 两侧氧浓度不同时，便会出现高浓度侧的氧通过 ZrO₂ 固体中的氧空位以 O²⁻ 离子状态向低氧浓度一侧迁移，从而形成氧离子电导，使 ZrO₂ 显示出氧离子导电特性。这样在固体电解质两侧电极上产生氧浓差电势，称为氧浓差电池。在 P$_R$ 上，一个氧分子吸附在电极上，与 4 个电子形成两个 O²⁻ 离子，进入固体电解质，使参考电极失去电子带正电，此电极为氧分子提供电子，称为阴极；而两个 O²⁻ 离子

经高温受热后通过固体电解质移动到达 $P_W$ 电极，并给出 4 个电子，使 $P_W$ 带负电，阴离子达到的电极称为阳极。

在高浓度侧参考电极上（阴极）：

$$O_2 + 4e \rightarrow 2O^{2-} \tag{5-4-1}$$

低浓度侧工作电极上（阳极）：

$$2O^{2-} \rightarrow O_2 + 4e \tag{5-4-2}$$

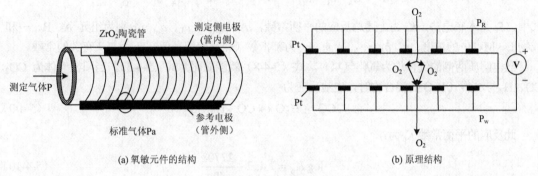

(a) 氧敏元件的结构        (b) 原理结构

图 5-4-2 氧浓差电池

若稳定化 $ZrO_2$ 的离子迁移数为 1，则对于理想气体上述反应所产生的电动势 $E$ 可用 Nernst 公式表示：

$$E = \frac{RT}{4F} \ln \frac{c_{PO2}}{a_{PO2}} \tag{5-4-3}$$

式中，$R$ 为气体常数（即 1.987 卡/（克分子·度）），$T$ 为绝对温度，$F$ 为法拉第常数（即 23060 卡/（伏·克当量）），$C_{PO_2}$ 为高氧浓度（即阴极侧）氧含量，$a_{PO_2}$ 为低氧浓度（即阳极侧）氧含量。

由此可见，在温度一定时，若参比气体为氩气+氧气（若氧分压为 20.6%，作为高氧端，其值与空气中氧分压一致），测量出 $E$ 值就可知道被测侧气体的氧含量或氧分压 $P_M$ 值：

设 $T = 700℃$ 时，有

$$E = 42.2611 \lg \frac{20.6}{P_M} \tag{5-4-4}$$

这种氧传感器的工作温度过高（一般在 700℃ 以上），不利于在某些领域（如医药、生物研究及汽车传感器）的推广应用。而且电解质及电极材料的物理化学性能会受到高温的影响，使用寿命也相应缩短。于是，人们在寻找低温固体电解质制作氧电池方面做了大量工作，且注意力主要放在减小电池内电阻（以下简称池内阻）上。通过选用低温下氧离子导电性比 $ZrO_2$ 强的电解质（如 $GeO_2$ 或 $Bi_2O_3$），或通过减小电解质厚度来降低电池内阻，但是效果不理想。后来发现，在低温下电池内阻在很大程度上取决于电解质与电极之间的表面电阻，而表面电阻又与电极材料及该材料对电解质的附着程度密切相关。

### 2. $ZrO_2$ 氧敏传感器

（1）复杂气氛环境下的应用分析

若环境气体种类很多，两个电极的反应如下：

阴极：

$$\lambda O_2 + 4\lambda e \rightarrow 2\lambda O^{2-} \tag{5-4-5}$$

阳极：

$$aA + bB + \cdots + 2\lambda O^{2-} \leftrightarrow lL + mM + \cdots + 4\lambda e \qquad (5\text{-}4\text{-}6)$$

总反应：

$$aA + bB + \cdots + \lambda O_2 \rightarrow lL + mM + \cdots \qquad (5\text{-}4\text{-}7)$$

式中，A、B、…为反应物，L、M、…为生成物，电池输出的电动势可写成：

$$E = E_0 - \frac{RT}{nF} \ln \frac{a_L^l \cdot a_M^m \cdots}{a_A^a \cdot a_B^b \cdots a_{O_2}^\lambda} = \frac{RT}{nF} \ln K_p - \frac{RT}{nF} \ln \frac{a_L^l \cdot a_M^m \cdots}{a_A^a \cdot a_B^b \cdots a_{O_2}^\lambda} \qquad (5\text{-}4\text{-}8)$$

式中，$E_0$ 为本底电势，$K_p$ 为上述总反应的平衡常数，$a_A$、$a_B$、$\cdots a_L$、$a_M \cdots$ 分别为组元 A、B、…和生成物 L、M、…的浓度，$a$，$b$，…，$l$，$m$，…为幂指数（即反应配平值），$n$ 为与 $\lambda$ 有关的常数。

当电解质两侧的气体均为氧化气氛时，式（5-4-8）就能简化为式（5-4-3）。当阳极气体为 $CO_2$、CO、$H_2$ 与水蒸气 $H_2O$ 的混合物时，电池反应为

$$CO_2 + H_2O \leftrightarrow CO + H_2 + O_2 \qquad (5\text{-}4\text{-}9)$$

此反应的平衡常数 $K_p$ 为：

$$\log K_p = 7.452 - \frac{27708}{T} \qquad (5\text{-}4\text{-}10)$$

则

$$E = -1350 + \left(0.4036 + 0.0496 \times \log \frac{P_{H_2O} \cdot P_{CO_2}}{P_{H_2} \cdot P_{CO}}\right) T \quad (\text{mV}) \qquad (5\text{-}4\text{-}11)$$

氧势是影响金属氧化反应的"动力"。一旦保护气氛中的氧势超过了相应的被处理金属的氧化物的化学势（生成自由能），金属即被氧化。对于保护气氛，如用氧势的概念，则电池电动势可写为

$$E = \frac{1}{4F}(\mu - \mu_0) \qquad (5\text{-}4\text{-}12)$$

即 $\mu$ 为氧势，$\mu = RT \ln P_{O_2}$；$\mu_0$ 为空气的氧势，故利用所测得的 $E$ 值可算出 $\mu$ 和氧分压来。在 600～1200℃ 范围内近似地有：

$$E = 10.84\mu + 40 \quad (\text{mV}) \qquad (5\text{-}4\text{-}13)$$

（2）用于空燃比控制的 $ZrO_2$ 氧传感器

图 5-4-3 为用于控制汽车空燃比的 $ZrO_2$ 氧传感器的结构，一般由带电极的 $ZrO_2$ 电解质管、电极作用的衬套及防止 $ZrO_2$ 管损坏和导入汽车排气的进气孔组成。把铂涂覆在 $ZrO_2$ 管上对反应还有催化作用：

$$CO + \frac{1}{2}O_2 \rightarrow CO_2 \qquad (5\text{-}4\text{-}14)$$

当空燃比接近理论值时，从 CO 与 $O_2$ 完全进行化学反应（CO 过剩、$O_2$ 为零）的状态急剧变化为氧含量过剩（CO 为 0，$O_2$ 过剩）的状态，电动势也急剧地变化，如图 5-4-4 所示。

在不同的温度下，虽然电压跳动的幅度不同，但出现阶跃时的 $\lambda$ 值基本相同。这种特性使其非常适合于空燃比的控制。另外，$LaCaO_3$ 在掺杂 Sr、Mg 后有高的氧离子电导率，其电压型氧传感器在低于 600K 时也有很好的性能。二氧化钌（$RuO_2$）是理想的低温电极材料，且有良好的电催化性能。因此，以稳定的 $ZrO_2$ 作电解质、$RuO_2$ 作电极的低温 $ZrO_2$ 氧传感器，在工作温度降至 300℃ 仍有较小的电池内阻和较快的响应速度，可延长浓差电池的使用寿命，扩大其应用范围。$ZrO_2$ 氧传感器在锅炉和

内燃机中可用来测量和控制燃烧过程，炼钢中可控制高温的质量，环境保护中可分析和监控大气污染，科研中用于氧化-还原的动力学和热力学的研究。

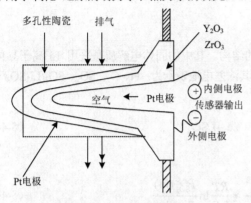

图 5-4-3　ZrO₂ 氧传感器的结构

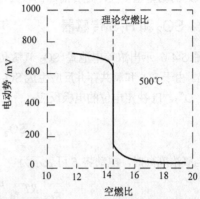

图 5-4-4　ZrO₂ 氧传感器的输出特性曲线

（3）ZrO₂ 微量氧分析仪

图 5-4-5 为 ZrO₂ 微量氧分析仪的原理框图。若待测气体中含有可燃性气体 H₂、CO、CH₄ 等，它们在高温和金属铂的催化下与氧发生反应会消耗掉一部分氧，使得氧含量测量值小于实际值。为了排除可燃性气体对测量的影响，图中除氧单元为分子筛高效脱氧，配氧单元为电化学 ZrO₂ 氧泵，测氧单元为 ZrO₂ 浓差电池。当样品进入待测系统后，被分成 I 和 II 两条气路，进入气路 I 的气体，先通过除氧单元除掉其中的氧，然后进入配氧单元 I 配入一定浓度的氧；最后通过测氧单元 I 测定其氧含量；进入气路 II 的气体通过配氧单元 II 配入一定量的氧，最后由测氧单元 II 测得其氧含量。

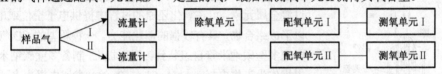

图 5-4-5　ZrO₂ 微量氧分析仪的原理框图

假设 $P_x$ 代表样品气中的氧含量；$P_{a1}$ 和 $P_{a2}$ 分别为向气路 I 和 II 中泵入的配氧量；$P_{c1}$ 和 $P_{c2}$ 分别为两气路中与可燃性气体反应而消耗掉的氧量；$P_1$ 和 $P_2$ 分别为两气路中最终测得的氧含量。于是：

$$P_1 = P_{a1} - P_{c1} \tag{5-4-15}$$

$$P_2 = P_x + P_{a2} - P_{c2} \tag{5-4-16}$$

由式（5-4-15）和式（5-4-16）可求出样品气体中的氧含量：

$$P_x = (P_2 - P_1) - (P_{a2} - P_{a1}) + (P_{c2} - P_{c1}) \tag{5-4-17}$$

根据法拉第定理知，配氧量 $P_a$（×10⁻⁶）为

$$P_a = 0.209I / q \tag{5-4-18}$$

式中，$I$ 为泵电流（mA）；$q$ 为载气流速（L/h）。

当两气路中气体流量相等，两个配氧单元（I、II）配氧量相等时，即 $P_{a2}=P_{a1}$，又因为进入两气路的气体为同一样品气，所以两气路中与可燃性气体反应消耗的氧也应相等，即 $P_{c1}=P_{c2}$。于是式（5-4-17）可简化为

$$P_x = P_2 - P_1 \tag{5-4-19}$$

只要分别测出氧单元（I、II）两端的电势 $E_1$ 和 $E_2$，根据式（5-4-4）就能计算出 $P_1$ 和 $P_2$，从而

求出 $P_x$。该仪器分析准确度高，既能分析惰性气体中的微量氧又能准确分析可燃性气氛中的微量氧，且有很好的测量重复性，是目前国内较为理想的微量氧分析仪。

### 5.4.2　$SO_2$ 和 $H_2S$ 传感器

图 5-4-6 示出浓差电池式 $SO_2$ 气敏传感器的结构。其中的固体电解质是采用 $Li^+$ 离子导体，即 $Li_2SO_4$。由于 $SO_2$ 和氧共存并反应生成 $SO_3$，所以其浓差电池表示为：Pt、$O_2$、$SO_2$、$SO_3/Li_2SO_4/ SO''_3$、$SO''_2$、$O''_2$，Pt 决定电位的电极反应：

$$SO_2 + \frac{1}{2}O_2 + 2e \rightarrow SO_4^{2-} \tag{5-4-12}$$

当氧浓度高时，电动势 $E$ 可表示为

$$E = \frac{RT}{2F}\ln\frac{P''_{SO_4} P''^{1/2}_{SO_2}}{P'_{SO_2} P'^{1/2}_{O_2}} \approx \frac{RT}{2F}\ln\frac{P''_{SO_4}(in)}{P'_{SO_2}(in)} \tag{5-4-13}$$

式中，$P_{SO_2}(in)$ 是送入的 $SO_2$ 的分压。

如果在一侧流过已知浓度的 $SO_2$，由电动势 $E$ 就可求得另一侧的 $SO_2$ 浓度。例如采用以 5% 的 $Ag_2SO_4$ 固溶于 $Li_2SO_4$ 中而制成的固体电解质，用于电池 Au、$Ag/Li_2SO_4$（5%$AgSO_4$）/$SO_3$、$SO_2$、$O_2$、Au 效果较好。以 $LaF_3$ 为固体电解质，$Na_2SO_3$、$Na_2O$ 为参比电极，在常温下参比侧提供恒定的 $SO_2$ 分压 $P_{SO_2}$，构成电池；还有 $K_2SO_4$、$Na_2SO_4$、NaSiCON、Na-$\beta$（$\beta''$）-$Al_2O_3$，Ag-$\beta''$-$Al_2O_3$ 固体电解质。另外，用碳酸盐和硫酸盐作为固体电解质，可测量 NO、$NO_2$ 和 CO；以 $NH^{+4}$-$CaCO_3$ 为电解质可测量 $NH_3$ 等。常用的金属敏感电极有 Pt、Au、W、Ag、Ir、Cu 等过渡金属元素，可在氧化还原的过程中提供电子空位或电子，也可以形成络合物，具有较强的催化能力。一种新型的 CO 气敏传感器即把多壁碳纳米管自组装到铂微电极上，制备多壁碳纳米管粉末微电极作为工作电极，Ag/AgCl 与 Pt 丝为参比电极，多孔聚四氟乙烯膜为透气膜，制成传感器，对 CO 具有显著的电化学催化效应，其响应时间短、重复性好。

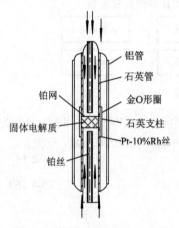

图 5-4-6　$SO_2$ 气敏传感器的结构

（铝管、石英管、金O形圈、石英支柱、Pt-10%Rh丝、铂网、固体电解质、铂丝）

以金、镍/钛复合氧化物为敏感电极和 NASICON 或 $YST$-$Au$-$WO_3$ 固体电解质组成的硫化氢气敏传感器，即 $H_2S$, Au, $NiO_2.TiO_2|NASICON|Au$, $H_2S$，平衡状态下敏感电极处的电极电位 $E_M$ 为

$$E_M = E_0 + nA\ln C_{O_2} - mA\ln C_{H_2S} \tag{5-4-14}$$

式中，$C_{O_2}$ 和 $C_{H_2S}$ 为 $O_2$ 和 $H_2S$ 的浓度，$E_0$、$n$、$m$、$A$ 为常数。

在 320℃ 时对硫化氢的灵敏度为 –72.4mV/decade，对 $5\times10^{-6}$ 和 $50\times10^{-6}$ 的硫化氢的响应时间分别为 10s 和 4s，恢复时间分别为 20s 和 40s，并且对硫化氢具有良好选择性、抗湿特性及快速的响应和恢复特性。

## 5.5　接触燃烧式气敏传感器

### 5.5.1　气敏元件结构及其工艺

接触燃烧式气敏传感器的结构如图 5-5-1 所示，它由敏感芯、陶瓷管、网状保护罩和引线组成。若敏感芯是表面直接涂有催化剂的纯铂丝线圈，其寿命较短。因此，实际应用中气敏元件的敏感芯都是在铂丝圈外面涂覆一层氧化物触媒，外加网状保护罩，既可延长使用寿命，又可以提高检测元件的响应特性。首先用直径 50～60μm 的高纯（99.999%）铂丝绕制成直径约为 0.5mm 的线圈，一般为使线圈具有适当的阻值（1～2Ω）应绕 10 圈以上；在线圈外面涂以氧化铝 $Al_2O_3$ 或 $Al_2O_3$ 和 $SiO_2$ 混合的浆料层，干燥后在一定温度下烧结成多孔体载体；再放在贵金属铂、钯等的盐溶液中充分浸渍后烘干，经高温热处理，使载体上形成贵金属触媒层；最后组装成气体敏感元件。或者以钯催化剂、氧化钍和氧化铈为助催化剂，混合成贵金属触媒粉体，与 $Al_2O_3$、$SiO_2$ 等一起制成膏状物，涂覆在铂线圈上，直接烧成敏感芯。

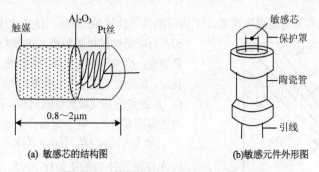

(a) 敏感芯的结构图　　　　　　(b) 敏感元件外形图

图 5-5-1　接触燃烧式气敏传感器的结构

## 5.5.2　检测原理

可燃性气体（$H_2$、CO、$CH_4$、LPG 等）与空气中的氧接触会发生氧化反应，产生的反应热（即无焰接触燃烧热）使得作为温度敏感材料的铂丝温度升高。由于铂具有正温度系数，且在温度不太高时其电阻率与温度有良好的线性关系，所以当温度升高时其电阻值相应地增大。一般空气中可燃性气体的浓度都不太高（低于 10%，远远小于氧浓度），可以完全燃烧，其发热量与可燃性气体的浓度成正比。此燃烧热量使铂丝的温度增量越大，其电阻值增加量就越大。因此，只要测定铂丝电阻的变化值（$\Delta R$），就可以检测出空气中可燃性气体的浓度。

图 5-5-2 示出接触燃烧式气敏传感器的检测电路。其中 $F_1$ 是气敏元件；$F_2$ 是补偿元件，其结构与 $F_1$ 完全相同，只是没有燃烧的催化剂，其作用是补偿 $F_1$ 除可燃性气体燃烧以外的环境温度变化、电源电压变化等因素所引起的偏差。通常在传感器工作时，要求在 $F_1$ 和 $F_2$ 上经常保持一定的电流通过（一般为 100～200mA），以供给可燃性气体在 $F_1$ 上发生氧化反应（接触燃烧）所需的热量。当 $F_1$ 与可燃性气体接触时，由于剧烈的氧化作用而释放出热量，使得 $F_1$ 的温度上升，其电阻值相应增大，电桥不再平衡，在 $A$、$B$ 间就产生电位差 $U_{AB}$。

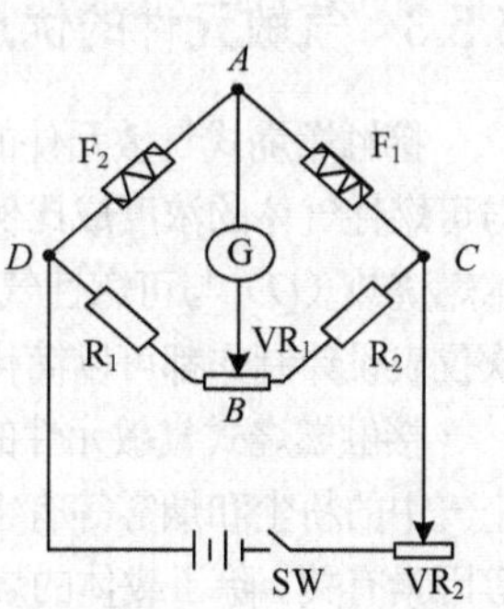

若电桥平衡时 $BD$ 臂上的电阻为 $R_1$，$BC$ 臂上的电阻为 $R_2$，$F_1$ 的电阻为 $R_{F1}$，$F_2$ 的电阻为 $R_{F2}$，由于接触燃烧作用，使 $F_1$ 的电阻变化量为 $\Delta R_{F1}$，所以，$A$、$B$ 点之间的电位差 $U_{AB}$ 可以表示为

图 5-5-2　基本检测电路

$$U_{AB} = U_{CD0} \cdot \left[ \frac{(R_{F1} + \Delta R_{F1})}{(R_{F1} + R_{F2} + \Delta R_{F1})} - \left( \frac{R_2}{R_1 + R_2} \right) \right] \tag{5-5-1}$$

式中，$U_{CD0}$ 为测试时电桥上所加的电源电压。

由于 $\Delta R_{F1}$ 与 $R_{F1}$、$R_{F2}$、$R_1$、$R_2$ 相比非常小，分母上的 $\Delta R_{F1}$ 可以忽略不计，并且利用电桥的平衡

条件 $R_{F1}R_1 = R_{F2}R_2$，因此式（5-5-1）可简化为

$$U_{AB} = U_{CD0} \cdot \left[ \frac{R_1}{(R_1 + R_2)(R_{F1} + R_{F2})} \right] \cdot \left[ \frac{R_{F2}}{R_{F1}} \right] \cdot \Delta R_{F1} \tag{5-5-2}$$

又由于式（5-5-2）中 $\Delta R_{F1}$ 只是由可燃性气体接触燃烧所产生的温度变化引起的，与接触燃烧热（即可燃性气体氧化反应热）有关，于是 $\Delta R_{F1}$ 与可燃性气体浓度 $m[\%(\text{vol})]$ 的关系表示为：

$$\Delta R_{F1} = \alpha \cdot \Delta T = \alpha \cdot \frac{\Delta H}{C} = \alpha \cdot \beta \cdot \frac{Q}{C} \cdot m \tag{5-5-3}$$

式中，$\alpha$ 为气敏元件的电阻温度系数；$\Delta T$ 为可燃性气体接触燃烧所引起的气敏元件的温度增加值；$\Delta H$ 为可燃性气体接触燃烧的发热量；$C$ 为气敏元件的热容量；$Q$ 为可燃性气体的燃烧热，由可燃性气体的种类决定；$\beta$ 为由气敏元件上涂覆的催化剂决定的常数；且 $\alpha$、$C$、$\beta$ 的数值与气敏元件的材料、形状、结构、表面处理方法等因素有关，在一定条件下都是确定的常数。

令 $k = U_{CD0} \cdot R_1 / [(R_1 + R_2)(R_{F_1} + R_{F_2})]$，且气敏元件 $F_1$ 和补偿元件 $F_2$ 的阻值比 $R_{F2}/R_{F1}$ 近似为 1，将式（5-5-3）代入（5-5-2）可得：

$$U_{AB} = k \cdot \alpha \cdot \beta \cdot \frac{Q}{C} \cdot m \tag{5-5-4}$$

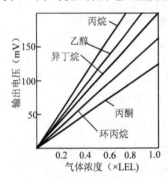

图 5-5-3 接触燃烧式气敏元件的感应特性曲线

上式说明 $A$、$B$ 两点间的电位差 $U_{AB}$ 与可燃性气体的浓度 $m$ 成正比。若与相应的电路配合，就能在空气中可燃性气体达到一定浓度时，自动发出报警信号。图 5-5-3 示出了其感应特性曲线，表明接触燃烧式气敏元件在测量乙醇、丙酮、丙烷、异丁烷和环丙烷气体时都与其浓度成正比关系。其中横坐标的单位为 LEL（Lower Explosion Limited），它指可燃气体在空气中遇明火种而爆炸时的浓度下限（爆炸的最低浓度）。

### 5.5.3 气敏元件的优点及特性

接触燃烧式气敏元件的响应速度虽然比半导体气敏元件稍慢，但它具有以下优点：①其输出信号与可燃性气体的浓度成比例，具有良好的线性关系；②除少数可燃性气体外，大多数可燃性气体的摩尔燃烧热（$Q$）与可燃性气体的爆炸下限浓度（$m_0$）的乘积（$m_0Q$）是一个常数。这样，与之配套的二次仪表设计制作都可以简化；③在检测时不受空气中水蒸气的影响。因此，它可以作为定量检测元件。

接触燃烧式气敏元件的长期稳定性（寿命）与触媒的寿命密切相关。它们与敏感芯的工作温度、空气中的粉尘和烟雾等有害物质的浓度、空气中是否存在能使触媒出现"中毒"现象的气体（如 $SO_2$）等因素有关。除了载体的烧结温度和敏感芯工作（可燃性气体在铂丝上的氧化反应）所必需的温度外，希望敏感芯工作温度越低越好，以利于提高长期稳定性。当然，敏感芯的工作温度也不能太低，否则会影响敏感芯的灵敏度。为了减轻空气中粉尘、烟雾等的危害，可以考虑设置过滤器等装置。对于铂、钯等贵金属触媒，毒害最大的物质是硫化物、硅化物、卤化物和硫酸盐，实验发现用 Cu:Pt=8:92 的二元合金触媒可明显改善其长期稳定性。另外，改变触媒的配方，可以在一定程度上提高接触燃烧式气敏元件的选择性（气体识别能力）。例如，使用混合触媒（Pt:Pd=1:1）可以提高对甲烷的识别能力，使用掺有氧化铜的复合触媒可以降低空气中酒精气体对甲烷敏感元件的干扰，已大量用于检测煤矿的甲烷（1%～4% $CH_4$）。

接触燃烧式 CO 气敏元件中，铂黑为其催化剂时最敏感（工作温度为 150℃），氧化铅为催化剂时

（工作温度 170～200℃）次之。铂黑对 $H_2$、$C_2H_5OH$ 更敏感，约是 CO 的两倍；加入 $Cu_2O$ 消除对 $H_2$ 的灵敏度，加入 $Cu_2$-ZnO（170℃）消除对 $C_2H_5OH$ 的灵敏度、加入 $Cu_2$-ZnO 和 $MnO_2$ 会降低工作温度至 150℃。因人呼吸两三个小时 200ppm 的 CO 会感到头痛，1600ppm 便会死亡，于是世界组织要求 CO 浓度达到 200ppm 时必须发出警报。目前接触燃烧式气敏传感器实现规模生产的有 $H_2$、LPG、$CH_4$ 及部分有机溶剂蒸气检测用产品，也以各类报警器的形式出现。

# 5.6 光学类气敏传感器

将利用气体的光学特性来检测气体成分和浓度的传感器称为光学类气敏传感器。根据具体的光学原理可分为红外吸收式、可见光吸收光度式、光干涉式、化学发光式和试纸光电光度式、光离子化式等。可用于各种气体的检测，应用于石油成分和比例的分析、纺织产品的定性定量分析，以及在红外热成像技术、红外机械无损探测探伤、物体的识别等方面，在军事上的红外夜视、红外制导、导航，红外隐身、红外遥测遥感技术等方面都取得到了很好的效果。

## 5.6.1 红外吸收式气敏传感器

红外吸收式气敏传感器依据各种气体吸收特征频率光谱的互相独立、互不干扰而具有极好的选择性，检测元件不与气体接触就不易受有害气体的影响而中毒、老化，加之光信号响应速度快、稳定性好、需要的电压低，在矿井、煤气站等有混合气体的场合防爆性好，信噪比高，使用寿命长，测量精度高。

### 1. 气体的红外吸收原理

红外吸收式气敏传感器是基于气体的吸收光谱随物质不同而异的原理制成的。理论和实践证明，不同气体分子的化学结构不同，对不同波长红外辐射的吸收程度不同，每种气体在红外辐射波段都有一条或若干条自己的特征吸收谱线，将气体吸收红外光最强的频率称作该气体的特征吸收频率。因此，不同波长的红外辐射依次照射到样品气体，穿过气体时特征频率谱线的光能就会被气体吸收，从而特征波长的辐射能被选择地吸收而变弱，产生红外吸收光谱。且当同一种样品气体有不同浓度时，在同一吸收峰位置其吸收强度与浓度成正比。通过检测气体的红外吸收光谱便可确定气体的种类和浓度。

所有气体吸收的特征频率并非单一频率的光线，而是在一定频率范围内的光谱带。在带宽范围内的各个频率被吸收的程度也不一样，计算红外光穿过气体被吸收的能量时，需要计算带内各个频率光线被吸收能量的总和。为了便于计算吸收能量的总和，需要建立各种吸收模型。光线能量减弱的程度与气体浓度和光线在气体中经过的路程成比例，这个关系服从 beer-lambert（比尔-朗伯）定律。即如果光源光谱覆盖 1 个或多个气体吸收线，且各频率强度为 $I_0$ 的入射红外光穿过气体时，气体吸收自己特征频率红外光的能量后使出射光能量减弱为 $I$，如图 5-6-1 所示，一般测试选择其强吸收峰，其输出光强度 $I$ 和气体浓度之间的关系为

$$I = I_0 \exp(-\alpha_M LC) \tag{5-6-1}$$

式中，$\alpha_M$ 为摩尔分子吸收系数，取决于气体种类和入射波长；$L$ 为光和气体的作用长度（传感长度）；$C$ 为待测气体浓度。

若吸收介质中含 $i$ 种吸收气体，则上式应改为

$$I = I_0 \exp\left(-L \sum_i \alpha_{Mj} C_j\right) \tag{5-6-2}$$

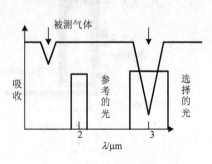

图 5-6-1　气体吸收峰原理图

对于多种混合气体，为了分析特定组分，应该在传感器或红外光源前安装 1 个适合分析气体吸收波长的窄带滤光片，使传感器的信号变化只反映被测气体浓度变化。

为了计算方便，将式（5-6-1）化为直接求浓度 $C$ 的表达式：

$$C = \frac{1}{\alpha_M(\lambda)L} \ln \frac{I_0}{I} \tag{5-6-3}$$

从式（5-6-3）可知，如果 $\alpha_M(\lambda)$ 和 $L$ 已知，那么通过检测 $I$、$I_0$ 就可以得到气体浓度 $C$。

利用吸收的比尔-朗伯定理，实际应用时要解决参数过多的情况，可采用差分法、透射法和二次谐波检测的方法处理数据。其中差分法根据波长分布相近的两个单色光，采用双光路方法提高检测强度，气体浓度表示为

$$C = \frac{1}{a(\lambda_1 - \lambda_2)} \cdot \frac{I(\lambda_2) - I(\lambda_1)}{I(\lambda_2)} \tag{5-6-4}$$

式中，$\alpha$ 为在一定波长下单位浓度单位长度介质的吸收系数；$\lambda_1$、$\lambda_2$ 为相隔极近的两个波长；$I(\lambda_1)$、$I(\lambda_2)$ 为两种波长的透射光强。

大部分非对称双原子和多原子分子（$CH_4$、$H_2O$、$NH_3$、$CO$、$C_2H_2$、$SO_2$、$NO$ 和 $NO_2$ 等）在红外区都有自己的特征吸收频率，可以采用红外吸收谱法进行检测。例如 $SO_2$ 的红外特征吸收谱线有两条（4.0μm 和 7.35μm），在单一吸收的条件下如取 4.0μm 红外辐射，$SO_2$ 的吸收谱线的强度与气体的浓度服从郎伯-比尔定律；又如 $CO$ 的最强吸收峰是在 4.7μm（与 $CO_2$ 及水蒸气的吸收峰重叠），次吸收峰在 2.3μm 附近（和水蒸气的吸收谱有重合），在 1.57μm 附近的吸收相对微弱一些，但可以通过调节光吸收作用的光程长度系统的精度而进行检测。另外，$H_2S$ 气体在近红外吸收为泛频吸收，即三个吸收峰，其主要的吸收峰位于 1578nm 处，也可以采用同样原理进行检测。

## 2. 单通道红外吸收式气敏传感器

图 5-6-2 示出红外 $CO_2$ 传感器探头结构图。它由光源、测量槽、可调干涉滤光镜、红外光敏元件、光调制电路、放大系统等组成。红外光源采用镍铬丝，其通电加热后可发出 3～10μm 的红外线，其中包含了 4.26μm 处 $CO_2$ 气体的强吸收峰。在气室中 $CO_2$ 吸收光源发出特定波长的光，经探测器检测可显示出 $CO_2$ 对红外线的吸收情况。干涉滤光镜是可调的，可改变其通过的光波波段，从而改变探测器探测到信号的强弱。红外探测器为薄膜电容器，吸收了红外能量后电容器腔内气体温度升高，导致室内压力增大，电容器两极间的距离就要改变，电容值随之改变。$CO_2$ 气体的体积分数越大，电容值改变也就越大，通过检测电容值变化来检测红外线强度即可知 $CO_2$ 气体的浓度。图 5-6-3 示出其检测原理框图，先由红外传感器将探测到 $CO_2$ 气体的体积分数转换成电信号，滤波电路提取电信号并输出到放大电路，经过单片机系统处理后输出，再送入显示电路以实现对 $CO_2$ 气体体积分数的检测。

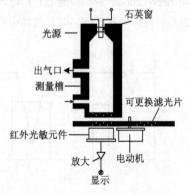

图 5-6-2　$CO_2$ 传感器探头结构图

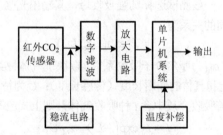

图 5-6-3　$CO_2$ 检测原理框图

图 5-6-4 为 $CO_2$ 检测电路。滤波电路中既引入了负反馈，又引入了正反馈。当信号频率趋于零时，由于 $C_1$ 的电抗趋于无穷大，因而正反馈很弱；当信号频率趋于无穷大时，$C_2$ 的电抗趋于零。这样就保证了信号频率在趋于零和无穷大之间的任何一个值时，滤波电路都可以正常提取相应的电信号。放大电路可将滤波电路输出的信号放大到一定的程度以便驱动负载。$R_6$ 和 $C_4$ 串联构成校正网络，可对电路进行相位补偿。单片机系统主要由双积分 A/D 转换芯片 MC14433 和单片机 8031构成。转换结果标志 EOC，接至更新转换控制信号输入线 DU 和 8031 的中断输入线 INT1，表明单片机既可采用中断方式读入 A/D 转换的结果，又可以采用查询方式。最后的结果送入 74AC138并驱动数码管显示具体数值。将电容探测器换成量子型 PIN 光电二极管，可以直接把光量变为电信号，具有对微弱光信号的快速探测和处理电路简单的特点；还可以通过改变红外滤光片以提高PIN 管的灵敏度和适合其红外光谱响应特性，也可以通过改变滤光片来增加被测气体种类或扩大测量气体的浓度范围。

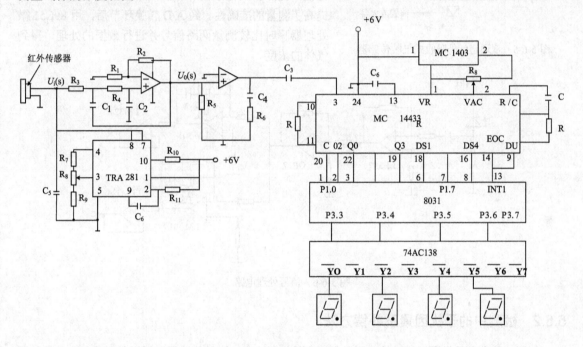

图 5-6-4  $CO_2$ 检测电路

### 3. 双通道红外吸收气敏传感器

光路测量可避免单光路测量时由于固化了标准参考点而无法适用于外界环境不同变化而引起的测量误差。图 5-6-5 给出电容麦克型双通道红外吸收式气敏传感器的结构图，它包括两个构造形式完全相同的光学测量系统：其中一个是比较气室，室内密封着某种气体；另一个是测量气室，室内通入被测气体，气室内由取样泵带动气体不断流动；双光源和双光探测器对称地分布在气室的两端，两个红外发光光源采用发光二极管，探测器采用钽酸锂（$LiTaO_3$）热释探测器，两个系统的光源同时（或交替地）以固定周期开闭；检出气室是密封有一定气体的容器。当测量气室的红外光照射到被测气体时，不同种类的气体对不同波长的红外光具有不同的吸收特性，同时同种气体在不同浓度下，对红外光的吸收量也彼此相异。因此，通过测量测量气室和比较气室的红外光光谱、光强变化，测量出光量差值来确定被测气体的种类和浓度。由于两个光学系统以一定的周期开闭，光量差值以振幅形式输入

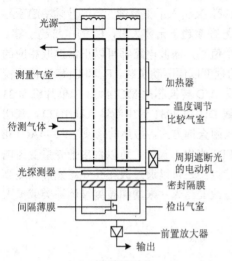

图 5-6-5　双通道红外吸收式气敏传感器

到检测器；两种光量振幅的周期性变化被检出气室内气体吸收后可以变为温度的周期性变化，致使竖的间隔薄膜两侧的压力变化，最终以电容量的改变量输出至放大器。

因双探测器性能的不一致会带来一定误差，可以采用单探测器双光路瞬时比较法测量，以 InGaAsP 长波长光电 PIN 二极管为探测器，适用于在野外多变环境下的甲烷浓度的测量。图 5-6-6 为其信号处理电路，采用低噪声、低温漂、高精度的集成运放 LF357 前置放大器，增益在 1～50 内可调的集成运放 OP27 主放大器以适用不同浓度的测量。采用双 T 网络的滤波，大大提高了放大器的频率选择性，滤除了其他杂波和噪声的干扰，使信号单一化，提高了测量的准确性。经 A/D 转换环节后，用 89C51 微处理器瞬时比较测量两路信号并进行数据的处理，得到气体的浓度。

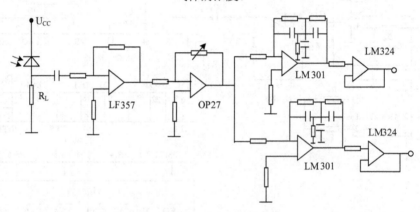

图 5-6-6　信号处理电路

## 5.6.2　检测中的干扰因素及补偿方法

利用红外光谱吸收原理可以精确测量和标定的气体浓度，这种传感器可采用敞开式气室结构，不进行气体预处理，直接进行在线测量，容易实现自动连续监测。然而必须考虑很多干扰因素，下面进行具体分析。

### 1. 光源功率起伏和探测器响应度产生的干扰

由于光源的光子瞬时发射速率及瞬时功率是许多单独的过程，会随时间起伏，因此要求提高光源的稳定性。而光源的发射功率起伏将引起探测器的输出电压波动，会影响红外 CO 传感器的测量精度。因此，必须补偿长期连续工作中因发光二极管输出功率波动和探测器响应度变化引起的信号波动。

### 2. 传感器光学元件本身、干扰气体、粉尘等因素导致的误差

红外光经过气室后，其能量损失有三种原因：气室本身光学元件吸收的光能量 $\Delta I_c$、待测气体吸收的红外光能量 $\Delta I_g$、粉尘和干扰组分吸收的红外光能量 $\Delta I_i$。即：

$$\Delta I_w = \Delta I_c + \Delta I_g + \Delta I_i \neq \Delta I_g \tag{5-6-5}$$

可见需要补偿 $\Delta I_c$ 和 $\Delta I_i$ 带来的误差,因此光路结构设计时增加参比滤光片,来消除 $\Delta I_c$、$\Delta I_i$ 带来的干扰。

当红外光通过待测气体时,气体分子对特定波长除了有吸收衰减作用,还有散射增强作用,通过光强的变化测气体浓度的精确公式为

$$I = I_0 \exp(-\alpha_m LC + \beta L + \gamma L + \delta) \tag{5-6-6}$$

式中,$a_m$ 为摩尔分子吸收系数,$C$ 为气体浓度,$L$ 为光和气体的作用长度,$\beta$ 为瑞利散射系数,$\gamma$ 为米氏散射系数,$\delta$ 为气体密度波动造成的吸收系数,$I_0$、$I$ 分别为输入和输出光强。

### 3. 补偿原理光路设计

由红外发光器发出红外光经过选择滤光片后,选择出 CO 敏感的波长为 4.65 mm 的红外光。矿用红外 CO 传感器的光学系统采用了双光源四探测器以补偿各种干扰因素,其补偿光路设计如图 5-6-7 所示。

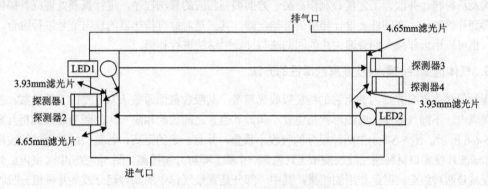

图 5-6-7　双光源四探测器光路机构框图

探测器 2 和探测器 3 前均放置 4.65mm 滤光片,使得照射到它们上的红外辐射仅为 4.65mm 的辐射;探测器 1 和探测器 4 前均放置 3.93mm 滤光片,使得照射到其上的仅为 3.93mm 的辐射。两个发光二极管 LED 交替地以脉冲方式发射,当驱动 LED1 发出脉冲光时,由于 CO 对 3.93mm 的红外辐射不吸收,对 4.65mm 的红外辐射有较强的吸收能力,探测器 1、2 接收到的是直接来自 LED 的辐射,探测器 3、4 接收到的是穿过气室的红外辐射,所以探测器 4 的输出仅与气室的透射比有关,探测器 3 的输出不仅与气室的透射比有关,还与吸收气体的透射比有关。设两个 LED 的辐射强度分别为 $I_1$ 和 $I_2$,探测器 1、2、3、4 的响应度分别为 $R_1$、$R_2$、$R_3$、$R_4$,被测气体的透射比为 $\tau_a$,气室的透射比为 $\tau_0$,则 LED1 发出脉冲光时,探测器 1、2、3、4 产生的电压输出信号分别为

$V_1 = I_1 R_1$（测量滤光片波长 4.65μm）;　　$V_2 = I_2 R_2$（参比滤光片波长 3.93μm）;

$V_3 = I_1 R_3 \tau_a \tau_0$（测量滤光片波长 4.65μm）;　　$V_4 = I_1 R_4 \tau_0$（参比滤光片波长 3.93μm）　(5-6-7)

当驱动 LED2 发出脉冲光时,探测器 3、4 接收到的是直接来自 LED2 的辐射,探测器 1、2 接收到的是穿过气室的红外辐射。与上述原理相同,探测器 1、2、3、4 产生的电压输出信号分别为

$V_5 = I_2 R_1 \tau_a \tau_0$（测量滤光片波长 4.65μm）;　　$V_6 = I_2 R_2 \tau_0$（参比滤光片波长 3.93μm）　(5-6-8)

$V_7 = I_2 R_3$（测量滤光片波长 4.65μm）;　　$V_8 = I_2 R_4$（参比滤光片波长 3.93μm）　(5-6-9)

结合关系式:

$$s = \frac{V_3 V_2 V_5 V_8}{V_1 V_4 V_7 V_6} = \tau_a^2 \tag{5-6-10}$$

由此可见，产生一个与探测器响应度和 LED 辐射功率无关、与 $\tau_0$（光学元件本身、粉尘、干扰气体透射比）无关，而只与气体的透射比 $\tau_a$ 成正比的信号。该种光路设计补偿了 LED 输出功率的变化和探测器响应度变化产生的信号波动，以及探测器的失配、传感器光学元件本身、干扰气体、粉尘等因素引起的气室透射比的变化，实现了光源和探测器光谱特性与被测气体特征吸收带的匹配，该方案无疑是当前对外部干扰补偿最好的一种设计方法。

### 4. 温度和压力影响及补偿方法

实验发现 5 种气样在不同环境温度下会引起测量误差，它们分别为 0.5kPa $CO_2$、1.0kPa $CO_2$、1.5kPa $CO_2$、2.0kPa $CO_2$ 和 $N_2$。此外温度也会影响光学器件的吸收性能，LED 的峰值发射波长会随环境温度升高而向长波方向移动，且光谱的半宽度增加（并不大，小于 3nm/℃），LED 的发射强度随温度的升高而下降。为了克服环境温度、压力对红外 CO 气敏传感器测量结果的影响，一方面是寻求新原理、新结构及新材料，并改善工艺精心制作；另一方面编写相应的算法程序，进行查表处理或者插值的运算，得到补偿的值，在硬件上设计相应的补偿电路；其三是对原有传感器的输出信号进行融合、补偿处理，也可以用近年来人们普遍关注的回归法与神经网络法进行补偿。

### 5. 气体选择性的影响及提高选择性的方法

每种气体在红外光谱内都有它的特征吸收光谱带，其吸收截面系数 $k(\lambda)$ 是波长 $\lambda$ 的函数。在一定波长间隔内，不同气体 $k(\lambda)$ 曲线形状与位置不同，其位置之间彼此相隔一定的距离或彼此相互重叠，如图 5-6-8 所示。图 5-6-8(a) 中两种组分的吸收不重叠，并有一定的距离，若窗口材料透过的波段比较宽，加滤波片使窗口材料透过波长变窄（只包含一个峰）即可分别检测。图 5-6-8(b) 中气室内红外线能量的衰减是两种组分同时起作用的结果，其中一部分是背景气体中的某种组分或某几种组分吸收造成的，因此使测量结果产生误差。

传感器抵抗干扰组分（背景气体）对测量影响的能力用选择性来表征，选择性系数 $F$ 定义为干扰组分浓度变化 $\Delta C_M$ 与待测组分浓度变化 $\Delta C$ 所引起的传感器输出值相等时，两个浓度变化之比，即 $F = \Delta C_M / \Delta C$，$F$ 越大，表示传感器的抗干扰组分影响的能力越强。提高气体选择性的常用方法有：采用单色光源可提高选择系数，减小干涉滤光片带宽也可以提高气体的选择性。从理论上讲，目前采用神经网络算法，能够在使用性能一般的滤光片（半带宽 0.12μm）下，实现对待测气体的准确检测。

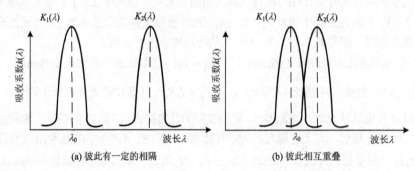

图 5-6-8  吸收系数 $k(\lambda)$ 与波长 $\lambda$ 之间的关系曲线

### 6. 电路特性的影响及补偿

因探测器把目标的红外辐射转变成的电信号很小，仅几毫伏，后续放大器中噪声的大小有时也接近这个值，因此要求放大器的噪声电平低于探测器的噪声电平。在整个线路中，从脉冲光发射到探测器、放大器响应、A/D 转换时间、A/D 采样时间等，都应考虑它们的响应延时。需要人为设计采样方法和采样时机，如添加采样延时 $\Delta t$，从软件上选择合适的数字滤波，能够大大减少测量误差。采用算术平均值法和滑动窗口平均值法相结合的方法进行处理，消除了异常值和放大器纹波的影响，提高了测量精度，实验效果良好。

另外，还有一些宏观上的物理方法，如粉尘和水汽是矿井下的主要干扰因素，它们不仅对红外辐射能量产生散射和吸收，而且会在光学系统的窗口堆积和结露，严重影响红外 CO 检测精度；粉尘和水汽还可侵入仪器内部，对电子线路产生危害。因此，仪器的整体结构要采取防尘、防水、防结露措施。

### 5.6.3 光纤吸收式气敏传感器

#### 1. 气体复折射率吸收原理

在光纤传感器设计中，用复数折射率来描述气体的吸收。设通过气体的入射光平面波为 $E_0 \exp(i\omega t)$，则出射光为

$$E = E_0 \exp i(\omega t - \beta) \tag{5-6-11}$$

式中，$\beta$ 为传播常数，$\beta = k_0(n_r - ik_1)$，其中 $k_0 = 2\pi/\lambda$，$\lambda$ 是光的波长，$n_r$ 是气体折射率的实部，$k_1$ 是气体折射率的虚部）。

将式 $\beta$ 代入式（5-6-11）得

$$E = E_0 \exp(-k_0 k_1) \exp i(\omega t - k_0 n_{r_1}) \tag{5-6-12}$$

由于出射光强 $I$ 正比于电场强度模的平方，得

$$I = I_0 \exp(-2k_0 k_1) \tag{5-6-13}$$

由式（5-6-2）和式（5-6-13）知气体浓度 $C$ 为

$$C = \frac{1}{\alpha_M L} \ln \frac{I_0}{I} = 2k_0 k_1 / (\alpha_M L) = 4\pi k_1 / (\lambda \alpha_M L) \tag{5-6-14}$$

在被测气体的光吸收过程中，不同的气体物质有不同的吸收谱，决定了气体光吸收测量法的选择性和鉴别性，满足气体含量的唯一确定性，于是用光电探测器的输出表征被测气体的特性状态。

#### 2. 单光路吸收气室

图 5-6-9 示出了常规光纤单光路透射型吸收气室结构，它由输入透镜 1、气室和输出透镜组成，从输入光纤出射的光，经输入透镜准直变为平行光，穿过气室，再由输入透镜耦合到输出光纤中。常规的透射式吸收气室由于存在光纤和分立光学元件的耦合问题，准直复杂，温度稳定性和抗震性能差。利用自聚焦透镜代替传统的透镜组将会较好地解决上述问题，图 5-6-10 为带尾纤的自聚焦透镜透射型气室，其自聚焦透镜具有透镜准直功能，并耦合光到光纤，这样发散的反射光不能返回原光路，消除了部分相干噪声，提高了测试灵敏度。

图 5-6-9 常规光纤单光路透射型气室结构

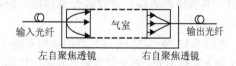

图 5-6-10 带尾纤的自聚焦透镜透射型气室

### 3. 多光路吸收气室

多光路吸收气室又称反射式气室，一般由两块或多块平面或凹面反射镜组成，利用反射镜使光路在气室中经过多次反射，从而达到增加有效传感长度的目的。

图 5-6-11(a)是一种常规的反射型吸收气室，由一个聚焦透镜和一个平面反射镜组成，平行光被平面反射镜反射，经聚焦透镜返回输入光纤，利用光纤定向耦合器从输入光纤中提取反射部分的信号光，用于测量气体的浓度。光经过吸收气室两次，光与气体的有效作用长度增加一倍，灵敏度有所增加。但利用光纤定向耦合器将光信号分开，光功率最多只能利用到输入光功率的四分之一，因此这种设计方案已很少应用。

在实际中，应用较为广泛的多光路吸收气室是 White 气室和 Herriott 气室，能够在较小的气室体积内实现光路的多次反射，从而获得更长的传感长度。White 气室采用三个曲率半径相同的球面凹面反射镜，见图 5-6-11(b)，光束分别从不同的开口输入和输出，在三个凹面反射镜之间来回反射，图中为 7 次反射的情形。Herriott 气室采用两个相同的球面凹面反射镜，两个球面镜的距离为 $f \sim 2f$（$f$ 为球面镜的焦距），入射光束和出射光束公用一个开口，见图 5-6-11(c)，图中为反射 5 次的情况，还可以采用两个曲率半径不同的球面镜，起到纠正散光的作用。图 5-6-11(d)是一种新型多光路气室示意图，该气室有输入和输出两个端口，准直后的光束进入气室后在圆柱腔内经过多次反射后输出，圆柱内的每一个反射点处都是一个小平面，这种设计方案能大大减小气室的体积。

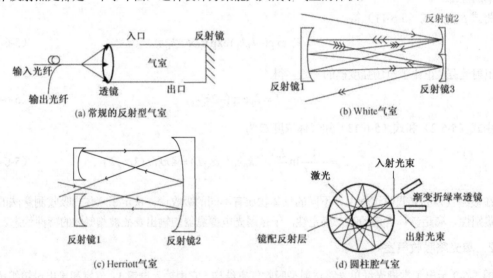

(a) 常规的反射型气室　　　　　　　(b) White气室

(c) Herriott气室　　　　　　　　(d) 圆柱腔气室

图 5-6-11　反射型吸收气室结构

图 5-6-12 是采用仿 Ring-down 腔气室结构，其 Ring-down 腔使光反复通过被测物质以增加碰撞次数，来增加与被测物质有效作用的长度，其工作原理为两个高反射率（99.8% 以上）的平面镜构成一个谐振腔，腔本身的损耗很小，该腔可以直接当作一个气室，当待测气体注入腔内时，光在腔内的损耗就反映了气体吸收的强弱。图中在小型渐变折射率透镜的焦平面中垂线上气室内壁放置一高反射率透镜，使发散光返回原光路，增加了气体与光的有效作用长度，从而提高了测试的灵敏度。

图 5-6-13 为一种积分球气室的新型多路吸收气室，以积分球作为气室，积分球有四个端口，两个用于输入和输出光，两个用来输入和输出气体，以普通的 LED 为光源。该积分球内侧涂有一层高反射膜材料，光线能够在积分球里经过无数次反射，以较小的体积获得较长的光与气体的等效作用长度（即

传感长度），可计算得出该气室的传感长度。改变端口比例、积分球内表面的反射率、积分球内部气体的衰减，均可改变光线在气室中的光路。这种气室能够提高探测灵敏度，并且不需要强激光光源和准直系统，大大降低了成本。

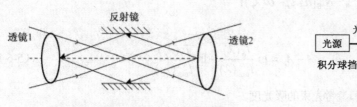

图 5-6-12　仿 Ring-down 腔气室结构

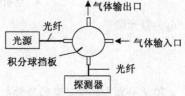

图 5-6-13　基于积分球的气室结构

### 4．光纤传感器实例

（1）差分吸收式光纤传感器

图 5-6-14 示出了基于 D Ⅱ-180℃直角棱镜的差分气体吸收池的结构原理图，两个相同直角棱镜 D1、D2 的两个底面 F1、F2 平行放置，构成吸收池，探测光束经输入光纤传送到准直（Collimating）装置，成为细平行光束，垂直入射到直角棱镜 D1，由 D1 反射后垂直入射到直角棱镜 D2，又被 D2 反射再次垂直入射到 D1，如此在 D1、D2 间多次往返，再由输出光纤输出。

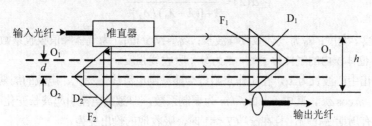

图 5-6-14　基于直角棱镜的差分气体吸收池的结构图

若光束直径比间距 $d$ 小，设探测光束在吸收池内往返次数为 $N$，则探测光束在吸收池内的有效光程为

$$L = Nl_0 = \left[ \text{int}\left(\frac{h}{d}\right) + 2 \right] l_0 \tag{5-6-15}$$

式中，$h$ 为入射光束到直角棱镜 D1 底部 45° 角棱边的距离，$l_0$ 为直角棱镜 D1、D2 的两个底面 F1、F2 间的距离。

采用差分光度分析法进行测量可有效抑制元件材料的吸收与散射及其表面的影响，提高检测精度。设测量光束的波长为 $\lambda$，参考光束的波长为 $\lambda_r$，待测气体对测量光束和参考光束的摩尔吸收系数分别为 $\alpha(\lambda)$ 和 $\alpha(\lambda_r)$，测量光束和参考光束在传输过程中除被待测气体吸收外的所有其他作用引起的损耗分别用参数 $\beta(\lambda)$ 和 $\beta(\lambda_r)$ 描述。

吸收池输出的测量光束光强 $I_{out}(\lambda)$ 和参考光束光强 $I_{out}(\lambda_r)$ 分别表示为

$$I_{out}(\lambda) = I_0(\lambda)e^{-N\alpha(\lambda)cl_0 - \beta(\lambda)}, \quad I_{out}(\lambda_r) = I_0(\lambda_r)e^{-N\alpha(\lambda_r)cl_0 - \beta(\lambda_r)} \tag{5-6-16}$$

令测量光束和参考光束在同一光路传输，且测量光波长与参考光波长相近，则损耗因子 $\beta(\lambda)=\beta(\lambda_r)$，由此可将待测气体浓度表述为：

$$c = \frac{1}{Nl_0[\alpha(\lambda) - \alpha(\lambda_r)]} \ln \frac{I_o(\lambda)I_{out}(\lambda_r)}{I_o(\lambda_r)I_{out}(\lambda)}$$

$$= \frac{\delta_A}{Nl_0[\alpha(\lambda) - \alpha(\lambda_r)]} \tag{5-6-17}$$

式中，$\delta_A$ 为吸光度差。

$$\delta_A = A - A_r = \ln \frac{I_o(\lambda)}{I_{out}(\lambda)} - \ln \frac{I_o(\lambda_r)}{I_{out}(\lambda_r)} \tag{5-6-18}$$

其中，$A$ 和 $A_r$ 分别为测量光束和参考光束的吸光度。

让测量光束和参考光束一同经过吸收池后传送到光接收器，再由光分波器分别送到带前置放大器的探测器 1 和探测器 2，光信号被转换为电信号，经调理并被转换为数字信号，最后被单片机系统采集，单片机系统根据采集到的吸光度差算出气体浓度。

（2）谐波差分吸收式光纤传感器

若 $\alpha(\lambda)$ 为气体对波长 $\lambda$ 光的吸收系数。在气压接近常压即标准大气压下，气体分子在红外区的振转光谱受多普勒效应的影响不大，谱线的展宽主要由碰撞引起，气体在单根吸收谱线 $\lambda_0$ 处的洛仑兹（Lorentz）吸收谱线线型表示为

$$\alpha(\lambda) = \frac{\alpha_0}{1 + [(\lambda - \lambda_0)/\delta_\lambda]^2} \tag{5-6-19}$$

式中，$\delta_\lambda$ 为吸收线半宽度；$\lambda_0$ 为气体吸收峰波长；$\alpha_0 = N_0 S / \pi \delta_\lambda$，为气体峰值吸收系数，$N_0$ 为在标准大气压下 25℃时单位体积内的气体分子数，$S$ 为分子吸收线强度。

若激光器输出中心波长为 $\lambda_1$，在工作点附近会随激励电流线性变化，电流的周期变化使波长也周期变化：$\lambda = \lambda_1 + m \cos \omega t$，其中 $\omega = 2\pi f$（$m$ 为调制系数，即激励电流引起波长变化的系数）。吸收池的输入光强也会有周期变化项，且在 $\alpha(\lambda)CL \ll 1$ 时，吸收池的输出变为

$$I_{out}(\lambda) = [I(\lambda_1) + \Delta I \cos \omega t][1 - \alpha(\lambda)CL] \tag{5-6-20}$$

将 $\alpha(\lambda)$ 以 $\lambda_1$ 为中心做泰勒级数展开可以得到：

$$\alpha(\lambda) = \alpha(\lambda_1) + \alpha'(\lambda_1)(\lambda - \lambda_1) + \frac{1}{2}\alpha''(\lambda_1)(\lambda - \lambda_1)^2 + \cdots \tag{5-6-21}$$

式中，$\lambda - \lambda_1 = m \cos \omega t$，将式（5-6-20）代入式（5-6-21）得：

$$I_{out}(\lambda) = [I(\lambda_1) + \Delta I \cos \omega t]\left[1 - \alpha(\lambda_1)CL - \alpha'(\lambda_1)CLm \cos \omega t - \frac{1}{2}\alpha''(\lambda_1)CLm^2 \cos^2 \omega t - \cdots\right] \tag{5-6-22}$$

其中一、二次谐波信号即 $\cos(\omega t)$ 和 $\cos(2\omega t)$ 信号，分别写为

$$I_\omega = \Delta I \cos \omega t - \Delta I \alpha(\lambda_1)CL \cos \omega t - I(\lambda_1)\alpha'(\lambda_1)CLm \cos \omega t \tag{5-6-23}$$

$$I_{2\omega} = -\frac{1}{2}\Delta I \alpha'(\lambda_1)CL \cos 2\omega t - \frac{1}{4}I(\lambda_1)\alpha''(\lambda_1)CLm^2 \cos 2\omega t \tag{5-6-24}$$

其幅度分别为

$$A_\omega = \Delta I - [\Delta I \alpha(\lambda_1) + I(\lambda_1)m\alpha'(\lambda_1)]CL \tag{5-6-25}$$

$$A_{2\omega} = -\frac{1}{2}m[\Delta I \alpha'(\lambda_1) + \frac{1}{2}I(\lambda_1)m\alpha''(\lambda_1)]CL \tag{5-6-26}$$

式（5-6-25）和式（5-6-26）仅列出了一、二次谐波的幅度，实际中可以获得各次谐波的幅度，它们都受到气体浓度 $C$ 的影响。原则上可以通过其任意次谐波幅度提取浓度 $C$，但其高次谐波幅度随频次增加而下降，造成提取困难，同时可以看到，一次谐波幅度中含有直流成分，所以在现有方案中大多采用二次谐波幅度提取浓度 $C$。为了解决光强波动对系统的影响，测试时也可以采用一、二次谐波幅度比值法（$A_{2\omega}/A_{\omega}$）或差分法。一种差分法方案是光从光源输出后经 3dB 耦合器一分为二，一路经过气室进行气体吸收，另一路不经过气室，通过两路输出的比值消除光强波动的影响，此方案需要增加一路光路，系统复杂性增大，同时对于两光路的一致性也提出了要求。

图 5-6-15 示出了基于分布反馈式半导体激光器（DFB LD）的差分吸收式光纤气敏传感系统框图，主要由发光部分、感测部分、光电转换和信号处理部分组成。图中，加粗的线代表光纤传播；$f$ 表示信号的频率；DFB LD 是一种内含介质光栅结构，具有优良选频特性的单纵模 LD。通过数据采集卡进入计算机，通过软件编程，将两个二次谐波的比值作为系统的输出，该比值表征了被测气体的体积分数。以检测乙炔气体体积分数为例，选择中心波长为 1530nm 的 DFB LD，而其他气体（如氧气、水蒸气、一氧化碳、二氧化碳、硫化氢和甲烷）分别在 761nm、1365nm、1567nm、1573nm、1578nm、1665nm 处有较强的吸收谱线。所以，这些气体的存在对乙炔气体的测量几乎不会产生影响，因此，该传感器的选择性良好。

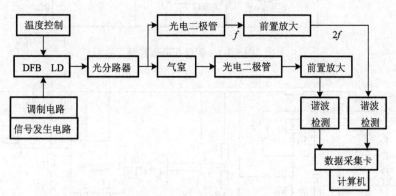

图 5-6-15　基于 DFB LD 的差分吸收式光纤气体传感系统框图

# 5.7　气敏传感器的应用及其发展

## 5.7.1　气敏传感器的典型应用

### 1. 矿灯瓦斯报警器

将矿灯瓦斯报警器装配在矿工帽的矿灯上，使普通矿灯兼具照明与瓦斯报警两种功能。图 5-7-1 为矿灯瓦斯报警器电路，它适用于小型煤矿及家庭使用。气敏电阻器 QM 与电位器 RP 组成气体检测电路，时基电路 555 和其外围元件组成多谐振荡器。当无瓦斯气体时，气敏电阻器 QM 的 AB 间的电导率很小，电阻很大，电位器 RP 滑动触点的输出电压小，555 集成电路的 4 脚被强行复位，振荡器不工作，报警器不报警。当周围空气中有瓦斯气体时，AB 之间的电导率迅速增加，电阻减小，RP 滑动触点输出的电压升高，555 集成电路的 4 脚变为高电平，振荡器电路起振，扬声器发出报警声。调解 RP 可以调整报警浓度。

### 2. 防止酒后开车控制器

图 5-7-2 为防止酒后开车控制器原理图。图中 QM-J1 为酒敏元件，5G1555 为集成定时器。若司机没喝酒，在驾驶室内合上开关 S，此时气敏器件的阻值很高，$U_a$ 为高电平，$U_1$ 为低电平、$U_3$ 高电平，继电器 $K_2$ 线圈失电，其常闭触点 $K_{2-2}$ 闭合，LED $VD_1$ 导通而发绿光，能点火启动发动机。若司机酗酒，气敏器件的阻值急剧下降，使 $U_a$ 为低电平，$U_1$ 为高电平、$U_3$ 低电平，继电器 $K_2$ 线圈通电，$K_{2-2}$ 常开触点闭合，LED $VD_2$ 导通而发红光，以示警告，同时常闭触点 $K_{2-1}$ 断开，无法启动发动机。若司机拔出气敏器件，继电器 $K_1$ 线圈失电，其常开触点 $K_{1-1}$ 断开，仍然无法启动发动机。常闭触点 $K_{1-2}$ 的作用是长期加热气敏器件，保证此控制器处于准备工作的状态。

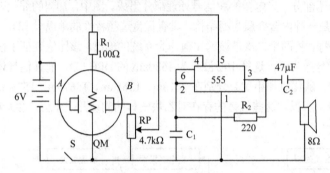

图 5-7-1　矿灯瓦斯报警器

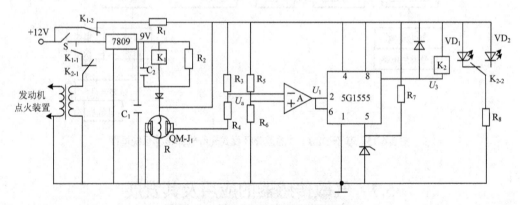

图 5-7-2　防止酒后开车控制器原理图

### 3. 自动空气清新器

当室内空气污浊或有害气体达到一定浓度时，自动产生负氧离子，保持空气清新。图 5-7-3 为自动空气清新器电路，它是以 QM-N5 为中心元件的空气检测开关电路，能检测有害气体、可燃气体等。当室内的有害气体达到一定浓度时，由于 $B$ 点电位升高，使 $VT_1$ 饱和导通，起到了检测开关的作用。$Rt$ 为负温度系数热敏电阻，用来补偿 QM-N5 由于温度变化引起的偏差。以 TWH8751 为中心器件的电路组成负氧离子发生器，其振荡频率约为 1kHz，在 $T_2$ 二次侧可得到 5kV 左右的高压。在正常室内环境下，$A$、$B$ 之间电阻很大，$B$ 点电位很低，$VT_1$ 截止，TWH8751 的②脚为高电位，振荡器（$R_4$、$C_4$）不工作，没有负离子产生。当室内的有害气体浓度超过了 $R_P$ 设定的临界值时，$VT_1$ 饱和导通，TWH8751 的②脚呈低电位，振荡器起振，放电端采用开放式放电，产生了负氧离子，减小了臭氧的浓度，使到达外面的负氧离子增加。

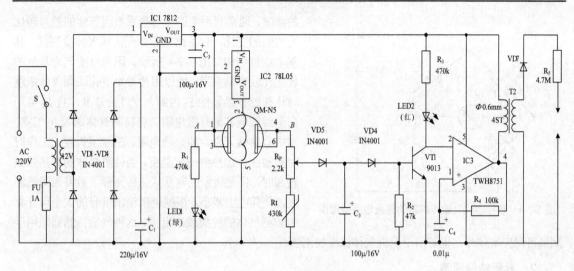

图 5-7-3　自动空气清新器

## 5.7.2　新型气敏传感器

### 1. 热导率变化式气敏传感器

每种气体都有固定的热导率 $k_g$，会随温度的升高而增大，表示为

$$k_g = A + BT + CT^2 \tag{5-7-1}$$

其中，$A$、$B$、$C$ 是与气体种类有关的常数；$k_g$ 的单位为 W/m·K（K 为温度的单位），如空气的热导率为 5.83，$H_2$ 的为 41.60，CO 的为 5.63，$CH_4$ 的为 7.12（单位为 cal·(cm·℃)$^{-1}$·$10^{-5}$）。

在相当大的压强范围内，气体的导热系数随压强的变化很小，可以忽略不计；仅当气体压力很高（大于 2000Pa）或很低（低于 20mmHg）时，导热系数才随压强增高而增大。常压下气体混合物的导热系数可用下式估算：

$$\kappa = \frac{\sum_i \kappa_i a_i M_i^{1/3}}{\sum_i a_i M_i^{1/3}} \tag{5-7-2}$$

式中，$a_i$ 为气体混合物中 $i$ 组分的摩尔分率；$M_i$ 为气体混合物中 $i$ 组分的分子量。

设各组分的体积分数分别为 $C_1$、$C_2$、$C_3$、$\cdots$、$C_n$，热导率分别为 $k_1$、$k_2$、$k_3$、$\cdots$、$k_n$，若待测组分的含量 $C_1$ 和热导率 $k_1$ 满足以下两个条件：

（1）背景气各组分的热导率必须近似相等或十分接近，即 $k_1 \approx k_2 \approx k_3 \approx \cdots \approx k_n$；

（2）待测组分的热导率与背景气组分的热导率有明显的差异，且越大越好，即 $k_1 > k_2$ 或 $k_1 < k_2$。则混合气体的热导率 $k$ 为

$$k = \sum_{i=1}^{n}(k_i C_i) = k_1 C_1 + k_2 C_2 + \cdots + k_n C_n \approx k_1 C_1 + k_2(1 - C_1) \tag{5-7-3}$$

若测得混合气体的热导率 $k$，就可以求得待测组分的含量 $C_1$，即：

$$C_1 = (k - k_1)/(k_1 - k_2) \tag{5-7-4}$$

上式就是热导式分析仪的测量原理。依据不同气体的导热系数与空气导热系数的差异来测定气体

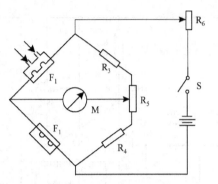

图 5-7-4　热导率式气敏传感器的测量电路原理图

的浓度，通常利用电路将导热系数因气体的差异转化为电阻的变化，制备出热导率变化式气体检测仪，其基本测量结构如图 5-7-4 所示。因为以空气为基准的较正比较容易实现，所以用热导率变化法测气体浓度时往往给补偿元件 $F_2$ 内封入空气为基准，且 $F_2$ 可用白金线圈或其他热敏电阻。将待测气体送入 $F_1$ 气室，室中有热敏元件，如热敏电阻、铂丝或钨丝，工作时对热敏元件加热到一定温度，当待测气体的导热系数较高时，将使热量更容易从热敏元件上散发而降低温度，使其电阻减小，根据电桥输出信号的大小可计算出被测气体的种类或浓度值。这种气敏传感器除用于测量可燃性气体外，也可用于无机气体浓度的测量。

### 2. 异质结传感器

CuO-SnO$_2$ 双层薄膜异质结传感器对低浓度的 $H_2S$ 气体有很高的灵敏度。Sn 粉直接氧化后用 CuO 修饰的 CuO-SnO$_2$ 纳米带传感器，即使在室温条件下对体积分数为 $3\times10^{-6}$ 的 $H_2S$ 气体也有很高的灵敏度，且响应时间很短（15 s）。因为 CuO 与 SnO$_2$ 之间形成异质 PN 结，当传感器接触 $H_2S$ 气体时 CuO 会转化为 CuS。

$$CuO + H_2S \rightarrow CuS + H_2O \tag{5-7-5}$$

且 CuS 本身是一种电阻率很低的良导体，能使气敏传感器表面的 PN 结消失，形成 CuS-SnO$_2$ Schottky 势垒。在此过程中，气敏传感器的阻值发生显著变化，从而对 $H_2S$ 气体呈现出很高的灵敏度。但当 CuO 含量太少时，敏感体表面的异质结数目太少，对 $H_2S$ 的灵敏度不高。当 CuO 含量太高时，敏感体表面的异质结数目又太多，因 $H_2S$ 气体的浓度为一定值，当 $H_2S$ 全部与 CuO 反应后，剩下的 CuO 仍以异质结形式存在，敏感体表面的电阻仍可能保持较高值。所以只有当 CuO 含量合适时，其敏感体表面的异质 PN 结刚好全部转化为 Schottky 势垒，其电阻达到最低值，传感器的灵敏度也就具有最高值。CuO-SnO$_2$ 传感器对 $H_2S$ 气体虽有很好的气敏性质，但是仍存在长期稳定性较差的问题，CuO 长期处于潮湿空气中会形成 Cu(OH)$_2$，从而导致传感器灵敏度降低，响应速度变慢。

CuO-ZnO 异质结 $H_2S$ 气敏传感器与 CuO-SnO$_2$ 传感器有相似的敏感机理，也会形成 CuS-ZnO Schottky 势垒，电阻值发生显著变化，从而对 $H_2S$ 表现出很高的灵敏度。然而，温度大于 103℃时灵敏度会迅速下降，这是因为 CuS 在 103℃时晶体结构要发生变化，并不利于 CuO 向 CuS 的转化；在 220℃时会分解成一种高电阻率离子导体 Cu$_2$S，显然灵敏度也会下降。CuO-ZnO 气敏陶瓷材料的气敏性同时受形成异质 PN 结和 ZnO 晶粒之间存在晶界势垒的影响，总电阻主要由此异质 PN 结和 ZnO 晶界势垒的串并联决定，且前者影响较大。同样只有当 CuO 含量合适时，其敏感体表面的异质 PN 结刚好全部转化为 Schottky 势垒，而气体也全部反应完，其灵敏度也就具有较高值。当 CuO-ZnO 气敏陶瓷传感器表面的异质结数目达到一定量时，其电阻值就会成为控制表面电阻的因素。对还原性气体的敏感机理就属于电阻控制型，与表面氧的化学吸附有关。若氧在 ZnO 表面的化学吸附占优势，还原性气体 CH$_3$CH$_2$OH 与其化学吸附氧进行反应，使表面势垒降低，电阻下降。温度升高，隧道效应的影响加强，使载流子数目明显增多，电阻下降更快，而过高的温度也加快了 CH$_3$CH$_2$OH 的脱附速度，使传感器阻值恢复到较大值，传感器的灵敏度大大降低，所以温度不能太高。

### 3. 气-磁传感器

当前国内外研制的气敏传感器多采用半导体气敏材料与气体接触，通过伴随的表面吸附或化学反应导致的导电性能变化来检测气体浓度。然而这些传感器不适用于测量腐蚀性气体或在高温下使用。设计一种气-磁传感器，如图 5-7-5 所示，其中供磁性能测定的感应线圈与测量气氛和气敏材料通过石英管隔开，可在高温和腐蚀性气氛中长期使用，适于化工生产中有毒气体的检测。它由一个微粒氧化铁经烧结而成的多孔性芯子和一支绕有感应线圈的石英反应管组成。在一定温度下，待测气体通过反应管与氧化铁芯子发生反应，从而引起芯子的磁性能发生变化，通过测量感应线圈的电感量变化来确定气流中活性组分的浓度；采用 QBG-1A 型品质因素测量仪测定电感量；用 $\varphi 25mm$ 管式电炉加热并控温。对 $H_2$ 气体和其他还原性气体采用$\alpha$-$Fe_2O_3$芯子，而 $O_2$ 气体和其他氧化性气体采用 $Fe_3O_4$ 芯子。将氧化铁粉料加入适量的聚乙烯醇，在模子中挤压成 $\varphi 9 \times (20\sim30)mm$ 的小圆柱体，经热处理成气敏多孔性芯子；将 $\varphi 0.5mm$ 铂丝在磨口石英反应管中部绕成 30mm 长的螺管电感

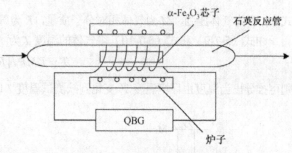

图 5-7-5 磁性气敏测试装置

线圈，其电感量一般为 $12\sim16\mu H$。在一定 $H_2$ 浓度下，电感 $L$ 的变化率与 $H_2$ 还原 $Fe_2O_3$ 芯子反应的速率成正比，反应式为

$$H_2 + 3\alpha - Fe_2O_3 = 2Fe_3O_4 + H_2O \tag{5-7-6}$$

在一定温度下，调节 $H_2$ 气流量为 0.4L/min，测定线圈电感 $L$ 随时间的变化，作出不同 $H_2$ 气浓度下的 $L^{-1}$-$t$ 曲线，如图 5-7-6 所示。从图中求得电感量随时间变化的起始斜率$-dL^{-1}/dt$ 与 $H_2$ 气体浓度 C 的对应数值，再分别取自然对数作图，如图 5-7-7 所示。

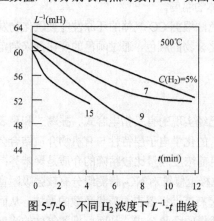

图 5-7-6 不同 $H_2$ 浓度下 $L^{-1}$-$t$ 曲线

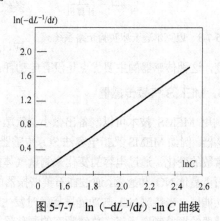

图 5-7-7 $\ln(-dL^{-1}/dt)$ -$\ln C$ 曲线

由图 5-7-7 可见，$\ln(-dL^{-1}/dt)$ 与 $\ln C$ 呈线性关系，可写出气-磁传感器的气敏表达式：

$$\ln(-dL^{-1}/dt) = n\ln C + b \tag{5-7-7}$$

即

$$-dL^{-1}/dt = K'C^n \tag{5-7-8}$$

式中，$C$ 为 $H_2$ 的摩尔浓度，$n$ 值与 $L$、$C$、$t$ 的单位选取和$\alpha$-$Fe_2O_3$ 的颗粒大小等因素有关。

国外也有研究指出，采用超频率音响增强电镀铁酸盐方法获得磁敏感膜，其磁饱和度和矫顽磁力决定了对气体的响应敏感度。当温度升高到 85℃时得到最大响应，检测范围为 333ppm～5000ppm。

#### 4. 其他光学法传感器

光干涉法是利用气体折射率随温度变化的关系来测量气体的方法。根据经典电动力学知，气体的光学折射率 $n$ 与密度 $\rho$ 之间关系（即格拉德斯通-戴尔（G-D）公式）为

$$(n-1)/\rho = K \tag{5-7-9}$$

式中，$K$ 为 G-D 常数，随气体种类的不同而不同，且随波长略有变化。

而根据理想气体的状态方程知，气体密度 $\rho$ 与温度 $T$ 有确定的关系：

$$\rho = MP/(RT) \tag{5-7-10}$$

式中，$P$ 为气体压强，$M$ 为气体相对分子质量，$R$ 为气体常数。

由式（5-7-9）和式（5-7-10）得气体的温度 $T$ 为

$$T = KMP/[R(n-1)] \tag{5-7-11}$$

则可推导出当温度由环境温度 $T_\infty$ 变化到欲测试温度 $T$ 时，$T$ 与折射率改变量 $\Delta n$ 的关系为

$$T = \frac{T_\infty}{1 + \dfrac{R \cdot \Delta n}{KMP} T_\infty} \tag{5-7-12}$$

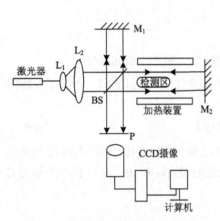

图 5-7-8 示出了迈克尔逊干涉实验光路系统，半导体激光器发出激光束经扩束镜 $L_1$ 和准直透镜 $L_2$ 成为平行光束，被分束镜 BS 分成两束光，又分别被平面镜 $M_1$ 和 $M_2$ 垂直反射，返回的两束光再经 BS 叠加在一起产生干涉，在观察屏 P 上形成干涉条纹。在 BS 至 $M_2$ 的光路下面放置轴对称的加热电阻丝，加热的气体由于温度的扰动，原来的干涉条纹将发生形变，干涉条纹用 CCD 摄像并存入计算机，处理两次条纹以得到气体的温度。

另外，比色法根据 CO 气体的还原性能使氧化物发生反应，进而改变化合物的颜色，通过颜色的变化量来测定气体

图 5-7-8　迈克尔逊干涉实验光路系统

的浓度，这种传感器的主要优点是没有电功耗。

#### 5. MEMS 气敏传感器

利用 MEMS 技术可以制备出微小型气敏传感器，已经实现的有叉指电容式、振荡式和声表面波式传感器。例如 MEMS 叉指电容法 $SO_2$ 传感器，根据 $SO_2$ 的化学电子层特性与有机物介质结合会导致介电常数的变化，通过电容的变化来测量气体的浓度，目前浓度测量比较精确的介质是聚苯芬；又如压电石英晶体 $NO_2$ 传感器，通过在石英谐振器的两面金电极上修饰对 $NO_2$ 待测组分有较强吸附富集作用的功能层，当待测 $NO_2$ 与功能层接触时发生吸附，引起石英谐振器表面质量负载的增加，从而使压电传感器的振荡频率下降，总结频率的漂移量与表面负载量的经验公式，从而可推测气体的浓度。采用 Si 悬臂梁结构的 MEMS 气敏传感器也比较多，但此类气敏传感器的检测结构复杂，需要特殊的检测设备。研制一种无须加热、可应用当前的 MEMS 技术实现微型化、批量生产、高集成度、新颖的通用化的气敏传感器结构，可以通过淀积不同的气体敏感薄膜制成不同的气敏传感器，其压阻式气敏传感器原理示意图如图 5-7-9 所示，在吸附气体变形后阻值变化，应用弹性力学薄板原理建立气敏传感器 Si 薄膜与聚合物薄膜相互作用的理论模型，得出了传感器输出的表达式，理论分析表明输出电压与待测气体在空气中的分压 $P$ 呈线性关系。

新型的 MEMS 微型化的瓦斯检测系统的设计是保障煤矿事业安全进行的重要任务，采用热催化

气敏原理对其浓度进行检测，精度不高、易老化且易发生致命错误。利用红外光学原理是近年来许多科技工作者所关注的热点，通过改善和适当选取探测器及加上有效的信号处理方法，可大大提高探测的精度和准确性。基于红外光学原理的瓦斯预警检测系统的设计方法，用 IRL715 作为光源，选用热释电 TPS2534 系列双通道光探测器，利用红外光学原理进行信号检测。具有参考通道和测量通道的双路探测器，是利用甲烷对红外光在 3.3μm 波长处具有特定吸收峰这一特性设计的，而参考通道具有参考和补偿作用。图 5-7-10 为微光学甲烷传感检测系统的框图，探测器将输出 1mV 左右的信号，通过正弦波调制红外 LED；采用锁相放大法相敏检波，经低通滤波和微处理器检测出与浓度相对应的有用信号；锁相放大器由高度集成的平衡调制解调芯片 AD630（见图 5-7-11）组成，这样有效地抑制了噪声和干扰，且简化了设计，大大提高了测量灵敏度，改善了稳定性，提高了信噪比。

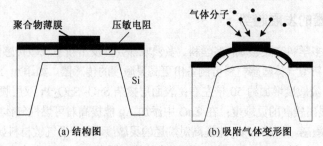

(a) 结构图        (b) 吸附气体变形图

图 5-7-9   MEMS 压阻式气敏传感器原理示意图

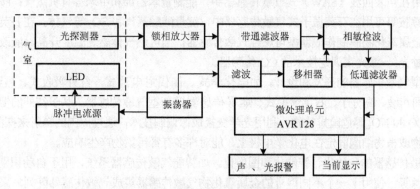

图 5-7-10   检测系统的框图

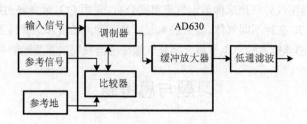

图 5-7-11   锁相放大电路图

## 6. 基于集成气敏传感器阵列的电子鼻系统

电子鼻从 1964 年首次提出，1984 年美国的 Zaromb 和 Stetter 提出将多个气敏传感器组成传感器阵列，测量气体种类和组成，并迅速在多个领域成功应用。美、英、德、法等国都已研制成不同种类的商品化电子鼻,美国传感技术有限公司 IST 生产的 IQ1000 型万能气敏探测器可检测超过 100 种有毒或可燃性气体。我国的电子鼻技术还处在实验室阶段。基于集成气敏传感器阵列和多传感器信息融合技术的气体/气味识别系统—电子鼻，可以利用单一气敏传感器对气体响应的非专一性和对特定气体、气味的择优响应特性。根据实际应用，将多个单一气敏元件优化组合来构成气敏传感器阵列，利用阵列的多维空间气体响应模式，结合先进的信息融合算法，对气体、气味进行定性定量识别。电子鼻具有便携及实时、在线、原位分析等特点，可用于气味鉴别、复杂环境下气体浓度鉴别和可燃气体、有机挥发物或有毒气体的鉴别，具有广泛的应用前景，是目前气敏传感器研究的热点之一。

例如，一套新型多路可燃气体检测电子鼻系统，可通过通用的 AT MEL89C51 单片机及外围检测电路及时检测可燃气体浓度、环境温度，进行温度补偿，并实时显示，在发生报警或故障情况时进行声光报警。

### 5.7.3　气敏传感器的发展趋势

气敏传感器属于多学科交叉领域，多学科、多领域都会开发出新型气敏传感器。包括以下几方面。

（1）利用开发的新型气体敏感材料可制备出更高灵敏度的传感器。如添加 1%$ZrO_2$ 的 $ZrO_2$-$SnO_2$ 的 $H_2S$ 气敏传感器，灵敏度增加约 50 倍左右；表面层掺杂 $SnO_2$/$SnO_2$:Pt 双层膜的 CO 气敏传感器，在室温～200℃内均显出较高的灵敏度；在 ZnO 中添加 Ag 能提高对可燃性气体的灵敏度，添加 $V_2O_5$ 能使其对氟利昂更加敏感，添加 $Ga_2O_3$ 能提高对烷烃的灵敏度，高分子气敏材料如酞菁聚合物、LB 膜、聚吡咯等可用在电阻式气敏传感器中，聚乙烯醇-磷酸等可用在浓差电池式传感器中，聚异丁烯、氟聚多元醇等可用在声表面波（SAW）式气敏传感器中，能测量苯乙烯和甲苯等有机蒸气；胺基十一烷基硅烷和三乙醇胺等可用在石英振子式气敏传感器中，测量醋酸蒸气和 $SO_2$ 等气体。在石英共振器阵列上溅射一层金属氧化物膜制作成新型可燃性气敏传感器，当可燃气体燃烧温度升高时能改变其共振频率。还有一种光纤-激光束调定技术的 CO 传感器。

（2）新型气敏传感器的开发和设计。如电化学式、伽伐尼电池式、红外吸收式、热导率变化式、异质结、表面声波、高分子、石英谐振式、烟雾传感器等新型气敏传感器。基于红外的烟道监测器可检测 $SO_2$、CO 和 $NO_x$ 等危险排放物；利用光学变换成像调制技术，通过周围的辐射来探测气体信息；将活着的动物或植物细胞固定在电化学电极上，能对许多有毒污染物产生响应。

（3）气敏传感器的一体化、智能化和图像化。如智能气敏传感器系统，用于自动识别气体种类、自动寻找气源等。使用十一个不同型号的金属氧化物气敏传感器组成气敏传感器阵列，采用主成分分析法（PCA）和偏最小二乘回归方法（PLS），可以识别甲烷、乙烷、丙烷和丙烯四种气体。新型多路可燃气体检测电子鼻，利用红外气流成像显示气流空间分布，采用 $CO_2$ 激光器的扫描成像仪能探测 9～11m 范围内产生吸收的 70 余种不同气体。警犬的鼻子就是一种灵敏度和选择性都非常好的理想气敏传感器，结合仿生学和传感器技术的"电子鼻"将是气敏传感器发展的重要趋势和目标之一。

# 习题与思考题

5-1　什么是气敏传感器？它有什么用途？

5-2　气敏传感器有哪些类型？各有什么特点？

5-3　什么是半导体气敏传感器？电阻型半导体气敏传感器由哪几部分组成？

5-4　直热式气敏元件与旁热式气敏元件各有什么特点？

5-5　什么是结型气敏传感器？

5-6　浓差电池式气敏传感器的原理是什么？

5-7　接触燃烧式气敏传感器由哪几部分组成？它是怎样工作的？

5-8　接触燃烧式气敏传感器有什么特点？使用时应注意什么？

5-9　红外吸收式气敏传感器的原理是什么？给出红外吸收式 CO 气敏传感器的结构和原理。

5-10　新型气敏传感器有哪些？上网查阅电化学气敏传感器。

5-11　怎样对气敏传感器进行温度补偿？

5-12　怎样采用氧气传感器进行缺氧的检测报警？

5-13　怎样用接触燃烧式气敏传感器进行可燃性气体泄漏的检测报警？

5-14　利用热导率式气敏传感器原理，设计一真空检测仪表，并说明其工作原理。

5-15　气敏传感器的发展趋势是什么？

# 第6章 湿敏传感器

## 6.1 概　述

湿度是气象观测的基本参数之一，将湿度转换成电信号的装置称为湿敏传感器，对湿度的准确测量和控制在人类日常生活、工业生产、物资仓储等方面都起着极其重要的作用。人们利用空调获得合适的居室温湿度以益于健康；在纺织行业，湿度是五大检控技术指标之一，相对湿度过高、过低均影响纺织品的质量；对各种产品、粮食、果蔬及军用品的保存需要测控湿度。因此，对湿敏传感器及信号变送器的研究十分重要。

湿敏传感器种类繁多。按探测功能可分为绝对湿度型、相对湿度型、结露型湿敏传感器等；按材料可分为陶瓷式、有机高分子式、半导体式、电解质式湿敏传感器等；按测量原理可分为电阻式、电容式、光学式湿敏传感器等；按照与水分子的亲和力是否相关可分为水亲和力型和非水亲和力型湿敏传感器；还有微波式、超声波式、声表面波、光纤式湿敏传感器，利用潮湿空气和干燥空气的热传导之差来测定湿度，利用水蒸气能吸收特定波长的红外线来测定空气中的湿度等新型湿敏传感器，另外可以把湿敏元件及转换电路一起称为集成湿敏传感器。本章按照测量原理对湿敏传感器分类介绍。

含有水蒸气的空气是一种混合气体，常用湿度来描述空气中含有水蒸气的量，湿度的表示方法主要有绝对湿度、相对湿度、露点（霜点）等。

### 1. 相对湿度和绝对湿度

通常水分蒸发的快慢和人体自我感觉空气的干湿程度等，都与空气中水的蒸气压和同一温度下水的饱和蒸气压之间的差值相关。相对湿度（RH，Relative Humidity）指在某一温度下混合气体中存在的水蒸气压同饱和蒸气压的百分比，表示为

$$RH = P_{H_2O} / P_{H_2O}^S \times 100\% \tag{6-1-1}$$

式中，$P_{H_2O}$ 为一定温度下混合气体中水蒸气压；$P_{H_2O}^S$ 为饱和蒸气压（即在同一温度下混合气体中所含水蒸气压的最大值），温度越高，饱和水蒸气压越大；一般 RH 的单位用%RH 表示。

空气的绝对湿度或混合气体的绝对湿度（$\rho$）指单位体积内混合气体中所含水蒸气的质量（g/m³），在温度 $t$（℃）时它与水蒸气压 $P_{H_2O}$（Pa）的关系为

$$\rho(g/m^3) = \frac{m}{V} = \frac{0.007935}{1 + 0.00366t} \cdot P_{H_2O} \tag{6-1-2}$$

其混合比 $r$ 可由下式表示：

$$r(g/kg) = 0.622 \frac{P_{H_2O}}{P_O - P_{H_2O}} \times 1000 \tag{6-1-3}$$

式中，$m$ 为待测气体中水蒸气的质量，$V$ 为待测气体的总体积，$P_o$ 为大气压（Pa）；当在温度 $t$（℃）时水蒸气压达到饱和，把饱和水蒸气压 $P_{H_2O}^s$（Pa）代入式（6-1-2）即得到饱和绝对湿度 $\rho_S$。

根据道尔顿分压定律和理想气体状态方程知，理想气体的绝对湿度（$\rho_v$）与理想气体中水蒸气分

压（$P_{H_2O}$）的关系式为

$$\rho_v = P_{H_2O} \cdot M / RT \tag{6-1-4}$$

式中，$M$ 为水蒸气的摩尔质量，$R$ 为理想气体常数，$T$ 为混合气氛的绝对温度。

　　虽然用绝对湿度描述混合气体中的湿度很准确，不受温度影响；而相对湿度受温度影响，但是描述比较方便，因此在湿敏传感器中常常使用相对湿度。

### 2. 露（霜）点

　　众所周知，水的饱和蒸气压会随着环境温度的降低而逐渐下降。在同样的空气水蒸气压下，温度越低，空气的水蒸气压与同温度下饱和蒸气压的差值就越小。当温度下降到某一温度时，水蒸气压将与同温度下饱和蒸气压相等，此时，空气中的水蒸气将向液相转化而凝结成露珠，其相对湿度为 100%RH，这一特定的温度称为空气的露点温度，简称露点。若这一特定温度低于 0℃，水蒸气将结霜，又可称为霜点温度，通常两者统称为露点。空气中水蒸气压越小，露点越低，因而可以用露点表示空气湿度的大小。实验得知，温度、相对湿度与露点的对应关系如图 6-1-1 所示。

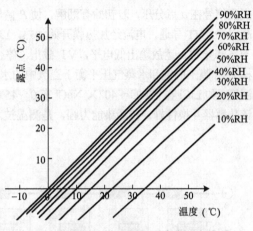

图 6-1-1　温度-相对湿度-露点的对应关系

# 6.2　湿　敏　电　阻

　　湿敏电阻是在基片上覆盖一层感湿材料膜，当感湿膜吸附空气中的水蒸气时电阻值会发生变化，通过测量阻值可以测量湿度。常用的感湿材料有电解质、高分子聚合物、元素半导体和半导体陶瓷等。下面分别予以介绍。

## 6.2.1　无机电解质湿敏传感器

　　电解质湿敏传感器的电导是靠固体中离子的移动实现的，最常用的电解质是氯化锂（LiCl）离子晶体，在大气中不分解、不挥发。LiCl 电解质传感器的结构形式有登莫式（Dunmore）（固体）和浸渍式（液体）。在直流电源作用下，正负离子必然向电源两极运动，产生电解作用，使感湿层变薄甚至被破坏；在交流电源作用下正负离子往返运动，感湿膜不会被破坏。所以，此类传感器常常采用交流电源供电。

### 1. 登莫式传感器

　　登莫式传感器就是在绝缘的聚苯乙烯基片上做出平行的梳状铝电极，再涂覆一层经过适当碱化处理的聚乙烯醋酸盐和氯化锂水溶液的混合液，干燥后形成均匀薄膜。工作原理基于湿度变化引起电解质离子导电状态的改变，使电阻值发生变化。若只采用一个传感器元件，则其检测范围狭窄。因此，设法将氯化锂含量不同的几种传感器组合使用，其检测范围能达到(20～90)%RH，如图 6-2-1 所示。但因其利用潮解盐的湿敏特性，经反复吸湿、脱湿后会引起电解质膜变形、电解质潮解流失和性能变劣，要慎用。

　　高精度露点传感器即离子单晶露点传感器。若某种盐的理想离子晶体是绝缘体，在晶体表面的饱和水蒸气压与空气的水蒸气压相等时，该单晶表面生成潮解膜，其表面交流阻抗发生突变，突变开始时的相对湿度就是该晶体的平衡相对饱和水汽压 $P_e$。利用这一特性，可设计一种温度调节器（升温或降温），使接触单晶表面的空气水蒸气压平衡于单晶表面固有的饱和水蒸气压，系统的温度 $t$ 就表征了露点 $t_D$，即 $t_D=f(P_e)$。图 6-2-2 示出了露点传感器及其测试电路，图中在陶瓷基片烧结 1、4、7 金电极，4、7 外边烧结多孔氧化铝（$\gamma\text{-Al}_2\text{O}_3$）作为 LiCl 盐的载体，且 4、7 是盐的阻抗 $R_{\text{LiCl}}$ 电极，基片另一边真空蒸镀 Ni-Cr 合金加热膜（120Ω），1、7 是其加热电极，铂膜电阻 $R_{\text{Pt}}$ 贴在加热膜上测其温度。用交流信号在 $a$ 点分压，若初始有潮解，使 $R_{\text{LiCl}}$ 较小，经二极管 VD 的 $b$ 点电压低于 $c$ 点电压，IC 输出高电平，VT 导通，电流经加热膜开始加热，LiCl 溶液变成 $\text{LiCl·H}_2\text{O}$ 时，$a$ 点电位升高，$b$ 点电位等于 $c$ 点电位，运放输出低电平，VT 截止，停止加热，温度降低，LiCl 又开始潮解，再控制受热，这样 LiCl 膜上的饱和水蒸气压平衡于空气中的水蒸气压，测量出 $t_D$-$R_{\text{Pt}}$ 曲线，用 $R_{\text{Pt}}$ 查出对应的空气露点温度。如 LiCl 在 130℃～40℃、NaCl 在 0～45℃、$\text{MgCl}_2\text{·6H}_2\text{O}$ 在 −17℃～46℃ 范围测量都十分稳定。该传感器互换性好，抗污染能力强，是测湿技术的一个重要方向。

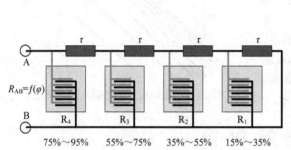

图 6-2-1　组合式氯化锂温度传感器结构图　　　　图 6-2-2　LiCl 露点传感器和热平衡控制电路

### 2. 浸渍式传感器

浸渍式传感器是将天然树皮基片上直接浸渍到 LiCl 溶液中，加上电极而构成的传感器。利用溶液的浓度在一定温度下是环境相对湿度的函数来测试湿度，且采用了表面积大的基片材料，具有小型化的特点，适应于微小空间的湿度检测。LiCl 元件具有滞后误差较小、不受测试环境的风速影响、不影响和破坏被测湿度环境等优点。

## 6.2.2　高分子湿敏传感器

高分子电阻型湿敏传感器是最灵敏的湿敏元件，可以分为高分子结构效应型和高分子尺寸效应型两类，后者也称为结露传感器。实用中它们的检测范围不同，各自有不同的用途。常见的高分子湿敏材料都属于高分子固体电解质，如聚苯乙烯磺酸锂、高氯酸锂-聚氯化乙烯、Nafion 膜、双二甲胺基甲基乙烯基硅烷和溴甲烷的季铵化物共聚物、四乙基硅烷的等离子共聚膜等。

### 1. 高分子结构效应型湿敏传感器

基本结构是在基片上镀的一对梳状金或铂电极上涂覆一层高分子感湿膜，再在膜上涂覆透水性好的保护膜。通常所用的高分子电阻感湿材料为含有强极性基的高分子电解质及其盐类，如 $-\text{NH}_4^+\text{Cl}^-$、$-\text{SO}_3^-\text{H}^+$、$-\text{NH}_2$ 等高分子，其感湿原理如图 6-2-3 所示。通常水分子开始主要吸附在强极性基（即有成对离子的亲水性单体）上，随着湿度的增大，吸附量增加，吸附水之间凝聚化，增大了运动的自由度。在低湿无吸附时，没有荷电，自由离子产生电阻值很高。当湿度增加时，凝聚化的吸附水就成为导电通道，成对的离子分开，成为载流子；吸附水自身离解出来的质子（H$^+$）及水和氢离子（H$_3$O$^+$）也起荷电载流子作用，它们一起使电阻急剧下降。

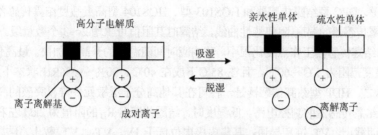

图 6-2-3　高分子电解质感湿原理图

聚苯乙烯磺酸锂是一种高分子强电解质，具有极强的吸水性，吸水后电离会产生大量的锂离子。选用带有叉指型 Au 电极的厚 0.6mm 的氧化铅基片，先制成憎水性（指材料不能被水润湿的性质，像沥青、油漆、石蜡等一样）聚苯乙烯基片，再制成一层亲水性磺化聚苯乙烯，然后在 LiCl 溶液中经离子交换得到聚苯乙烯磺酸锂感湿膜，晾干即制成了聚苯乙烯磺酸锂湿敏传感器。聚苯乙烯磺酸铵湿敏传感器是由 PVA（聚乙烯醇）和 PSS（聚苯乙烯磺酸铵）组成的感湿膜，再印刷梳状电极。此类传感器的优点是测量湿度范围大、感湿灵敏度高、制作简单、价格低、湿滞小、响应时间短、稳定性好、易于大规模生产等，可用作湿度检测和控制。

图 6-2-4 示出了 CHR-01 高分子电阻式湿敏传感器的产品封装图，其检测范围为 20%～95%RH，检测精度为±5%RH，工作电压为 AC 1V(50～2kHz)，特征阻抗范围为(21～45)Ω(60%RH, 25℃)，响应时间小于 12s，湿度漂移（/年）为±2% RH，湿滞小于 1.5%RH，工作温度范围为 0～+85℃。因不同温度下感湿膜的湿度特性曲线不同，其温度系数在 0.5%～0.6%RH/℃之间，故需要温度补偿。为了防止加直流电压时产生极化，元件用 50～60Hz 交流电源供电，同时温度补偿的热敏电阻与湿敏电阻适当匹配，此外元件外面用发泡体聚丙烯包封构成过滤器，以防止灰尘、水和油等直接与感湿膜接触。

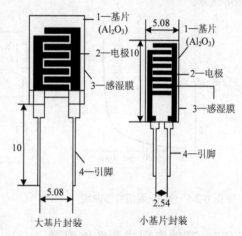

图 6-2-4　CHR-01 湿敏传感器的封装图

## 2．结露传感器

结露指物体表面温度低于附近空气露点温度时表面出现冷凝水的现象，检测和控制结露对电气设备的安全和视频电子产品的质量都是非常重要的。结露传感器（Dew Sensor）就是能将感受的露点湿度转换成电阻的露点传感器，只能用来检测露点。其结构是在有梳状电极的氧化铝基板上覆盖一层掺入导电性微粉的亲水性树脂高分子感湿膜。为了满足灵敏度、耐湿性及阻值调整等各种条件，使用一定比例的树脂及导电性微粉感湿膜的电阻变化规律可以用 Bulgin D 方程来表示，即：

$$R = a \cdot e^{(p/C)} \tag{6-2-1}$$

式中，$R$ 为感湿膜的体电阻，$C$ 为导电微粉浓度，$a$、$p$ 为由树脂和导电微粉决定的系数。

在低湿时，感湿膜吸附的水分较少，亲水性树脂处于收缩状态，浓度 $C$ 的导电微粉之间的距离较小，因而阻值较小。随着环境湿度的增大，树脂因吸收水分的增多而膨胀，微粉间的距离增大，使 $C$ 降低，阻值增加。在高湿区出现结露时，树脂吸湿量大大增加而急剧膨胀，$C$ 迅速下降，微粉构成的导电链越过"临界状态"，即微粉间的连接极弱，使阻值急剧增大，从而在结露点附近产生了元件电阻的开关型变化。

产品有 HDP、DPC 型结露传感器和 HOS103 型、HOS104 型高灵敏度结露传感器等。图 6-2-5 示出了 HDP 型结露传感器的湿度-阻值特性曲线，结露时其阻值可骤增 $2\sim3$ 个数量级。由于具有优异的开关特性，所以结露传感器工作点变化很小。其响应时间随温度的升高而加快。最高使用 5.5V 直流电压，正常使用温度范围为 $1℃\sim60℃$，且在 85℃ 下或在 40℃、$90\%\sim95\%$RH 状态下放置 2000h 后特性仍很稳定。总之，HDP 型结露传感器是一种可在其他高分子湿敏元件难以突破的高湿领域使用。

图 6-2-6 为结露传感器的测控电路。低湿度时，结露传感器 $R_D$ 的阻值为 $2k\Omega$ 左右，$VT_1$ 因其基极电位低于 0.5V 而截止，$VT_2$ 饱和导通，其集电极电位低于 1V。$VT_3$、$VT_4$ 截止，结露指示灯 LED 不亮，输出端为高电平。当环境的相对湿度达到结露点时，$R_D$ 的阻值大于 $50k\Omega$，$VT_1$ 因基极电位超过 1.2V 而饱和导通，$VT_2$ 截止，$VT_3$ 和 $VT_4$ 导通，LED 点亮，表示湿度已达结露点，同时输出端为低电平，控制录像机自动关机。如果把结露元件安装在磁带录像机 VTR 内检测结露的部件附近，当出现结露时因结露磁带和移动机构之间的摩擦力发生变化，使磁带的走速不稳定或停止，磁鼓和磁头也会因沾上磁粉而损坏，机器自动进入强制停机状态。用于检测和防止录像机、CD、VCD 等视频电子设备结露，轿车风挡、陈列窗玻璃、复印机、建筑材料和高压配电柜结露、漏水，以及宾馆浴室和居民厨房等结露。

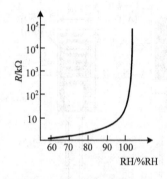

图 6-2-5　湿度-阻值特性曲线

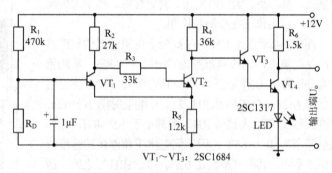

图 6-2-6　应用测控电路

## 6.2.3　其他电阻式湿敏传感器

### 1. 元素半导体湿敏传感器

通常利用绝缘基片上的 Ge 和 Se 等元素半导体的蒸发膜制备湿敏器件。厚度约为 100 nm，锗湿敏器件的特点是不受环境中灰尘等的影响，能够得到比较精确的测量结果，比较适用于高湿度的测量；硒蒸发膜或无定型硒蒸发膜都可以做湿敏器件，但会因损伤、腐蚀和挥发等影响其精度、稳定性和寿命。

### 2. 半导体陶瓷湿敏电阻

最常用的半导体陶瓷湿敏元件材料有 $MgCr_2O_4$-$TiO_2$ 系、$TiO_2$-$SnO_2$ 系、$ZrO_2$ 系、$ZnO$-$Cr_2O_3$ 系、$Fe_3O_4$ 系、$SrTiO_3$ 系、$MgO$ 系、$(Ba, Pb)TiO_3$ 等，它们都是多孔的，其湿敏特性主要由表面和界面特性决定，有湿敏负特性和正特性两大类，前者的电阻率随湿度增加而下降，后者的电阻率随湿度增加而增加。结构有厚膜型 $Fe_3O_4$ 湿敏传感器、薄膜型 $ZrO_2$ 湿敏传感器和烧结型湿敏电阻。以其表面状态稳定、固有阻值适中（$10^3\sim10^8\Omega$）、工艺简单、成本低等优点而备受重视。如 $TiO_2$-$SnO_2$ 湿敏元件（厚膜元件）的室温 $T_0$ 电阻值与蒸气压的关系和阻温关系表示为

$$R \propto p_{H_2O}^{-1/4}, \qquad R = R_{T_0}e^{B/T} \qquad\qquad (6\text{-}2\text{-}1)$$

式中，$R_{T_0}$ 为室温 $T_0$ 时电阻值；$B$ 为常数。

### 3．热敏电阻绝对湿敏传感器

由于绝对湿度随温度变化不大，不受其空间水蒸气分布的影响，所以测量比较准确。假设一个有限空间内因扩散而使水蒸气的浓度一定，而空气比固体的热传导率低，难以保持该空间的温度均匀。用相对湿度法测量空气湿度时就会因温度分布不均而产生较大的误差，而用绝对湿度法测量其空间的水蒸气量能得到基本等同的数值，绝对湿度是确知该空间水蒸气量的有效参数。热敏电阻绝对湿敏传感器是一种将输出信号读作绝对湿度的传感器，其电路如图 6-2-7 所示。其中绝对湿敏传感器由两个热敏电阻构成（$R_2$、$R_4$），各自通电加热到约 170℃～200℃，一个封入干燥空气，成为封闭型的补偿元件 $R_2$；另一个开放，作为感湿电阻元件 $R_4$。测量时与固定电阻器（$R_1$、$R_3$）和输出电阻器 $R_{AB}$ 组合，构成电桥回路。由于水蒸气的热传导率比空气的热传导率大，空气的热传导率随湿度增加而增大时，感湿电阻 $R_4$ 随之变化，而 $R_2$ 不受水蒸气的影响，固定不变，故桥路的输出电压随水蒸气的增多而增大，且与绝对湿度基本成正比。芝浦电子所 CNS-1 型绝对湿敏传感器使用启动后，先加热以便热敏电阻稳定，其湿度响应时间约 12s。还有 HS—5 型、CHS—1 型和 CHS—2 型不同型号的绝对湿敏传感器。

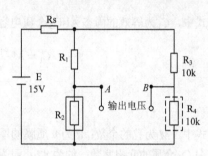

图 6-2-7　绝对湿度检测电路

# 6.3　电容式湿敏传感器

## 6.3.1　湿敏电容器结构

通常把电容式湿敏传感器称为湿敏（或感湿）电容器，极间介质作为感湿材料，其介电常数随湿度变化，可分为陶瓷材料和有机高分子两大类。陶瓷电容式湿敏传感器的感湿介质大多采用多孔多晶硅、多孔氮化硅、多孔 $Al_2O_3$ 及其复合氧化物，或用玻璃和 $BaTiO_3$- $BaSnO_2$ P 型半导体多孔陶瓷复合物等，通过控制陶瓷组分的分散性、孔径、粒度等可改善元件的感湿特性。

有机高分子电容式湿敏传感器常使用聚酰亚胺（polymimide）、醋酸纤维素及衍生物、醋酸丁酸纤维素、聚苯乙烯、聚酰亚胺、铬酸醋酸纤维素、聚苯乙烯等薄膜为介质。常用结构可以分为三明治型（见图 6-3-1）和平铺型（见图 6-3-2）两种。前者上电极是孔状的，电容器的两电极（电极 1 和 2）较接近，提高了其灵敏度。后者的铝（Al）叉指电极之间嵌有聚酰亚胺介质层，电容器是横向结构的，其优点是工艺简单、易于与测量电路集成；缺点是电容值较小、灵敏度低。

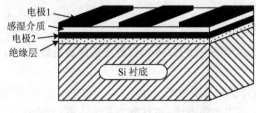

图 6-3-1　三明治型湿敏电容器

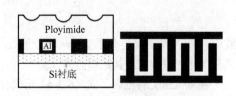

图 6-3-2　平铺叉指型湿敏电容器的结构

### 6.3.2 多孔陶瓷湿敏电容器

#### 1. 湿敏电容器模型及理论分析

多孔 $Al_2O_3$ 电容式湿敏传感器是利用电容随环境湿度的变化来进行测量的，下面以其为例进行分析。首先结合电容器的理想结构模型和吸湿模型，建立不同湿度下的湿敏电容器模型。假设在建模时忽略气孔底与下面金属之间的电容和水吸附产生的两相界面电容，也不建立对毛细管凝聚的修正，因此，只能宏观定性分析模型的一些湿敏现象。

（1）无湿度条件下的湿敏电容器模型

在湿度为 0 时，湿敏电容器的理想结构模型如图 6-3-3 所示。此结构的电容 $C$ 为

$$C = C_1 + C_0 \tag{6-3-1}$$

式中，$C_1$ 为等效的固态 $Al_2O_3$ 介质电容，$C_0$ 为无湿度情况下细孔的电容值。

$$C_1 = M \frac{\varepsilon_1 S_1}{d} = M \frac{\varepsilon_1 \pi (r_1^2 - r_0^2)}{d} = M \frac{\varepsilon_1 \pi \omega (2r_0 + \omega)}{d} \tag{6-3-2}$$

$$C_0 = M \frac{\varepsilon_0 S_0}{d} = M \frac{\varepsilon_0 \pi r_0^2}{d} \tag{6-3-3}$$

式中，$M$ 为孔的个数；$d$ 为介质膜的厚度；$\omega = r_1 - r_0$，为孔壁厚度的一半；$r_0$ 为孔的半径；$\varepsilon_1$ 为固态 $Al_2O_3$ 介质的介电常数，约为 8.6；$\varepsilon_0$ 为空气的介质电常数，约为 1。

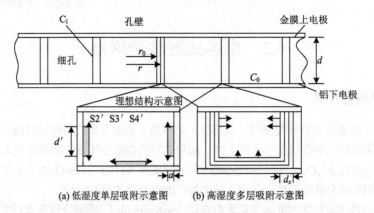

图 6-3-3　多孔 $Al_2O_3$ 湿敏电容器模型

（2）低湿度条件下的湿敏电容器模型

在低湿度（小于 40%RH）时，首先考虑化学吸附，水蒸气的吸附属于单分子吸附，由 Langmuir 单分子吸附方程知，表面覆盖度 $\theta$ 为

$$\theta = \frac{bp_v}{1 + bp_v} \tag{6-3-4}$$

式中，$\theta \equiv N/N_\infty$，$N$ 为介质壁吸附的分子数，$N_\infty$ 为一层水膜的分子数；$b$ 为温度 $T$ 的函数常数；$p_v$ 为水蒸气的相对蒸气压，其饱和值为 $p_{vs}$。

在蒸气压力甚低时，式（6-3-4）分母中的 $bp_v$ 相对于 1 可以忽略不计，$\theta$ 与 $p_v$ 成正比；在蒸气压力增加到一定值时（40%RH），分母中的 1 相对于 $bp_v$ 可以忽略不计，$\theta$ 达到饱和值，第一物理吸附层建立完毕。当孔底和孔壁的第一物理吸附层同时完成覆盖时，湿敏电容器模型（单孔）如图 6-3-3(a)

所示，器件的电容为

$$C = C_1 + \frac{MS_2'}{\dfrac{d'}{\varepsilon'} + \dfrac{d-d'}{\varepsilon_0}} + M\frac{S_3'}{\dfrac{d}{\varepsilon_0}} + M\frac{S_4'}{\dfrac{a}{\varepsilon'} + \dfrac{d-a}{\varepsilon_0}} \tag{6-3-5}$$

式中，$d$ 为单孔尺寸，$d'$ 为水的有效厚度，$S_2'$ 为有效物理吸附极板面积，$S_3'$ 为无水区极板面积，$S_4'$ 为单分子吸附层对应极板面积，$\varepsilon'$ 为水的相对介电常数（约为 80），$a$ 为水的单分子吸附层厚度（约为 3.0Å）。从 $\theta$ 的定义可以得出：

$$\theta = \frac{d'}{d} = \frac{S_4'}{S_0} = \frac{S_0 - S_3' - S_2'}{S_0} \tag{6-3-6}$$

因为 $\varepsilon_0 << \varepsilon'$，$a << r_0$（几百 Å）$<< d$（几μm），在 $\theta$ 不是非常接近 1 时，化简式（6-3-5）得：

$$C \approx C_1 + C_0 + M\pi\frac{2r_0 a}{d(1-\theta)} - M\frac{2\pi a r_0}{d} \approx C_1 + C_0 + M\pi\frac{2r_0 ab}{d}p_v \tag{6-3-7}$$

从式（6-3-7）中可以看出，在低湿度的条件下，电容与相对湿度（$RH = p_v/p_{vs} \times 100\%RH$）成正比，因而多孔 $Al_2O_3$ 湿敏传感器在低湿范围具有较好的线性。

（3）高湿度条件下的湿敏电容器模型

高湿度下感湿介质内形成多层物理吸附层，其湿敏电容器模型（单孔）示意图见图 6-3-3(b)，器件的电容为

$$C = C_1 + M\frac{\pi d_x(2r_0 - d_x)}{\dfrac{d}{\varepsilon'}} + M\frac{\pi(r_0 - d_x)^2}{\dfrac{d-d_x}{\varepsilon_0} + \dfrac{d_x}{\varepsilon'}} \tag{6-3-8}$$

式中，$d_x$ 为水分子吸附层的厚度。

采用多分子层的 B.E.T.方程得吸附层的体积 $V$ 为

$$V = \frac{V_m Hx}{1-x} \times \frac{1-(n-1)x^n + nx^{n+1}}{1+(H-1)x - Hx^{n+1}} \tag{6-3-9}$$

式中，$V_m$ 为饱和吸附分子的体积，$H$ 为温度 $T$ 的函数常数，$n$ 为最大的吸附层数，$x$ 为相对湿度。结合吸附层体积 $V$ 的定义：$V = \pi r_0^2 d - \pi(r_0 - d_x)^2(d - d_x)$，又因 $d_x << d$，所以化简得：

$$C \approx C_1 + M\frac{\pi r_0^2}{d/\varepsilon'} - \frac{M\pi}{d}(\varepsilon' - \varepsilon_0)(r_0 - d_x)^2 \approx C_1 + C_0 + \frac{M}{d^2}(\varepsilon' - \varepsilon_0)V \tag{6-3-10}$$

式中，$V_1 \leqslant V \leqslant V_m$，$V_1$ 为第一物理吸附层的体积，$V_m$ 为饱和吸附层的体积。

将式（6-3-9）代入式（6-3-10）中，得：

$$C \approx C_1 + C_0 + \frac{M}{d^2}(\varepsilon' - \varepsilon_0)\frac{V_m Hx}{1-x} \times \frac{1-(n+1)x^n + nx^{n+1}}{1+(H-1)x - Hx^{n+1}} \tag{6-3-11}$$

从式（6-3-11）知，随着孔个数 $M$ 的增加，电容值增大；在高湿范围内电容与吸附分子的体积 $V$ 成正比，且与相对湿度 $x$ 的曲线是非线性的。

**2. 湿敏电容器的感湿特性**

当 $Al_2O_3$ 介质气孔中有一定水汽吸附时，其电特性既不是一个纯等效电阻，也不是一个纯等效电容，随着环境湿度的变化，膜电阻和膜电容都将改变，其电容-相对湿度特性曲线如图 6-3-4 所示。可

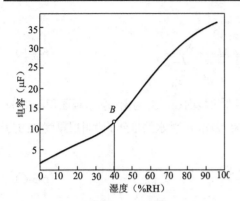

图 6-3-4　多孔 $Al_2O_3$ 湿敏传感器的
电容-相对湿度特性曲线

以看出，随着湿度的增加，电容值增大；在低湿度范围线性好，高湿范围线性变差，且湿度进一步提高时曲线渐变平缓；曲线的拐点 B 是完成单分子层的临界点，是达到饱和压力的毛细管凝聚现象的反映。若模型的吸附体积参数用孔径和孔高等表示，可以用湿敏电容器理论模型来解释制备工艺的影响。

露点电容传感器（Dew Point Sensor）的内芯为一高纯铝棒，表面氧化成 $Al_2O_3$ 薄膜，其外涂一层多孔的金膜，该金膜与内芯之间形成电容。当水蒸气分子被吸入 $Al_2O_3$ 中时，导致电容值发生变化，且"结露"前后芯片上薄膜介质的介电常数明显不同，使电容量差别很大，检测并放大该电容信号即可得到露点温度。露点电容传感器与信号处理单元及外壳组成的一整套仪表称为露点仪，若把露点传感器的信号通过处理单元后按变送器要求的标准信号输出，就构成了露点变送器。FA410/FA411 露点传感器可为工业应用提供长期稳定的露点监测，其内部电路会排除由温度变化、尘埃和老化引起的漂移，使之也成为除湿式干燥机中可靠的露点测量仪。

### 6.3.3　高分子湿敏电容器

#### 1. 感湿原理及特性

当电极间的高分子感湿材料吸附环境中的水分子时，其介电常数随之变化，使电容量与环境中水蒸气的相对分压 $u(p/p_0)$ 有关，且关系式可以表示为

$$C_{pu} = \varepsilon_0\varepsilon_u\frac{S}{d} = \varepsilon_0(\varepsilon_r + a\varepsilon_{H_2O}W_u)\frac{S}{d} = \varepsilon_0(\varepsilon_r + ab\varepsilon_{H_2O}u)\frac{S}{100d} \qquad (6\text{-}3\text{-}12)$$

式中，$\varepsilon_0$ 为真空介电常数；$\varepsilon_u$ 为相对湿度 $u$%RH 时高分子的介电常数；$\varepsilon_r$ 为 0%RH 时高分子的介电常数；$a$，$b$ 为常数；$\varepsilon_{H_2O}$ 为高分子中吸附水的介电常数；$W_u$ 为 $u$%RH 时高分子单位质量所吸附水分子质量，$W_u = b(p/p_0) = bu/100$；$S$ 为湿敏电容器的有效电极面积；$d$ 为高分子感湿膜的厚度。

图 6-3-5 示出 MSR-1 型高分子湿敏电容器结构图，图 6-3-6 示出典型的感湿特性曲线。其性能指标：使用温度范围为(-10～60)℃，湿度工作量程为 0～100%RH，使用频率范围为（10～200）kHz，灵敏度约为 0.1pF/%RH（20℃），电容量为（45±5）pF（12%RH，20℃），湿滞回差为 0→80→0%RH 时小于 2%RH，0→100→0%RH 时小于 3%RH，温度系数为 0.1%RH/℃，响应时间小于 5s（90%变化率）。

#### 2. 高分子感湿材料的设计

电容式高分子感湿材料的设计要符合下列几点：①从低湿到高湿的相对湿度变化时灵敏度呈线性变化；②在吸湿和脱湿的过程中输出湿滞要小；③温度系数小且长期稳定；④输出不受其他气体影响。

高分子在一定温度条件下吸附水分子时，吸附量与平衡相对分压间建立不同的关系式，由此绘制的曲线称为吸附等温线。在 Henry 型吸附等温线中，吸附量小且为物理吸附时，水分子和高分子之间的相互作用以范德瓦尔力为主，吸附量与平衡相对分压（$p/p_0$）呈线性关系，这是理想的电容式感湿材料特性。疏水性高分子材料就具有这种特性，以其作为电容式感湿材料的基本骨架，还要增加极性基以便能与极性水分子相互作用。一般较大偶极矩的极性基与水分子有较强的作用，形成氢键结合，这种吸附称为化学吸附，它很难脱附，是传感器产生湿滞的主要原因。若分子结构含有极性较弱的官

能团，如醚键（—O—）、羰基（—CO—）、巯基（—SO₂—）等较弱的极性基时，它们与水分子的作用力很小，只有 Van der Waalls 力的物理吸附情况下才能达到吸湿脱湿平衡，速度快、湿滞小、灵敏度变化呈线性关系。影响湿滞的原因除极性基外，还有被吸附的水分子之间相互作用会产生凝聚（Cluster），应防止或减弱。通常醋酸丁酸纤维素（CAB）及聚酰亚胺（PI）等类聚合物高分子的亲水性较弱，水分子吸附量也少，吸附的水分子在膜中可近似单独存在，水分子间不易凝聚。为进一步防止吸附水分子凝聚，用较大的疏水基将极性基分隔开来，以减少亲水基密度。有代表性的疏水基有烷基、苯基等碳氢、碳氟化物。另外，可利用高分子中加入交联剂来改变感湿材料的立体结构，封闭多余的吸水基，形成微孔结构。通过交联可适当增加水分子的吸附点，提高灵敏度，又可利用交联形成的三维网状微孔结构，控制微孔尺寸以阻止吸附水分子之间的相互作用，减少其他气体的影响，改善传感器的长期稳定性。

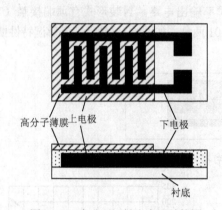

图 6-3-5　高分子湿敏电容器结构图

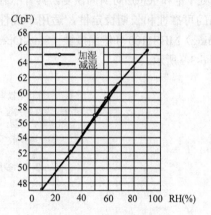

图 6-3-6　感湿特性曲线

### 3. 感湿温度特性

高分子聚合物的介质常数 $\varepsilon_r$ 和所吸附水分子的 $\varepsilon_{H_2O}$ 受温度、元件几何尺寸受热膨胀系数的影响后都会引起高分子电容的变化。由德拜理论知，液体的介电常数 $\varepsilon$ 是一个与温度和频率有关的无量纲常数。水分子的 $\varepsilon_{H_2O}$ 在 5℃时为 78.36，在 20℃时为 79.63；有机物的 $\varepsilon_r$ 与温度的关系因材料而异，不完全遵从正比关系；在某些温区 $\varepsilon_r$ 随温度呈上升趋势，在某些温区 $\varepsilon_r$ 则下降。进而结合高分子的感湿机理认为：高分子聚合物具有较小的介质常数，如聚酰亚胺在低湿时的 $\varepsilon_r$ 为 3.0～3.8，是 $\varepsilon_{H_2O}$ 的几十分之一。高分子介质在吸湿后，由于水分子偶极矩的存在，加之多相介质的复合介电常数具有加和性，可大大提高吸水异质层的介电常数，使湿敏电容器的电容量 $C$ 与相对湿度成正比。如果设计和工艺合理，进行温度补偿后使感湿特性具备全线性、全湿程的优异性能。

湿敏电容器中高分子介质膜的厚度 $d$ 和平板电容器的有效面积 $S$ 与温度有关，如高分子聚合物的平均热线胀率可达到 $10^{-4}$ 数量级，硝酸纤维素的平均热线胀率为 $108×10^{-6}$。随着温度上升，$d$ 增加对 $C$ 呈负贡献，但感湿膜的膨胀又使介质对水的吸附量增加呈正贡献。可见湿敏电容器的温度特性受多种因素影响，在不同的湿度范围温漂不同，且不同感湿材料温度特性不同。总之，高分子湿敏电容器的温度系数并非常数，而是变量。如 HMP-35 高分子湿敏电容器，在高温区使用时其温度系数过大且是非线性的，大约在 0.05%～0.5%RH/℃；在 10℃～30℃范围内接近常数；在−5℃～+20℃范围内共有 5%的漂移，在负温−40℃～−5℃范围漂移高达 35%。所以，具体应用中必须进行分温区补偿，才能达到更高的湿度精度。

### 4. 多层聚合物结构的湿敏电容

采用了多层聚合物结构的湿敏电容器如图 6-3-7 所示，其典型代表是 NK-Humirel 公司的 MSH1100/MSH1101。第一层为①多孔海绵状电极，作为实际电极，具有一定的抗机械及抗化学侵蚀能力；作为环境过滤器，能够使水汽充分、快速通过，阻止尘埃及化学物质通过；又具有自动校准功能（电荷分布、温度分布等）。第二层为②多分子聚合物夹层，作为电容器的介质，具有良好的厚度均匀性，对水汽具有良好的敏感性。第三层为③超薄聚合物层，能与介质和衬底形成良好接触。第四层是④金属衬底，用低孔率（即高密度）材料做成另一电极。当测量环境湿度时，水汽通过①到达②，②吸收或释放水分使介电常数发生改变，导致电容器的 $C$ 升高或降低，通过相关测量即可得到湿度与电容的函数关系。NK-Humirel 相对湿度电容器采用多层固态聚合物结构，适用于包括浸在水中的自动装配过程，长期处于饱和状态后可瞬间恢复。具有不需要校准的完全互换性，有卷带包装，属于自动插件，具有较高的可靠性和长期稳定性，适用于线性电压输出和频率输出电路。封装形式有顶端接触（Top Opening）MHS1100 和侧面接触（Side Opening）MHS11-01 两种，如图 6-3-8 所示，其感湿特性曲线如图 6-3-9 所示。

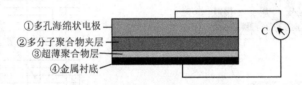

①多孔海绵状电极
②多分子聚合物夹层
③超薄聚合物层
④金属衬底

图 6-3-7　多层聚合物湿敏电容器的结构图

HS1100
Top Opening

HS1101
Side Opening

图 6-3-8　HS1100/HS1101 的封装外形

图 6-3-9　MHS1100/MHS1101 感湿特性曲线

### 5. CMOS 工艺兼容的湿敏电容器

三明治结构湿敏电容器与其测量电路用 CMOS 工艺集成到同一芯片上，可以做到批量生产，一致性好。因湿度从 0 变化到 100%RH 时聚酰亚胺的介电常数从 2.9 变化到 3.7，且具有很好的滞回特性和线性度，所以可制备聚酰亚胺感湿电容器，还可广泛用于半导体工艺中的钝化层或多层布线。但高分子湿敏电容器的响应时间（约 20s）太长。图 6-3-10 示出了空气介质湿敏电容器，它利用空气中水汽分子浓度变化时介电常数变化引起电容值变化的原理；采用叉指型铝电极结构使铝条及铝条间的空隙暴露在空气中；$SiO_2$ 层中的多晶硅层用作加热电阻器，工作时可利用热效应排除沾在传感器表面的可挥发性物质；它很容易在 CMOS 工艺线上制造。另外，MOS 湿敏电容器由 P-Si 片、多孔金 Au 膜的（上、下）电极和 $Al_2O_3$ 为多孔介质层组成；配上二次仪表即为电容器湿度仪，采用与 CMOS IC 兼容的工艺，可将湿敏电容器做在硅片上，应用广泛。

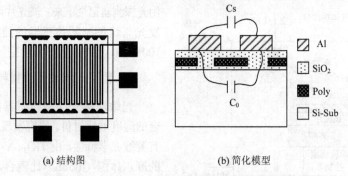

(a) 结构图 (b) 简化模型

图 6-3-10 空气介质感湿电容器结构及其简化模型

# 6.4 光学湿敏传感器

利用湿度环境下媒介层理化性质变化引起光传播诸性质（如光的反射系数、频率或相位等）的变化来检测湿度的传感器称为光学湿敏传感器，它具有体积小、响应快、抗电磁干扰、动态范围大、灵敏度高等优点，按测量原理可以分为光敏薄膜式、光纤式、波导式等湿敏传感器。

## 6.4.1 光敏薄膜式湿敏传感器

光敏薄膜式湿敏传感器可用于测量包括水在内的多种气体成分，按照膜材料对光响应的原理可以分为基于光吸收的感湿薄膜和基于荧光效应的湿敏传感器。

### 1. 光吸收式湿敏传感器

将随湿度变化的光敏薄膜（8mm×8mm）固定在两块带孔的塑料薄片（10mm×6mm）之间，插入 1cm 的比色皿中，形成三明治式的光敏薄膜式湿敏传感器，如图 6-4-1 所示，将此传感器固定在分光光度计的样品池架上，让光路通过光敏薄膜进行测量，其中光敏薄膜选用具有较强选择性和感湿性的结晶紫薄膜（Nafion）。当不同湿度的气体接触 Nafion 膜时，随着含水量的增加，干燥的 Nafion 中的磺酸基的酸性逐渐减弱，双质子结晶紫失去质子变为单质子或非质子形式，其颜色变为绿色，对 640nm 波长光的透射强度减

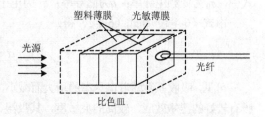

图 6-4-1 光吸收式薄膜湿敏传感器

弱，可以用透镜或传光光纤（普通的 G.652 光纤）将透射光耦合到光传感器，根据信号光强的改变可很容易地测得相应的湿度。此类湿敏传感器的测量范围为 30%～100%RH，测量精度为 5%RH，其结构简单，测量方便。

### 2. 基于荧光效应的湿敏传感器

利用指示剂的发光强度或发射寿命随湿度变化的原理制备出基于荧光效应的光敏薄膜湿敏传感器，如钌（Ru）的复合物-[Ru(phen)$_2$(doppz)](PF6)$_2$，感湿薄膜的荧光强度随湿度而改变，其实验测量系统如图 6-4-2 所示。将一个镀有感湿薄膜的载玻片放置在气体流通池中，其中通有湿度变化的干、湿混合氮气，通过气流控制器来产生特定的湿度，使用电容式湿敏传感器来控制相对湿度的准确值，加热器控制温度的稳定性。该传感器探测点是蓝色光激发的随湿度变化的荧光，LED 发射出的光强同时

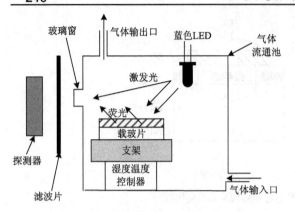

图 6-4-2 基于荧光效应的光敏湿敏传感器

用光探测器记录下来。滤光片可消除所探测到的激发光。这种湿敏传感器的测湿范围为 0.35%～100%RH，已经被用于室内空气品质的检测。

### 3. 新型光湿敏薄膜材料及其湿敏机理

光敏薄膜式湿敏传感器的关键在于选择适合的湿度敏感材料。研究发现，$TiO_2/V_2O_5$ 薄膜具有湿敏光学特性，由 $TiO_2$、$V_2O_5$ 两种溶胶按 24:1 的摩尔体积（mol/L）比混合，用溶胶-凝胶法制备出 $TiO_2/V_2O_5$ 湿敏材料，具有湿敏-光谱特性，对于不同的波长其光学透过率都随相对湿度的升高而升高。湿敏-光学特性机理的解析：当空气中水分子很少时，N 型 $TiO_2$ 的表面没有被氧离子屏蔽的金属离子与水分子中氢氧根离子的吸引，使本征表面态中近导带处的金属离子受主能级下降，原来所俘获的电子局部释放，表面载流子浓度增加。如果环境湿度进一步增加，水分子在半导体表面的吸附量增加，在表面层处会集积更多的电子，形成了载流子浓度比体内更高的电子积累层，使原来上弯的能带转为下弯，电子势垒已不存在。因而，N 型半导体的电阻随着环境湿度的增加而下降。

由电子理论可推导出 N 型半导体的电导率 $\sigma$ 为

$$\sigma = 2\varepsilon_0 \omega nk \tag{6-4-1}$$

式中，$\varepsilon_0$ 为真空介电常数；$\omega$ 为光源频率；$n$ 为折射率；$k$ 为消光系数。

而吸收系数 $\alpha$ 为

$$\alpha = \frac{\sigma_0 e^2}{\varepsilon_0 c n \omega^2 \mu^2 m^{*2}} \tag{6-4-2}$$

式中，$\sigma_0$ 为低频电导率；$\mu$ 为磁导率；$m^*$ 为电子有效质量；$e$ 为电子电荷；$c$ 为光速。

由式（6-4-1）和式（6-4-2）得：

$$\alpha \propto \frac{1}{n} \propto \frac{1}{\sigma} \tag{6-4-3}$$

可见，吸收系数随着电导率的增大而减小，即透过率随着电导率的增大而增大。$TiO_2/V_2O_5$ 光学薄膜有较好的湿敏效应、较高的灵敏度，其吸湿、脱湿的时间分别为 4～5min 和 10min。此薄膜不仅对湿度敏感，而且对酒精气体和温度都很灵敏，具有较大的实用价值和发展潜力。

## 6.4.2 光纤式湿敏传感器

光纤式湿敏传感器包括光纤渐逝波耦合湿敏传感器、长周期光纤光栅湿敏传感器和光纤布拉格光栅（FBG）湿敏传感器等，是非电量湿敏传感器，具有防污染、抗电磁干扰、本质安全（即阻燃、防爆）、便于在狭小空间使用等优势。

### 1. 光纤渐逝波耦合湿敏传感器

光纤渐逝波耦合湿敏传感器是利用熔融拉锥技术制备的，即用氢氧焰对两根贴近的单模光纤加热，使光纤熔融，并用程控的平移台向相反方向匀速运动，使加热区逐渐变细。将拉制的光纤耦合器封装在石英 V 形槽内，如图 6-4-3 所示，把溶胶-凝胶材料浸渍提拉，涂敷于光纤耦合区表面，且使凝胶薄膜具有多孔特性。当环境中的水分子被吸附到薄膜微孔中时，薄膜的折射率将发生变化，使光纤渐逝波耦合器的耦合分光比改变，根据信号光强的改变可很容易地测得相应的湿度。为了实现对光纤耦合器拉制过程中分光状态的动态监控，将确定波长的光从一个端口输入，并实时监控两输出端口的功率变化，获得所需分光比。由于石英 V 形槽与光纤的热膨胀系数相近，因此器件具有非常好的环境稳定性。

图 6-4-4 示出了基于渐逝波吸收光谱的光纤相对湿敏传感器，由单一的 U 形弯曲包层石英光纤和涂敷在裸光纤纤芯上的二氧化钴掺杂聚合物薄膜制成，其中央区包覆 U 形弯曲探头的包层厚度、光纤芯径对湿度敏感度有影响，具有高动态范围和高灵敏度。在输入光波长为 1550nm 时，其测量范围为 0～90%RH，灵敏度为 0.03 dB/%RH，在 26℃～65℃范围内有 1dB 的漂移。

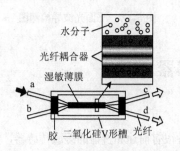

图 6-4-3　光纤渐逝波耦合湿敏传感器

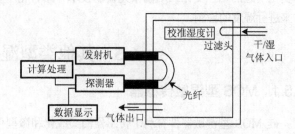

图 6-4-4　U 形光纤渐逝波湿敏传感器

### 2. 长周期光纤光栅湿敏传感器

图 6-4-5 示出典型的长周期光纤光栅湿敏传感器系统，由长周期光纤光栅湿敏传感器、宽带光源、恒温恒湿箱和光谱分析仪组成。长周期光栅以 500μm 的周期写入 60 个周期，涂覆一层水凝胶感湿薄膜。凝胶的成分包括丙烯酸、乙烯基吡啶、过氧化苯甲酰以及 N，N′-二甲基双丙烯酰胺；丙烯酸和乙烯基吡啶的折射率分别是 1.4224 和 1.5530，通过合适比例并暴露于紫外光中得到具有适当折射率的水凝胶。水凝胶涂层长周期光栅固定在 V 形槽中，并放在可调的恒温恒湿箱中。长周期光栅一端连接到放大的自发辐射（ASE）光源（C 波段），另一端连接具有 0.1nm 光谱分辨力和-45dBm 灵敏度的光谱分析仪。水凝胶长周期光栅的响应波长随相对湿度变化，可用一个长周期光纤光栅实现多功能测量。灵敏度最高（约 0.2nm/%RH），理论上可在全湿范围内测量，精度为±4.3%RH。外界环境的变化可能使其他物理量发生变化，从而使测量精度大大降低。其缺点是温度、湿度、弯曲、应变、折射率等交叉敏感灵敏度都很高，解调较困难。

### 3. 光纤布拉格光栅（FBG）湿敏传感器

图 6-4-6 示出了光纤布拉格（FBG）光栅湿敏传感器的结构，其中光纤布拉格光栅 FBG1 对温度、湿度敏感，FBG2 仅对温度敏感，FBG1 的湿敏薄膜为改性聚酰亚胺（PI）。温度和湿度的变化使 FBG 的布拉格反射波长 $\lambda_{B1}$ 和 $\lambda_{B2}$ 发生漂移，由 $\Delta\lambda 1$ 和 $\Delta\lambda 2$ 可计算出温度、湿度变化值。且输出功率与温度、湿度变化呈线性关系。其测量精度高（±5%RH）、速度快（响应时间小于 15s），耐高温、耐腐蚀、且可多路复用，用同一根光纤实现多点测量。湿滞回差≤±1.5%，长期稳定性优于电量湿敏传感器。

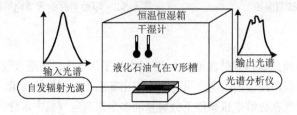

图 6-4-5　长周期光纤光栅湿敏传感器系统

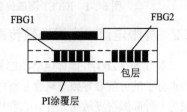

图 6-4-6　光纤布拉格光栅湿敏传感器

### 6.4.3　平面光波导式湿敏传感器

　　平面薄膜波导传感器运用内全反射将光耦合到波导层，如图 6-4-7 所示，湿敏薄膜在测量环境中吸湿或脱湿会改变表面的折射率，引起波导中出射光强的变化。采用谱扫描（改变波长、固定入射角）和角扫描（固定波长、改变入射角）两种工作方式来测量出射光强或干涉图样的变化。通过测量湿敏薄膜折射率变化引起的相位变化或用偏振光调制技术并结合相干检测技术来进行湿度的检测。

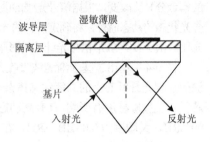

图 6-4-7　平面光波导检测图

# 6.5　其他类型湿敏传感器

### 6.5.1　MOS 型湿敏传感器

　　硅 MOS 型湿敏器件有利于传感器的集成化和微型化，是一种很有前途和价值的湿敏传感器，如绝缘栅场效应晶体管 （IGFET）可作为湿度、化学传感器。

　　图 6-5-1 示出 IGFET 湿敏传感器的横截面图，由 P-Si 片、介质膜（$SiO_2$/$Si_3N_4$）、感湿膜、源漏极和双栅极组成。在 MOS 场效应管的栅极 $G_1$ 上涂覆一层感湿薄膜，同时在感湿薄膜上增设一栅电极 $G_2$，就可构成 MOS FET 湿敏器件。在下电极 $G_1$ 和上电极 $G_2$（多孔金电极，厚度 10～20μm）之间沉淀 1nm 厚的醋酸纤维素作为湿度敏感膜。

　　图 6-5-2 示出 IGFET 湿敏器件的等效电路图。施加一个直流电压 $V_0$ 和一个交流电压 $U_0$ 于上栅电极，$G_1$ 和 $G_2$ 用一个足够大的电阻 $R_B$ 连接起来，$C$ 为二极管输出电容，其输出电压 $U_{out}$ 与膜的电容 $C_s$ 和相对湿度几乎呈线性关系，关系式为

$$U_{out} = U_0 R_L g_m / (1 + C_i / C_s) \tag{6-5-1}$$

式中，$R_L$ 为与漏极相连接的负载电阻；$g_m$ 为 FET 的跨导；$C_i$ 为绝缘层的电容；$C_s$ 为取决于环境的相对湿度和其他适当的常数，与相对湿度几乎呈线性关系。

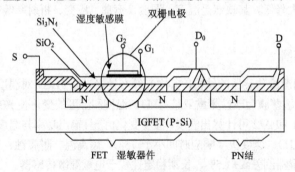

图 6-5-1　IGFET 湿敏传感器的横截面图

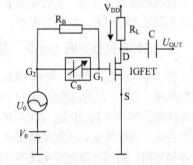

图 6-5-2　湿敏器件的等效电路图

### 6.5.2　界限电流式高温湿敏传感器

　　二氧化锆（$ZrO_2$）固体电解质的界限电流式氧传感器在施加 1.4V 以上的工作电压、高温气氛下，利用水分子的分解会导致与氧含量有关的界限电流值的改变，可有效测定出高温下水蒸气的含量，从而成为一种高温湿度敏感元件。它利用水蒸气在分解电压条件下分解量的多少来测定气氛中水分的含量，具有优良的选择性。

### 1. 结构与工作原理

图 6-5-3 示出界限电流式湿敏传感器的结构图。它利用了 $ZrO_2$ 陶瓷氧泵作用的原理，即在阴极一侧所加的极小孔洞帽对流入气体的限制作用，在氧浓度一定时输出电流值不再随外加电压的增加而增大，达到某一恒定值，该恒定电流值称为在该氧浓度时的界限电流值，其不同浓度的界限电流与外电压的关系如图 6-5-4 所示。在干燥空气中，界限电流 $I_0$ 呈现一定的数值，它与氧的浓度成正比。给该环境中冲入水蒸气再一次测量界限电流与电压的特性曲线，出现二段台阶，第一台阶 $I_1$ 值和第二台阶 $I_2$ 值分别与氧分压和含有水蒸气的氧分压成比例。在区域 A，由于水蒸气的存在，环境气氛中的氧分压（浓度）减少，使 $I_1 < I_0$；在区域 B 段，含有水蒸气的空气中的 $I_2 > I_0$，这是因为环境气氛的水蒸气在阴极上发生了电解反应，产生了新的氧离子的缘故。其电极反应如下：

阴极侧：
$$O_2 + 4e^- \longrightarrow 2O^{2-}, \quad H_2O + 2e^- \longrightarrow H_2 + O^{2-} \tag{6-5-2}$$

阳极侧：
$$O^{2-} \longrightarrow 1/2O_2 + 2e^- \tag{6-5-3}$$

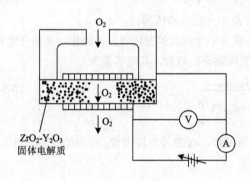

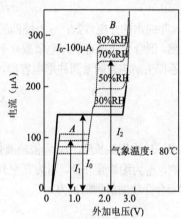

图 6-5-3　界限电流式湿敏传感器结构图　　　　图 6-5-4　界限电流与外加电压关系曲线

按照传感器的气体扩散孔限制 Ficks 法则，在假定氧的扩散系数与水蒸气的扩散系数相等的情况下，第一界限电流 $I_1$ 值与第二界限电流 $I_2$ 值可分别表示为

$$I_1 = \left[ -4FDSP/(RTL) \right] \ln(1 - P_{O_2}/P) \tag{6-5-4}$$

$$I_2 = \left[ -4FDSP/(RTL) \right] [1 + P_{H_2O}/(2P_{O_2})] \tag{6-5-5}$$

$$P_{O_2} = 0.21(P - P_{H_2O}) \tag{6-5-6}$$

式中，F 为法拉第常数；D 为混合气体分子的扩散系数；S 为气体扩散孔的面积；P 为混合气体总压强；$P_{O_2}$ 是氧分压强；$P_{H_2O}$ 是水蒸气分压强；R 是气体常数；T 是绝对温度；L 是气体扩散孔的长度；0.21 为空气中氧气含量。

图 6-5-4 中，在含有水蒸气的空气中通过测量界限电流式湿敏传感器二段界限电流值的差值 $\Delta I = I_2 - I_1$，由此可检测出相应的湿度值。

### 2. 特性与优点

实验测出水蒸气分压在 0～350mmHg 内水蒸气分压 $P_{H_2O}$ 与 $\Delta I$ 几乎呈线性关系，精度可达满量程的 ±1% 左右，且在 80℃ 时水蒸气分压在 $1 \times 10^{-2}$ MPa 和 $1.7 \times 10^{-2}$ MPa 范围内，重复性也小于 1%。界限电流式湿敏传感器最突出的优点是可在室温至 100℃ 以上的温、湿度环境下工作，其最高工作温度为

400℃，有优良的耐久性和较长的使用寿命（三年以上）；填补了市场上高分子类、半导体类、陶瓷类以及电解质类湿敏传感器不能工作在100℃以上环境的空白。

### 6.5.3　射频湿敏传感器

重油作为替代动力燃料越来越受到人们的重视，其中的水分对燃烧和冶金反应都有很大影响，所以，要求对水分进行精确测量和控制。纯重油是多种碳氢化合物的混合物，属于非极性介质，其介电常数 $\varepsilon$ 约为 2.3。而由水分子组成的液态纯水属于极性电介质，其 $\varepsilon$ 约为 80，含水重油的 $\varepsilon$ 会随含水量的改变而显著变化，所以通过 $\varepsilon$ 的变化可以检测重油中的含水量。当射频信号传到以油水混合物为介质的电容式射频传感器时，其负载阻抗随着混合介质中不同的油水比而变化，这就是射频法设计传感器的基础。

若忽略重油中所含杂质的影响，含水重油可近似看作纯油和纯水两种介质的混合物，其有效介电常数 $\varepsilon_{xr}$ 可用下式表示：

$$\sqrt{\varepsilon_{xr}} = D\sqrt{\varepsilon_1} + (1-D)\sqrt{\varepsilon_2} \tag{6-5-7}$$

式中：$\varepsilon_1$ 为纯水的介电常数；$\varepsilon_2$ 为纯油的介电常数；$D$ 为介质水的体积百分比。

显然，混合介质的有效介电常数介于二者之间，重油中含水量的变化将显著地影响重油介电常数。设计敏感探头结构为同轴圆柱形电容器，且内电极表面贴有绝缘套，其电容量为

$$C = \frac{2\pi L \varepsilon_0 \varepsilon_i \varepsilon_{xr}}{\varepsilon_i \ln \dfrac{r_A}{r_B} + \varepsilon_{xr} \ln \dfrac{r_B}{r_A}} \tag{6-5-8}$$

式中，$L$ 为探头长度，$\varepsilon_{xr}$ 为被测液体的相对介电常数，$r_A$ 为外导体内径，$\varepsilon_i$ 为绝缘套材料的相对介电常数，$r_B$ 为绝缘套外径，$\varepsilon_0$ 为真空介电常数。

则混合介质的射频阻抗为

$$Z = R_z + 1/(j\omega C) \tag{6-5-9}$$

式中，$R_z$ 为电容式探头的直流阻抗，$\omega$ 为射频信号角频率（$f$=10MHz）。

由式（6-5-7）、式（6-5-8）、式（6-5-9）可见，油中含水量 $D$ 不同，则传感器的射频阻抗 $Z$ 就不同，可以应用于液位、料位、成分及石油油品含水量等方面的测量。

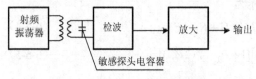

图 6-5-5 示出了射频电容式传感器原理图。它由射频振荡器产生稳定的高频 10MHz 振荡电压，经电感耦合到右端谐振电路。敏感探头电容器 C 作为谐振回路的一部分，在油品含水量发生变化时，谐振回路阻抗发生变化，使其固有频率发生变化，导致

图 6-5-5　射频电容式传感器原理图

其检波电压变化。因此，由检波电压就可以确定探头处油品含水量的大小。图 6-5-6 示出了测量系统框图，为补偿温度引起介电常数的变化，应检测水分电压值 $V_W$ 和温度电压值 $V_T$，将两路电压经滤波电路和高精度仪用放大器 AD620 后，送入 PCL-711 数据采集卡进行 A/D 转换，再由计算机对数据进行处理、温度补偿、结果显示和打印。

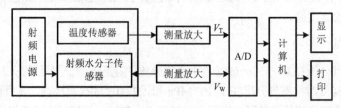

图 6-5-6　测量系统框图

# 6.6　湿敏传感器的应用及发展

## 6.6.1　湿度/电压与电容湿度/频率转换电路

### 1. 湿度/电压转换电路

图 6-6-1 示出湿度/电压转换原理电路，实际上为一反相器，电路中的电阻器 $R_1$、$R_2$、$R_3$ 用电容器替代，则等效电阻与时钟频率 $f$ 和电容 $C$ 乘积的倒数成比例，即为 $1/fC$。如果 $f_1=f_2=f_3=f$，$C_1=C_3$，则输出电压 $V_o$ 为

$$V_o = -\frac{R_3}{R_1}V_1 + \frac{R_3}{R_2}V_2 = -V_1 + \frac{C_2}{C_3}V_2 \qquad (6\text{-}6\text{-}1)$$

若用湿敏电容器替代 $C_2$，则 $V_o$ 为 $C_2$ 的单值增加函数。适当设定 $V_1$ 值，当湿度为 0%RH 时，可使 $V_o=0$。

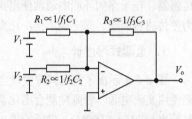

图 6-6-1　湿度/电压转换原理电路

### 2. 湿度/频率转换电路

图 6-6-2 示出了湿度/频率转换电路。采用湿敏电容器 $C_H$，$A_1$ 为积分电路，其积分电流与湿度成比例，$A_2$ 为产生基准电压的电路，$A_3$ 为比较器。当多功能开关 $A_4$ 的 16 脚断开时，内时钟电路工作，工作频率约为 150kHz。当 2 脚与 6 脚短接时，湿敏电容器 $C_H$ 以负电压充电。当 2 脚与 5 脚短接时，电流流入 $A_1$ 的反相输入端，其输出电压上升。重复以上过程，$A_1$ 输出为阶梯波电压。实际上，当湿度为 0%RH 时，湿敏电容器的容量不为 0，为此用 7、8 脚与 11 脚及 12、13 与 14 脚的开关电容就能实现其补偿。

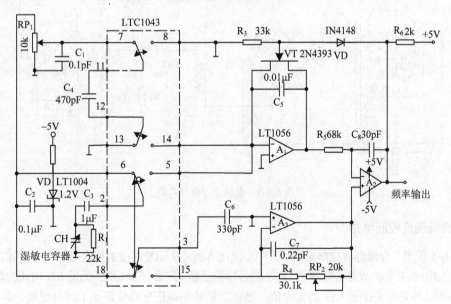

图 6-6-2　湿度/频率转换电路

由于 $A_2$ 的反相作用，正的电压加到 $A_3$ 的反相输入端，相当于 $A_2$ 的反相输入电阻采用开关电容器进行温度补偿。由于电容器 $C_6$、$C_4$、$C_5$ 的温度系数相同，不受温度的影响。湿敏电容器的容量也不受

温度变化的影响。因 $A_3$ 的反相输入端电压恒定，$A_1$ 输出阶梯波电压低于反相输入端电压，则 $A_3$ 输出为低电平。若高于反相输入端电压，$A_3$ 输出为高电平，则 VT 导通，$C_5$ 通过 VT 放电，从开始状态到 $C_5$ 放电终了的时间与阶梯成正比。这就相当于一个时钟脉冲与在湿敏电容器中蓄积的电荷成比例，即与电容器容量成反比。重复以上过程，$A_1$ 输出的阶梯波电压等于 $A_3$ 的反相输入端电压，$A_3$ 输出为脉冲波。脉冲周期与湿敏电容器的容量成反比，即频率与电容器的容量成正比。调整 $RP_1$ 使湿度为 5%RH 时输出信号频率为 50Hz；再调整 $RP_2$ 使湿度为 90%RH 时输出信号频率为 900Hz。调整好后，湿度为 0~100%RH 时输出信号频率为 0~1000Hz，精度为 2%。

### 6.6.2　湿敏传感器的实用电路

在不同环境和温度下测量湿度时应选用不同的湿敏传感器。例如，当温度低于 70℃（在–40℃以上）时可采用高分子湿敏传感器和陶瓷湿敏传感器，在 70℃~100℃ 范围和超过 100℃ 时使用陶瓷湿敏传感器。在干净的环境中通常使用高分子湿敏传感器，在污染严重的环境中则使用陶瓷湿敏传感器。为使传感器准确、稳定地工作，还要附加自动加热清洗装置。下面介绍几种典型的应用实例。

#### 1. 直读式湿度计

图 6-6-3 示出了直读式湿度计电路，其中 RH 为氯化锂湿敏传感器。一般电阻式湿敏传感器都必须使用交流电源，否则性能会劣化甚至失效。由 $VT_1$、$VT_2$、变压器 $T_1$ 等组成测湿电桥的电源，其振荡频率为 250~1000Hz。电桥的输出经 $T_1$、$C_3$，耦合到 $VT_3$，信号经 $VT_3$ 放大后，通过 $VD_1$~$VD_4$ 桥式整流输入给电流表，指示出由于相对湿度的变化引起的电流改变，经标定并把湿度刻画在电流表盘上，就成为一个简单而实用的直读式湿度计了。

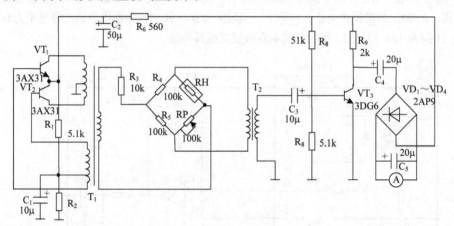

图 6-6-3　直读式湿度计电路

#### 2. 仓储湿度控制电路

图 6-6-4 示出了仓储湿度控制电路。其中湿度电容值 CH 随着湿度的增高而增大。由 $IC_1$ 时基电路等组成检测电路，$IC_{1a}$ 构成振荡频率为 1kHz 的多谐振荡器，其输出下沿脉冲触发 $IC_{1b}$ 构成的单稳电路，单稳输出的脉冲宽度正比于 CH 的电容值，因而它的输出电压平均值正比于相对湿度。此平均电压加到 $IC_3$ 比较器的同相输入端，当该电压高于反相输入端电压时，$IC_4$ 输出高电平，使 $VT_1$ 导通，继电器 K 工作，其触点 $K_1$ 闭合，仓库的排湿风机工作。同时 $VD_2$ 发光二极管点亮，告知库内的湿度已超过规定的标准。湿度预置电路由 $IC_2$ 及外围元件组成，它与 $IC_1$ 组成的电路完全相同。调节可变电容器 $C_3$，便可预置所要控制的相对湿度，它以加在 $IC_3$ 比较器反相输入端的电压来体现。整机的

电源由交流电压整流，经 $IC_5$（7809 稳压电源）稳压后供给。整机静态耗电小于 25mA，动态电流不大于 60mA。

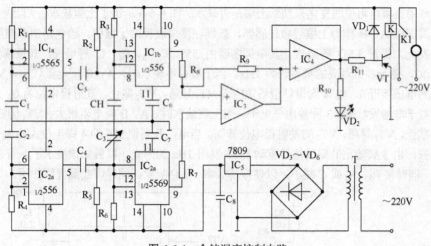

图 6-6-4　仓储湿度控制电路

### 3. 玻璃水汽清除器

浴室镜面和汽车后窗玻璃水汽清除器中主要由电热丝、结露传感器 B、控制电路等组成检控芯片，其中电热丝和结露传感器安装在玻璃镜子的背面，用导线将它们和控制电路连接。图 6-6-5 示出其检测与控制电路。其中 $VT_1$ 和 $VT_2$ 组成施密特电路，它根据结露传感器 B 感知水汽后的阻值变化，实现两种稳定的状态。当玻璃镜面周围的空气湿度变低时，B 的阻值变小，约为 $2k\Omega$，$VT_1$ 截止，$VT_2$ 导通，$VT_3$ 和 $VT_4$ 截止，双向晶闸管 VS 的控制极无电流通过。如果玻璃镜面周围的湿度增加，使 B 的阻值增大到 $50k\Omega$ 时，$VT_1$ 导通，$VT_2$ 截止，$VT_3$ 和 $VT_4$ 均导通，晶闸管 VS 控制极有控制电流而导通，电流流过加热丝 $R_L$，使玻璃镜面加热。随着镜面温度的逐步升高，镜面水汽被蒸发，从而使镜面恢复清晰。加热丝加热的同时，指示灯 $VD_2$ 点亮。调节 $R_1$ 的阻值，可使加热丝在确定的某一相对湿度条件下开始加热。控制电路的电源由 $C_3$ 降压，经整流、滤波和 $VD_3$ 稳压后供给。

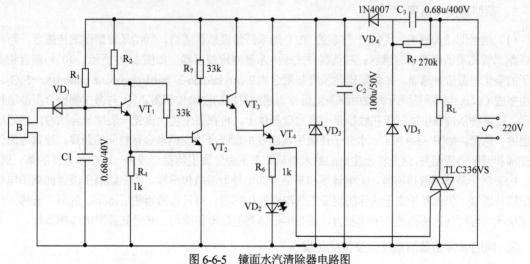

图 6-6-5　镜面水汽清除器电路图

#### 4. 土壤缺水告知器

由于土壤的电阻值与其湿度有关，潮湿时阻值仅有几百欧姆，干燥时阻值可增大到数万欧姆以上，因此，可以利用土壤电阻值的变化来判断土壤是否缺水。图 6-6-6 示出了土壤缺水告知器电路原理图，其中一对金属探板 A、B 作为土壤湿敏传感器，被埋在需要监视的土壤中。该电路由两湿度探极、多谐振荡器、发光二极管 LED 等组成。其中振荡器由 555 和 $R_5$、$R_6$、C 等组成，其振荡频率为 $f = 1.44/(R_5+2R_6)C$，图示参数对应的频率约为 1Hz。当土壤中不缺水时，A、B 间电阻较小，VT1 的栅极 G 到电路地的电压接近 0，使 N 沟道结型场效应管 $VT_1$ 导通，$VT_2$ 截止，其射极电位为 0，555 因 4 脚为低电平而处于非触发状态，3 脚输出低电平。当土壤缺水时，A、B 间电阻增大，$VT_1$ 因栅极 G 电位接近于压而截止，$VT_2$ 导通，$VT_2$ 的发射极电位升高。当电位升到使 555 的 4 脚电位为高电平（>0.4V）时振荡器起振，由 3 脚输出的振荡信号驱动 LED 发出 1Hz 的闪光，以告知该浇水了。若在 3 脚换接 1 只小喇叭，同时将 $R_5$、$R_6$ 或 C 减小，以使振荡频率 $f$ 适合听觉，同样可起到提醒作用。

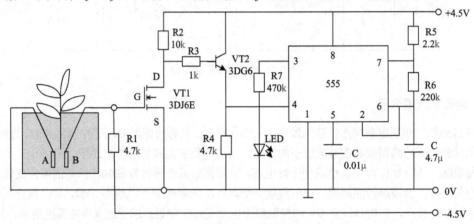

图 6-6-6　土壤缺水告知器电路原理图

### 6.6.3　新型湿敏传感器及其发展

#### 1. 新型感湿传感器

（1）纳米湿敏传感器。①LiCl 掺杂的 $TiO_2$ 纳米纤维湿敏传感器。②纳米管型湿敏传感器。超薄 ZnO 纳米管高灵敏度湿敏传感器；石英晶振式碳纳米管湿敏传感器，如图 6-6-7 所示。③ 与聚合物高分子的杂化型湿敏传感器。如单壁碳纳米管与聚合物 2-acrylamido-2- methylpropane sulfonate—$SiO_2$、及由多壁 CNTs 与聚甲基-丙烯酸甲酯杂化后作为感湿材料的湿敏传感器。④ 与微生物整合型湿敏传感器。把某种活的微生物沉积在线型金电极的硅基上，再在微生物上覆盖一层纳米金微粒，便组成了湿敏传感器。如图 6-6-8 所示，水分子使微生物膜发生膨胀会改变纳米金微粒间的距离，导致电流值的变幅和湿度密切相关。这是将无生命的纳米材料和有生命的微生物整合成为一种纳米器件的第一例。

（2）离子液体湿敏传感器。①电解质和高分子的电导型湿敏传感器。②室温离子液体的离子电导型湿敏传感器。例如基于离子液体的测量空气湿度的传感器，每只传感器使用 50μL 的离子液体，具有更快的响应时间和更强的抗干扰能力。还有半导体高温湿敏传感器、光纤高温湿敏传感器等。

#### 2. 向湿敏传感器的集成化及智能化发展

（1）集成湿敏传感器。有几种输出方式：①线性电压输出式。典型产品有美国 Honeywell 公司生产的 HIH3605/3610、HM 1500/1520。②线性频率输出式。典型产品有美国 Humirel 公司生产的 HF3223。③频率/温度输出式，有频率输出端和温度信号输出端，配上二次仪表可分别测量出湿度和温度值。典型产品有 HTF3223 型、IH3605 型等。

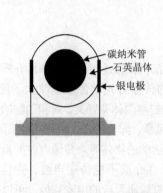

图 6-6-7　石英晶振式碳纳米管湿敏传感器

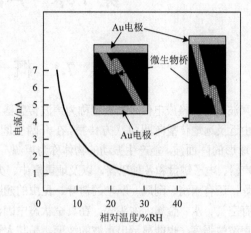

图 6-6-8　电流随相对湿度的变化关系

（2）单片智能化湿度/温度传感器。也称为数字化湿度/温度传感器，代表性产品有：Sensiron（盛世瑞恩）公司的 SHTxx 系列产品、E+E 公司的 EE02 系列产品、SHT10 等。

（3）湿敏传感器的网络化。可以方便地实现智能单元扩展，组成多点多种传感器信号采集系统。

# 习题与思考题

6-1　什么是湿度？它有哪几种表示方法？什么是绝对湿度和相对湿度？

6-2　什么是湿敏传感器？它有什么用途？

6-3　湿敏传感器有哪些主要特性参数？

6-4　湿敏传感器有哪些类型？

6-5　氯化锂和半导陶瓷湿敏电阻各有何特点？

6-6　半导体陶瓷电阻式湿敏传感器按制作工艺可分为哪几类？每种类型的典型感湿材料是什么？

6-7　$MgCr_2O_4$-$TiO_2$ 系陶瓷湿敏传感器是怎样构成的？怎样应用陶瓷湿敏传感器？

6-8　什么是结露传感器？举例说明结露传感器的应用，并简单论述它与一般湿敏传感器有何不同。

6-9　高分子电阻式湿敏传感器是怎样测量湿度的？

6-10　高分子电容式湿敏传感器是怎样测量湿度的？

6-11　可与 CMOS 兼容的电容式湿敏传感器有哪几种？

6-12　光学湿敏传感器的基本原理是什么？有哪几种类型？

6-13　怎样测量空气中的绝对湿度？

6-14　设计一个恒湿控制装置，且恒湿的值可任意设定。

6-15　结合实际情况，谈谈安装湿敏传感器时应注意什么？

6-16　设计一个露点传感器，并说明测试原理。

# 第7章 声波传感器

## 7.1 概 述

将声波信号转换成电信号的装置称为声波传感器。一般声波指机械振动引起周围弹性介质中质点的振动由近及远地传播向四面八方传播,在开阔空间的空气中的传播方式就像逐渐吹大的肥皂泡,是一种球形的阵面波。能产生振动的物体称为声源,自然界存在的声源体有音叉、人和动物的发声器官、扬声器、电子键盘和各种乐器,以及地震震中、火山爆发、风暴、海浪冲击、枪炮发射、闪电源、热核爆炸,还有雨滴、刮风、飘动的树叶、昆虫的翅膀等各种可活动的物体等。传递声波的良好的弹性介质有空气、水、金属、木头等,在真空状态中因没有任何弹性介质不能传播声波。声传感器既能测试声波的强度,也能显示出声波的波形,是与人耳相似、具有频率反应的电麦克风,可以按照检测声波的频率分类,如超声波传感器、声音传感器、微波传感器等,也可以按照传感器的原理分为电容式、表面声波传感器等。本章主要介绍基本的声波传播及声波传感器的基本结构、原理和基本应用。

### 7.1.1 声波

#### 1. 声波的频率

根据频率不同,声波可分为次声波、可闻声波(声音)、超声波及微波声波。其中声音指人的耳朵可听见的特殊声波,这种阵面波达到人耳时会有相应的声音感觉,其频率范围是16Hz~20kHz;将频率低于16Hz的声波称为次声波,超过20kHz的声波称为超声波,高于300MHz的声波因为具有微米级波长而称为微波声波。这些信号的应用领域各不相同,被感受或检测的原理有很多相同之处,也有不同之处,本章各节将分别予以介绍。

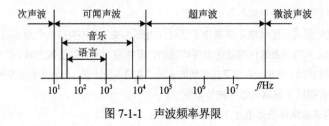

图 7-1-1 声波频率界限

#### 2. 声波的类型

由于声源在介质中的施力方向与波在介质中的传播方向不同,声波的波形也不同,通常有以下几种。①纵波:质点振动方向与波的传播方向一致的波,能够在固体、液体和气体中传播。②横波:质点振动方向垂直于传播方向的波,只能在固体中传播。③表面波:质点的振动介于纵波和横波之间,沿着表面传播,振幅随深度增加而迅速衰减;表面波质点振动的轨迹是椭圆形(其长轴垂直于传播方向,短轴平行于传播方向)。

声波的类型可以转换。当纵波以某一角度入射到第二介质(固体)的界面上时,除有纵波的反射和折射以外,还发生横波的反射和折射,在某种情况下还能产生表面波,且都符合反射及折射定律。

纵波、横波及表面波的传播速度取决于介质的弹性常数及介质的密度。由于气体和液体的剪切模量为零，所以超声波在气体和液体中没有横波，只能传播纵波，且气体中的声速为 344m/s、液体中声速在 900～1900m/s 之间。在固体中，纵波、横波和表面波三者的声速有一定的关系，通常可认为横波声速为纵波声速的一半，表面波声速约为横波声速的 90%。

## 7.1.2　声波的物理性质

当有声波作用时，在媒质微粒的杂乱运动中附加一个有规律的运动，使得体积元内有时流入的质量大于流出的质量，即体积元内媒质会稠密，有时又反过来变得稀疏，所以声波的传播过程实际上是媒质内稠密和稀疏的交替过程，可以用体积元内声压、声功率和声强等变化量来描述。

### 1．声压和声阻抗率

设体积元受声波扰动后压强由 $P_0$ 变为 $P$，则声扰动产生的逾量压强（简称逾压，$p = P - P_0$）就称为声压。因为声波传播过程中，同一时刻不同体积元内的压强 $P$ 不同，同一体积元的 $P$ 也随时间变化，所以声压 $p$ 是空间和时间的函数，即 $p = p(x, y, z, t)$。同样，由声扰动引起的密度变化量 $\rho = \rho - \rho_0$ 也是空间和时间的函数，即 $\rho = \rho(x, y, z, t)$。此外，通过声压可以间接求得媒质质点的振动速度等其他物理量，所以声压成为普遍描述声波性质的物理量。

声压的大小反映了声波的强弱，其单位为帕（Pa，1Pa=1N/m$^2$），有时也用微巴为单位（1 微巴=1×10$^{-5}$ 牛顿/厘米 $^2$=0.1Pa）。一般电子仪表测得的往往是有效声压，人们习惯上简称为声压。人耳对 1kHz 声压的可听阈（即刚刚能觉察到它的存在时的声压）约为 $2 \times 10^{-5}$Pa，微风轻轻吹动树叶的声压约为 $2 \times 10^{-4}$Pa，在房间高声谈话的声压（相距 1m 处）约为 0.05～0.1Pa，交响乐演奏声压（相距 5～10m 处）约 0.3Pa，飞机的强力发动机发出的声压（相距 5m 处）约 $10^2$Pa。若用 $c^2 = \left( \dfrac{\mathrm{d}P}{\mathrm{d}\rho} \right)_s$ 中的 $c$ 代表声波振动在媒质中的传播速度。对于平衡态时的理想气体，$c_0^2 = \left( \dfrac{\mathrm{d}P}{\mathrm{d}\rho} \right)_{s,0} = \dfrac{\gamma P_0}{\rho_0}$，若气体是空气，$\gamma$ 为 1.402，温度为 0℃的标准大气压 $P_0$ 为 1.103N/cm$^2$，$\rho_0$ 为 1.293kg/m$^2$，可算得 $c_0$ 为 331.6m/s。对于平衡态时的一般流体，$c_0^2 = \left( \dfrac{\mathrm{d}P}{\mathrm{d}\rho} \right)_{s,0} = \dfrac{1}{\beta_s \rho_0}$。

将声场中某位置的声压 $p$ 与该位置质点速度 $v$ 的比值定义为该位置的声阻抗率：

$$z_s = \frac{p}{v} \tag{7-1-1}$$

一般 $z_s$ 为复数，实数部分反映了能量的传播损耗。对于平面声波，$z_s = c_0 \rho_0$；对于沿负方向的反射波，$z_s = -c_0 \rho_0$。可见，平面声场中各位置的声阻抗率数值相同且为一常数，说明了平面声场各位置都无能量的储存，前一个位置的能量可以完全传播到后一个位置上去。

### 2．声功率和声强

当声波传播到原来静止的媒质中时，质点在平衡位置附近来回振动，使媒质具有振动动能，同时媒质中产生了压缩和膨胀过程，使媒质具有形变位能，两部分之和就是声扰动使媒质得到的能量。声扰动传播走了，声能量也随着转移，可以说声波过程就是声能量的传播过程。

单位体积内的声能量称为声能密度 $\varepsilon$，一个周期 $T$ 内的平均声能密度值为

$$\bar{\varepsilon} = \frac{1}{T} \int_0^T \varepsilon \mathrm{d}t = \frac{p_A^2}{2\rho_0 c_0^2} = \frac{p_e^2}{\rho_0 c_0^2} \tag{7-1-2}$$

式中，$p_e = p_A / \sqrt{2}$ 为有效声压。由于声压幅值不随位置改变，所以理想媒质中的平面声场、平均声能密度处处相等。

将单位时间通过垂直于声传播方向面积 $S$ 的平均声能量称为平均声能量流或平均声功率，即 $\overline{W} = \overline{\varepsilon} c_0 S$，单位为 W（1W=1N·m/s）。将单位时间通过垂直于声传播方向的单位面积的平均声能量称为平均声能量流密度或声强，即

$$I = \frac{1}{T} \int_0^T \mathrm{Re}(p)\,\mathrm{Re}(v)\mathrm{d}t = \frac{p_A^2}{2\rho_0 C_0} = \frac{1}{2}\rho_0 c_0 v_A^2 = \rho_0 c_0 v_e^2 = p_e v_e \tag{7-1-3}$$

式中，Re 代表取实部；$v_e$ 为有效质点速度，等于 $\sqrt{v_A}/\sqrt{2}$；声强的单位是 W/m²。

通常人讲话的声功率只有约 10～5W，而强力火箭的噪声声功率高达 $10^9$W，二者相差十几个数量级，所以使用对数标度要比绝对标度方便，声学中普遍用对数来度量声压和声强，称为声压级和声强级，其单位用分贝（dB）表示。

声压级 SPL 定义：待测有效声压 $p_e$ 与参考声压 $p_{\mathrm{ref}}$ 比值的常用对数的 20 倍，即：

$$\mathrm{SPL} = 20\lg\frac{p_e}{p_{\mathrm{ref}}} (\mathrm{dB}) \tag{7-1-4}$$

一般空气中的参考声压取人耳能觉察的阈声压，即 $2\times10^{-5}$Pa，低于这个值的声音人耳就听不见了，阈声压的声压级为 0dB。人耳对声音强弱的分辨能力大于 0.5dB，在房间中高声谈话声（相距 1m 处）的声压级约为 68～74dB，飞机强力发动机的声音（相距 5m 处）约 140dB。

声强级 SIL 定义：待测声强 $I_e$ 与参考声强 $I_{\mathrm{ref}}$ 比值的常用对数的 10 倍，即：

$$\mathrm{SIL} = 10\lg\frac{I_e}{I_{\mathrm{ref}}} \tag{7-1-5}$$

则声压级与声强级的关系式：$\mathrm{SIL} = \mathrm{SPL} + 10\lg\dfrac{400}{\rho_0 c_0}$，如果测量时恰好 $\rho_0 c_0 = 400$，则 SIL=SPL。对于一般情况，声强级与声压级相差一个修正项，且它通常很小。

### 3. 声波的反射、折射和透射

声波在传播过程中遇到障碍物时会有一部分声波反射回来，同时也有一部分声波会透射过去。声波在分界面上的反射和透射的程序仅取决于媒质的特性阻抗。

当入射角为 $\theta_i$、反射角为 $\theta_r$、折射角为 $\theta_t$ 时，它们之间的关系满足著名的斯奈尔声波反射与折射定律，表示为

$$\theta_i = \theta_r, \qquad \frac{\sin\theta_i}{\sin\theta_t} = \frac{c_1}{c_2} \tag{7-1-6}$$

分界面上反射波声压与入射波声压之比 $\gamma_P$，透射波声压与入射波声压之比 $t_P$ 分别为

$$\gamma_P = \frac{p_{rA}}{p_{iA}} = \frac{z_2 - z_1}{z_2 + z_1}, \quad t_P = \frac{p_{tA}}{p_{iA}} = \frac{2z_2}{z_2 + z_1} \tag{7-1-7}$$

式中，$z_1 = \dfrac{p_i}{v_{ix}} = \dfrac{\rho_1 c_1}{\cos\theta_i}$ 和 $z_2 = \dfrac{p_t}{v_{tx}} = \dfrac{\rho_2 c_2}{\cos\theta_t}$ 分别为入射波和折射波的声压与相应质点速度的法向分量的比值，称为法向声阻抗率，它既与媒质特性阻抗有关，又与声波传播方向有关。

若将特性阻抗为 $R_2 = \rho_2 c_2$、厚度为 $D$ 的中间层媒质 II 置于 $R_1 = \rho_1 c_1$ 的无限媒质 I 中，$R_{12}=R_2/R_1$，

$R_{21}=R_1/R_2$。当一列平面声波 $\omega$ 垂直入射到中间层界面上时，一部分发生反射回到媒质 I 中形成了反射波；另一部分透入中间层，此透射声波行进到中间层的另一界面上时，由于特性阻抗的改变又会有一部分反射回中间层，其余部分就透入中间层后面的媒质 I 中去。若透射入 II 的平面波矢为 $k_2=\dfrac{\omega}{c_2}$，则声强透射系数用透射波声强与入射波声强之比表示为

$$t_I = \frac{I_t}{I_i} = \frac{|p_{tA}|^2 / 2\rho_1 c_1}{|p_{iA}|^2 / 2\rho_2 c_2} = \frac{4}{4\cos^2 k_2 D + (R_{12}+R_{21})^2 \sin^2 k_2 D} \tag{7-1-8}$$

声强反射系数则为反射波声强与入射波声强大小之比，即

$$\gamma_I = \frac{I_r}{I_i} = \frac{|p_{rA}|^2 / 2\rho_1 c_1}{|p_{iA}|^2 / 2\rho_2 c_2} = 1 - t_I \tag{7-1-9}$$

式（7-1-8）和式（7-1-9）表明，声波通过中间层时的反射波和透射波的大小不仅与两种媒质的特性阻抗有关，而且与中间层的厚度 $D$ 和透射波长 $\lambda_2$（即 $2\pi/k_2$）的比有关。

### 4．声波的衰减和吸收

声波在介质中传播时，随着传播距离 $x$ 的增加，能量逐渐衰减。其声压和声强的衰减规律如下：

$$p_x = p_0 e^{-\alpha x}, \quad I_x = I_0 e^{-2\alpha x} \tag{7-1-10}$$

式中，$p_x$、$I_x$ 为平面波在 $x$ 处的声压和声强；$p_0$、$I_0$ 为平面波在 $x=0$ 处的声压和声强；$\alpha$ 为衰减系数。

声波能量的衰减取决于声波的扩散、散射和吸收，其衰减系数会限制最大探测厚度。在理想的介质中，其衰减仅来自于其扩散，即随着声波传播距离的增加，在单位面积内声能将要减弱。散射衰减指声波在固体介质中颗粒界面上的散射，或在流体介质中有悬浮粒子上的散射。在非理想媒质中传播时，声波随距离而逐渐衰减时介质吸收声能并转换为热能耗散掉，将这种耗散称为媒质中的声衰减或声波的吸收。引起媒质声吸收的原因很多。在纯媒质中，媒质的黏滞、热传导和媒质的微观过程引起的弛豫效应等都会引起声吸收；在非纯媒质（如空气）中，灰尘粒子对媒质作相对运动的摩擦损耗和声波对粒子的散射引起附加的能量耗散是声吸收的主要原因。声吸收随声波频率的升高而增大，因此，衰减系数因介质材料的性质而异，显然，晶粒越粗，频率越高，衰减越大。

### 5．声波的干涉

当两个声波同时作用于同一媒质时，都遵循声波的叠加原理，即两列声波合成声场的声压等于每列声波声压之和，$p=p_1+p_2$。两列具有相同频率 $\omega$、固定位相差的声波叠加时会发生干涉现象，且合成声压仍然是相同频率 $\omega$ 的声振动，但合成后的振幅与两列声波的振幅和位相差都有关。若两列声波的频率不同，即使具有固定的位相差也不可能发生干涉现象。

## 7.2 声波传感器的类型

将在气体、液体或固体中传播的机械振动转换成电信号的器件或装置称为声波传感器，可用接触或非接触的方法检出声波信号。声波传感器的种类很多，按测量原理不同可分为压电型声波传感器、电致伸缩型声波传感器、电磁型声波传感器、静电型声波传感器和磁致伸缩等，列于表 7-2-1 中。

表 7-2-1　声波传感器的分类

| 分　类 | 原　理 | 传　感　器 | 构　成 |
|---|---|---|---|
| 电磁变换 | 动电型 | 动圈式麦克风<br>扁型麦克风<br>动圈式拾音器 | 线圈和磁铁 |
| | 电磁型 | 电磁型麦克风（助听器）<br>电磁型拾音器<br>磁记录再生磁头 | 磁铁和线圈<br>高导磁率合金或铁氧体和线圈 |
| | 磁致伸缩型 | 水中受波器<br>特殊麦克风 | 镍和线圈<br>铁氧体和线圈 |
| 静电变换 | 静电型 | 电容式麦克风<br>驻极体麦克风<br>静电型拾音器 | 电容器和电源<br>驻极体 |
| | 压电型 | 麦克风<br>石英水声换能器 | 罗息盐，石英，<br>压电高分子（PVDF） |
| | 电致伸缩型 | 麦克风<br>水声换能器<br>压电双晶片型拾音器 | 钛酸钡（$BaTiO_3$）<br>锆钛酸铅（PZT） |
| 电阻变换 | 接触阻抗型 | 电话用炭粒送话器 | 炭粉和电源 |
| | 阻抗变换型 | 电阻丝应变型麦克风<br>半导体应变换器 | 电阻丝应变计和电源<br>半导体应变计和电源 |
| 光电变换 | 相位变化型 | 干涉型声传感器<br>DAD 再生声传感器 | 光源、光纤和光检测器<br>激光光源和光检测器 |
| | 光量变化型 | 光量变化型声传感器 | 光源、光纤和光检测器 |

## 7.2.1　电阻变换型声波传感器

按照转换原理将电阻变换型声波传感器分为阻抗变换和接触阻抗型两种。阻抗变换型声波传感器是由电阻丝应变片或半导体应变片粘贴在感应声压作用的膜片上构成的。当声压作用在膜片上时，膜片产生形变，使应变片的阻抗发生变化，检测电路会输出电压信号，从而完成声—电转换（详见第 3.1 节）。接触阻抗型声波传感器的一个典型实例是炭粒式送话器，其结构如图 7-2-1 所示，当声波经空气传播至膜片时，膜片产生振动，在膜片和电极之间炭粒的接触电阻发生变化，从而调制通过送话器的电流，该电流经变压器耦合至放大器放大后输出。例如 OJK-2 型接触式抗噪声送话器：

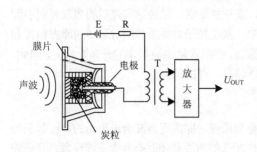

图 7-2-1　炭粒式送话器的工作原理图

频率范围为 200～4000Hz，平均灵敏度≥500mV/0.316g，工作电压为直流(9±3)V，工作电流≤10mA，信噪比≥18dB。

## 7.2.2　静电变换型声波传感器

### 1. 压电声波传感器

利用压电晶体的压电效应可制成压电声波传感器，其结构如图 7-2-2 所示，其中压电晶体的一个极面与膜片相连。当声压作用在膜片上使其振动时，膜片带动压电晶体产生机械振动，使得压电晶体产生随声压大小变化而变化的电压（详见 3.2 节），从而完成声—电转换。这种传感器用在空气中测量声音时称为话筒，大多限制在可听频带范围（20Hz～20KHz）；进而拓展研制成水声器件、微音器和噪声计等。

（1）压电水听器

水中声音的传播速度快、传输衰减小，且水中各种噪声的声压分贝一般比空气中的分贝值约高 20dB。水中的音响技术涉及深度检测、鱼群探测、海流检测及各种噪声检测等。图 7-2-3 为水听器头部断面，其中压电片为压电陶瓷元件，常用半径方向上被极化了的薄壁圆筒形振子。由于压电元件呈电容性，加长输出电缆效果不理想，因此在水听器的元件之后配置场效应管，进行阻抗变换以便得到电压输出。由于使用在海中等特殊环境下，因此要求具有防水性和耐压性。目前有 SQ52、SQ42、SQ31 等型号的宽带水听器，SQ48、SQ01、SQ03 等型号的一般性水听器，SQ05、SQ06、SQ34 等型号的地震及拖拽线列阵水听器及 SQ09、SQ13 型发送/接收水听器。其中 SQ48 水听器的探头结构采用了小型球体，能提供很宽的频率范围和全向性的反应特性，使得它在水下 100kHz 的声音测量和校准都非常理想，还带有一个集成的低噪声前置放大器，在没有扭曲的情况下，能驱动很长的线缆。其电压灵敏度为–165.0±1.0dBV，工作深度为水下 3500m，频率范围为 25～100 000Hz。

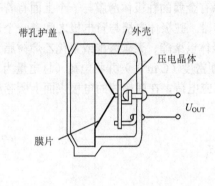

图 7-2-2　压电声波传感器的结构图

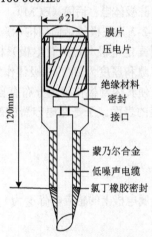

图 7-2-3　水听器头部断面

（2）微音器

压电元件可用作压电微音器，属于低频微音器，下限频率取决于元件内部的电容和电阻，在理论上可达到 0.001Hz，但由于微音器的漏泄通路，一般仅达到 1Hz，可测量油井井下液面的深度。图 7-2-4 为压电微音器电路图，这种微音器的前置放大器为电荷式放大。但是，压电声波传感器受温度变化影响时，因为热电效应，会产生噪声，故电荷放大器中应内装高通滤波器。图 7-2-5 为压电微音器在噪声计上的应用电路。噪声计用压电微音器是一种使用 20～10kHz 特殊频率特性的例子，前置放大器用电压型互补源跟随器电路。在成对的 FET 中外加共同的门/源间电压，FET 的对称特性使放大器失真小。增大门电阻 $R_4$ 可获得高输入阻抗，有利于低噪声放大器。

**2．静电声波传感器**

（1）电容式送话器

图 7-2-6 为电容式送话器结构示意图，由金属膜片、护盖及固定电极等组成。金属膜片作为一片质轻且弹性好的电极，与固定电极组成一个间距很小的可变电容器。当膜片在声波作用下振动时，与固定电极间的距离发生变化，从而引起电容量的变化。如果在传感器的两极间串联负载电阻器 $R_L$ 和直

流电流极化电源 E，在电容量随声波的振动变化时，$R_L$ 的两端就会产生交变电压。电容式声波传感器的输出阻抗呈容性，由于其容量小，在低频情况下容抗很大，为保证低频时的灵敏度，必须有一个输入阻抗很大的变换器与其相连，经阻抗变换后，再由放大器进行放大。

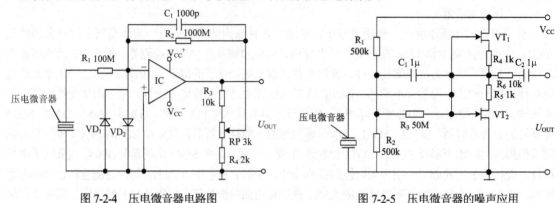

图 7-2-4　压电微音器电路图　　　　　　　　图 7-2-5　压电微音器的噪声应用

（2）驻极体电容话筒（ECM）

图 7-2-7 为驻极体话筒结构示意图。由一片单面涂有金属的驻极体薄膜与一个上面有若干个小孔的金属固定电极（称为背电极）构成一个平板电容器。驻极体电极与背电极之间有一个厚度为 $d_0$ 的空气隙和厚度为 $d_1$ 的驻极体作绝缘介质。此驻极体以聚酯、聚碳酸酯或氟化乙烯树脂为介质薄膜，且使其内部极化膜上分布有自由电荷 $\sigma$（电荷面密度（$C/m^2$））并将电荷（总电量为 $Q$）固定在薄膜的表面。于是在电容器的两极板上就有了感应电荷，在驻极体的电极表面上所感应的电荷 $\sigma_1$ 为

$$\sigma_1 = \frac{\varepsilon_1 d_0 \sigma}{\varepsilon_1 d_0 + \varepsilon_0 d_1} \qquad (7\text{-}2\text{-}1)$$

在金属电极上的感应电荷 $\sigma_2$ 为

$$\sigma_2 = -\frac{\varepsilon_0 d_1 \sigma}{\varepsilon_1 d_0 + \varepsilon_0 d_1} \qquad (7\text{-}2\text{-}2)$$

式中，$\varepsilon_0$、$\varepsilon_1$ 分别为空气和驻极体的电介系数。

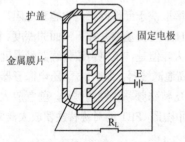
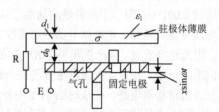

图 7-2-6　电容式送话器结构示意图　　　　　图 7-2-7　驻极体话筒结构示意图

当声波引起驻极体薄膜振动而产生位移时，改变了电容器两极板之间的距离，从而引起电容器的容量发生变化，而驻极体上的电荷数始终保持恒定（$Q = CU$，$C(F)$ 为图 7-2-7 中系统的合成电容），则必然引起电容器两端电压的变化，从而输出电信号，实现声—电转换。由于驻极式话筒体积小、质量轻，实际电容器的电容量很小，输出电信号极为微小，输出阻抗极高，可达数百兆欧以上。因此，它不能直接与放大电路相连。

通常用一个场效应管和一个二极管复合组成专用的 FET（即阻抗变换器），如图 7-2-8 中虚框所示，变换后输出阻抗小于 2kΩ，多用于电视讲话节目方面。图 7-2-8 为摄像机内型驻极体话筒的 4 种连接方式，对应的话筒引出端有 3 端式与 2 端式两种，图 7-2-8(a)、图 7-2-8(c)为两端式话筒的连接线路图，图 7-2-8(b)、图 7-2-8(d)为三端式话筒的连接线路图。图中 R 是场效应管的负载电阻器，其阻值直接关系到话筒的直流偏置，对话筒的灵敏度等工作参数有较大的影响。图 7-2-8(a)为二端式测试示意图，只需两根引出线。将 FET 场效应管接成源极 S 输出电路，S 与电源正极间接一漏极电阻器 R，信号由源极输出，有一定的电压增益，因而话筒灵敏度比较高。图 7-2-8(b)为三端输出式，即将场效应管接成源极输出式，类似晶体三极管的射极输出电路，需用三根引出线。漏极 D 接电源正极，源极 S 与地之间接一电阻器 R 来提供源极电压，信号由源极经电容器 C 输出。源极输出的电路比较稳定、动态范围大，但输出信号比漏极输出小，目前市场上较为少见。无论何种接法，驻极体话筒必须满足一定的偏置条件才能正常工作，即要保证内置场效应管始终处于放大状态。工作电压为 1.5～12V，工作电流为 0.1～1mA。在要求动态范围较大的场合应选用灵敏度（单位是 V/Pa）低一些的（即红点、黄点），这样录制的节目背景噪声较小、信噪比较高，声音听起来比较干净、清晰，但对电路的增益要求相对高一些。在简易系统中可选用灵敏度高一点的产品，以减轻后级放大电路增益的压力。索尼推出的 ECM-670、ECM-672、ECM-674 系列驻极体话筒，外部供电（直流 48V），可安装在摄像机及摄录一体机上使用。

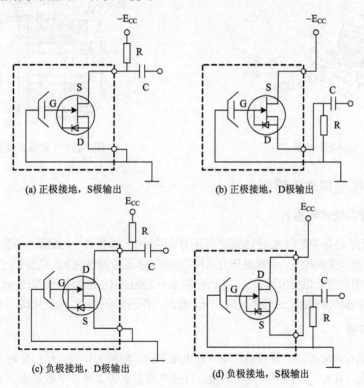

(a) 正极接地，S极输出　　　　　　　　　(b) 正极接地，D极输出

(c) 负极接地，D极输出　　　　　　　　　(d) 负极接地，S极输出

图 7-2-8　驻极体话筒的测试图

## 7.2.3　电磁变换型声波传感器

电磁变换型声波传感器由电动式芯子和支架构成，有动磁式（MM 型）、动铁式（MI 型）、磁感应式（IM 型）和可变磁阻式等。磁性材料广泛使用坡莫合金、铁硅铝磁合金和珀明德铁钴系高导磁合金。

### 1. 电磁拾音器

电磁拾音器是 MM 型的，其电动式芯子在线圈中包含磁芯，可检测录音机 V 形沟纹里记录的上下、左右的振动。国外大多生产 MM 型芯子，其结构如图 7-2-9 所示，随着磁铁速度的变化，由固定线圈本身交链磁通的变化（d$\Phi$/d$t$）产生输出电压，从线圈 a、b 端子即可获得输出结果。用于引擎测速的电磁拾音器有 EM81/EM121，当一铁磁性物体（常为发电机启动齿轮）经过电磁拾音器时，使拾音器内感应出电压信号，根据其频率能准确地测量发动机的速度。将此电压的频率（转速信息）作为速度控制信号提供给发动机调速器，使调速器控制并稳定发动机转速。

### 2. 动圈式话筒

图 7-2-10 示出了动圈式话筒结构。由磁铁和软铁组成磁路，磁场集中在磁铁芯柱与软铁形成的气隙中。在软铁的前部装有振动膜片，其上带有线圈，线圈套在磁铁芯柱上，位于强磁场中。当振动膜片受声波作用时，带动线圈切割磁力线，产生感应电动势，从而将声信号转变为电信号输出。因线圈的圈数很少，其输出端还接有升压变压器以提高输出电压。动圈式话筒产品很多，如德国的 E602、E904、E935 和 MD421，奥地利的 D3700、D3800、D440 和 D770，美国的 RS45、RS35、RS25、8900CN、8800CN、8700CN、PG57-XLR、PG58-XLR 和 PG48CN-L 等。

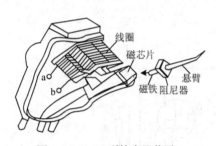

图 7-2-9　MM 型拾音器芯子

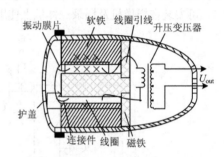

图 7-2-10　动圈式话筒结构

## 7.2.4　光电变换型声波传感器

### 1. 心音导管尖端式传感器

图 7-2-11 示出了心音导管尖端式传感器，其压力检测元件（即振动片）配置在心音导管端部，探头比较小。它用光导纤维束来传输光，将端部压力元件的位移由振动片反射回来，从而引起光量的变化，然后用光敏元件检测光量的变化以读出压力值。用于测定–50～200mmHg 的血压（误差±2mmHg）、检测 20Hz～4kHz 的心音和心杂音的发声部位以诊断疾病。压力检测元件还有电磁式、应变片式、压电陶瓷式等。

### 2. 光纤水听器

光纤水听器具有灵敏度高、频带响应宽、抗电磁干扰、耐恶劣环境、结构轻巧、易于遥测和构成大规模阵列等特点，具有足够高的声压灵敏度，比压电陶瓷水听器高 3 个数量级。根据声波调制方式的原理不同，可分为三大类型：调相型（主要指干涉型）、调幅型和偏振型光纤水听器。图 7-2-12 为基于 Mach-Zehnder 光纤干涉仪的光纤水听器原理示意图。激光经 3dB 光纤耦合器分为两路：一路构成光纤干涉仪的传感臂（即信号臂），接受声波的调制，另一路构成参考臂，提供参考相位。两束波经另一个耦合器合束，发生干涉，干涉光信号经光电探测器转换为电信号，解调信号处理后就可以拾取声波的信息。

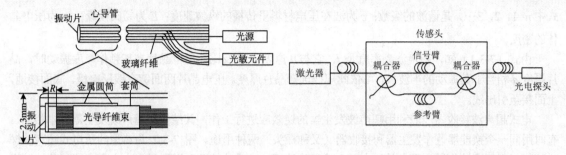

图 7-2-11　心音导管尖端式传感器　　　　图 7-2-12　基于光纤干涉仪的光纤水听器原理示意图

另外，光强调制型光纤水听器是利用光纤微弯损耗导致光功率的变化和光纤中传输光强被声波调制的原理制备的。偏振型光纤水听器或光纤布拉格光栅传感器是以光纤光栅作为基本感测元件，利用水声声压对反射信号光波长的调制原理制备的，通过实时检测中心反射波长偏移情况来获得声压变化的信息。它们均可用于采集地震波信号，经过信号处理可以得到待测区域的资源分布信息；用于勘探海洋时布放在海底，可以研究海洋环境中的声传播、海洋噪声、混响、海底声学特性及目标声学特性等，也可以制作鱼探仪，用于海洋捕捞等作业。进而，其声呐系统可用于岸基警戒系统、潜艇或水面舰艇的拖拽系统；水下声系统还可以通过记录海洋生物发出的声音来研究海洋生物，以及实现对海洋环境的监测等。HFO-660 型光纤水听器可应用于石油勘探，也可布放到高温高压的勘测井中或埋到沙漠中的沙子下，用于陆地勘探领域。

# 7.3　超声波及其传感器

## 7.3.1　超声波

将频率超过 20kHz 的声波称为超声波，相对于可闻声波而言，它具有以下特性：波长较短、衍射小，具有较好的方向性且频率越高；具有较强的穿透能力、良好的反射性能，探测距离远，定位精度高，检测灵敏度高；当晶粒度比其波长小得多时几乎没有散射，能像射线一样定向传播；具有巨大的能量，频率为 1MHz 的超声波的能量要比同幅度的同频率声波能量大 100 万倍。所以，超声波能够入射到很多材料中，可获得超声波无损探伤、厚度测量、流速测量、超声显微镜及超声成像等丰富的信息。

## 7.3.2　超声波换能器

产生超声波和接收超声波的装置就是超声波传感器，习惯上称为超声波换能器，或超声波探头，根据原理可分为压电式换能器、磁致伸缩换能器、电磁式换能器等。

### 1．压电式换能器

在检测技术上压电式超声波换能器是利用压电材料的电致伸缩现象制成的，如图 7-3-1 所示，当在压电材料切片上施加交变电压时，会产生电致伸缩振动而产生超声波。根据共振原理，当外加交变电压频率等于晶片的固有频率时，产生共振，这时产生的超声波最强。压电效应换能器实用的压电材料有石英晶体、压电陶瓷、钴钛酸铅等，可以产生几十 kHz 到几十 MHz 的高频超声波，声强可达几十瓦/平方厘米。

压电式换能器多为圆板形，其压电材料的固有频率 $f$ 与晶体片厚度 $d$ 有关，即

$$f = \frac{nc}{2d} = \frac{n}{2d}\sqrt{\frac{E}{\rho}} \tag{7-3-1}$$

式中 $n=1$，2，3…，是谐波的级数；$c$ 为波在压电材料里传播的纵波速度；$E$ 为杨氏模量；$\rho$ 为压电晶体的密度。

由式（7-3-1）知，超声波频率就是 $f$，它与其厚度 $d$ 成反比。压电晶片在基频作厚度振动时，晶片厚度 $d$ 相当于其振动的半波长，可依此规律选择晶片厚度。压电晶片两面镀有银层电极，底面接地，上面接至引出线。

电式超声波接收器一般利用超声波发生器的逆效应进行工作，其结构和超声波发生器基本相同，有时用同一个换能器兼作发生器和接收器（又称探头）两种用途。图 7-3-2 为典型的压电式超声波探头结构，当超声波作用到压电晶片上时，使晶片伸缩，在晶片的两个表面便产生交变电荷，再被转换成电压，经放大后送到测量电路，最后记录或显示出来。压电式超声波探头按照用途不同有多种结构形式，如直探头（纵波）、斜探头（横波）、表面波探头、双探头（一个发射，另一个接收）、聚集探头（可将声波聚集成一细束）、水浸探头（可浸在液体中）及其他专用探头。为避免直探头与被测件直接接触而磨损晶片，在压电晶片下黏合一层保护膜（0.3mm 厚的塑料膜、不锈钢片或陶瓷片）。

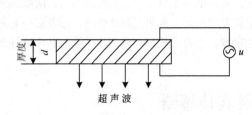

图 7-3-1　压电式电—声换能器

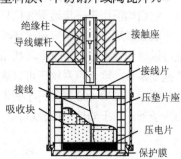

图 7-3-2　压电式超声波探头结构

### 2．磁致伸缩换能器

将铁磁物体在交变的磁场中沿着磁场方向产生伸缩的现象称为磁致伸缩效应，其强弱随铁磁物的不同而不同。镍的磁致伸缩效应最大，且在一切磁场中都是缩短的，如果先加一定的直流磁场再通以交流电流，其可工作在特性最好的区域。

磁致伸缩换能器就是把铁磁材料置于交变磁场中，使它产生机械尺寸的交替变化（即机械振动），从而产生超声波。它由几个厚为 0.1～0.4mm 的镍片叠加而成，片间绝缘以减少涡流损失，其结构形状有矩形、窗形等。换能器机械振动的固有频率的表达式与压电式换能器的式（7-3-1）相同。若振动器是自由的，则 $n=1$，2，3，…；若振动器的中间部分固定，则 $n=1$，3，5，…。磁致伸缩换能器的材料除镍外，还有铁钴钒合金和含锌、镍的铁氧体。其工作效率范围较窄（仅在几万赫兹范围内），但功率可达十万瓦，声强可达几千瓦/平方厘米，能耐较高的温度。

磁致伸缩换能器是利用磁致伸缩效应工作的。当超声波作用到磁致伸缩材料上时，使其伸缩，引起其内部磁场（即导磁特性）的变化，在磁致伸缩材料上所绕的线圈里便获得感应电动势，即可测量超声波的特性。

## 7.3.3　超声波传感器

### 1．超声波传感器的基本检测原理

通常超声波传感器的检测方式有两种：反射式和直射式。前者将发送的超声波通过被测物体反射后由探头接收，有的换能器既用作发射器又兼作接收器，也有的发送器和接收器放置在被测物体的同一侧；后者工作时发射与接收传感器分别置于被测物体的两侧。超声波传感器的典型应用原理和方法列于表 7-3-1 中。

表 7-3-1 超声波传感器的典型应用原理和方法

| 作 用 方 法 | 工 作 原 理 | 应 用 |
|---|---|---|
| 检测连续波的信号电平 | 信号输入　信号输出　T　R　物体 | 计数器<br>接近开关<br>停车计时 |
| 测量脉冲反射时间 | 信号输入　T　物体　R　$T$　信号输出 | 自动门<br>液面检测<br>交通信号转换<br>汽车倒车声纳 |
| 利用多普勒效应 | 信号输入　信号输出　T　R　物体　移动方向 | 防盗报警系统 |
| 测量直接传播时间 | 信号输入　T　R　$T$　信号输出 | 浓度计<br>流量计 |
| 测量卡门涡流 | 障碍物　T　R　信号输入　信号输出 | 流量、流速检测 |

图 7-3-3 示出超声波传感器系统的工作原理框图，在发送器双晶振子上施加一定频率的电压，就可发送出疏密不同的超声波信号，接收双晶振子探头接收到的信号被放大处理后输出显示。

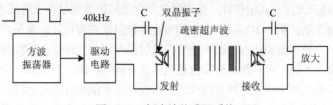

图 7-3-3　超声波传感器系统

## 2. 超声波测厚原理及其传感器

图 7-3-4 示出了常用的脉冲回波法检测厚度的工作原理图。其中超声波换能器与试件表面接触；主控制器产生一定频率的脉冲信号，送往发射电路以激励压电探头产生重复的超声波脉冲，脉冲波传到被测工件的另一面被反射回来，被同一探头接收。若超声波在工件中的声速为 $c$，测得脉冲波从发射到接收的时间间隔为 $\Delta t$，因此可算出工件厚度 $d$ 为

$$d = \frac{\Delta t}{2} C \tag{7-3-1}$$

超声波测量金属零件的厚度时具有精度高、仪器轻便、操作安全简单、易于读数或实现连续自动检测等优点。但对于声衰减很大的材料，以及表面凹凸不平或形状很不规则的零件，厚度较难测试。

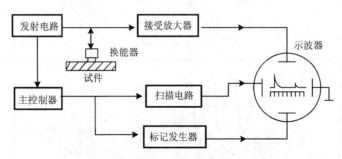

图 7-3-4 脉冲回波法检测厚度的工作原理图

图 7-3-5 示出了 MA40LIR/S 型超声传感器的结构。振子用压电陶瓷制成，加上共振喇叭可提高灵敏度。当振子处于发射状态时，外加共振频率的电压能产生超声波；当振子处于接收状态时，能很灵敏地探测共振频率的超声波。它可用于电视遥控和防盗等装置。其特性参数如下：接收量程为 $-73\text{dB}/(\text{V} \cdot \mu\text{bar}^{-1})$，发射量程为 $96\text{dB}/(\text{V} \cdot \mu\text{bar}^{-1})$，接收灵敏度 $<65\text{dB} \cdot /(\text{V} \cdot \mu\text{bar})^{-1}$，容许输入峰-峰 $80\text{V}$，指向角为 $60°$，耐振动 $<3\text{dB}$。

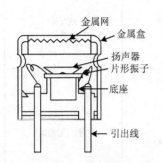

图 7-3-5 超声传感器结构图

## 3. 超声波测物位的原理及其传感器

### (1) 超声波物位测试原理

图 7-3-6 示出了脉冲回波式超声液位测量的工作原理图。图中有单探头液介式、单探头气介式、单探头固介式和双探头液介式 4 种，它们的传声方式和探头数量不同。测试原理是：由探头发出的超声波脉冲通过介质到达液面，经液面反射后又被探头接收，测量发射与接收超声脉冲的时间间隔和在介质中的传播速度，即可求出探头与液面之间的距离。

图 7-3-7 示出了超声波定点式液位计，在实际生产中能判断液面是否上升或下降到某个固定高度，实现定点报警或液面控制。图 7-3-7(a) 和 7-3-7(b) 为连续波阻抗式液位计示意图。由于气体和液体的声阻抗差别很大，当一个处于谐振状态的超声波探头发射面分别与气体或液体接触时，发射电路中通过指示仪表的电流会明显不同，可判断出探头前是气体还是液体。图 7-3-7(c) 和 7-3-7(d) 为连续波透射式液位计。其中相对安装的两个探头之间有液体时，接收探头才能接收到透射波。这些超声波测物位方法，具有安装方便、不受被测介质影响、可在较高温度下测量、精度高、功能强等特点，在物位仪表中越来越受到重视。

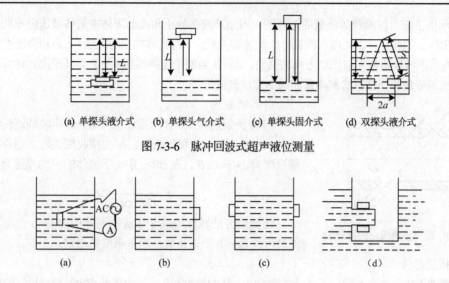

(a) 单探头液介式　　(b) 单探头气介式　　(c) 单探头固介式　　(d) 双探头液介式

图 7-3-6　脉冲回波式超声液位测量

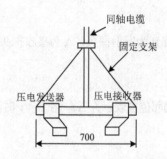

(a)　　　　　　(b)　　　　　　(c)　　　　　　(d)

图 7-3-7　超声波定点式液位计

（2）超声液体检测传感器

图 7-3-8 示出了 SLM-4 型超声自动界面检测传感器的结构，将其压电发送器和压电接收器分布于液体两侧，并由三角形支架固定，利用液体的性质和状态不同（如透明液体、高黏度、悬浊液和含固态颗粒物的液体），通过它们的超声波有不同的衰减度，将衰减度转换为电信号并由浓度指示计显示出浓度。这种检测装置可自动检测液体界面和深度方向的浓度分布。可用于上下水处理场沉淀浓度分布和槽界面的控制；化学处理中各种液体的浓度分布和界面的控制。类似产品如 4940 型超声浓度传感器的结构如图 7-3-9 所示，其特性参数为：量程为 0～15m，精度为 5%FS，输出为 4～20mA，响应时间为 1～30s，压力为 3kgf·cm$^{-2}$，温度为 0～50℃，电源为 AC 电压 100V，报警 AC 输出>200V，功耗为 12W。

图 7-3-8　超声自动界面检测传感器的结构

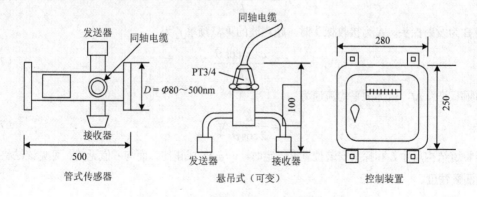

管式传感器　　　　　　悬吊式（可变）　　　　　控制装置

图 7-3-9　4940 型超声浓度传感器的结构

## 4. 超声波测流量的原理

用超声波测量流量不会对被测流体产生附加阻力，且测量结果不受流体物理和化学性质的影响。

图 7-3-10 示出了超声波测流体流量的原理图。因超声波在静止和流动流体中的传播速度不同，引起传播时间和相位上的变化，由此可求得流体的流速和流量。$v$ 为流体的平均流速，$c$ 为超声波在流体中的速度，$\theta$ 为超声波传播方向与流动方向的夹角，A、B 为两个超声波探头，$L$ 为其距离。计算流速的方法有时差法测流量、相位差法测流量和频率差法测流量等。

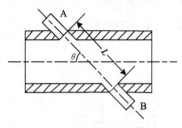

图 7-3-10 超声波测流量的原理图

（1）时差法

当 A 为发射探头、B 为接收探头时，超声波顺流传播速度为 $c+v\cos\theta$，当 B 为发射探头、A 为接收探头时，超声波逆流传播速度为 $c-v\cos\theta$。在 $c\gg v$ 条件下流体的平均流速为

$$v \approx \frac{c^2}{2L\cos\theta}\Delta t \qquad (7\text{-}3\text{-}2)$$

该测量方法精度取决于顺流和逆流的时差 $\Delta t$ 的测量精度，同时应注意 $c$ 并不是常数，而是温度的函数。

（2）相位差法

当超声波的角频率为 $\omega$ 时，若 A 为发射探头、B 为接收探头，接收信号相对发射超声波的相位角为

$$\varphi_1 = \frac{L}{c+v\cos\theta}\omega \qquad (7\text{-}3\text{-}3)$$

若 B 为发射探头、A 为接收探头，接收信号相对发射超声波的相位角为

$$\varphi_2 = \frac{L}{c-v\cos\theta}\omega \qquad (7\text{-}3\text{-}4)$$

它们的相位差表示为 $\Delta\phi$，在 $c\gg v$ 时流体的平均流速为

$$v \approx \frac{c^2}{2\omega L\cos\theta}\Delta\varphi \qquad (7\text{-}3\text{-}5)$$

该法以测相位角代替测量时间，因而可以进一步提高测量精度。

（3）频率差法

当 A 为发射探头、B 为接收探头时，超声波的重复频率 $f_1$ 为

$$f_1 = \frac{c+v\cos\theta}{L} \qquad (7\text{-}3\text{-}6)$$

当 B 为发射探头、A 为接收探头时，超声波的重复频率 $f_2$ 为

$$f_2 = \frac{c-v\cos\theta}{L} \qquad (7\text{-}3\text{-}7)$$

它们的频率差为 $\Delta f$，流体的平均流速为

$$v = \frac{L}{2\cos\theta}\Delta f \qquad (7\text{-}3\text{-}8)$$

当管道结构尺寸 $L$ 和探头安装位置 $\theta$ 一定时，$v$ 与 $\Delta f$ 成正比，而与 $c$ 值无关。可见该法将能获得更高的测量精度。

### 5. 超声波探伤的原理

（1）穿透法探伤

图 7-3-11 示出了穿透法探伤原理图，将两个探头分别置于工件相对两面，一个发射声波，另一个接收声波。发射波可以是连续波，也可以是脉冲。根据超声波穿透工件后能量变化的状况来判断工件

内部的质量,就可把工件内部缺陷检测出来。当工件内无缺陷时,接收能量大,仪表显示值大;当工件内有缺陷时,部分能量被反射而使接收能量小,仪表显示值就小。穿透法的探测灵敏度较低,不能发现小缺陷,可以判断有无缺陷但不能定位;适宜探测超声波衰减大的材料,探测薄板;具有指示简单、适用于自动探伤的特点,但对两探头的相对距离和位置要求较高。

(2) 反射法深伤

利用声波在工件中反射情况的不同来探测缺陷的方法称为反射法探伤,可以分为一次脉冲反射法和多次脉冲反射法探伤。

图 7-3-12 是以一次底波为依据进行探伤的方法。将高频脉冲发生器的发射波加在探头上,激励压电晶体振动使它产生超声波。超声波以一定的速度向工件内部传播。一部分超声波遇到缺陷 $F$ 时反射回来;另一部分超声波继续传至工件底面 $B$ 后也反射回来,都被探头接收。发射波 $T$、缺陷波 $F$ 及底波 $B$ 经放大后,在显示器荧光屏上显示出来。荧光屏上的水平亮线为扫描线(时间基准),其长度与时间成正比。根据 $T$、$F$ 及 $B$ 在扫描线上的位置可求出缺陷位置。根据 $F$ 的幅度可判断缺陷大小,根据 $F$ 的开头可分析缺陷的性质;当缺陷面积大于声束截面时,声波全部由缺陷处反射回来,荧光屏上只有 $T$、$F$ 波,没有 $B$ 波;当工件无缺陷时,荧光屏上只有 $T$、$B$ 波,没有 $F$ 波。

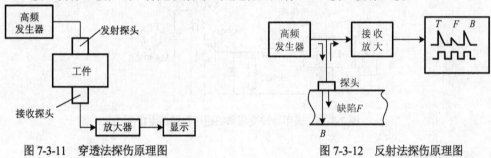

图 7-3-11　穿透法探伤原理图　　　　图 7-3-12　反射法探伤原理图

多次脉冲反射法是以多次底波为依据而进行板材工件探伤的方法,如图 7-3-13(a)所示。声波由底部反射回至探头时,一部分声波被探头接收,另一部分又折回底部,这样往复反射,直至声能全部衰减完为止;若工件中无缺陷,则荧光屏上出现呈指数曲线递减的多次反射底波,见图 7-3-13(b)。当工件内有吸收性缺陷时,声波在缺陷处的衰减很大,底波反射的次数减少,甚至消失,据此判断有无缺陷及严重程度,见图 7-3-13(c)和(d)。

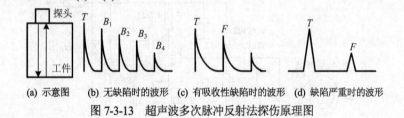

(a) 示意图　　(b) 无缺陷时的波形　　(c) 有吸收性缺陷时的波形　　(d) 缺陷严重时的波形

图 7-3-13　超声波多次脉冲反射法探伤原理图

## 7.3.4　常用超声波传感器应用电路

### 1. 超声波发射电路

图 7-3-14 示出了数字式超声波发射电路,其中由 CC4049 的门电路 $H_1$ 和 $H_2$ 与 Rp 组成 RC 振荡器,产生与超声波频率相对应的高频脉冲方波电压信号,$H_3 \sim H_6$ 进行功率放大,再经过耦合电容器 $C_P$ 传给超声波振子 MA40S2S 以产生超声波发射信号。$C_P$ 为隔直流电容器,由于超声波振子长时间加直流

电压时会使传感器特性明显变差。该电路可通过调节 Rp 的阻值来改变振荡频率。

$$f_0 = \frac{1}{2.2R_p C}(\text{Hz}) \tag{7-3-9}$$

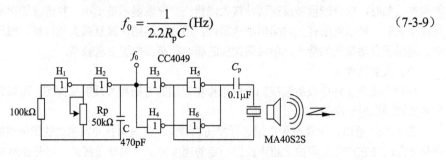

图 7-3-14　数字式超声波发射电路

图 7-3-15 示出了采用脉冲变压器的超声波振荡电路，其中用晶体管 VT 放大频率可调振荡器 OSC 的输出信号，放大的信号经脉冲变压器 T 升压为较高的交流电压供给超声波传感器 MA40S2S，可产生 40kHz 的超声波。

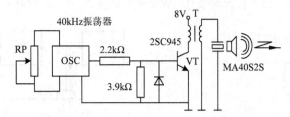

图 7-3-15　采用脉冲变压器的超声波振荡电路

### 2．超声波接收电路

由于超声波传感器接收到的信号极其微弱，因此，一般要接几十 dB 以上的高增益放大器。图 7-3-16 示出了采用晶体管 VT 进行放大的超声波接收电路，其中 MA40S2S 为超声波传感器，一般用于检测反射波，若它远离超声波发生源，波能量衰减较大，只能接收到几 mV 左右的微弱信号。因此，实际应用时要加多级放大器。

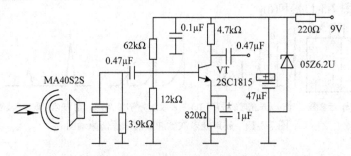

图 7-3-16　晶体管超声波接收电路

图 7-3-17 示出了采用运放的超声波接收电路，电路增益较高，输出为高频电压，实际上后面还要接检波电路、放大电路及开关电路等。图 7-3-18 为采用比较集成电路 LM933 的接收电路，比较器也可以像运算放大器那样高速运行，但若将它用作放大器，就容易产生自激振荡。其输出只取+5V 或–5V 两个值，属于数字输出，使用方便。另外，为了避免噪声可以通过正反馈方式给它一个很小的（约±1mV）滞后电压。

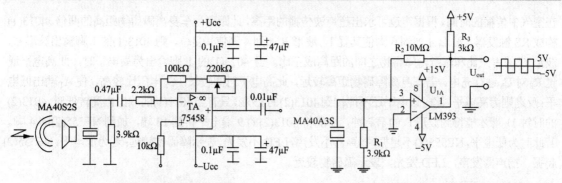

图 7-3-17　集成运放超声波接收电路　　　图 7-3-18　采用比较器集成电路的放大器

### 3. 超声波测距计电路

图 7-3-19 为采用 MA40S2S 的超声波测距计电路，其中用 NE555 构成的低频振荡器得到 40kHz 高频信号，通过超声波传感器发射超声波。超声波遇到被检测物体就形成反射波，被 MA40S2S 接收，转换的电平与被检测物体远近距离有关，距离不同时电平差别有几十 dB 以上。用可变增益放大器（STCC）对电平进行调整。该信号通过定时控制电路、R-S 触发电路、门电路变换为与距离相适应的信号。用时钟脉冲对这信号的发送波与接收波之间的延迟时间进行计数，计数器 TC5051 的输出值就是相应的距离，并用 TC5022 译码后显示。

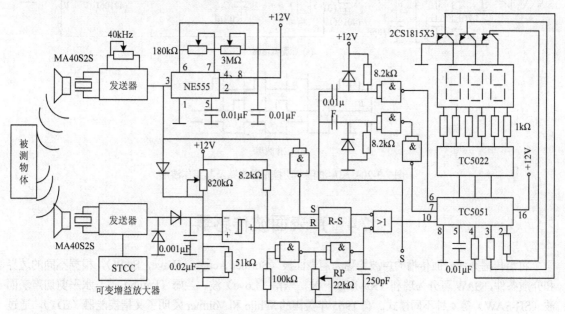

图 7-3-19　超声波测距计电路

### 4. 超声波汽车倒车防撞报警电路

图 7-3-20 示出了超声波倒车防撞报警器电路及其工作波形。在图 7-3-20(a)所示的电路中，H1 等构成脉冲振荡器，输出的信号（波形 A）加到 NE555(1)的 4 脚，以产生频率为 40kHz 的脉冲串，经 T 升压驱动超声波发送器 T40，发送的超声波遇到障碍物后反射回来，被超声波接收器 R40 收到并转换为电压信号。再经 CX20106 放大整形后输出波形 B，它比波形 A 有一段延迟时间，这段时间是超声波

在空气中传播的时间。根据声速可求出超声波传播的距离,此距离为车身离障碍物距离的两倍。4013(1)构成 RS 触发器,波形 A 加到 6 脚使其置 1,波形 B 加到 4 脚使其复位,则 4013(1)的 1 脚输出波形 C。波形 C 的占空比和车身与障碍物之间的距离成正比。当 4013(1)的 1 脚输出为高电平时,此高电平通过 $R_8$ 对 $C_8$ 进行充电,若车身离障碍物距离较远,此高电平时间较长,$C_8$ 电压比较高,使 $A_1$ 输出低电平;反之则为高电平。此时该电平还不能传到 4013(2)的 13 端,只有当 4013(1)的输出由高转低时,4013(2)的时钟 11 端才得到波形 B 的窄脉冲,才能将 4013(2)的 9 端电平传到 13 端,加到 NE555(2)的 4 脚。若此时为低电平,NE555(2)不起振,扬声器不发声,LED 不发光,表示障碍物较远;若为低电平,NE555(2)起振,扬声器发声,LED 发光,表示障碍物较近。

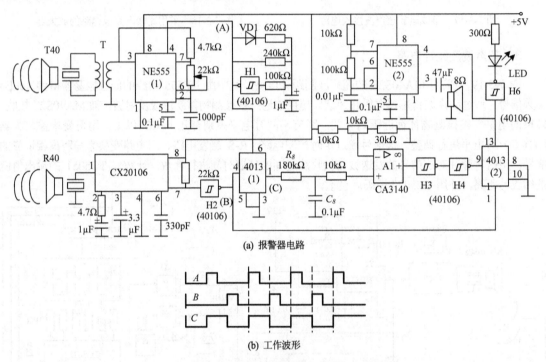

(a) 报警器电路

(b) 工作波形

图 7-3-20 超声波倒车防撞报警电路及其工作波形

# 7.4 声表面波传感器

将沿传播介质表面传播的声波均称为声表面波(Surface Acoustic Wave, SAW),根据不同的边界和介质条件,SAW 可分为瑞利(Rayleigh)波、乐甫(Love)波、兰姆(Lamb)波、水平剪切声表面波(SH-SAW)等 4 种不同模式。自 1965 年美国的 White 和 Voltmer 发明了叉指换能器(IDT),通过沉积在压电基片表面的 IDT 有效激发出了声表面波。SAW 的传播速度很慢(比电磁波小 5 个数量级),在其传播途中可任意存取信号,因此,易于实现对信号的取样和变换。SAW 器件可以利用集成电路技术来制造,使相应电子设备体积缩小、质量减轻、性能也大大改善。SAW 传感器的独特优点有:无须模数转换,直接以数字信号输出;转换成频率测量精度高、灵敏度高、分辨率高;与各种功能电路容易组合,极易集成化和一体化,实现单片多功能化和智能化,便于大批量生产;电路简单、功耗低;其平面结构和片状外形易于组合,设计灵活;其抗辐射能力强,动态范围大。所以,SAW 传感器的应用日益广泛。

### 7.4.1 SAW 传感器的工作原理

图 7-4-1 示出了 SAW 传感器的基本结构,它由压电材料基片和沉积在基片上不同功能的叉指换能器(Interdigital Transducer,IDT)组成。二者组成的基本 SAW 传感器也被称为振荡器,常有延迟线型(DL 型)和振子型(R 型,也称谐振型)两种振荡器。一般谐振型振荡器具有更高的 $Q$ 值,使得传感器的灵敏度更高、消耗的电功率更低。

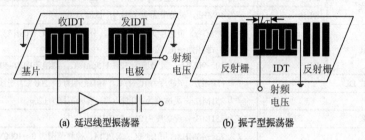

图 7-4-1 SAW 传感器的基本结构

图 7-4-1(a)示出了延迟线型 SAW 振荡器,由一组 SAW 发射 IDT、接收 IDT 和反馈放大器组成;当 SAW 元件发射器的两个电极上加有射频电压时,因逆压电效应,产生与射频信号相同频率的瑞利 SAW,并沿着压电基片的表面向外传播直至接收器,接收器因正压电效应将 SAW 转换为相同频率的电信号。其振荡频率为

$$f_0 = \frac{V_R}{L}\left(n - \frac{\varphi_E}{2\pi}\right) \tag{7-4-1}$$

式中,$V_R$ 为 SAW 的传播速度,$L$ 为两个 IDT 之间的距离,$\phi_E$ 为放大器相移量,$n$ 为正整数(与电极形状及 $L$ 值有关)。

由式(7-4-1)可知,当 $\phi_E$ 不变,外界被测参量变化时,会引起 $V_R$、$L$ 值发生变化,从而引起振荡频率改变,根据频率变化量 $\Delta f$ 的大小即可测出外界参量的变化量。其 $\Delta f$ 表示为

$$\frac{\Delta f}{f_0} = \frac{\Delta V_R}{V_R} - \frac{\Delta L}{L} \tag{7-4-2}$$

图 7-4-1(b)为振子型 SAW 振荡器,它由基片中央的叉指换能器和其两侧的两组反射栅阵构成。其振荡频率 $f_0$ 与 IDT 的周期长度 $L_T$ 及 $V_R$ 有关,即:

$$f_0 = \frac{V_R}{L_T} \tag{7-4-3}$$

外界待测参量的变化会引起 $V_R$、$L_T$ 变化,从而引起振荡频率改变:

$$\frac{\Delta f}{f_0} = \frac{\Delta V_R}{V_R} - \frac{\Delta L_T}{L_T} \tag{7-4-4}$$

所以,测出振荡频率的改变量就可求出待测参量的变化。这是 SAW 传感器的基本原理。根据基片材料(压电晶体)的逆压电效应,可制成 SAW 温度、压力、电压、加速度、流量和化学传感器(各自的结构和特性列于表 7-4-1 中),通过测量振荡频率的变化而获得待测参量值,适用于高精度遥测和遥控系统。

基片材料可采用 40° 旋转 Y-石英、$SiO_2$、$LiNbO_3$、$ZnO$ 等压电材料,也可由单晶硅膜片与在其上形成的压电薄膜构成基片。适当选择基片单晶的取向、敏感部分的几何形状和两个谐振器的有效面积的双轴应力比,可在很大程度上提高传感器的灵敏度。

表 7-4-1　SAW 传感器及其主要特性

| 被 测 量 | 器件形式或工作方式 | | 主 要 特 点 |
|---|---|---|---|
| 压力 | 独石型 | 矩形片 R | $f$ 为 77MHz 监视心脏和肺等 |
| | | 延迟线型 DL | $f$ 为 82～170MHz，灵敏度为 8.85×10$^{-4}$μm/Pa，测压范围为 0～3.44×10$^5$MPa |
| | 粘接型 R | | $f$ 为 130MHz，灵敏度为 3.12×10$^{-3}$μm/Pa，测压范围为 0～3.44×10$^5$MPa，非线性 0.18% |
| 质量 | 悬臂梁 | R | $f$ 为 100MHz，测量 3kg 误差小于 0.6g，用作电子秤（精度为 2×10$^{-4}$～3×10$^{-4}$kg） |
| | | DL | $f$ 为 40MHz，灵敏度为 26.6Hz/g；量程为 1kg |
| 温度 | 接触式 | R | $f$ 为 75MHz，灵敏度为 90ppm/℃，分辨力为 0.1℃～0.01℃，测量范围为-15℃～ +65℃，非线性<±0.3℃ |
| | | DL | $f$ 为 20～96MHz，灵敏度为 32～115μm/℃，测温范围为-40℃～+85℃ |
| | 辐射式 DL | | $f$ 为 171MHz，灵敏度为 10Hz/℃，测温范围为 0～200℃，分辨力为 0.1℃～0.5℃ |
| 加速度 | DL | | $f$ 为 251MHz，灵敏度为 25kHz/℃，实验范围为±20g |
| | 悬臂梁 | | $f$ 为 251MHz，灵敏度为 20～150kHz/g |
| 电压 | DL | | $f$ 为 23～40MHz，用 LiNbO$_2$ 或 PCM，检测范围为 0～1000V |
| 气体 | DL | | $f$ 为 17～30MHz，检测丙酮蒸气、SO$_2$、氢气等 |
| 图像 | 光导薄膜 DL | | 根据输出频谱确定图像明暗位置 |
| | 液体超声波 | | 叉指换能器激发水中集束超声观察物体表面 |

## 7.4.2　实用的 SAW 传感器

实用的 SAW 传感器可以分为有源 SAW 传感器和无源 SAW 传感器两类。前者将 SAW 传感器的基本结构（延迟线/谐振器）作为传感单元，结合相关振荡电子线路和相应电源，通过检测振荡器频率输出来评价待测量。在物理、化学领域应用广泛，但在某些特殊应用（如密封体内参量检测、毒气环境、人体检测等）中难以胜任。后者以 SAW 传感器的基本结构为传感元，结合无线应答识别系统，实现了一种 SAW 无线无源传感器，应用时传感器无需电源，可装备到各种应用场合。

### 1. SAW 有源传感器

（1）SAW 温度传感器

SAW 温度传感器是利用温度变化引起表面波传播速度的改变，使振荡器频率变化的原理设计而成的。由于外界温度变化所引起的基片材料尺寸变化量很小，因此式（7-4-2）、式（7-4-4）均可忽略尺寸变化量。若 $T_0$ 为参考温度，选择适当的基片材料切型可使表面波速度 $V_R$ 只与温度 $T$ 的一次项有关，即：

$$V_R(T) = V_R(T_0) \times \left[ 1 + \frac{1}{V_R(T_0)} \cdot \frac{2V_R}{2T} \cdot (T - T_0) \right] \qquad （7-4-5）$$

则振荡频率改变率为

$$\frac{\Delta f}{f_0} = \frac{V_R(T) - V_R(T_0)}{V_R(T_0)} = \frac{1}{V_R(T_0)} \cdot \frac{2V_R}{2T} \cdot (T - T_0) \qquad （7-4-6）$$

由式（7-4-6）知，振荡频率变化量与温度变化之间呈线性关系。若预先测出频率-温度特性，就可检测出温度变化量，从而得到待测温度 $T$。为获得较高的灵敏度，应选择延迟温度系数大、表面波速度小的基片材料，如石英、铌酸锂（LiNbO$_3$）和锗酸铋（Bi$_{12}$GeO$_{20}$）等单晶。石英衬底温度传感器的典型切割方向是 JCL 和 LST 切型，其灵敏度高达 2.2kHz/℃ 和 3.4kHz/℃，固有分辨率约 0.0001℃，且具有较好的线性。

SAW 温度传感器可以制成接触式和非接触式两种。前者由于基片与元件的接触限制，其测量温度不能太高，它又会破坏被测温度场的分布，因此有一定的局限性。非接触式温度传感器利用被测物体辐射的红外线使 SAW 振荡器的传播通路的表面温度升高，伴随振荡频率发生变化，通过测量振荡频率的变化来获得温度变化值。其中接收红外辐射部分的热容必须很小，否则灵敏度不高。另外，在室温附近测量温度时易受环境温度影响，所以应使用两个元件（振荡频率相同，一个作为温度探头，另一个作为频率参考）进行差分，将它们安装在同一个底座上封入同一外壳中，其混频后取出频率差即可。图 7-4-2 为基于非接触式 SAW 温度传感器的远距离温度无线遥测系统框图。其中 SAW 振荡器和振荡元件构成温度传感器，输出信号通过小型简易天线发射出去，接收信号通过外差法变成低频，并用计数器计频，输出送入微型计算机并转化为温度值即可显示出来。

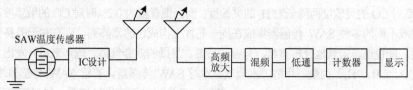

图 7-4-2　SAW 温度遥测系统框图

**（2）SAW 气敏传感器**

图 7-4-3 示出了典型 SAW 气敏传感器，图 7-4-3(a)为俯视图，图 7-4-3(b)为图 7-4-3(a)的原理截面图。它以压电片为基底，在其上形成气体敏感膜并配以外部电路而构成。当发射的 SAW 在压电基片上传播时，通道上经过基片上气体选择性吸附敏感膜，表面波振幅会降低，速度 $V_R$ 将受到气体吸附膜性质（膜厚、质量密度、黏度、介电常数和弹性性质等）的影响，若敏感膜吸附气体与气体分子结合，会引起膜性质发生变化，从而使 $V_R$ 发生变化而导致振荡频率 $f_0$ 变化。通过检测振荡频率的变化量即可测出被吸附气体的浓度。

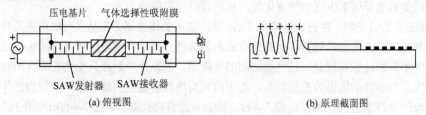

(a) 俯视图　　　　　　　　　　　　(b) 原理截面图

图 7-4-3　SAW 气敏传感器原理图

图 7-4-4 示出了一个双通道 SAW 气敏传感器的结构示意图。基片用 $yx$ 切向的石英晶体，$x$ 方向为 SAW 传播方向。其中一个通道由 SAW 发射和接收器组成（即一个延迟线振荡器：两个叉指换能器）；另一个通道的 SAW 传播路径中间被气体选择性吸附膜覆盖，吸附了气体的薄膜会导致 SAW 振荡器的振荡频率发生变化。未覆盖薄膜的通道用于参考，以实现对环境温度变化的补偿；两个通道接收的频率经混频器提取差频输出，以实现对共膜干扰的补偿。

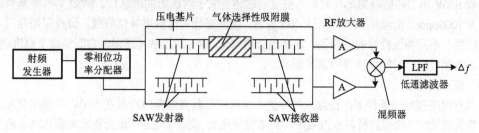

图 7-4-4　双通道 SAW 气敏传感器的结构示意图

　　若覆盖层气敏薄膜的密度随所吸附气体的浓度而变化，SAW 传感器的延迟线传播路径上的质量负载效应使 SAW 的 $V_R$ 变化；若薄膜的电导率随吸附气体的浓度而变化，也会引起 SAW 传感器的 $V_R$ 漂移和衰减；这两种情况都使振荡频率发生变化。这样，只需改变敏感膜的种类就能制成对不同气体敏感的传感器，如用三乙醇胺（TEA）为敏感膜对 $SO_2$ 的响应相当大，达到 1400 Hz/10$^{-6}$。

　　图 7-4-5 示出了薄膜型 SAW 气敏传感器的工艺结构。衬底材料可采用 ST-石英、YZ-LiNbO$_3$、YX-LiNbO$_3$ 或 ZnO-Si。在衬底背面淀积一层加热膜，正面氧化层上淀积一层金属膜，光刻成叉指电极，IDT 结构可选择双延迟线振荡器、单延迟线振荡器、谐振器振荡器。然后掩模中间，沉积一层掺催化金属敏感膜。敏感材料和催化金属材料配比视要检测的具体气体而定，如 SnO$_2$ 掺 1.5%钯时对甲烷的灵敏度高于 CO，SnO$_2$ 掺 ThO$_2$ 可提高对 CO 的灵敏度而降低对 H$_2$ 的灵敏度；而当钯含量为 0.2%时对 CO 的敏感度高于甲烷。若将一些相同的或不同的多种 SAW 传感器集成在同一芯片上构成传感器阵列，则有利于提高传感器的可靠性和多功能性，能快速、定量地分析有毒、有害、易燃、易爆的混合气体。近年来已开发出 SO$_2$、NO$_2$、H$_2$S、NH$_3$、CO、CH$_4$、H$_2$、丙酮、甲醇、水蒸气、水等 SAW 传感器。若给 SAW 传感器增加气相层析装置，可检测出低浓度违禁品，如三硝基甲苯、季戊四醇-四硝酸酯、可卡因、海洛因、大麻等毒品，也可监测大气中 CO$_2$ 的浓度及化工过程控制、汽车尾气排放等。美国已将 SAW 技术运用到化学战剂的检测中，其联合化学剂探测器 JCAD（Joint Chemical Agent Detector）能自动检测、识别、量化待测参量。

图 7-4-5　薄膜型 SAW 气敏传感器截面结构图

（3）SAW 压敏传感器

　　当某种外力加到 SAW 传感器基片上时，会使基片的弹性系数和密度发生变化，SAW 传播速度发生变化；同时应力引起基片应变会使叉指电极间距改变；结果使 SAW 振荡器振荡频率偏移。通过测量振荡频率的偏移值即可求出应力的变化值，从而获得待测的外力。

　　图 7-4-6(a)示出振子型、独石型结构的 SAW 膜片式压敏传感器。它是在一块压电基片上加工出一个多层薄膜敏感区，上面由换能器与电路组合成的振荡器。为了补偿温度对基片的影响以提高测量精度，在薄膜区中间和边缘各放置一只性能相同的换能器。当膜片中间那只受到拉力作用时，边缘一只受到压力作用，传感器的输出为差频信号。由于两只换能器对温度的影响相同，但力的作用相反，因此可使传感器的分辨率达到 0.001%。图 7-4-6(b)和(c)为悬臂梁式结构，图 7-4-6(b)是用 38°Y 切石英基片的原理图，基片正反面都光刻有叉指换能器，使输出的差频信号与温度变化无关，也不受电源电压变化的影响。它用于数字电子秤时可省去 A/D 转换器，满量程为 3kg 时误差小于 0.6g。图 7-4-6(c)中用漂移小的铝合金代替石英作梁，梁的正反面粘贴石英晶片 SAW 振子，工作频率为 100MHz，也可输出差频信号，其精度与上述石英梁的相似。图 7-4-6(d)中，在铝合金块上开有眼镜状的双孔，孔上面贴有石英基片 SAW 振子。受力后左孔上的振子基片受拉伸而右孔的振子基片受压缩，其效果等同于悬臂梁，但灵敏度高。

　　一般 SAW 压力传感器的基片材料对温度的敏感性大于对压力的敏感性。例如 Y-石英基片的压力灵敏性为 1000ppm，而温度灵敏性可达 4000ppm，因此必须考虑温度补偿问题。国外采用两只具有相同频温特性、不同频压特性的谐振器，研制出分辨率为 70Pa 的压敏传感器，它既消除了温度的干扰，又可解决电源电压、时间漂移等因素的影响。

（4）露点传感器

　　在具有温度控制的条件下，任意大气环境中水汽在其露点温度时冷凝在 SAW 传感器表面，通过某种质量负载效应（敏感膜材料水汽吸附导致质量变化）、或黏滞效应（聚合物敏感膜水汽吸附引起其机械模量参数变化）、电短路效应（水汽吸附引起电位的短路）引起 SAW 速度变化，从而实现有效露点检测。图 7-4-7 示出了一种采用 YZ LiNbO$_3$ 基片的基于 50MHz 双延迟线振荡器结构的 SAW 露点传感器。其一路检测凝结物，另一路作为参考以消除温度及振动等干扰效应。其吸附膜为聚合物 PVA，或经过非结晶与多孔渗水处理的 SiO$_2$ 薄膜，或一些纳米薄膜材料。此 SAW 露点传感器具有高精度、低成本、良好的稳定性，能避免一般污染物影响。

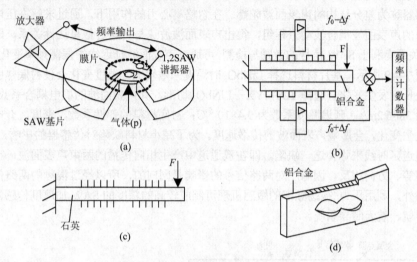

图 7-4-6  SAW 压敏传感器原理图

（5）陀螺仪（角速率传感器）

① MEMS-IDT 声表面波陀螺。

将利用 MEMS 工艺和通过检测 SAW 谐振器谐振腔中产生的驻波，在加载角速率后产生的哥氏力，生成的二次振动的振幅来检测角速率的传感器称为 MEMS-IDT 声表面波陀螺，如图 7-4-8 所示，其结构包括压电基片、一对谐振器 IDT、一对反射器、一对传感器 IDT 和位于基片中部谐振腔上的金属点

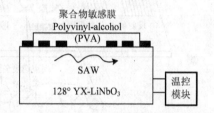

图 7-4-7  SAW 露点传感器

阵。其核心是在谐振峰上布置一系列大密度的金属点阵，由于哥氏力的大小与质点密度成正比，这些金属点阵的布置放大了哥氏力的作用，增大了角速率的影响。所以，MEMS-IDT 声表面波陀螺是一种微机械哥氏振动陀螺。

结合速度合成定理和加速度合成定理发现，凡是牵连转动的复合运动都会出现哥氏加速度，且哥氏加速度的大小为

$$a_c = 2\omega v \tag{7-4-7}$$

式中，$\omega$ 是旋转角速度矢量，$v$ 为质点的振动速度矢量。

由哥氏加速度产生哥氏惯性力，简称哥氏力，其方向与加速度的方向相反，大小为

$$F_c = ma_c = -2m\omega v \tag{7-4-8}$$

在原理上 MEMS-IDT 声表面波陀螺是通过建立参考振动运动并检测由旋转运动产生的哥氏力来测量旋转角速率的。图中谐振器中输入换能器发射 SAW，输出换能器接收 SAW，加之反射器的作用，在谐振腔内形成驻波，这就是要求建立的参考振动，即第一个声表面波 SAW1 在驻波波节点上的基片质点在 z 方向的振动幅度为零，而在驻波波腹处或接近驻波波腹处的质点在 z 方向有较大的振动幅度。当在 x 方向遭遇旋转角速度 $\omega$ 时，便会在 y 方向上产生一个哥氏力 $F_c$，它在 y 方向建立起另一个声表面波 SAW2，其频率等于参考振动的频率，其幅度正比于旋转角速度 $\omega$ 的大小。通

过置于 $y$ 方向的传感器 IDT 把 SAW2 检测出来，由电路进行放大和解调，就可以得到相应于输入角速度的电压输出信号。

② 差分结构的声表面波陀螺。

将利用求解含陀螺效应的声表面波波动方程来得出旋转压电载体上声表面波的波速与角速率的关系的传感器称为差分结构的声表面波陀螺。在忽略离心力的作用下，通过求解在压电材料基底上含有哥氏力的声表面波耦合波动方程组，得出声表面波波速与转速近似呈线性关系，即声表面波陀螺效应。此关系有利于 SAW 信号的激励与检测，可通过声表面波延迟线的振荡频率变化来检测转速，其结构如图 7-4-9 所示。基片材料选择 LiNbO$_3$ 时温度系数较大，温度变化会使衬底热胀冷缩，引起声传播路径长度发生变化。选择 128° YX—LiNbO$_3$ 切形，其声表面波的机电耦合系数达到 4.5%，瑞利波速为 3886.2m/s，延迟温度系数为 $9.4×10^{-5}℃$；衬底材料的弹性系数、密度、介电常数和压电系数等均发生变化，会影响声表面波的传播速度。为了减小材料缺陷对传感器的影响，设计图 7-4-9 所示的双通道延时线来弥补这一缺陷，即在双通道中产生相向传播的两束声表面波，在同一转速下频偏大小相等、方向相反，因温度对两路信号的影响是同向的，所以经过混频的两路信号将消除温度漂移。另外，利用压力-振荡频率的敏感机理可制成较高的精度的 SAW 加速度传感器、电压传感器，用于导航、航天制导系统。

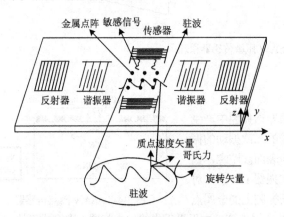

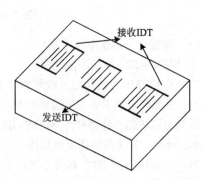

图 7-4-8　MEMS-IDT 声表面波陀螺示意图　　　　图 7-4-9　差分结构的 SAW 陀螺示意图

## 2. 声表面波无源传感器

图 7-4-10 示出了 SAW 无源传感器系统示意图，它由无线读取单元发射一定频率的电磁波信号，经无线天线的 SAW 叉指换能器（IDT）接收，转换成 SAW，再由反射器发射回 IDT 重新转换成电磁波信号，由无线天线传输回读取单元，如果在 SAW 器件表面施加物理（如温度、湿度、应力、压力等）或化学（如气体吸附等）参量扰动，就会引起声波速度发生变化，从而引起无线单元接收的反射信号的频率或相位发生改变，实现对待测参量的无线检测。以下介绍各部分的原理设计。

图 7-4-10 中的无线读取单元就是无线传感系统的识别单元，不管使用何种无线射频传感器，测试对象是识别信号与传感器响应之间的基于时域的单端相应测量。此模块要求低功耗、小体积及低成本。根据欧洲低功率器件的频率分配标准，其工作频率为 433.07～434.77MHz 与 2.4～2.483GHz。

（1）无线 SAW 气敏传感器

图 7-4-10 中的传感元由 IDT 和反射器构成，可称为 SAW 反射性延迟线，环境温度的变化会导致反射性延迟线的 SAW 传播途径及速度的变化（即 $\Delta l$ 与 $\Delta v$），从而引起 SAW 传播时延的改变 $\Delta \tau$，可表示为：

$$\Delta\tau / \tau = (1/l \times \Delta l / \Delta T - 1/v \times \Delta v / \Delta T)\Delta T - TCD \times \Delta T \tag{7-4-9}$$

式中，$\Delta T$ 为温度变化，$C$ 和 $D$ 为常数。

则传感器的输出信号相位信号 $\Delta\phi$ 为

$$\Delta\phi = 2\pi f \times \Delta\tau \tag{7-4-10}$$

如果在 SAW 反射性延迟线表面镀上对气体或水蒸气等有选择性吸附的敏感膜材料，即可实现一种无线 SAW 气敏传感器。

（2）无线 SAW 压敏传感器

用图 7-4-11 所示的三个 IDT 构成的压力精密传感元替换图 7-4-10 中的传感元。将压力 IDT 传感器（P SAW）置于振动膜的压力传感区，外加压力引起 IDT 的基片弯曲变形将导致表面振动应力/应力分布发生变化，从而实现对声波传播的扰动，导致传感器输出谐振器频率发生变化，完成对压力的检测。另外两个谐振器置于压力传感区之外，T1 SAW 谐振器与压力传感器平行设置以获得相同的温度相应信号，用来进行温度补偿；T2 SAW 谐振器倾斜设置，利用压电基片的各向异性，不同传播方式下温度系数不同的特点，根据与补偿温度传感器的频率差以获得对环境温度的检测。主要应用在于轮胎压力监控系统（TPMS）中，被称为"智能轮胎"，以实时监控轮胎内压力的逐渐损耗，可减少由此引发的交通事故。

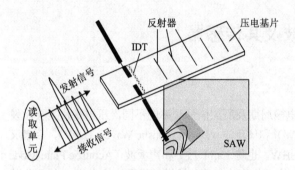

图 7-4-10　SAW 无源传感器系统示意图

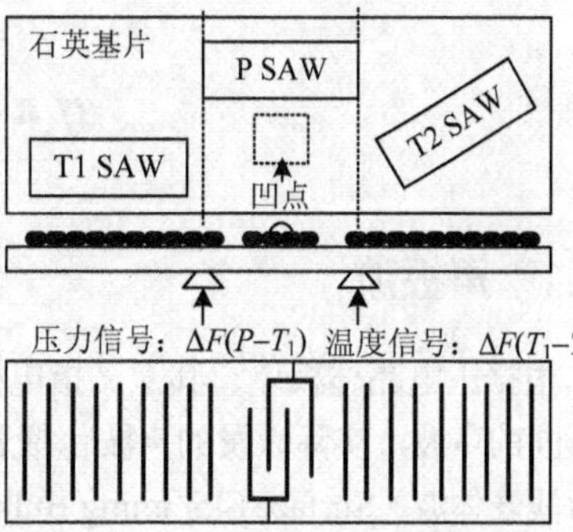

图 7-4-11　压力精密传感元

（3）无线 SAW 力矩传感器

如果将 SAW 器件牢固绑定在机械轴的平槽处，施加力矩于机械轴，将会引起 SAW 器件表面应力/应变分布变化，从而引起 SAW 传播特性发生改变，再连接无线天线即可构成无线传感器，如图 7-4-12 所示，这种变化可转换成频率或相位信号输出，实现对力矩的检测。

（4）无线 SAW 电流传感器

图 7-4-13 示出了无线 SAW 电流传感器，采用外部 SAW 延迟线传感元（作为应答器）检测发射的电流无线载波信号，或用载波信号调制 SAW 应答器的反射特性，结合阻抗型 SAW 应答器与磁控电阻（作为磁场负载），可实际测量无源射频电流。

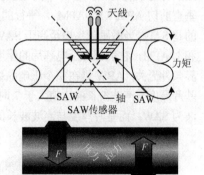

图 7-4-12　无线 SAW 力矩传感器

（5）SAW 标签

由于声表面波是机械波的形式，速度和波长都远远小于相同频率的射频信号，因而 SAW 标签具备了真正的无源、耐高温、识别距离远、不受电磁干扰。图 7-4-14 示出了 SAW 标签识别系统工作原理，主要由阅读器、SAW 标签、信息处理单元三部分组成。当带有标签的被识别对象进入阅读器的可识别范围内时，阅读器向 SAW 标签发送高频脉冲信号，在得到标签的有效信息后，又返回阅读器信息处理单元，将反射回的信号进行处理，进而得到标签的信息，完成自动识别。其 SAW 标签主要由压电基片、叉指换能器（IDT）、天线和反射栅组成。反射栅可看作是条形码般的编码装置。由发射/接收信号处理装置发射一高频激励脉冲，SAW 标签将根据布置的反射栅的不同而反射回不同编码的高频回波信号，若在反射极区域布置 30 条反射栅，则回波信号可得到 $2^{30}$ 种状态，分别表示不同目标以供识别。可工作在金属、液体表面，能识别高速运动的物体，适用于车辆不停车收费、路标和铁路车辆车号的识别及列车准确停靠控制等系统。

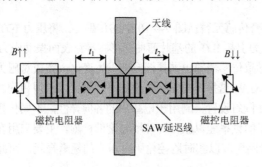

图 7-4-13　无线 SAW 电流传感器

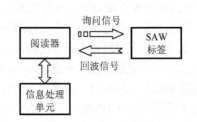

图 7-4-14　SAW 标签识别系统工作原理

# 7.5　声板波及其传感器

## 7.5.1　声板波

根据压电晶体板厚、其上叉指电极（IDT）电极周期及所加信号频率的不同，压电基片上会激发出不同的声波，实际激发的声波包括表面波（SAW）和体声波（Body Acoustic Wave，BAW），后者又分为浅表体波（Surface Skimming Bulk Waves，SSBW，也称 Lamb 波）和声板波（Acoustic Plate Mode Wave，APM），如图 7-5-1 所示。SAW 和 SSBW 均不能到达和液体接触的界面，输出 IDT 检测出的 SAW 和 SSBW 信号中不会含有液体性质的任何信息。将所激发出的 APM 位移方向与声波传播方向一致的称为纵向 APM（L-APM），垂直的称为剪切 APM。在剪切型 APM 中，位移方向垂直于晶面的是垂直剪切 APM（SV-APM），平行的是水平剪切 APM（SH-APM）。用连续波激励 IDT 时，首先出现的是 SAW；当激励频率增至高于 SAW 频率时，最先出现的是 SH-APM；紧接着才是准表面波、SV-APM 和 L-APM，它们都与压电基片的厚度有关。SAW 只在沉积 IDT 的基片表面上传播，与基片背面的边界条件无关；APW 则在整个压电晶体内传播，基片背面的边界条件将影响 APW 的激发特性。当压电基片厚度与声波波长的比值大于 7 时，可近似认为基片背面的边界条件不影响声波的激发，激发的声波为 SAW；而基片厚度与声波波长的比值小于 7 时，激发的声波则为 APW。

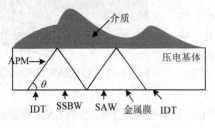

图 7-5-1　APM 传感器

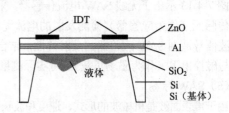

图 7-5-2　Lamb 传感器

## 7.5.2 APM 传感器

APM 传感器见图 7-5-1，其中 IDT 位于晶体的底面，激励和接收声波，产生的 APM 波在晶体和外部介质的界面处发生反射，介质特性的微小变化会改变界面处的机械和电学性能，引起 SH-APM 的反射特性或 APM 传播的相速度、群速度、群延时、插损、频率、相位等发生变化。在界面处，声场和相邻介质存在多种作用机制，包括电效应、质量负载效应及黏性传输效应等。当 APM 器件和电解质接触时，与声波相作用的电场和相邻介质中的离子或偶极子相互作用，引起边界条件变化。当周围介质是黏性液体时，板表面的振动会引起相邻介质的黏性运动，产生黏性输出效应，使声波特性发生变化。可见，通过电负载、质量负载和黏性传输三种效应的作用，通过测量 APM 信号特性变化就可得出相邻介质特性的变化。常用的 APM 传感器有两种：即兰姆波（Lamb）传感器和水平剪切型声板波（SH-APM）传感器。兰姆波是水平方向传播的惯性声波，属于一种柔性板波，Lamb 传感器如图 7-5-2 所示，其压电基体普遍采用 $ZnO/Al/SiO_2/Si$ 多层结构形成的复合薄膜。测量时与图 7-5-1 类似，液体与 IDT 的基片背面接触，能用于检测液位和探伤等。

APM 传感器产生的 SH-APM 在晶体和液体界面反射时不会发生声波的模式转换，也不会在液体介质中产生压缩波，可以将 SH-APM 在基体的上下两面之间以某一角度多次反射的叠加，即上下面施加了一个横向的谐振条件，使得每个 APM 在表面处的位移最大。由于 SH-APM 和液体介质接触时能量损耗很小，只在界面处发生作用，不会向液体介质中辐射能量，它不像 SAW 那样在液体环境下引起较高的能量损耗；同时液体介质和电极分别位于晶体的两个相对晶面上，不会对电极产生腐蚀作用。因此 APM 传感器具有 SAW 传感器的所有优点，且用于液相检测还有信号强的特点。APM 传感器中可将基体板近似看作各向同性材料，压电晶体（包括石英晶体、$LiNbO_3$ 等）板厚与激励声波的波长之比小于 7 时才能激发出 APM，但传感器耦合为板波的效率与板厚和波长之比成反比。因此，合理地选择板厚与波长之比使 APM 模式之间的间距拉大，也就是使 APM 的波谱变得稀疏，可激发出单一模式的 APM，避免了各模式 APM 间的相互干扰，有利于 APM 传感器的应用。

## 7.5.3 APM 传感器的应用

近几年已经商品化的 APM 传感器有物理量传感器、化学传感器和生物传感器等三种。

第一种主要用来测量液体物质的黏度、密度和相变等。如用氧化硅薄膜 Lamb 传感器测量了甘油和蒸馏水溶液的密度和黏度；用 Y 切割石英晶体 APM 传感器研究了黏弹性液体介质的密度和黏度与 APM 特性之间的关系、蒸馏水冷却相变过程中声特性的变化；用 ZnO-Al 复合材料 Lamb 波传感器测量了几种含水溶液的密度。

第二种主要是用来检测溶液中某些金属离子的浓度。用作化学传感器时需要使用一些分子（配位体）对器件与介质接触的一面的化学特性进行修饰，这些分子可以与溶液中金属离子结合，形成金属–配位体复合物，此复合物与基体表面结合，使表面质量负载增加，引起器件响应；另外，溶液中离子浓度变化引起与声场相关的电场变化，也会引起器件响应。例如用乙二胺作配位体对 ST-石英晶体表面的化学特性进行了修饰，激发 SH-APM 来检测溶液中的铜离子浓度；用 ZX-$LiNbO_3$ APM 传感器研究了电解质溶液的导电性与金属离子浓度的关系，发现电负载效应起主要作用，且 $LiNbO_3$ APM 传感器的检测灵敏度和分辨率至少比石英晶体 APM 高两个数量级，还可用于测量溶液的介电常数、金属薄膜上的电沉积、非电沉积及金属膜的腐蚀性等。

第三种 APM 传感器可以检测出抗体和抗原、ng 量级的特定 DNA 序列，可以测量均匀介质（如血清）的密度和黏度，对于非均匀介质则很难测量；此外，还可广泛用于临床医学诊断中，如血型鉴定、快速检测病毒。

# 7.6  次声波及其传感器

## 7.6.1  次声波及其特性

次声波又称亚声波,是一种人耳听不到的声波,频率范围在 $10^{-4} \sim 16\text{Hz}$ 之间;人类的活动如核爆炸、人工爆破、火箭起飞、飞机起降、奔驰车辆的振动等会产生相当强的次声波;还可以人工制造出声源——次声发生器,它的工作很像风琴管,具有较大的功率。次声波的传播遵循声波传播的一般规律,但由于它的频率很低,在传播时有其特殊性。

(1) 传播速度快。在空气中的传播速度为每秒三百多米,在水中传播速度更快,每秒可达 1500m 左右。

(2) 传播距离远。在传播过程中衰减很小,在大气中传播几千千米时空气对其吸收还不到万分之几分贝,可以在空气、地面等介质中传播很远。

(3) 穿透力强。一般的可闻声波一堵墙即可将其挡住;由于次声波波长大,容易发生衍射,故能穿透几十米厚的钢筋混凝土。

## 7.6.2  次声波传感器

次声波传感器就是能够接收次声波的传声器。由于次声波的声压太小,只有几十到几百 Pa 的数量级,因此必须把其机械位移转化为电信号来分析次声波的各个物理特性。多种换能型的传感器都可以把机械能转化为电能,只要有足够低的下限频率就可用作次声传感器,常见的有电容式次声波传感器、动圈式次声波传感器、波纹管膜盒型次声波传感器、光纤式次声波传感器等。

### 1. 电容式次声波传感器

图 7-6-1 示出了 CSH-1 型电容式次声波传感器。图 7-6-1(a)是基本结构,主要由前腔声阻 $R_1$、前腔声顺 $C_1$、带膜片的支撑环、膜片声顺 CS、极板、后腔声顺 $C_2$、均压管声阻 $R_2$、绝缘板、电缆插座及外壳等组成。膜片为 $3 \sim 5\mu\text{m}$ 厚的镍箔,膜片与极板间的距离为 $50\mu\text{m}$,膜片与靠得很近的刚性后极板构成一个平行板电容器,其电容量为 $C_0$;声波作用时膜片振动,使电容变化 $\Delta C$,进而转化成电压信号输出。图 7-6-1(b)是等效电路图,其中 $P$ 表示声压信号、$Q$ 表示在声压作用下膜片的体积位移。其中,前腔声阻 $R_1$ 和前腔声顺 $C_1$ 构成低通滤波器,用来决定仪器的高频截止频率,且前腔声阻 $R_1$ 只是在校准时用来与活塞发声器进行连接。当后腔体积和膜片张力固定时,低频特性主要由均压管声阻 $R_2$ 决定。已有 CC-1T 型、CDC-2B 型、InSAS2008 型次声波传感器产品的灵敏度为 $750 \sim 900\text{mV/Pa}$,动态范围为 $108 \sim 128\text{dB}$,适用于次声波的声压测量,构建次声测量阵列,测定次声波的声源位置和传播特性。

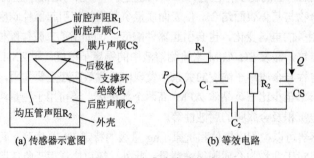

(a) 传感器示意图                          (b) 等效电路

图 7-6-1  电容次声波传感器

电容式次声波传感器具有体积小、频带宽、输出电压大、灵敏度高、频率响应好、长期稳定性高、可以直接与记录器或信号实时模数转换器连接等特点。它的频率响应为劲度控制，其系统的高频限取决于系统的劲度（即弹性的倒数），在第一共振频率以下可以有平直的响应，其下限频率能做得很低甚至为零。电容的劲度即膜片的张力，可以很低，能工作于弹性区，不会因为外界影响（如温度，时间等）改变其弹性；而且，其换能元件为质量非常轻的薄膜，使传感器只对声波敏感（不超过20Hz）而对振动不敏感，有很好的抗干扰性能。因此，非常适合用作次声频传感器。

### 2. 动圈式次声波传感器

图 7-6-2 示出了动圈式次声波传感器的结构。将约 80 匝 80mm×65mm 的矩形线圈固定在 130mm×130mm 的 PET 薄膜（聚对苯二甲酸乙二醇酯）上构成次声波传感器，薄膜用铝框绷紧。当次声波到达薄膜时，薄膜将带动感应线圈，使线圈在磁场中振动，并切割磁力线，线圈两端会产生感应电动势和感应电流，从而实现声电转换。次声波的频率越高，膜的振动频率就越高，产生感应电动势和感应电流变化的频率也就越高；次声波强度越大，振膜的振动幅度就越大，感应电动势和感应电流的幅度也越大。线圈中的感应电信号经过电路处理后，用示波器即可直接测量输出电压。

### 3. 光纤次声波传感器

图 7-6-3 示出了光纤次声波传感器的结构。用两根光纤螺旋缠绕在密封硅管（管径 25mm，管壁厚 3mm）上（采用 2-1-1 型缠绕），一旦次声波引起管子周围的气压变化，管径也会随之发生微小的变化，从而在光纤上产生应力。两根光纤所受到的应力不同，可用干涉法测量。

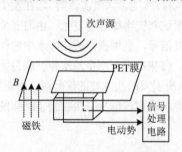

图 7-6-2　动圈式次声波传感器结构图

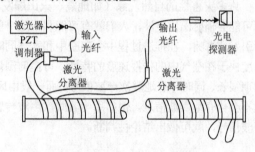

图 7-6-3　光纤次声波传感器的结构

## 7.6.3　次声波传感器的应用

### 1. 管道泄漏定位

当管壁出现破坏而产生泄漏时，管道内介质（油、气）从泄漏点喷出，管内全部介质都迅速涌向泄漏处，且在泄漏处形成振动。该振动从泄漏处以声波的形式向管道两端迅速传播，该声波包含次声波、超声波等。其中的次声波受管内的杂波影响极小，传播速度恒定，信号能够非常清晰地传递到远端捕捉次声波的传感器，当安置于管道两端的次声波传感器接收到次声波信号时，可根据接收的次声波信号信息（大小和其他特性）及接收时间来进行管道的泄漏定位，其定位原理如图 7-6-4 所示。

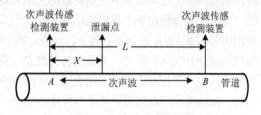

图 7-6-4　次声波定位原理

设分别于管道 $A$、$B$ 两端安置次声波传感器，泄漏处的次声波传播速度为 $v$，泄漏点到管道上端次声波传感器 $A$ 的距离为 $X$，上下端次声波传感器间的距离为 $L$，从泄漏开始计时，$A$、$B$ 两端次声波传感器捕捉到次声波时间分别为 $t_1$、$t_2$，则有

$$t_1 + t_2 = \frac{L}{v}, \qquad t_1 - t_2 = \Delta t \qquad t_1 \times v = X \tag{7-6-1}$$

整理可得：

$$X = \frac{L + \Delta t \times v}{2} \tag{7-6-2}$$

由式（7-6-2）可知，当得到管道两端次声波接收信息的时间后，计算时间差和估计波速，即可算出管道泄漏点的具体位置。

### 2. 检测器官活动

人和其他生物不仅能对次声波产生某些反应，而且他（或它）们的某些器官也会发出微弱的次声波。因此，可以利用测定这些次声波的特性来了解人体或其他生物相应器官的活动情况。例如，心音中包含很多次声频信号，某些心脏疾病与某个频段的心音异常有关，使用包含次声频段的电子听诊器，可以更好地诊断心脏疾病。目前，利用接收心脏次声原理制成的微型电子听诊器在灵敏度和功用方面已远远超过传统听诊器。电子听诊器接收到的低频和次声频心音信号还可以输到专门设计的微处理器中进行分析，以便从中提取有用信息。

### 3. 预测自然灾害性事件

许多灾害性的自然现象（如地震、火山爆发、雷暴、风暴、陨石落地、大气湍流等），在发生之前可能会辐射出次声波，人们就有可能利用这个前兆来预测和预报这些灾害事件的发生。由海底地震所引发的海啸，在推进过程中会向空中和水体同时发射低频次声波信号，利用次声波在海水中的传播速度快于在空气中的传播速度的特性，可提前测量到海啸的信息。海啸推进所产生的次声波能量大、周期很长、同时伴有地震次声波信号，而一般由风浪、潮汐和台风所引发的次生波的信号弱、周期短，也不会伴有地震波信息。例如用电容式次声波传感器既接收到了地震次声波信号又接收到了海啸的次声波信号，就可做出结论性判断。

# 7.7 微波声波及其延迟线

## 7.7.1 微波声波

微波声波指频率高于 $10^9$Hz、声波波长为微米量级的声波，其频率在电磁波中微波频率范围内，其声速只有电磁波速的十万分之一。1947 年用高次谐波法首次获得 1GHz 的体声波，即进入了微波频段。微波声学使超声学不断地向高频的发展和继续，保留了传统声学和超声学的基本原理。在理论方面，为了使固体物理学中晶格振动量子化，引入了声子概念；波长为 $\lambda$ 的声波与能量为 $hv$ 的声子（$v$ 是相应的频率，$h$ 是普朗克常数）相对应；声子作为一种准粒子，自旋为零，不显电性，遵守玻色-爱因斯坦统计分布率。因此，声场的特性就是大量声子的统计行为。在实验方面，声子束在传播介质中与晶体的热声子相互作用而迅速衰减，使微波声波的实验（尤其当频率较高时）应在低温条件下进行。因而，微波声学广泛应用于声子与光子、电子、自旋、杂质、缺陷等微观结构相互作用的研究中。

最常用的微波声波的产生和检测方法是压电的电磁激励，即在压电单晶薄片或薄膜上施加交变电磁场，激发沿厚度方向的基频或谐频共振，从而获得高频体声波。或者把经过光学加工的压电单晶的

一个端面置于强微波电磁场或谐振腔中，利用非谐振的压电表面激发得到高频体声波。微波频段的表面声波主要借助叉指换能器在施加交流电压下激发，且当所产生的表面声波的波长与叉指的周期相同时激发的效率最高。利用微波声波的体波延迟线和利用表面声波的延时、展开、过滤、相关、编码、译码等功能制成的各种表面声波器件，已被广泛应用于雷达、通信、电视、计算机等设备中。

## 7.7.2　微波声波延迟线

图 7-7-1 为基本的微波声波延迟线，主要由传播声波的晶体棒（作为声延迟介质）、电（声）转换薄膜换能器、匹配网络（或滤波器）三部分组成。微波信号通过匹配网络耦合到输入换能器，被转换成微声信号，以声速在声介质中传播而获得延迟，输出换能器把声信号转换成电信号，再通过输出匹配网络输出被延迟的电信号。

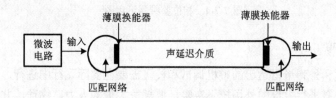

图 7-7-1　基本的微波声波延迟线

微波声波延迟线可以分为单端反射式和双端传输式两类，如图 7-7-2 所示。单端反射式延迟线只使用一个换能器作为输入/输出，每次声信号传输到晶体棒的另一端后即被抛光面反射，经过 $N$ 次反射，可以产生 0，1，2，3 等 $N$ 倍的延迟时间且成周期的回波信号。双端传输式延迟线有两个换能器：输入部分为电声换能器，输出部分为声电换能器，只能由每个输入信号得到一个输出延迟信号。

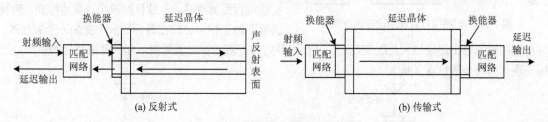

图 7-7-2　微波声波延迟线的类型

## 7.7.3　微波声波延迟线的应用

微波声波延迟线主要用于微波雷达、通信系统、信号处理、电子对抗系统、频率稳定系统、宽带滤波器、振荡器等。

### 1. 雷达测试

利用微波声波延迟线在雷达系统中产生一个返回测试信号，如图 7-7-3 所示，延迟时间比收发的恢复时间长。让返回的信号电平可调，用来校正接收机的灵敏度。虽然回波箱有类似的作用，但用微波声波延迟线不需要像回波箱那样进行十分麻烦的调谐，便可测试雷达发射的脉冲码。

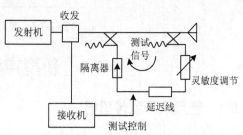

图 7-7-3　微波延迟线用于雷达测试系统

### 2．相位鉴频器

图 7-7-4(a)为由延迟线构成的基本鉴频器。由一个功分器提供近似相等的功率给延迟线（延时 $T$）和 RF 通路（延时 $\Delta T$）到混频器进行混频，混频器线性工作，使输出的电压是频率函数的正弦曲线（见图 7-7-4(b)）。一个周期的 $\Delta F = 1/(T - \Delta T)$，并且幅度与 RF 功率电平成比例。

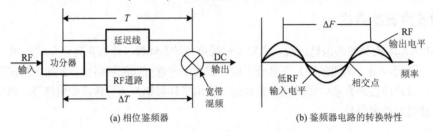

图 7-7-4　相位鉴频器示意图

### 3．飞行目标模拟

因卫星制导雷达和外弹道雷达等的整机调试和校飞需要在实际飞行中进行，所以在这些雷达的研制、调整、鉴定中需进行大量的外场校飞实验，要耗费大量的人力、物理，并且周期长。而采用飞行目标模拟则可解决上述问题，在进行目标模拟的系统中，必须有目标射频回波形成电路，其框图如图 7-7-5 所示，其中微波延迟线是关键性部件。

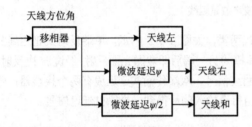

图 7-7-5　射频信号目标回波形成框图

### 4．电子干扰

图 7-7-6 示出了转发式干扰机示意图，能对跟踪雷达进行距离欺骗。一旦目标被跟踪雷达截获，转发器就开始工作，这时在目标回波上叠加一个假回波，并使假回波的输出逐渐加大及改变延迟，从而可导致敌方雷达锁定假回波，起到隐藏目标的目的，应用于现代高科技战场意义重大。

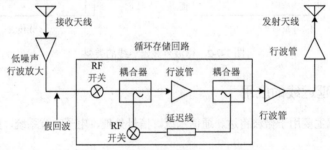

图 7-7-6　典型的转发式干扰机示意图

# 7.8　新型声波传感器及其发展

## 7.8.1　新型次声波传感器

MB2005 次声波传感器（即微气压传感器）能测量大气压中的微小变化，如远距离的空中爆炸引起的气压微小变化。当大气压改变时，无液的气压膜腔将变形，此变形将被 LVDT（线性变化的微分变换器）位移传感器测量，联合低噪声电子电路输出变形的电信号。MB2005 次声波传感器由圆柱体测量室、膜腔及 LVDT 位移传感器构成，测量室通过四个管口连接到周围的大气环境下，每个管口能接一个多微孔管形成一个微气压背景噪声消减的滤波系统。

## 7.8.2 听觉传感器

将具有语音识别功能的传感器称为听觉传感器，它属于人工智能装置，是利用语言信息处理技术制成的。机器人由听觉传感器实现"人机"对话，不仅能听懂人讲的话，而且能讲出人能听懂的语言，赋予机器人这些智慧的技术统称为语音处理系统，包括语音识别技术和语音合成技术。语音识别实质上是通过模式识别技术识别输入声音的，通常分为特定话者和非特定话者两种语音识别方式。特定话者的语音识别技术已进入了实用阶段，而自然语音的识别尚在研究阶段。前者预先提取特定说话者发音的单词或音节的各种特征参数并记录在存储器中，识别所输入声音属于哪一类，取决于待识别特征参数与存储器中预先登录的声音特征参数之间的差。实现这种技术的大规模集成电路的声音识别电路的代表型号有 TMS320C25FNL、TMS320C25GBL、TMS320CGBL 和 TMS320C50PQ 等，用这些芯片构成的传感器控制系统如图 7-8-1 所示。

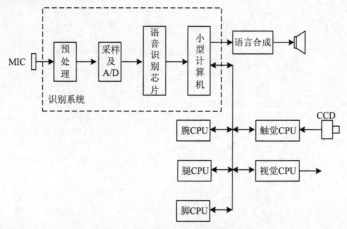

图 7-8-1　语音识别的听觉传感器的控制系统图

## 7.8.3 波传感器的发展趋势

新型声波传感器不断出现，如微波体声波谐振器、高频率和更低频率的声波传感器等，应用范围越来广。应用时可以根据设定声波信号的阈值来判定声波的有无，利用多个声波传感器来判定声波的方位和距离，将声波方位传感器装在机器人上就可以判断说话人的位置，在军事、医疗、预报及工业中有较大的用途。

声波传感器未来的发展方向主要包括：研制小型化、集成化、自动化的传感器装置及阵列传感器；进一步提高其灵密度、稳定性，并不断拓展适用的环境；拓展声学传感器应用的新领域；与其他传感器集成和融合，形成多功能传感器；从具有单纯判断功能发展到具有学习功能，最终发展到具有创造力的智能化传感器。

# 习题与思考题

7-1　什么是声波？它有何特点？

7-2　什么是 SAWH 和 APM?如何产生和接收？有哪些相应的传感器？

7-3　什么是 SAW 传感器？它有什么用途？

7-4　什么是超声波？它有何特性？简述次声波及其特点。

7-5　什么是超声波传感器？它有哪些类型？

7-6　什么是压电式超声波传感器？它由哪几部分组成？

7-7　什么是磁致伸缩效应？磁致伸缩式超声波传感器是怎样构成的？

7-8　超声波传感器有哪些常用电路？

7-9　选用超声波传感器时应注意什么？

7-10　超声波传感器有哪些应用实例？

7-11　微波传感器由哪几部分组成？

7-12　微波传感器是怎样进行检测的？它有哪几种类型？

7-13　微波传感器有什么特点？

7-14　微波传感器有哪些应用实例？

7-15　什么是听觉传感器？它是怎样实现语音识别的？

# 第 8 章 智能传感器

## 8.1 概　述

智能传感器利用计算机技术（或微处理器）与传感元件相结合，具有准确度高、可靠性高、稳定性好的优点，且具备一定的数据处理能力，功能强大。智能传感器的种类越来越多，功能也日趋完善。最早，美国宇航局（N.A.S.A.）在开发宇宙飞船的过程中提出了智能传感器（Smart Sensor 或 Intelligent Sensor）的概念。由于飞船本身的速度、位置、姿态及宇航员生活的舱内温度、气压、加速度、空气成分等都需要相应的传感器来检测，使用一台大型计算机很难同时处理如此多的传感器采集的庞大数据量。于是引入了分布处理的智能传感器概念，其思想是赋予传感器智能处理的功能，以分担中央处理器集中处理的海量计算；将传感器的敏感元件及其信号调理电路与微处理器集成在一块芯片上，称为智能式传感器，但总将传感器与微处理器集成在一块芯片上不经济。按集成化程度的不同又分为 Smart Sensor、Integrated Smart Sensor。进而实际应用中的智能传感器还必须具备学习、推理、感知、通信及管理等功能，所以，智能传感器就是一种带有微处理机的，兼有信息检测、信号处理、信息记忆、逻辑思维与判断功能的传感器。

智能传感器系统（Intelligent Sensor System）也可以简称智能传感器（Intelligent Sensor），它是传感器与微处理器、信息检测和信息处理功能结合的系统。一些工业现场总线控制系统中应用的都是带微处理器的智能传感/变送器，不仅有获取信息的功能，还有信息处理功能，属于两种功能兼有的智能传感器系统。20 世纪 80 年代末出现的模糊传感器概念就是一种能够在线实现信号处理的智能测量设备，也是一种智能传感器（系统）。20 世纪 80 年代初期，美国霍尼韦尔（Honeywell）公司就研制出世界上最早实现商品化的压阻式 ST-3000 型压力（差）智能变送器，后来美国 SMAR 公司生产出 LD302 系列电容式智能压力（差）变送器、日本横河电气株式会社生产出谐振式 EJA 型智能压力（差）变送器，它们都可用于现场总线控制系统。通过比较和总结，将智能传感器的功能概括为以下几点。

### 1. 自补偿和计算功能

为了补偿传感器的温度漂移和非线性，即使传感器加工得不太精密，只要其重复性好，通过计算功能就能获得较精确的测量结果。如美国 Case Westen Reserre 大学制造出的一个含有 10 个敏感元件、带有信号处理电路的 PH 传感器芯片，可计算其平均值、方差和系统的标准差。若某一敏感元件输出的误差大于±3 倍标准差，输出数据就将它舍弃，但输出这些数据的敏感元件仍然是有效的，只是因为某些原因使所标定的值发生了漂移。智能传感器的计算能够重新标定单个敏感元件，使它重新有效。

### 2. 复合敏感功能及其自检、自诊断、自校正功能

智能传感器能够同时测量多种物理量和化学量，具有复合敏感功能，能够给出全面反映物质和变化规律的信息，如光强、波长、相位和偏振度等参数可反映光的运动特性；压力、真空度、温度梯度、热量和熵、浓度、pH 值等分别反映物质的力、热、化学特性。

为保证传感器正常使用时有足够的准确度，一般智能传感器的微处理机内存中有校正功能的软件，操作者只要输入零位和某已知参数（如增益等），其自校软件就能将时间变化了的零位和增益校正过来，即进行了在线定期检验校正。

### 3. 具有双向通信、标准化数字输出或符号输出、显示报警及掉电保护功能

通过装在传感器内部的电子模块或智能现场通信器（S.F.C.）来交换信息，S.F.C 像一个袖珍计算机，将它挂在传感器两信号输出线的任何位置，可通过键盘的简单操作进行远程设定或变更传感器的参数，如测量范围、线性输出或平方根输出等。这样，无须把传感器从危险区取下来，极大地节省了维护时间和费用。由于微型机使其接口标准化，能与上一级微型机方便连接，所以可由远距离中心计算机来控制整个系统工作；微机结合接口数码管或其他显示器可选点显示或定时循环显示各种测量值及相关参数，也可以有打印机输出，并通过与给定值比较实现上下值的报警。由于微型机 RAM 的内部数据在掉电时会自动消失，为此在智能仪表内装有备用电源，在掉电时能自动把后备电源接入 RAM，以保证数据不丢失。

总之，它们含有控制、数据处理和数据传输功能。在传感器系统设计时可考虑预留一路模拟量输入通道，以通过计算机编程实现自校正，可以方便地实现键盘控制功能、量程自动切换功能、多路与多路通道切换功能、数据极限判断与越限报警功能。

与传统传感器相比，智能传感器的多项功能保证了它具有以下特点：它通过自动校零去除零点，能自动补偿因工作条件与环境参数发生变化引起系统特性的漂移（如温度变化而产生的零点和灵敏度的漂移），对整体系统的非线性等误差自动进行校正，对采集的大量数据的统计处理消除了偶然误差的影响，从而保证了较高的精度；它与标准参考基准实时对比以自动进行整体系统标定，当被测参数变化后能自动改换量程，能实时、自动进行系统的自我检验，分析、判断所采集到的数据的合理性，并给出异常情况的应急处理，因此保证了其高可靠性与高稳定性。它具有数据存储、记忆与信息处理功能，通过软件可进行数字滤波、相关分析等处理，可以去除输入数据中的噪声并将有用信号提取出来；通过数据融合、神经网络技术，可以消除多参数状态下交叉灵敏度的影响，确保在多参数状态下对特定参数测量的分辨能力，故具有高的信噪比与高的分辨力；能根据系统工作情况决策各部分的供电情况和与高位计算机的数据传输速率，使系统工作在最优低功耗状态并优化传输速率；它不像传统传感器那样追求自身完善、对传感器的各个环节进行精心设计与调试，而是通过与微处理器/微计算机相结合，采用集成电路工艺和芯片及强大的软件来实现，所以具有较低的价格性能比。由此可见，智能传感器是传感器领域的一次革命。

## 8.2　智能传感器的原理

欲让传感器均具有多种功能和特点，可以按照类型通过不同的方式实现其智能化。下面以计算机型智能传感器、材料型智能传感器、结构型智能传感器及集成智能传感器为例进行分类讲述。

### 8.2.1　计算机型智能传感器

利用计算机实现智能化的智能传感器称为计算机型智能传感器，它由基本传感器、信号处理电路和微处理器或计算机构成，属于最常见的智能传感器。它通过模拟电路、数字电路和传感器网络实现实时并行操作，并用优化、简化的特性提取方法进行信息处理，即使在设计完成后还可以通过重新编制程序改变算法来改变其性能，使其具有多功能适应性。图 8-2-1 为计算机型智能传感器系统的结构。通常多个基本传感器（也可以是一个）与期望的数字信号处理硬件结合，形成传感功能组件，上位计算机可以并行管理多个传感功能组件，整个系统称为计算机型智能传感器系统。按照系统结构可以分为非集成化方式、集成化方式和混合集成化方式三种类型。

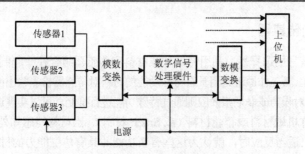

图 8-2-1 计算机型智能传感器系统的结构

### 1. 非集成化智能传感器

将基本传感器、信号处理电路和带数字总线接口的微处理器相隔一定距离组合在一起，构成非集成化智能传感器系统，其中传感器的输出信号经预处理及接口电路转换成数字信号送微处理器，其输出端通过数字接口与现场总线连接，送显示器或执行结构。这类智能传感器又称为传感器的智能化，其系统实现方式方便、快捷，在测量现场环境条件比较恶劣的情况下，便于远程控制和操作。

### 2. 集成化智能传感器

用微型计算机技术和大规模集成电路工艺，把传感元件、信号处理电路、输入/输出接口、微处理器等制作在同一块硅芯片上，形成独立的智能传感器功能块，即集成化智能传感器。它不仅具有完善的智能化功能，还具有更高级的传感器阵列信息融合等功能，从而使其集成度更高、功能更强大，其特点和原理见 8.2.4 节。

### 3. 混合集成智能传感器

将传感元件、信号处理电路、微处理器、数字总线接口等各个部分以不同的组合方式分别集成在几个芯片上，并封装在一个外壳内，就是混合集成智能传感器，其混合实现原理如图 8-2-2 所示，其中 A、B、C、D 都是集成化的智能传感器，它们可以分别制作在 1 个外壳、2 个或 3 个芯片上，按照一定的总线时序要求连接到一起并与上位计算机进行通信，上位计算机根据实际应用，协调、管理各个智能传感器。

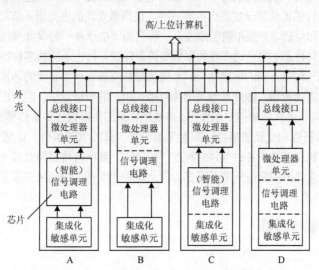

图 8-2-2 智能传感器的混合实现原理

## 8.2.2 材料型智能传感器

为增强检测输出信号的选择性，利用特殊功能材料和传感器组合在一起制成智能传感功能部件，称为材料型智能传感器。其工作原理是用具有特殊功能的材料对传感器检测输出的模拟信号进行辨别，仅选择有用的信号输出，对噪声或非期望效应则通过特殊功能进行抑制，可以实现近乎理想的信号选择性。

特殊功能材料也称机敏材料或智能材料（或 Smart 材料）。当材料能感知外界条件变化，并在分析有关信息的基础上做出适当反应时，就认为这些有新功能并具有仿生能力的材料是 Smart 材料。它们具有像生物那样的自适应能力，可实现自诊断、自我调节、再生或自修复等多种功能。将基本 Smart 材料列于表 8-2-1 中，实用时也可以将基本的 Smart 材料进行组合，获得复合 Smart 材料。

表 8-2-1　基本 Smart 材料

| 材　料　类　型 | 激　　励 | 响　　应 | 材　料　类　型 | 激　　励 | 响　　应 |
|---|---|---|---|---|---|
| 热电体 | 温度变化 | 电极化 | 光致发光材料 | 入射光 | 光发射 |
| 压电材料 | 电流（场） | 机械应变 | 电致变色材料 | 电场 | 光色泽变化 |
|  | 机械应变 | 电极化 | 形状记忆合金 | 温度变化 | 机械应变 |
| 电致伸缩材料 | 机械应变 | 电极化 | 电流变流体 | 电场 | 黏度改变 |
|  | 电流（场） | 机械应变 | 磁流变流体 | 磁场 | 黏度改变 |
| 磁致伸缩材料 | 机械应变 | 磁场变化 | 电活性聚合物 | 机械应变 | 电极化 |
|  | 磁场/电场 | 机械应变 |  | 电场/pH 变化 | 机械应变 |
| 电致发光材料 | 电场 | 光发射 |  |  |  |

在生物传感器中，Smart 材料应用广泛。由于酶和微生物对特殊物质具有高选择性，有时甚至能辨别出一个特殊分子。利用酶和微生物抑制化学元素的共存效应，可以滤出所需的特殊物质，几乎能在传感信号产生的同时完成信号的过滤，选择出所需要的信号，大大减少了信号处理时间，所以采用各种酶和微生物的生物功能可以研制出一系列不同的生物传感器。例如，血糖传感器就是一个酶传感器，其糖氧化基酶具有排他性，能选择血糖发生氧化作用，产生糖化酸和过氧化氢（$H_2O_2$）。其结构由两个电极（其中一个作为探测 $H_2O_2$ 电极，在该电极顶部固定有糖氧化基酶）、一个微安表、一个直流电源组成。该血糖传感器放置于被测血液溶液中，根据微安表的电流指示值可以确定 $H_2O_2$ 电极上产生的 $H_2O_2$ 的浓度，即可确定血液中糖的浓度。一种名为"电子鼻"的嗅觉系统就是一个化学智能传感器实例，它由有相同特性和非完全选择性的多重传感器组成，如由不同传感材料制成 6 个厚膜气敏传感器，分别对不同待测气体有不同的敏感性。6 个传感器被安装在一个普通的基片上，它们对待测气体的不同敏感模式被输入微处理器。微处理器采用类似模式识别的分析方法，辨别出被测气体的类别并计算其浓度，再由输出端口以不同的幅值显示输出。微处理器采用矩阵描述多重传感器对气体种类的敏感性，表征各个传感器的选择性和交叉敏感性，即对于每一种气体或气味组合，此装置能够形成特殊的"图样"，然后比较计算机存储器中各种气体的标准"图样"。若所有传感器对某一特定气体具有唯一选择性，那么除对角线元素之外的所有矩阵元素都为零。这种"图样"识别法克服了单个敏感元件选择性的缺点。

## 8.2.3 结构型智能传感器

### 1. 特殊结构

将传感器做成某种特殊的几何结构或机械结构，通过其特殊结构实现对传感器检测信号的处理

（即信号辨别），仅选择有用的信号，对噪声或非期望效应则通过此特殊结构抑制，从而增强了传感器检测输出信号的选择性。例如，若光波和声波从一种媒质到另一种媒质有折射和反射传播，可通过不同媒质之间表面的特殊形状来控制；凸透镜或凹透镜就是最简单的控制折射和反射的例子，只有来自目标空间某一定点的发射光才能被投射在图像空间的一个定点上，而影响该空间点发射光投射结果的其他点的散射光投射效应可由凸透镜或凹透镜在图像平面滤除。用于这些信号处理的特殊结构是相对简单、可靠的，而且进行信号处理是与传感器检测信号完全并行的，使得处理时间非常短。但信号处理的算法通常不能编制程序，一旦几何结构装配完成，就很难再修改，所以功能单一。

在声音的传感上，人的双耳对声波的定位可看作一种固有特殊形状下的信号处理功能，它就具有结构型智能传感器的性能，具有对声源在三维方向进行辨别的能力，即使两耳与声源处于一个平面之中，也能辨别声源的方向。仿生学的研究者采用放电火花作为脉冲源，通过插入外耳声道的至少三个（类似于通常辨别物体的三维位置）微型电传声器来获取信号，测量人的两耳对声波定位与寻踪相应的方向相关性，以便开发出性能更好的智能传感器。除人耳系统外，人和动物的其他器官也是具有结合结构功能的智能传感系统的例子。

### 2. Smart 结构

Smart 结构是表示结构以预先设计好的确实是有用且有效的方式，具有一种对环境条件（包括自身条件）的改变能够自适应地作出响应的能力。Smart 结构自适应功能的引入使结构变得更为灵巧和智能。例如，Smart 电梯可以基于电梯的实际运行经历做出过载响应，给用户发出信号，说明电梯是否老化或带伤运行，并依据相应的信息确定电梯当前的健康状态，指出什么时候电梯处于过载状态，明确显示电梯应退出服务的时间。

仿生 Smart 结构是 Smart 结构的高级阶段。当生物体感知时，把从传感器获取到的信息送入大脑，生物本能地有一个目标或目的，将需要的周围环境变化记忆在大脑中，大脑将感知和内存进行分析判断，对肌肉或执行器官发出命令，并采取适当的行动。例如，传感器感知到环境过热时，执行器立即动作，离开热区。

## 8.2.4　集成智能传感器

集成智能传感器属于计算机型智能传感器，也是应用最广泛的智能传感器，其特点如下。①微型化：如微型压力传感器可以小到放在注射针头内送进血管以测量血液流动情况，装在飞机或发动机叶片表面用以测量气体的流速和压力。②结构一体化：采用 MEMS 工艺，在硅杯的非受力区制作调理电路、微处理器单元，甚至微执行器，实现了整个系统的一体化。③精度高：结构一体化后改善了迟滞和重复性指标，减小了时间漂移，减小了由引线长度带来的寄生参量的影响。④多功能化：如可感受压力、压差及温度三个功能，并有处理信号功能。⑤阵列式：如集成化应变式面阵触觉传感器有 1024 个（32×32）敏感阵列触点，再配合处理电路和相应图像处理软件，可实现成像。⑥全数字化：将微结构的固有谐振频率设计成某种物理参量（如温度或压力）的单值函数，可直接输出数字量，方便地与微处理器接口。⑦使用方便，操作简单：它没有外部连接元件，外接连线包括电源线、通信线可以少至 4 条；还可以自动进行整体自校，无须长时间地反复多环节调节与校验。总之，集成智能传感器可实现高自适应性、高精度、高可靠性与高稳定性。按传感器的集成度不同分成三种形式：初级形式、中级形式和高级形式。下面分别举例介绍。

### 1. 初级形式

将没有微处理器单元，只有敏感单元与信号调理电路的并被封装在一个外壳里的形式称为智能传感器的初级形式，也称为"初级智能传感器"（Smart Sensor）。它只具有比较简单的自动校零、非线性的自动校正和温度自动补偿功能。这些功能通常由硬件智能调理电路实现，且这类智能传感器的精度和性能与传统传感器相比得到了一定的提高。

【例】MOTOROLA 公司的 MPX3100 单片集成压力传感器是一个初级形式的智能传感器，其被测量包括差压、表压、绝对压力，量程为 0～100kPa。单个 X 型的压敏电阻器由应变仪+温度补偿、校准和信号调理+激光修正组成，其结构如图 8-2-3 所示。它利用单片压敏电阻器产生随压力变化的输出电压，再由横向电压抽头的对准度决定失调误差。

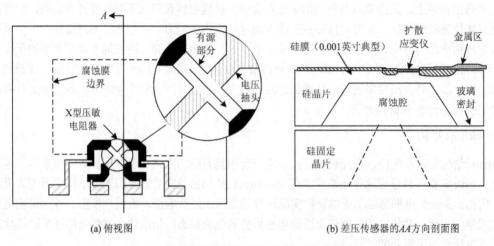

(a) 俯视图　　　　　　　　　　　　　　(b) 差压传感器的 AA 方向剖面图

图 8-2-3　X 型压阻压力传感器基本结构图

图 8-2-4 示出了 MPX3100 内部线路图，其中 $OA_1$、$OA_2$ 构成同相串联差动运算放大器，共模增益为零。其零位为 0.5V，满量程为 2.5V。$R_7$、$R_8$、$OA_3$ 为精密电压基准，校准整个系统的零位输出电压，保证零位输出 0.5V。放大器 $OA_2$、$OA_4$ 用于保证系统满量程输出。采用激光修正电阻器 $R_G$ 的方法校准。一般半导体器件均受温度的影响，为消除影响需进行补偿。

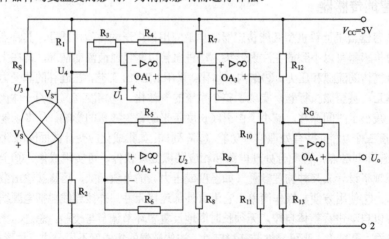

图 8-2-4　MPX3100 内部线路图

① 满量程温漂补偿：X 型压力传感器输出电压随温度的升高而降低，$\alpha_T = -0.19\%/℃$。因为此输出与激励电压成比例关系，给激励电源串联一个有负温度系数的电阻器 $R_S$，以补偿输出电压的降低量。且传感器本身电阻的正温度系数也有一定的补偿作用，补偿精度达到 0.5%。

② 零位温漂补偿：一般可通过光刻工艺使零位失调和温漂做得很小，在要求较高和宽温度范围内需进行补偿。图中对 $OA_1$ 进行零位温漂补偿以提高输入阻抗；$OA_2$ 将差分输出转换为单端对地输出，通过阻抗转换提高共模抑制比。补偿电阻 $R_3$ 可采用小信号分析法求得：

$$R_3 = \left( \frac{\Delta U_1}{\Delta U_2} \times R_5 \right) - \frac{R_1 \cdot R_2}{R_1 + R_2} \tag{8-2-1}$$

### 2. 中级形式

中级形式是在初级形式的基础上增加了微处理器和硬件接口电路，扩展功能有自诊断（指故障、超量程）、自校正（进一步消除测量误差）、数据通信，这些功能主要以软件的形式来实现，因此它的适应性更强。

【例】 Honeywell 的 ST-3000 型智能压力传感器。图 8-2-5 示出其原理框图和实物图，包括检测和变送两部分。被测的力或压力通过隔离的膜片作用于扩散电阻上，引起阻值的变化，扩散电阻电桥的输出代表被测压力的大小，在硅片上制成两个辅助传感器，分别检测静压力和温度，在同一个芯片上检测出差压、静压、温度三个信号，经多路开关分时地送接到 A/D 转换器中变成数字信号送到变送部分。由微处理器 CPU 处理这些数据，并用 ROM 中的主程序控制传感器工作的全过程，PROM 负责进行温度补偿和静压校准，RAM 中存储设定的数据，EEPROM 作为 ROM 的后备存储器，现场通信器发出的通信脉冲叠加在传感器输出的电流信号上。I/O 既可将来自现场通信器的脉冲从信号中分离出来送到 CPU 中，又可将设定的传感器数据、自诊断结果、测量结果送到现场通信器中显示。现场通信器可设定检查工作状态，将三参数传感与智能化的信号调理功能融为一体。此系统消除了交叉灵敏度的影响，精度高、稳定性好。其微处理器容易实现现场与远程通信，能与现场通信器（SFC）进行双向通信，通过 SFC（带 LCD 显示器）来调节传感器参数，如重新设定量程、自动调零等，特别适用于现场总线测控系统。数字输出的双向通信还可进行自诊断。检查系统的工作状态便于发现问题并及时纠正。其测量精度优于±0.1%，输出信号有 4~20mA 标准模拟信号（信噪比为 0.075%FS）和数字信号（信噪比为 0.0625%FS）两种，有 −40℃~110℃ 的宽域温度及 0~210kgf/cm² =22Atm 的静压补偿。此外还有 MPX2100/4100A/5100/5700 系列集成硅压力传感器，及适合测量管道中的绝对压力和 PPT、PPTR 系列可实现网络的智能精密压力传感器等。

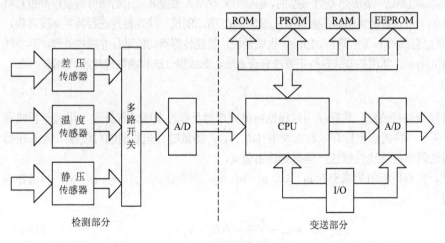

(a) 原理框图　　　　　　　　　　　　　　　　　　　(b) 实物图

图 8-2-5　ST-3000 系列智能压力传感器

### 3. 高级形式

在中级形式的基础上，高级形式实现了硬件上的多维化和阵列化，软件上结合神经网络技术、人工智能技术（专家系统、遗传算法等）和模糊控制理论，甚至预测控制理论等，使它具有人脑的识别、记忆、学习、思维等基本功能。它的集成度进一步提高，具有更高级的智能化功能，还具有更高级的传感器阵列信息融合功能，以及成像与图像处理等功能，最终将达到和超过人类"五官"对环境的感测能力，部分代替人的认识活动，已能够进行多维检测、图像显示及识别等。图 8-2-6 示出了高级智能传感器处理系统，它是由运算传感器、神经网络和数字计算机组成的传感处理系统，其传感器可进行局部处理、目标优化、数据缩减和样本特征提取，神经网络能进行传感信息处理、高层次特征辨识、全局性处理和并行处理，数字计算机可以用算法、符号进行运算，进而可实现未来的任务，如应用机器智能的故障探测和预报、目标成分分析的远程传感和用于资源有效循环的传感器智能。

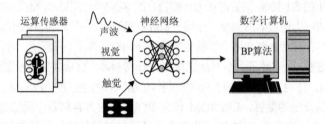

图 8-2-6  高级智能传感处理系统

## 8.3　智能传感器的数据处理技术

智能传感器涉及的数据很多，包括检测到的数据、处理过程的数据和输出结果的数据，主要指输入非电量、输出电量和误差量等，其数据处理的功能越来越强大，下面介绍主要部分，包括非线性校正、自校准、自补偿与自适应、自诊断和噪声抑制与弱信号检测等。

### 8.3.1　非线性校正

大多数传感器的实际检测结果都是非线性关系的，但信号处理单元希望其输出的信号与被检测信息呈线性关系，如图 8-3-1(a)所示。智能传感器都能自动按图 8-3-1(b)所示的反非线性特性进行特性刻度转换，使输出 $y$ 与输入 $x$ 呈理想直线关系（见图 8-3-1(c)）。也就是说，智能传感器均能进行非线性处理，其非线性转换框图如图 8-3-1(d)所示。常用的非线性校正方法有查表法、曲线拟合法和函数链神经网络法。

### 1. 查表法

查表法是一种分段线性插值法，实际使用时根据精度要求对反线性曲线进行分段，用若干折线逼近曲线，如图 8-3-2 所示，将折点坐标存入数据表中（$u_k$，$x_k$），测量时首先要明确对应输入量 $x_i$ 在哪一段，然后根据此段的斜率进行线性插值，即得到输出值 $u_i$。

下面以四段为例，折点坐标值为横坐标 $u_1$、$u_2$、$u_3$、$u_4$、$u_5$；纵坐标 $x_1$、$x_2$、$x_3$、$x_4$、$x_5$；写出各线性段的输出表达式为

第 $k$ 段：

$$y_i = x_i = x_k + \frac{x_{k+1} - x_k}{u_{k+1} - u_k}(u_i - u_k) \qquad (8\text{-}3\text{-}1)$$

式中，$k$ 为折点的序数，四条折线有五个折点 $k = 1$、2、3、4、5。图 8-3-3 所示为由 $u_i$ 求取 $x_i$ 的非线性自校正流程框图。

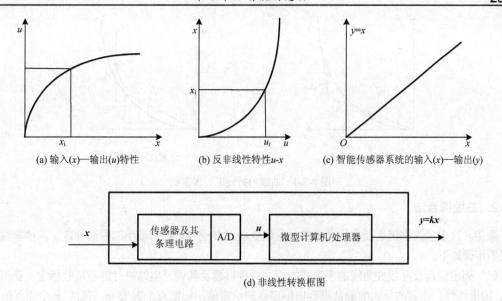

(a) 输入(x)—输出(u)特性　　　(b) 反非线性特性u-x　　　(c) 智能传感器系统的输入(x)—输出(y)

(d) 非线性转换框图

图 8-3-1　智能传感器的非线性校正原理及其转换框图

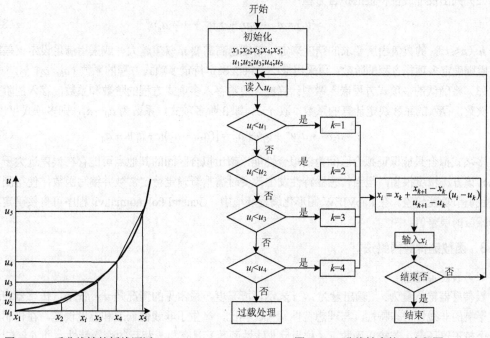

图 8-3-2　反非线性的折线逼近　　　　　　　　图 8-3-3　非线性自校正流程图

　　通常折线与折点的确定有 $\Delta$ 近似法与截线近似法两种方法。图 8-3-4 示出了曲线的折线逼近误差图，无论哪种方法，所确定的折线与折点坐标值都与要逼近的曲线之间存在误差 $\Delta$。按照精度要求，各点误差 $\Delta_i$ 都不得越过允许的最大误差界 $\Delta_{max}$，即 $\Delta_i \leqslant \Delta_{max}$。$\Delta$ 近似法中，折点（图中 $x_i$）在 $\pm\Delta_{max}$ 误差限上，折线与逼近曲线之间误差的最大值为 $\Delta_{max}$，且有正有负。截线近似法利用标定值作为折点的坐标值，折点（$x_i$）在曲线上，折线与被逼近的曲线之间的最大误差在折线段中部，应控制误差值不大于允许误差界 $\Delta_{max}$，各折线的误差符号相同，或全为正或全为负。

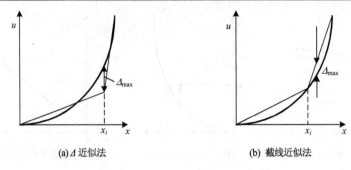

(a) $\Delta$ 近似法 　　　　　　　　(b) 截线近似法

图 8-3-4　曲线的折线逼近误差图

### 2. 曲线拟合法

采用 $n$ 次多项式来逼近反非线性曲线，且该多项式方程的系数由最小二乘法确定。具体非线性自校正的步骤如下。

（1）列出逼近反非线性曲线的多项式方程。对传感器及其调理电路进行静态试验标定，获得静态输入-输出特性。由静态标定实验数据列出标定点的标定值，标定点个数为 $m$，包括 $m$ 个输入值和 $m$ 个输出值：以输入为 $x_1$、$x_2$、$\cdots$、$x_m$，输出为 $u_1$、$u_2$、$\cdots$、$u_m$，获得校准曲线。

（2）列出反非线性特性的拟合方程：

$$x_i(u_i) = a_0 + a_1 u_i + a_2 u_i^2 + \cdots + a_n u_i^n \tag{8-3-2}$$

式中 $n$（$n \leq m$）的数值由所要求的精度来定，精度越高需要 $n$ 取值越大，或采用满足设定误差限的最小值原则确定多项式方程的阶数；再采用最小二乘法确定待定多项式方程的系数（$a_0$, $a_1$, $x_2$, $\cdots$, $x_n$）。

（3）将确认的多项式方程嵌入微型计算机。通常存入多项式方程的阶数和系数，存入的阶数决定循环次数，存入的系数决定计算的系数。取 $n=3$，即 3 阶多项式，系数为 $a_0 \sim a_3$，则多项式可以写成：

$$x = a_3 u^3 + a_2 u^2 + a_1 u + a_0 = [(a_3 u + a_2)u + a_1]u + a_0 \tag{8-3-3}$$

多项式拟合只能保证拟合区间内的拟合性能，超出拟合区间的其他点可能存在误差远大于期望的情况。该方法精度很高，但当传感器特性发生改变时需重新确定待定常数并编写函数，使得测试系统的自我调节功能较差。在 LabVIEW 图形化编程环境中，General Polynomial.vi 程序可直接确定各项系数和相应的误差值。

### 3. 函数链神经网络法

（1）传感器建模

设传感器输入量为 $x$，输出量为 $u$，$t$ 表示环境温度，最常见的情况是 $u = f(x, t)$，传感器表现为随温度影响的非线性静态特性，与理想特性 $u = kx$ 相比，产生了非线性误差和温度误差。在传感器后串联一个校正器环节，若校正函数 $F$（称为反非线性函数）具有与 $f$ 相反的变换特性，即 $F = f^{-1}$，那么输出就有：

$$y = F(u) = F[f(x,t)] = f^{-1}[f(x,t)] = kx \tag{8-3-4}$$

从而实现了传感器特性的校正，如图 8-3-5 所示。问题的关键在于如何找到反非线性函数 $F$。根据回归分析法，求解反非线性特性多项式为

$$F(u_i) = a_0 + a_1 u_i + a_2 u_i^2 + a_3 u_i^3 + \cdots + a_n u_i^n \tag{8-3-5}$$

式中 $n$ 为多项式阶数，$n$ 越大就越接近真实的反非线性函数，校正的结果就越精确。实际上，随着 $n$ 的增

大，$a_n u_i$ 项会迅速减小，因此 $n$ 值不必取太大，一般取 $n = 3$ 即可满足要求。应用中可以根据实际情况来选择合适的 $n$ 值。待定常数 $a_0, a_1 \sim a_n$ 可由函数链神经网络法通过对一组标定样本值的学习自动求出。

（2）函数链神经网络的传感器建模

在进行神经网络算法之前，应先通过传感器标定试验获得几组输入-输出标定值对 $(x_i, u_i)$（$i$ 表示输入-输出值的序号），标定点应分布于整个测量范围。为了保证学习过程收敛，还应把 $u_i$ 归一化到[-1, 1]上。即令 $v_i = u_i / u_{max}$，$u_{max}$ 为 $u_i$ 的最大绝对值或稍大于最大绝对值的一个整数值。图 8-3-6 给出了一函数链神经网络的传感器建模。图中 $W_j$（$j = 0, 1, \cdots, n$）为网络的连接权值，连接权值的个数与反非线性多项式的阶数相同，即 $j = n$。假设神经网络的神经元是线性的，函数链神经网络的输入值为 $1, v_i, v_i^2, \cdots, v_i^n$，其中 $u_i$ 为静态标定实验中获得的标定点输出值。函数链神经网络的输出值为

$$x_i^{est}(k) = \sum_{j=0}^{n} v_i^j w_j(k) \tag{8-3-6}$$

式中，$x_i^{est}$ 为输出估计值，将其与标定值进行比较，可得出估计值误差为

$$e_i(k) = x_i - x_i^{est}(k) \tag{8-3-7}$$

式中，$x_i$ 为第 $i$ 个标定点的输出值，也是精神网络的第 $i$ 个期望值；$x_i^{est}(k)$ 为第 $k$ 步精神网络输出估值。

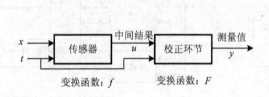

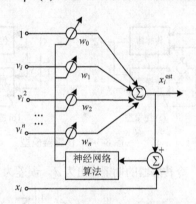

图 8-3-5　　非线性校正原理图　　　　　　　图 8-3-6　　函数链神经网络的传感器建模

利用神经网络算法调节网络连接权，方法如下：

$$w_j(k+1) = w_j(k) + \eta_i e_i(k) v_i^j \tag{8-3-8}$$

式中，$\eta_i$ 为影响迭代的稳定性和收敛速度的因子（即学习因子）。

按照式（8-3-6）、式（8-3-7）和式（8-3-8）的顺序，用各个标定值不断轮流调整网络连接权，直到在某一轮学习中，估计误差[$e_i(k)$]的均方差达到一个足够小的值。此学习过程结束，得到最终的连接权 $w_j$（$j = 0, 1, 2, 3, \cdots, n$）。那么式（8-3-5）中的待定系数 $a_j$（$j = 0, 1, \cdots, n$）就是：

$$a_j = w_j / (u_{max})^j \qquad (j = 0, 1, 2, \cdots, n) \tag{8-3-9}$$

一般权值的初始值取[-1, 1]之间的一随机数，$W_0$ 与 $W_1$ 为同一数量级，$W_2$ 比 $W_1$ 至少低一个数量级，$W_3$ 比 $W_2$ 低更多的数量级，数量级依据非线性程度的不同而不同。$n$ 的选择影响迭代稳定性和收敛速度，若太大则收敛速度快，但稳定性不好；太小则稳定性好，但收敛速度慢。为了兼顾两者，可将 $n$ 取为变数：学习刚开始时取一个较大的值，随着学习过程的深入逐渐减小。

（3）传感器模型

传感器模型如图 8-3-7 所示。在图 8-3-7(a)的传感器逆模型建立过程中，训练的目标是误差 $e$ 为

$$e = x_1 - x = h(u,t) - x = 0 \qquad (8\text{-}3\text{-}10)$$

式中 $h(u,t)$ 为传感器逆模型，显然校正器与逆模型仅差一个线性系数 $k$。误差 $e$ 是模型参数的非线性函数，要实现非线性的最优化，传统算法如梯度法、牛顿法或共轭梯度法等比较复杂，人工神经网络具有处理非线性优化的能力，可以作为一个辨识模型，其参数表现为网络的权值，由学习算法调节，只要系统可逆，总可找到一个多层网络，逼近传感器的逆模型。图 8-3-7(b) 示出了传感器的静态模型图，神经网络作为传感器的辨识模型，由于多层网络作为一个非线性映射，内部包含大量的非线性处理单元和权连接，只要隐层单元足够，定能使网络模拟传感器的输入-输出特性。将实际测得的传感器数据作为样本送到多层网络中学习，即可确定网络内部权重。然而由于多层网络的复杂性，用于实时测量、在线控制软件实现时尚不理想。在单片机等实现的智能传感器中，用函数链网络模型具有实际意义。

图 8-3-8 中，设第 $i$ 个样本输入为 $x_i$、$t_i$，通过函数型连接 $F$ 后获得函数型输入 $f_{i1}, \cdots, f_{in}$，同时引入一个 +1 作为传感器可能的零点迁移，因而有

$$y_i = \sum_{j=0}^{n} w_j f_{ij} = W^{\mathrm{T}} F_i = F_i^{\mathrm{T}} W \qquad (8\text{-}3\text{-}11)$$

式中，$f_{i0}=1$，$W = [w_0, w_1, \cdots, w_n]^{\mathrm{T}}$，$F_i = [f_{i0}, f_{i1}, \cdots, f_{in}]^{\mathrm{T}}$。

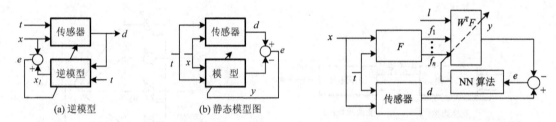

(a) 逆模型　　　　　　　　(b) 静态模型图

图 8-3-7　传感器模型　　　　　　　　图 8-3-8　$F$ 函数链神经网络的模型

令传感器的期望输出为 $d_i$，误差为

$$E = \frac{1}{2}\left[ \sum_{i=1}^{I}(d_i - y_i)^2 \right] = \frac{1}{2}\sum_{i=1}^{I}(d_i^2 - 2F_i^{\mathrm{T}}W d_i + W^{\mathrm{T}}F_i F_i^{\mathrm{T}}W) \qquad (8\text{-}3\text{-}12)$$

式中 $I$ 为总样本数。

用梯度法调节权系数 $W$ 使误差最小，于是根据自适应最小摄动的基本思想，权系数矢量迭代公式为

$$W(k) = W(k-1) + \Delta W(k), \quad \Delta W = -\eta(d_i - F_i^{\mathrm{T}}W)F_i \qquad (8\text{-}3\text{-}13)$$

式中，$\eta$ 为步长，通常 $0 < \eta < 1.0$。运算过程中可以试舍去绝对值最小的权系数对应的函数项，多次循环后，求出最简单的函数型连接 $F$。最后，得到传感器模型：

$$y = f(x,t) = \omega_0 + \sum_{j=1}^{n} \omega \cdot f_j(x,t) \qquad (8\text{-}3\text{-}14)$$

把训练数据对中 $x$ 与 $d$ 对调，则可求得传感器逆模型。

## 8.3.2　自校准

通过传统的传感器技术将零位漂移和灵敏度漂移控制在一定的限度内代价很高，借助微处理器的计算能力可自动校准由零点电压偏移和漂移、各种电路的增益误差及器件参数的不稳定等引起的误差，从而提高传感器的精度，简化硬件并降低对精密元件的要求。

假设一传感器系统经标定实验得到的静态输出（$y$）与输入（$x$）特性如下：

$$y = a_0 + a_1 x = (P + \Delta a_0) + (S + \Delta a_1)x \qquad (8-3-15)$$

式中，$a_0$ 为零位值；$a_1$ 为灵敏度，又称传感器系统的转换增益；$P$ 为零位值的恒定部分；$S$ 为增益的恒定部分。$\Delta a_0$ 为零位漂移；$\Delta a_1$ 为灵敏度漂移。

对于理想的传感器系统，$a_0$、$a_1$ 为常数。但实际上传感器系统存在对非目标参量的交叉灵敏度，其各种内在和外来的干扰量使性能不稳定，如电源电压、工作温度的变化，以及决定放大器增益的外接电阻随温度而变化会使其增益变化等。可见零位漂移将引入零位误差，灵敏度漂移会引入测量误差（$\Delta a_1$）$x$。智能传感器系统欲自动校正因零位漂移、灵敏度漂移引入的误差，通常采用以下三种方法实现实时自校准或标定，它们能够实现自校准的范围与自校准的完善程度是不同的，所采用的标准量也各不相同。

**1. 实现自校准功能方法一**

图 8-3-9(a)示出了自校准功能实现的原理框图，该实时自校准环节不含传感器。标准发生器产生的标准值 $U_R$、零点标准值与传感器输出参量 $U_x$ 为同类属性。如果传感器输出参量为电压，则标准发生器产生的标准值 $U_R$ 就是标准电压，零点标准值就是地电平。多路转换器是可传输电压信号的多路开关。微处理器在每一特定的周期内发出指令，控制多路转换器执行三步测量法，使自校环节接通不同的输入信号。

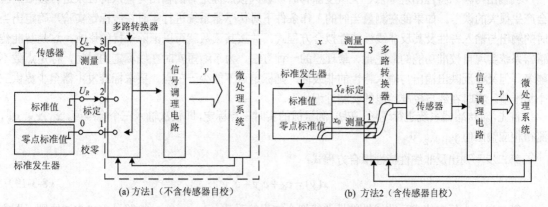

(a) 方法1（不含传感器自校）    (b) 方法2（含传感器自校）

图 8-3-9  智能传感器系统实现自校正功能原理框图

第一步校零：输入信号为零点标准值，输出值为 $y_0 = a_0$。
第二步标定：输入信号为标准值 $U_R$，输出值为 $y_R$。
第三步测量：输入信号为传感器的输出 $U_x$，输出值为 $y_x$。
于是被校环节的增益 $a_1$ 可根据式（8-3-15）得出：

$$a_1 = S + \Delta a_1 = \frac{y_R - y_0}{u_R} \qquad (8-3-16)$$

则被测信号 $U_x$ 为：

$$U_x = \frac{y_x - y_0}{a_1} = \frac{y_x - y_0}{y_R - y_0} U_R \qquad (8-3-17)$$

可见，这种方法实时测量零点，实时标定灵敏度或增益 $a_1$。对于一个宽量程多挡多增益系统，对每挡增益值都应实时标定进行自校。因此，标准发生器给出的标准值也应有多个，一个增益值就需设置一个标准值。多个标准值的建立采用经济的方法，如用一个标准值对多个增益实时标定的自校。

### 2. 实现自校准功能方法二

图 8-3-9(b)示出含传感器在内的实时自校传感器系统。如果输入压力传感器的被测目标参量是压力 $p = x$，则由标准压力发生器产生的标准压力为 $P_R = X_R$，若传感器测量的是相对大气压 $P_0$ 的压差（又称表压），那么零点标准值就是 $x_0 = P_0$。多路转换器可选择非电型的可传输流体介质的气动多路开关（如扫描阀）；微处理器在每一特定的周期内发出指令，控制多路转换器执行校零、标定、测量三步测量法，可得全系统的增益或灵敏度 $a_1$ 和被测目标参量 $x$ 分别为

$$a_1 = s + \Delta a = \frac{y_R - y_0}{x_R}, \qquad x = \frac{y_x - y_0}{a_1} = \frac{y_x - y_0}{y_r - y_0} x_R \qquad (8\text{-}3\text{-}18)$$

式中，$y_R$ 为标准值 $x_R$ 输入量的输出值，$y_0$ 为零点标准值 $x_0$ 输入量的输出值，$y_x$ 为被测目标参量 $x$ 输入量的输出值。

整个传感器系统的精度由标准发生器产生的标准值的精度来决定。只要求被校系统的各环节（如传感器、放大器、A/D 转换器等）在三步测量所需时间内保持短暂稳定。在三步测量所需时间间隔之前和之后产生的零点、灵敏度时间漂移、温度漂移都不会引入测量误差。这种实时在线自校准功能，可以采用低精度传感器、放大器、A/D 转换器等环节来达到高精度测量结果。

### 3. 实现在线自校准功能方法三

当输出与输入特性出现零点、灵敏度漂移时，若只按照标定时的输出与输入特性来进行读数，就会产生很大的误差。如果能在测量当时的工作条件下对传感器系统进行实时在线标定实验，确定出当时的输出与输入特性及其反非线性特性拟合方程式，并按其读数就可以消除干扰的影响，这是智能传感器系统实现自校准功能的最完善、最理想的一种方法。为了缩短实时在线标定的时间，标定点数不能多，但又要反映出输出与输入特性的非线性，则标定点不能少于三点，要求标准发生器至少提供三个标准值。实时在线自校准功能的实施过程如下。

首先，对传感器系统进行现场、在线、测量前的实时三点标定，即依次输入三个标准值，$x_{r1}, x_{r2}, x_{r3}$，测得相应输出值 $y_{r1}, y_{r2}, y_{r3}$。

第二步，列出反非线性特性拟合方程式：

$$x(y) = c_0 + c_1 y + c_2 y^2 \qquad (8\text{-}3\text{-}19)$$

第三步，由标定值求反非线性特性曲线拟合方程的系数 $c_0$、$c_1$、$c_2$，按照最小二乘法原则，即方差最小来定。

在反非线性特性拟合方程式（8-3-19）被确定后，系统可由转换开关转向测量状态，求出输出值即代表系统测出的输入待测目标参量 $x$。因此，只要传感器系统在实时标定与测量期间保持输出与输入特性不变，系统的测量精度就取决于实时标定的精度，其他任何时间特性的漂移带来的不稳定性都不会引入误差。

对一个在 100℃ 变化范围内有零漂、温漂、总误差达 ±1% 的压力传感器系统，采用满度值精度为 ±0.02% 的标准压力值进行实时三点校准/标定，可达到整个系统的短时精度优于 ±0.1%FS。但是这种实时校准/标定方法要求提供至少三个标准值的一套外围设备。图 8-3-10 示出了 780B（PCU）压力自校准系统原理示意图。图中 EV$_1$ ~ EV$_5$ 为电驱动阀门，由微处理器经控制线 $P_{1.1}, P_{1.2}, P_{1.3}, P_{1.4}, P_{1.5}$ 发出控制信号来控制气路是通还是断。气动开关受气动控制压力 $P_{1.1}, P_{1.2}$ 的控制，均是 0.7MPa，在程序控制指令下控制压力 $P_1$ 工作，推动气动开关使压力传感器与校准管路接通，处于校准状态。有三个标准压力值：$P_{R1}, P_{R2}, P_{R3}$，按顺序施加到被校传感器上。校准结束时，控制压力 $P_2, R_1, R_2$ 工作（$P_1$ 放掉），推动气动开关使传感器回到测量状态，测压孔与被测压力 $P_x$ 接通。$R_1, R_2, R_3$ 是三个压力调节器，将它们

事先调节到合适位置，可得到三个不同数值的标准压力值：$P_{R1}$，$P_{R2}$，$P_{R3}$。它们的精确值由高精度压力传感器读出。

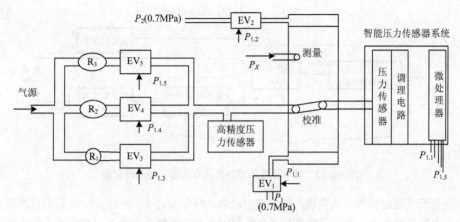

图 8-3-10　压力自校正系统原理框图

## 8.3.3　自补偿

在实际运行过程中，传感器会因多种误差因素的影响而性能下降，因此误差补偿技术的应用势在必行。特别是时域中的温度误差补偿，以及频域中工作频带的扩展。

（1）温度补偿。对于非温度传感器而言，温度是传感器系统中最主要的干扰量，在经典传感器中主要采用结构对称方式来消除影响。在智能传感器系统中，通常采用监测补偿法，即通过对干扰量的监测，再经过相应的软件处理达到误差补偿的目的。

（2）频率补偿。频率补偿的实质就是拓展智能传感器系统的带宽以改善系统的动态性能，目前主要采用数字滤波法和频域校正法。图 8-3-11 示出了数字滤波法补偿过程示意图，其思想是给当前传感器系统（传递函数为 $W(s)$）附加一个传递函数为 $H(s)$ 的环节，于是新系统的总传递函数（$I(s)=H(s)\cdot W(s)$）可以满足动态性能要求。图 8-3-12 给出了系统动态特性频域校正过程，频域校正的前提是已知系统的传递函数，经过快速傅里叶变换 FFT、校正和快速傅里叶反变换 IFFT 以达到要求。

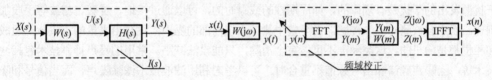

图 8-3-11　数字滤波法补偿　　　　　　　图 8-3-12　系统动态特性频域校正过程

## 8.3.4　自适应

传感器的自适应量程，要综合考虑被测量的数值范围，以及对测量准确度、分辨率的要求等诸因素来确定增益（含衰减）挡数和切换的准则。数字温度传感器的工作频带不够宽，不能覆盖被测信号包含的所有频率分量，造成被测信号高频分量的衰减，使传感器动态响应性能变差。在传感器后增加一个补偿环节以拓宽其工作频带，可有效改善传感器的动态响应性能。图 8-3-13 示出了数字温度传感器自适应动态补偿原理框图。图中 $T_i$ 为被测温度，$W(s)$ 为数字温度传感器的传递函数，$x(n)$ 为传感器的输出量，$A(s)$ 为选择开关的传递函数，$H(s)$ 为补偿网络的传递函数，$y_C(n)$ 为动态补偿的输出结果，$L(z)$

为数字动态滤波器的系统函数，$y_L(n)$为数字低通滤波器的输出结果，$y(n)$为数字温度传感器自适应动态补偿的输出结果，于是数字温度传感器动态补偿后的传递函数 $C(s)$ 为

$$C(s) = W(s) A(s) H(s) \tag{8-3-20}$$

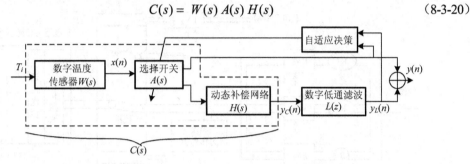

图 8-3-13　数字温度传感器自适应动态补偿原理框图

其中选择开关通过软件方式实现，其为理想网络，即有 $A(s)=1$。根据 $y_L(n)$ 与自适应决策阈值完成是否进行动态补偿的决策：①当温度变化相对迅速时，自动选择动态补偿，拓宽工作频带以满足系统要求，此时 $y(n) = y_L(n)$；②当温度变化缓慢时，中止动态补偿，选择直通信号，防止高频噪声干扰，此时 $y(n) = x(n)$。

## 8.3.5　自诊断

如果传感器在使用过程中发生故障，可能导致整个系统运行瘫痪。因此，当某个传感器发生故障后就希望能够及时进行检测。自诊断程序步骤一般可以有两种：一种是设计独立的"自检"功能，在操作人员按下"自检"按键时，系统将按照事先设计的程序完成一个循环的自检，并从显示器上观察自检结果是否正确；另一种是在每次测量之前插入一段自检程序，若程序不能往下执行而停在自检阶段，则说明系统有故障。

## 8.3.6　噪声抑制与弱信号检测

噪声是扣除被测信号真实值之后的各个测量值，是由材料或器件的物理原因引起的。而干扰是由非被测信号或非测量系统引起的，是可以减小或消除的外部扰动，从理论上讲干扰属于可排除的噪声。很多干扰源发出的干扰是有规律的，如周期性的或瞬时的，可以通过接地、屏蔽、滤波等手段加以消除或削弱。而来自被测对象、传感器乃至整个测控系统内部的噪声，往往由大量的短尖脉冲组成，其幅度和相位都是随机的，这类噪声不可能完全消除，只能设法减小。常用的噪声抑制技术包括滤波和相关技术等，当噪声频谱和信号频谱不重合时，可以考虑利用滤波技术滤除噪声，而当信号和噪声频谱有重叠时，则考虑利用其他相关技术等来消除噪声。

检测弱信号的前提是要区分信号和噪声的不同。如噪声没有重复性，是随机出现的，不同时刻的噪声之间是不相关的；而弱信号是有用信号，信号间是有关联的，采用两种方法检测。

（1）窄带滤波法：利用信号的功率谱密度较窄而噪声的功率谱密度相对很宽的特点，使用一个窄带通滤波器将有用信号的功率提取出来。由于窄带通滤波器只让噪声功率的很小一部分通过，能滤掉大部分噪声功率，所以输出信噪比能得到很大提高。

（2）取样积分法：利用周期性信号的重复特性和取样积分器的电路原理，在每个周期内对信号的一部分取样一次，然后经过积分器取出平均值，因而各个周期内取样平均信号的总体便展现了待测信号的真实波形。与此同时，由于取样点的重复及积分器的抑噪作用，大大提高了信噪比。

# 8.4　智能传感器的接口技术

## 8.4.1　数据输出接口电路

智能传感器输出的数字信号具有远程通信能力，而常规仪器仪表中的传感器将输出信号送入处理显示单元中，工控系统中的传感器则挂在数据总线上，通过总线进行数据传输。目前模拟信号有相应的工业标准，如电压为 0～5V，电流为 4～20mA，而数字信号无统一一标准。为了解决分布式控制和监测问题，工控领域出现了一种新的现场总线（Field Bus）技术，各大公司都按自己的标准开发产品，但其标准接口及协议各不相同，目前国际有关标准化组织正在积极筹划推出统一的国际标准。作为过渡，现在制定了智能传感器的通信协议 HART，它与现有的（4～20mA）模拟系统兼容，即在模拟信号上叠加专用频率信号即可使用。因此，按照这个协议，模拟信号和数字信号用数据输出接口电路可以同时通信。

## 8.4.2　智能传感器的接口芯片

现在已研制出一些专门的集成电路芯片，用来对敏感元件的信号进行放大、滤波、A/D 转换及数据处理，如通用传感器接口芯片 USIC、信号调节电路 SCA2095 和其他接口芯片等。

### 1．通用传感器接口芯片 USIC

USIC 接口芯片具有智能传感器所需要的各种信号处理能力，并在大多数场合只需少量的外围元件就可以提供复杂的高质量处理能力。图 8-4-1 示出了基于 USIC 的智能温度压力传感器，其方框中为 USIC 芯片图，每一部分的输出均有引脚引出，如用户选择是否使用运放或多路开关，可根据需要灵活地组织使用。外围用 PN 结 $VD_1$ 作为温度传感器，压力传感器由具有压阻效应的敏感元件构成测量电桥。当受外界压力作用时，电桥的输出电压直接送到运放 A 放大，其输出通过一个 $R_1C_1$ 网络组成的低通单极点滤波器送给 A/D 转换器。$R_2$ 和 $VD_1$ 构成分压电路，当温度变化时 $VD_1$ 的正向压降会变化，该信号提供给运放 B 构成的两极点切比雪夫滤波器（其增益达到 4mV/℃）。ADC 的精度受运放 A 的 CMRR 的限制，采用 0.1%的电阻可达到 55dB。压力传感器是非线性的，特别是热灵敏度漂移，且 $VD_1$ 更是一个非线性元件，采用模拟的方法很难修正这些误差，因此，校准、线性化和偏移校准由 RISC 处理器在数字电路中控制，片外 EEPROM 可用来储存数据，进行查表处理等工作，使传感器的测量精度更高。USIC 通过串行接口 RS 485 同现场总线控制器连接，由通用接口芯片构成的智能压力传感器就通过现场总线连入测控系统。

### 2．信号调节电路 SCA2095

SCA2095 是利用压阻效应的全桥设计传感器（或应力计、加速度计等）的信号调节电路的集成芯片，如图 8-4-2 所示。它采用 EEPROM 掉电后数据不丢失的存储芯片进行校准、温度补偿，有传感器输出保护和诊断的功能，能调节增益和传感器电桥偏移，能修正灵敏度误差。芯片的外部数据接口采用三线制，即串行时钟 SLCK、数据输出 DO、数据输入 DI。通过 CPU 的操作设置零位偏移、温度、零点温度补偿、输出基准、增益温度补偿等寄存器。这些寄存器中的值通过 D/A 转换器变成模拟量叠加在调节电路中，从而改变了传感器的特性。

### 3．其他接口芯片

常用的其他接口芯片有 AD7705、AM401 和 ESI520。AD7705 是应用于低频测量的模数转换器接口芯片，由多路混合器、缓和器、可编程增益放大器、Σ–Δ 转换器及数字串行界面组成，具有两路模拟输入，可以方便地进行温度补偿。AM401 包括电流输出、电压输出及比例输出和开关输出，可以同各种气敏传感器连接。ESI520 由微处理器和一个混合信号 ASIC 组成，ASIC 由仪表放大器、参考可调的 D/A 转换器、可编程增益放大器、低频滤波器、温度传感器及串行接口等组成。进而诸多公司都不断推出和完善自己的接口芯片，而且功能也日趋完善。

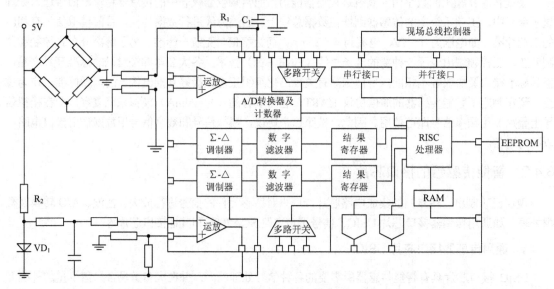

图 8-4-1　基于 USIC 的智能温度压力传感器

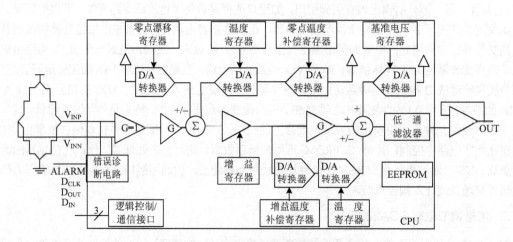

图 8-4-2　SCA2095 信号调节电路图

### 8.4.3　IEEE 1451 智能传感器的接口标准

美国国家标准技术研究所（NIST）和 IEEE 成立了专门的委员会，相继推出了 IEEE 1451 系列标准：IEEE 1451.0～IEEE 1451.5。IEEE 1451 标准定义了传感器或执行器的软/硬件接口标准，使不同的现场网络之间可以通过应用所定义的接口标准互连、互操作，解决不同网络之间的兼容性问题，使传感器厂家、系统集成商和用户有能力以低成本去支持多种网络和传感器家族，并且通过简单连线降低了系统的总消耗。IEEE 1451 标准的软件接口部分主要由 IEEE 1451.0 和 IEEE 1451.1 组成，借助面向对象模型来描述网络化智能传感器的行为，加强了 IEEE 1451 标准族成员之间的互操作性。硬件接口部分由 IEEE 1451.X（X 代表 2～6）组成。

IEEE 1451.0 标准定义了通用功能、通信协议和传感器电子数据表格（Common Functions，Communication Protocols，and Transducer Electronic Data Sheet（TEDS）），定义了一套使智能传感器顺利接入不同测控网络的软件接口规范。通过定义一个包含基本命令设置和通信协议的独立于网络适配器（Network Capable Application Processor，NCAP）到传感器模块接口的物理层，为不同的物理接口提供通用、简单的标准。该系列所有标准都支持 TEDS，为传感器提供了自识别和即插即用的功能。

IEEE 1451.1 标准定义了网络独立信息模型，是传感器接口与 NCAP 相连的软件接口，使用面向对象的模型定义提供给智能传感器及其组件。该模型由一组对象类组成，具有特定的属性、动作和行为，为传感器提供一个清楚、完整的描述，为传感器接口提供了一个与硬件无关的抽象描述。该标准通过采用一个标准的应用编程接口（API）来实现从模型到网络协议的映射。同时以可选的方式支持所有接口模型（如其他的 IEEE 1451 标准提供的智能变送器接口模块 STIM（Smart Transducer Interface Module）、变送器总线接口模块 TBIM（Transducer Bus Interface Module）和混合模式传感器）的通信方式。此标准通过客户端、发布端和订阅端的对象实例化及实施服务对象的操作程序来实现这些网络通信模型。对任何一个具体的网络，它只是要求网络软件提供一个代码库，库中包括把 IEEE 1451.1 的数据形式转换成在线传输格式的编排规则及把在线传输格式的数据恢复成 IEEE 1451.1 的数据形式的反编排规则。

EEE 1451.2 标准规定了一个连接传感器和微处理器的数字接口，描述了电子数据表格（TEDS）及其数据格式，提供了一个连接 STIM 和 NCAP 的 10 线的标准硬件接口 TII，可以把一个传感器应用到多种网络中，使传感器具有"即插即用"（plug-and-play）兼容性。IEEE 1451.2 智能传感器模块框图如图 8-4-3 所示。

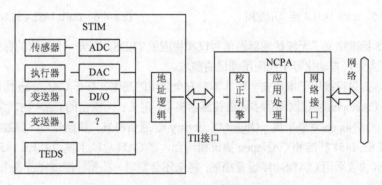

图 8-4-3　IEEE 1451.2 智能传感器模块框图

IEEE 1451.3 标准定义了一个标准物理接口标准，以多点设置的方式连接多个物理上分散的传感器。提议以一种"小总线"（mini-bus）方式实现传感器总线接口模型（TBIM），此小总线足够小且便宜，可以轻易地嵌入到传感器中，从而允许通过一个简单的控制逻辑接口进行最大量的数据转换。图 8-4-4 示出了其物理连接表示。其中一条单一的传输线既被用作支持传感器的电源，又用来提供总线控制器与传感器总线接口模型 TBIM 的通信。NCAP 包含了总线的控制器和支持多个不同终端、NCAP 和传感器总线的网络接口。一个传感器总线接口模型 TBIM 可以有一到多个不同的传感器。所有 TBIM 都包含五个通信函数，在一个物理传输媒介上最少利用其中两个通信通道，也定义了几种TEDS，如通信 TEDS、模型总体 TEDS 和传感器特定的 TEDS。

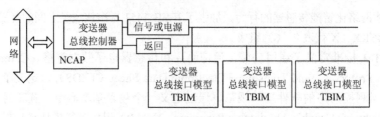

图 8-4-4　IEEE 1451.3 的物理连接

　　IEEE 1451.4 标准是基于已存在的模拟量传感器连接方法提出的一个混合模式智能传感器通信协议，为具有智能特点的模拟量传感器连接到合法的系统指定 TEDS 格式。所提议的接口标准将与 IEEE 1451.X 网络化传感器接口标准兼容。它定义了一个允许模拟量传感器以数字信息模式（或混合模式）通信的标准，使传感器能进行自识别和自设置；定义了一个混合模式传感器接口标准，模拟量传感器将具有数字输出能力。图 8-4-5 示出了基于 IEEE 1451.4 的混合模式传感器（传感器和执行器）和接口的关系图，它将建立一个标准允许模拟输出的混合模式的传感器与 IEEE 1451 兼容的对象进行数字通信。每一个 IEEE 1451.4 兼容的混合模式传感器将至少由一个传感器、传感器电子数据表单 TEDS 和控制与传输数据进入不同的已存在的模拟接口的接口逻辑组成，如图 8-4-6 所示。

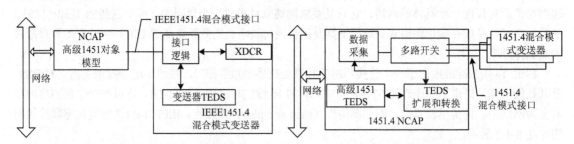

图 8-4-5　IEEE 1451.4 接口示意图　　　　　图 8-4-6　IEEE 1451.4 的 NCAP

　　IEEE 1451.5 标准定义了无线传感器通信协议和相应的 TEDS，构筑一个开放的标准无线传感器接口，从而适应工业生产自动化等不同应用领域的需求。

　　IEEE 1451.6 提议标准用于本质安全和非本质安全应用的高速、基于 CANopen 协议的传感器网络接口。建立基于 CANopen 协议网络的多通道传感器模型，定义一个安全的 CAN 物理层，使 IEEE 1451 标准的 TEDS 和 CANopen 对象字典（Object Dictionary）、通信消息、数据处理、参数配置和诊断信息一一对应，使 IEEE 1451 标准和 CANopen 协议相结合，在 CAN 总线上使用 IEEE 1451 标准传感器。标准中 CANopen 协议采用 CiADS404 设备描述；将来还会制定一些新标准或完善各个标准，使传感器更容易使用和管理。

## 8.4.4　基于 IEEE 1451 标准的传感器

### 1. 基于 IEEE 1451.2 的网络化光纤传感器

　　光纤传感器结合微处理器（单片机 89S52）构成 STIM 模块，以 CAN 总线接口作为 TII 接口，与虚拟的 NCAP 连接，构造了一个虚拟 NCAP 的网络传感器系统，其总体结构框图如图 8-4-7 所示。其中以 PC 为虚拟的 NCAP 模块和 CAN 总线网络环境，STIM 模块直接与 CAN 总线连接，只要是带有 CAN 总线标准接口的现场传感器就可以即插即用。图 8-4-8 示出了网络化监测系统结构，采用模块化结构将传感器和网络技术有机地结合起来，各个智能变送器接口模块 STIM 能通过标准的网络适配器

NCAP 模块接入 Internet。同时通过在 NCAP 模块中实现 TCP/IP 协议栈使整个智能变送器成为一个独立的嵌入式设备，可以在任何联网的地方用普通浏览器对智能变送器模块进行监测；现场测控数据就近登临网络，实时发布和共享信息，可方便地构成在线测试系统，实现远程访问功能。

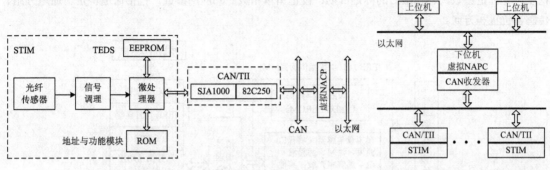

图 8-4-7　基于 IEEE 1451.2 的网络传感器系统　　　　图 8-4-8　网络化在线监测系统结构

### 2．基于 IEEE1451.4 的稳态燃烧烟雾机控制系统设计

烟雾机是一种最常见的烟雾发生装置，用于地面病虫害的防治。其以单片机 C8051 为核心的控制系统和智能传感器接口标准 IEEE 1451.4 使普通的温度传感器升级为智能传感器。图 8-4-9 示出了稳态燃烧烟雾机总体结构。其动力部分包括燃烧室、供油系统、点火系统、配风系统、启动系统和供药系统；雾化部分包括喷管、药喷嘴；控制部分由热电偶温度传感器和以单片机为核心的外围电路组成，其中热电偶为 K 型（镍铬-镍硅），测温范围为-50～1300℃。工作时，发动机启动后通过链传动带动风机运转，产生的气流起助燃作用；点火成功后油泵向燃烧室供油，通过喷油嘴喷出，遇火燃烧；然后药液由药泵输送至药液喷嘴喷出，药液利用燃烧所产生的高温气体的热能及风机产生高速气体的动能，将药剂裂解挥发而雾化并随气流喷洒到目标区域；工作流程全部由控制部分的单片机控制继电器自动完成。正常工作后要实时调节药液的流量以保证最佳的雾化效果。实现方式为：由热电偶监测喷管口的实际温度值并与雾化效果最佳时的温度值进行比较，经单片机控制算法软件处理后，由步进电动机带动流量调节阀对喷药量进行调节，从而达到最佳雾化效果。

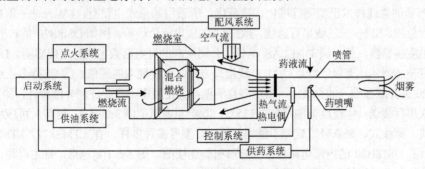

图 8-4-9　带控制功能的稳态燃烧烟雾机总体结构

图 8-4-10 示出了基于 IEEE 1451.4 的稳态燃烧烟雾机控制系统的硬件组成，除了控制烟雾机自动启动、点火、喷油、喷药等开关动作外，主要作用是利用喷管口的温度变化自动调节喷药量；根据远程参数，显示传感器的测量状态、设备运行状态；增加了 MMI（混合接口智能传感器）和 NCAP 接口模块。在混合接口智能传感器和 NCAP 的实现上，用 IEEE 1451.4 TEDS 对传感器进行动态标定和校准，且远程监控模块通过 NCAP 读/写对应的 TEDS，以实现远距离监控模块与传感器的"无缝"连

接，便于烟雾机操作过程中的实时控制。根据 IEEE 1451.4 标准，配置的 TEDS 智能传感器的标定可以自动完成。烟雾机控制系统中温度等传感器的 TEDS 配置了以下参数：①识别参数，包括生产厂家、模块代码、序列号、版本号和数据代码；②设备参数，包括传感器类型、灵敏度、传输带宽、单位和精度；③标定参数，包括最后的标定日期、校正引擎系数；④应用参数，包括通道识别、通道分组、传感器位置和方向。

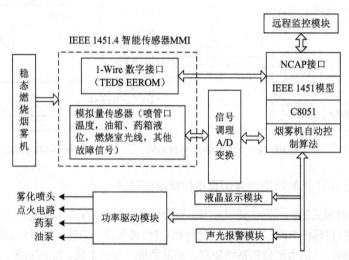

图 8-4-10　基于 IEEE 1451.4 的稳态燃烧烟雾机控制系统的硬件组成

# 8.5　智能传感器应用实例

## 8.5.1　智能温度传感器

### 1. 基于 1-WIRE 总线的 DS18B20 智能温度传感器

智能传感器的总线技术已实现标准化、规范化，所采用的总线主要有：1-Wire——单总线、USB——通用串行总线、SPI——三线串行总线、I²C——二线串行总线等。例如 DSI8B20 是基于 1-Wire 总线的智能型温度传感器，是美国 DALLAS 半导体公司生产的可组网数字式温度传感器。DS18B20 器件与其他温度传感器相比有以下特点：① 单线接口方式，可实现双向通信；② 支持多点组网功能，多个 DS18B20 可并联在唯一的总线上，实现多点测温；③使用中不需要任何外围器件，测量结果以 9 位数字量方式串行传送；④温度范围−55～+125℃；⑤电源电压范围 3～+5V。封装后可应用于多种场合，如管道式、螺纹式、磁铁吸附式和不锈钢封装式，型号多种多样，有 LTM8877、LTM8874 等。图 8-5-1 示出了 DS18B20 的内部电路框图和外形引脚连接图。图 8-5-1(a)包括：寄生电源、温度传感器、64 位 ROM 与单总线接口、高速暂存器、高温触发寄存器 TH 和低温触发寄存器 TL、存储与逻辑控制、8 位循环冗余校验码（CRC）发生器等 7 部分。图 8-5-1(b)示出了 3 脚 PR-35 封装和 8 脚 SOSI 封装，以便于不同的应用。一般采用 3 脚：电源线、地线和一根串行数据读出或写入 I/O 接口线，以串行通信的方式与微控制器进行数据通信；8 脚芯片中其他 NC（Network Computer）端子支持多点组网功能。

图 8-5-2 示出了 DS18B20 的测温原理框图。低温度系数振荡器温度影响小，用于产生固定频率信号 $f_0$ 送计数器 1，高温度系数振荡频率 $f_C$ 随温度变化，产生的信号脉冲送计数器 2。计数器 1 和温度寄存器被预置在−55℃对应的基数值，计数器 1 对低温度系数振荡器产生的脉冲进行减法计数。当计数器

1 预置减到 0 时温度寄存器加 1（计数器 2 减 1），计数器 1 预置重新装入，计数器 1 重新对低温度系数振荡器计数。如此循环，直到计数器 2 计数到 0，停止对温度寄存器累加，此时温度寄存器中的数值即为所测温度。高温度系数振荡器相当于 $T/f$ 温度频率转换器，将被测温度 $T$ 转换成频率信号 $f$，当计数门打开时对低温度系数振荡器计数，计数门的开启时间由高温度系数振荡器决定。

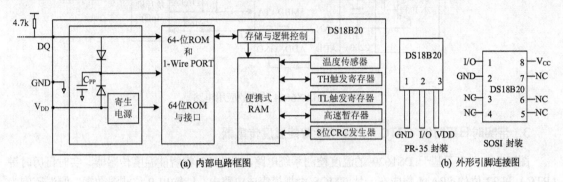

图 8-5-1   DS18B20 电路框图

图 8-5-3 示出了 DS18B20 传感器的应用连接方法。图 8-5-3(a)为接口连接原理图，电源 VDD 接外电源，GND 接地，I/O 输出端数据线（又称 DQ）要连接 4.7kΩ 的上拉电阻器，再与微处理器的端口 P2.0 连接。图 8-5-3(b)为省电方式，利用 CMOS 管连接传感器数据总线，微处理器控制 CMOS 管的导通截止，为数据总线提供驱动电流，这时 VDD 接地线，传感器处于省电状态。图 8-5-3(c)为漏极开路输出方式，其输出端 DQ 属于漏极开路输出，传感器数据线通过上拉电阻器，保证常态为高电平，只要有电源供电，传感器就处于工作状态，另外可以在 DQ 单总线上连接其他驱动。

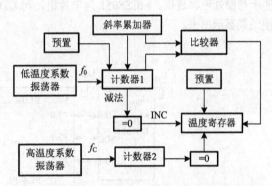

图 8-5-2   DS18B20 智能温度传感器测温原理框图

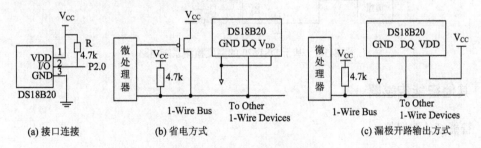

图 8-5-3   DS18B20 连接方式

## 2. 基于 SMBus 的 MAX6654 型智能温度传感器

MAX6654 是二极管精密数字温度计，属于双通道智能温度传感器，能同时测量远程温度和本地温度（即芯片的环境温度），其典型应用电路如图 8-5-4 所示。它采用 System Management Bus（SMBus）总线接口，有多种工作模式可供选择，并具有可编程的欠温/超温报警输出功能。可对 PC、笔记本电脑和服务器中 CPU 的温度进行监控。SMBus 串行接口能与 I²C 总线兼容，总线上最多可接 9 片 MAX6654。

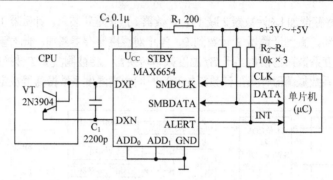

图 8-5-4　MAX6654 的典型应用电路

### 3. 带实时日历时钟（RTC）的多功能智能温度传感器

图 8-5-5 示出了基于 DS1629 的温度检测系统电路。DS1629 将智能温度传感器、实时日历时钟（RTC）和 32 位的 SRAM 集成在一片 CMOS 大规模集成电路中，能输出 9 位测温数据，测温范围为 −55℃～+125℃，分辨力为 0.5℃，温度/数据转换时间为 0.4s，带二线串行接口（漏极开路的 I/O 线），便于与微处理器通信。MCS8051 为单片机，与 CD4511 七段译码器、74LS154 的 4 线-16 线译码器，使结果显示出来。

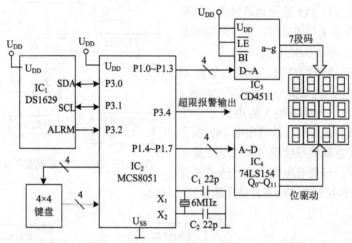

图 8-5-5　基于 DS1629 的温度检测系统电路

## 8.5.2　其他智能传感器

### 1. 智能红外测温仪

图 8-5-6 示出了智能红外测温仪结构框图，它用来模拟生物眼睛，加之神经网络技术，允许进行"图样"识别和物体辨识，进行滤波，从背景中提取有用和必要的数据。它具有信息处理与计算功能，可用软件进行线性化处理；具有自调整功能，进行量程和数据修正，可方便地对系数、参数进行修改设置（如报警值）；可直接输出数字信号，测量数据可方便地进行存取；具有通信接口功能；采用软件代替了部分比较复杂的硬件电路，如同步检波、加法器、$\varepsilon$ 调节电路、线性化电路等，使整体性能得到大幅提高；可用于军事目标搜索、报警、跟踪制导、空间飞行和航空监视系统，机器人和工业处理系统，环境监测和污染警告系统。另外，美国 Merritt 系统公司（MSI）开发了超声智能传感器，传感

器都有以微处理器为中心的数据处理电路，通过测量超声波而得到传感器到目标的距离，传感器通过标准串行口与 PC 通信，用户可以通过图形化人机接口监视目标距离，还可以根据需要改变传感器的参数。其高精度型：测距范围为 25～600mm，采样频率为 200Hz，精度为 0.25mm，工作频率为 40kHz。

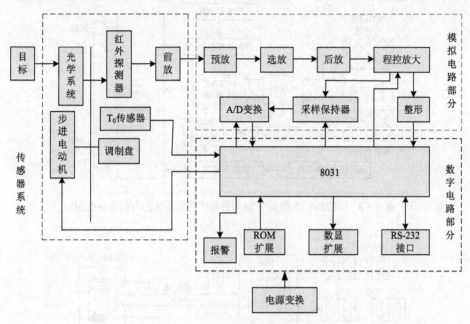

图 8-5-6　智能红外测温仪结构框图

## 2. 三维集成智能传感器

图 8-5-7 示出了日本设计的三维多功能单片传感器，它在硅片上分层集成了敏感元件、电源、信号处理、存储器、传输器等多个部分，将光电转换等检测功能和特征抽取等信息处理功能集成在一硅片上。其基本工艺过程是先在硅衬底上制成二维集成电路，然后在上面依次淀积 $SiO_2$ 层和多晶硅，再用激光退火晶化形成第二层硅片，其上制成二维集成电路，依次一

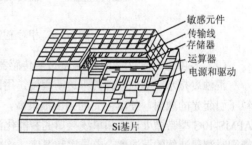

图 8-5-7　三维多功能单片智能传感器

层一层地做成三维 IC。上面一层是 PN 结光敏二极管，下面一层是信号处理电路，其光谱效应线宽为 400～700mm。它属于三维多功能的集成智能传感器，是以硅片为基础超大规模集成的，将平面二维集成发展为三维集成，实现了多层结构，是智能传感器的一个重要发展方向。

## 3. 多功能智能传感器

### （1）多功能式湿度/温度/露点智能传感器系统

瑞士 Sensirion 公司推出的 SHT11/15 型高精度、自校准、多功能式智能传感器，兼有数字湿度计、温度计和露点计这 3 种仪表的功能，可广泛用于工农业生产、环境监测、医疗仪器、通风及空调设备等领域。图 8-5-8 示出了 SHT11/15 型湿度/温度智能传感器系统的内部电路框图，外形尺寸仅为 7.62mm×5.08mm×2.5mm，质量只有 0.1g，其体积与一个大火柴头相近。图 8-5-9 示出了其相对湿度/温度测试系统的电路框图，它能测量并显示相对湿度、温度和露点。SHT15 作为从机，89C51 单片机作为主机，二者通过串行总线通信。相对湿度测量范围为 0～99.99%RH，测量精度为±2%RH，分辨力为 0.01%RH；温度测量范围为–40℃～+123.8℃，测量精度为±1℃，分辨力为 0.01℃；露点测量精度为<±1℃，分辨力为±0.01℃。

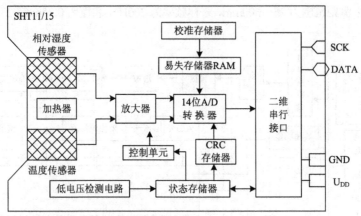

图 8-5-8　SHT11/15 型湿度/温度智能传感器系统的内部电路框图

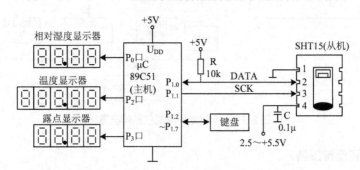

图 8-5-9　相对湿度/温度测试系统的电路框图

（2）多功能式混浊度/电导/温度智能传感器系统

混浊度指水或其他液体的不透明程度，用比值表示。当单色光通过含有悬浮粒子的液体时，悬浮粒子引起光的散射，使单色光的强度被衰减，可用衰减量比值代表液体的混浊度。图 8-5-10 示出了APMS-10G 型带微处理器和单线接口的智能化混浊度传感器系统的内部框图，其外形如图 8-5-11 所示，能同时测量液体的混浊度、电导率和温度，构成多参数在线检测系统，可广泛用于水质净化、清洗设备及化工、食品、医疗卫生等领域。

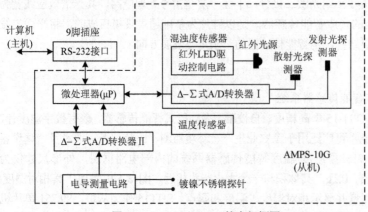

图 8-5-10　APMS–10G 的内部框图

图 8-5-11　APMS–10G 的外形

# 8.6　智能传感器新技术及其发展

大多数智能传感器都涉及多种学科、多个领域的高新技术，但目前远没有达到真正的人工智能水平，为提高传感器智能化、微型化的程度，还需要向多传感器融合技术、模糊技术、人工神经网络技术、微传感器系统等方面发展。

## 8.6.1　多传感器信息融合技术

在多传感器系统中，信息表现形式的多样性、信息数量的巨大性、信息关系的复杂性及要求信息处理的实时性、准确性和可靠性，都已大大超出了人脑的信息综合处理能力，多传感器信息融合技术便应运而生，在 20 世纪 70 年代，MSIF 由美国国防部最先提出，多年来得到了巨大的发展，并已被应用到多个领域。与经典信号处理方法之间存在本质的区别，多传感器信息融合关键在于信息融合所处理的多传感器信息具有更为复杂的形式，各信息之间有独立、竞争、互补和合作关系，通过融合手段将有着各种关系的多源信息去伪、去粗和升华，便可得到更加准确、完备的信息，并且这种融合还可以在不同的信息层次上出现。与单传感器相比，多传感器信息融合能够增加测量的维数和置信度，改进系统的探测性能和生存能力，扩展空间和时间的覆盖范围，改进系统可靠性和可维护性，提高系统容错性和鲁棒性，达到系统内优势互补和资源共享，提高了资源的利用率，同时还可以减少传感器数量，大大降低系统的成本。

### 1. 多传感器信息融合的定义

多传感器信息融合（Multi-Sensor Imformation Fusion，MSIF）也称为多传感器数据融合（Multi-Sensor Data Fusion，MSDF），简称信息融合，被认为是对自动检测、互连、关联、估计和联合的多源信息进行多级、多层次的处理，利用多个传感器的联合数据及关联数据库提供的相关信息得到比单个传感器更准确、更详细的推论。

结合工程技术领域中的实际应用，认为 MSIF 有 3 层含义。①它是信息的全空间，包括确定的和模糊的、全空间的和子空间的、同步的和异步的、数字的和非数字的，它是复杂的多维多源的，覆盖全频段。②信息的综合、融合不同于组合。组合指外部特性；综合指内部特性，是系统动态过程中的一种信息综合加工处理。③信息的互补过程，包括信息表达方式的互补、结构上的互补、功能上的互补、不同层次的互补，它是融合算法的核心，只有互补信息的融合才可以使系统发生质的飞跃。总之，MSIF 被定义为利用计算机技术对时序获得的若干传感器的观测信息在一定准则下加以分析、综合，以完成所需的决策和估计任务而进行的信息处理过程。

### 2. MSIF 的原理

（1）基本原理

MSIF 是人类和其他生物系统中普遍存在的一种基本功能，人类本能地具有将身体上的各种功能器官（眼、耳、鼻、四肢）所探测的信息（景物、声音、气味和触觉）与先验知识进行综合的能力，以便对它周围的环境和正在发生的事件做出估计。由于人类的感官具有不同的度量特征，可测出不同空间范围内发生的各种物理现象，因而这一处理过程是复杂的，也是自适应的，它将各种信息（图像、声音、气味和物理形状或描述）转化为对环境的有价值的解释。实际上 MSIF 是对人脑综合处理复杂问题的一种功能模拟，它通过把多个传感器获得的信息按照一定的规则组合、归纳、演绎，得到对观测对象的一致解释和描述。MSIF 的基本框架包含四个主要元素：①信息源元素（含传感器元素），给系统提供原始信息；②信息转换、传递、交换元素，能完成信息的预处理；③信息互补、综合处理元素，能完成信息的再生、升华；④信息融合处理报告元素，可输出融合处理结果。

（2）MSIF 的模型

建立系统模型是设计信息融合系统的第一步，直接决定了整个系统功能的好坏。根据工程的实际需求（如成本、可行性、可靠性等），可以设计出不同类型的 MSIF 信息融合模型，现有功能模型、结构模型和数学模型。功能模型从融合过程出发描述信息融合，包括主要功能、数据库，以及信息融合系统各组成部分之间的相互作用过程；结构模型从信息融合的组成出发，说明信息融合系统的软/硬件组成、相关数据流、系统与外部环境的人机界面；数学模型则在功能和结构模型分析的基础上，建立各个数学关系模型。

根据融合的功能层次把信息融合分为五级功能模型，依次为检测-判决融合、位置融合、目标属性识别信息融合、态势估计及威胁估计等层次。其中前三个层次的信息融合适用于任意的多传感器信息融合系统，而后两个层次主要适用于指挥、控制、通信、计算机、情报、监视和侦查中的信息融合。通常信息融合本身主要发生在检测级、位置级和属性级，因而在讨论结构模型时只考虑这 3 级的融合结构。从分布检测的角度看，检测级融合结构主要有 5 种，即分散式结构、并行结构、串行结构、树状结构和带反馈并行结构。从多传感器系统的信息流通形式和综合处理层次上看，位置级融合结构主要有 4 种，即集中式、分布式、混合式和多级式；属性级数据融合结构主要有 3 种，即决策层属性融合、特征层属性融合和数据层属性融合；属性级融合结构若从信息输入和输出的角度上进行划分，称为数据-特征-决策模型（Data Feature Decision，DFD），DFD 模型可分为 5 类，数据输入-数据输出融合（Data In-Data Out，DAI-DAO）、数据输入-特征输出融合（Data In-Feature Out，DAI-FEO）、特征输入-特征输出融合（Feature In-Feature Out，FEI-FEO）、特征输入-决策输出融合（Feature In-Decision Out，FEI-DEO）、决策输入-决策输出融合（Decision In-Decision Out，DEI-DEO）。图 8-6-1 给出了属性级数据融合结构和 DFD 结构的关系图。

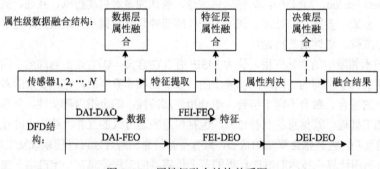

图 8-6-1　属性级融合结构关系图

（3）MSIF 的算法

目前，MSIF 技术已有很多融合算法，且大都是根据具体问题提出的，对特定领域的问题能获得最优效果。因此，现有的融合算法都有一定的适用范围。根据不同的准则，MSIF 算法有不同的分类方法，常用的融合算法概括为经典方法和现代方法两大类。经典的融合算法是基于经典数学方法的一类融合算法，主要有贝叶斯估计（Bayesian Inference）、加权平均法（Weighted Average Method）、极大似然估计（Maximun Likeli-hood）、D-S 证据理论（Dempster-Shafer Inference）、卡尔曼滤波（Kalman Filter）等。现代融合算法是根据人工智能理论、现代信息论等发展起来的一类融合算法，常用的主要有：聚类分析（Cluster Analysis）、模糊逻辑（Fuzzy Logic）、神经网络（Neural Networks）、小波理论（Wavelet Theory）、粗糙集理论（Rough Set Theory）、支持向量机（Support Vector Machines）等方法，对它们的简要介绍列于表 8-6-1 中。

表 8-6-1　MSIF 算法

| 融合算法 | 算法描述 | 优点 | 缺点 |
|---|---|---|---|
| 贝叶斯估计法 | 根据观测空间的先验知识，贝叶斯理论提供一种计算后验概率的方法，实现观测空间中目标的识别 | 有数学公理基础，易于理解，计算量小 | 先验知识不易获得，适用的范围比较小 |
| D-S 证据理论 | 将前提严格的条件从可能成立的条件中分离开来，使任何涉及先验概率的信息缺乏得以显示，能够区分未知性和不确定性 | 有数学公理基础，易于理解，计算量小 | 先验知识不易获得，适用的范围比较小 |
| 加权平均法 | 将来自不同传感器的冗余信息进行加权，得到加权平均值即为融合的结果 | 信息丢失少，适合对原始数据进行融合 | 需建立数学模型或统计特征，适用范围有限 |
| 极大似然估计 | 将融合信息取为使似然函数达到极值的估计值 | 信息丢失少，适合对原始数据进行融合 | 需建立数学模型或统计特征，适用范围有限 |
| 卡尔曼滤波 | 在已知系统数学模型的情况下，利用状态空间方程和测量模型递推出在统计意义下最优的融合数据估计 | 信息丢失少，适合对原始数据进行融合 | 需建立数学模型或统计特征，适用范围有限 |
| 聚类分析 | 根据样本自身的属性，用数学方法按照某种相似性或差异性指标，定量地确定样本之间的亲疏关系，并按照这种亲疏关系程度对样本进行聚合分类 | 对先验知识没有要求，适合模式类数目不是精确知道的标识性应用 | 对数据的要求较高（分离度要好），忽略了数据的非线性 |
| 模糊逻辑 | 它是一种多值型逻辑，指定一个从 0～1 之间的实数表示其真实度 | 对问题描述清晰，同人类语言相近，扩展性好 | 计算量大 |
| 神经网络 | 通过神经网络特定的学习算法来获取知识，得到不确定性推理机制，然后根据这一机制进行融合和再学习 | 对先验知识没有要求，适合模式类数目不是精确知道的标识性应用 | 运算量大，规则难建立 |
| 小波理论 | 采用逐渐精细的时域和频域步长，聚焦到分析对象的任意细节 | 噪声抑制强，应用范围广 | 运算量大 |
| 粗糙集理论 | 是一种刻画不完整性和不确定性的数学工具，能有效地分析不精确、不一致、不完整等各种不完备的信息，也可以对数据进行分析和推理，从中发现隐含的知识，揭示潜在的规律 | 不需要预先给定数学描述，而是直接从给定问题的知识分类出发，导出决策规则，避免了"维数"爆炸 | 运算量大，不易实现 |
| 支持向量机 | 将向量映射到一个更高维的空间里，在这个空间里建有一个最大间隔超平面，在分开数据的超平面的两边建有两个互相平行的超平面，建立方向合适的分隔超平面，使两个与之平行的超平面间的距离最大化 | 较好的鲁棒性，计算的复杂性取决于支持向量的数目，而不是样本空间的维数 | 对大规模训练样本难以实施，不易实现 |

### 3. MSIF 技术的应用

MSIF 最先用于军事上，包括以下几个方面：①采用多传感器的自主式武器系统和自备式运载器；②采用单一武器平台，如舰艇、机载空中警戒、地面站、航天目标监视或分布式多传感器网络的广域监视系统；③采用多个传感器进行截获、跟踪和指令制导的火控系统；④情报收集系统；⑤敌情指示和预警系统，其任务是对威胁和敌方企图进行估计；⑥军事力量的指挥和控制站；⑦弹道导弹防御中的作战管理、指挥、控制、通信与情报（BMCI）系统；⑧网络中心战能力、协同作战能力（CEC）、空中单一态势图（SIAP）、地面单一态势图（SIGP）、海面单一态势图（SISP）、信息系统研究中心（CISR）等复杂大系统的应用中。

在非军事领域，MSIF 技术在医疗卫生中用于手术监护、重症监护病房、创伤评估与创伤监护、医学图像信息融合，来改善图像的质量。工业过程中用于监视、机器人、空中交通管制、遥感监测、水上船舶航行安全和环境保护等系统。例如燃料电池发动机是把氢气和空气中的氧气化学能通过电化学反应直接转变成电能的发电装置，主要由燃料电池堆、氢气供给系统、空气供给系统、冷却水循环管理系统、报警系统、通信系统和控制器组成，此系统为多传感器系统，通过压力传感器、流量传感器、水位传感器、电流传感器、电压传感器、温度传感器、水流量计等分别采集系统中的不同特征参数，并将调理后的信息传送至控制器，实现动态监测和控制；其控制器采用带有 CAN 总线接口的数字芯片 DSP 作为燃料电池发动机的核心器件 CPU，接收该系统中所有传感器的信号，通过各种算法对相应的模块进行控制，实现整车和其他控制器的通信。由于燃料电池发动机用于车载系统，容易受到振动及各种干扰，且系统中包含氢气等易燃、易爆的燃料，故传感器的工作环境比较恶劣。为了保证系统的安全性和可靠性，系统采用了 MSIF 技术以便及时识别故障传感器，并对故障传感器进行分离、修复，提高测量精度。

### 8.6.2　模糊传感器

为了探索人工智能并用计算机模仿人脑的智能，1965 年美国计算机专家查德创立的模糊集合论在计算机与人脑之间架起了一座桥梁，模糊数学和以其为理论基础的模糊技术逐渐产生。

#### 1．模糊传感器的概念

20 世纪 80 年代末，将模糊技术应用于传感器技术，开发出模糊传感器，它属于一种新型智能传感器。一般认为模糊传感器是在经典传感器数值测量的基础上经过模糊推理与知识集成，以自然语言符号的描述形式输出的传感器。"自然语言符号"就是模糊语言符号，信息的符号表示与符号信息系统是模糊传感器的基石。例如，对产品质量的评定常用"优"、"良"、"合格"、"不合格"表示，这不是公差的定量数值；对洗衣机中要洗衣服的量，习惯上用"很多"、"多"、"不多"、"很少"表示，这也不是精确的质量。这些表明人们对自然界事物的认识存在一定的模糊性，对常规的被测量状态不用定量数值符号来描述，用模糊语言符号来表述信息具有简单、方便，且易于进行高层逻辑推理等优点，更加接近人类的思维方式。模糊传感器可将传感器的测量结果用模糊语言符号来表示，即它利用模糊数学的理论和方法，借助专门的技术工具和知识库中存储的丰富的专家知识和经验，把测量得到的信息用适合人们模糊概念的模糊语言符号加以描述。于是，它可以通过简单、廉价的传感器测量相当复杂的对象。

#### 2．模糊传感器的基本功能

模糊传感器作为一种智能传感器，它应该具有智能传感器的基本功能，即学习、推理、联想、感知和通信功能，它们的实现技术如下。

（1）学习功能：它是模糊传感器特殊和重要的功能，是通过有导师学习（supervised）算法和无导师学习（unsupervised）算法实现的，可以完成人类知识集成的实现和测量结果的高级逻辑表达。能够根据测量任务的要求学习有关知识是模糊传感器与传统传感器的重要差别。

（2）推理联想功能：模糊传感器可以分为一维传感器和多维传感器。当一维传感器接受外界刺激时，可以通过训练时的记忆和联想得到符号化的测量结果。多维传感器受多个外界刺激时，可以通过人类知识的集成进行推理，实现时空信息整合与多传感器信息融合，以及复合概念的符号化表示等。推理联想功能需要通过推理机构和知识库来实现。

（3）感知功能：模糊传感器与一般传感器一样，可以感知由传感元件确定的被测量，但根本区别在于前者不仅可输出数值量，还可以输出语言符号量。因此，模糊传感器必须具有数值-符号转换器。

（4）通信功能：传感器通常作为大系统中的子系统进行工作，模糊传感器应该能与上级系统进行信息交换，因而通信功能是模糊传感器的基本功能。

#### 3．模糊传感器的结构和工作原理

图 8-6-2 示出了模糊传感器的结构图。数值模糊化为符号的工作必须在"专家"的指导下进行，

其过程是在测量集上对实数集合选取适当多个"特征表示"，将这些"特征表示"对应模糊语言符号映射，生成模糊语言符号集合，再把被测量的数值量转换为最合适的模糊语言符号描述。

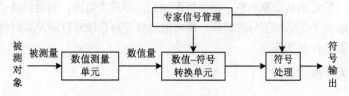

图 8-6-2　模糊传感器的结构

模糊传感器的原理是将被测量值的范围划分成若干区间，利用隶属度值判断被测量值所处的区间，并用区间中值或相应的特定符号表示被测量值，这一过程称为模糊化。实现模糊化过程的变换器称为模糊器或符号变换器。显然，模糊区间越小，精度越高，而测量速度越慢。隶属函数的选取也影响模糊传感器的精度和速度，常选用三角函数或高斯函数等。

### 4．模糊传感器的应用

模糊智能传感器将人类习惯的语言符号变量和传感器的量化特征联系起来，同时强调对模糊性概念用可能性分布来解释，具有速度快、设备简单、成本低、可靠性高等优点，广泛应用于模糊控制和多因素综合结果评价等场合。图 8-6-3 给出了基于温、湿度的环境舒适度传感器的功能原理结构。传统传感器输出的温度和湿度信号分别输入相应的模糊器，温度和湿度设定器分别将温度和湿度分成 5 个区间，选择的隶属函数 $\mu = e^{-K(t-a)^2}$，组合模糊

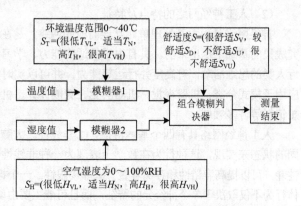

图 8-6-3　基于温、湿度的环境舒适度模糊传感器

判决器按判据给出测量结果。表 8-6-2 给出了舒适度的组合模糊判据，其舒适度有 4 种结果：很舒适 $S_V$、较舒适 $S_D$、不舒适 $S_U$、很不舒适 $S_{VU}$，其温度有很低 $T_{VL}$、很高 $T_{VH}$ 或湿度很低 $H_{VL}$、很高 $H_{VH}$ 的任何组合都是很不舒适的，只有温度适当和湿度适当时才是很舒适的环境。当然，人们生存环境的舒适度还受噪声、电磁干扰、辐射、大气污染等多种因素影响，利用模糊传感器进行测量和控制是最佳选择。

**表 8-6-2　舒适度组合模糊判据**

| 温　度 | 湿　度 | | | | |
|---|---|---|---|---|---|
| | 很低 $H_{VL}$ | 低 $H_L$ | 适当 $H_N$ | 高 $H_H$ | 很高 $H_{VH}$ |
| 很低 $T_{VL}$ | 很不舒适 $S_{VU}$ | 很不舒适 $S_{VU}$ | 很不舒适 $S_{VU}$ | 很不舒适 $S_{VU}$ | 很不舒适 $S_{VU}$ |
| 低 $T_L$ | 很不舒适 $S_{VU}$ | 不舒适 $S_U$ | 较舒适 $S_D$ | 不舒适 $S_U$ | 很不舒适 $S_{VU}$ |
| 适当 $T_N$ | 很不舒适 $S_{VU}$ | 较舒适 $S_D$ | 很舒适 $S_V$ | 较舒适 $S_D$ | 很不舒适 $S_{VU}$ |
| 高 $T_H$ | 很不舒适 $S_{VU}$ | 不舒适 $S_U$ | 较舒适 $S_D$ | 不舒适 $S_U$ | 很不舒适 $S_{VU}$ |
| 很高 $T_{VH}$ | 很不舒适 $S_{VU}$ | 很不舒适 $S_{VU}$ | 很不舒适 $S_{VU}$ | 很不舒适 $S_{VU}$ | 很不舒适 $S_{VU}$ |

目前，模糊传感器的应用已进入日用家电领域，如模糊控制洗衣机中布量检测、水位检测、水的浑浊度检测，电饭煲中的水、饭量检测，模糊手机充电器等。另外，国内外专家还研制出模糊距离传感器、模糊温度传感器、模糊色彩传感器等。

### 8.6.3　人工神经网络

信息识别过程一般经历从数据获取、特征提取到判决等三个阶段，利用以特征提取为基础的信号处理方法表示和提取多个传感器信号的特征，所需的运算使得系统难以满足实时性要求，神经网络技术正是解决这类问题的有力工具。

**1. 人工神经网络概述**

（1）人工神经网络的概念

人工神经网络（Artificial Neural Networks，ANNs）简称神经网络（NNs）或连接模型（Connectionist Model），是一种模仿动物神经网络行为特征，进行分布式并行信息处理的数学模型。它可以依靠系统的复杂程度，通过调整内部大量节点之间相互连接的关系，达到处理信息的目的。它具有自学习和自适应的功能，可以通过预先提供的一批相互对应的输入/输出数据，分析并掌握两者之间潜在的规律，最终根据这些规律用新的输入数据来推算输出结果，这种学习分析的过程称为"训练"。

（2）人工神经网络的特点及特征

神经网络是由大量处理单元互连而成的网络，是在现代神经生物学和认知科学对人类信息处理研究成果的基础上提出来的，具有很强的适应能力、学习能力、容错能力和鲁棒性，其信号处理过程接近人类的思维活动，有高度并行运算能力，并可以实时实现最优信号处理算法等。神经网络技术主要应用于模式分类、机器视觉、机器听觉、智能计算、机器人控制、信息处理、组合优化问题求解、联想记忆等许多领域。

人工神经网络具有四个基本特征。①非线性。大脑的智慧通过人工神经元处于激活或抑制两种不同的状态来实现，这种行为在数学上表现为一种非线性关系。具有阈值的神经元构成的网络有更好的性能，可以提高容错性和存储容量。②非局限性。一个神经网络通常由多个神经元广泛连接而成，其整体行为不仅取决于单个神经元的特征，而且可能主要由单元之间的相互作用、相互连接决定，通过单元之间的大量连接模拟大脑的非局限性。联想记忆就是非局限性的典型例子。③非常定性。人工神经网络具有自适应、自组织、自学习能力，不但处理的信息可以有各种变化，而且在处理信息的同时，非线性动力系统本身也在不断变化。经常采用迭代过程描述动力系统的演化过程。④非凸性。一个系统的演化方向在一定条件下将取决于某个特定的状态函数。例如能量函数，它的极值对应于系统比较稳定的状态。非凸性指这种函数有多个极值，故系统具有多个较稳定的平衡态，这将导致系统演化的多样性。

（3）人工神经网络的基本结构和典型模型

人工神经网络由神经元模型构成，基本的神经元模型如图 8-6-4 所示。每个神经元都具有单一输出，并且能够与其他神经元连接；存在许多（多重）输入连接方法，每种连接方法对应一个权系数，在多个输入量的作用下产生输出量为

$$y_i = f(A_i) \qquad A_i = \sum_{j=1}^{n} W_{ji} x_j - \theta_i \qquad (8\text{-}6\text{-}1)$$

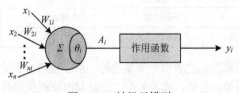

图 8-6-4　神经元模型

式中，$W_{ji}$ 表示第 $j$ 个神经元输出量对第 $i$ 个神经元的作用强度，其值称为权值。$A_i$ 等于第 $i$ 神经元的输入总和（称为激活函数）与阈值 $\theta_i$ 的差值；如果 $A_i$ 大于 0（即激活函数超过相应的 $\theta_i$），就会产生一个输出来激励下一个神经元。而这两个神经元间的连接关系由作用函数（或称传递函数）$f$ 来体现。

人工神经网络的结构基本分为两类，即递归（反馈）网络和前馈网络。图 8-6-5 示出了递归网络结构，其中多个神经元互连，以组织一个互连神经网络。有些神经元的输出被反馈至同层或前层神经元。因此，信号能够从正向和反向流通，递归网络又称反馈网络。Hopfield 网络、Elmman 网络和 Jordan 网络是递归网络有代表性的例子。

图 8-6-6 示出了前馈网络结构，它具有递阶分层结构，由一些同层神经元间不存在互连的层级组成（输入层、隐层、输出层）。从输入层至输出层的信号通过单向连接流通，神经元从一层连接至下一层，不存在同层神经元间的连接。图中，实线指明实际信号流通，而虚线表示反向传播。前馈网络的例子有多层感知器（MLP）、学习矢量量化（LVQ）网络、小脑模型连接控制（CMAC）网络和数据处理方法（GMDH）网络、误差反向传播（Back Propagation，BP）神经网络等。

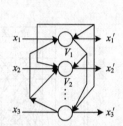

图 8-6-5　递归（反馈）网络结构

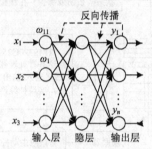

图 8-6-6　前馈（多层）网络结构

### 2．人工神经网络在智能传感器中的应用

在智能传感器中神经网络技术所能解决的问题包括：非线性修正和在线标定，信号滤波以实现对噪声干扰信号的抑制，信号的分解与提取（即从强的背景噪声中提取微弱的有用信号），静态误差的综合修正，通过传感器的信息融合消除交叉灵敏度的影响，并能进行传感器的故障诊断和信号恢复等。

**【实例 1】人工神经网络的智能气敏传感器**

美国阿夷国家实验室（Argomne National Lab）采用人工神经网络技术的智能传感器可以从混合气体中将各种气体识别出来。它由气敏微传感器、数据采集电路和计算机组成。其气敏微传感器的上下两个铂电极之间夹着掺镱的氧化锆，下电极下面有一层 2μm 的 Ni/NiO，再下面是 625μm 的 $Al_2O_3$ 衬底，衬底下有加热元件。气体能透过铂电极与电极之间的电解质，不同气体在不同电压条件产生的电流不同，从而得到 $V$-$I$ 曲线。不同的传感器采用不同的电解质材料制作，可以产生几种气体反应特征，因此能够识别复杂的气体。采用循环伏安测量法即电压由$-V$ 逐渐增加到$+V$，再由$+V$ 降到$-V$，循环地加入变化电压，测量不同气体作用于传感器时的伏安特性。该系统中，用带有 IEEE-488 接口的程控电源和数字电压表对传感器进行采样，并由计算机控制程控电源给传感器的两电极上加上直流电压；用数字电压表测出在各个输入电压下的输出电流，得到伏安特性曲线。若某种气体在某一电压作用下电流会突然变大或变小，曲线上显示一个峰或谷，这就是气体的特征电压。不同气体的特征电压不同，通过其曲线即可识别。智能气敏传感器利用人工神经网络进行气体识别，采用三层前馈网络，每个神经元是网络中的一个节点。神经网络的工作过程分为训练和识别两个阶段。训练时将样本加在网络的输入端，通过反复训练来修正神经元之间的权重，使神经网络获取合适的映射关系，即可得到输入样本下的正确输出。传统的电子鼻用于检测气体存在非线性和重复性差等缺点，采用人工神经网络的智能气敏传感器即神经网络电子鼻可以解决此问题。

**【实例 2】神经网络在检测材料损伤中的应用**

利用人工神经网络和埋入偏振型光纤传感器阵列，实时监测复合材料损伤，并指示损伤位置的智能结构系统模型，如图 8-6-7 所示。在复合材料中埋入 6 根偏振型光纤传感器阵列智能结构，它能检测出复合材料的应力分布，并输出一个与应力相关的光强输出，每根光纤传感器输出的光强度与材料损伤位置有关，由光电二极管将此光强度转换成电信号，作为神经网络（采用 BP 网络）的输入。当学习结束后，一旦智能结构某处有损伤，神经网络能立即得到代表损伤位置的输出并指示出损伤的位置。图 8-6-8 示出了前馈 BP 网络模型结构，包含输入层、输出层和隐层三层。按照误差正向激活、反向传播的思想进行工作。以埋入光纤传感器的输出为神经网络输入，经 BP 网络学习后确定了网络权值。进行了 15 次在线测试实验，该网络均能正确地指示损伤位置。说明利用光纤作为感觉器官及神经网络作为处理单元的智能结构具有较强的抗干扰能力。

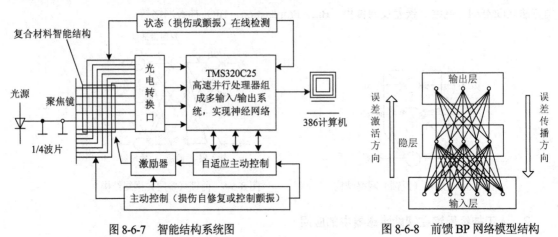

图 8-6-7　智能结构系统图　　　　　　　　　图 8-6-8　前馈 BP 网络模型结构

## 8.6.4　新型智能传感器系统

### 1. 微机电智能传感器系统

微机电系统（Micro Electro-Mechaqnical System，MEMS）智能传感器是在一个硅基板上集成了微传感器、微处理器、微执行器（机械零件）和电路芯片，可对声、光、热、磁、运动等自然信息进行检测，并且具有信号处理器和执行器功能的微小装置，外形轮廓尺寸在毫米量级以下。

MEMS 智能传感器有微热传感器、微辐射传感器、微力学量传感器、微磁传感器、微生物（化学）传感器等。因为 MEMS 涉及的力学量种类繁多，不仅涉及静态和动态参数，如位移、速度和加速度，还涉及材料的物理性能，如密度、硬度和黏稠度，所以微力学量传感器是 MEMS 中最重要的传感器，且可测量各种物理量、化学量和生物量等。

（1）微飞行器（MAV）：它集 MEMS、航空电子、飞行力学、推进器技术于一体，用于侦察、电子干扰、搜寻、救援、生化探测等领域。国际上已研制出多种 MAV 的雏形，按其飞行原理分为固定翼、旋翼、扑翼三大类型，加速研制的还有微涡轮机、微转子发动机、微燃气轮机、控制部件的微动力机电系统。研制目标是 MAV 的长、宽、高不超过 150mm，重 10～120g，续航时间为 20～60min，巡航速度为 30～60km/h，有效载荷为 1～20g，最大飞行距离为 10km，实现传输图像，可自主飞行。

（2）微纳卫星：国外正研制质量低于 10kg 的超微卫星及质量小于 0.1kg 的纳米卫星。采用 MEMS 技术可将常规卫星上的许多部件微型化，如气相分析仪、环形激光光纤陀螺、图像传感器、微波收发射机、电动机、执行器等，制作成专用集成微型部件或仪器，甚至在同一芯片上构成芯片级卫星，提高卫星信息获取和防御能力，降低卫星制作和发射成本。一枚高推力质量比的小型火箭可发射数百颗超微卫星，或采用机动应急发射方式，既可单颗廉价快速完成专项任务，又能组成分布式星座或局部星团，完成以往大型卫星才能完成的任务。

（3）酒精检测 MEMS 系统：意法半导体推出含新型信号处理电路的集成酒精传感器，采用 $SnO_2$ MEMS 时，在正常状况下元件吸附空气中的氧气后会保持某个电阻值不发生变化，而一旦空气中含有酒精，元件表面氧元素便会与酒精发生反应，使电阻值下降。测定电阻值便可检测出呼气中的酒精浓度。酒精检测 MEMS 传感器可以植入直径 8mm 的密封外壳内、连同信号处理电路等一起嵌入方向盘内，一旦检测出驾驶员呼出气体含有酒精便发出安全警报。

## 2．生物芯片

生物传感器系统称生物芯片，不仅能模拟人的嗅觉（如电子鼻）、视觉（如电子眼）、听觉、味觉、触觉等，还能实现某些动物的特异功能（如海豚的声呐导航测距、蝙蝠的超声波定位、犬类极灵敏的嗅觉、信鸽的方向识别、昆虫的复眼），而且其效率是传统检测手段的成百上千倍。德国英飞凌（Infineon）公司最近开发出具有活神经细胞、能读取细胞所发出电子信息的"神经元芯片"，芯片上有 16 384 个传感器，每个传感器之间的距离仅为 8μm。当人体受到电击时，利用它可获取神经组织的活动数据，再将这些数据转换成彩色图片。

## 3．智能微尘传感器

智能微尘（Smart Micro Dust）是一种具有计算机功能的超微型传感器。从肉眼看来，它和一颗沙粒没有多大区别，但内部包含了从信息采集、信息处理到信息发送所必需的全部部件。目前直径约为 5mm 的智能微尘已经问世，未来的智能微尘甚至可以悬浮在空中几个小时，进行搜集、处理并无线发射信息。智能微尘还可以"永久"使用，因为它不仅自带微型薄膜电池，还有一个微型的太阳能电池。美国英特尔公司也致力于基于微型传感器网络的新型计算机的智能微尘传感器的研究工作。

## 4．虚拟传感器

虚拟传感器是基于软件开发而成的智能传感器。它是在硬件的基础上通过软件来实现测试功能的，利用软件还可完成传感器的校准及标定，使之达到最佳性能指标。虚拟化传感器可缩短产品开发周期、降低成本、提高可靠性。

## 8.6.5　智能传感器的发展方向

智能传感器虽然已有很多新产品出现，如美国 Merritt 系统公司（MSI）开发的超声智能传感器。传感器都有以微处理器为中心的数据处理电路，通过测量超声波而得到传感器到目标的距离，通过标准串行口与 PC 通信，用户可以通过图形化人机接口监视目标距离等。但智能传感器仍需要研究、开发和拓展应用，其发展不外乎以下两个方面。

（1）改善力敏传感器性能的技术有以下几项。① 补偿与修正技术：它在开发传感器的应用中是关键技术，能改善传感器本身的特性和适应工作条件或外界环境。② 平均技术：利用若干个传感单元同时检测一个对象，最后输出这些单元输出的平均值。若每个单元可能带来的误差均可看作随机误差且服从正态分布，总的误差将得到明显减小。③ 屏蔽、隔离与干扰抑制：传感器分布在工作现场的外界条件往往难以预料，有时甚至极其恶劣，会影响传感器的精度及各有关性能。应设法削弱或消除外界因素对传感器的影响，减小传感器对影响因素的灵敏度并降低外界因素对传感器实际作用的强度。④ 稳定性处理：应该对材料、元器件或传感器整体进行必要的处理，如结构材料的时效、冰冷处理，永磁材料的时间老化、温度和机械老化及交流稳磁处理，电气元件的老化筛选等。利用智能材料对环境的判断可自适应功能、自诊断功能、自修复功能和自增强功能，研制出生物体材料所具有的特性，或者优于生物体材料的人造材料。⑤集成化、多功能化与智能化：可将同一类型的单个传感元件集成排列，排成一维的称为线性传感器；可将传感器与放大、运算及温度补偿等集成在一起；使之不仅具有检测功能，还具有信息处理、逻辑判断、自诊断及"思维"等人工智能。

（2）外形、范围和新领域的发展。①向微型化发展，如利用激光等各种微细加工技术制成的硅加速度传感器体积非常小、互换性可靠性都较好。②利用生物技术及纳米技术研制传感器，如分子和原子生物传感器、纳米开关和纳米电动机等。电子鼻是由多个性能彼此重叠的气敏传感器和适当的模式分类方法组成的具有识别单一和复杂气味能力的仪器。③开发智能材料、完善智能器件原理。主要研究将信息注入材料的主要方式和有效途径，研究功能效应和信息流在人工智能材料内部的转换机制，开发人工脑系统，发展高级智能机器人和完善人工脑。④向微功耗及无源化传感器发展。在野外现场往往用电池供电或用太阳能等供电，既可节省能源又可延长系统寿命。⑤向高精度、高可靠性、宽温度范围发展。它们直接影响电子设备的抗干扰等性能，以确保生产自动化的可靠性。

# 习题与思考题

8-1　什么是智能式传感器？

8-2　智能式传感器具有哪些功能？

8-3　智能式应力传感器是怎样构成的？它是怎样工作的？

8-4　智能式传感器的种类有哪些？

8-5　有哪些智能传感器的接口？

8-6　有哪些 IEEE 1451 智能传感器的接口标准？

8-7　何谓 MSIF？有何算法？

8-8　什么是模糊传感器？它有哪些功能？

8-9　何为人工神经网络？它在智能传感器中有何应用？

8-10　举例说明智能传感器的结构、原理。

# 第9章 网络传感器

## 9.1 概　　述

随着网络时代的来临，智能传感器的大量使用导致了在分布式控制系统中对传感信息交换提出更高的要求，单个传感器智能化也已经不能适应现代控制技术和检测技术的发展，分布式数据采集系统组成的传感器网络应运而生，它是基于无线通信、数字电子学、微机电系统等综合技术，具有收集并处理各处信息和监控大环境等功能，工作过程无须人工干预，可以自组织形成具有自治功能的网络。

最早的传感器网络技术是点到点结构，从简单连接到形成网络、从网络到通信系统、联网元器件的互可操作性（如用 HART 协议）、联网设备的最新交互作用（第四阶段）、ISO（International Standard Organized，国际标准化组织）体系结构层次、标准化工作（编写目录和标准化、描述和使用、进行可编程控制器的标准化应用和目标模式传感器网络），发展到向真正集成的智能传感器和执行器转化。

例如将 HART 协议（Highway Addressable Remote Transducer，即可寻址远程传感器高速通道的开放通信协议）用于智能仪器并进行数字和模拟量通信，使传感器和执行器系统的互可操作性和宽范围的内部连接性对于标准化的需求远高于通信系统的需求。又如第四阶段中，传统的传感器网络一般都定义为 C/S （客户机/服务器）结构，应用程序与传感器和执行器通过一对一的请求和响应进行交互；而 FIP（Flux Information Processsus，信息流量运转）规范则引进了一个 P/S （Publisher/Subscriber，发行人/用户）模式，这样信息在网络上对于所有的设备和应用程序都是可用的，对于周期性数据驱动系统非常有用，并已用于一些协议中，如现场总线基础（Fieldbus Foundation）规范和控制区域网（Controller Area Network，CAN）标准等。在分布式传感器网络（Distributed Sensor Network，DSN）的发展中，涉及从少数大尺寸传感器的集合发展到微传感器集成、从固定节点发展到移动节点、从利用电话线通信发展到无线通信和从静态拓扑发展到动态拓扑等。随着传感器、嵌入式计算、分布式信息处理和通信技术的迅速发展，无线传感器网（Wireless Sensor Network，WSN）出现，并针对不同的新应用利用新技术不断改进和完善。

### 9.1.1　网络传感器的概念与结构

传统的分布式传感器网络自动监测系统结构如图 9-1-1 所示，它利用传统的传感器作为数据采集装置、用测控装置微处理器（MCU）完成监控和与上位机的通信。构成传感器网络的传感器节点的硬件包括传感器、信息处理器、存储器、电源和收发器五部分。一台 MCU 处理几支至几十支传感器采集的数据，若 MCU 故障，则上位机不能获得与该 MCU 相连的所有传感器采集的数据，会影响对检测对象性态分析的准确性和可靠性。于是，将一种通用数据采集模块与传统的传感器结合，可构成适合于监测用的不同形式的网络传感器。网络传感器是传感器网络监测系统的统称，一般由敏感元件、转换元件、信号调理、微处理器及数据通信模块等硬件及数据处理和相应网络软件组成，其敏感元件可以利用传统的传感器，如电阻式传感器、光敏传感器、温度传感器、压敏传感器等。

总之，网络传感器是大量的静止或移动的传感器以自组织和多跳的方式构成的网络，通过网络和软件协作地感知、采集、处理和传输网络覆盖地理区域内感知对象的监测信息，并报告给用户或信息管理中心。一般分为有线和无线网络传感器两大类。传感器有线网络技术主要体现在传感器的传统应用及拓展与总线技术相结合方面，无线传感器网络则是一种新兴的具有无线通信、数据采集和处理、协同合作等功能的技术。

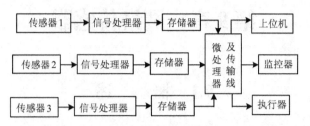

图 9-1-1　传统的分布式传感器网络自动监测系统结构

图 9-1-2 示出了网络传感器通用数据采集模块的原理图。其中信号调理 1～4 是针对对象监测传感器不同输出信号形式而设计的信号调理电路，RS-485 总线是用于过程测控系统的通信总线。图 9-1-3 示出了通用数据采集模块信号处理原理框图，其中 ADuC812B 为美国 AD 的 MCU；4 种信号调理电路，一支传感器仅利用一个调理电路，利用 2 位编码开关来实现具体调理电路的选择；通信接口（包括电源进线、传感器输入信号线和网络通信接口）的防雷和抗干扰电路。除硬件外，还需要进行网络传感器软件（包括数据采集与处理程序和网络通信程序）设计，利用 PC 作为上位机，经 RS-232/RS-485 转换接口与网络传感器组成数据采集系统。

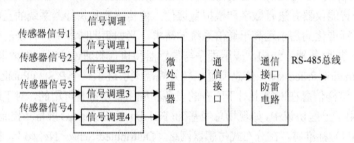

图 9-1-2　网络传感器通用数据采集模块的原理图

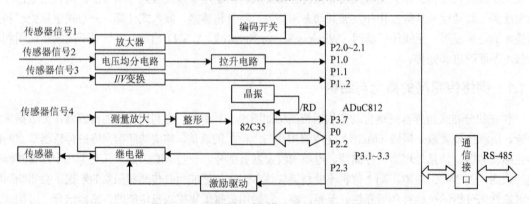

图 9-1-3　通用数据采集模块信号处理原理框图

网络传感器的作用包括三个方面。

（1）它可以实施远程采集数据，并进行分类储存和应用。例如在某地传感器采集数据后按需复制多份，送往多个需要这些数据的地方和部门，或者定期将采集的数据和测量结果送往远处的数据库保存，供需要时随时调用。

（2）传感器网络上的多个用户可同时对同一过程进行监控。例如各部门工程技术人员、质量监控人员及主管领导可同时分别在相距遥远的各地监测、控制同一生产运输过程，不必亲临现场而又能及时收集各方面的数据，建立数据库并进行分析。一旦发现问题，立即展现在眼前，可及时商讨决策，采取相应的措施。

（3）不同任务的传感器、仪器仪表（执行器）与计算机组成网络后，可凭借智能化软、硬件，灵活调用各种计算机、仪器仪表和传感器各自的资源特性和潜力，区别不同时空条件对象的类别特征，测出临界值并做出不同的特征响应，完成各种形式、各种要求的任务。因此，专家高度评价和推崇传感器网络，把它同高分子、电子学、仿生人体器官一起，看作全球未来的四大高技术产业。

## 9.1.2　网络传感器信息交换体系

网络传感器的运行需要传感器信号的数字化，并与网络上的计算机和仪器仪表（执行器）进行信息交换。通常传感器网络系统的信息交换体系涉及协议、总线、器件标准总线、复合传输、隐藏和数据链接控制等。协议是传感器网络为保证各分布式系统之间进行信息交换而制定的一套规则或约定。对于一个给定的具体应用，在选择协议时必须考虑传感器网络系统的功能和使用的硬件、软件与开发工具的能力。

"总线"是传感器网络上各分布式系统之间进行信息交换，并与外部设备进行信息交换的电路元件，"总线"的信息输入、输出接口分串行与并行两种形式，其中串行口应用更为普遍。器件标准总线是把基本的控制元件（如传感器、执行器）连接起来的电路元件。复合传输指几个信息结合起来通过同一通道进行传输，经仲裁来决定各个信息获准进入总线的能力。隐藏指在限定时间段内确保最高优先级的信息进入（总线）进行传送，一个确定性的系统能够预见信号的未来行动。数据链接控制是将用户所有通信要求组装成以帧为单位的串行数据结构进行传送的执行协议。

## 9.1.3　网络传感器测控系统体系结构

网络传感器的结构形式多种多样，可以是全部互连形式的分布式传感器网络系统，可以是多个传感器和一台计算机或单片机组成的智能传感器，还可以是多个传感器计算机工作站和一台服务器组成的主从结构传感器网络。它们的总线连接方式可以是环状、星状、网状，如图 9-1-4 所示，其中有终端传感器节点、带有路由器功能的节点和带有协调器或汇总功能的节点。

多传感器网络系统从形式上可以组成个人网、局域网、城域网，甚至可以连上遍布全球的互联网。若将数量巨大的传感器加入互连网络，就可以将互连网络延伸到更多的人类活动领域。若用数十亿个传感器在世界各地连接成网，即形成网络传感器，能够跟踪从天气、设备运行状况到企业商品库存等各种动态事

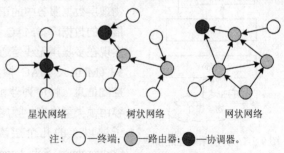

物，从而极大地扩充互联网的功能。很多大公司现在已经利用传感器监视商品库存和检查加油站内的存油状态，如美国约克国际公司管理 6 万家客户的通风系统，为客户的空调安装几万个网络化的传感器，以监视温度并自动将最新信息传送给该办公室，使维修人员对空调运行状况一目了然，减轻了公司员工的工作负荷，使生产力提高 15%。网络传感器建设中遇到的最大问题是传感器的供电问题，理想情况是采用可以使用几年的高效能电池或采用耗电少的传感器。随着移动通信技术的发展，网络传感器正朝着无线传感器网络（WSN）的方向发展，WSN 网络通信技术的研究（如物理层、数据链路层、网络层路由协议、传输层协议）、WSN 基础设施的技术支持（如拓扑控制、时间同步、传感器节

图 9-1-4　网络传感器总线连接方式

注：○—终端；●—路由器；●—协调器。

点定位、能量管理、网络安全、服务质量（QoS 管理）、WSN 中间件技术、WSN 数据管理关键技术、WSN 节点及其嵌入式软件系统等都得到了相继发展。

# 9.2 网络传感器的通信协议

目前，网络传感器的通信协议有很多种类，如 IEEE 802.15.4 协议、蓝牙协议、ZigBee 协议、CAN 协议、SimpliciTI 协议、BACnet/6LoWPAN 协议和 Lon Talk 协议等，下面介绍两种主要的通信协议。

## 9.2.1　IEEE 802.15.4 协议

IEEE 802.15.4 标准网络协议因其低速度、低成本、低功耗、高质量而被认为是无线传感器网络和无线个人域网络的理想实现技术，它基于开放系统的互连模型（Open System Interconnection，OSI），如图 9-2-1 所示，每一层都实现一部分通信功能，并向高层提供服务。IEEE 802.15.4 标准只定义了物理层（PHY）层和数据链路层的介质访问控制层（Medium Access Control，MAC）子层。PHY 层定义了物理无线信道和 MAC 子层之间的接口，由射频收发器及底层的控制模块构成，提供 PHY 数据服务和 PHY 管理服务。PHY 数据服务从无线信道上收发数据，包括激活和休眠射频收发器、信道能量检测、检测接收数据包的链路质量指示（LQI）、空闲信道评估（CCA）和收发数据五个方面的功能。PHY 管理服务维护一个由 PHY 相关数据组成的数据库。PHY 层定义了 868MHz、915MHz 和 2.4GHz 三个载波频段，用于收发数据，总共提供 27 个信道，编号从 0～26；其中 868MHz 频段 1 个信道，915MHz 频段 10 个信道，2.4GHz 频段 16 个信道（11～26）信道（是全球可以免费使用的 ISM（工业、医疗、科学）频段）。每个物理层的帧格式即物理层协议数据单元（PPDU）由同步头（SHR）、物理帧头（PHR）和物理层负载（PSDU）组成。

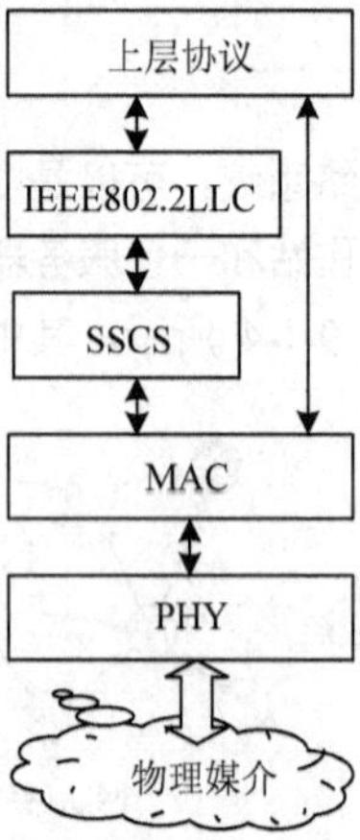

图 9-2-1　开放系统互连模型

IEEE 802.15.4 中的 MAC 协议是一种重要的无线传感器 MAC 层协议。MAC 子层为高层访问物理信道提供点到点通信的服务接口，使用物理层提供的服务实现设备之间的数据帧传输，提供 MAC 层数据服务和 MAC 层管理服务，前者保证了 MAC 协议数据单元（MPDU）在物理层数据服务中的正确收发，后者维护一个存储 MAC 子层协议状态信息的数据库。MAC 层帧结构（MPDU）的设计目标是用最低复杂度实现在多噪声无线信道环境下的可靠数据传输，每个 MPDU 由 MAC 帧头（MHR）、MAC 帧负载（MSDU）和帧尾（MFR）组成。帧头由帧控制信息、帧序列号和地址信息组成；MSDU 具有可变长度，具体内容由帧类型决定；帧尾是帧头和帧负载的 16 位 CRC 校验序列。MAC 子层以上的几个层次包括特定服务的聚合子层（Service Specific Convergence Sub Layer，SSCS）、逻辑链路控制子层（Logical Link Control，LLC）等，只是 IEEE 802.15.4 标准可能的上层协议并不在 IEEE 802.15.4 标准的定义范围之内。SSCS 为 IEEE 802.15.4 的 MAC 层接入 IEEE 802.2 标准中定义的 LLC 子层提供聚合服务。LLC 子层可以使用 SSCS 的服务接口访问 IEEE 802.15.4 网络，为应用层提供链路层服务。

## 9.2.2　蓝牙协议

蓝牙是一种低成本、低功耗的短距离无线通信技术，由许多组件和抽象层组成。蓝牙技术具有不同的通信方式，如点对点的通信方式、点对多点的通信方式和较复杂的散射网方式。为了使蓝牙技术在全球范围得到更广泛的使用，由爱立信、诺基亚、IBM、东芝和英特尔五家公司主导成立的蓝牙特殊利益集团（Bluetooth SIG）制定了蓝牙技术标准。蓝牙规范 1.0 版本是 1999 年发布的最早版本，主要包括两大部分：核心规范和协议子集规范。核心规范对蓝牙协议栈中各层的功能进行定义，规定系统通信、控制、服务等细节；协议子集规范由众多协议子集构成，每个协议子集描述了利用蓝牙协议栈中定义的协议来实现一个特定的应用，还描述了各协议子集本身所需要的有关协议及如何使用和配置各层协议。

蓝牙协议栈是事件驱动的多任务运行方式，它本身作为一个独立的任务来运行，由操作系统协调它和应用程序间的关系。蓝牙协议栈中的协议包含三大类。第一类为核心规范（Specification of the Bluetooth System, Core），包括无线层规范（Radio Specification, RF）、基带规范（Base Band Specification）、链路管理器协议（Link Manager Protocol, LMP）、逻辑链路控制与适配协议（Logical Link Control and Adaptation Protocol Specification, L2CAP）、服务发现协议（Service Discovery Protocol, SDP）、通信协议族、主机控制接口功能协议族、测试与兼容性和附件。第二类是协议子集规范（Specification of the Bluetooth System-Profiles），包括通用接口描述文件、服务与应用描述文件、无线电话描述文件、内部通信描述文件、串行接口描述文件、头戴设备描述文件、拨号网络描述文件、传真描述文件、局域网访问描述文件、通用交换描述文件、目标推送描述文件、文件传输描述文件、同步描述文件和附件。第三类是采纳其他组织制定的协议，即根据不同的应用需要来决定所采用的不同协议。

与 ISO 制定的 OSI 模型有些不同，它支持参与节点之间的 Ad Hoc 移动网络，并且对资源缺乏的设备进行功率保持和自适应调整，以便支持所有层，蓝牙协议栈的结构如图 9-2-2 所示。图中所显示的 PPP（运行于串行接口协议上，实现点对点的通信）、TCP/UDP 和 IP（都是互联网通信的基本协议）等在蓝牙设备中采用可以实现与连接在互联网上的其他设备之间的通信；对象交换协议采用简单和自发的方式交换对象，提供了类似于 HTTP 的基本功能。绝大部分蓝牙设备都需要图 9-2-2 中的 5 层主要协议。下面介绍各层协议。

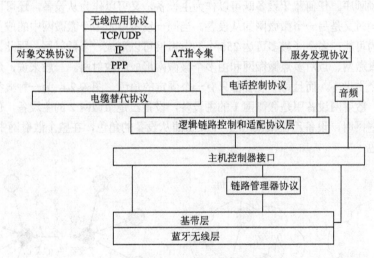

图 9-2-2　蓝牙协议栈的结构

### 1. 蓝牙无线层

蓝牙无线层是蓝牙规范定义的底层，主要处理空中接口数据的发送和接收，包括载波产生、载波调制和发射功率控制等。蓝牙规范定义了蓝牙无线层的技术指标，包括频率带宽、带外阻塞、允许的输出功率及接收器的灵敏度等。例如蓝牙技术的设备运行在 2.4GHz 的非授权 ISM 频段，通信距离只有 10m 左右，且 2.4GHz 频段范围共分为 79 个信道，每个信道为 1MHz，数据传输速率为 1Mbps。采用跳频扩频（FHSS）技术，跳速为 1600hops/s，在 79 个信道中采用伪随机序列方式跳频。美国联邦通信委员会（FCC）规定工作在 ISM 频段中采用扩频技术的无线通信设备的最大发射功率最高可达 100mW，按照最大发射功率的不同可把蓝牙设备分为 1～100mW、0.25～2.5mW、1mW 三个功率等级，制造商最常用的蓝牙设备是 0.25～2.5mW 功率等级，当然蓝牙设备的实际功率控制可通过接收机随时监测自身的接收信号强度指示器来实现。

蓝牙采用时分双工方式接收和发送数据，采用高斯移频键控（GFSK）作为调制技术。由于蓝牙设备工作的 ISM 频段运行的无线设备比较多，工作过程中会受到来自家电、手机等无线电系统的干扰，采用跳频技术（FHSS）提高了蓝牙系统的抗干扰能力和防盗听能力。蓝牙发射机以 2.4GHz 为中心频率，FHSS 技术按照所限定的速率从一个频率跳到另一个频率，不断地搜寻其中干扰较弱的信道，跳频的频率和顺序由发射机内部产生的伪随机码来控制，接收机则以相对应的跳频频率和顺序来接收。只有跳频频道的顺序和时间相位都与发射机相同，接收机才能对接收到的数据进行正常、正确解调，而且一个频率上的干扰只会产生局部数据的丢失或错误，而不会影响整个蓝牙系统的正常工作。

### 2. 基带层

基带层在蓝牙协议栈中位于蓝牙无线层之上，它定义了蓝牙设备相互通信过程中必需的编码/解码、跳频频率的生成和选择等技术，还定义了各个蓝牙设备之间的物理射频连接以便组成一个微微网。在基带层可以组合电路交换和分组交换，为同步分组传输预留时间槽，一个分组可占 1 个、3 个或 5 个信道，每个分组以不同跳频发送。同时，基带层还具有把数据成帧和信道管理的功能。

图 9-2-3 为一个微微网结构，其中用蓝牙可以提供点对点和点对多点的无线通信，所有设备的地位都是平等的，有主设备和从设备之分，一个主设备最多可以同时和 7 个从设备进行通信，一个主设备和一个或多个从设备可以组成一个微微网。网中的设备共享一个通信信道，而且每个微微网都有其独立的时序和跳频顺序。任何蓝牙设备既可以作为主设备，又可以作为从设备，还可以在作为一个微微网的主设备的同时又是另一个微微网的从设备。当同一设备属于多个微微网中的成员时，就使微微网之间的通信成为可能；多个（最多可达 256 个）微微网可以形成一个散射网。因此，利用蓝牙技术可以组建点对点微微网、点对多点微微网和由多个微微网形成的散射网。一般来说，形成散射网的每个微微网都有一个主设备，而且每个设备都只有一个固定的角色。图 9-2-4 为一种典型的散射网，由两个微微网组成，散射网设备甲是微微网 1 的主设备，设备乙是微微网 2 的主设备，但是当这两个微微网组成一个散射网时，设备乙在微微网 1 中又扮演从设备的角色，在整个散射网中设备乙扮演主/从设备的双重角色。

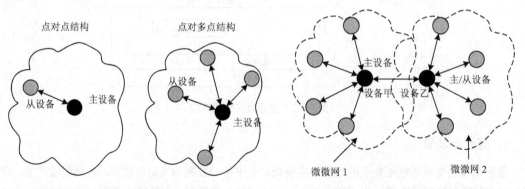

图 9-2-3　蓝牙微微网结构　　　　　　　　图 9-2-4　蓝牙散射网结构

基带层为微微网的主设备和从设备之间提供了两种基本的物理链路类型，同步面向连接链路

（SCO）和异步无连接链路（ACL）。SCO 是主设备和从设备之间的对称、点对点的同步链路，不仅能传输数据分组，还能传输实时性要求高的语音分组，主要用于传送语音。SCO 通过预先保留的时隙来连续地传输信息，可以看成是一种类型的电路交换连接，但是不允许分组进行重传。微微网中的一个主设备与从设备最多只能同时建立 3 个 SCO 链路，不同主设备之间只能建立两个 SCO 链路。

　　ACL 链路提供了分组交换机制，用于承载异步数据，只能传输数据分组。在没有为 SCO 链路预留时隙时，主设备可以通过 ACL 链路与任何从设备进行数据交换。主设备在为同步 SCO 传输预留时隙后，把 ACL 传输分配在剩下的时隙中。可以看出 SCO 链路的优先级比 ACL 链路高。由于一个主设备和一个从设备之间只能存在一条 ACL 链路，可以通过重传发生错误的分组来保证数据的完整性和正确性。ACL 链路支持广播方式，主设备可以同时向微微网中所有从设备发送消息，未指定从设备地址的 ACL 分组被认为是广播分组，可以被所有从设备接收。主设备负责控制 ACL 的带宽和传输的对称性。

　　蓝牙规范协议中还定义了链路控制器（LC）信道、链路管理器（LM）信道、用户同步数据信道、用户异步数据信道和用户等时数据信道等五种逻辑信道。其中，LC 信道映射到分组头，其他信道映射到分组的有效载荷，用户同步数据信道只能映射到 SCO 分组，其他信道可以映射到 ACL 分组。主设备管理所有信道的控制，还为上层的软件模块提供不同的访问接入口，可以控制无线设备的工作周期和检验结果偏差，并使微微网中的设备处于低功率模式。根据分组的作用不同，分为用户数据分组和链路控制分组，用户数据分组又分为 SCO 分组和 ACL 分组，链路控制分组又分为 ID 分组、NULL 分组、FS 分组和 POLL 分组。根据分组携带的信息不同，分为语音分组、数据分组和基带数据分组。基带数据分组允许提示携带语音和数据，但其中的语音字段不允许重传，数据字段可以重传。所有语音和数据分组都附有不同级别的前向纠错或循环冗余校验编码，并可以进行加密以保证传输的可靠性。根据分组的长度不同，分为单时隙分组和多时隙分组（3 个或 5 个时隙），每个时隙的长度均为 625μs。

　　蓝牙基带规范中定义了分组的一般格式，每个分组由访问码、分组头和净荷三部分组成，如图 9-2-5 所示。这三部分可以根据分组类型的不同包含不同的组成部分。例如，在 ID 分组中可以只包括访问码，在 NULL 分组和 POLL 分组中只包括访问码和分组头。对于访问码，如果在分组格式中有

| 访问码 | 分组头 | 净荷 |
|---|---|---|
| 72位/68位 | 54位 | 0～2745位 |

图 9-2-5　分组的一般格式图

分组头，则访问码的长度为 72 位，否则为 68 位。访问码具有伪随机性，根据蓝牙设备的工作模式不同可以具有不同的功能，可以作为标识微微网的信道访问码，也可以作为用于特殊信令过程的设备访问码，还可作为用于查询通信范围内蓝牙设备的查询访问码。分组头的长度为 54 位，其中包含链路控制信息。净荷包含需要传送的有效信息，如语音字段和数据字段，其长度比较灵活，最长可达 2745 位。

### 3. 链路管理器协议（LMP）

　　链路管理器（LM）在链路中主要完成基带连接的建立和管理，其中包括微微网的管理和安全服务，完成链路配置、时序/同步、主/从设备角色切换、信道控制和认证加密等功能。蓝牙规范定义了蓝牙设备的 LM 之间传输的链路管理器协议数据单元（LMPPDU），主要用于链路的管理、安全和控制。LMPPDU 的优先级很高，甚至高于 SCO 分组传输，它也是 ACL 分组的净荷，作为单时隙分组在链路管理逻辑信道上传输。LM 实现的功能主要有处理控制和协商基带分组的大小；链路管理和安全性管理，包括 SCO 和 ACL 链路的建立和关闭、链路的配置（蓝牙设备主/从角色的转换）、密钥的生成、交换和控制等；管理设备的功率和微微网中各设备的状态，如使微微网中的设备处于低功率模式。LM 实现包括以下两个方面。

　　（1）LMP 链路的建立和关闭

　　LM 之间的交互是非实时的。LMP 不封装任何高层的协议数据单元（PDU），其事务与任何高层

无关。当一个蓝牙希望与其他蓝牙进行通信时，LM 通过控制基带建立一条 ACL 链路，其建立过程如图 9-2-6 所示。主设备的 LM 首先发送 LMP 连接请求数据单元给从设备，从设备则对该请求进行响应，如果接受主设备的连接请求则返回 LMP 连接接受数据单元，否则返回 LMP 连接拒绝数据单元，但是不给出拒绝连接的原因。在连接请求被接受之后，主设备和从设备的 LM 就对链路的相关参数进行协商。协商完成之后，主设备发送 LMP 连接完成数据单元，从设备则响应返回 LMP 接受数据单元。

在建立了 ACL 链路之后，可以使用 LMP 消息在已有的 ACL 链路上建立 SCO 链路，主设备和从设备都可以来发起 SCO 链路的建立过程。当主设备发送请求建立一条 SCO 链路时，发送一个 LMP 的 SCO 请求数据单元，从设备只需响应返回 LMP 接受数据单元来接受请求，或者 LMP 拒绝数据单元来拒绝请求。一个主设备可以同时和多个从设备建立 SCO 链路，那么从设备指定的某些参数可能已经被主设备的另外 SCO 链路所使用，所以从设备的 LMP 的 SCO 请求中的参数是无效的。如果主设备拒绝建立 SCO 链路请求，则响应返回 LMP 请求拒绝数据单元。从设备也可以通过 LMP 的 SCO 请求数据单元发起 SCO 链路的建立，其过程如图 9-2-7 所示。对于蓝牙链路的关闭，主设备和从设备都可以发起。

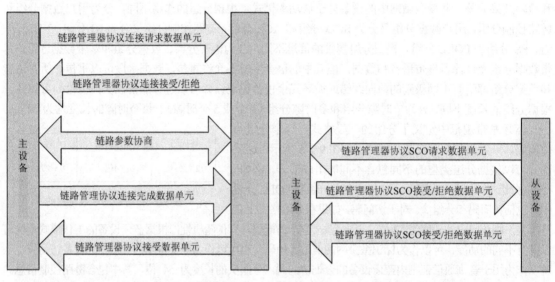

图 9-2-6　ACL 链路的建立过程　　　　图 9-2-7　从设备请求 SCO 链路的建立过程

（2）主/从角色的切换

一般在蓝牙微微网建立时首先发出寻呼请求的设备默认为主设备，处于寻呼扫描状态的设备为从设备，主设备确定分组的大小、信道时间间隙、控制从设备的带宽和同步时序等，应用中还需要主设备和从设备的角色切换，LMP 中提供了实现主/从角色切换的方法，图 9-2-8 为其切换过程，其中左边的微微网由编号为 0、1、2、3、4 的设备组成，设备 0 为主设备，其他为从设备。当微微网中有设备请求角色切换时，则该设备发送转换请求，若有设备接受角色切换则进行响应返回接受请求。假如从设备 1 请求角色切换，主设备 0 接受请求，那么左边的微微网 1 就分成右边的微微网 2 和微微网 3。在微微网 1 中原来编号为 1 的从设备在微微网 3 中则成了主设备，而在微微网 1 中原来编号为 0 的主设备在微微网 3 中成了从设备，但是在微微网 2 中，编号为 0 的设备仍然扮演主设备角色，编号为 2、3、4 的设备的角色没有改变。可以看出，编号为 0 的设备扮演了双重角色，这样也完成了主/从角色切换。

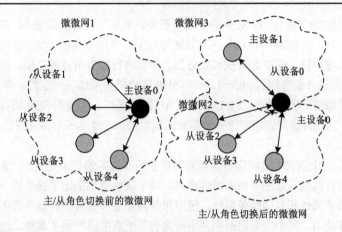

图 9-2-8　主/从角色切换示意图

### 4．逻辑链路控制和适配协议层（L2CAP）

L2CAP 是蓝牙协议栈的核心部分和其他协议实现的基础，主要完成协议的多路复用/分用、接受上层的分组分段传输、在接收端进行重组和处理服务质量等。L2CAP 只能在基带上运行，其流量控制和差错控制依赖于基带层，但不能在其他介质层上运行。

L2CAP 提供三类逻辑信道：无连接信道（支持无连接服务且是单向的，其主要用于从主设备到多个从设备的广播）、面向连接信道（每个信道都是双向的且每个方向都指定了服务质量流规范）、信令信道（是保留信道，提供了两个 L2CAP 实体之间信令消息的交换）。

L2CAP 运行操作如下所述。

（1）信道复用。采用了复用技术，允许多个高层连接通过一条 ACL 链路传输数据，任何两个 L2CAP 端点之间可以建立多个连接。每个数据流都在不同的信道上运行，每个信道的端点都有一个唯一的信道标识符，L2CAP 就采用这个信道标识符来标识分组。这样，当 L2CAP 接收到一个分组后，就可以正确地交给对应的处理程序。

（2）信道连接的建立、配置和断开。L2CAP 使用 ACL 链路来传输数据，可以向高层协议和应用程序提供面向连接和无连接两种数据服务。首先是建立连接阶段，任何一个设备（本地设备）的高层协议层发送一个连接请求到 L2CAP。如果当时没有可用的 ACL 链路，L2CAP 再发送一个连接请求到低层协议层，然后通过空中接口传输到另一个需建立连接的设备（远程设备）的低层协议层，然后向上传递到 L2CAP。此过程与 TCP/IP 传送报文的过程相似，建立之后必须对信道进行配置才可以执行数据传输功能。L2CAP 中信道的断开有两种方式。①在数据传输结束后高层协议将发送连接关闭请求给 L2CAP，L2CAP 信道的每个设备都可以发起关闭连接的请求；当 L2CAP 接收到关闭连接的请求分组后通过低层向信道另一端的 L2CAP 发送该连接关闭请求，接收到连接关闭请求的 L2CAP 端将对其响应并返回信息。②因为超时而断开连接。L2CAP 发送一个信号后都将启动一个响应超时定时器，当超过设定的时间值还没有收到对应的响应分组时就会断开连接；如果是重发分组，则把定时器的时间值设置为原来的 2 倍就可以了。定时器的时间值可以自主设定，当然设定值有最大限度。

### 5．服务发现协议（SDP）

服务发现协议（SDP）层是一种客户机/服务器结构的协议，可实现查询服务，对连接到某请求服务的详细属性进行查询，建立到远程设备的 L2CAP 连接，并建立一个使用某服务的独立连接。SDP 的重点内容如下。

（1）SDP 的客户机/服务器模型。SDP 服务器主要为其他蓝牙设备提供服务，都有自己的数据库以存放与服务有关的信息，而 SDP 客户机是在有效通信范围内享用服务的对象。任何一个蓝牙设备都可以同时作为服务器和客户机，SDP 客户机和服务器之间要进行服务信息的交换，则事先要在它们之间建立 L2CAP 链路以便进行服务信息的查询。一个 SDP 客户机必须按照一定的步骤来查找 SDP 服务器提供的服务。其步骤如下：①与远程设备建立 L2CAP 链路连接；②搜索 SDP 服务器上指定的服务类型或浏览服务列表；③获得连接到指定服务所需要的属性值；④建立一个独立的非 SDP 连接来使用连接到的指定服务。

（2）SDP 数据库。用于存放 SDP 服务器能够提供的所有服务的记录列表。一条服务记录包括了描述一个给定服务的所有信息，它由一系列属性组成，每个属性值都描述了服务的一个不同特征，其属性值可以分为通用服务属性和专用服务属性。通用服务属性是所有类型的服务都可能包括的信息，可以被所有类型的服务使用。每个服务记录中并不一定包括所有的通用服务属性，但是有两个通用服务属性属于所有的通用服务属性，分别是服务类型属性（其属性 ID 为 0x0001）和服务记录句柄（是作为服务记录的指针，唯一地标识了一个 SDP 服务器中的每条服务记录，其属性 ID 为 0x0000，属性值是一个 32 位的无符号整数）。专用服务属性与一个特定的服务类型有关，根据不同的服务类型有不同的应用。

（3）通用唯一标识符（UUID）。蓝牙协议的 1.0 版本中的 SDP 部分只定义了一些通用的服务。为了保证任何独立创建的服务不发生冲突，在实际应用中给每个服务定义分配一个 UUID。UUID 是一个长度为 128 位的数值，可通过一定的算法计算出来。它可以包含在 SDP 查询消息中，然后发送给服务器，以便查询该服务器是否支持与指定 UUID 匹配的服务。

（4）SDP 消息。SDP 客户机和服务器之间需要通过交换消息来获得服务类型及所需要的信息，这些交换消息被封装为 SDP 协议数据单元进行传输。客户机通过两种方式来发现服务器提供的服务和服务属性：一种是浏览服务器中所有可用的服务列表来查找需要的服务，客户机先从根节点开始浏览，然后逐层往下浏览；另一种是特定的服务查询，客户机已经知道了它正在搜寻的服务器中服务的 UUID，就可以直接在服务查询消息中找这个 UUID 值。

客户机查找服务的步骤如下。①客户机发送一个服务查找请求消息给服务器，此消息中包含了由 UUID 组成的服务查找模式、服务器返回的最大匹配的服务记录数，以及延续状态等参数。如果服务器有与服务查找模式相匹配的服务，它返回一个消息，在消息中包含一个或多个满足要求的服务句柄，然后，客户机用获得的服务句柄向服务器发送一个服务属性请求消息，获取服务的通用和专用服务属性，为后续的服务连接提供足够的信息，服务器返回与服务句柄有关的属性值。②客户机利用所获得的服务属性，采用其他协议与服务器建立连接，以便接入和使用该服务。为了加快服务查询和获得服务属性的速度，SDP 还提供了一种服务查找属性请求消息，将服务查找请求和服务属性请求结合，客户机只需要发送一个包括了需要查找的服务和要求返回的服务属性的请求，服务器就可以返回匹配的服务句柄及相关服务属性。这种方式在需要访问大量服务记录的时候可以有效提高访问效率。蓝牙的 SDP 具有以下两个优点：①简单性。每个蓝牙应用模式几乎都用到服务发现协议，要求执行服务发现协议的过程尽量简单；②SDP 是经过优化的运行于 L2CAP 之上的协议，它有限的搜索能力及非文本方式的描述方式具有良好的紧凑性和灵活性，可以减少蓝牙设备通信过程的初始化时间。

# 9.3　无线传感器网络

随着无线通信和电子学的飞速发展，低成本的无线传感器网络（WSN）逐渐成为学术界、工业界研究和应用热点。WSN 综合了传感器、嵌入式计算、分布式处理和无线通信等技术，是一种全新的信息获取和处理技术。WSN 由随机分布的集成传感器、数据处理单元和通信模块的微小节点通过自组织的方式构成，图 9-3-1 为 WSN 的系统架构，包括传感器节点、互联网和卫星或移动通信网络、任务管理节点、监测区域、网关等。在监测区域内部或附近部署大量传感器节点，节点部署方式有飞行器撒播、火箭弹射或人工埋置，通过自组织方式构成网络。监测数据在传输过程中经过 A-D 多跳路由后到汇聚至 Sink 节点，最后通过互联网或其他移动网络到达任务管理节点，任务管理节点的任务是对传感器网络发布监测任务数据、收集监测数据及对这些数据进行配置和管理。

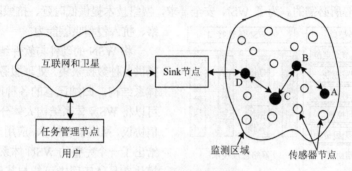

图 9-3-1　WSN 的系统架构

WSN 具有抗毁性强、监测精度高、覆盖区域大等特点，它借助节点中内置的形式多样的传感器，协作地实时监测、感知和采集各种环境或对象的信息，对其进行处理，并通过无线和自组多跳的网络方式将获取到的信息送到终端用户，实现了物理世界、计算机世界和人类社会的有效连通。

## 9.3.1　WSN 的特征

目前，WSN 与传统网络相比具有以下特征。

（1）大规模的网络：节点数目多、密度高，可利用节点间高度连接性来保证系统的容错性和抗毁性。

（2）可靠的网络：WSN 节点特别适合部署在恶劣环境或人类不宜到达的区域，由于检测区域的环境限制及传感器节点数目巨大，不可能人工"照顾"每个传感器节点，网络的维护十分困难（甚至不可维护），其通信保密性和安全性要求防止监测数据被盗取和获取伪造的信息。因此，WSN 的软/硬件必须具有鲁棒性和容错性。

（3）强动态性网络：其节点一般不快速移动，但可能会随时加入或离开，因而网络拓扑变化频繁，具有动态的系统可重构性。

（4）以数据为中心的网络：由于节点数目多、网络拓扑的动态特性和节点放置的随机性，节点并不需要也不可能以全局唯一的 IP 地址来标识，只需使用局部可以区分的标号标识。用户对所需数据的收集是以数据为中心进行的，并不依靠节点的标号。

（5）自组织网络：网络中节点的电池能源非常有限，每个节点都只能与其邻居节点进行通信。若需要与通信覆盖范围外的节点通信，则需要通过中间节点进行多跳路由。

（6）系统实时性：客观世界的物理量多种多样，应用不同的传感器网络实时监测并通信。

## 9.3.2　WSN 的体系结构

WSN 的体系结构要实现包括操作系统、目标定位与跟踪、定位、时间同步、安全、编程等内容。其系统软件与平台包括操作系统和编程语言方面的技术，要求操作系统高效模块化、支持并行操作，不同数据流必须同时传递；将硬件和特定应用组件综合在一起，处理开销和存储的开销要低；用户能够从操作系统提供的组件集中选择应用需要的最小组件，各个组件能够并行执行，同时等待事件最少、资源消耗最低。

定位时，获得某个传感器节点的感知信息就能获取该感知信息的地点，节点的位置是分析传感器感知信息的必要信息；精确定位是许多 WSN 应用的关键技术，包括监视网络、机器传感器、基于位置的 WSN 路由协议；节点覆盖范围就是一个传感器节点的空间感知范围，节点之间必须相互协调，降低冗余度，节点位置优化必须考虑感知任务的通信距离和其他特征。空时相关是当 WSN 网络拓扑传感器节点密集布置、连续观测物理现象时 WSN 的特点之一。空时相关与 WSN 联合协作性对高效通信协议极为有利。时间管理、WSN 有关时间的操作是时戳事件、控制与操作周期、网络同步操作、传输新到访问与控制等所必需的。为了 WSN 安全要求，网络技术提供低时延、抗毁能力强、安全的网络、抗入侵和哄骗能力。

图 9-3-2　WSN 体系结构

将 WSN 的硬件与软件结合在一起，为用户提供各种数据采集、处理服务，构成了 WSN 的体系结构，归纳已有的各种网络传感器应用，可以将 WSN 体系结构大体分成 3 部分：网络通信协议、网络管理技术、应用支撑技术。图 9-3-2 给出了一个完整的 WSN 体系结构，其中的某些模块在具体应用中可能与其他模块组织起来构成一个 WSN 应用。

图 9-3-2 中左半部分显示了 WSN 的通信协议栈和层次结构，其功能如下：①物理层主要关心传输介质、频段选择及调制方式；②数据链路层主要负责拓扑结构的生成、数据检测及差错控制，它保证了点到点及点到多点的连接；③网络层的功能是进行路由选择和维护，可以是以数据为中心的路由、基于节点属性路由、泛洪式路由、层次式路由；④传输层的主要功能是把 WSN 的访问接入互联网及其他网络；⑤应用层是 WSN 的管理协议层，主要介绍数据汇集及数据汇集规则、定位算法和节点同步；⑥交叉层优化考虑了网络跨层间的相互作用，通过在不同层间共享信息来提高协议性能，在各层之间实施交叉层优化，保证 WSN 既简单又高效，是 WSN 的关键技术之一。

图 9-3-2 的右边部分显示了 WSN 涉及的主要网络管理技术，其中能量管理模块负责管理能量的获取、消费等，使整个传感器网络的能量得到有效、合理的使用；拓扑管理模块负责管理网络的拓扑结构，使网络保持畅通、数据传输有效；QoS（Quality of Service，服务质量）支持网络在工作时必须能为用户提供足够的资源，满足用户可以接受的性能指标；网络安全管理安全性是 WSN 得到广泛应用的基础（多用于军事、商业领域），网络中节点随机部署、网络拓扑的动态性及信道的不稳定性需要设计新型的网络安全机制；远程管理对某些人不容易访问的应用环境十分必要，它利用软件重构技术及其他管理技术修正系统的漏洞、升级系统、关闭子系统等，使网络工作更有效。网络管理技术很多时候并不以独立的模块出现，而是穿插在通信协议的各个层次中，如从物理层到应用层，每一层都有相应的节能和安全技术，QoS 支持和拓扑管理则集中在数据链路层和网络层，WSN 的应用支撑技术为用户提供各种具体的应用支持。

### 9.3.3　WSN 的通信技术

#### 1. WSN 的物理层

WSN 的物理层定义了物理无线信道和 MAC 子层之间的接口，通过两个服务访问点（SAP）提供物理层数据服务和物理层管理服务。其数据服务在物理信道上通过射频服务访问点（RF-SAP）实现物理层协议数据单元（PSDU）的发送和接收，其管理服务维护一个由物理层相关的数据组成的数据库（MIB）。

WSN 采用的传输媒体主要有无线电、红外线、光波等。无线电传输是目前 WSN 采用的主流传输方式，需要解决的问题有频段选择、节能的编码方式和调制算法设计，在降低硬件成本方面需要研究集成化、全数字化、通用化的电路设计方法等。

（1）频段选择：因 ISM 频段具有无须注册、有大范围的可选频段、没有特定的标准、使用灵活的优点而被人们普遍采用。与无线电传输相比，红外线、光波传输则具有不需要复杂的调制/解调机制、接收器电路简单、单位数据传输功耗小等优点，但因不能穿透非透明物体，故只能在一些特殊的 WSN 系统中使用，如美国伯克利大学开发的 Smart Dust 项目中就开发了具有光通信能力、体积不超过 1mm 的微小传感器。

（2）编码、调制算法：LiuCH 与 AsadaH 提出了一种基于直序扩频-码分多路访问（DS-CDMA）的最小能量编码算法，通过降低多路访问冲突来减少能量消耗；ShihE，ChoS，IekesN 等对 Binary 和 M-ary 调制机制做了比较，阐述了系统启动时间（Warm Uptime）对调制能耗的影响；在节能方面需要设计具有高数据传输速率、低符号率的编码、调制算法。

### 2. 定位技术

由于通过飞行器撒播、人工埋设和火箭弹射等方式部署的 WSN 节点的位置都是随机的，且节点采集的信息必须和节点所在位置相结合，所以，WSN 节点定位是其时间同步和路由技术的基础。从不同的角度可将定位技术分为以下 3 种。

（1）基于测距的定位技术和基于非测距的定位技术。前者需要测量相邻节点间的绝对距离或方位来计算未知节点的位置，包括信号强度测距法（Received Signal Strength Indicator，RSSI）、到达角（Angle Of Arrival，AOA）定位法等。后者利用节点间的估计距离计算节点位置，包括质心（Centroid Algorithm）定位算法、以三角形内的点近似定位算法（APIT）等。

（2）紧密耦合与松散耦合定位技术。前者指锚节点（已知自身位置并协助未知节点定位的节点）不仅被仔细部署在固定的位置，并且通过有线介质链接到中心控制器；适用于室内环境。有较高的精确性和实用性，时钟同步和锚节点间的协调问题容易解决，但这种部署方式限制了网络的可扩展性，缺乏灵活性，因为需要布线，因此不适用于室外环境。具有代表性的有 AT&T 的 Active Bat 系统和 Active Badge 等系统，而后者的节点则采用无中心控制器的分布式无线协调方式。松散耦合定位系统以牺牲精确性为代价来获得部署的灵活性，依赖节点间的协调和信息交换实现定位，具有代表性的有 Cricket、AHLos 等系统。

（3）粗粒度定位技术和细粒度定位技术。细粒度定位根据信号强度或时间等来度量与锚节点的距离，而粗粒度定位根据条数和与锚节点的接近度来度量距离。

目前，已有多种定位算法，如经典多维标度（CMDS）的定位算法、质点弹簧模型（MSO）的定位算法，且结合的 CMDS-MSO 新定位算法有效地提高了节点的定位精度；利用超声波测距的改进型 TOA（Time Of Arrival）无锚定位算法；二阶段定位算法，第一阶段在 Euclidean 定位算法的基础上加入了距离路由思想，根据与未知节点距离两跳之内的两个锚节点和距离两跳之外的任一锚节点，利用 Euclidean 算法来计算估计位置；第二阶段利用差分进化算法进行迭代寻优，提出 DE-Euclidean 定位算法以提高定位精度。基于 Elman 神经网络的无线传感器网络测距模型，针对 DV-Hop（典型的利用多跳信标节点信息的定位方法）非测距定位技术没有考虑非法节点（包括无法定位的节点）对定位过程影响的问题，提出了一种基于 DV-Hop 的安全定位机制，即在定位过程中引入节点间交互信息特性，用于检测虫洞攻击，利用时间性质和空间性质明确有效信标节点，并且结合在节点通信过程中加入加密和认证机制来抵御伪装攻击，最后实现安全定位。仿真实验表明，在攻击存在的环境中提出的安全定位机制能够以较高的概率检测出虫洞攻击，并使定位误差减小了 63%左右。

### 3．时钟同步技术

在 WSN 的许多协议和应用中，某些安全协议需要为消息添加时间戳；定位协议中节点需要根据消息传播的时间来计算自己所在的位置；对移动物体监测需要用同步的时间来计算移动速度；环境监测需要与外部时间同步，以便得知事件发生的时间。因此，时间同步是 WSN 的一项关键技术。

然而，节点资源受限使传统的时间同步协议不能直接应用于 WSN，WSN 中的时钟同步一般需要通过节点间交换包含时间信息的消息完成，消息交换的过程受到不同原因导致的时间延迟影响，进而影响时钟同步的精确性。近年来出现的时间同步协议可以有效地实现传感器节点点对点的时间同步（Pair-wise Clock Synchronization）和传感器节点的全局时间同步（Global Clock Synchronization），其中点对点的时间同步指相邻节点间获得时间同步，而全局时间同步指 WSN 中所有的节点共享一个全局的时钟。大多数全局时间同步协议都通过在传感器网络中建立多跳路径，使所有的节点能够沿着多跳路径与邻居节点进行时间同步，从而实现全局范围的时间同步。

针对分布于一定区域内、不同地点的多个电子时钟同步问题，可设计一套基于 GPS 技术和 WSN 的时钟无线同步系统，即由一台授时器和多台电子时钟组成的无线网络。设计基于 WSN 的授时系统结构，定义通信数据帧格式、给出授时器和电子时钟的硬件框图，并编写该系统的软件程序以实现多时钟的同步。

### 4．WSN 的路由协议

在 WSN 体系结构中，路由设计的原则是：节省能量、延长网络系统的生存期限、协议不能太复杂、节点保存信息不能太多，并尽量避免发送冗余信息。从网络拓扑结构的角度来看，网络层协议大体分为平面路由协议、分族路由协议和基于其他分类方式的路由协议，它们大多都采用多跳形式在节点和易移动的 Sink 节点之间建立路由，以便可靠地传递数据。

（1）平面路由协议

在平面路由协议中，所有网络节点地位平等，不存在等级和层次差异，它们通过相互之间的局部操作和信息反馈来生成路由。在这类协议中，目的节点（Sink）向监测区域的节点（Source）发出查询命令，监测区域内的节点收到查询命令后向目的节点发送监测数据。

典型的平面路由算法有 Flooding（泛洪：节点产生或收到数据后向所有相邻节点广播，数据包直到过期或到达目的地才停止广播）、Gossiping（闲聊式策略：随机选取一个相邻节点转发它接收到的分组）、DD（Directed Diffusion，定向扩散：是一种以数据为中心模式的路由，将来自不同源节点的数据集合起来）、SAR（Sequential Assignment Routing 有序分配路由，以基于路由表驱动的多路径方式满足网络低能耗和鲁棒性的要求）、SPIN（Sensor Protocols for Information via Negotiation，基于协商的具有能量自适应功能的信息传播协议）、Rumor Routing（传闻路由：使用随机方式生成路由，形成的数据传输路径不是最优路径，并且可能存在回路）等。

平面路由具有简单、易扩展、无须进行任何结构维护工作、所有网络节点的地位平等、不易产生瓶颈效应，有较好的健壮性等优点；但还有扩充性差、网络中无管理节点、缺乏对通信资源的优化管理、自组织协同工作算法复杂、对网络动态变化的反应速度较慢、动态变化的路由需要大量的控制信息等缺点。

（2）分簇路由协议

在分簇拓扑管理机制下，网络中的节点可以划分为簇头（Cluster Head）节点和成员（Cluster Member）节点两类。在每个簇内，根据一定的机制算法选取一个簇头，用于管理或控制整个簇内的成员节点，协调成员节点之间的工作，并负责簇内信息的收集和数据的融合处理及簇间转发。常用的两种协议如下所述。

① 低能量自适应分群（LEACH）协议。LEACH 协议是以群为基础的路由协议，以循环的方式随机选择簇头节点，将整个网络的能量负载平均分配到每个传感器节点中，从而达到减少网络能源消耗、提高网络整体生存时间的目的。在运行过程中循环执行簇的重构过程，可以根据邻居节点的数量，通过对簇头节点分布及簇内实际覆盖率的优化来延长整个网络的寿命。选取簇头的原则是：传感器节点随机生成一个 0～1 之间的数，如果小于阈值 $T(n)$，则该节点当选为簇头。为保证每个节点在 $1/p$ 轮内仅仅当选簇头一次，$T(n)$ 按下列式计算：

$$T(n) = \begin{cases} \dfrac{p}{1 - p(r \bmod (1/p))} & \text{若} n \in G \\ 0 & \text{若} n \notin G \end{cases} \tag{9-3-1}$$

式中，$p$ 为每轮节点成为簇头的百分比，即 $p = k/N$（$k$ 为一轮中成为簇头的个数，$N$ 为总的传感器个数）；$r$ 为当前轮数，mod 表示取模运算，$G$ 是在过去的轮内未成为簇头的节点集合。

假设所有传感器节点随机均匀地部署在一个足够大的正方形区域 $A$ 中，且边界因素可以忽略，节点密度足够大，所有节点部署后不再移动且都处于工作状态，可以覆盖整个区域 $A$，该网络节点采用布尔感知模型，即每个节点都具有一个固定的传感半径 $R_s$。所有节点是同构的，节点无须装备 GPS 且不能通过测量或定位方法获得其具体的物理位置，能量消耗满足 LEACH 协议的能耗模型。LEACH 以"轮（round）"为工作时间单位，每一轮分为启动阶段和稳定阶段。在启动阶段，某节点随机以 $R_s$ 为半径对外广播并接收周边节点的信息以确定自己的邻居节点个数 $n_n$，当 $n_n$ 小于 1 时默认取 1。并以优先级 $p_{c1}$ 选出第 1 个簇头，从而确保整个网络分布的相对密集区域附近有簇头节点存在。$p_{c1}$ 按下列式计算：

$$p_{c1} = (n_n / N) \times (E_{current} / E) \tag{9-3-2}$$

式中，$E_{current}$ 为该节点当前能量，$E$ 为节点初始能量，$N$ 为监测区域节点总数。

为保证簇头节点分布均匀并防止簇头节点处于监测区域 $A$ 的边缘地段，根据仿真经验，首先规定两个簇头节点之间的距离不得小于 2 倍的 $R_s$，且当某节点的剩余能量低于 $E_{min}$ 时该节点将失去簇头的竞选权以保证被选簇头有足够能量完成一轮的信息融合及传输工作，$E_{min}$ 按下列式计算：

$$E_{min} = \begin{cases} N_{act} \times l \times (E_{elec} + E_{DA}) + l \times E_{elec} + l \times \varepsilon_{fs} \times d^2 & d < d_0 \\ N_{act} \times l \times (E_{elec} + E_{DA}) + l \times E_{elec} + l \times \varepsilon_{amp} \times d^4 & d < d_0 \end{cases} \tag{9-3-3}$$

式中，$N_{act}$ 为簇内工作节点的平均个数，$l$ 为传输数据包长度，$E_{elec}$ 为无线收发电路所消耗的能量，$E_{DA}$ 为数据融合所消耗的能量，$\varepsilon_{fs}$ 和 $\varepsilon_{amp}$ 分别为自由空间模型和多路衰减模型的放大器消耗的能量，$d$ 为簇头到 Sink 节点的距离，$d_0$ 为常数并取决于传感器网络应用的环境。

若其余节点与当前簇头的距离大于 2 倍的 $R_s$，且其剩余能量不低于 $E_{min}$，则其成为簇头的概率 $p_{cc}$ 与节点自身的剩余能量有关，其按下列式计算：

$$P_{cc} = [(k-1) / N] \times (E_{current} / E) \tag{9-3-4}$$

簇头选举结束后，该轮成功当选的簇头节点通过广播告知整个网络。簇头节点从它所在簇中的所有传感器节点收集数据，将这些数据进行初步处理后向网关发送。普通节点收到广播后，根据到各簇头的距离及各簇头当前能量选择适当的簇头入簇，其优先级 $p_{ntoc}$ 按下式计算：

$$p_{ntoc} = (1 / d_{toc})(E_c / E) \tag{9-3-5}$$

式中，$d_{toc}$ 为普通节点到簇头的距离，$E_c$ 为各簇头当前能量。

当普通节点入簇结束后，将广播告知簇头节点自己已加入该簇。簇头节点接收通知并计算出该簇当前簇内成员总个数，若簇内成员个数大于 $N_{act}$，则根据优先级 $p_{work}$ 选择本轮簇内的工作节点。$p_{work}$ 可根据该节点的邻居个数及剩余能量得出，按下式计算竞选出 $N_{act}$ 个工作节点：

$$p_{work} = \frac{1}{n_n} \times \frac{E_{current}}{E} \qquad (9\text{-}3\text{-}6)$$

在稳定阶段，工作节点竞选结束后该轮未被选出的节点将进入休眠状态，不进行数据采集工作；选出的工作节点将广播告知簇头，节点开始持续采集监测数据，并传送给簇头节点进行必要的簇内融合处理，之后发送到 Sink 节点，该回合结束。这是一种减小通信业务量的合理工作模式。持续一段时间以后，整个网络进入下一轮工作周期，重新选择聚类首领。

当网络中某节点的剩余能量低于 $E_{dead}$ 时，认为该节点死亡，死亡节点将向半径为 $R_s$ 内的节点广播告知其死亡消息，收到广播的节点将自己的邻居节点数 $n_n$ 减 1（$n_n$ 小于 1 时默认取 1），即进行了节点低能耗处理。$E_{dead}$ 按下式计算：

$$E_{dead} = c_m \times E_{elec} + c_m \times \varepsilon_{fs} \times r_s^2 \qquad (9\text{-}3\text{-}7)$$

式中 $c_m$ 为广播数据包长度，$r_s$ 为节点间平均距离。

② 门限敏感的网络传感器节能（TEEN）协议。TEEN 协议是 LEACH 的改进协议，设立了软、硬门限值，只有在同时满足两个门限值时才发送数据。当检测值超过硬门限时，数据立即被发送出去，并把此次检测值作为新的硬门限；如果检测值与硬门限的差值超过了软门限，数据也立即被发送，并把这个差值作为新的软门限。采用此方法可以监视一些突发事件和热点地区，减少网络内信息包数量，但是传感器节点的数据不是以固定速度发送的。

（3）其他传感器路由协议

基于位置的路由协议利用位置信息将数据传送到目标区域，不必为了找到目标区域向全网广播数据，从而减少了能量消耗，此类协议包括 GAF、GEAR、MECN & SMECN 等。

基于网络流的路由协议在实现路由发现和维护的同时，还力求满足网络的 QoS 需求。其中一些协议在建立路由路径的同时，还考虑节点的剩余能量、每个数据包的优先级、端到端的时延，从而为数据流选择一条最合适的发送路线，以延长全网的寿命，这类协议有 SPEED、SAR 等。除了前面几类经典的路由协议外，近年来人们针对网络传感器还提出了许多新的路由协议和设计方法，它们还有广阔的发展空间。

### 5. 数据融合技术

数据融合技术是将多份数据或信息进行处理，组合出更有效、更符合用户需求的数据，该技术在 WSN 中起着十分重要的作用，主要表现在以下两个方面。

（1）节省能量、提高数据收集效率。WSN 是由大量节点组成的，单个节点的监测范围和可靠性是有限的，因此必须使节点的部署达到一定的密度，以增强网络的鲁棒性和监测信息的准确性，于是相邻节点采集的数据会有一定程度的重复，过多的重复信息并不能使汇聚节点得到更多的信息，反而会浪费传感器的能源，数据融合就是要对数据进行网内处理，即中间节点转发数据之前对数据进行综合，删除冗余信息。由于删除信息利用的是节点的计算资源和存储资源，它的能量消耗比传送数据小很多，因此数据融合要在满足应用需求的前提下，将需要传输的数据量最小化，不仅能延长 WSN 的生命周期，同时也能减轻网络的传输拥塞、降低数据的传输延迟，从而提高数据收集效率。

（2）获取准确的信息。由于 WSN 采用无线通信方式，信道容易受到干扰和侵入；节点资源受限，使得感测精度较低，而且工作环境恶劣，某些节点的功能可能遭到破坏，因此，仅靠收集少数分散性节点的数据难以得到正确的信息。数据融合通过对监测同一区域的多个传感器节点的数据进行综合，从而有效提高所获信息的精确度。由于节点资源受限，现有的数据融合一般只采用简单的融合函数，如 SUM、AVG、MAX、MIN 等，或者在路由中采取简单的手段控制信息冗余。目前并未形成对于数据融合的理论框架和有效广义模型及算法，融合协同的容错性和稳健性没有得到很好的解决。总体来说，对数据融合技术的研究仍处于起步阶段。

### 9.3.4　WSN 的网络管理

随着网络规模应用范围的急剧扩大，网络所承担的任务也越来越重，迫切需要成功地对网络进行管理，以控制一个复杂的计算机和通信网络，使得网络具有可靠性、最高的效率和生产力。为了实现网络管理，网络管理协议提供了具体的方法和手段。传感器网络管理层可分为能耗管理面、移动性管理面及任务管理面，并协调不同层次的功能来实现三方面的综合，具有拓扑管理、传感器管理、能量管理、安全管理和协同管理等五个方面的功能。

#### 1. WSN 的拓扑管理

在无线自组织网络中，网络的拓扑代表了真实网络节点的组织情况和网络中各节点的连接及位置关系，给出多个网络特征，如活动节点的数量、分布及网络的连通性等。在 WSN 节点感知环境的过程中，由于节点的失效（能量耗尽或受到破坏）等导致网络拓扑动态变化，需要管理站能够及时得到网络节点信息，有时还需要新增节点来保证网络的连通性，因此对 WSN 的拓扑管理是网络管理中最为重要的一个工作。拓扑管理也称为拓扑控制，有利于无线通信的空间重用、减少网络拥塞和提高吞吐量。拓扑控制协议在减少能耗的同时维持网络具有较高的连通性，通过调整无线电模块的设置来实现多跳通信，降低无线电收发器的能耗。在 WSN 中，拓扑控制理想的节能方案应该是尽可能地关闭冗余节点的无线收发器。因此，WSN 拓扑管理保证网络内有"合适的"节点处于激活状态以使网络连通，使暂时不参与数据传输的节点处于休眠状态，应尽可能地将数据中继任务均衡地分布在所有的节点上以达到网络整体的节能，此外还要在部分节点失效或有新节点加入的情况下保证网络能正常工作。

由于体积和成本的限制，通常传感器节点采用容量有限的电池提供能量，加之节点数量众多，或者部署在战场、沙漠等危险环境中，替换节点电池和对电池充电都是不可行的。于是，如何在单个节点能量受限、生存时间较短的情况下延长整个网络系统的生存时间成为 WSN 设计中的一个重要挑战。另外，与传统的网络不同，WSN 是一种自组织网络，网络的形成和运行在很大程度上是由多个传感器节点自主完成的，并不需要人工配置。WSN 的拓扑是进行网络管理、提高网络性能、优化网络路由信息、进行流量控制和拥塞控制、提高网络生命周期的基础。因此，在网络建立的初始阶段，需要采取一定的拓扑结构生成机制，在尽可能节约节点能量和系统延迟的前提下实现 WSN 拓扑信息的获取。在 WSN 中，传感器节点是体积微小的嵌入式设备，且计算能力和通信能力十分有限，所以要设计优化的网络拓扑控制机制，通过拓扑控制自动生成良好的网络拓扑结构，以提高路由协议和 MAC 协议的效率，有利于节省节点的能量来延长网络的生存期。

拓扑管理的好处主要表现在以下方面。

（1）在保证网络连通性和覆盖度的情况下，尽量合理、高效地使用网络能量，延长整个网络的生存时间。

（2）减小节点间的通信干扰，提高网络通信效率。如果密集部署的每个节点都以大功率进行通信，会加剧节点之间的干扰、降低通信效率并造成节点能量的浪费。但如果选择太小的发射功率，会影响网络的连通性。所以，拓扑控制中采用功率控制技术以解决这个矛盾。

（3）在传感器网络中只有活动的节点才能进行数据转发，而拓扑控制可以确定哪些节点作为转发节点，同时确定节点之间的邻居关系，为路由协议提供基础。

（4）若传感器节点将采集的数据发送给网络中的骨干节点，骨干节点会进行数据融合并把融合的数据结果发送给数据收集节点，通过拓扑控制选择骨干节点即可影响数据融合。

（5）传感器节点可能部署在恶劣的环境中。在军事应用中甚至部署在敌方区域中，很容易受到破坏而失效。所以，必须要求网络拓扑结构具有鲁棒性以适应弥补节点失效的影响，因此拓扑发现技术也是拓扑管理的一项重要工作。

## 2. WSN 的传感器管理

传感器管理欲利用有限的传感器资源，满足对多个目标和扫描空间的需求，以获得各个具体特性的最优值，并以最优准则对传感器资源进行合理、科学的分配。其核心问题是依据一定的最优准则，确定哪个目标选择哪种传感器及其工作方式和参数。传统网络多平台中的传感器管理和 WSN 中的传感器管理的主要区别在于传感器的类型差异，前者主要面向红外、雷达等传感器，大部分不需要考虑传感器能量耗尽等因素；后者主要面向电源能量有限的微型传感器。

另外，这两类管理的传感器数量不同，前者由于雷达等传感器成本较高，传感器数量通常不会太多，而在 WSN 中传感器节点的数量很大，有些情况下可达到几十万个。因而，对传感器管理的管理结构、管理的优化调度算法等的要求都不相同。一般传感器管理的实现要利用多代理技术和策略技术等相关技术，下面给出简要介绍。

（1）多代理技术（Multi-agent）

Multi-agent 主要应用于 WSN 的传感器资源管理中，其基础概念如下所述。

① 代理（Agent）：它源于分布式人工智能领域，一般被称为"智能体"或"智能主体"，指具有目标、行为和知识，能在不确定性环境中根据自身能力、状态、资源及外部环境信息，通过规划、推理和决策实现问题求解，自主地完成特定任务并达到某一目标的实体，对环境有响应性、自主性、社会性和能动性等。

② 融合 Agent：它为目标与传感器配对提供目标状态、属性信息。主要功能有：对各传感器发送来的所有相关信息进行数据融合，可以确定在下一个传感器管理周期内各传感器代理需完成的系统任务及其全局性能指标，监控系统任务的性能指标以便确认是否达到所要求的性能指标。

③ 传感器 Agent：其主要功能是获取目标和传感器数据，管理经协商后分配的传感器任务，控制与其他网络节点的数据通信。

④ 移动代理（Mobile Agent）：它是一个程序实体，拥有一定的智能和判能力，可以在自己的控制下、在异构的网络上，按照一定的规程从一个计算机迁移到另一个计算机，寻找合适的资源，利用与这些资源同处一台主机或网络的优势，处理或使用这些资源，并代表用户完成特定的任务。

Multi-agent 系统指由多个 Agent 基于一定的协调机制组成的自组织系统。它利用多个 Agent 形成的问题求解网络可以解决单个 Agent 不能解决的复杂问题，能利用关于其他 Agent 的知识来协调它与其他 Agent 的行动或合作完成任务。Multi-agent 系统可通过并行机制加速系统的运行，可将一个任务分解为若干个子任务，分别由不同的 Agent 完成各子任务；系统中冗余的 Agent 可提高系统的鲁棒性；系统中增加一个 Agent 要比增加系统的功能方便得多，具有可扩充性；系统的模块化程度更高，程序设计更简单。具有在结构上和在逻辑上的分布性、在协调机制下交互和自学习的适应性、其内部结构和算法可以由不同人在不同时间和地点采取不同方法实现并通过标准消息接口加入的开放性、对于外界的干扰可通过 Agent 间的交互协调进行参数调整的鲁棒性等优点。Multi-agent 理论的实质是分布式人工智能 DAI（Distributed Artificial Intelligence）的一个分支，侧重于计算机制（如对分布的传感器数据的分析、组织结构和协调协议等）的研究，出现了协商理论、分布推理、Agent 间的学习和通信语言等新兴的研究领域。

目前，Multi-agent 的领域有三个不同的类型：①面向任务的领域（Task Oriented Domain，TOD）；②面向状态的领域（State Oriented Domain，SOD）；③面向价值的领域（Worth Oriented Domain，WOD）。按控制结构分为三类，即：①集中控制，即由一个中心 Agent 负责整个系统的控制、协调工作；②层次控制，即每个 Agent 控制处于其下层的 Agent 的行为，同时又受控于其上层的其他 Agent；③网络控制，即由信息传递构成的控制结构，且该结构是可以动态改变的，可以实现灵活控制。

一般整个 Multi-agent 系统监视网络由传感器代理和融合中心代理构成，前者具有融合中心及在探测范围上有重叠传感器组的相关知识，后者具有全部传感器的相关知识。WSN 传感器资源管理的系统框架结构有集中式、分散式和混合式。图 9-3-3 为基于多代理的混合式传感器管理结构，其代理的基本协商策略是：融合中心将 WSN 中的任务发送给能独立完成该任务的传感器或能协调完成该任务的传感器组合。然后，各个传感器根据其自身的需要与相关传感器进行协商，直到融合中心发出下一组任务时为止。

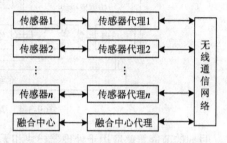

图 9-3-3　基于多代理的混合式传感器管理结构

（2）策略技术

当有多个任务需要分配给 WSN 有限的传感器资源去执行时，定义一些优先性策略来决定优先分配给哪个任务非常重要，这种策略指的是一种衡量标准，它由一定的算法规则计算得到。通过分析比较国内外各种优先策略技术，采用一种基于任务执行效用函数的优先性策略，将传感器资源分配问题描述为一个优化模型，在满足各种任务资源要求的情况下最大化资源的任务效用值总值。采用柯布-道格拉斯效用模型可以有效地避免非线性最优化问题所带来的复杂性。

具体应用中的优化策略技术有很多，如网络流中反馈优先的策略（不同于传统的先进先出服务规则，当网络传输过程中部分数据包丢失或错误时，终端用户在服务结束后重新提出的服务请求优先传输）、效率优先策略、加权网中局域优先策略、语音优先（即网络资源的配置必须首先确保语音资源，再最大限度地保证数据业务资源使用）、区分服务机制的抢占优先策略、复合优先策略等，还提出降低资源消耗的动态优先级的算法等，从而最大限度地降低网络综合业务的投资成本，提高消息传输质量。

### 3．WSN 的能量管理

（1）节点结构及能耗分析

WSN 中的传感器节点使用电池供电，或长期工作在无人值守的区域，其能量管理（即有效的节能策略）成为 WSN 网络管理中必不可少的内容。图 9-3-4 给出了 WSN 传感器节点的体系结构，它包括传感模块、处理（或计算）模块、通信模块和能量供应单元四部分。传感器模块负责获取监测的信息并将其转换为数字信号，它由传感器和 AD/DC 转换模块组成。处理器模块负责存储和处理自身采集的数据及其他节点发来的数据，控制和协调传感器各节点各部分的工作，它由包括存储器和处理器的嵌入式系统构成。无线通信模块负责与其他传感器节点进行通信，交换控制消息和收发采集数据。能量供应单元为传感器节点提供正常工作所必需的能量，通常采用微型电池。根据具体应用或进行比较复杂的任务调度和管理时，传感器节点还可以包括其他辅助单元，如移动系统、定位系统、自供电系统或一个功能较为完善的微型化嵌入式操作系统。同时要高效使用节点能量并最大化网络生存期。因此，有效利用节点在不可靠环境下协同完成任务是 WSN 的关键。

由于节点体积小且要广泛分布在野外或特殊环境中，很多节点会因电源能量问题而失效或报废，其应用会受到电源能量约束的限制。节点能耗主要包括：通信各状态能耗、处理计算能耗、采样能耗。节点中传感模块的能耗与应用特征有关，可以通过在应用允许的范围内适当延长采样周期、降低采样精度的方法来减少能耗。事实上，传感器模块的能耗要比处理器模块和无线通信模块的能耗低得多，几乎可以忽略，因此通常只讨论处理器模块和无线通信模块的能耗问题。处理器能耗与节点的硬件设计和计算模式密切相关，在应用低能耗器件基础上，在操作系统中使用能量感知方式。进一步减小能耗、延长节点的工作寿命。天线通信模块是节点中能耗最大的部件，WSN 的通信能耗与无线收发器及各个协议层紧密相关。

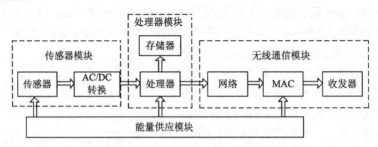

图 9-3-4　WSN 传感器节点的体系结构

目前的节能策略应用于处理器模块和无线通信模块的各个环节，主要有如下四个机制。

① 休眠机制。MAC 协议通过休眠机制解决能耗问题，即当节点周围没有感兴趣的事件发生时，处理器模块与无线通信模块处于空闲状态，把它们关掉或调到更低能耗的状态，让传感器节点尽可能处于休眠状态以减少能耗，此机制对于延长传感器节点的生存周期非常重要。

② 数据融合机制。WSN 产生的原始数据量非常大，同一区域内的节点所收集的信息有显著的冗余性，可以利用数据融合来提高能量和带宽的利用率。通过本地计算和融合，原始数据可以在多跳数据传输过程中得到一定程度的处理，仅发送有用信息，因此有效地减少了通信量。

③ 冲突避免与纠错机制。若多节点同时发送数据，会导致数据传送错误，利用冲突避免算法防止数据通信冲突，降低数据碰撞的概率；采用纠错机制可以在给定比特错误率条件下有效减少数据包的重传，从而降低通信能耗。

④ 多跳短距离通信机制。WSN 的通信带宽经常变化，通信覆盖范围只有几十到几百米。传感器之间的通信断接频繁，经常导致通信失败。由于 WSN 更多地受到高山、建筑物、障碍物等地势地貌及风雨雷电等自然环境的影响，传感器可能会长时间脱离网络、离线工作，采用多跳短距离通信机制以防节点丢失并降低通信能耗。

（2）节点能耗计算

① 通信能耗计算。

无线通信模块是主要的耗能点，包括无线发送模块、放大模块和无线接收模块，采用的无线通信模型即自由空间模型，当传输 $k$ 位数据时，各个部分的能耗满足下列关系：

$$E_{Tx}(k,d) = E_{\text{Tx-elec}}(k) + E_{\text{Tx-amp}}(k,d) = E_{\text{elec}} \times k + \varepsilon_{\text{amp}} \times k \times d^2 \qquad d < d_0 \qquad (9\text{-}3\text{-}8)$$

$$E_{Tx}(k,d) = k \times E_{\text{elec}} + k \times \varepsilon_{\text{amp}} \times d^n \qquad d \geqslant d_0 \qquad (9\text{-}3\text{-}9)$$

$$E_{Rx}(k) = E_{\text{Rx-elec}}(k) = E_{\text{elec}} \times k \qquad (9\text{-}3\text{-}10)$$

式中，$E_{Tx}(k, d)$ 表示源节点发送 $k$ 位数据到距离为 $d$ 的基站的能耗，$E_{Rx}(k, d)$ 表示节点接收 $k$ 位数据的能耗，$E_{\text{elec}} = 50nJ/b$ 为传输电路或接收电路的能耗，$\varepsilon_{\text{fs}} = 10pJ/b/m^2$、$\varepsilon_{\text{amp}} = 0.0013pJ/b/m^4$ 分别为 $d < d_0$（$d_0$ 表示传感器的传输半径）和 $d \geqslant d_0$ 时传输放大电路的能耗，$2 < n < 4$。

由于 WSN 节点的体积小，发送端和接收端距离较近、干扰大，所以 $n$ 通常接近于 4，即通信能耗与距离的 4 次方成正比。式（9-3-8）和式（9-3-9）表明：随着通信距离的增加，能耗急剧增加，因此，为了降低能耗，应尽量减小单跳通信距离。式（9-3-10）表明接收能耗与数据量成正比，可通过减少数据量减少能耗。

设射频模块的通信能耗为 $E_{rf}$、发送能耗为 $E_{send}$、接收能耗为 $E_{recieve}$、空闲监听能耗为 $E_{idle}$、睡眠能耗为 $E_{sleep}$，则通信能耗模型表示为

$$E_{rf} = E_{send} + E_{receive} + E_{idle} + E_{sleep} \tag{9-3-11}$$

式中

$$E_{send} = p_{sen} \times t_{sen} \times N_{sen} \tag{9-3-12}$$

$$E_{receive} = p_{rec} \times t_{rec} \times N_{rec} \tag{9-3-13}$$

$$E_{idle} = p_{idle} \times t_{idle} \times N_{idle} \tag{9-3-14}$$

$$E_{sleep} = p_{sleep} \times t_{sleep} \times N_{sleep} \tag{9-3-15}$$

式中，$p_{sen}$ 为 RF 发送的平均功率，可由厂家提供的节点物理特性参数（工作电压、电流值）计算得出；$t_{sen}$ 为 RF 发送的每帧平均用时，可由数据帧平均帧长和数据发送速率计算得出，$p_{sen} \times t_{sen}$ 即为每帧平均发送能耗；$N_{sen}$ 为当前已发生的发送动作次数（含数据帧发送失败的情况），它的值可通过在协议栈中设置计数器取得。

② MCU 计算能耗模型。

微控制器（MCU）计算活动具有如下特征：每次帧发送动作前会进行一次原子计算，每次帧接收动作后会伴随一次原子计算，节点向传感器模块串口写数据前会进行一次原子计算，节点从传感器模块串口读数据后伴随一次原子计算，即一次完整通信收发（含接收、发送、串口读和串口写动作各 1 次）时的 MCU 计算由 4 次原子计算组成。

设 MCU 计算能耗为 $E_{cal}$，节点初始化能耗为 $E_{in-ic}$，对传感器模块串口读、写动作伴随的计算能耗为 $E_{sen-c}$，通信发送、接收动作伴随的计算能耗为 $E_{com-c}$，而 $E_{in-ic}$ 可忽略不计，则有：

$$E_{cal} = E_{sen-c} + E_{com-c} + E_{in-ic} = E_{sen-c} + E_{com-c} \tag{9-3-16}$$

设原子计算的平均功率为 $p_{atom}$，原子计算的平均用时为 $t_{atom}$，当前已发生的串口读操作次数为 $N_{s-rec}$（含读失败的情况），当前已发生的串口写操作次数为 $N_{s-sen}$（含写失败的情况），通信过程接收发射次数为 $N_{c-rec}$ 和 $N_{c-sen}$，则有：

$$E_{sen-c} = p_{atom} \times t_{atom} (N_{s-rec} + N_{s-sen}) \tag{9-3-17}$$

$$E_{com-c} = p_{atom} \times t_{atom} (N_{c-rec} + N_{c-sen}) \tag{9-3-18}$$

令 $N_{cal} = N_{s-rec} + N_{s-sen} + N_{c-rec} + N_{c-sen}$，则代入式（9-3-16）就可以算出 MCU 的能耗。

$$E_{cal} = p_{atom} \times t_{atom} \times N_{cal} \tag{9-3-19}$$

（3）传感器采样能耗模型

传感器模块一般进行周期性采样，设传感器模块采样能耗为 $E_{sensor}$、采样平均功率为 $p_{sensor}$、平均采样时间为 $t_{sensor}$，且 $N_{senor}$ 为采样次数，则有

$$E_{sensor} = p_{sensor} \times t_{sensor} \times N_{sensor} \tag{9-3-20}$$

设在节点的工作周期内，传感器采样结束后即向 Sink 节点发送数据，收发完成后转入睡眠状态，则有工作周期=采样周期=通信周期=睡眠周期，再设系统当前运行时间为 $T$，采样周期为 $t_{cycle}$，则有

$$N_{idle} = N_{sleep} = N_{sensor} = \left| \frac{T}{t_{cycle}} \right| \tag{9-3-21}$$

于是有

$$E_{\text{sensor}} = p_{\text{sensor}} \times t_{\text{sensor}} \times \left| \frac{T}{t_{\text{cycle}}} \right| \qquad (9\text{-}3\text{-}22)$$

总之，基于面向应用的节点能耗模型，节点当前总能耗为 $E_{\text{depletion}}$，则有

$$E_{\text{depletion}} = E_{\text{rf}} + E_{\text{cal}} + E_{\text{sensor}} \qquad (9\text{-}3\text{-}23)$$

将式（9-3-11）、式（9-3-19）、式（9-3-22）代入式（9-3-23），得节点能耗为

$$E_{\text{depletion}} = p_{\text{sen}} \times t_{\text{sen}} \times N_{\text{c-sen}} + p_{\text{rec}} \times t_{\text{rec}} \times N_{\text{c-rec}} + p_{\text{idle}} \times t_{\text{idle}} \times \left| \frac{T}{t_{\text{cycle}}} \right|$$

$$+ p_{\text{sleep}} \times t_{\text{sleep}} \times \left| \frac{T}{t_{\text{cycle}}} \right| + p_{\text{atom}} \times t_{\text{atom}} \times N_{\text{cal}} + p_{\text{sensor}} \times t_{\text{sensor}} \times \left| \frac{T}{t_{\text{cycle}}} \right| \qquad (9\text{-}3\text{-}24)$$

在一组实验中，上式参数 $t_{\text{sen}}$, $t_{\text{rec}}$, $t_{\text{idle}}$, $t_{\text{atom}}$, $t_{\text{cycle}}$, $p_{\text{sen}}$, $p_{\text{rec}}$, $p_{\text{idle}}$, $p_{\text{atom}}$ 的近似值分别为：3.291ms、0.842ms、9996.565ms、1.033ms、10ms、81mW、99.9mW、1.35mW、1.25mW，测量值24h内累计能耗为120J。

### 4. WSN 的安全管理

多数网络传感器的应用环境都是无法控制及充满危机的，敌对环境下 WSN 的攻击有外部攻击和内部攻击，对各种安全攻击最基础的防范手段就是加密机制，而所有的加密机制都要用到密钥，因此，WSN 的安全框架必须能够容忍攻击，密钥管理方法就成为 WSN 安全机制中的关键。目前的密钥管理方案主要有三种：对称密钥管理体制、非对称密钥管理体制和对称与非对称混合管理体制。

在设置了密码保护的网络中，外来攻击者没有通行证（如密钥和证书）证明自己是网络成员，而内部人员可以畅通无阻。内部人员也并非完全值得信任，他们可能已经妥协或者是从网络的授权节点处偷取的通行证。于是，要保证一定的安全级别必须采取相应的安全策略。①密钥服务：包括密钥的管理和广播认证。②基础服务的安全机制：时钟同步、安全定位发现、安全集合与网内处理、簇的形成与簇首的选择。③开发安全的传感器网络操作系统和应用软件：实现传感器网络的安全操作；对威胁实行监视和对移动目标进行追踪。④其他安全需求服务：如入侵检测系统 IDS；安全需求组件；突破传统技术的不同解决方案。

在安全研究中要解决下列问题。①双方密钥系统的建立，首要的问题是如何建立通信节点之间的密钥系统，包括相邻节点之间及任意节点之间的密钥系统。②广播认证：如何在巨大的传感器网络中进行消息的认证是关键问题，先前的解决方案μTESLA 无法升级。③安全定位：节点如何在存在内部或外部恶意破坏者的情况下安全地判断其方位。④安全同步时钟：如何在整个传感器网络分布一个共同的时钟。

已经研究出了轻量注册认证算法（LRAA），它通过采用移位加密算法进行节点认证，通过"注册—查询"机制抵御重放攻击。LRAA 系统模型基于 LEACH 协议的簇结构设计，并对 LEACH 协议进行了改进：①由基站产生并广播查询消息，簇头收到查询消息后广播成员注册消息，各节点依据接收信号的强度，选择它所要加入的簇；②各簇头验证其成员节点后主动向各成员分配 TDMA（Time Division Multiple-Access，时分多址）时隙表；③在稳定工作阶段，各成员节点根据基站的查询需要，发送相应的响应消息，将采集的监测数据传给簇头，进行必要的融合处理之后再发送到基站，以实现减小通信业务量和减低能耗的目的；④当簇头收到来自基站的查询消息后算法开始执行，算法分为注册和响应两个阶段，可实施性强且能增强安全性。

## 5. WSN 的协同管理

由成千上万个传感器节点组成 WSN，通过无线通信连接在一起，融合多个传感器节点的探测数据，WSN 能够完成单个传感器节点无法完成的任务。为了充分发挥 WSN 的这一优势，必须协同 WSN 中各个传感器节点，其主要原因如下。

（1）WSN 资源有限。每个节点的计算能力有限、通信范围有限、能量有限，因此，单个节点处理任务的能力是有限的，只能完成简单的任务，无法处理大规模的复杂问题。为了充分利用有限资源解决复杂问题，各节点必须与其他节点相互协同。

（2）WSN 的分布式网络特性使得必须协同各个节点的行为。WSN 不可能直接操作每个节点，而且单个节点不可能获取网络环境的全局信息，要求在单个节点自主的基础上多个节点协同工作。通过协同用户可以操作整个网络的各个节点或网络的一部分节点，使它们保持高度一致性，使得 WSN 完成一项复杂任务。

（3）协同相对于集中控制来说还可以提高系统的鲁棒性与网络性能。所以，通过 WSN 中各节点的相互协同，使得 WSN 有可扩展性、鲁棒性增强、性能更可靠。

合同网协议（Contract Net Protocol）是用于分布式问题求解环境下各节点进行通信和控制的一种协作协议，其中两个节点间就任务的委托和承揽构成合同关系，一组这样的节点构成合同网。合同网中的节点可以是负责监控任务执行和处理结果的管理者（Manager），也可以是负责完成具体任务的工作者（Worker，也称为合同承担者 Contractor）。其管理者的职能包括：对每一待求解任务建立任务通知（Task-Announcement），将任务通知书分为①②③④⑤发送给有关的工作者 Workers；接收并评估来自工作者 1 的②③投标（Bid）和工作者 2 的①④⑤投标（Bid）；从投标中选择最适合的工作者，与之建立合同（Contract）；监督任务的完成并综合结果。工作者的职责包括：接收相关任务通知书；评价自己的资格；对感兴趣的子任务返回任务投标；如果投标被接受，按合同执行分配给自己的子任务（如工作者 1 的②③）；向管理者报告求解结果。管理者和工作者交互情况如图 9-3-5 所示，可以广泛应用在多智能体系统的协作中。

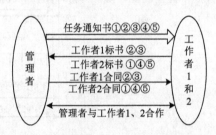

图 9-3-5　管理者和工作者交互情况

多智能体计划调度法是一种多智能体协作形式，为了避免冲突智能体以计划的形式实现各自的目标。多智能体计划调度分为传统的集中式多智能体计划调度与分布式计划调度两类。前者中存在一个专门用来起协调作用的智能体，此智能体可以接收并分析其他智能体的局部计划，找出其中的冲突，通过修改计划来消解冲突，最后将子计划组装成无冲突的整体计划；这一方法存在与服务器/客户模式一样的集中式控制的缺点。后者中存在以分布的形式建立集中式的计划和以分布的形式建立分布式的计划两个基本形式。一般分布式多智能体计划要比集中式的计划复杂得多，需要复杂的计算及通信资源，而且分布式多智能体计划的应用范围受到很大的限制。

协商是处理竞争关系的协同方法，即不同的智能体有不同的目标，每个智能体都企图使自己的利益最大化，通过协商达到协同。协商可以分为基于博弈论的协商、基于计划的协商和混杂形式的协商三大类。为了有效地进行协商，智能体必须推导出其他智能体的"信念"、"期望"及"意图"（belief, desire, and intention），学者们综合使用了人工智能及数学的各种知识（如博弈论、逻辑论等），推动了信念的表达及维护方法、推导出其他智能体信念的技术、影响其他智能体意图及信念的方法等技术的发展。

### 9.3.5　WSN 网络优化处理技术

#### 1．基于 IEEE 802.15.4 的无线传感器网络性能分析

通过将 IEEE 802.15.4 标准中的超帧与 WSN 中的 LEACH 协议结合，在星状网络拓扑下，网络节点通过申请超帧中的保护时隙（Guaranteed Time Slot，GTS）进行无冲突的数据通信，其超帧结构如图 9-3-6 所示。在 IEEE 802.15.4 信标使能模式中，选用以超帧为周期组织低速率无线个人区域网络（Low-rate Wireless Personal Area Network，LR-WPAN）内设备间的通信。超帧开始于协调器（簇头）周期性发送的信标帧。超帧包含活跃和不活跃两部分。在活跃部分，传感器节点与它们的簇头进行通信，在不活跃部分则进入一个低能耗模式。参数 BO 确定了信标间隔的时间 BI（$BI=2^{BO} \times aBaseSuperFrameDuration$），参数 SO 确定了超帧中活跃部分的长度 SD（$SD =2^{SO} \times aBaseSuperFrameDuration$）。每个超帧的活跃部分被分成 16 个等长的时隙。活跃部分包含三部分：信标、竞争访问阶段（Contention Access Period，CAP）和非竞争访问阶段（Contention Free Period，CFP，可用于 GTS（Guaranteed Time Slot）通信的阶段，其中每个 GTS 由若干个时隙组成。超帧中规定 CFP 必须跟在 CAP 后面，CAP 的功能包括网络设备可以自由收发数据、域内设备向协调者申请 GTS 时段等。CFP 由簇头指定的设备发送或接收数据包。传感器节点要向簇头发送数据，那么它就需要通过接收的信标帧来了解当前的超帧结构。如果它被分配了一个 GTS，那么就会在 CFP 中相应的 GTS 中发送数据，否则它就要在 CAP 阶段通过时隙的 CSMA/CA 机制来发送数据。下面从理论上对此网络的归一化吞吐量进行分析。

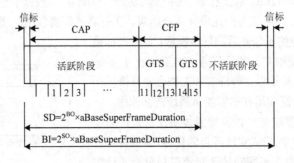

图 9-3-6　超帧结构

在分簇式 WSN 中，用 IEEE 802.15.4 标准作为网络的物理层和 MAC 层，并将低功耗自适应集簇分层型协议（LEACH）作为网络的成簇协议。LEACH 协议的实现过程是分轮进行的，每轮都开始于一个启动阶段，进行成簇过程；接着是一个稳定的数据传输阶段，在此阶段传感器节点会利用帧中的时隙向簇头传输数据。将 IEEE 802.15.4 中的超帧作为 LEACH 协议稳定阶段中的帧结构，每轮由若干个超帧组成。在每轮的持续时间内，传感器节点在 CAP 时段通过载波侦听多路访问/冲突避免（CSMA/CA）机制向簇头发送 GTS 请求信息；当簇头收到传感器节点的 GTS 请求时，如果检查到超帧中有可用的 GTS 资源，那么它就会发送确认信息给请求的节点。传感器节点分配了 GTS 之后，就会在相应的 GTS 内进行数据的传输直至此轮结束。在下一轮，传感器节点重新开始同样的通信过程，通信过程如图 9-3-7 所示。定义归一化吞吐量 $T_h$ 为一轮中进行数据传输的时间（$t_s$）与此轮时间长度（$t_r$）的比值，即 $T_h = t_s/t_r$。因为在每一轮中传感器节点都遵循同样的通信过程，所以不同轮中的 $T_h$ 是相同的。假设 LEACH 中的一轮由 $m$ 个超帧组成；每个超帧中的 CFP 阶段有 $k$ 个 GTS，且每个 GTS 由一个时隙组成；一个簇内有 $n$ 个传感器节点和一个簇头（协调器节点），那么 $t_s$ 等于在 $m$ 帧中传输数据

包的时间总和，传输数据的 GTS 的个数为 $S_d$。同时定义在超帧 1 中被簇头授权使用 GTS 的传感器节点数为 $J_l$（$2 \leqslant l \leqslant m$，$1 \leqslant J_l \leqslant k$），那么有：

$$S_d = \sum_{l=2}^{m} (m - l + 1) \cdot J_l \tag{9-3-25}$$

令 $P\{J_1 = i_1\}$ 表示在超帧 1 中 $i_1$ 个传感器节点使用 GTS 的概率。那么有：

$$\bar{S}_d = \sum_{i_2=1}^{k} (m-1) P\{J_2 = i_2\} \cdot i_2 + \sum_{i_3=1}^{k} (m-2) P\{J_3 = i_3\} \cdot i_3 + \ldots +$$
$$\sum_{i_{m-1}=1}^{k} 2 P\{J_{m-1} = i_{m-1}\} \cdot i_{m-1} + \sum_{i_m=1}^{k} P\{J_m = i_m\} \cdot i_m \tag{9-3-26}$$

由式（9-3-25）和式（9-3-26）得出 $T_h$ 的表达式为

$$T_h = \frac{\bar{S}_d \cdot T_{slot}}{m \cdot T_{BI}} = \frac{T_{slot}}{T_{BI}} [\sum_{i_2=1}^{k} (m-1) P\{J_2 = i_2\} \cdot i_2 + \sum_{i_3=1}^{k} (m-2) P\{J_3 = i_3\} \cdot i_3) + \cdots +$$
$$\sum_{i_{m-1}=1}^{k} 2 P\{J_{m-1} = i_{m-1}\} \cdot i_{m-1} + \sum_{i_m=1}^{k} P\{J_m = i_m\} \cdot i_m] / m \tag{9-3-27}$$

在式（9-3-27）中，概率 $P\{J_1 = i_1\}$ 由第 $l-1$ 个超帧中 CAP 阶段成功申请到 GTS 的传感器节点数和第 $l$ 个超帧中剩余可用的 GTS 的个数来决定。

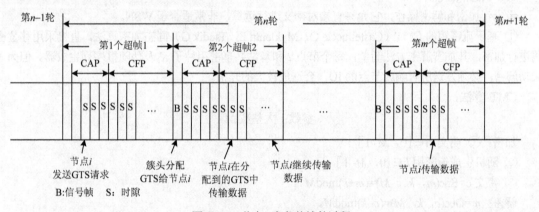

图 9-3-7　节点 $i$ 竞争传输的过程

在星状网络模型中，包括一个簇头节点和 $n$ 个普通节点，根据式（9-3-27），利用 MATLAB 软件对归一化吞吐量进行了数值分析。因为 LEACH 协议中规定一轮的持续时间为 20s，令 SO=BO=7，从而可以得出超帧结构中的超帧持续时间 SD 与信标间隔时间 BI，即 SD = BI = 1.966s，$T_{slot}$=SD/16= 122.88ms，$T_{BI}$=1.966s，以及一轮中超帧的个数（$m$）、网络中的节点数（$n$）、一个超帧中 GTS 的个数（$k$）在不同的取值条件下网络的归一化吞吐量。发现对于给定的网络节点数 $n$，网络吞吐量会随着超帧中 GTS 数目 $k$ 的增加而增加。对于给定的 GTS 的个数 $k$，起初吞吐量会随着节点数 $n$ 的增加而增加，随后吞吐量会降低，这是由于传感器节点不断增加会降低节点成功接入信道的概率，从而导致 GTS 的利用率降低。当每轮中超帧的个数 $m$ 增大时，吞吐量就会增大，这是因为 $m$ 增大后，每轮中竞争成功的节点产生的数据将会传输更长的时间，从而提高了网络吞吐量。这对 WSN 应用参数配置具有一定的理论指导意义。

实际应用中，将 IEEE 802.15.4 标准的 IPv6 地址与传感器网络相结合，在节点编址、网络管理及与其他网络融合等方面有很大优势，IPv6 地址资源充足，能够保证所有节点全球地址唯一，既满足 WSN 大规模应用的需求，又便于未来实现传感器节点的统一远程管理和控制，IPv6 传感器网络更有利于实现与其他网络的互连互通。设计出了基于 IEEE 802.15.4 无线传感器网络的 IPv6 协议栈，其嵌入式 IPv6 协议栈结构自下而上为：IEEE 802.15.4 物理层和 MAC 层、6LowPan 子网层、IPv6 层、传输层和应用层。整个协议栈的分层描述次序：事件触发接口层、TCP/IP 网络协议层、NIC 网络接口核心层和网络设备驱动接口层等 4 个层次。设计实现划分为：网络接口核心模块、事件接口模块、获取 IPv6 无线传感器网络节点相关信息的 SNMP 网管模块、配置显示调试命令模块等 4 个模块。例如利用传感器节点定位信息实现无线传感器网络 IPv6 地址配置的方案，将 WSN 划分为多个簇，簇首节点采用无状态策略为簇内节点分配 IPv6 地址，与 Strong DAD 及 MANETConf 的重复地址检测开销、地址配置总开销及地址配置总延迟时间等性能参数相比，此方案的性能优于 Strong DAD 及 MANETConf。

### 2. 基于同态 MAC 的无线传感器网络安全数据融合

数据融合因其去除冗余信息和延长网络生命周期的优势，成为缓解 WSN 资源瓶颈问题的有效技术，而不安全的数据融合结果对用户来说没有任何实用价值。WSN 中数据融合安全主要包括数据的机密性和完整性，前者可防止网络中传输的数据被窃听，后者能保证数据在传输过程中没有被篡改。保证数据融合结果安全性的方案有基于逐跳加密传输的安全数据融合和基于端到端加密传输的安全数据融合两种。它们涉及如下的关键技术。

（1）同态加密技术

考虑到加密和解密操作，它允许直接对密文进行运算，非常适合于 WSN。

① 基于流密钥的 CMT（Castelluccia C，Myklentn E，Tsudik G）同态加密算法，直接采用移位密码进行加密，其加密解密方法简单；每个节点 $i$ 和基站共享密钥种子 $K_i$ 及伪随机序列生成器。但为了成功解密，必须发送所有响应节点的 ID，会造成较大的开销。

CMT 算法：

参数：大整数 $M$

加密：① 明文 $m \in [0, M-1]$；

② 随机生成流密钥 $k \in [0, M-1]$；

③ 密文 $c = Enc(m, k, M) = (m+k) \bmod M$。

解密：$m = Dec(c, k, M) = (c-k) \bmod M$。

融合：对于 $c_1 = Enc(m_1, k_1, M)$，$c_2 = Enc(m_2, k_2, M)$，有 $c_{1,2} = c_1 + c_2 = Enc(m_1+m_2, k_1+k_2, M)$，解密时有 $Dec(c_1+c_2, k_1+k_2, M) = m_1+m_2$。

其中 mod 表示取模运算。$Enc(m, k, M)$ 表示用密钥 $k$ 对明文 $m$ 进行加密，$Dec(c, k, M)$ 表示对密文 $c$ 进行解密（Decyption）。显然，CMT 机制具有加法同态的性质。

如果 $n$ 个不同的密文 $c_i$ 相加，则 $M$ 必须大于 $\sum_{i=1}^{n} m_i$，否则无法保证融合结果的正确性。实际应用中，若 $p = \max(m_i)$，则 $M$ 可以选为 $M = 2^{[\log_2(pm)]}$。

② 基于离散对数的加法同态加密算法（AIE）。假设感应具有加信息为 $d$，$p$ 为一个素数，$g$ 为乘群 $G_p$ 的一个生成元。如对于 $d_1$、$d_2$ 进行同态加密，有：

$$E(d_1) = g^{d_1} \bmod p, \quad E(d_2) = g^{d_2} \bmod p, \quad E(d_1+d_2) = g^{d_1+d_2} \bmod p \tag{9-3-28}$$

式（9-3-28）表示此机密算法也具有加法同态的性质。

（2）同态性质的消息认证码的设计

利用前述第二种算法设计满足加法同态性质的消息认证码，每个节点 $s$ 和基站共享 $m$ 个密钥种子 $k_{si}$（$i=1$，$2$，$\cdots$，$m$），如 $k_s=\{k_{s1}$，$k_{s2}$，$\cdots$，$k_{sm}\}$。

当节点 $a$ 感应到数据 $d_a$ 后，生成消息认证码 $MAC(d_a)=MAC(g, k_{aj}, d_a, p)=g^{k_{aj}+d_a} \bmod p$；

同理，节点 $b$ 感应到数据 $d_b$ 后，生成 $MAC(d_b)=MAC(g, k_{bj}, d_b, p)=g^{k_{bj}+d_b} \bmod p$。

由于 $MAC(d_a+d_b)=MAC(d_a)\times MAC(d_b)$，故生成的消息认证码具有加法同态的性质。其中 $k_{aj}$ 和 $k_{bj}$ 根据时间片轮转的方式进行选择，进一步增加同态 MAC 的安全性。

（3）改进的节点 ID 的传输

通常节点 ID 用 2 字节明文表示，记为 Sensor ID；节点的另一种 ID 记为 Real ID，它使用固定长度的签名来表示，且每个节点的 ID 只有一位为高位，各节点共享签名生成算法。

Real ID 可以使用按位异或运算来进行融合。叶子节点直接发送自己的 Sensor ID 给其直接父节点。当中间节点向父节点发送参与融合节点的 ID 时，首先确定其收到融合节点的 ID 的类型（连接的 Sensor ID 或融合的 Real ID）。若为连接的 Sensor ID，则将连接后的 Sensor ID（如果自己参与融合，则长度增加）与自己的 Real ID 长度进行比较：若其长度小于 Real ID，则将连接后响应节点的 Sensor ID 发送至父节点，否则将融合后的 Real ID 发送至父节点。若为融合的 Real ID，则直接将融合后的 Real ID 发送至父节点。即发送连接后的 Sensor ID 和 Real ID 中较短的一个。若相等，则选择发送融合的 Real ID。此 ID 传输机制中，中间节点只是简单地将参与融合节点的 Sensor ID 进行连接，越接近数据融合树的上层，节点需要传输的 ID 数目就越多，使得整个网络负载极不均衡，上层节点的能量会很快耗尽继而影响网络寿命。由于同一子树内的节点具有相同长度的 Real ID，且每比特可以携带一个节点的 ID。上层树节点传送 ID 的最大长度也仅为 Real ID 的长度，减少了由 ID 传输带来的能量消耗，有助于延长网络寿命。若将其用于分簇网络，则减少 ID 传输开销的效果会更加明显。

（4）基于同态消息认证码的安全数据融合

假设一个 WSN 的基站足够安全且不能被俘获。节点随机部署后通过自组织的方式构成以基站为根节点的静态树状网络。这里主要讨论求和融合函数 SUM，因为其他融合函数如均值、标准差、方差等都可以由 SUM 得出。

基站广播查询信息给各节点；各节点收到基站的查询信息后，响应节点 $a$ 将自己采集的数据 $d_a$ 进行同态加密 $Enc(d_a)$，并生成消息认证码 $MAC(d_a)=MAC(g, k_{aj}, d_a, p)=g^{k_{aj}+d_a} \bmod p$，然后将 $Enc(d_a)$ 和 $MAC(d_a)$ 发送至自己的父节点 $c$。$c$ 在接收到子节点的数据后，若要响应基站的查询，则将自己的数据 $d_c$ 进行同态加密生成 $Enc(d_c)$，并同时生成 $MAC(d_c)$，然后做如下处理：

① 将来自子节点的数据和自己采集的数据根据 CMT 进行融合：$Enc(d_c)=Enc(d_a)+Enc(d_b)+\cdots+Enc(d_c)$，来保证其满足加法同态的性质；

② 将来自子节点的消息认证码和自己生成的消息认证码进行融合：$MAC(d_c)=MAC(d_a)\times MAC(d_b)\times\cdots\times MAC(d_c)$ 来保证其满足加法同态的性质；

③ 将接收到的响应节点的 ID 根据改进的 ID 传输机制进行融合，来减少 ID 发送的数目；最后发送 $Enc(d_c)$、$MAC(d_c)$ 及融合后响应节点的 ID 至上层父节点。

基站收到各子节点发送的数据后，对接收到的密文进行融合并解密，得到 data；并对各消息认证码进行融合得到 $MAC(agg)$；然后基站计算 $MAC(data)=g^{k_{sumj}+data} \bmod p$，此时 $k_{sumj}$ 为所有响应节点在本轮中参与的 $k_{sj}$ 之和。

最后比较 $MAC(data)$ 是否等于 $MAC(agg)$，若相等，则基站接收此数据。

（5）对两种安全攻击模式进行分析

消极攻击指敌人只对传输的数据进行监听，包括密文分析和已知明文攻击。由于数据进行加密传输，且在融合节点不进行解密，故算法能有效地防止偷听，且融合信息不泄露给融合节点，保证融合信息在中间节点的机密性。

主动攻击指敌人能够扰乱通信，如捕获、毁坏、篡改或重发数据包等，以欺骗用户接收非法值，这种攻击对于安全数据融合来说是最危险的。①重放攻击指恶意节点重发先前发送过的数据包。由于本书采用 CMT 流密钥进行加密，对每个数据使用新的密钥，即"一次一密"，若敌人重放数据包，则会导致 MAC 检查失败，故所提出的算法能够有效防止重放攻击。②节点捕获攻击。若节点被敌人捕获，敌人就获取了此节点的所有信息，包括 $g$、$p$、$M$ 及此节点的 $K$、$k$，但是由于不同节点部署了不同的 $K$ 和 $k$，故不能得到其余节点的其他任何信息。③恶意数据注入。若节点被敌人捕获，敌人通过节点注入虚假信息，通常这种攻击很难被检测出来。相反，若数据在传输途中被篡改或融合节点被捕获导致融合信息被篡改，则可以通过同态的消息认证码检测出来，并对错误融合数据进行排除，保证融合结果的准确性。

### 3. RFID 无线传感器网络（WSN）路由协议

RFID WSN 是物联网感知层的一种典型形态，是一种典型的、可操作性较强的 RFID 和 WSN 的融合方式，即智能阅读器节点网络，其结构如图 9-3-8 所示。其中灰色方框表示 RFID 智能阅读器节点（即为传统 WSN 的节点），空心圆点表示 RFID 电子标签。这种网络中的 RFID 标签可以像自组织 WSN 中的节点那样随机密集地部署，部分智能节点可以读取临近的较少数的标签信息，这样就形成了类似分簇的网络结构。

图 9-3-8 中，RFID WSN 中存在两个层次的网络通信：

（1）电子标签节点与阅读器（中心节点）之间的通信，标签节点之间不进行数据交换，只可与阅读器通信，属于共享广播信道，为了防止多个标签的数据在阅读器接收时相互冲突，需采用 RFID 防碰撞算法；

（2）每个中心节点之间互相通信，所有阅读器组成上一层网络，以自组织形式构成无线网络，并通过多跳中继方式将监测数据传到基站。阅读器读取电子标签信息等同于传感器节点感知监测对象信息。

由于 RFID 阅读器和标签随机分布，为了使所有阅读器对每个标签都有读/写权限，将 RFID 系统采用低安全级别的设置，使任一标签一旦处于某阅读器的读取范围之内，在该阅读器读取数据时就会无条件地将所包含的信息发射出去。

因此，在 RFID WSN 中，由于一个标签可能同时处于多个阅读器的读取范围中，其所带信息可能被多个阅读器同时获得，从而在网络产生大量冗余数据，把这些数据通过数据融合技术有效压缩之后，网络中传输的数据总量将会大大减少。

RFID WSN 可以利用一种数据高度聚合型非均匀分簇WSN路由协议（DUC）进行数据融合传输，解决智能阅读器节点网络上报的大量冗余信息。DUC 在能量高效的非均匀分簇（Energy-Efficient Unequal Clustering, EEUC）路由协议的基础上，在传输数据时在路由路径的选择上对 EEUC 协议进行改进，在与网络汇聚节点 Sink 距离小于阈值 TD_MAX 的簇首中选择一个主簇首，所有簇首的数据都聚合到主簇首，经过融合与压缩后发送到 Sink。

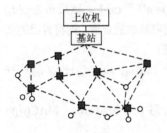

图 9-3-8　RFID WSN 的结构

当电子标签被智能阅读器阅读时，其上报的数据帧中带有其自身的唯一编号，阅读器收到一条信息后就遍历其存储器中的所有数据，发现有相同编号的数据帧存在就立即丢弃收到的新信息，数据是一轮一轮上报的，所以上述方法不会造成遗漏或错删数据的问题。DUC 可有效延长网络的存活时间，是一种适用于 RFID WSN 的路由协议。

#### 4．动态 WSN 应用模拟系统设计

目前 WSN 的各类模拟程序并不能完全满足用户的各种需求，商业模拟软件往往庞大而且费用较高。网络模拟常用的 NS2 只能在 Linux 和 UNIX 下运行（在 Windows 下只能使用虚拟机），而且只适于做低层协议的模拟，应用层的模拟设计采用一种简单易用且免费的、可跨平台的、侧重于应用层模拟功能的模拟系统。

（1）底层通信模块设计

模拟传感器节点的分布式流程中，节点的独立通信是最重要的一环，每个节点需要独立地发送和监听消息。为确保节点通信的独立性，将每个节点作为独立的通信单元，使用多线程模型控制通信过程。采用共享通信模块的方法来模拟底层通信，可以根据模拟环境下的硬件水平和模拟要求灵活调节线程池的规模，在系统开销和并发性上进行平衡以适应更多的情况。这类方法有两种思路。① 为线程配备线程池来控制线程的数量。当节点发送消息时，直接由线程池中空闲的监听线程接收消息，并交由节点处理。即创建一个容纳线程的容器（少于实际需要的线程），每当请求到来时，如果容器内没有空闲的线程且总线程数未达到容器上限，创建线程来处理请求，流程结束后，将线程回收到线程池中，改为空闲状态，等待下一个到来的请求。当有请求到达时，若线程池内所有线程都处于工作状态且数量已达到上限时，请求将被阻塞，等待，直到出现空闲线程。② 需要一个缓冲区存放消息，不需要线程池，通过打开固定数量的循环监听线程，持续监听队列中的消息，一旦发现队列中存在消息，就将其取出交给节点处理，如果不存在，则进入阻塞状态，所以需要一个阻塞队列作为缓冲区。此阻塞队列可以自动完成同步工作，即同时在有多个请求队首数据的线程到达时，会自动互斥，将数据分配给请求线程，而当队列为空时，请求数据的线程会自动阻塞。

考虑到 WSN 节点的特点与这两种方法的优缺点，建立二级缓存，结合两种方法建立模拟通信模块。

① 消息的发送过程只是将数据包放至第一级缓存中，在消息的传递上采用阻塞队列作为线程之间通信的渠道。结合监听器的线程池模型，采用单队列多服务台策略处理节点之间的消息通信。即根据节点数目与其他因素创建一定数量的搜索线程，运用上面提到的第二种处理方式，将一级缓存中的数据取出并进行拆包和再封装，处理后的数据包投放至二级缓存中（如果运用了分布式模拟模式，会将数据包分发至各个模拟客户端机）。

② 由一个单独的提取线程将数据从二级缓存中取出，交给负责处理消息业务流程的线程池，由线程池控制创建实际的业务流程线程，如果线程池内的线程全部处于工作状态，则阻塞提取线程。

③ 由业务流程处理消息，完成通信过程。

（2）节点功能性组件设计

在大规模的节点模拟过程中，节点对象是整个模拟程序占用内存最多的部分，随着节点数量的增加，内存的占用也大幅度增加，所以有效控制节点对象的内存消耗可降低空间复杂度。

考虑节点对象内部主要由静态字段和功能性模块组成，其功能性模块由每个模拟程序实体采用单例模式创建，在所有节点之间共享实现享元设计模式，有效地节省内存开销。主要有三个功能性模块：监听器、消息识别器和消息处理器。

监听器内置一个一级缓存区，负责监听任何发送至节点的消息包，然后存放至缓存区内。消息包是节点通信的基本单位，内含消息发送方与接收方的地址与消息数据。一个模拟实例共享一个监听器，即所有节点的通信包都存于一个缓冲区。为了节省存储空间，每个节点发送的消息包，无论是发送至单个节点还是多个节点，都共享一个消息包。

消息识别器内置一个有固定数量线程的消息识别线程组，它负责识别一级缓存区内消息包内的地

址信息，并将消息包拆为消息数据，如果采用了多主机分布式模拟方式，则将消息数据分发至目标节点所在主机消息处理器内的二级缓存区内。

消息处理器可提供二级缓存功能和一个消息处理线程池，处理器自身不断从二级缓存内提取消息数据，交给线程池内的消息处理线程后返回，继续提取。处理线程根据事先设定好的消息头的处理命令，对消息进行处理然后返回线程池内待命。

（3）语义分析器模块

语义分析器模块可提供用户自由设计节点工作流程的功能，以便于传感器网络的应用层等上层协议的模拟工作。所有程序的业务流程都可以分解为命令，WSN 节点的业务流程和监听触发器也可以分解为命令。命令作为业务执行的基本单位，可用模拟程序来设计用户的自定义命令，把一个业务流程的命令组成为命令集。运用解释器模式设计一套抽象的语义表达式，代表一个命令。

命令可分为条件性命令、循环命令和元命令三大类。条件性命令相当于程序语言中的 if 语句；循环命令相当于 while 语句，一个条件性命令和循环命令由触发条件和一定数量的元命令组成，所有类型的命令均可以相互嵌套；元命令代表真正的业务内容，相当于一个动作，如发送消息、控制节点休眠、设置某些字段或变量的值。元动作由系统给出，包括各类节点和运算功能，能够满足大多数模拟工作的需要。作为一个完整的元命令，必须有实施动作的主体与动作内容，有时还需要动作客体。

在 WSN 中，命令的主体往往是节点，所以在设计过程中命令的运行都需要节点参数。而其他动作客体（或对象）需要在创建或运行命令时指定。规定元命令的参数不是任意的对象，是系统中自定义的一种实体对象。实体对象可以是基本数据类型如整数、浮点数和布尔数等，也可以是节点对象；另外，用户可以按照一定的条件自定义节点组或某种集合，但范围由模拟程序限定，不能使用程序规定以外的对象。在设计上，可采用代理模式设计所有的实体对象。在每个实体对象内部设置一个字段代表它的模式类型，每个实体对象在实际需要时才会返回实际内容。根据创建模式的不同，在返回实际值时采用不同的获取方式，如常量模式下则从自身内部获取；变量模式下则从变量列表中读取数据。

总之，本系统通过内存的共享机制极大地降低了多线程程序对系统资源的消耗，通过解释器模式使得用户可以自由设计节点的业务流程，并可提供丰富的元命令组件，有相当大的灵活性。

## 9.3.6　WSN 的应用

WSN 的应用领域从军事到民用、从大规模的野外组网到小规模的智能家庭网络，在以下几个行业的应用前景极其可观。

### 1. 基于 ZigBee 无线传感器网络技术的管道监测系统

ZigBee 技术是一种面向自动化和无线控制的低速率无线网络方案，其拥有全球免费频段，具有自组织功能，随着管道长距离敷设的趋势，ZigBee 低功耗、低成本与无须布线的特点决定了其在管道安全监测中的特殊优势。基于 ZigBee 无线传感器网络技术的管道安全监测系统如图 9-3-9 所示。在管道上将监控传感器均匀放置，主要采集管道压力、温度数据，监测管道应变等数据，传感器节点通过 ZigBee 网络将数据传送到 ZigBee 中心节点，数据再通过 ZigBee 网络与 USB 接口传输到监控终端，对数据进行分析得出管道是否出现泄漏或运行健康，可以较精确地定位哪一段出现了安全问题。

图 9-3-10 示出了基于 ZigBee 技术的传感器节点结构，其传感器通过 A/D 转换接口与 MCU 连接，无线收发 CC2430 芯片与 MCU 通过 SPI 串口连接，通过星状拓扑网络构建传感器节点网络，经中心节点接收，传输发送到 PC 端进行后期信息处理。CC2430 芯片是符合 ZigBee 技术的 2.4 GHz 射频系统单芯片，具有低功耗、实时高精度定位的特点，采用 802.15.4 /标准 ZigBee 网络，可实现多无线定位网络。MCU 采用超低功耗混合信号控制器 MSP430f2274 单片机，可用电池供电，使用时间长，在

6s 时间内可从低功耗唤醒，其集成了 A/D、UART 和 SPI 接口及 USB 数据传输。图 9-3-11 为 CC2430 与 MSP430f2274 接口电路图。MCU 的 USB 端口与 PC 连接，USB 接口可提供给系统 3.6V 电压，射频 USB 接口采用返回通道的 MCU UART 接口，系统在无流量限制情况下以 9600 bps 的速率将串口数据发送到接收终端。

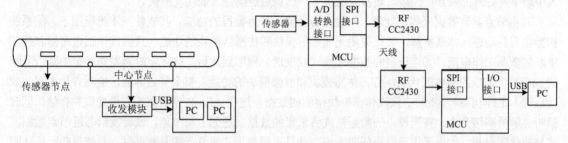

图 9-3-9　总体设计示意图　　　　图 9-3-10　基于 ZigBee 的传感器节点结构

ZigBee 协议栈使用 TI 公司的低功耗 Z-Stack 协议栈，其支持 CC2430 上系统所有解决方案。Z-Stack 软件工作流程中，采用事件轮循机制，当各层初始化之后，系统进入低功耗模式，在事件发生时唤醒系统，开始进入中断处理事件，结束后继续进入低功耗模式。如果同时有几个事件发生，判断优先级，逐次处理事件。实验通过液压加载机对管道某点进行加载实现管道形变监测，将电阻应变计受到一定荷载时发生的应变记录下来，然后通过 ZigBee 网络传输到 PC 中存储，准确地实现了管道安全监测。

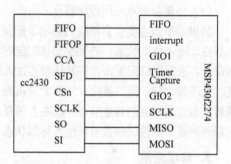

图 9-3-11　CC2430 与 MSP430f2274 接口电路图

### 2．煤矿矿井检测

（1）硬件布局方面

WSN 节点一般被密集地部署在煤矿矿井的复杂坑道监控区域，节点间以无线、多跳的通信方式自组织网络拓扑结构，通过协同检测工作。对于井下人员定位和跟踪、井下环境的感知、对观测对象的分类和识别，提前判定是否存在危险。通过对 WSN 节点的准确定位，满足信息传递及信息获取实时性。在设备出现故障时，利用 WSN 进行安全诊断，避免一些重大的安全隐患。WSN 可以测定井下某区域的温度、气压或相对湿度等参数，记录环境的状况，监测瓦斯、粉尘、沼气空气污染等对矿工的影响，节点可同时装备多个感知设备并自带电源，对各种信号源以不同采样速率进行数据采集，通过网络节点把记录的数据传送到井上数据采集中心。WSN 节点的硬件结构包括传感器、信号调理电路、CC2530（RF+MCU）、存储器（E2PROM）和电源。

（2）WSN 节点软件设计

节点软件设计基于 IAR EW8051 7.60 开发环境，移植了 Z-stack V.2.4.0 协议栈，完全支持 ZigBee Pro 协议的 CC2530（此芯片负责整个传感器节点的数据采集控制、数据预处理和数据无线传输）片上方案，CC2530 的底层驱动全部固化在该协议栈中，可直接调用。ZigBee Pro 协议可实现标准化的高稳健网状网络，是 ZigBee 协议的升级版，支持多个网络节点，有轮流寻址、多对一路由、更高的安全性能等功能。Z-stack 协议栈由一个单线程操作系统管理，基于任务调度和事件轮循机制。整个 Z-stack 的主要工作流程大致分为系统硬件初始化、驱动初始化、操作系统初始化、操作系统启动等几个阶段。

操作系统启动后，先通过循环语句搜索发生的任务事件，并按优先级存储到函数指针数组 taskEvent [idex] 中，然后调用相应的事件处理函数 tasksArr [idex] 去执行任务事件。处理完一个事件代表该事件的位清零，同时返回未处理的事件，直到这个任务中所有的事件处理完毕，操作系统就会跳向下一个任务进行事件处理。若无事件发生，系统进入低功耗模式，直到下一个事件发生时系统被唤醒，进入中断事件处理，判断优先级，逐次处理事件，结束后继续进入低功耗模式。

路由节点具有数据采集、处理、传输及转发邻近节点数据的功能。其软件基本流程如下。①系统初始化后自动进入休眠状态，节点关闭无线通信模块和传感器模块的功能，只保留休眠定时器和外部中断的微弱工作电流。②当设定的数据采集（或发送）周期到达后，休眠定时器发送一个中断信号唤醒 MCU，MCU 脱离休眠状态，打开传感模块和射频模块的功能，整个节点苏醒，检测并加入网络成功后进入工作状态。③MCU 接收传感模块检测的数据，进行 A/D 转换和数据初步处理并存储；同时侦听并解析网络命令，按照设定的数据格式将采集的数据发送到上层节点，或转发给邻近节点数据，或修改休眠参数。④当采集及发送任务完成，并且不需要为其他节点转发数据时，系统重新回到休眠状态。

（3）协调器节点应用程序设计

协调器节点主要负责网络的启动、配置及与上位机的数据传输，其软件基本流程为：①系统初始化后自动进入休眠状态，当接收到休眠定时器唤醒信号或上位机中断触发信号后，节点苏醒，发起组网命令，进行网络配置，允许其他节点加入网络；②组网成功后，进入工作状态，进行数据采集、转换、处理与存储，同时接收并解析上位机命令，通过串口上传该节点数据或其他节点数据到上位机，或转发命令到网络的其他节点；③在各项任务完成后，向上位机申请休眠而进入休眠状态，或者按要求修改网络节点休眠参数后再进入休眠状态。

## 3. 环境应用

将 WSN 应用于检测和监视平原、森林、海洋、洪水、精密农艺等环境变化，可以跟踪鸟类飞行、小动物爬行和昆虫飞行，监视冰河的变化（可能由全球变暖引起）、影响农作物和家畜的环境条件，探测行星、化学/生物、森林大火，测绘环境的生物复杂性及研究污染等，下面介绍一个森林防火监测系统。

图 9-3-12 为基于 WSN 的森林防火监测系统体系结构，由传感器探测节点、汇聚节点、数据库服务器、中心服务器和 Web 服务器组成。将数百万个传感器节点有策略地、任意地、密集地布置在森林中。传感器节点全部采用无线/光系统，并给节点设置有效的功率提取法，如太阳能电池，使节点可以无绳工作数个月甚至几年时间。各个节点相互协作，共同执行分布式感知任务，克服了如树林、岩石阻碍有线传感器的视距通信，能够在野火蔓延到无法控制之前将准确的火源信息中继传输给端监控中心。它是由大量具有温度、湿度、光亮度和大气压力采集功能、无线通信与计算能力的微小传感器节点构成的自组织分布网络系统，每个探测节点具有数据采集与路由功能，能把数据发送到汇聚节点，由汇聚节点负责融合、存储数据，并把数据通过 Internet 传送到数据库服务器，中心 Web 服务器分析数据库服务器的数据并实现多种方式的数据显示，对森林火险进行监测预报。数据采集采用 Crossbow 公司提供的 Mica2 Mote 模块和 MTS400 多传感器板。温度测量范围为–40℃～123.8℃，精确度为±0.5℃；可见光传感器频谱反应为 400～1000nm（与人眼相同）；气压传感器测量范围为 300～1100mbar，精确度为±1.5%，双轴加速度计（ADXL202）；MTS400 和 MICA2 兼容，提高了系统的整体性能，使其更适合应用在无须维护或很少进行维护的传感器节点现场。

图 9-3-13 为加拿大火险天气指标系统图，由六部分组成：三个基本码、两个中间指标和一个最终指标。三个初始组合（1，2，3）即三湿度码，反映三种不同变干湿的可燃物的含水率，两个中间组合（4，5）分别反映蔓延速度和燃烧可能消耗的可燃物量，系统只需输入空气温度、相对湿度、风速

和前 24 小时降水量的观测值即可进行火险天气指标系统（FWI 指标）计算。当系统缺少可燃物的相关数据信息时，可根据采集的实时温度数据进行简单预警，当实时温度高于 50℃或短时间温度变化超过 5℃时，系统可以发出预警信息。

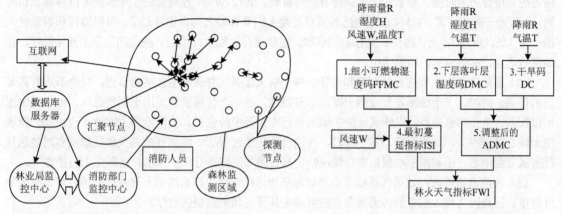

图 9-3-12　森林防火系统体系结构　　　　　图 9-3-13　加拿大火险天气指标系统图

### 4．军事侦察网络传感器系统

在军事领域，一个集命令、控制、通信、计算、智能、监视、侦察和定位于一体的未来战场指挥系统（Command，Control Communication，Computing，Intelligence，Surveillance，Reconnaissance and targeting，C4ISRT）可以由 WSN 完成，其功能包括监控我军兵力、装备和物资，监视冲突区，侦察敌方地形和布防，定位攻击目标，评估损失，侦察和探测核、生物和化学攻击。图 9-3-14 为一个战场 WSN 实例即坦克（Source A 和 Source B）位置探测 WSN，由密集型、随机分布的节点组成，运动中的 Sink（士兵）可以利用战场节点探测到移动坦克所在的位置，并且不需要卫星等复杂通信设备的帮助。WSN 的自组织性和容错能力使其不会因为某些节点在恶意攻击中的损坏而导致整个系统的崩溃。在战场上也可以直接将传感器节点撒向敌方阵地，以更隐蔽的方式近距离地观察敌方的布防，并通过汇聚节点将数据送至指挥所或指挥部，最后融合来自各战场的数据，形成我军完备的战区态势图。

在战场上，WSN 可以为火控和制导系统提供准确的目标定位信息。利用传感器网络及时、准确地探测爆炸中心会为我军提供宝贵的反应时间，从而最大限度地减小伤亡，避免核反应部队直接暴露在核辐射的环境中。

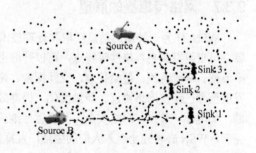

图 9-3-14　WSN 坦克位置探测

WSN 的潜在优势表现在以下几个方面：①分布节点中多角度和多方位信息的综合有效地提高了信噪比，这一直是卫星和雷达类独立系统难以克服的技术问题之一；②WSN 低成本、高冗余的设计原则为整个系统提供了较强的容错能力；③传感器节点与探测目标的近距离接触大大消除了环境噪声对系统性能的影响；④多种传感器的混合应用有利于提高探测的性能指标；⑤多节点联合，形成覆盖面积较大的实时探测区域；⑥借助个别具有移动能力的节点对网络拓扑结构的调整能力，可以有效地消除探测区域内的阴影和盲点。

### 5．医疗护理网络传感器系统

WSN 在医疗健康方面的功能包括远程监视人体生理数据、跟踪和监视医院内的患者和医生、辅助老人、联系伤残人员、综合监视医院药物数据、监视昆虫或其他小动物的运动和内部过程。主要的应用如下。

（1）人体生理数据的远程监视。佩戴或植入的传感器能够连续不停地监视患者的各种状况，从而缩短患者检查所需时间，对患者恢复快慢有直接影响。通过 WSN 收集到的生理数据可以存储较长时间，可以用于医学研究。WSN 小型传感器节点使得人们具有较大的自由移动度，可以监视和察觉老人的行为（如跌倒等），允许医生识别预定的症状，也能进行远程治疗检验、在远端位置上开始治疗，辅助事故地点、灾害地点的精确定位。

（2）医院内部医生和病人的跟踪和监视。每个病人配备几种微小型传感器节点，每个节点有其专门的任务。例如，一个传感器节点用于探测心脏跳数，另一个传感器节点用于探测血压。每个医生也可以配备一个传感器节点，以便其他医生确定自己在医院中的位置。美国哈佛大学设计的 Pluto 腕表型无线心跳速率计，体积小巧、易于穿戴，并能自动地通过 WSN 将测到的相关体征数据实时传送到社区的监测中心，由监测中心根据实际情况决定是否通知医院进行救护或由社区医生上门护理等。

（3）医院药物管理：如果传感器节点能够与药物治疗连接，那么给病人开错药的机会可以降到最低程度。这是因为病人配备的传感器节点能够确定其反应和所需要的治疗。

### 6．家庭应用和商业应用

使用大量网络化传感器创建智能空间以实现家庭自动化和环境智能。Smart-Its 物联网就是在日用商品中使用传感器，利用自治 WSN 代替必须人工交互的条形码，自动检测货物的位置和质量（温度、湿度），实现自动化管理系统。若将灵敏传感器节点嵌入家用电器（如吸尘器、微波炉、录放机或录像机 VCR）中，使嵌入的传感器节点能够通过特定的路由器相互交互，通过互联网或卫星与外部网络连接，使得用户更加易于本地和远程自动管理所有家用电器。另外，存货控制管理、车辆跟踪、材料疲劳度监视、交互式博物馆均属于 WSN 智能化应用领域。若给仓库中的每一个货物安装一个传感器节点，端用户可以找出每件货物的精确位置、统计同类货物的数量，并随时掌握其状况。若在某个区域内布置传感器节点，用于检测和确定该区域内的盗车情况，并通过互联网将盗车情况通知远处的端用户，以便进行案情分析。

### 9.3.7 网络传感器的展望

WSN 作为一种新的信息获取和处理技术，具有覆盖区域广、监测度高、可远程监控、可快速部署、可自组织和高容错性等特点，可以开辟出不少新颖而有价值的商业应用。现在已经广泛应用于军事侦察、环境监测、健康护理、空间探索、建筑物状态监控和智能家居等诸多领域。虽然无线传感器发展至今已经在网络协议、能量优化、提高效率、降低成本等方面取得了较大的进展，但仍有很多问题，如电源、节点、网络安全，网络运行维护、跨层设计等方面需要突破。随着无线传感技术的不断完善，WSN 必将完全融入人们的生活，发挥其巨大的应用价值。

# 习题与思考题

9-1 什么是网络传感器？网络传感器总线连接方式有哪些？

9-2 网络传感器的通信协议有哪些？何为 IEEE 802.15.4 协议？简述 CAN 协议的工作原理。

9-3 蓝牙技术有何特点？蓝牙协议栈如何构成？给出蓝牙散射网的结构。

9-4 什么是 WSN、WSN 节点？

9-5 无线传感器网络采用的主要传输介质有哪些？各有何特点？

9-6 设计一个 ZigBee 无线传感器网络，并叙述原理。

# 参 考 文 献

[ 1 ] 王雪文，张志勇. 传感器原理及应用. 北京：北京航空航天大学出版社，2004.

[ 2 ] 刘笃仁，韩保君，刘靳，等. 传感器原理与应用. 西安：西安电子科技大学，2009.

[ 3 ] 河道清. 传感器传感器技术. 北京：科学出版社，2004.

[ 4 ] 高燕. 传感器原理及应用. 西安：西安电子科技大学出版社，2009.

[ 5 ] 吴建平. 传感器原理及应用. 北京：机械工业出版社，2009.

[ 6 ] 周润景，郝晓霞. 传感器与检测技术. 北京：电子工业出版社，2009.

[ 7 ] 陶红艳，余成波，等. 传感器与现代检测技术. 北京：清华大学出版社，2009.

[ 8 ] 林玉池，曾周末. 现代传感技术与系统. 北京：机械工业出版社，2009.

[ 9 ] 张洪润，孙悦，张亚凡. 传感技术与应用教程. 北京：清华大学出版社，2008.

[10] 赵负图. 传感器集成电路应用手册. 北京：人民邮电出版社，2009.

[11] 赵学增. 现代传感器技术基础及应用. 北京：清华大学出版社，2010.

[12] 胡向东，刘京诚，余成波，等. 传感器与检测技术. 北京：机械工业出版社，2009.

[13] 张洪润，傅瑾新，吕泉，等. 传感器技术大全（下册）. 北京：北京航空航天大学出版社，2007.

[14] 松井邦彦. 传感器实用电路设计与制作. 北京：科学出版社，2003.

[15] 孙利民，李建中，朱红松，等. 无线传感器网络. 北京：清华大学出版社，2005.

[16] 于海斌，曾鹏，等. 智能无线传感器网络系统. 北京：科学出版社，2006.

[17] 蔡自兴. 智能控制原理与应用. 北京：清华大学出版社，2007.

[18] 赵勇. 光传感器原理与应用. 北京：清华大学出版社，2007.

[19] 吕俊芳，钱政，袁梅. 传感器调理电路设计理论及应用. 北京：北京航空航天大学出版社，2010.

[20] 周浩敏，钱政. 智能传感器技术与系统. 北京：北京航空航天大学出版社，2008.

[21] 赵燕. 传感器原理及应用. 北京：北京大学出版社，2010.

[22] 裴蓓，王屹，高芳，等. 现代传感技术. 北京：电子工业出版社，2010.

[23] 王煜东. 传感器应用电路 400 例. 北京：中国电力出版社，2008.

[24] 张洪润，傅瑾新，吕泉，等. 传感器技术大全. 北京：北京航空大学出版社，2007.

[25] 杜晓通. 无线传感器网络技术与工程应用. 北京：机械工业出版社，2010.

[26] 崔逊学，赵湛，王成. 无线传感器网络的领域应用与设计技术. 北京：国防工业出版社，2009.

[27] 孙余凯，吴鸣山，项绮明. 传感器应用电路 300 例. 北京：电子工业出版社，2008.

[28] 陈林星. 无线传感器网络技术与应用. 北京：电子工业出版社，2009.

[29] 金发庆. 传感器技术及其工程应用. 北京：机械工业出版社，2010.

[30] 张洪润，傅瑾新，吕泉，等. 传感器技术大全（上册）. 北京：北京航空航天大学出版社，2007.

[31] 苏学能，白懿鹏. 光电转换元件的特性研究. 电子技术与软件工程，2012.

[32] 刘向，马小军，臧增辉. 热释电和光敏传感器在智能照明中的应用. 低压电器，2009，8.

[33] 杨盛谊，陈小川，尹东东，施园，娄志东. 有机光敏场效应晶体管研究进展. 半导体光电. 2008.12，29(6).

[34] 田晓飞，杨海洋，周慧. 光伏发电中光电转换效率问题的探讨. 科技创新导报，2008，22.

[35] 隆志军，王秋，谢观健，陈海，郭金基，杨欢军，王文欢. 硅型光伏电池的电特性及太阳能发电. 电工程技术，2010，39(08).

[36] 杜梅芳，姜志进. 光电池非线性区 PN 结光生伏特效应的研究. 上海理工大学学报，2002，24(1).

[37] 何波，马忠权，赵磊，张楠生，李凤，沈玲，沈成，周呈悦，于征汕，吕鹏，殷宴庭. 新型 SINP 硅光电池 C-V/ I-V 特性及光谱响应的研究. 光电子技术，2009，29(4).

[38] 韩振雷. CCD 和 CMOS 图像传感器的异同剖析. 影像技术，2009，(4).

[39] 刘兵，努尔买买提·阿布都拉. 基于 pt100 的温度测控实验装置的开发与应用. 新疆大学学报（自然科学版），2009，26(3).

[40] 黄慧，殷兴辉. 基于 DS18B20 的高分辨率温度数据采集. 电子测量技术，2009，32(6).

[41] 周芸，杨奖利. 基于分布式光纤温度传感器的高压电力电缆温度在线监测系统. 高压电器，2009，45(4).

[42] 徐军，尤波，李欣. 应用石英音叉谐振器的智能温度传感器. 光学精密工程，2009，17(6).

[43] 王麓. LM92 温度传感器在温控系统的应用. 机械与电子，2009，(17).

[44] 周红，杨卫群，沈学浩，杨文明，赵铁松. 光敏电阻基本特性测量实验的设计. 物理实验，2003，23(11).

[45] 欧中华，刘永智，张利勋，代志勇，彭增寿. 一种新型解调法的光纤布里渊温度传感系统. 光电工程，2009，36(7).

[46] 李朋. 半导体式光纤温度传感器的建模、仿真与实验. 电子技术，2009.

[47] 金永君，李海宝，刘辉. 聚酰亚胺（PI）薄膜用于光纤布拉格光栅湿敏传感器的特性分析. 大学物理，2009，28(7).

[48] 戴护民，桂阳海. 气、光敏材料 ZnO 的掺杂改性研究. 材料导报. 2006，20(6).

[49] 林芳，张璐，鲁秋红，罗媛友，郭丽，游春莲. 光电元件时间特性测量的本科实验及拓展. 科技资讯，2012，(19).

[50] 戴振清，孙以材，潘国峰，孟凡斌，李国玉. TiO2 薄膜制备及其氧敏特性. 半导体学报，2005，26(2).

[51] 刘中奇，王汝琳. 基于红外吸收原理的气体检测. 煤炭科学技术，2005，33(1).

[52] 付华，蔺圣杰，杨欣. 光纤 CO 气体检测系统的研究. 传感器与微系统，2009，28(1).

[53] 王化祥，任思明，郝魁红，徐丽荣. 可燃性气体监测报警控制仪. 仪表技术与传感器. 2002，(4).

[54] 龚瑞昆，张涌涛，陈磊，赵延军. 实时在线二氧化硫传感器的研制. 微计算机信息，2006，22(5-1).

[55] 余皓，徐良，林征，王平. 新型多路可燃气体检测电子鼻. 仪表技术与传感器，2002，(5).

[56] 张正勇，杨地委. 基于红外热效应的电容式气敏传感器研究. 传感器与微系统，2011，30(4).

[57] 简家文. 钇稳定 ZrO2 固体电解质氧传感器的研究. 电子科技大学博士论文，2004.

[58] 胡英，周晓华. CuO，ZnO 敏感材料气敏机理的研究. 电子元件与材料，2001，20(2).

[59] 徐甲强，韩建军，孙雨安，谢冰. 半导体气敏传感器敏感机理的研究进展. 传感器与微系统，2006，25(11).

[60] 边绿良. 磁敏传感器及其应用. 电子材科与电子技术，2004，(2).

[61] 张强，管自生. 电阻式半导体气敏传感器. 仪表技术与传感器，2006，(7).

[62] 钟铁钢，梁喜双，刘凤敏，全宝富，卢革宇. 固体电解质硫化氢气敏传感器的特性研究. 传感技术学报，2008，21(10).

[63] 吴玉锋，田彦文，韩元山，翟玉春. 气敏传感器研究进展和发展方向. 计算机测量与控制，2003，11(10).

[64] 严俊，陈向东，李辉，苏凤，罗雪松. 新型 MEMS 气敏传感器及其理论模型. 半导体技术，2008，33(5).

[65] 王岭，孙加林，李联生，洪彦若. 新型二氧化硫传感器的制备. 北京科技大学学报，1998，20(1).

[66] 吕俊锋. 声表面波气敏传感器研究及其检测系统开发. 南开大学硕士学位论文，2008.

[67] 张宇. 气敏传感器在监测化工空气污染中的应用. 内蒙古石油化工，2006，(7).

[68] 陈志文，王玮. 基于 Pt100 铂热电阻的温度变送器设计与实现. 现代电子技术，2010，8(319).

[69] 杨理践，刘佳欣，高松巍，王峻峰，谢玲. 大位移电涡流传感器的设计. 仪表技术与传感器，2009，(2).

[70] 李玉军，刘军，周军伟，张黎春. 电涡流传感器在铝箔厚度测量中的应用. 传感器技术，2005，24(6).

[71] 王鹏，丁天怀，傅志斌. 平面电涡流线圈的结构参数设计. 清华大学学报（自然科学版），2007，47(11).

[72] 张瑞平, 刘俊, 刘文怡. 高灵敏度的磁通门传感器. 弹箭与制导学报, 2005, 25(1).

[73] 冯文光, 刘诗斌. 闭环反馈式数字磁通门传感器. 传感器与微系统, 2009, 28(9).

[74] 郭成锐, 江建军, 邱永江. 巨磁阻抗传感器应用研究最新进展. 元件与材料, 2006, 25(11).

[75] 张清, 李欣, 王清江, 李小平, 赵振杰. 新型巨磁阻抗传感器的特性研究. 传感技术学报, 2007, 20(3).

[76] 杨慧, 王三胜, 郭恺, 褚向华, 徐炎. 基于巨磁阻抗效应的微磁传感器设计与实现. 微纳电子技术, 2011, 48(8).

[77] 陈智军, 李良儿, 施文康, 郭华伟. 一种测量液体声速的兰姆波传感器. 上海交通大学学报, 2008, 42(2).

[78] 庞发亮, 石志勇, 张丽花, 曹征. 基于磁通门技术的车辆导航系统. 武器装备自动化, 2006, 25(2).

[79] 刘诗斌, 段哲民, 严家明. 电流输出型磁通门传感器的灵敏度. 仪表技术与传感器, 2002.

[80] 倪景华, 黄其煜. CMOS 图像传感器及其发展趋势. 光机电研究论坛, 2008.

[81] 吴媛媛, 张森. 基于 UML 的 IEEE 1451.4 网络传感器软硬件协同设计. 电子器件, 2007, 30(3).

[82] 章涛, 舒乃秋, 李红玲, 刘敏. 安全监测网络传感器通用数据采集模块设计. 业仪表与自动化装置, 2004, (2).

[83] 王洋, 袁慎, 芳董, 晨华, 吴键. 一种无线传感器网络分布式连续数据采集系统的同步方法. 东南大学学报(自然科学版), 2011, 41(1).

[84] 魏琴芳, 张双杰, 胡向东, 秦晓良. 基于同态 MAC 的无线传感器网络安全数据融合. 传感技术学报, 2011, 24(12).

[85] 倪春华, 李伯全. 网络传感器接口设计与验证. 传感器技术, 2005, 24(9).

[86] 王飞, 王黎明, 韩焱. 基于 ZigBee 无线传感器网络技术的管道监测系统. 传感器与微系统, 2011, 30(12).

[87] 童孟军, 邱伟伟. 基于低能耗的无线传感器网络路由协议的研究. 杭州电子科技大学学报, 2011, 31(6).

[88] 谭立兴, 陈光亭, 李溢洁, 徐冬冬. 基于概率的能量均衡无线传感器网络路由协议. 杭州电子科技大学学报, 2011, 31(6).

[89] 刘晓青, 杨海迎, 陈彬. 基于能量效率的无线传感器网络簇首选择算法. 微计算机信息, 2011, 27(12).